U0249274

高等学校建筑工程专业系列教材

理　论　力　学

西安建筑科技大学　乔宏洲　　　　　　　　　　主编
西安建筑科技大学　乔宏洲　杨运安　童申家
西北建筑工程学院　曹　峰　　　　　　　　　　编
哈尔滨建筑大学　刘明威　　　　　　　　　　主审

中国建筑工业出版社

图书在版编目（CIP）数据

理论力学/乔宏洲主编. —北京：中国建筑工业出版社，1997（2005重印）
（高等学校建筑工程专业系列教材）
ISBN 978-7-112-02985-3

Ⅰ. 理… Ⅱ. 乔… Ⅲ. 理论力学-高等学校-教材 Ⅳ. 031

中国版本图书馆CIP数据核字（2005）第029298号

本书按照建设部建筑工程专业力学系列教材编委会审订的“理论力学编写大纲”编写，符合国家教委于1995年9月公布的“理论力学课程教学基本要求”(多学时)。

本书系统地讲述了静力学、运动学和动力学，各章后有思考题和习题，书末附有理论力学的计算机方法。本书反映了近年来理论力学教改的部分成果，基本理论叙述简明扼要，重点突出，特别加强了解题思路和解题方法的分析。全书符合国标《量和单位》(GB3100～3102—93) 中的有关规定。

本书可作为土木类专业本科生的教材，也可供其他专业和有关工程技术人员参考。

高等学校建筑工程专业系列教材
理 论 力 学
西安建筑科技大学 乔宏洲 主编
西安建筑科技大学 乔宏洲 杨运安 童申家
西北建筑工程学院 曹 峰 编
哈尔滨建筑大学 刘明威 主审
*
中国建筑工业出版社出版、发行(北京西郊百万庄)
各地新华书店、建筑书店经销
北京富生印刷厂印刷
*
开本：787×1092毫米 1/16 印张：24 字数：584千字
1997年6月第一版 2016年8月第十六次印刷
定价：**35.00**元
ISBN 978-7-112-02985-3
(17657)

前　　言

本书是高等院校建筑工程专业力学系列教材之一，按照建设部力学系列教材编委会于1995年6月在北京审订的“理论力学编写大纲”编写而成，完全符合国家教委在1995年9月公布的“理论力学课程教学基本要求”（多学时）。

本书在编写过程中，反映了近年来教学改革的部分成果，注意了避免与物理课教学内容的重复，以及与后续力学课程的衔接。编写中力求使概念准确清楚，理论推导简明扼要，突出重点，讲透难点。精选例题，体现“少而精”的原则，大多数例题，解前有分析，解后有讨论，着重讲清解题思路与解题方法，以提高读者综合应用理论和分析问题的基本素质。

本书中打“*”号的章节，为加选内容。

本书采用我国的法定计量单位，符合国标《量和单位》(GB3100～3102—93)中的有关规定，上述国标等效采用国际标准ISO1000：1992，其中有些力学量符号与习惯用符号并不一致，使用本教材的教师应注意到这些变化。

参加本书编写工作的有西安建筑科技大学杨运安（第七、八、九、十、十八章）、童申家（第十九章、附录）、乔宏洲（第一、四、六、十四、十五、十六、十七章）和西北建工学院曹峰（第二、三、五、十一、十二、十三章），全书由乔宏洲任主编。

哈尔滨建筑大学的刘明威教授担任本书的主审，对书稿提出了许多宝贵意见，在此表示衷心感谢。

本书在建设部力学系列教材编委会的指导下，得到编者两校领导的大力支持，特别是中国建筑工业出版社的具体帮助。在此特致谢意。

由于编者水平所限，书中的缺点和错误一定不少，恳望使用本书的师生提出宝贵意见。

高等学校建筑工程专业力学系列教材
编写委员会成员名单

目　录

第三篇　动　力　学

绪　　论

一、理论力学的研究内容

1. 工科理论力学是研究物体机械运动的一般规律及其在工程中应用的科学。所谓机械运动是指物体在空间的位置随时间而变化。例如，江河的奔流，车船的行驶，飞机卫星的飞行，机器的运转等，都是机械运动。运动是物质的存在形式，自然界中的一切物质都在运动着。而运动的形式是多种多样的，除机械运动之外，还有光、热、电、磁等物理现象，化学反应，生命过程，各种社会形态以及人类的思维活动等。因而，物质的运动包括宇宙中发生的一切变化和过程，从物体最简单的位置变化直到人类的思维活动。在物体运动的各种形式中，机械运动是最简单的一种形式，但它却是自然界和工程技术中最常见的运动形式。平衡是机械运动中的特殊情况，因此，理论力学也研究物体的平衡问题。

2. 工科理论力学所研究的内容属于经典力学。它以17世纪伽利略和牛顿所总结的动力学基本定律为基础。运用这些定律，可以描述和予言宇宙中物体的运动。到20世纪初，物理学的重大发现，改变了绝对时空的观念，从而产生了相对论力学和量子力学。指出了经典力学的局限性，它不适用于速度接近光速的宏观物体的运动，也不适用于微观粒子的运动。但是，对于运动速度远远小于光速的宏观物体的运动，经典力学的结论是足够精确的。因而，在一般工程技术问题中，经典力学仍发挥着重要的作用。

3. 理论力学的教学内容。为了便于学习，一般将课程内容分为三部分，即静力学、运动学和动力学。静力学研究力系的简化和力系作用于刚体的平衡问题；运动学从几何角度研究点和刚体的机械运动规律而不考虑质量和作用于其上的力；动力学研究物体运动的变化和作用力之间的关系。静力学和运动学是学习动力学的基础。

二、理论力学的研究方法

在力学的长期形成和发展过程中，力学的研究方法日臻完善，并趋于成熟。力学的研究方法完全符合“实践—理论—实践”的辩证唯物主义认识规律。概括起来就是：人们从观察、实践和实验出发，经过抽象化和分析、综合方法，建立基本概念和公理或定律，采用逻辑推理和数学演绎，导出定理和结论，并应用它去解决实际问题，进一步验证和发展理论。

1. 观察和实验是力学的发展基础

在力学的萌芽时期，人们在生活生产实践以及对自然现象的观察中，积累了大量的感性认识和经验，建立了力的概念和早期的力学理论。从伽利略开始，人们开始有目的地进行科学实验，根据实验提出了惯性定律的内容，得出了真空中落体运动的正确结论等。科学实验是人类发现真理、检验和发展真理的特殊实践形式，它对自然科学的发生和发展具有愈来愈重要的作用，成为自然科学理论的直接基础。

2. 抽象化方法是力学研究的基本方法

抽象化方法是指透过现象、抽取本质的过程和方法，它是正确反映客观事物的本质，形成概念，范畴和规律的一种认识方法。抽象化方法在力学中被普遍采用。通过抽象，把形形色色、各种各样的物体简化为力学模型。例如，在研究物体的机械运动时，不考虑物体几何形状和尺寸，就得到了质点的概念；不考虑物体的变形时，就得到了刚体的概念等。若需要考虑物体的变形，又将物体抽象为弹性体模型，成为材料力学等变形体力学的研究对象。这种分阶段、分层次的抽象化方法，不但抓住了事物的本质，简化了所研究的问题，而且更深刻地反映了实际。因而，科学抽象是从经验到理论的必由之路，是任何科学研究中必不可少的方法。

3. 应用公理化方法建立力学理论

所谓公理是经过人们长期实践而归纳出来的少数规定，无需证明，是对客观事物的理性认识。公理化方法是选定若干个最根本的命题作为公理，引入和定义一些基本概念，并以此为出发点，进行逻辑推理和教学演绎，从而得到有关的定理和公式，以形成完整的理论系统。静力学中的五个公理代表了静力学现象的普遍规律，据此通过数学演绎和推理，从而得到了反映静力学各个侧面的定理和公式，例如各种力系的简化结果，各种力系的平衡方程等。动力学的普遍定理也是从动力学的基本定律直接推导而来。在推理过程中，必然要引入一些新概念。概念的形成，标志着人们的认识，已由感性认识进行到理性阶段，是对事物本质的新的认识。例如静力学中力、刚体、平衡等概念的引入就是如此。应注意数学演绎不能绝对化，不能把力学的理论看作是数学演绎的结果，而忽略其力学本质以及实践的重要作用。

在理论力学的推理中，广泛地应用数学工具。在实际应用中，数学还是计算的手段。数学对力学的发展起了促进作用，反过来，力学所提出的问题又促进了数学的发展。特别在当今广泛应用计算机的时代，许多复杂的力学问题将会得到解决，力学与计算机的应用已结下了不解之缘。

4. 实践是检验理论的唯一标准

从实践中得到的理论，还必须回到实践中去，接受实践的检验。只有当理论正确地反映客观实际时，这理论才是正确可靠的。人们进行科学研究的目的，不只是认识世界，更重要的在于改造世界。力学和其它科学一样，目的是应用理论去解决实际问题，并在新的实践中进一步发展理论。

三、学习理论力学的目的

1. 学习目的

在工科院校的许多专业中，理论力学是一门理论性较强的技术基础课。理论力学所研究的问题是力学中最普遍最基本的规律，是学习一系列后继课程的基础和前提。例如，材料力学、结构力学、机械原理、弹塑性力学、流体力学和振动理论等，都要用到理论力学的基本原理和方法。

理论力学是一门技术基础课，与工程技术的联系比较密切。某些工程实际问题可以直接应用理论力学的理论得到解决，有些比较复杂的工程问题可以应用理论力学和其他专业知识联合求解。学习理论力学为解决工程实际问题提供了必要的基础，也是一般工程技术人员必须掌握的理论和方法。

通过理论力学的学习，不仅可以学到具体的力学知识，还可学到它的科学研究方法以及其中所包含的辩证唯物主义思想。提高我们全面分析问题、综合应用理论和灵活求解问题的能力，为我们今后解决实际问题和进行科学研究创造条件。

2. 学习方法

学习理论力学，首先，应注意理论力学的研究方法。即如何把实际的物体抽象化为力学模型，如何应用公理化方法建立力学的理论系统，如何通过数学演绎而得到有关的定理和公式，如何应用理论去求解实际问题，有哪些方法？

其次，对于具体的学习内容，我们将学习要点归纳为：理解概念，记住结论，掌握方法，灵活解题。力学中的多数习题是从实际问题抽象而来，解题是应用理论的初步实践，通过解题也是检验对概念、理论的掌握程度，是培养分析和解决问题能力的基本途径。因此，我们提醒读者，在有限的解题中，应做到举一反三，触类旁通，灵活解题，以最少的计算过程而获得正确的解答。

总之，只要学习目的明确，学习方法正确，坚持不懈，自强不息，就一定能学好理论力学。

第一篇 静 力 学

引 言

静力学是研究刚体在力系作用下的平衡规律。

刚体是静力学的研究对象，是人们将各种实际物体抽象化为便于计算的理想模型。力是物体间的相互机械作用，其作用用力矢量表示，于是力矢量是进行力学定量分析的工具。工程上所谓的**平衡**，一般是指物体相对地面的静止状态或作匀速直线运动的状态，研究受力系作用的平衡物体继续保持平衡的条件，即平衡条件，是静力学的目的。所以，静力学主要研究以下三方面的问题：

1. 物体的受力分析。
2. 力系的简化。
3. 力系的平衡条件及其应用。

由于求解静力学问题的理论依据不同，静力学分为矢量静力学与分析静力学。矢量静力学以静力学公理为基础，采用矢量代数的方法，建立刚体的平衡条件。这正是本书静力学部分的内容。分析静力学以功与能的概念为基础，采用数学分析的方法，建立虚位移原理，讨论质点系的平衡问题。它将在第十六章中研究。

静力学在工程技术中有着广泛地应用，而且在学科本身也有重要的理论价值。学习静力学一方面为学习动力学打基础，同时又是学习各门力学课程的必要前提，对土木类专业尤为重要。

第一篇　静　力　学

绪　　言

[illegible]

第一章　静力学基础

第一节　静力学基本概念

一、刚体

刚体是在外力的任何作用下形状和大小都始终不变的物体。或者说，**刚体内任意两点间的距离始终保持不变**。

实际上，任何物体受力作用时都会产生变形。若这种变形比起物体本身的尺寸十分微小，对物体的平衡或运动状态影响甚微，可略去不计。这样，就将实际物体抽象化为刚体，刚体成为静力学的理想化模型。将其他物体对刚体的作用以力代替，就得到了能够应用力学原理进行计算的**受力图**。在静力学中，一切物体均被视为刚体。对于那些需要考虑物体变形（不管变形多么微小）的力学问题，将以刚体静力学为基础，在材料力学、结构力学、弹性力学等课程中学习。

二、平衡

若物体相对于某惯性参考系保持静止或作匀速直线运动，则称该物体处于**平衡状态**或**平衡**。它是物体机械运动的一种特殊状态。工程上，常取地球为惯性参考系，而平衡是指物体的静止。因此本书中所提到的平衡，一般是指物体相对地面保持静止的状态。例如房屋、桥梁、水坝等都处于平衡。

三、力

人们在长期的生活和生产实践中，经过总结、科学抽象、给出了力的确切定义：**力是物体间的相互机械作用，是物体运动状态发生变化的原因**。

应当注意，既然力是物体间的相互作用，有施力体，就必定有受力体，而且这种作用必然是成对出现的，即力不能脱离物体而单独存在。因此，当研究一个物体的平衡时，必须明确是那个物体通过什么方式在何处对它施加了力。

在理论力学中，不研究产生力的物理根源，只研究力对物体的作用效果，并称其为力的效应。力使物体运动状态改变的效应称为**外效应**，力使物体形状改变的效应称为**内效应**。对于刚体，则不考虑内效应。

实践证明，力的效应完全取决于力的三要素：（1）力的大小；（2）力的方向；（3）力的作用点。

力的大小表示力的机械作用的强度。本书采用国标法定计量单位，力的单位为牛顿（N）或千牛（kN）。力的方向是指力的方位（例如水平、铅垂）和指向（例如向左、向上），应理解为静止的自由质点受此力作用后所产生的运动方向。力的作用点是力的作用位置抽象化的结果。

数学上，具有大小和方向的量称为矢量，用有向线段表示。力的三要素可用矢量表示，如图 1-1 所示。线段的长度 AB 按一定的比例表示力的大小；线段的方位（与水平线夹角

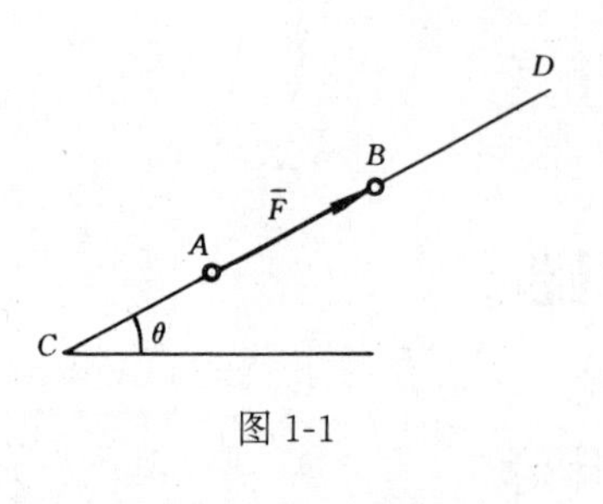

图 1-1

θ）和箭头的指向表示力的方向；线段的始端 A（或终端 B）表示力的作用点。力矢量所在的直线称为力的作用线。

具有确定作用点的矢量，称为**定位矢量或固定矢量**，不涉及作用点的矢量称为自由矢量，而作用点可沿作用线移动的矢量称为滑动矢量。可见力是**定位矢量**。力学中还用力矢表示力的大小和方向，因而力矢自由矢量。

本书中，凡力矢量均在斜体字母上加箭头或一杠标记或在力矢量的始、终端字母上加箭头表示。例如$\overline{F}=\overrightarrow{AB}$。力的大小则由相应的斜体字母表示或不带箭头的力矢始、终端字母表示，例如 $F=AB$。

四、力系

作用于同一刚体上的一群力，简称为力系。若力系中各力的作用线分布在同一个平面内，则称为平面力系。否则称为空间力系。

若两个力系对同一刚体分别作用时，其效果完全相同，则称此二力系互为**等效力系**。在特殊情况下，若一个力和某一力系等效，则称此力为该力系的**合力**，而力系中的各力称为此合力的分力。所谓力系的简化就是用最简单的一个力系（例如一力）去等效代替一个复杂力系对刚体的作用。

若某力系能使刚体保持平衡状态，则称此力系为**平衡力系**。该力系应满足的条件，称为力系的**平衡条件**。静力学主要是研究各种力系的平衡条件及其具体应用。

第二节　静力学公理

静力学公理是力的概念逐步形成的同时，人们对力的基本性质所进行的概括和总结。所谓公理是指以实验观察为依据并为实践反复所证明的客观规律，是人们对客观事物的理性认识。静力学公理是整个静力学的理论基础。

公理一　二力平衡公理

作用于刚体的两个力，使刚体维持平衡的必要与充分条件是：这两个力的大小相等，方向相反，作用在同一条直线上。或简称为此二力等值，反向，共线。

此公理只适用于刚体。对于变形体并非充分条件。例如，软绳受等值、反向的两个拉力作用时可以平衡，若变为受压则不能平衡。

公理二　加减平衡力系公理

在作用于刚体的力系中，可以加上或减去任何一个平衡力系，而不改变原力系对刚体的效应。

此公理只适用于刚体，而不适用于变形体。应用公理一和公理二，可以导出一个重要的推论。

推论 1　力在刚体上的可传性

作用于刚体上的力可沿其作用线移动，而不改变此力对刚体的效应。

证明：设力 $\overline{F}$ 作用在刚体上的 A 点（图 1-2a），在力 $\overline{F}$ 作用线上的任一点 B，根据公理二，加上一对平衡力 $\overline{F}_1$ 和 $\overline{F}_2$（图 1-2b），令力矢 $\overline{F}_1=-\overline{F}_2=\overline{F}$。显然，$\overline{F}$ 与 $\overline{F}_2$ 是一对平

衡力，可将此二力去掉（图 1-2c）。这样，原力 $\overline{F}$ 与力系（$\overline{F}$，$\overline{F}_1$，$\overline{F}_2$）等效，也与力 $\overline{F}_1$ 等效。这就意味着将作用在 A 点的力 $\overline{F}$ 沿其作用线移到了 B 点。于是力的可传性得证。

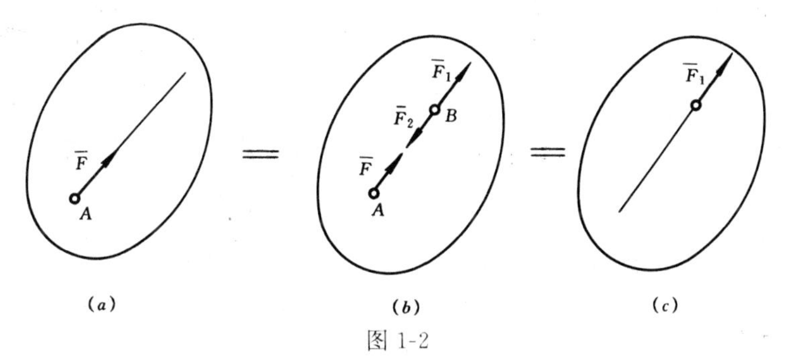

图 1-2

由此可见，对刚体而言，力的三要素是：力的大小、指向和作用线。因而作用在刚体上的力是滑动矢量。

公理三　力的平行四边形法则

作用于物体上任一点的两个力可以合成为作用于该点的一个合力。合力矢由原二力矢为邻边所作出的平行四边形的对角线来表示。

图 1-3a 中，对角线$\overrightarrow{AD}$表示两共点力 $\overline{F}_1$ 与 $\overline{F}_2$ 的合力 $\overline{R}$，即$\overrightarrow{AD}=\overline{R}$。则有矢量等式。

$$\overline{R}=\overline{F}_1+\overline{F}_2$$

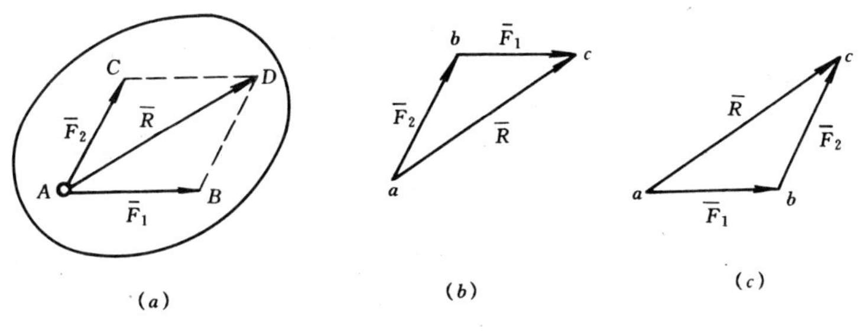

图 1-3

力的这个性质表明，作用于物体上的两共点力，符合矢量代数的矢量加法。即合力矢 $\overline{R}$ 等于两个分力矢 $\overline{F}_1$ 与 $\overline{F}_2$ 的矢量和（或几何和）。对于刚体而言，只要二力的作用线相交，就可进行矢量加法运算。

当求合力矢 $\overline{R}$ 时，只需作出平行四边形的一半即可。为此在任一点 a，作力矢 $\overline{F}_2=\overrightarrow{ab}$，再由 b 点作力矢 $\overline{F}_1=\overrightarrow{bc}$，连接 a、c 两点，即得合力矢 $\overline{R}=\overrightarrow{ac}$（图 1-3$b$）。或者可先画 $\overline{F}_1$，后画 $\overline{F}_2$，同样可得合力 $\overline{R}$（图 1-3c）。可见，求合力矢 $\overline{R}$ 与画分力矢的次序无关。三角形 abc 称为力三角形，这种求合力矢的作图方法称为力三角形法则。

应用公理三和力的可传性可得又一个重要推论。

推论 2　三力平衡汇交定理

当刚体在三力作用下处于平衡时，若其中两力的作用线相交于一点，则第三力的作用线必通过该交点，且三力共面。

证明：在刚体上的 A、B、C 三点，分别作用着互成平衡的三力 $\overline{F}_1$、$\overline{F}_2$、$\overline{F}_3$，设 $\overline{F}_1$ 与

$\overline{F}_2$ 的作用线相交于 O 点（图 1-4b），此二力可合成为 $\overline{R}_{12}$，则力 $\overline{F}_3$ 应与 $\overline{R}_{12}$平衡。由二力平衡公理可知，$\overline{R}_{12}$与 $\overline{F}_3$ 共线，即 $\overline{F}_3$ 的作用线通过交点 O。另外，由于 $\overline{F}_1$、$\overline{F}_2$ 和 $\overline{R}_{12}$共面，因而 $\overline{F}_1$、$\overline{F}_2$、$\overline{F}_3$ 必定共面。定理得证。

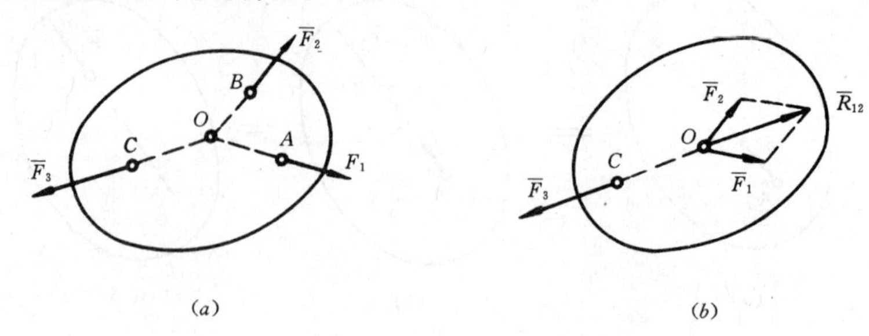

图 1-4

公理四　作用与反作用定律

两物体相互作用的力，总是大小相等，指向相反，沿同一作用线分别作用在这两个物体上。

这两个力互为作用力与反作用力。有作用力，必有反作用力，彼此互为依存，同时存在或消失。因此在研究物体的受力分析时，必须明确是那个物体对它作用了力，它必给该施力体以反作用力。这样在分析多个物体的平衡时，就可把其中一个物体的受力与环境（相联系的其他物体）联系起来。

应当注意，两物体间的作用力与反作用力，虽然是等值、反向、共线，但不平衡。因为此两力不是作用在同一物体上。

公理五　刚化公理

当变形体在已知力作用下处于平衡时，若将此时的变形体视为（刚化）刚体，则其平衡状态不变。

这个公理表明，变形体在力系作用下，无论变形如何，只要仍能处于平衡，则该力系必须满足刚体的力系平衡条件。也就是说，刚体的平衡条件是变形体在任一位置平衡时的必要条件，而不是充分条件。因此变形体的平衡问题是以刚体的平衡为基础而进行研究。例如，两端受拉力的一段软绳处于平衡，若将软绳视为刚体，则二拉力必等值，反向，共线。若软绳两端受压力作用，将失去平衡，不存在刚化的问题。

第三节　约束与约束反力

一、有关概念

1. 自由体与非自由体

我们把物体分为**自由体**与**非自由体**。凡在空间可以自由运动的物体称为自由体。例如，正在空中作飞行表演的飞机，它与周围的物体既不接触，又无联系，其运动不受任何限制，故为自由体。如果物体受到其它物体的限制，某个方向上的位移不可能实现，则称该物体为非自由体。工程上和实际生活中的大多数物体，都是非自由体。例如，奔驰的火车，只能沿轨道行驶；电视机的拉杆天线只能在底座内转动；悬挂于屋顶的吊灯由吊线的限制而不会下落等等。

2. 主动力与约束反力

作用于物体上的力，通常分为主动力和约束反力两类。主动力是指能主动引起物体运动状态变化的力。例如物体的重力、机车的牵引力、电动机输出的转矩，以及工程设计中的各种荷载等。主动力的特征是大小和方向是予先已知的或可测定的，或由国标荷载规范所规定的，它们彼此独立。

非自由体的位移受到限制的条件，称为**约束**。而约束总是由与该物体相接触的周围物体所构成，这些物体常称为**约束体**。静力学中，习惯上简称约束体为约束。约束限制或阻碍了物体某方向的位移，必然就受到该物体对它的作用力，与此同时，约束也给该物体以反作用力。这种反作用力称为**约束反作用力**。简称为**约束反力**或**反力**。显然，约束反力被视为被动力。约束反力的特点是它的大小不能予先独立确定，是未知力。但是，约束反力的方向恒与约束所能阻碍物体位移的方向相反，其作用点总是在约束与物体的接触处。

静力学主要研究非自由体的平衡，当对物体进行受力分析时，主要是分析物体受到的约束反力，即确定约束反力的方向。

二、约束的基本类型及其反力

工程实际中的约束物体多种多样，它与物体的连接方式千差万别，使得约束反力的确定十分困难，它往往还与工程本身的重要性和计算的精度要求相联系。在刚体力学中，把常见的约束理想化，可归并为几种基本类型，下面着重讨论如何确定这些约束反力的方向。

1. 柔索

柔索包括绳索、钢丝绳、胶带、链条等。柔索的自重常忽略不计。这种约束只能限制物体沿索线伸长方向的位移，而不限制物体沿其他方向的运动。**故柔索的约束反力只能是沿索线而背离被约束的物体，即为拉力**。例如，图 1-5 中用绳索悬吊重为 P 的重物时，绳索对重物的约束反力 $\overline{T}_A$ 和 $\overline{T}_B$，分别沿索线 AC 和 BC，并且为拉力。

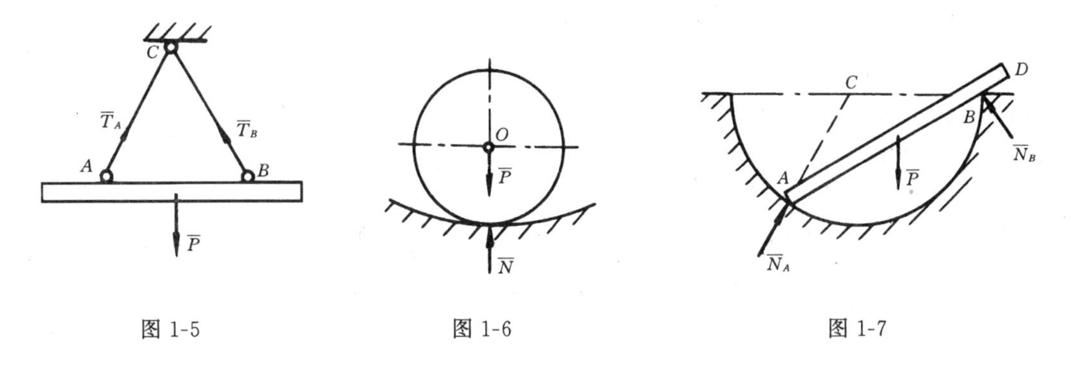

图 1-5　　图 1-6　　图 1-7

2. 光滑接触面

当物体与约束接触面间的摩擦可略去不计时，称约束为光滑接触面（或光滑支承面）。这种约束不能阻止物体沿接触表面切线方向的任何位移，也不能限制物体脱离约束的运动，但它限制物体沿接触面的公法线指向约束的位移。因此，**光滑接触面的约束反力必沿着过接触点的公法线而指向被约束的物体，即为压力**。这种约束反力称为法向反力，并以字母 $\overline{N}$ 表示。例如，图 1-6 中光滑曲面给圆柱体的约束反力为 $\overline{N}$，图 1-7 杆 AD 中受到光滑接触面的约束反力为 $\overline{N}_A$ 和 $\overline{N}_B$，其中 $\overline{N}_A$ 的作用线应过圆心 C，$\overline{N}_B$ 应垂直 AD。

上述两种约束只能承受单方向的力，即拉力或压力，故称其为**单向约束或单面约束**。

3. 光滑圆柱铰链

钻有相同直径圆孔的物体 A 和 B，以及同样直径的圆柱销钉 C，示于图 1-8*a*。将销钉 C 插入两物体的圆孔中（图 1-8*b*），便构成了**圆柱形铰链**，简称为**铰链或中间铰**。铰链的简图如图 1-8*c* 所示。

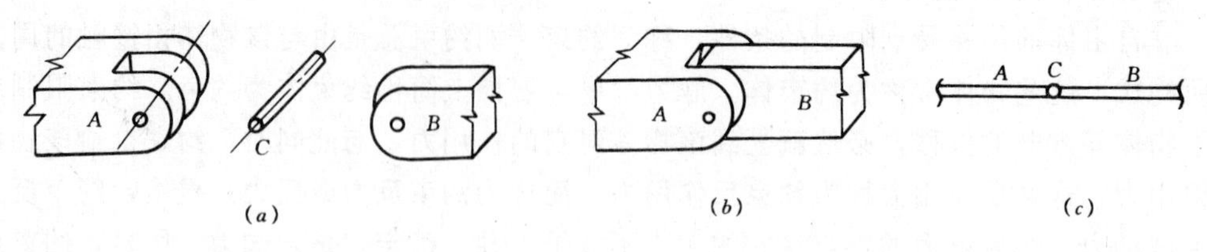

图 1-8

铰链只能限制物体在垂直销钉轴线方向（即径向）的相对位移，并不限制物体彼此相对销钉轴线的转动。不考虑摩擦时，物体与销钉间实际上是光滑圆柱面接触，约束反力 $\overline{N}$ 必沿接触点的公法线（过孔中心）而指向物体（图 1-9*a*）。但接触点无法予先确定，即 $\overline{N}$ 的方向（方位角 α）不能予先确定。为方便计，将 $\overline{N}$ 用大小未知的两正交分力 $\overline{X}_C$、$\overline{Y}_C$ 表示（图 1-9*b*）。总之，**铰链的约束反力在垂直销钉轴线的平面内并通过销钉中心，而以大小待定的两正交分力表示。**

应当注意，铰链也可由固定在物 A 上的销钉插入物 B 上的圆孔中构成，约束反力的性质不变。这时物 A 与物 B 互为约束，分别作用在 A 和 B 上的力为作用力与反作用力关系。

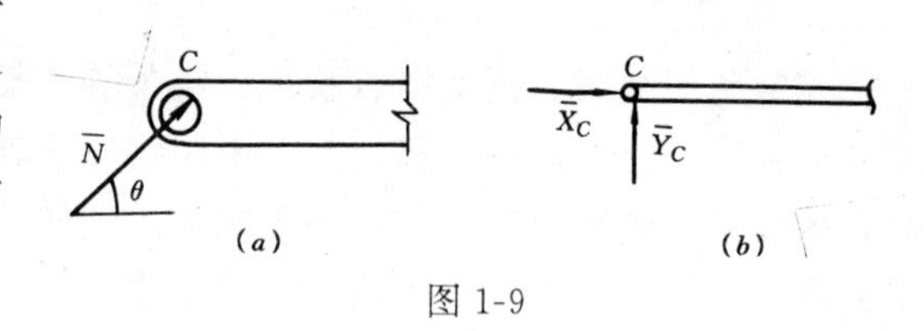

图 1-9

4. 二力杆

两端用光滑铰链与其他物体相连而中间不受力的杆件（轴线或曲或直），称为二力杆。显然，二力杆只在两端铰链反力的作用下处于平衡，根据二力平衡公理，**约束反力必定沿着两铰链中心的连线，而指向待定**。对于杆轴为直线的二力杆，则称之为**链杆**。二力杆常用来连接结构或机构中的两个物体，而链杆也是物体的一种支座形式。例如图 1-10*a* 中的 CD 杆就是二力杆。AB 杆与 CD 杆的约束反力如图 1-10*b*、*c* 所示。

应注意，链杆约束既可受拉，又可受压，故为**双向约束或双面约束**。

5. 固定铰支座与径向轴承

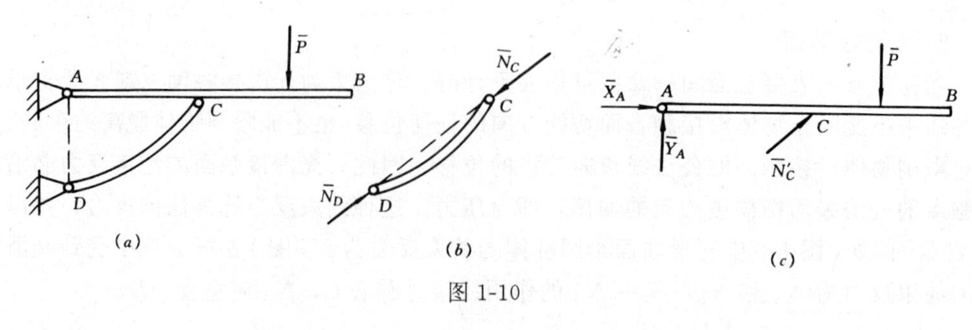

图 1-10

若把铰链约束中的一个物体（例如 A）与基础相固连，则另一个物体（例如 B）只能绕销钉转动，便构成了**固定铰链支座**。简称为**固定铰支座**或**铰支座**。固定铰支座的简图如图 1-11a、b 所示，土木结构工程中常将固定铰支座以相交于一点的二链杆表示（图 1-11c）。固定铰支座的约束反力示于图 1-11d。

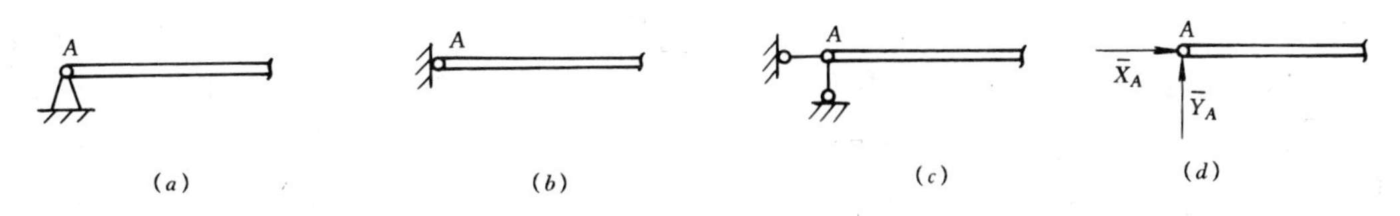

图 1-11

工程中，若一物体的圆柱部分可在另一个固定物体的圆孔内转动，称之为径向轴承。转动的物体称为转轴或轴，而具有圆孔的物体称为轴承，其简图如图 1-12a、b 所示。这种约束可理解为铰链约束的两物体被固定于基础，而销钉成为轴，是被约束物体，因而其反力表示与铰链相同，示于图 1-12c。

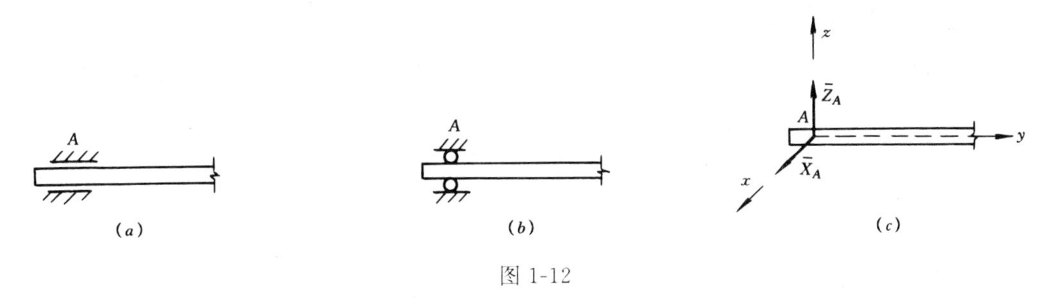

图 1-12

6. 滚动支座

工程上常在铰链支座与支承面之间装上一排辊轴，便构成了**滚动支座**或**辊轴支座**(图 1-13a)，其简图如图 1-13b、c 所示。这种支座的约束性质与光滑接触面相同，其约束反力必垂直于支承面，如图 1-13d 所示。

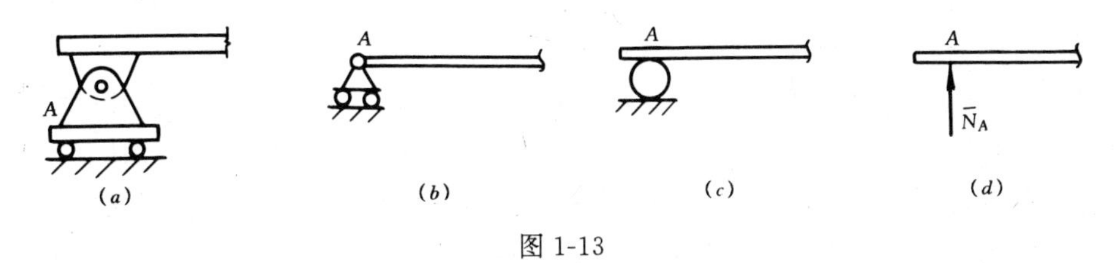

图 1-13

习惯上，辊轴支座又称为**可动铰支座**。土建结构计算中，可动铰支座常用链杆表示（图 1-14a），而反力 $\overline{N}_A$（图 1-14b）的指向是待定的。本书中，凡是可动铰支座，均理解为链杆约束。

7. 球铰支座与止推轴承

球铰支座是由端部带球的物体嵌入另一固定物体的球窝内构成（图 1-15a），它允许物体可绕球心 O 转动。例如电视机拉杆天线的底座，汽车变速箱的操纵杆连接处即是球铰支座。球铰支座的简图示于图 1-15b、c。若不计摩擦，两物体间为光滑球面接触，因而**球铰支**

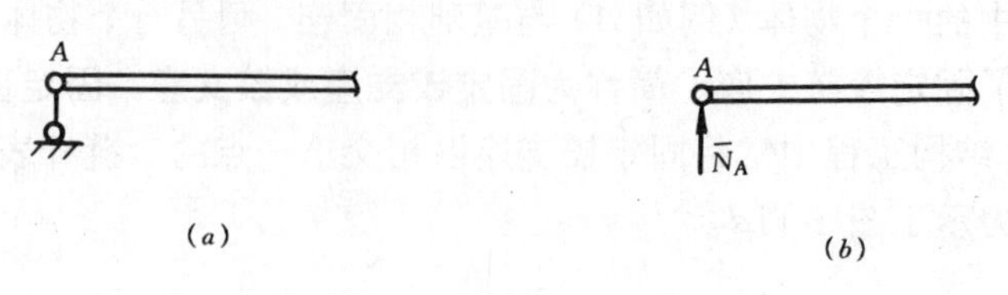

图 1-14

座的约束反力必通过球心，而方向不定。通常可用空间的三个正交分力 $\overline{X}_A$、$\overline{Y}_A$、$\overline{Z}_A$ 表示（图 1-15*d*）。

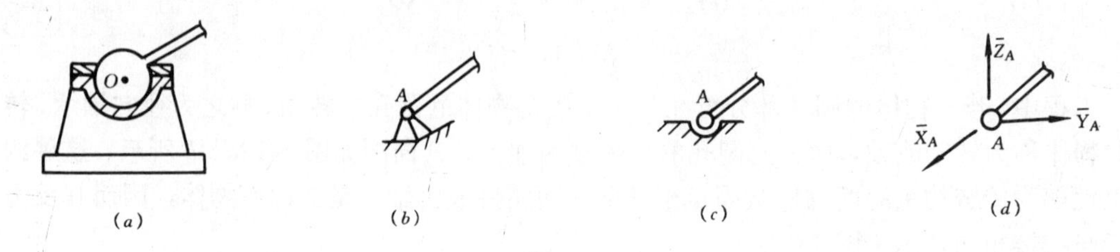

图 1-15

止推轴承的简图如图 1-16*a* 所示。它除了限制转轴的径向位移外，还能限制转轴沿轴向的位移。与球铰支座类似，止推轴承的约束反力可用三个正交分力表示（图 1-16*b*）。

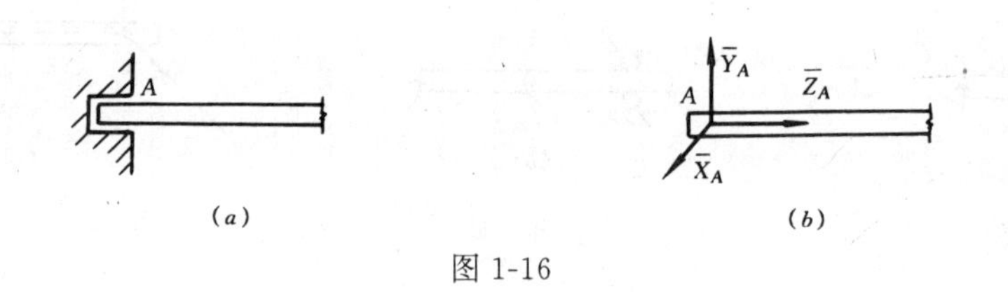

图 1-16

第四节　受力分析与受力图

当求解静力学的平衡问题时，必须画出研究对象的受力图。对于给定的问题，我们首先要在给定的物体中进行选择，以确定研究那个物体的平衡，其次分析该物体受到了哪些力的作用，哪些力是未知的？前者称为**选取研究对象**，后者称为**受力分析**。

为了清晰地表示研究对象的受力情况，把研究对象从与它相联系的周围物体中分离出来，单独画出其简图，称为分离体。简图是用简化了理想模型来代替实际物体，对于各种构件以其轴线代替，对于刚体以最简单的轮廓线代替。在分离体上画出作用于其上的主动力，以及去掉约束处与约束相应的约束反力。这种**表示研究对象上所受全部力的图形，称为该物体的受力图**。

正确地画出受力图，是求解静力学问题的关键，必须准确无误。画受力图时应按下述步骤进行。

（1）根据题意选取研究对象，单独画出其简图，即分离体。

（2）画作用于分离体上的主动力。

（3）画约束反力。凡在去掉约束处，根据约束的类型逐一画上约束反力。应特别注意二力杆的判断以及三力平衡汇交定理的应用。

【例 1-1】 图 1-17a 所示的结构中，不计各杆重，试画 AB 杆的受力图。

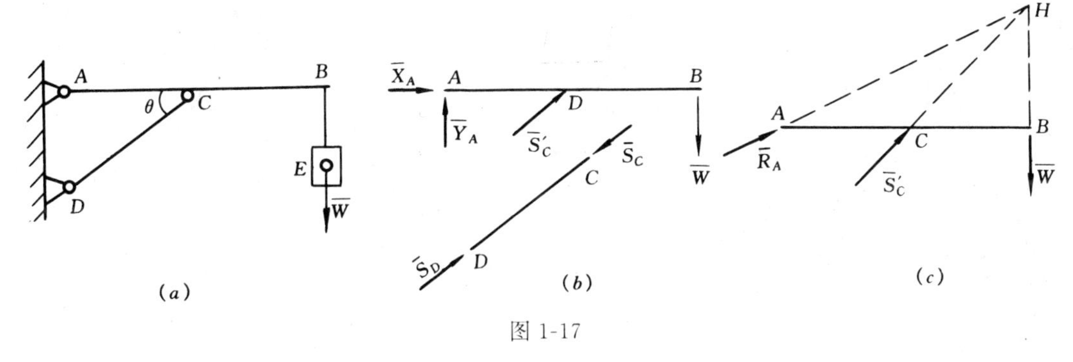

(a)　　(b)　　(c)

图 1-17

【解】 (1) 研究对象：AB 杆，分离体示于图 1-17b。

(2) 画主动力。由于 B 处的绳索拉力等于 E 块的重力 $\overline{W}$，可直接将重力 $\overline{W}$ 画在 B 处，且视为主动力。

(3) 画约束反力。A 处为铰链支座，反力以二分力 $\overline{X}_A$、$\overline{Y}_A$ 表示；D 处虽为铰链约束，但 CD 杆为二力杆，C、D 处的力 $\overline{S}_C$、$\overline{S}_D$ 应沿二铰的连线 CD（图 1-17b），根据作用与反作用定律，可知 AB 杆在 C 处的反力应与 $\overline{S}_C$ 等值、反向、共线，以 $\overline{S}'_C$ 标记。

讨论 关于 A 处的约束反力。由于柔索的拉力 $\overline{W}$ 与 CD 杆的反力 $\overline{S}'_C$ 的作用线相交于 H 点，根据三力平衡汇交定理，固定铰支座 A 处的反力 $\overline{R}_A$ 的作用线必通过该交点 H，这样，便确定了 A 处反力 $\overline{R}_A$ 的方位（图 1-17c）。

【例 1-2】 图 1-18a 所示支架中，DE 为细绳。不计各杆重，试分别画出整体，AC 杆和 BC 杆的受力图。

【解】 (1)整体受力图。去掉外约束 A、B 支座的全部称为整体。铰 C 及绳 DE 为 AC 杆和 BC 杆的内约束，不必解除。主动力为作用在铰 C 上的力 $\overline{P}$。A 处为固定铰支座，以二正交分力 $\overline{X}_A$，$\overline{Y}_A$ 表示；B 处为辊轴支座，反力垂直支承面，为压力，以 $\overline{N}_B$ 标记。整体受力图示于图 1-18b。

(2) AC 杆（带销钉）受力图。凡铰上的主动力应理解为作用在销钉上，因此 AC 杆的 A 处应画主动力 $\overline{P}$。BC 杆的反力以 $\overline{X}_C$、$\overline{Y}_C$ 表示；D 处绳的拉力为 $\overline{T}_D$；A 处的反力应和整体受力图的表示相同，即为 $\overline{X}_A$、$\overline{Y}_A$。AC 杆受力图示于图 1-18c。

(3) BC 杆受力图。杆上无主动力。C 处销钉的反力为 $\overline{X}'_C$、$\overline{Y}'_C$，应符合作用与反作用定律；E 处为绳的拉力 $\overline{T}_E$；B 处的反力应与整体受力图一致，以 $\overline{N}_B$ 表示。BC 杆受力图示于图 1-18d。

由于 $\overline{T}_E$、$\overline{N}_B$ 的作用线相交于 H 点，BC 杆受三力作用而处于平衡，可知 C 处反力 $\overline{R}'_c$ 的作用线必过 H 点，故 BC 杆与 AC 杆的受力图也可是图 1-18e、f 的形式。

讨论 关于销钉 C 的受力图。若要单独研究销钉 C，则销钉 C 受主动力 $\overline{P}$、AC 杆与 BC 杆的反力作用如图 1-18h 所示。此时 AC 杆与 BC 杆的受力图为图 1-18g、i。应注意，杆与销钉间的力互为作用与反作用关系，而二杆 C 端的反力彼此独立，不存在作用与反作用关系。所以，在一般情况下，总是把销钉与某个刚体固连在一起。

【例 1-3】 图 1-19a 所示的均质板 $ABCD$ 的重量为 W，由球铰支座 D，活页 B 及绳 AE

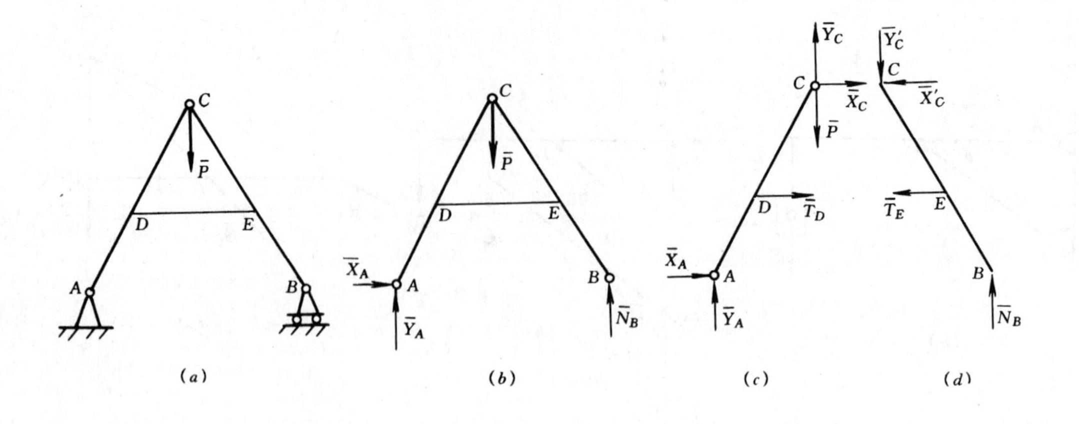

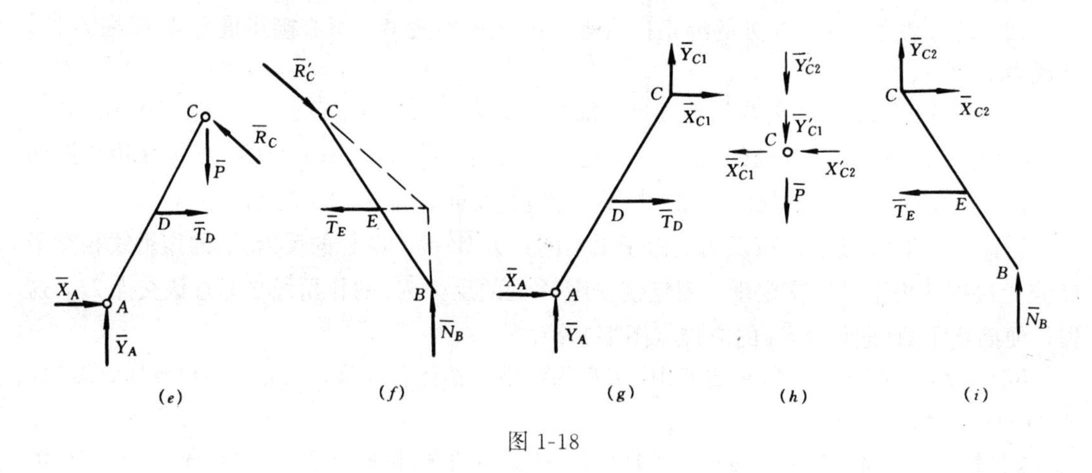

图 1-18

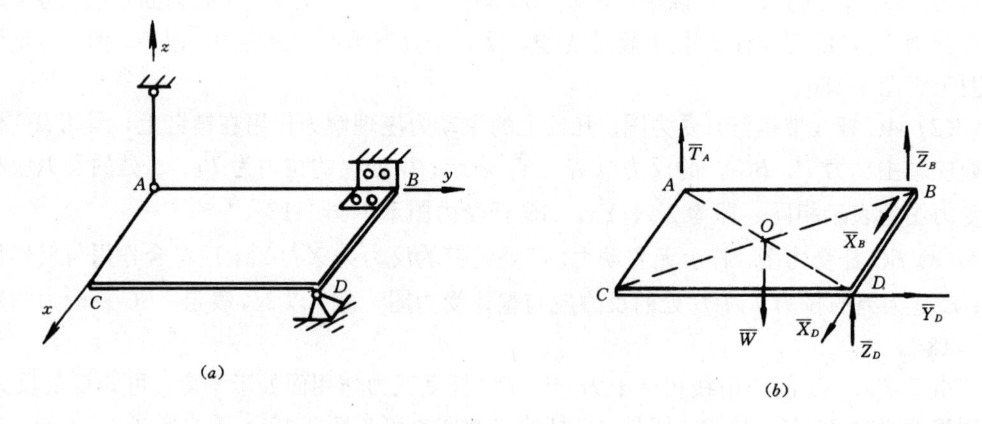

图 1-19

支持在水平位置，试画板的受力图。

【解】 (1) 研究对象：板 $ABCD$。

(2) 主动力为均质板的重力 $\overline{W}$，画在板的形心 O 处。

(3) 约束反力：A 处为柔索约束，反力为拉力 $\overline{T}_A$；D 处为球铰支座，反力以三个正交

分力 $\overline{X}_D$、$\overline{Y}_D$、$\overline{Z}_D$ 表示；B 处的合页约束也称蝶形铰链，其约束性质与径向轴承相同，反力以二分力 $\overline{X}_B$、$\overline{Z}_B$ 表示。板的受力图示于 1-19b。

思 考 题

1. 图 1-20 所示支架中，作用在 AC 杆上的力$\overline{P}$可否沿其作用线移至 BC 杆上？

2. 图 1-21 中，物块的重力$\overline{W}$与光滑支承面的约束反力$\overline{N}$是否为一对作用与反作用力？

图 1-20　　　　图 1-21

3. 试说明下列各等式的力学意义和区别。

(1) $\overline{F}_1=\overline{F}_2$ 和 $F_1=F_2$

(2) $\overline{R}=\overline{F}_1+\overline{F}_2$ 和 $R=F_1+F_2$

4. 在图 1-18b 中，铰 C 处和绳 DE 的约束反力为何没有画出来？

习　　题

以下各题中，若未画出重力的物体，均不考虑其重量。

1-1　画出图示各圆柱体的受力图。各接触面处的摩擦均忽略不计。

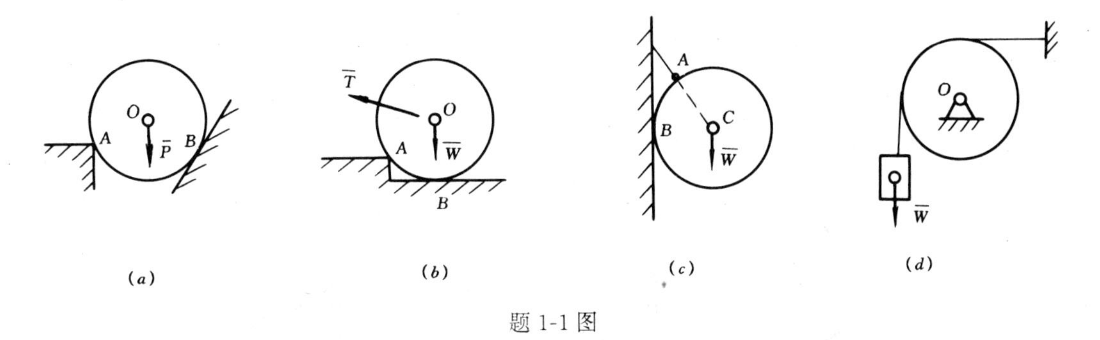

题 1-1 图

1-2　画出图示各题中 AB 杆的受力图。

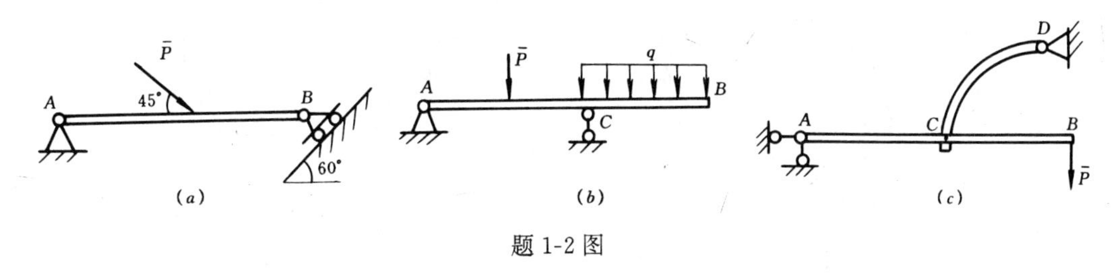

题 1-2 图

1-3　画出图示各题中结构的整体受力图和各杆的受力图。

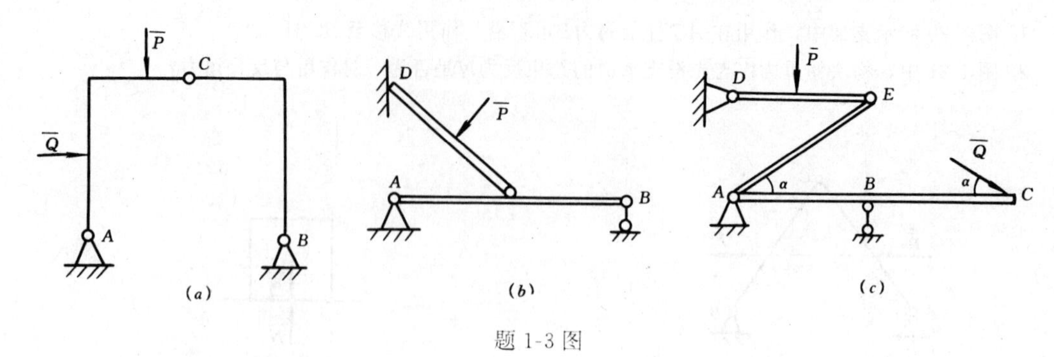

题 1-3 图

1-4　试画出图示各题中 AC 杆（带销钉）和 BC 杆的受力图。

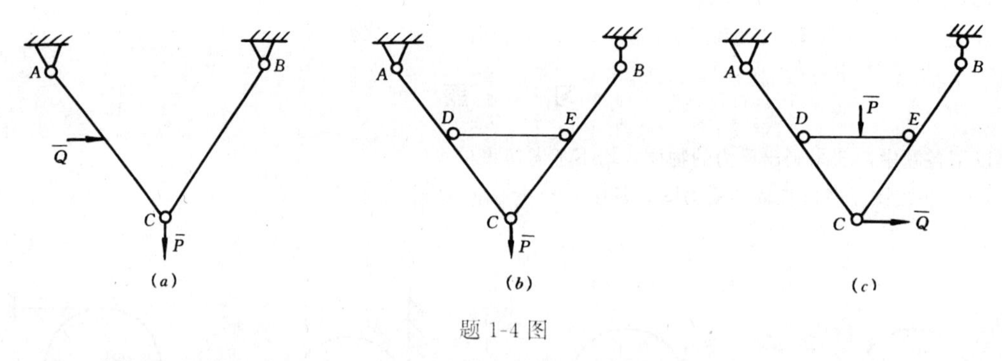

题 1-4 图

1-5　画指定杆的受力图。(a) AB 杆（带销钉 B），CD 杆和滑轮 D；(b) BC 杆，DE 杆；(c) AC 杆，AB 杆（带销钉 B，不带滑轮）。

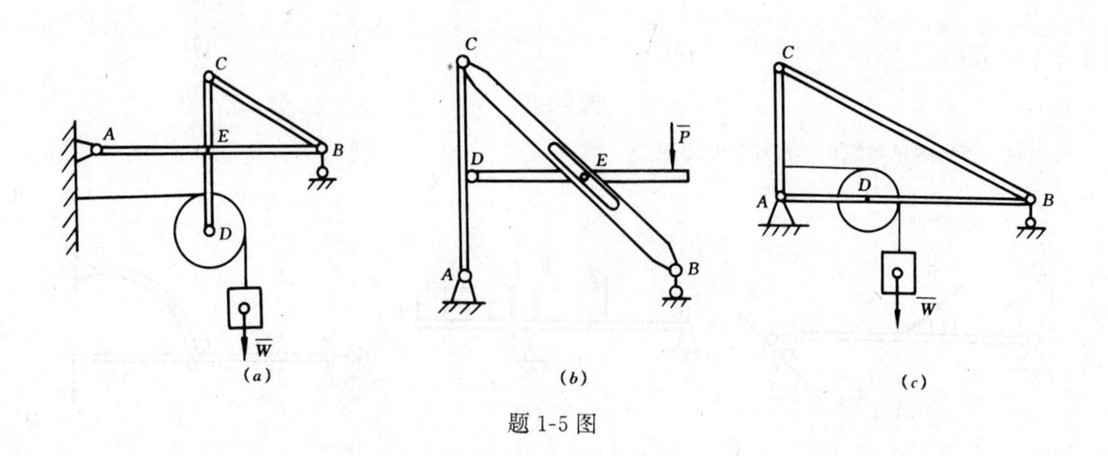

题 1-5 图

1-6　画受力图。(a) 轴和圆盘；(b) 立柱 AB。

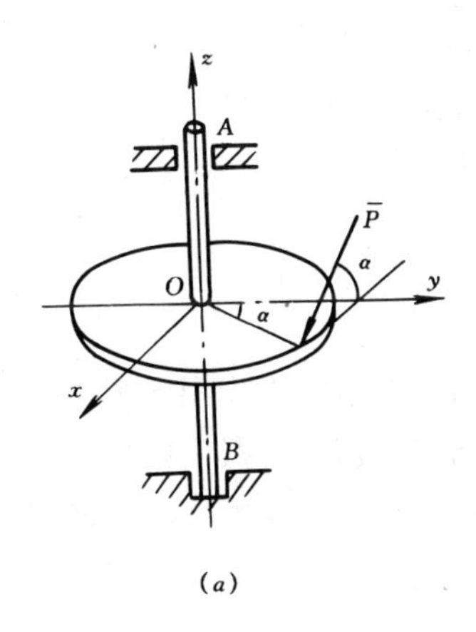

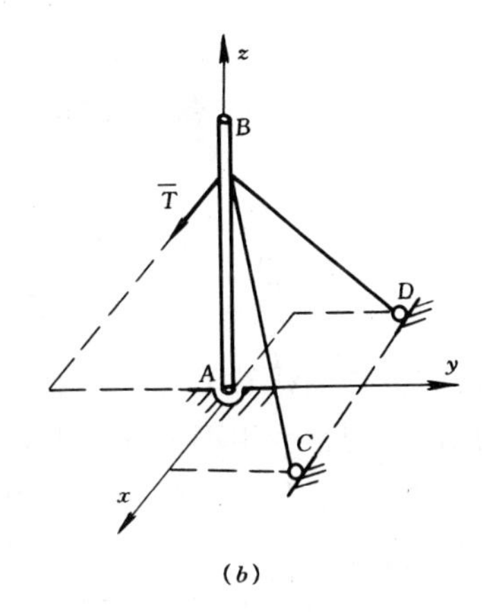

题 1-6 图

第二章　汇交力系

第一节　汇交力系合成的几何法

力系中各力的作用线若汇交于一点，则称为**汇交力系**。若各力作用线汇交于一点，且位于同一平面内，则称为**平面汇交力系**，否则称为**空间汇交力系**。我们将用几何法和解析法研究汇交力系的合成与平衡问题，并把平面汇交力系看作是空间汇交力系的特例。

汇交力系和力偶系是最简单的两种基本力系，是研究一般力系的基础。

现在以平面汇交力系为例讨论汇交力系合成的几何法。设在刚体上作用有平面汇交力系（$\overline{F}_1$、$\overline{F}_2$、$\overline{F}_3$、$\overline{F}_4$），各力作用点分别为 A_1、A_2、A_3 和 A_4，各力作用线汇交于点 O（图 2-1a）。根据力的可传性原理，将各力分别沿其作用线移到汇交点 O，得到了**共点力系**（图 2-1b）。

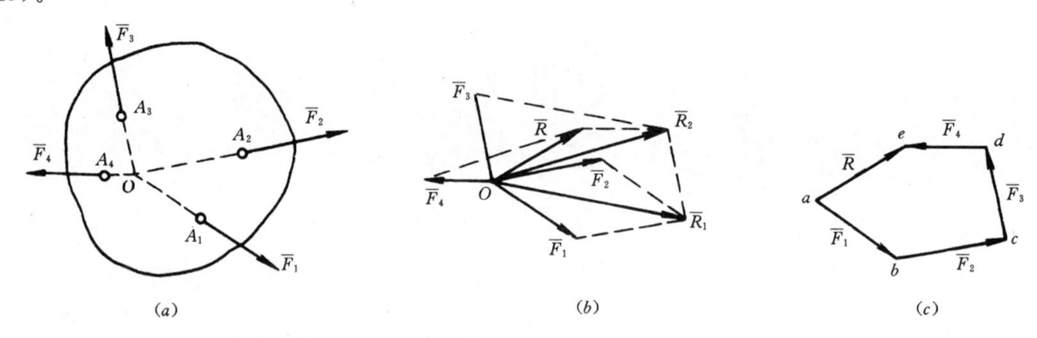

图 2-1

由力的平行四边形法则，先将 $\overline{F}_1$ 与 $\overline{F}_2$ 合成为作用在汇交点 O 的合力为 $\overline{R}_1$，依次将 $\overline{R}_1$ 与 $\overline{F}_3$ 合成为 $\overline{R}_2$，将 $\overline{R}_2$ 与 $\overline{F}_4$ 合成为 $\overline{R}$。则 $\overline{R}$ 即为该汇交力系的合力。

同理，对于 n 个力组成的**任一汇交力系，可以合成为作用线通过汇交点的一个合力，合力矢等于各分力矢的矢量和**。即

$$\overline{R} = \overline{F}_1 + \overline{R}_2 + \cdots + \overline{F}_n = \Sigma\overline{F} \tag{2-1}$$

由于汇交力系的合力作用线必通过汇交点，求汇交力系的合力就成为确定合力矢 $\overline{R}$。由作图结果可知，$\overline{R}_1$、$\overline{R}_2$ 只是在求 $\overline{R}$ 过程中起过渡作用，完全不必画出。为了确定合力矢 $\overline{R}$，可从任一点 a 开始，依次将各分力矢首尾相连，由各分力矢 $\overline{F}_1$、$\overline{F}_2$、$\overline{F}_3$、$\overline{F}_4$ 构成一开口的多边形 $abcde$，称为**力多边形**。然后从第一个分力的始端与最后一个分力的末端作矢量 $\overrightarrow{ae}$，$\overrightarrow{ae}$ 则为合力矢 $\overline{R}$，称为**力多边形的封闭边**。这样求合力矢 $\overline{R}$ 的方法称为**力多边形法则**。利用几何作图求合力的方法称为几何法。

应注意到，作力多边形时，分力的前后顺序不同，所得力多边形的形状将不相同，但

合力不变。这是因为合矢量与分矢量相加次序无关的必然结果。

对于空间汇交力系，所得力多边形是一个空间多边形，合力矢的计算或度量十分不便。因而，用几何法求力系的合力适用于平面汇交力系。

【例 2-1】 试求图 2-2 示汇交力系的合力。

已知：$F_1=150\text{N}$. $F_2=200\text{N}$，$F_3=120\text{N}$，$F_4=180\text{N}$。方向如图所示。

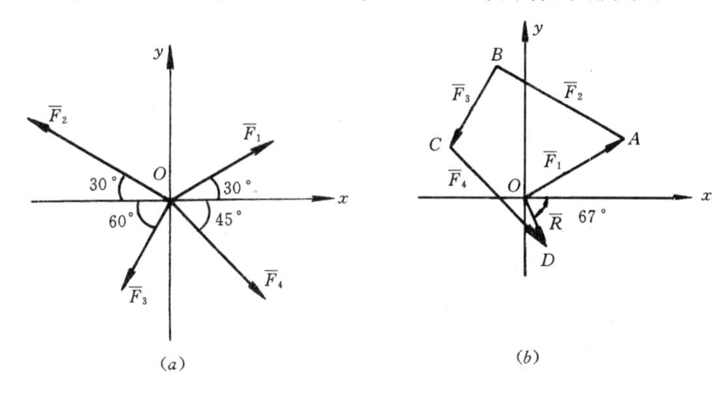

图 2-2

【解】 应用力多边形法则求解。选比例尺为：1cm 表示 100N。从点 O 开始，顺序画各力矢$\overrightarrow{OA}=\overline{F}_1$，$\overrightarrow{AB}=\overline{F}_2$，$\overrightarrow{BC}=\overline{F}_3$，$\overrightarrow{CD}=\overline{F}_4$。则$\overrightarrow{OD}=\overline{R}$ 为力系的合力。由图量得 $AD=0.61\text{cm}$，根据力的比例尺，可得合力 $R=61\text{N}$；$\overline{R}$ 与 x 轴夹角量得为 67°。

第二节 汇交力系合成的解析法

一、力在轴上的投影

解析法求力系的合力是以力在轴上的投影为基础，故又称为投影法。

设力 $\overline{F}$ 与轴 x 共面（图 2-3），由力 $\overline{R}$ 的始端 A 和末端 B 分别向 x 轴作垂线，得垂足 a、b，则长度 ab 冠以适当的正负号，称为力 $\overline{F}$ 在 x 轴上的投影，并以符号 X 表示。正负号的规定为：垂足从 a 到 b 的指向若与 x 轴的正向一致，投影取正值，反之投影取负值。设力 $\overline{F}$ 与 x 轴正向间的夹角为 α，力的投影也可表示为：

$$X = F\cos\alpha \tag{2-2}$$

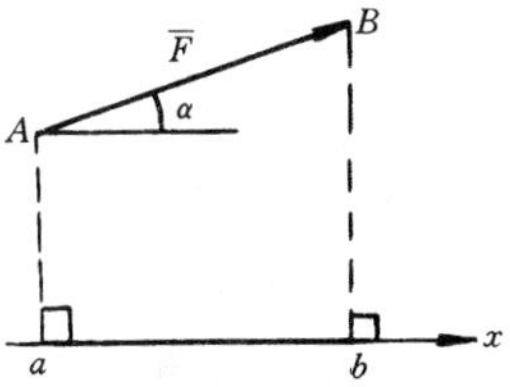

图 2-3

实际计算时，常取力与轴间的锐夹角为 α，其正负号由观察直接判断。可见，力在轴上的投影为一代数量。

若力 $\overline{F}$ 与轴 x 不共面，可过力 $\overline{F}$ 的始端作平行于 x 轴的 x' 轴，则力 $\overline{F}$ 在 x' 轴上的投影仍由式（2-2）计算。因为力在平行轴上的投影都相等，可知力在 x' 轴上的投影即为力 $\overline{F}$ 在 x 轴上的投影。

二、力在直角坐标轴上的投影

由于力在平行坐标轴上的投影相等，现仅讨论力 $\overline{F}$ 在以其力矢端点为原点的坐标轴上的投影。根据力 $\overline{F}$ 的已知条件，可采有直接投影法或二次投影法。

1. 直接投影法

设已知力 $\overline{F}$ 与 x、y、z 轴正向间的夹角分别为 α、β、γ（图 2-4），现求力 $\overline{F}$ 在各坐标轴上的投影。这时，根据式（2-2），只要将力 $\overline{F}$ 直接投影于相应的坐标轴上，可得力 $\overline{F}$ 在 x、y、z 轴上的投影 X、Y、Z 分别为

$$\left.\begin{aligned} X &= F\cos\alpha \\ Y &= F\cos\beta \\ Z &= F\cos\gamma \end{aligned}\right\} \tag{2-3}$$

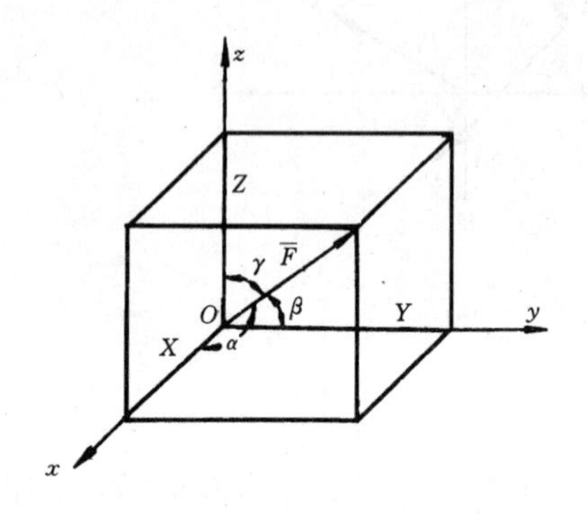

图 2-4

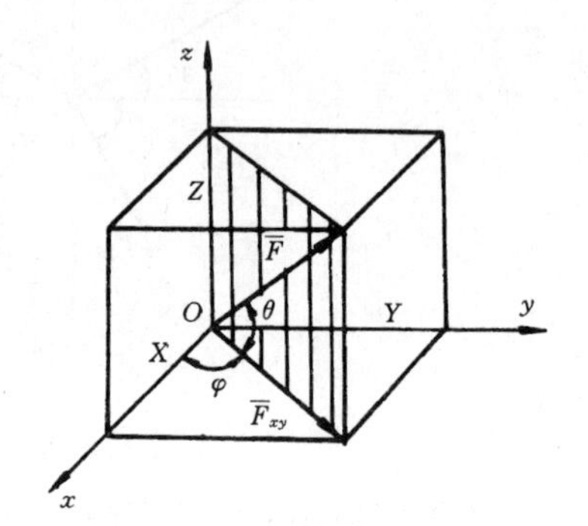

图 2-5

2. 二次投影法

在图 2-5 中所示的力 $\overline{F}$，已知夹角 θ 和 φ，现求力 $\overline{F}$ 在各坐标轴上的投影。由于力 $\overline{F}$ 与 x、y 间的夹角没有给出，不能应用式（2-3）求出 X 和 Y。这时可将力 $\overline{F}$ 沿 z 轴和 Oxy 平面分解为 $\overline{F}_z$ 和 $\overline{F}_{xy}$（$\overline{F}_{xy}$也称为力 $\overline{F}$ 在 Oxy 平面上的投影），由于 $\overline{F}_z$ 垂直于 Oxy 平面，只要将力 $\overline{F}_{xy}$再投影到 x、y 轴即可。于是，可得力 $\overline{F}$ 在三个坐标轴上的投影分别为

$$\left.\begin{aligned} X &= F_{xy}\cos\varphi = F\cos\theta\cos\varphi \\ Y &= F_{xy}\sin\varphi = F\cos\theta\sin\varphi \\ Z &= F\sin\theta \end{aligned}\right\} \tag{2-4}$$

三、力沿直角坐标轴的分解

设力 $\overline{F}$ 及直角坐标系 $Oxyz$ 如图 2-6 所示，现求力 $\overline{F}$ 沿三个坐标轴的分力。应用力的平行四边形法则，在力 $\overline{F}$ 及 z 轴的平面内，沿 z 轴及其垂直的方向分解，得分力 $\overline{F}_z=\overrightarrow{OB}$，$\overline{F}_{xy}=\overrightarrow{OE}$再将力 $\overline{F}_{xy}$沿 x 轴和 y 轴方向分解，得分力 $\overline{F}_x=\overrightarrow{OC}$和 $\overline{F}_y=\overrightarrow{OD}$。所得 $\overline{F}_x$、$\overline{F}_y$ 和 $\overline{F}_z$ 是力 $\overline{F}$ 沿空间直角坐标轴的三个分力。则有

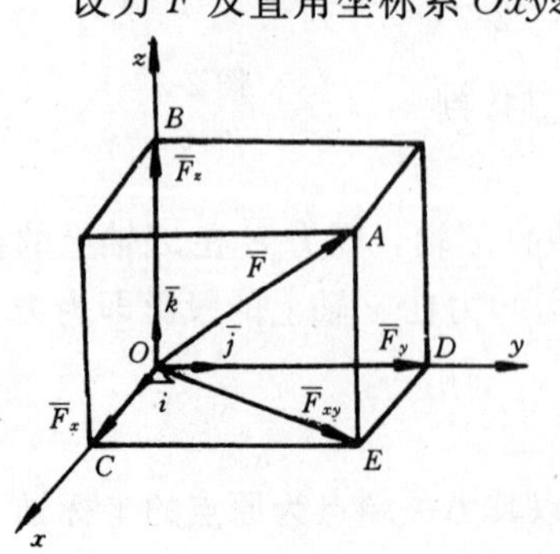

图 2-6

$$\overline{F} = \overline{F}_x + \overline{F}_y + \overline{F}_z$$

在图 2-6 中，若以 OC、OD 和 OB 为棱作正平行六面体，则 OA 恰为该六面体的对顶线，而三个棱边长是相

应三个分力的大小，同时也是力 $\overline{F}$ 在三个坐标轴上投影的绝对值。因而力沿直角坐标轴的分力的大小等于力在相应轴上投影的绝对值。但是，力沿坐标轴的分力是矢量，而力在坐标轴上的投影是代数量。若以 $\overline{i}$、$\overline{j}$、$\overline{k}$ 分别表示 x、y 和 z 轴的单位矢量，则有

$$\overline{F}_x = X\overline{i}, \quad \overline{F}_y = Y\overline{j}, \quad \overline{F}_z = Z\overline{k}$$

于是，力 $\overline{F}$ 可用其在轴上的投影表示为

$$\overline{F} = X\overline{i} + Y\overline{j} + Z\overline{k} \tag{2-5}$$

若已知力 $\overline{F}$ 在三个坐标轴上的投影，便可求出力 $\overline{F}$ 的大小及其方向余弦，即

$$\left.\begin{aligned} &F = \sqrt{X^2 + Y^2 + Z^2} \\ &\cos\alpha = X/F, \quad \cos\beta = Y/F, \quad \cos\gamma = Z/F \end{aligned}\right\} \tag{2-6}$$

式中，α、β 和 γ 为力 $\overline{F}$ 与 x、y、z 轴间的正向夹角，即力的方向角。

四、汇交力系的合成

若汇交力系中的任一力 $\overline{F}_i$ 在 x、y、z 轴上的投影分别为 X_i、Y_i 和 Z_i，力系的合力 $\overline{R}$ 在相应轴上的投影为 R_x、R_y 和 R_z。由线性代数知，合矢量在轴上的投影等于各分矢量在同一轴上投影的代数和。由式（2-1）可得

$$R_x = \Sigma X, \qquad R_y = \Sigma Y, \qquad R_z = \Sigma Z \tag{2-7}$$

故合力的大小和方向余弦分别为

$$\left.\begin{aligned} &R = \sqrt{R_x^2 + R_y^2 + R_z^2} = \sqrt{(\Sigma X)^2 + (\Sigma Y)^2 + (\Sigma Z)^2} \\ &\cos(\overline{R},\overline{i}) = \Sigma X/R \\ &\cos(\overline{R},\overline{j}) = \Sigma Y/R \\ &\cos(\overline{R},\overline{k}) = \Sigma Z/R \end{aligned}\right\} \tag{2-8}$$

对于平面汇交力系的情况，若力系在 Oxy 平面上，则有 $\Sigma Z \equiv 0$。于是，平面汇交力系的合力及与 x 轴的夹角 α 分别为

$$R = \sqrt{(\Sigma X)^2 + (\Sigma Y)^2}$$

$$\theta = \mathrm{arc\ tan}\frac{\Sigma Y}{\Sigma X} \tag{2-9}$$

【例 2-2】 用解析法重解例 2-1（图 2-2）。

【解】 对图示坐标系，合力 $\overline{R}$ 在轴上的投影由式（2-7）可得

$$R_x = \Sigma X = F_1\cos30° - F_2\cos30° - F_3\cos60° + F_4\cos45°$$

$$= 150 \cdot \sqrt{3}/2 - 200 \cdot \sqrt{3}/2 - 120 \cdot 0.5 + 180 \cdot \sqrt{2}/2 = 24.0\text{N}$$

$$R_y = \Sigma Y = F_1\sin30° + F_2\sin30° - F_3\sin60° - F_4\sin45°$$

$$= 150 \cdot 0.5 + 200 \cdot 0.5 - 120 \cdot \sqrt{3}/2 - 180 \cdot \sqrt{2}/2 = -56.2\text{N}$$

由式（2-9）可求得合力 $\overline{R}$ 的大小及与 x 轴的夹角 θ 分别为

$$R = \sqrt{R_x^2 + R_y^2} = \sqrt{(24.0)^2 + (-56.2)^2} = 61.1\text{N}$$

$$\tan\theta = \Sigma Y / \Sigma X = -56.2/24.0 = -2.342$$

$$\theta = -66.9^\circ$$

第三节　汇交力系的平衡

由汇交力系的合成结果可知，若力系的合力等于零，则刚体在该力系作用下继续保持平衡；若要刚体在力系作用下保持平衡，则该力系的合力必须为零。因而，**汇交力系平衡的必要和充分条件是该力系的合力等于零**。即

$$\overline{R} = \Sigma\overline{F} = 0 \qquad (2\text{-}10)$$

汇交力系的平衡条件可表示成两种不同的形式：

1. 几何条件

按照力多边形法则，在合力为零的情况下，力多边形中第一个力矢量 $\overline{F}_1$ 的起点与最后一个力矢量 $\overline{F}_n$ 的终点相重合。故**汇交力系平衡的必要与充分的几何条件是力多边形自行闭合**。

2. 解析条件

由空间汇交力系合成的解析法可知，合力等于零则要求式（2-7）中右边均为零，即

$$\Sigma X = 0, \qquad \Sigma Y = 0, \qquad \Sigma Z = 0 \qquad (2\text{-}11)$$

由此可知空间汇交力系平衡的必要与充分条件是力系中各力在直角坐标系各轴上投影的代数和分别等于零。式（2-11）为空间汇交力系的平衡方程。

如汇交力系中各力的作用线在 Oxy 平面内，得平面汇交力系的平衡方程为：

$$\Sigma X = 0, \qquad \Sigma Y = 0 \qquad (2\text{-}12)$$

应用汇交力系的平衡方程，对空间问题可以求解三个未知量，对平面问题可以求解两个未知量。实际计算时，并不要求投影轴必须正交，只要列出的平衡方程是独立的即可。一般可取投影轴与一个或两个未知力相垂直，以避免解联立方程组。

应用汇交力系的平衡条件，解题步骤为

（1）根据题意，恰当选取研究对象。

（2）分析研究对象受力，正确画出其受力图。

（3）应用平衡条件求解未知量。

【例 2-3】　平面刚架在 B 点受一水平力 $\overline{P}$ 作用，如图 2-7 所示。设 $P=30\text{kN}$，不计刚架本身重量，求 A、D 处的反力。

【解】（1）几何法

考虑刚架的平衡，其受力图如图 2-7*b*。因刚架只受三个力作用，根据三力平衡汇交定理，$\vec{P}$ 与 $\vec{R}_D$ 交于 C，故 $\vec{R}_A$ 必沿 AC 方向。

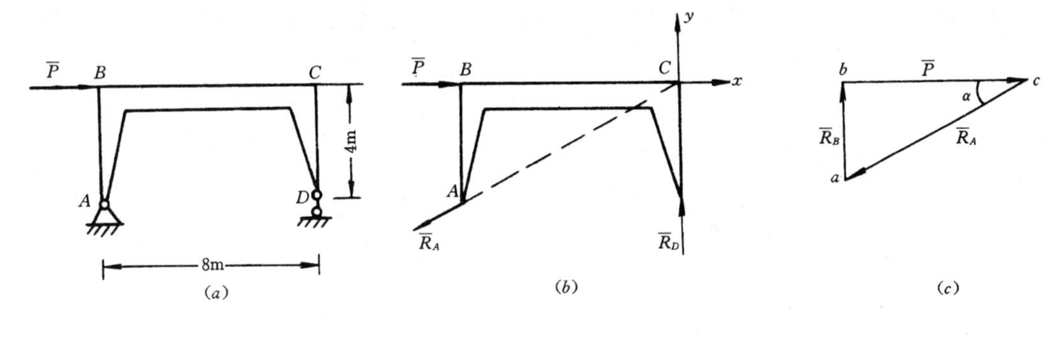

图 2-7

根据力系平衡的几何条件，从已知力 $\overline{P}$ 开始，可作出闭合力三角形如图 2-7c。由力三角形的几何关系，可知

$$R_B = \frac{1}{2}P = 15\text{kN}$$

$$R_A = \frac{P}{\cos\alpha} = \frac{30}{2/\sqrt{5}} = 33.5\text{kN}$$

（2）解析法

以图 2-7b 所示的 x、y 轴为投影轴，到平衡方程

$$\Sigma X = 0, \qquad P - \frac{2}{\sqrt{5}}R_A = 0$$

得
$$R_A = \frac{\sqrt{5}}{2}P = 33.5\text{kN}$$

$$\Sigma Y = 0, \qquad R_B - \frac{1}{\sqrt{5}}R_A = 0$$

得
$$R_B = \frac{1}{\sqrt{5}}R_A = 15\ \text{kN}$$

【例 2-4】 两个大小相同的圆球均重 W，放在一光滑的圆筒内，如图 2-8 所示。已知 W=120N，圆筒直径 D=45cm，园球直径 d=25cm，求圆筒对球的作用力 $\overline{N}_A$、$\overline{N}_C$ 和 $\overline{N}_D$ 的大小。

【解】 本题中有两个球，我们必须分别考虑两个球的平衡。

(1) 以球 O_1 为研究对象，球 O_1 的受力图如图 2-9a。

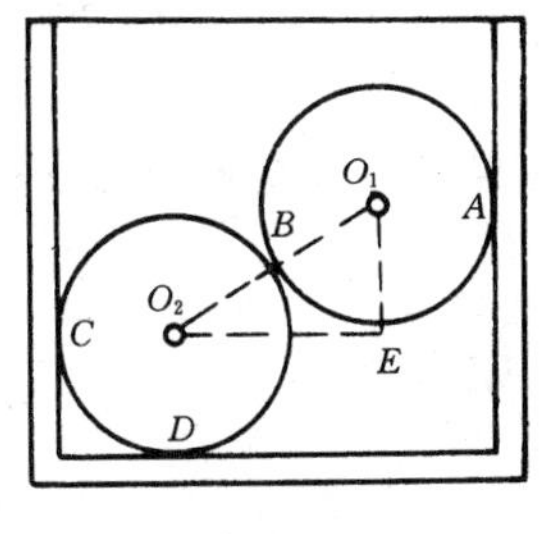

图 2-8

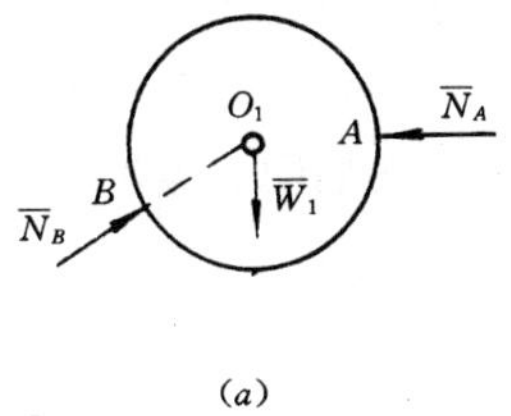

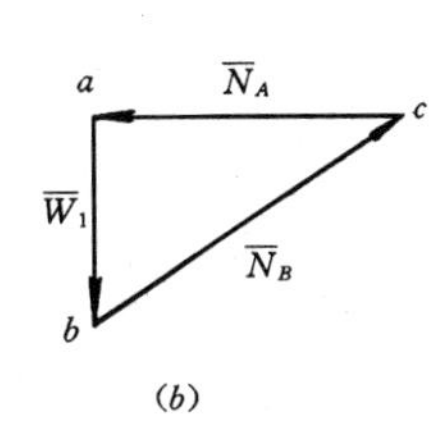

图 2-9

(2) 根据受力图作力三角形（图 2-9b）。由于这力三角形与位置图 ΔO_1O_2E 相似，所以

$$\frac{W_1}{O_1E}=\frac{N_A}{O_2E}=\frac{N_B}{O_1O_2}$$

已知 $O_1O_2=25\ \text{cm}, O_2E=20\ \text{cm}, O_1E=\sqrt{25^2-20^2}=15\ \text{cm}$。于是得出

$$N_A=\frac{O_2E}{O_1E}W_1=\frac{20}{15}\times 120=160\ \text{N}$$

$$N_B=\frac{O_1O_2}{O_1E}W_1=\frac{25}{15}\times 120=200\ \text{N}$$

(3) 以球 O_2 为对象。球 O_2 的受力如图 2-10a。其中 $\overline{N}'_B$ 与作用于球 O_1 的 $\overline{N}_B$ 互为作用力与反作用力，大小相等，即 $N'_B=N_B=200\text{N}$。

作出 $\overline{W}_2$、$\overline{N}'_B$、$\overline{N}_C$、$\overline{N}_D$ 组成的闭合力多边形。作此力多边形时，应从已知力 $\overline{N}'_B$ 与 $\overline{W}_2$ 开始，在 $\overline{W}_2$ 的终点作平行于 $\vec{N}_C$ 的直线，在 $\vec{N}'_B$ 的始点作平行于 $\vec{N}_D$ 的直线得闭合力多边形如图 2-10b 所示。

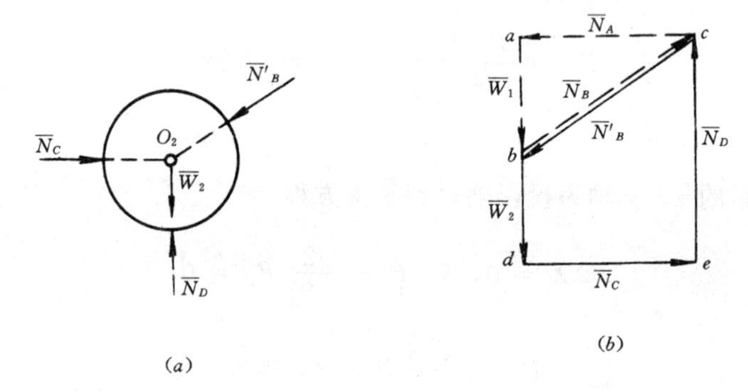

图 2-10

如果把球 O_1 的力三角形与球 O_2 的力多边形合并在一起，我们可以很清楚地看出：

$$N_C=N_A=160\ \text{N}, N_D=W_1+W_2=240\ \text{N}$$

【例 2-5】 用三角架 $ABCD$ 和绞车提升重 W 的物体，如图 2-11a 所示。设 ABC 为一等边三角形，各杆及绳索 DE 都与水平而成 60°角，已知 $W=36\ \text{kN}$，求将重物匀速吊起时各杆所受的力。滑轮大小及摩擦均不计，三杆均视为链杆。

【解】

(1) 取滑轮 D 为研究对象。

(2) 受力分析。设三杆所受的力都是压力。重力 $\overline{W}$，绳子拉力 T（$T=W$）及三杆作用于滑轮 D 的力 $\overline{S}_A$、$\overline{S}_B$、$\overline{S}_C$、组成空间汇交力系。

(3) 列平衡方程求解。取坐标系如图。显然，除 $\overline{W}$ 平行于 z 轴外，其余各力与 z 轴的夹角都等于 30°，由

$$\Sigma Z=0, (S_A+S_B+S_C)\cos 30°-T\cos 30°-W=0$$

即
$$S_A+S_B+S_C=\left(1+\frac{2}{\sqrt{3}}\right)W \tag{1}$$

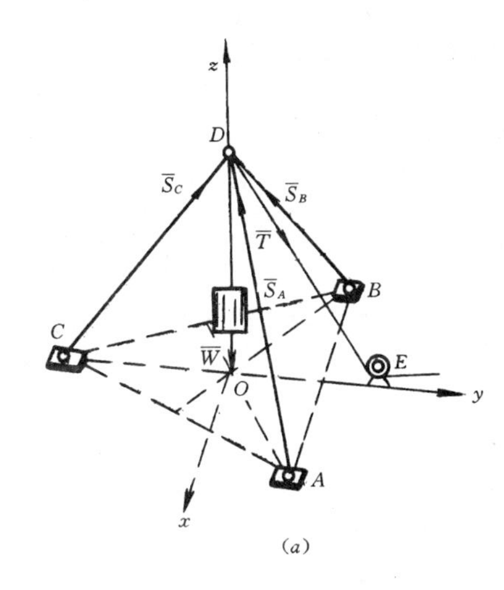

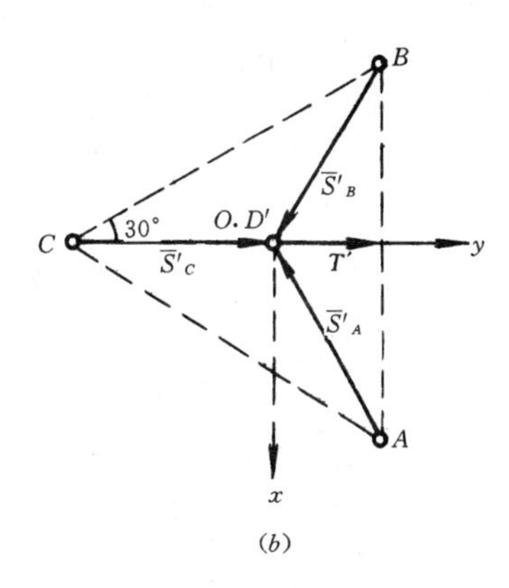

图 2-11

为了便于计算 $\overline{S}_A$、$\overline{S}_B$、$\overline{S}_C$ 在 x 及 y 轴上的投影，采用二次投影法，首先将各力投影到 xy 平面上（图 2-11b）。得

$$S'_A = S_A\cos 60°, \quad S'_B = S_B\cos 60°, \quad S'_C = S_C\cos 60°$$

$$T' = T\cos 60°$$

由 $$\Sigma X = 0, \qquad -S'_A\sin 60° + S'_B\sin 60° = 0$$

即 $$-S_A\cos 60°\sin 60° + S_B\cos 60\sin 60° = 0$$

$$S_A = S_B \tag{2}$$

由 $$\Sigma Y = 0, \qquad T' + S'_C - S'_A\cos 60° - S'_B\cos 60° = 0$$

$$T\cos 60° + S_C\cos 60° - S_A\cos^2 60° - S_B\cos^2 60° = 0$$

即 $$T + S_C - \frac{1}{2}S_A - \frac{1}{2}S_B = 0 \tag{3}$$

联立求解式（1）、（2）、（3）得

$$S_C = \frac{2-\sqrt{3}}{3\sqrt{3}}W = 1.86\ \text{kN}$$

$$S_A = S_B = S_C + W = 37.9\ \text{kN}$$

思　考　题

1. 在汇交力系中，用解析法求其合力或求解平衡问题时，所取坐标轴是否一定要互相垂直，为什么？试分别说明之。

2. 空间汇交力系 $\overline{F}_1$，$\overline{F}_2$，…，$\overline{F}_n$，如果不平衡，可合成一个合力 $\overline{R}$。设 $\overline{R}$ 在 z 轴上。要判断该力系是否平衡。只要一个独立的平衡方程 $\Sigma F_z=0$ 就行了。而空间汇交力系有三个独立的平衡方程。这两种说法是否矛盾，为什么？

3. 用解析法求汇交力系的合力时，若取不同的直角坐标系，所求的合力是否相同？为什么？

4. 当已知合力 $\overline{R}$ 的大小和方向后，如何确定其分力的大小和方向。要使问题可解，需要什么补充规定，并作图说明之。

5. 作用线不在同一平面上的三个力，是否可能使物体保持平衡？试述其理由。

6. 下面两种说法是否正确？为什么？

（1）同一平面内作用线不汇交于一点的三个力一定不平衡；

（2）同一平面内作用线汇交于一点的三个力一定平衡。

习　　题

2-1　结构的节点 O 上作用着四个共面力，如图所示，已知 $F_1=150\text{N}$，$F_2=80\text{N}$，$F_3=140\text{N}$，$F_4=50\text{N}$。试求这四个力的合力。

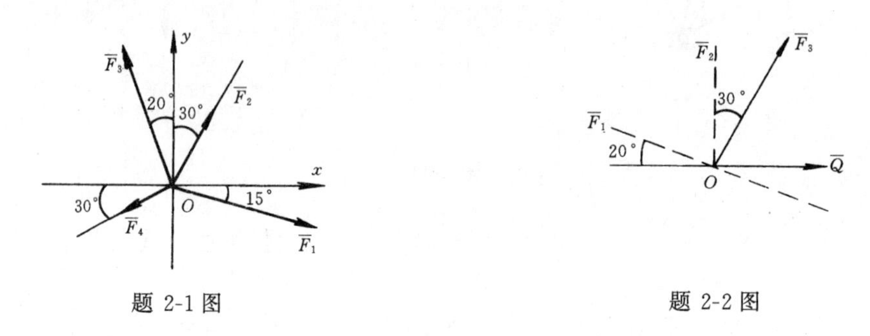

题 2-1 图　　　　题 2-2 图

2-2　设 $\overline{Q}$ 为 $\overline{F}_1$、$\overline{F}_2$、$\overline{F}_3$ 三个力的合力，已知 $Q=1\text{ kN}$，$F_3=1\text{ kN}$。试用几何法求合力 $\overline{F}_1$ 与 $\overline{F}_2$ 的大小和指向。

2-3　图示长方体上作用有汇交力系$\overline{F}_1$、$\overline{F}_2$、$\overline{F}_3$。已知 $F_1=100\text{ kN}$，$F_2=200\text{ kN}$，$F_3=300\text{ kN}$，各力的方向及尺寸如图所示。试求该力系的合力。

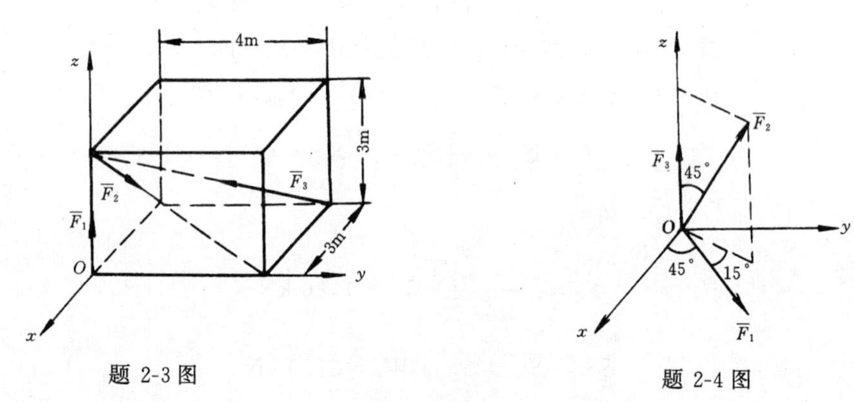

题 2-3 图　　　　题 2-4 图

2-4　求图示三力的合力。已知：$F_1=20\text{ kN}$，$F_2=30\text{ kN}$，$F_3=15\text{ kN}$。

2-5　图示汇交力系中，已知：$F_1=2\sqrt{6}\text{N}$，$F_2=2\sqrt{3}\text{N}$，$F_3=1\text{N}$，$F_4=4\sqrt{2}\text{N}$，$F_5=7\text{N}$，求这五个力合成的结果。

2-6　一重 10 kN 的重物用两根不计重量的绳索悬挂如图所示，求绳索拉力 T_{BA}和 T_{BC}。

2-7　图示系统中，在绳索 AC、BC 的节点 C 处作用有力 $\overline{P}$ 和 $\overline{Q}$，BC 为水平方向。已知 $Q=534N$，欲使该两根绳索始终保持张紧，求力 $\overline{P}$ 的取值范围。

2-8　在固定的铅垂铁环上套着一个重 G 的光滑小环 B，小环又用弹性线 AB 维持平衡。线的拉力 T 和线的伸长量 Δl 成正比，即 $T=C\cdot\Delta l$，其中 C 是比例常数。设弹性线原长 l_1，伸长后的长度是 l_2，求平衡时的角 φ。

2-9　匀质杆重 $W=100\text{ N}$，两端分别放在与水平面成 30°和 50°倾角的光滑斜面上，求平衡时这两斜面

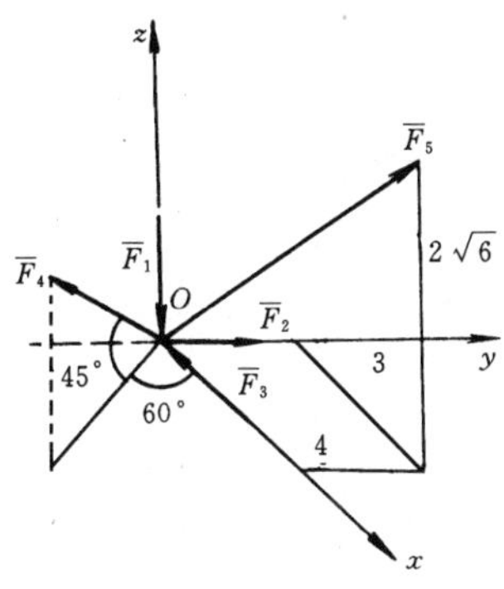
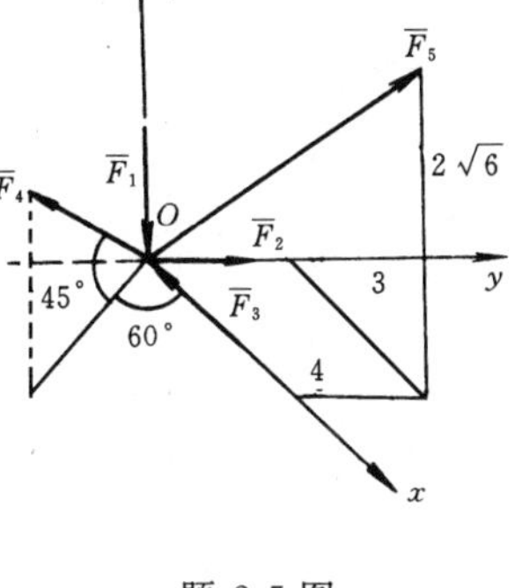

题 2-5 图

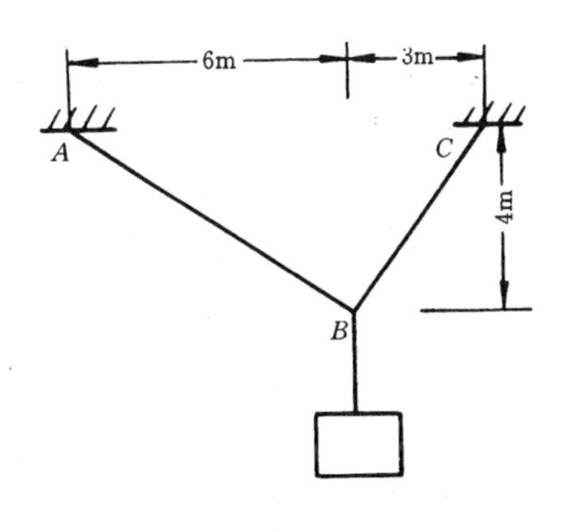

题 2-6 图

题 2-7 图

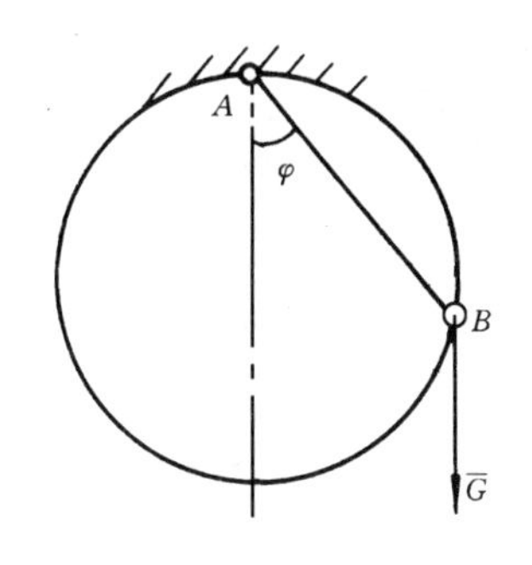

题 2-8 图

对杆的反力以及杆与水平面间的夹角。

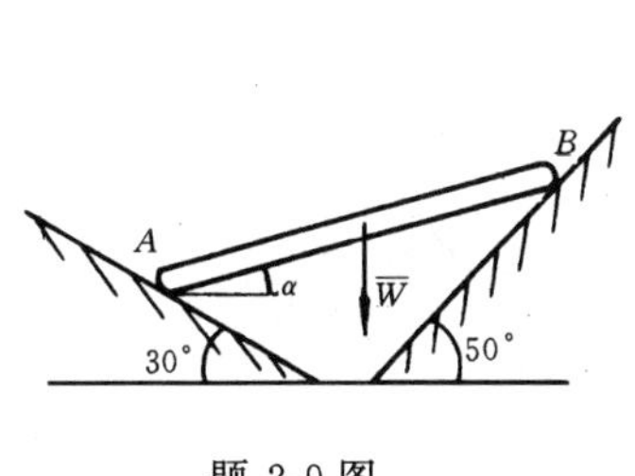

题 2-9 图

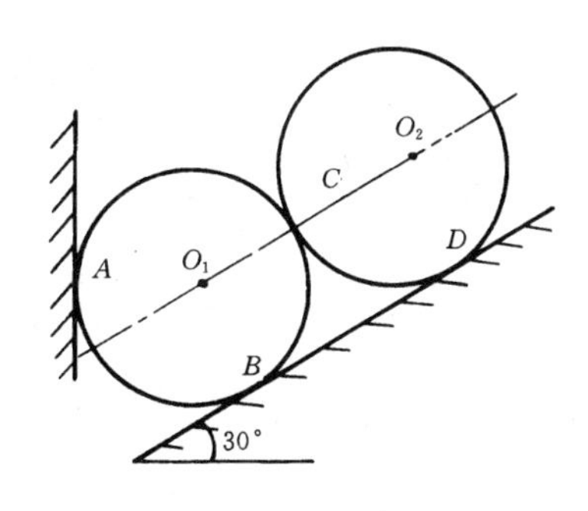

题 2-10 图

2-10　两个相同的圆柱置于光滑斜面上，用一铅垂的板档住如图示。设圆柱重 100N，求 N_A 和 N_B。

2-11　用一组绳挂一重 $P=1$ kN 的物体，求各段绳的拉力。

2-12　在光滑斜面 OA 和 OB 间放置两个彼此接触的光滑匀质圆柱，圆柱 C_1 重 $G_1=50$ N，圆柱 C_2 重 $G_2=150$ N，各圆柱的重心位于图纸平面内。求圆柱在图示位置平衡时，中心线 C_1C_2 与水平线的夹角 φ。并求圆柱对斜面的压力以及圆柱间压力的大小。

2-13　一物重 W，以长为 l 的一根软绳 AD、BD、CD 悬挂于天花板上 A、B、C 三点如图所示。设 A、B、C 连成一边长为 a 的等边三角形，求绳子的拉力。

2-14　一重物由三杆支持如图所示，设杆的重量不计，求各杆内力。

2-15　杆系铰接如图所示，沿杆 3 与杆 5 分别作用力 $\overline{Q}$ 和 $\overline{P}$，试求各杆内力。

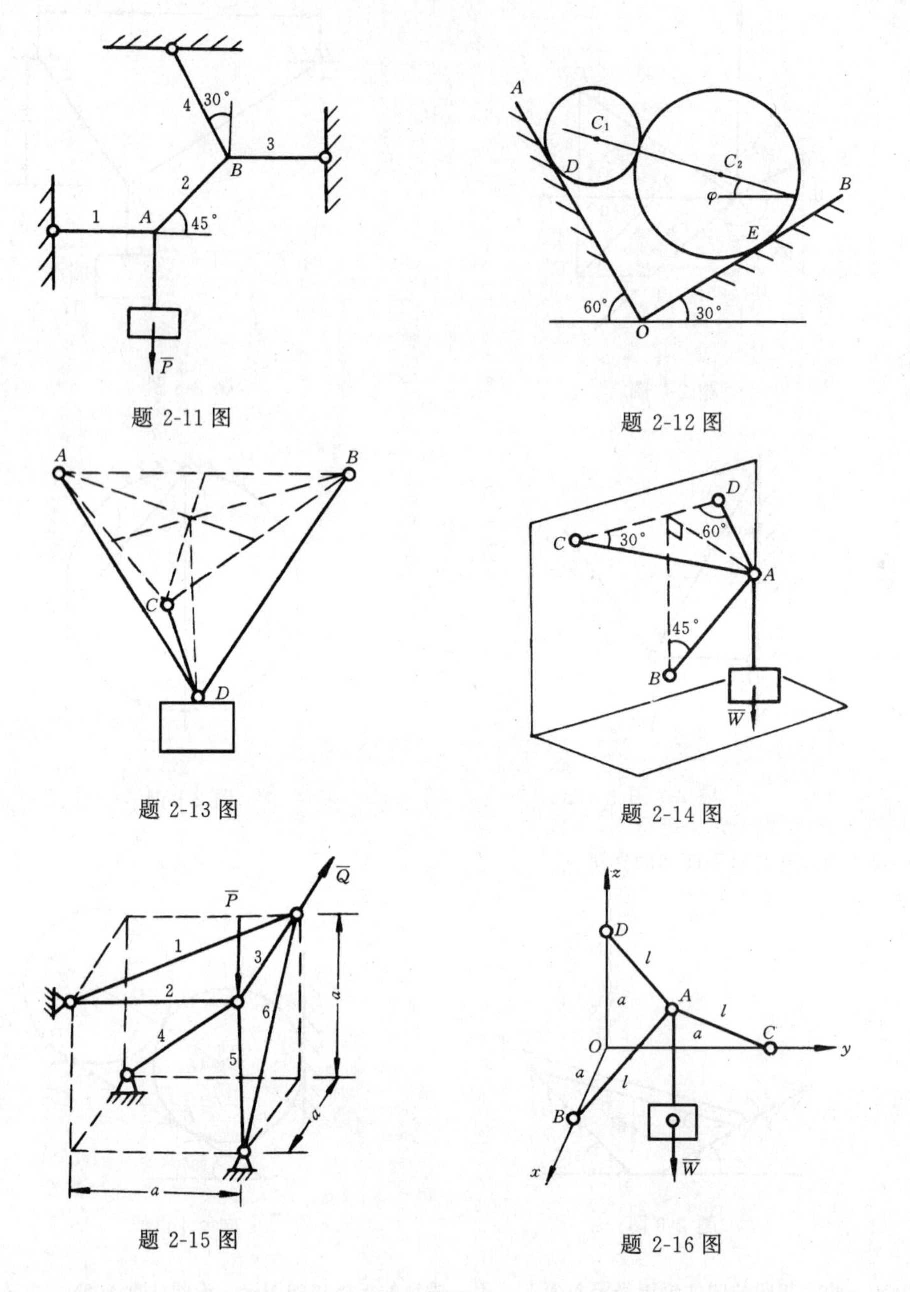

题 2-11 图

题 2-12 图

题 2-13 图

题 2-14 图

题 2-15 图

题 2-16 图

2-16 一重物重 W，由三杆支持如图示，$l>\sqrt{\frac{2}{3}}a$。设杆重不计且可视为二力杆，求各杆内力。

第三章　力矩与力偶理论

第一节　力对点之矩

一、力对点之矩的定义

由实践经验可知，一个自由物体受力作用时，当力作用线不通过该物体的质心时，将使该物体既移动又转动。又如用扳手拧紧螺栓时（图 3-1），作用在扳手上的力 $\overline{F}$ 使扳手绕支点 O 转动，其转动效果不仅与力 $\overline{F}$ 的大小成正比，而且还与支点 O 到力 $\overline{F}$ 作用线的垂直距离 d 成正比。一般情况下，设平面内作用有力 $\overline{F}$，在同一平面内任取一点 O，称为**矩心**，O 点到力 $\overline{F}$ 作用线的距离称为**力臂**(图 3-2)，则力 $\overline{F}$ 使物体绕 O 点的转动效应定义为**力对点之矩**，它等于力与力臂的乘积并冠以适当的正负号，用符号 m_O（$\overline{F}$）表示。即

$$m_O(\overline{F}) = \pm Fd \tag{3-1}$$

并规定力使物体绕矩心逆时针转动时，力对点之矩取正号，简称为力矩的转向逆时针为正；反之，力矩的转向顺时针为负。可见，平面中力对点之矩是一代数量。力矩的单位为牛·米（N·m）或千牛·米（kN·m）。

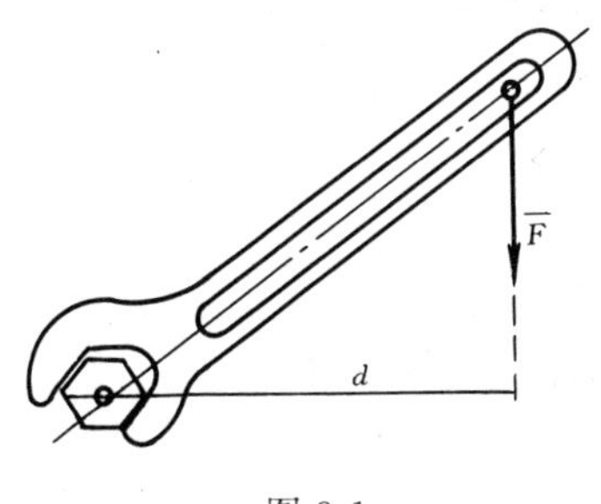

图 3-1

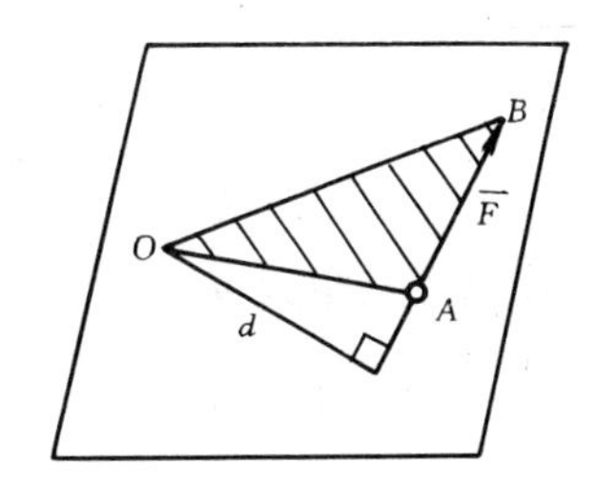

图 3-2

由图 3-2 可见，乘积 Fd 是以力矢 $\overline{F}$ 为底边，矩心 O 为顶点的三角形 OAB 面积的两倍。因此，力对点之矩又可表示为

$$m_O(\overline{F}) = \pm 2\Delta OAB\ 面积 \tag{3-2}$$

在空间问题中，各力与矩心所组成的平面（力矩平面）的方位一般是不相同的，或者同一个力对空间的不同点取矩，其力矩平面的方位也不相同，对物体的转动效应将完全不同。因而在空间问题中，力使刚体绕矩心的转动效应取决于三要素，即力矩的大小、力矩平面的方位以及力矩在力矩平面内的转向。考虑上述三个因素，力对点之矩必须用矢量表示。如图 3-3 所示，力 $\overline{F}$ 对 O 点之矩矢用 $\overline{m}_O(\overline{F})$ 表示，简称为力矩矢。矩矢$\overline{m}_O$（$\overline{F}$)的长度按所选比例尺表示力矩的大小；即

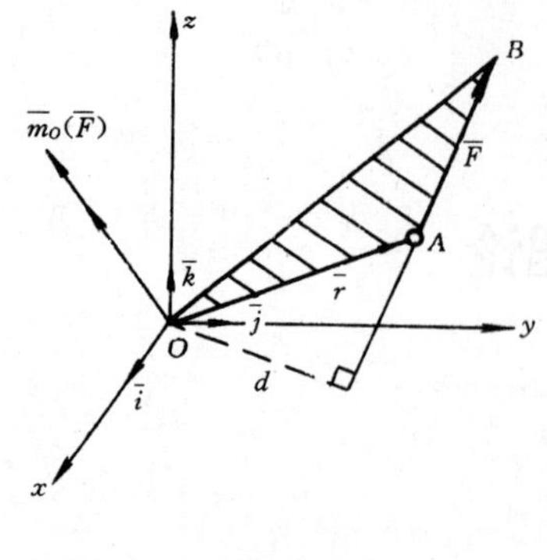

图 3-3

$$|\overline{m}_O(\overline{F})| = Fd = 2\Delta OAB \text{ 面积}$$

矩矢的方位与力矩作用面的方位相同；指向按右手规则确定。即紧握右手以四指表示力矩转向，则竖起大姆指沿力矩平面法线的指向，就是矩矢 $\overline{m}_O(\overline{F})$ 的指向。

由图 3-3 可知，当矩心 O 的位置改变时，矩矢 $\overline{m}_O(\overline{F})$ 的大小和方向都将随之而变。即 $\overline{m}_O(\overline{F})$ 完全依赖于矩心 O 的位置，因此矩矢 $\overline{m}_O(\overline{F})$ 是一**定位矢量**，表示时必须画在矩心处。为了与力矢相区别，本书以带双箭头的线段表示力矩矢。

作用于刚体上的力，根据力对点之矩的定义可知：

1. 当力沿其作用线移动时，力对点之矩不变。

2. 当力等于零或力作用线通过矩心时，力对点之矩为零。

二、力对点之矩的矢积式与解析式

在图 3-3 中，从矩心 O 至力 $\overline{F}$ 的作用点作矢量 $\overline{r}$，$\overline{r}$ 表示力作用点相对矩心的位置矢量，称为 A 点的矢径。由线性代数知，两矢量 $\overline{r}$、$\overline{F}$ 的矢积表示一个矢量，其大小等于三角形 OAB 面积的两倍，其方位是二矢量所在平面的法线方位，指向也按右手规则确定。所以，$\overline{r}\times\overline{F}$ 这一矢量与力矩矢 $\overline{m}_O(\overline{F})$ 完全相同。即

$$\overline{m}_O(\overline{F}) = \overline{r}\times\overline{F} \tag{3-3}$$

此式称为力对点之矩的矢积表达式。式 (3-3) 是一般情况下力对点之矩的定义式，即一力对任一点之矩定义为**力作用点对矩心的矢径与该力的矢积**。

以矩心 O 为坐标原点，作直角坐标系 $Oxyz$，坐标轴的单位矢量为 $\overline{i}$、$\overline{j}$、$\overline{k}$（图 3-3）。设力 $\overline{F}$ 作用点的坐标为 A（x，y，z），$\overline{F}$ 在坐标轴上的投影为 X、Y、Z，则

$$\overline{r} = x\overline{i} + y\overline{j} + z\overline{k}$$

$$\overline{F} = X\overline{i} + Y\overline{j} + Z\overline{k}$$

于是，力 $\overline{F}$ 对 O 点的矩矢 $\overline{m}_O(\overline{F})$ 为

$$\overline{m}_O(\overline{F}) = (x\overline{i} + y\overline{j} + z\overline{k})\times(X\overline{i} + Y\overline{j} + Z\overline{k})$$

$$= \begin{vmatrix} \overline{i} & \overline{j} & \overline{k} \\ x & y & z \\ X & Y & Z \end{vmatrix}$$

$$= (yZ - zY)\overline{i} + (zX - xZ)\overline{j} + (xY - yX)\overline{k} \tag{3-4}$$

上式即为力对点之矩的解析表达式。由此式可知力矩矢 $\overline{m}_O(\overline{F})$ 在各直角坐标轴上的投影分别为

$$\left.\begin{aligned} [\overline{m}_O(\overline{F})]_x &= yZ - zY \\ [\overline{m}_O(\overline{F})]_y &= zX - xZ \\ [\overline{m}_O(\overline{F})]_z &= xY - yX \end{aligned}\right\} \tag{3-5}$$

显然，只要能求出力作用点的坐标和力的投影，就可由上式计算力矩矢的投影，也不难计算力矩矢的大小和方向。

三、合力矩定理

合力矩定理为：**合力对任一点的矩矢等于其分力对同一点的矩矢的矢量和。**

现予以证明。设力 $\overline{F}_1$ 与 $\overline{F}_2$ 汇交于刚体上的 A 点，其合力为 $\overline{R}$，即 $\overline{R}=\overline{F}_1+\overline{F}_2$。合力 $\overline{R}$ 对任一点 O 的力矩（图 3-4），据式（3-3）

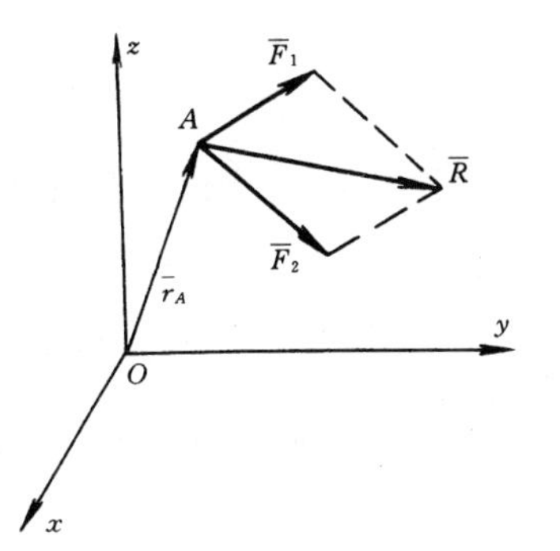

图 3-4

$$\overline{m}_O(\overline{R})=\overline{r}_A\times\overline{R}=\overline{r}_A\times(\overline{F}_1+\overline{F}_2)$$

$$=\overline{r}_A\times\overline{F}_1+\overline{r}_A\times\overline{F}_2$$

$$=\overline{m}_O(\overline{F}_1)+\overline{m}_O(\overline{F}_2)$$

即
$$\overline{m}_O(\overline{R})=\Sigma\overline{m}_O(\overline{F}) \qquad (3\text{-}6)$$

于是定理得证。

【例 6-1】 正方体的边长 $a=20$ cm，力 $\overline{F}$ 沿对顶线 AB 作用如图 3-5 所示。力 $\overline{F}$ 的大小以 AB 线的长度表示，每 1 cm 表示 10N。试求力 $\overline{F}$ 对 O 点的矩。

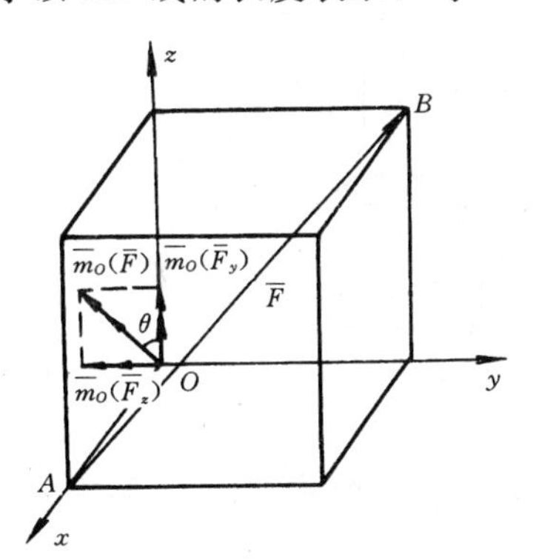

图 3-5

【解】 正方体对顶线的长度 $AB=\sqrt{a^2+a^2+a^2}=\sqrt{3}\,a$，力 $\overline{F}$ 的大小 $F=\sqrt{3}\cdot 20\cdot 10=200\sqrt{3}$ N。现用解析式（3-4）求 $\overline{m}_O(\overline{F})$。

力 $\overline{F}$ 在各坐标轴上的投影分别为

$$X=-\frac{a}{\sqrt{3}\,a}F=-\frac{1}{\sqrt{3}}200\sqrt{3}=-200\text{ N}$$

$$Y=\frac{a}{\sqrt{3}\,a}F=200\text{ N}$$

$$Z=\frac{a}{\sqrt{3}\,a}F=200\text{ N}$$

力作用点 A 的坐标为（20，0，0），由式（3-5）有

$$[\overline{m}_O(\overline{F})]_x=yZ-zY=0$$

$$[\overline{m}_O(\overline{F})]_y=zX-xZ=0-20\times200=-4000\text{ N}\cdot\text{cm}=-40\text{ N}\cdot\text{m}$$

$$[\overline{m}_O(\overline{F})]_z=xY-yX=20\times20=4000\text{ N}\cdot\text{cm}=40\text{ N}\cdot\text{m}$$

故
$$\overline{m}_O(\overline{F})=0\overline{i}-40\overline{j}+40\overline{k}(\text{N}\cdot\text{m})$$

$\overline{m}_O(\overline{F})$ 示于图 3-5 中，其大小为

$$|\overline{m}_O(\overline{F})|=\sqrt{0+(-40)^2+40^2}=40\sqrt{2}=56.6\text{ N}\cdot\text{m}$$

矩矢在 yz 平面内，与 z 轴正向的夹角 θ 为

$$\theta = \arctan \frac{|-40|}{40} = 45°$$

讨论　$\overline{m}_O(\overline{F})$ 也可应用合力矩定理计算。即

$$\overline{m}_O(\overline{F}) = \overline{m}_O(\overline{F}_x) + \overline{m}_O(\overline{F}_y) + \overline{m}_O(\overline{F}_z)$$

其中，$\overline{m}_O$（$\overline{F}_x$）$=0$，$\overline{m}_O$（$\overline{F}_y$）$=\overline{r}_A\times\overline{F}_y=40\overline{k}$ N·m，$\overline{m}_O$（$\overline{F}_z$）$=\overline{r}_A\times\overline{F}_z=-40\overline{j}$ N·m。二矩矢的矢量和即为 $\overline{m}_O$（$\overline{F}$）。

第二节　力偶与力偶矩

一、力偶

作用于同一物体上的大小相等、方向相反、但不共线的两个平行力，称为**力偶**(图3-6)。力 $\overline{F}$ 与 $\overline{F}'$ 所组成的力偶用符号（$\overline{F}$，$\overline{F}'$）表示，力偶（$\overline{F}$，$\overline{F}'$）的两个力所在的平面称为**力偶作用面**。两力作用线之间的距离 d 称为**力偶臂**。例如汽车司机用双手转动方向盘的两力(图3-7)，就可近似地看作力偶。

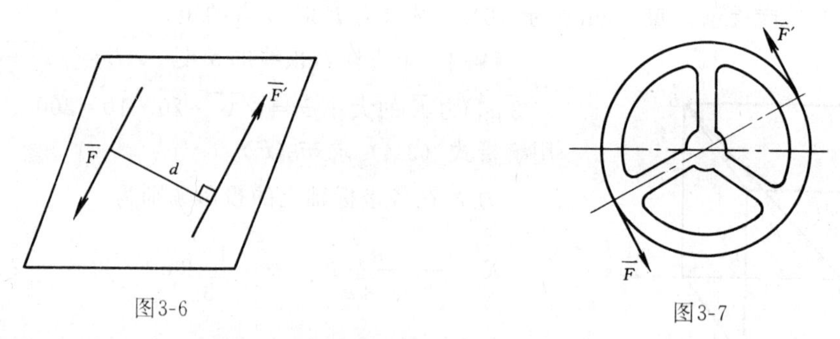

图3-6　　　　图3-7

力偶与力一样，是力学中的重要概念。但力偶与力不同：**力偶没有合力**。因之**力偶不能与一力等效，力偶也不能由一力所平衡**。

现在我们证明力偶没有合力。设两个指向相反的平行力 $\overline{F}_1$和 $\overline{F}_2$(图3-8)，并且 $F_1>F_2$。在物理中已经讨论过，不相等的两个反向平行力的合成结果是一合力，合力的大小等于两分力之差，即

$$R = |F_1 - F_2| \tag{3-7}$$

合力的方向与较大一力的方向相同；合力作用线在较大一力外侧，且外分这两力作用点的连线而与两分力的大小成反比，即

$$AC/BC = F_2/F_1$$

或

$$AC/AB = F_2/R \tag{3-8}$$

根据式（3-7）和（3-8），当 $F_1=F_2$时，则 $R=0$，$AC\rightarrow\infty$。因而力偶没有合力。

图3-8

二、力偶矩

由于力偶不能与一力等效，力偶对物体的效应与力也就不同。由实践经验可知，当自由刚体受力作用时，若力的作用线通

过该刚体的质心，该刚体在力的方向上平动；若力的作用线不通过刚体的质心时，该刚体将产生移动和转动。力偶对自由刚体作用的结果只使该刚体产生转动。显然，力偶使刚体产生的转动效应是由组成力偶的两力共同作用的结果。而力使刚体绕某点的转动效应是用力对该点之矩来度量，因而力偶使刚体绕某点的转动效应则应由组成力偶的两力对该点的矩之和来度量。

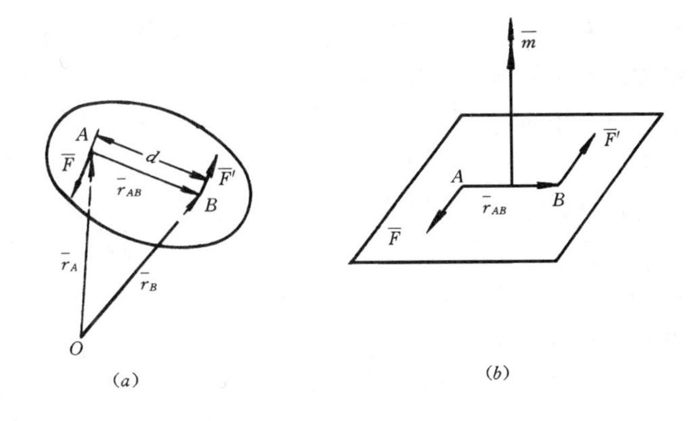

图3-9

设刚体上作用有力偶 $(\overline{F},\overline{F}')$（图3-9$a$）。对于任一点$O$，力$\overline{F}$与$\overline{F}'$的作用点$A$和$B$对于$O$点的矢径分别为$\overline{r}_A$和$\overline{r}_B$，而$B$点相对于$A$点的矢径为$\overline{r}_{AB}$。由图可知，$\overline{r}_B=\overline{r}_A+\overline{r}_{AB}$。于是，组成力偶的两力对$O$点之矩的和为

$$\overline{m}_O(\overline{F})+\overline{m}_O(\overline{F}')=\overline{r}_A\times\overline{F}+\overline{r}_B\times\overline{F}'$$

$$=(\overline{r}_B-\overline{r}_A)\times\overline{F}'$$

$$=\overline{r}_{AB}\times\overline{F}'$$

矢积$\overline{r}_{AB}\times\overline{F}'$称为**力偶矩矢**。注意到当力沿其作用线移动时，力对点之矩不变，所以A与B可以是力$\overline{F}$与$\overline{F}'$作用线上的任意两点，而$\overline{r}_{AB}\times\overline{F}'$的方向垂直于力偶作用面，大小等于力偶臂与力的乘积。可见**力偶对任一点之矩都等于力偶矩，而与矩心位置无关**，说明力偶矩矢是力偶对刚体产生的绕任一点转动效应的度量。因此，当研究力偶对刚体的转动效应时，不必指明矩心。即力偶矩矢的作用点可取在刚体上的任一点，或者说，矩矢可沿其矢量作用线移动或平行于其作用线移动时，都不改变力偶矩矢。因而**力偶矩矢量是一个自由矢量**。力偶矩矢用符号$\overline{m}$表示，则

$$\overline{m}=\overline{r}_{AB}\times\overline{F}' \tag{3-9}$$

由矢量积可知，力偶矩$\overline{m}$的模等于$F'd=Fd$，即力偶矩的大小等于力偶中的一力与力偶臂之积，$\overline{m}$垂直于力偶作用平面，其指向根据右手规则由力偶的转向确定。力偶矩矢$\overline{m}$由带双箭头的线段表示如图3-9b所示。

对于在同一平面内的力偶系，各力偶的作用面相互重合，可知各力偶矩的方位相同。这时，力偶矩可用一代数量表示，即

$$m=\pm Fd \tag{3-10}$$

规定当力偶使刚体产生逆时针的转动时，力偶矩取正值，反之则取负值。

力偶矩的单位与力矩相同，其法定计量单位是牛·米（N·m）或千牛·米（kN·m）。

读者应注意，力矩和力偶矩分别表示力与力偶对刚体转动效应的度量。但力矩是定位矢量，必须画在矩心处；力偶矩是自由矢量，与矩心位置无关。再次表明力与力偶的性质不同。

三、力偶的等效

若两个力偶对刚体的作用效果相同，则称该二力偶等效。由于力偶对刚体只产生转动效

应，而转动效应完全由力偶矩度量，因此**若两力偶的力偶矩矢相等，则该两力偶等效**。或简述为**力偶矩相等的力偶等效**。

由上述知，力偶对刚体的作用，完全取决于力偶矩矢。那么，在保证力偶矩矢不变的前提下，力偶中的力或作用位置还可以有所变化，这就是**力偶的等效变换性质**：

1. 只要保持力偶矩的大小与转向不变，可以将力偶在其作用面内任意移转，也可改变力和力偶臂的大小，而不改变力偶对刚体的效应。

2. 只要保持力偶矩的大小与转向不变，力偶可以平行地移至另一个平面内，而不改变力偶对刚体的效应。

力偶之所以具有以上特性，是由于力偶的这些变化没有改变力偶矩矢的大小和方向，即没有改变力偶对刚体的作用。因此，今后我们只关心力偶的力偶矩矢，而不过问该力偶中力的大小，方向和作用线。故在表示力偶时，只要在力偶作用面内用带箭头的弧线表示力偶的转向，旁边标注力偶矩 m 的值即可。

第三节　力偶系的合成与平衡

一、力偶系的合成

作用在刚体上的一群力偶，称为力偶系。若一力偶与一力偶系等效，则称此力偶为该力偶系的合力偶。力偶系的合成就在于求出合力偶的力偶矩 $\overline{M}$。

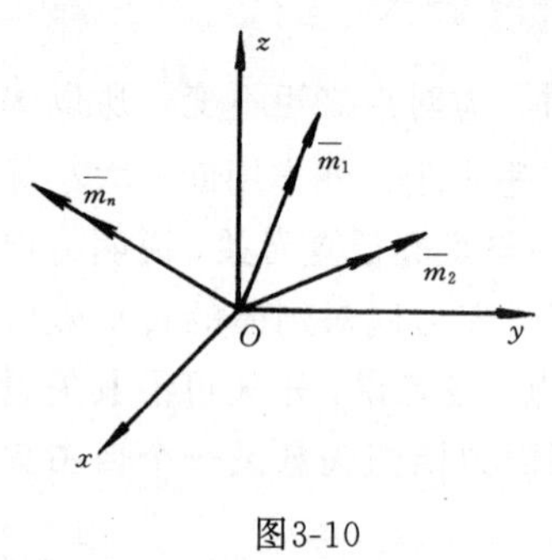

图3-10

由力对点之矩的矢积式（3-3）可知，力矩矢是由 $\overline{r}\times\overline{F}$ 所确定的一个定位矢量，因而力矩矢符合包括矢量合成的矢量运算法则。力偶矩矢是由力偶中两力对任一点之矩的矢量和，并且为一自由矢量，也必然符合矢量运算法则。当研究由 n 个力偶所组成的力偶系的合成时，根据力偶的特性，只要将每一个力偶表示为力偶矩矢 $\overline{m}$，并且于刚体上的任一点 O 画出（图3-10），这样就得到了作用在 O 点的 n 个力偶矩矢。再根据矢量合成的平行四边形法则，依次两两相加，最终将得到一个合力偶矩矢 $\overline{M}$。即

$$\overline{M}=\overline{m}_1+\overline{m}_2+\cdots+\overline{m}_n=\Sigma\overline{m} \tag{3-11}$$

可见，**力偶系合成的结果为一合力偶，合力偶矩矢等于各分力偶矩矢的矢量和。**

对于选定的坐标系 $Oxyz$，合力偶矩矢的大小和方向余弦可由下式确定：

$$\begin{cases}M=\sqrt{(\Sigma m_x)^2+(\Sigma m_y)^2+(\Sigma m_z)^2}\\ \cos(\overline{M},\overline{i})=\Sigma m_x/M,\\ \cos(\overline{M},\overline{j})=\Sigma m_y/M\\ \cos(\overline{M},\overline{k})=\Sigma m_z/M\end{cases} \tag{3-12}$$

其中，m_x、m_y、m_z 分别表示力偶矩矢在各直角坐标轴上的投影。

若刚体上作用有平面力偶系，力偶矩用代数量表示，则合力偶矩等于各分力偶矩的代

数和。即

$$M = m_1 + m_2 + \cdots + m_n = \Sigma m \tag{3-13}$$

【例3-2】 试求图3-11a所示三个力偶的合成结果。已知 $F_1=F'_1=200\text{N}$，$F_2=F'_2=150\text{N}$，$F_3=F'_3=100\text{N}$。尺寸如图所示。

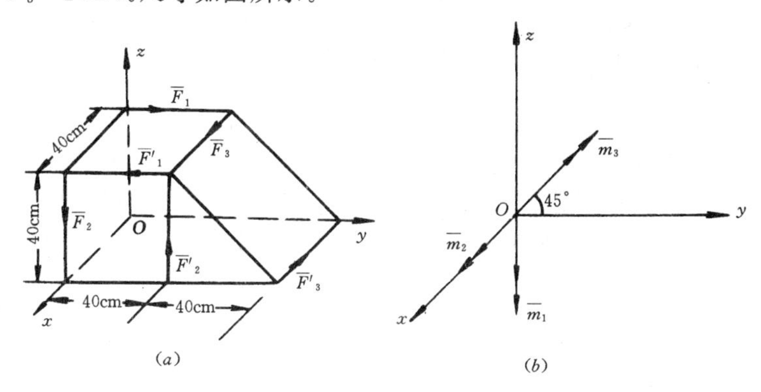

图3-11

【解】 现由解析法求此空间力偶系的合成结果。

(1) 取直角坐标系 $Oxyz$，将各力偶以力偶矩矢表示。由于力偶矩矢为自由矢量，同时为了便于计算，将各力偶矩矢均从坐标原点 O 画出如图3-11b所示。各力偶矩矢的大小分别为

$$m_1 = 200 \cdot 40 = 8000\text{N} \cdot \text{cm} = 80\ \text{N} \cdot \text{m}$$

$$m_2 = 150 \cdot 40 = 6000\text{N} \cdot \text{cm} = 60\ \text{N} \cdot \text{m}$$

$$m_3 = 100 \cdot 40\sqrt{2} = 4000\sqrt{2}\,\text{N} \cdot \text{cm} = 56.6\ \text{N} \cdot \text{m}$$

(2) 由式 (3-12) 求合力偶矩。合力偶矩矢在各坐标轴上的投影分别为

$$M_x = \Sigma m_x = m_2 = 60\ \text{N} \cdot \text{m}$$

$$M_y = \Sigma m_y = m_3\cos 45° = 40\ \text{N} \cdot \text{m}$$

$$M_z = -m_1 + m_3\sin 45° = -40\ \text{N} \cdot \text{m}$$

由式 (3-12) 可得合力偶矩矢的大小和方向余弦分别为

$$M = \sqrt{M_x^2 + M_y^2 + M_z^2} = \sqrt{60^2 + 40^2 + (-40)^2} = 82.46\ \text{N} \cdot \text{m}$$

$$\cos(\overline{m}, \overline{i}) = M_x/M = 60/82.46 = 0.7276$$

$$\cos(\overline{m}, \overline{j}) = M_y/M = 40/82.46 = 0.4851$$

$$\cos(\overline{m}, \overline{k}) = M_z/M = -40/82.46 = -0.4851$$

二、力偶系的平衡

若力偶系平衡，则要求该力偶系的合力偶矩矢为零，否则该力偶系将会合成一个力偶；若合力偶矩矢为零，则该力偶系必定平衡。因此，**力偶系平衡的必要和充分条件是：合力偶矩矢等于零，或力偶系中各力偶矩矢的矢量和等于零**。即

$$\overline{M} = 0 \quad 或 \quad \Sigma\overline{m} = 0 \tag{3-14}$$

欲上式成立，由式（3-12）可知，空间力偶系平衡的必要和充分的解析条件是

$$\Sigma m_x = 0, \quad \Sigma m_y = 0, \quad \Sigma m_z = 0 \tag{3-15}$$

即力偶系中各力偶矩矢在三个直角坐标轴上的投影代数和应分别等于零。式（3-15）称为力偶系的平衡方程。利用这组平衡方程，可解空间力偶系平衡的有关问题，对一个受空间力偶系作用的物体，最多可求解三个未知量。

对于平面力偶系，其平衡方程只有一个，即

$$\Sigma m = 0 \tag{3-16}$$

这就是平面力偶系的平衡方程，可求解一个未知量。

【例3-3】 图3-12*a* 所示机构在两力偶作用下处于平衡。已知力偶矩 $m_1=100\ \text{N}\cdot\text{m}$，$OA=40\ \text{cm}$，$O_1B=60\ \text{cm}$，试求力偶矩 m_2的大小。不计各杆自重。

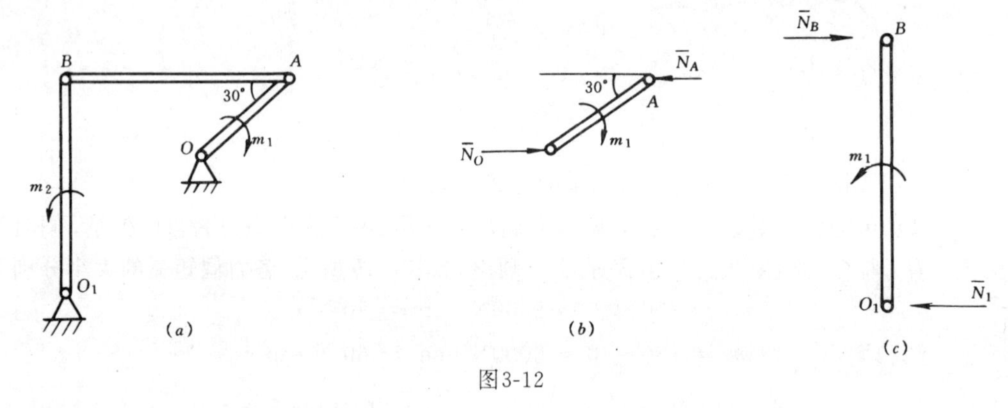

图3-12

【解】 这是杆系在平面力偶系作用下的平衡问题。首先，由于 AB 杆为二力杆，可知 A、B 处的反力方向沿 AB 杆轴方向。其次取 OA 杆为研究对象，因 OA 杆仅受力偶作用，根据力偶只能由力偶来平衡，A 处反力 $\overline{N}_A$ 的方位已知，则铰支座 O 处的反力 $\overline{N}_O$ 必与 $\overline{N}_A$ 组成一反力偶如3-12*b* 所示。由力偶系的平衡方程可求出 N_A。再研究 O_1B 杆的平衡，因$N_A=N_B$，同理，由 $\Sigma m=0$可求出 m_2大小。

（1）取 OA 杆为研究对象，受力如图3-12*b*。由

$$\Sigma m = 0, \quad N_A \cdot OA\sin 30° - m_1 = 0$$

得 $N_A = m_1/(OA \cdot \sin 30°) = 100/(0.4 \cdot 0.5) = 500\ \text{N}$

（2）取 O_1B 杆为研究对象，受力如图3-12*c*。由

$$\Sigma m = 0, \quad m_1 - N_B \cdot O_1B = 0$$

因 AB 杆为二力杆，可知 $N_B=N_A=500\ \text{N}$，故

$$m_2 = N_B \cdot O_1B = 500 \cdot 0.6 = 300\ \text{N} \cdot \text{m}$$

【例3-4】 作用在图3-13*a* 所示楔块上的三个力偶处于平衡。已知 $F_3=F_3'=150\ \text{N}$，试求力 $\overline{F}_1$与 $\overline{F}_2$的大小。

【解】 这是空间力偶系的平衡问题，可以应用空间力偶系的平衡方程式（3-15）求解。

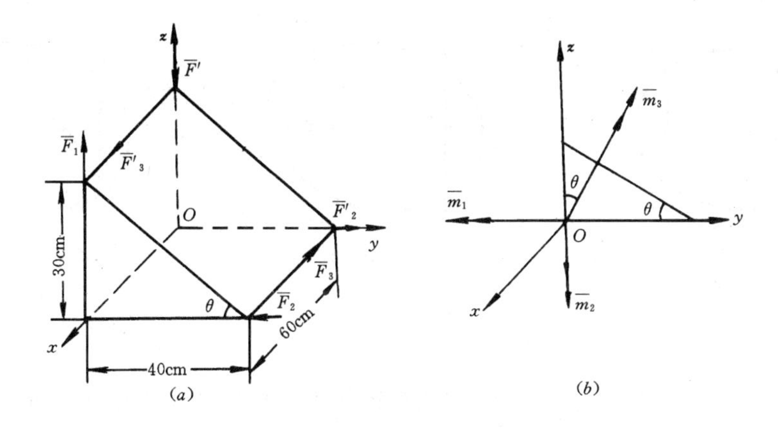

图3-13

(1) 以楔块为研究对象，将各力偶用力偶矩矢表示，并于坐标系 $Oxyz$ 的原点画出如图3-13b 所示。各力偶矩矢的大小分别为

$$m_1 = F_1 \cdot 60 = 60F_1 \text{ N} \cdot \text{cm}$$

$$m_2 = F_2 \cdot 60 = 60F_2 \text{ N} \cdot \text{cm}$$

$$m_3 = F_3 \cdot 50 = 150 \cdot 50 = 7500 \text{ N} \cdot \text{cm}$$

(2) 列力偶系的平衡方程求解。由

$$\Sigma m_y = 0, \qquad - m_1 + m_3\sin\theta = 0$$

$$\Sigma m_z = 0, \qquad - m_2 + m_3\sin\theta = 0$$

由图示几何关系知：$\sin\theta=3/5$，$\cos\theta=4/5$。于是得

$$60F_1 = 7500 \cdot 3/5 = 4500\text{N} \cdot \text{cm}$$

$$60F_2 = 7500 \cdot 4/5 = 6000\text{N} \cdot \text{cm}$$

解出 $$F_1 = 75\text{N}, F_2 = 100 \text{ N}$$

第四节　力的平移定理

力的平移定理是一般力系向一点简化的依据。定理可陈述为：

作用在刚体上的力可以向任意点平移，但必须附加一力偶，附加力偶的力偶矩等于原力对平移点的矩。

证明如下：设力 $\overline{F}$ 作用于刚体上的 A 点（图3-14a），现任取一点 B，在 B 点加上一对平衡力 $\overline{F}'$，$\overline{F}''$，并令 $\overline{F}'=\overline{F}=-\overline{F}''$（图3-14$b$）。由加减平衡力系公理可知，力系（$\overline{F}$，$\overline{F}'$，$\overline{F}''$）与原力 $\overline{F}$ 等效。注意则力 $\overline{F}$ 与 $\overline{F}''$组成了一个力偶，称为附加力偶，其力偶矩 m 等于力 $\overline{F}$ 对 B 点之矩，即

$$m = m_B(\overline{F}) \tag{3-17}$$

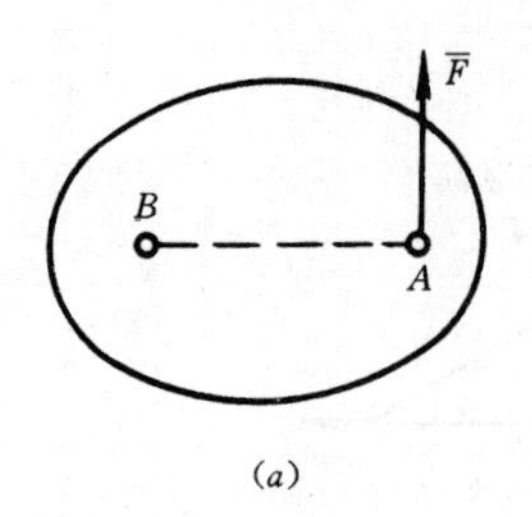

(a)

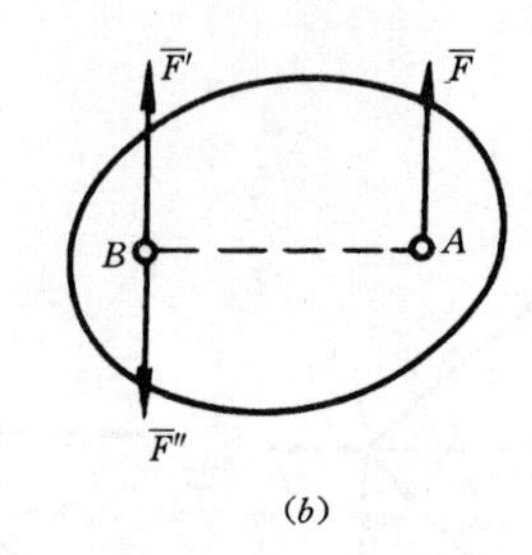

(b)

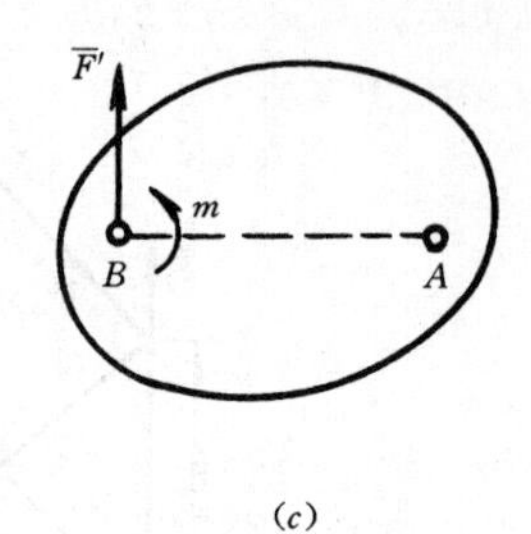

(c)

图3-14

于是，力 $\overline{F}'$ 和附加力偶与原力 $\overline{F}$ 等效。这就意味着将力 $\overline{F}$ 从 A 点平移到了 B 点，但须附加一个矩 为 $m_B(\overline{F})$ 的力偶（图3-14c）。

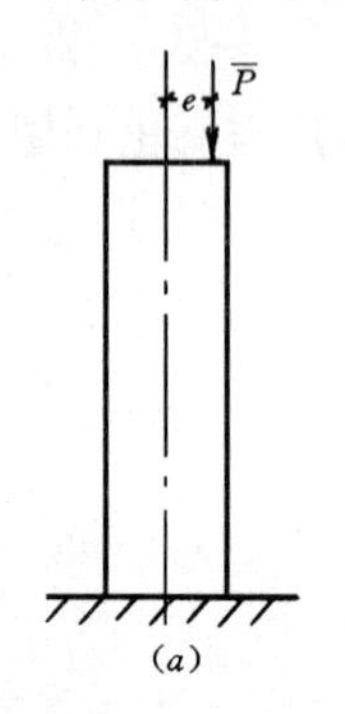

(a)

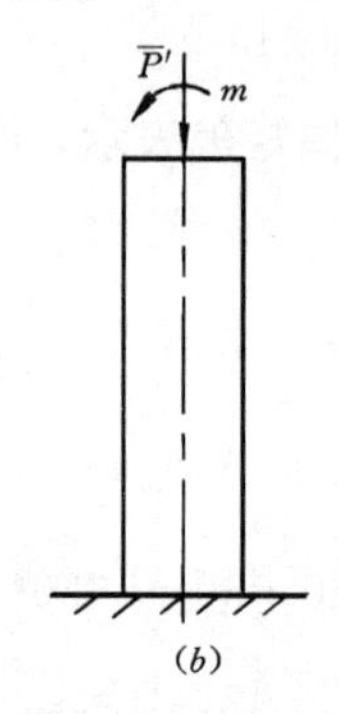

(b)

图3-15

力的平移定理表明，作用于刚体上的一个力可以向任一点平移，可得与该力等效的一力和一力偶；反之，作用在同一平面内的一力和一力偶，可以合成为作用在另一点的一个平行力。

在空间力系中，考虑到各力与平移点所组成平面的方位不一定相同，这时只要将附加力偶矩表示为矩矢量就可以了。

工程上，应用力的平移定理，可以更清楚地表示力的效应。例如，偏心受压柱（图3-15a），将力 $\overline{P}$ 向截面形心平移后（图3-15b），力 $\overline{P}'$ 使柱受压，而附加力偶使柱产生弯曲。

思 考 题

1. 如图3-16所示，在物体上作用两力偶（$\overline{F}_1$，$\overline{F}_1'$）和（$\overline{F}_2$，$\overline{F}_2'$），其力多边形闭合，问物体是否平衡？为什么？

2. 图3-17所示圆盘由 O 点的轴承支持，在力偶（$\overline{F}$，$\overline{F}'$）和力 $\overline{P}$ 作用下处于平衡，能否说力偶（$\overline{F}$，$\overline{F}'$）被力 $\vec{P}$ 所平衡？为什么？

3. 位于相交平面内的两力偶能否等效或者平衡？

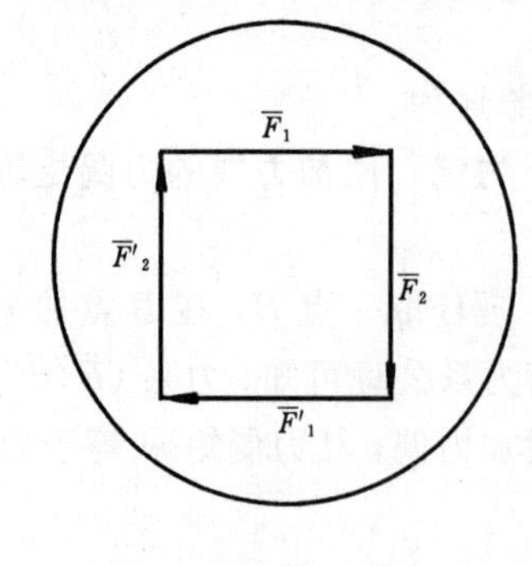

图3-16

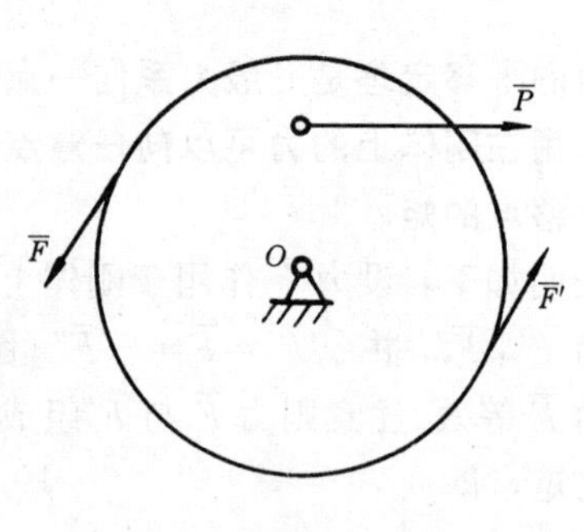

图3-17

4. 为什么说力矩矢量是定位矢量，而力偶矩矢是自由矢量?试从它们对物体转动效应的异同说明。

5. 对于变形体，力偶是否可以从物体的某一平面搬移到另一平行平面?为什么?

6. 如图3-18（*a*）所示构架，在杆 *AC* 上作用一力偶矩为 *m* 的力偶，当求铰链 *A*、*B*、*C* 的约束反力时，试问能否将力偶 *m* 移到杆 *BC* 上，为什么?如果改成（*b*）所示结构，求支座 *A*、*B* 的约束反力时，能否将 *m* 移到 *BC* 上?

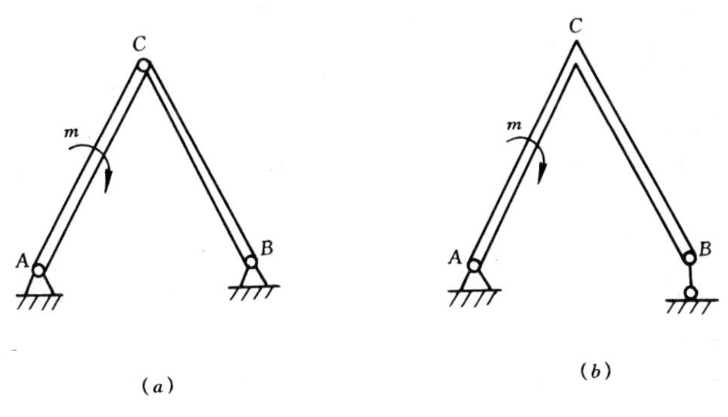

图3-18

习　　题

3-1　一力 $\overline{F}$ 作用于长方体如图所示。长方体边长 *a*、*b*、*c* 分别为20 cm、15 cm、10 cm，试求力 $\overline{F}$ 对 *A* 点之矩。已知 $F=20$N。

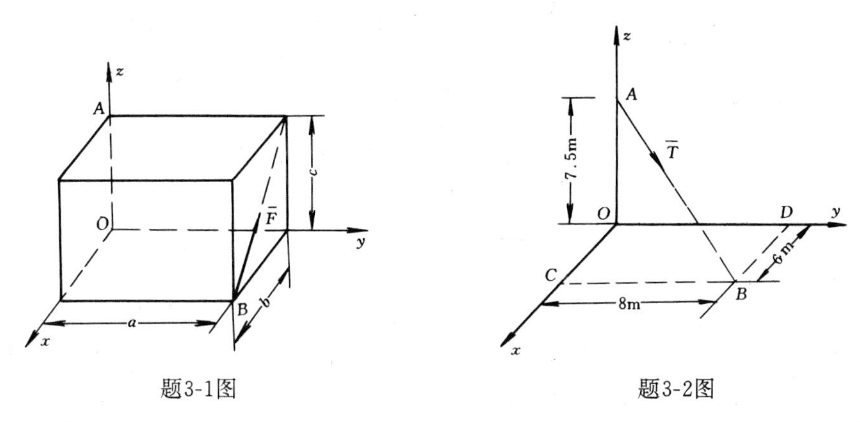

题3-1图　　　　题3-2图

3-2　一力 $\overline{T}$ 作用于 *A* 点如图所示，已知 $OA=7.5$m，$BC=8$m，$BD=6$m，$T=100$N。试求力 $\vec{T}$ 对 *O* 点之矩。

3-3　一长方体上作用着三个力偶 $(\overline{F}_1,\overline{F}_1')$，$(\overline{F}_2,\overline{F}_2')$，$(\overline{F}_3,\overline{F}_3')$，已知 $F_1=F_1'=10$N，$F_2=F_2'=16$N，$F_3=F_3'=20$N，$a=0.1$m，求三个力偶合成结果。

3-4　图示12个力组成6个力偶作用于棱长为 *a* 的正方体 *ABDC* 的各侧棱上，设每个力的大小均为 *P*，求合力偶矩的大小及方向。

3-5　力偶矩矢量 $\overline{m}_1$和 $\overline{m}_2$分别表示作用于平面 *ABC* 和 *ACD* 上的力偶，已知 $m_1=m_2=m$，求合力偶。

3-6　齿轮箱有三个轴，其中 *A* 轴水平，*B* 和 *C* 轴位于 *yz* 铅垂平面内，轴上作用力偶如图所示，求合力偶。

3-7　梁 *AB*，长 $l=6$m，*A*、*B* 端各作用一力偶，力偶矩的大小分别为 $m_1=9$ kN·m，$m_2=15$ kN·m，转向如图所示，试求支座 *A*、*B* 的反力。

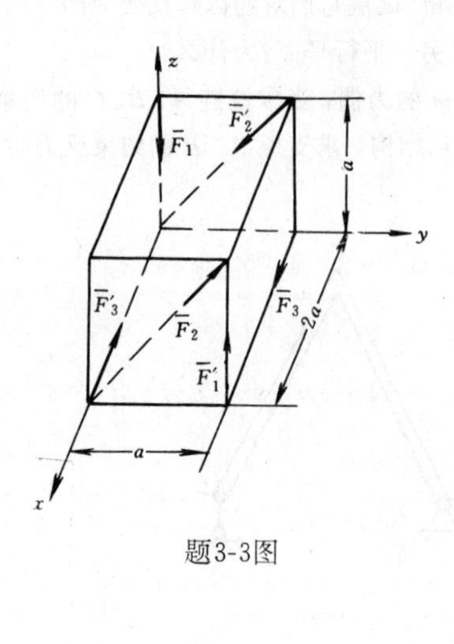

题3-3图

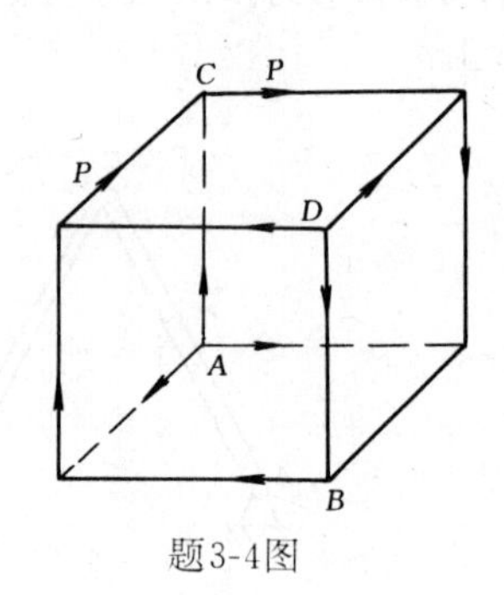

题3-4图

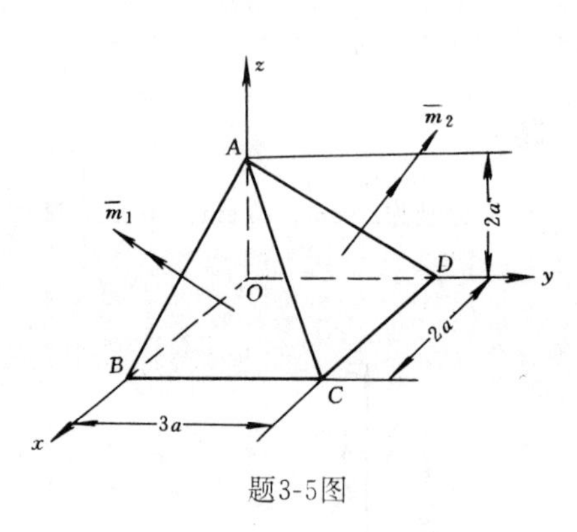

题3-5图

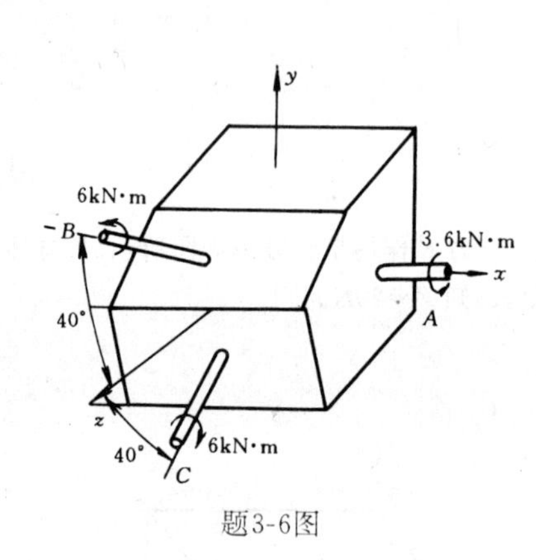

题3-6图

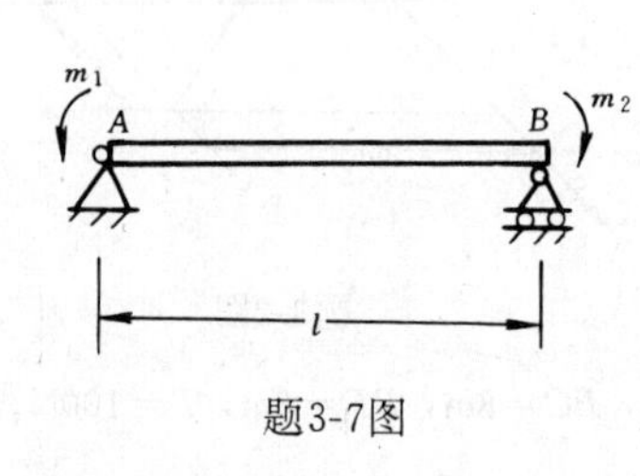

题3-7图

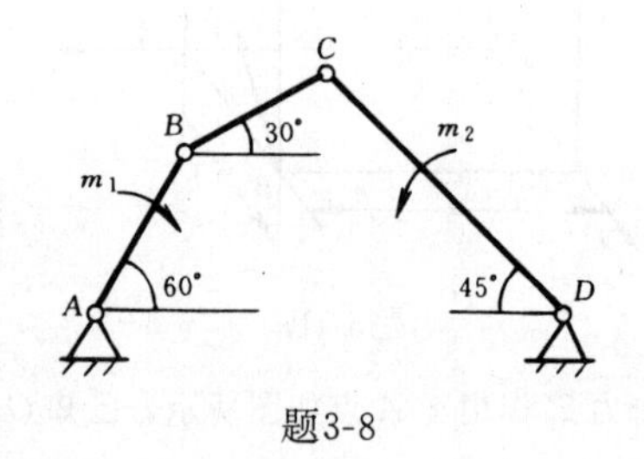

题3-8

3-8　四连杆机构 $ABCD$ 中的 $AB=0.1\text{m}$，$CD=0.22\text{m}$，杆 AB 及 CD 上各作用一力偶。在图示位置平衡。已知 $m_1=0.4\ \text{kN·m}$，杆重不计，求 A、D 两铰处的约束反力及力偶矩 m_2。

3-9　设有一力偶矩为 m 的力偶作用在曲杆 AB 上。试求支承处的约束反力。

3-10　滑道摇杆机构受两力偶作用，在图示位置平衡。已知 $OO_1=OA=0.4\ \text{m}$，$m_1=400\ \text{N·m}$，求另一力偶矩 m_2及 O、O_1处约束反力（不计摩擦）。

3-11　一物体受三力偶 m_1、m_2、m_3作用处于平衡如图所示。已知 $m_1=3\ \text{N·m}$，$m_2=4\ \text{N·m}$，试求 m_3及角 α。

3-12　①图中 AB 杆上有一导槽，套在 CD 杆的销子 E 上，在 AB 与 CD 杆上有各有一力偶作用而平衡。已知 $m_1=100\ \text{N·m}$，求 m_2。不计杆重及摩擦。

②如果导槽在 CD 杆上，销子 E 在 AB 杆上，则结果如何？

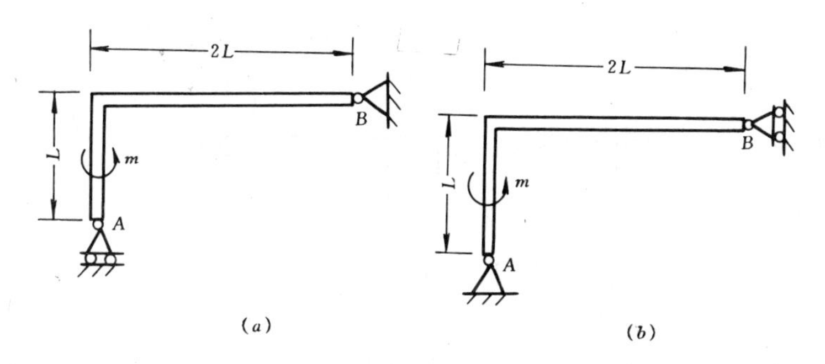

题3-9图

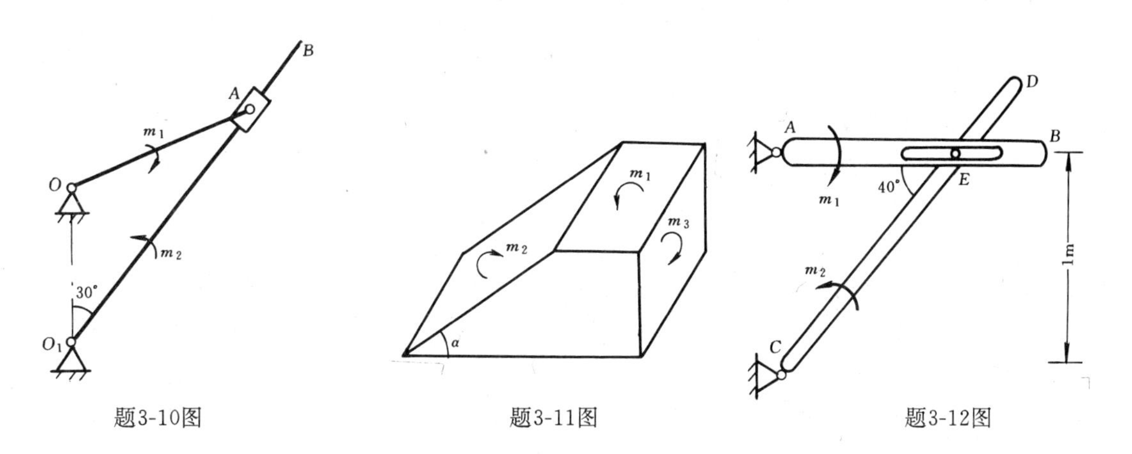

题3-10图　　题3-11图　　题3-12图

第四章　平面一般力系

第一节　平面一般力系向一点简化

若力系中各力的作用线都位于同一平面内，既不全汇交于同一点，又不彼此相平行，则称该力系为**平面一般力系**，简称为**平面力系**。工程中的许多实际问题都可简化为平面力系，而研究平力系的理论和方法又具有普遍性，因此，平面力系在静力学中的地位极为重要。

本章研究平面一般力系的简化与平衡问题，并以平衡问题为重点。

一、主矢和主矩

以力线平移定理为依据，将平面一般力系等效变换为已知合成结果的平面汇交力系和平面力偶系，这就是力系向任一点 O 的简化方法。点 O 称为简化中心或简化点。

设平面一般力系 $\overline{F}_1$、$\overline{F}_2$、…、$\overline{F}_n$，分别作用于物体上的 A_1、A_2、…、A_n 各点，如图4-1a 所示。应用力线平移定理，将各力平移至简化中心 O，并附加相应的力偶。于是，原力系等效变换为作用在 O 点的平面汇交力系 $\overline{F}'_1$、$\overline{F}'_2$、…、$\overline{F}'_n$，以及力偶矩分别为 m_1、m_2、…、m_n 的附加力偶系（图4-1b）。其中

$$\overline{F}'_1=\overline{F}_1,\qquad \overline{F}'_2=\overline{F}_2,\qquad \cdots,\qquad \overline{F}'_n=\overline{F}_n$$

$$m_1=m_O(\overline{F}_1),\quad m_2=m_O(\overline{F}_2),\quad \cdots,\quad m_n=m_O(\overline{F}_n)$$

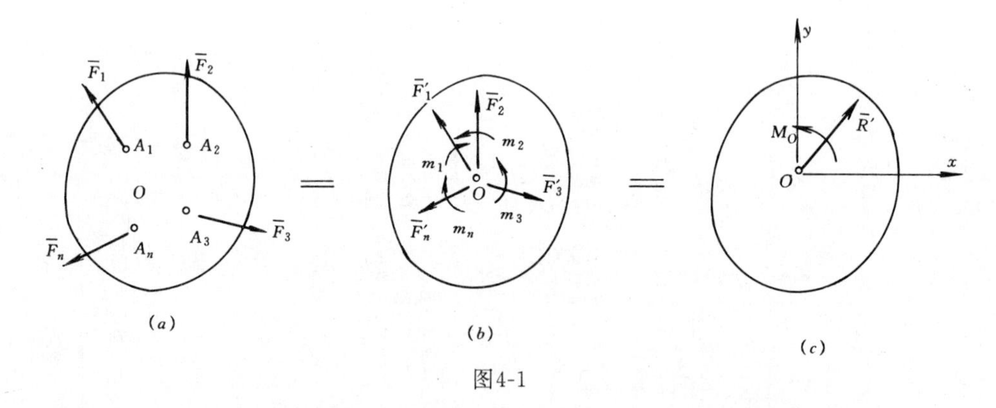

图4-1

由平面汇交力系的合成结果可知，若作用于 O 点的汇交力系合成为作用于该点的一个力，则力矢 $\overline{R}'$ 等于作用于 O 点的各力的矢量和，即 $\overline{R}'=\overline{F}'_1+\overline{F}'_2+\cdots+\overline{F}'_n=\overline{F}_1+\overline{F}_2+\cdots+\overline{F}_n$

则

$$\overline{R}'=\Sigma\overline{F} \tag{4-1}$$

可见，力矢 $\overline{R}'$ 等于原力系各力的矢量和。力矢 $\overline{R}'$ 称为**原力系的主矢**，简称为**主矢**。

若附加的平面力偶系可合成为一个力偶，其力偶矩

$$\begin{aligned}M&=m_1+m_2+\cdots+m_n\\&=m_O(\overline{F}_1)+m_O(\overline{F}_2)+\cdots+m_O(\overline{F}_n)=M_O\end{aligned}$$

即 $$M_O = \Sigma m_O(\overline{F}) \tag{4-2}$$

于是，附加力偶矩 M_O 称为**原力系对简化中心的主矩**，简称为**主矩**。它等于原力系各力对简化中心之矩的代数和。力 $\overline{R}'$ 和力偶示于图4-1c。

总之，**平面一般力系向其作用面内一点简化时，一般可得作用于该点的一力和一力偶。此力矢等于原力系的主矢，此力偶矩等于原力系对该点的主矩。**

应当注意，力系的主矢与简化中心的位置无关，而力系对简化中心的主矩，一般情况下与简化中心的位置有关，故主矩 M_O 中的下标是为指明简化中心而设的。这是因为力系中各力的大小和方向一定时，当简化中心改变时，各力对简化中心之矩的代数和，一般将随之而变。另外，于 O 点简化所得的力或力偶，一般不是原力系的合力或合力偶。因为它们中的任何一个一般不与原力系等效。

二、主矢的解析计算

过简化中心 O 取直角坐标系 Oxy（图4-1c），设 R'_x、R'_y 和 X_i、Y_i 分别表示主矢 $\overline{R}'$ 及原力系中任一力 $\overline{F}_i$ 在 x、y 轴上的投影。将式（4-1）投影于直角坐标轴上，则有

$$R'_x = \Sigma X, \qquad R'_y = \Sigma Y$$

于是。可得主矢 $\overline{R}'$ 的大小和方向余弦

$$\left.\begin{aligned} R' &= \sqrt{(R'_x)^2 + (R'_y)^2} \\ &= \sqrt{(\Sigma X)^2 + (\Sigma Y)^2} \\ \cos\alpha &= \Sigma X / R', \qquad \cos\beta = \Sigma Y / R' \end{aligned}\right\} \tag{4-3}$$

其中，α、β 分别表示主矢与 x、y 轴的正向间的夹角。主矢 $\overline{R}'$ 可写成解析式

$$\overline{R}' = \Sigma X \, \overline{i} + \Sigma Y \, \overline{j} \tag{4-4}$$

三、固定端约束

现应用平面一般力系的简化理论，对固定端的约束反力进行分析。

工程实际中的固定端约束，也称为插入端，是指该约束能限制物体沿任一方向的移动和转移。例如，与基础浇灌在一起的钢筋混凝土柱，其基础对柱就构成了固定端约束，又如，夹紧在刀架上的车刀，刀架对车刀也构成了固定端约束。若物体受平面一般力系的作用，该

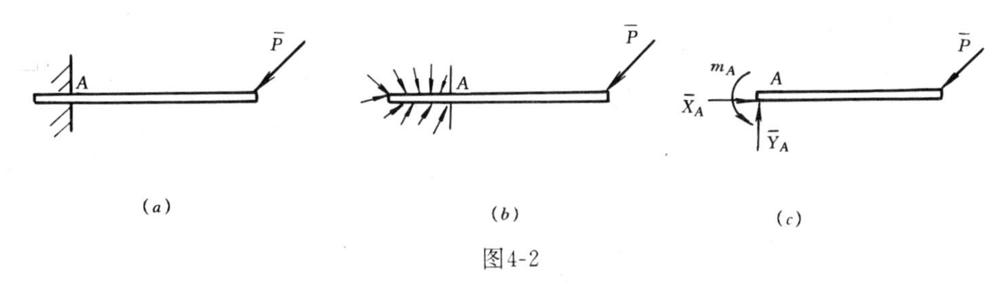

图4-2

约束就称为平面固定端约束，其计算简图如图4-2a 所示。在平面力系作用下，物体的插入部分就受到了平面任意分布力系的作用（图4-2b）。将此力系向 A 点简化，一般可得一力 $\overline{R}_A$ 和一力偶，其力偶矩为 m_A。因 $\overline{R}_A$ 的方向尚不能确定，则以二分力 $\overline{X}_A$ 和 $\overline{Y}_A$ 表示。故在一般情况下，可将固定端的约束反力表示为能限制移动的水平反力 $\overline{X}_A$ 和竖向反力 $\overline{Y}_A$，以及限制转动的矩为 m_A 的反力偶，如图4-2c 所示。

第二节　平面一般力系的简化结果

一、平面一般力系的简化结果

根据平面一般力系向任一点 O 的简化结果，即主矢 $\overline{R}'$ 和主矩 M_0，就可判断原力系的简化结果。现分三种情况说明如下：

1. 若 $\overline{R}'=0$，$M_O\neq 0$

此时原力系简化为一个力偶，此力偶与原力系等效，故为原力系的合力偶，其力偶矩 M 等于主矩 M_O，即

$$M=M_O=\Sigma m_O\ (\overline{F})$$

由于力偶矩与矩心位置无关，可知这时的主矩与简化中心无关，即原力系向任一点简化，所得主矩都相同。

2. 若 $\overline{R}'\neq 0$，$M_O=0$

此时原力系简化为一个作用于简化点的力 $\overline{R}'$，此力与原力系等效。故原力系简化为过简化点的一个合力 $\overline{R}$，且

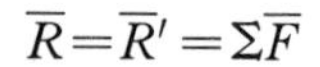

$$\overline{R}=\overline{R}'=\Sigma\overline{F}$$

3. 若 $\overline{R}'\neq 0$，$M_O\neq 0$

此时原力系仍简化为一合力 $\overline{R}$。根据力线平移定理的逆过程可知，作用于同一平面内的一力 $\overline{R}'$（作用于 O 点）和一个力偶（矩为 M_0），可以合成为作用于另一点 O' 的一个力 $\overline{R}$，且

$$\overline{R}=\overline{R}'=\Sigma\overline{F},\ d=OO'=|M_O|/R'$$

O' 点在力 $\overline{R}'$ 的那一边，取决于力偶矩 M_O 的正负号，如图4-3所示。

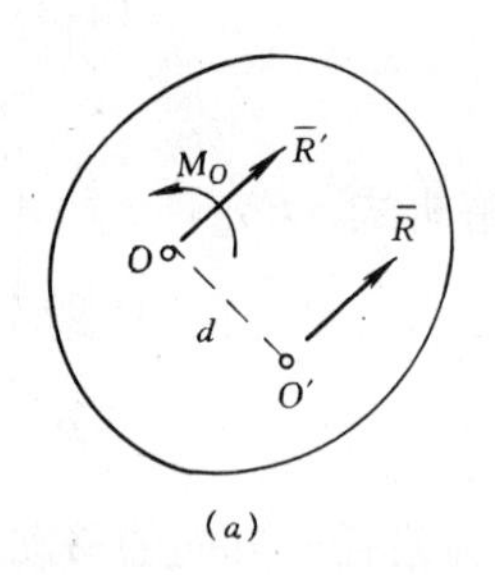

(a)

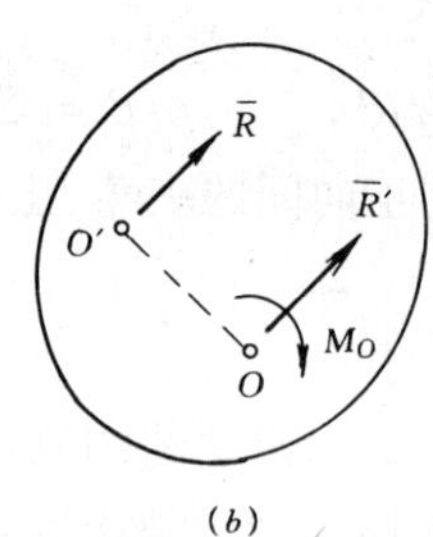

(b)

图4-3

综上所述，不平衡的平面一般力系，其简化的结果只能是一个力，或是一个力偶。

二、合力矩定理(伐里农定理)

合力矩定理是：平面力系的合力对其作用面内任一点的矩，等于力系中各力对同一点之矩的代数和。即

$$m_O(\overline{R})=\Sigma m_O(\overline{F}) \tag{4-5}$$

由图4-3可见，力系的合力 $\overline{R}$ 对任一点 O 的矩为

$$m_O(\overline{R})=R\cdot d=M_O$$

力系的主矩 M_O，由式（4-2）可知

$$M_O=\Sigma m_O(\overline{F})$$

比较上二式，可得式（4-5），定理得证。

应用合力矩定理，可简便地求某些力对点之矩。

【例4-1】　悬臂刚架受平面力系作用如图示。已知 $Q_1=Q_2=5\ \text{kN}$，$P=10\ \text{kN}$。求此力系

向固定端 A 处的简化结果。

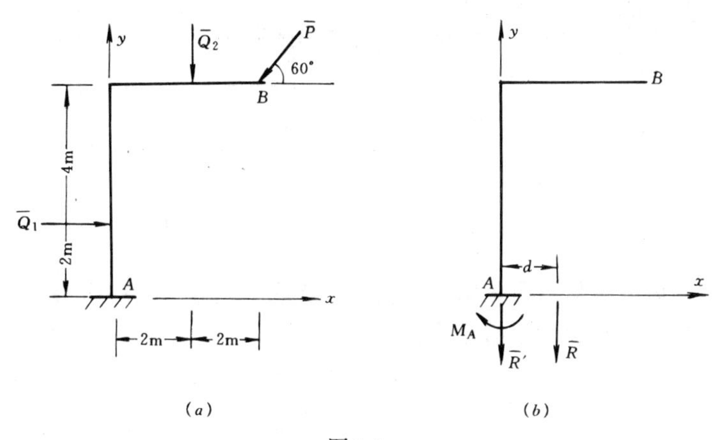

图4-4

【解】 (1) 主矢 $\overline{R}'$

对图4-4a 的直角坐标系，主矢 $\overline{R}'$ 在 x、y 轴上的投影分别为

$$R'_x = \Sigma X = Q_1 - P\cos 60° = 5 - 10 \cdot \frac{1}{2} = 0$$

$$R'_y = \Sigma Y = - Q_2 - P\sin 60° = - 5 - 10 \cdot \frac{\sqrt{3}}{2} = - 13.66 \text{ kN}$$

可见 $R' = 13.66$ kN，$\overline{R}'$ 的方向沿 y 轴的负向。

(2) 主矩 M_A

主矩 M_A 由式 (4-2) 计算。但力 $\overline{P}$ 的力臂计算较烦，这时可应用合力矩定理，即将力 $\overline{P}$ 正交分解为 $\overline{P}_x$ 和 $\overline{P}_y$，则 m_A ($\overline{P}$) $=m_A$ ($\overline{P}_x$) $+m_A$ ($\overline{P}_y$)。

$$M_A = \Sigma m_A(\overline{F}) = - Q_1 \cdot 2 - Q_2 \cdot 2 + P\cos 60° \cdot 6 - P\sin 60° \cdot 4$$

$$= - 5.2 - 5.2 + 10 \cdot \frac{1}{2} \cdot 6 - 10 \cdot \frac{\sqrt{3}}{2} \cdot 4 = - 24.64 \text{ kN} \cdot \text{m}$$

式中，负号表示该力偶为顺时针转向。由于 $\overline{R}'$ 及 M_A 都不等于零，可知该力系简化为一合力 $\overline{R}$ (图4-4b)。其大小和作用线距 A 点的距离分别为

$$R = R' = 13.66 \text{ kN}$$

$$d = |M_A| / R' = 24.64/13.66 = 1.8\text{m}$$

【例4-2】 求图示三角形分布荷载的简化结果。设梁的长度 l 和荷载集度 q_A 是已知的。

【解】 若力分布于物体的表面上或体积内的每一点，则称此力系为分布力，工程中称为分布荷载。例如屋面上的风压力、水坝受到的静水压力以及梁的自重等等。当进行计算时，对杆件（例如梁）以其轴线表示计算简图，梁所受的重力则简化为沿梁的长度分布且垂直于该轴线，称此力系为平行分布线荷载，简称线荷载。每单位长度上所受的力，称为荷载集度，并以 $\overline{q}$ 表示，其单位为 N/m 或 kN/m。表示 $\overline{q}$ 分布范围及大小变化的图，称为荷载图。

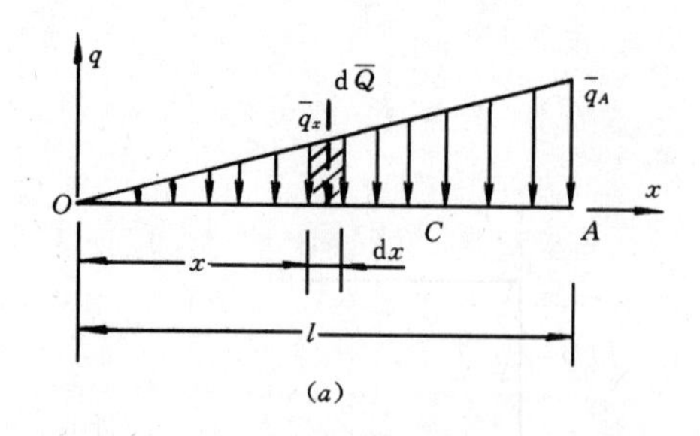

(a)

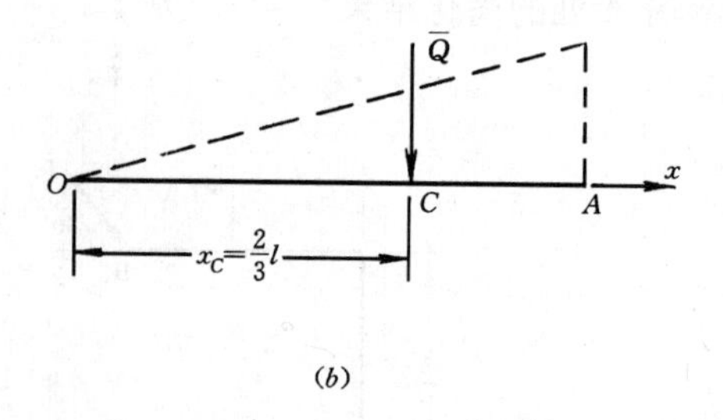

(b)

图 4-5

现在求图示三角形荷载的简化结果。对图4-5所取坐标系，由于各分布力同向且彼此平行，都垂直于 x 轴，可知该力系必定合成为一个合力 $\overline{Q}$。$\overline{Q}$ 的大小可通过积分计算。取微分长度 $\mathrm{d}x$ 上的荷载为 $\mathrm{d}\overline{Q}$，$\mathrm{d}Q=q\mathrm{d}x$，则合力 $\overline{Q}$ 的大小为

$$Q=\int_0^l \mathrm{d}Q=\int_0^l q\mathrm{d}x$$

由图示三角形的相似关系，可知

$$q=\frac{q_A}{l}x$$

于是，得

$$Q=\int_0^l \frac{q_A}{l}x\mathrm{d}x=\frac{1}{2}q_A l \tag{1}$$

合力 $\overline{Q}$ 作用线的位置，应用合力矩定理确定。设合力作用线通过横坐标为 x_c 的 C 点，则

$$Q\cdot x_C=\int_0^l x\cdot \mathrm{d}Q=\int_0^l \frac{q_A}{l}x^2\mathrm{d}x=\frac{1}{3}q_A l^2 \tag{2}$$

可得

$$x_C=\frac{\frac{1}{3}q_A l^2}{Q}=\frac{2}{3}l \tag{3}$$

三角形荷载的合力 $\overline{Q}$ 示于图4-5b。

应注意到，式（1）中合力 $\overline{Q}$ 的大小恰为该三角形荷载图的面积，式（2）中 x_C 恰为该荷载图的形心横坐标。同理，可得一般线性分布荷载的简化结果如下：

沿直线平行同向分布的线荷载，当其作用线与该直线垂直时，此荷载合力的大小等于该荷载图的面积，其作用线必通过该荷载图的形心。

第三节　平面一般力系的平衡

一、平面一般力系的平衡条件与平衡方程

由平面一般力系向一点简化的结果可知，若主矢和主矩中的任一个不为零，力系可能简化为一个力或一个力偶，因而主矢和主矩同时为零是该力系平衡的必要条件。若主矢和主矩等于零，则表示作用在简化点的汇交力系和附加的力偶系都是平衡力系，与此二力系等效的原力系必为平衡力系。可知主矢和主矩为零也是该力系平衡的充分条件。

综上所述，**平面一般力系平衡的必要和充分条件是：力系的主矢和力系对作用面内任一点的主矩都等于零**。即

$$\overline{R}' = 0, \quad M_O = 0 \tag{4-6}$$

根据主矢和主矩的计算式（4-3）和（4-2），若式（4-6）成立，则必须

$$\Sigma X = 0, \quad \Sigma Y = 0, \quad \Sigma m_O(\overline{F}) = 0 \tag{4-7}$$

上式表明，**平面一般力系平衡的充分必要条件也可表述为，力系中各力在作用面内两个直角坐标轴上投影的代数和分别等于零，以及各力对该作用面内任一点的矩也等于零。**

式（4-7）称为平面一般力系的平衡方程，其前二式称为投影方程，后一式称为力矩方程。应用这组平衡方程，可以求解三个未知量。

式(4-7)是平面力系平衡方程的基本形式。因为其中的任一个投影方程都可用适当的力矩方程代替，而得到二力矩式或三力矩式的平衡方程。

二、平衡方程的其他形式

1. 二力矩式

二力矩式平衡方程，是一个投影方程和两个力矩方程。即

$$\left.\begin{array}{l}\Sigma X = 0, \quad \Sigma m_A(\overline{F}) = 0, \quad \Sigma m_B(\overline{F}) = 0 \\ (AB\text{ 连线不与 } x \text{ 轴垂直})\end{array}\right\} \tag{4-8}$$

因为 $\Sigma m_A(\overline{F})=0$表示力系的主矩为零。即力系不可能简化为一个力偶，只可能简化为通过 A 点的一个合力或平衡。同理 $\Sigma m_B(\overline{F})=0$表明力系只可能简化为过 B 点的一个合力或平衡。因而两个力矩平衡方程表明，力系若简化为合力，则合力作用线必通过 A、B 两点。而 $\Sigma X=0$表明力系若简化为合力，则合力应垂直于 x 轴。附加条件是 AB 连线（合力方向）不与 x 轴垂直，可见只能是该合力为零。由此可见，满足式（4-8）的力系必为平衡力系。

2. 三力矩式

三力矩式的平衡方程都是力矩方程。即

$$\left.\begin{array}{l}\Sigma m_A(\overline{F}) = 0, \quad \Sigma m_B(\overline{F}) = 0, \quad \Sigma m_C(\overline{F}) = 0 \\ (A\text{、}B\text{、}C\text{ 三点不共线})\end{array}\right\} \tag{4-9}$$

前二个力矩平衡方程说明力系可能合成为一个过 A、B 两点的合力或平衡，欲满足 $\Sigma m_C(\overline{F})=0$，$A$、$B$ 和 C 三点不共线，即该合力作用线不通过 C 点，该合力只能为零。故原力系必为平衡力系。

应注意，二力矩式和三力矩式平衡方程中的附加条件，保证了它们与平衡方程的基本形式相等价，即每组的三个平衡方程彼此独立。在实际应用中，采用哪种形式的平衡方程，完全取决于计算是否简便，要力求避免解联立方程组。

三、平衡方程的应用

应用平面一般力系的平衡方程，主要是求解结构的约束反力，还可求解主动力间的关系和物体的平衡位置等问题。其解题步骤是：(1) 取研究对象；(2) 分析受力并画出受力图；(3) 列平衡方程求解未知量。

为简化计算，避免解联立方程，恰当选取矩心和投影轴极为重要。一般情况下，投影轴应与多个未知力相垂直，矩心应选在多个未知力的交点上，而且要考虑各力的投影与力矩计算方便简单。下面举例说明。

【例4-3】 图4-6 所示简支梁，受三角形荷载及力偶作用。已知 $q_C=2$ kN/m，$m=6$

kN·m。试求支座 A、B 处的约束反力。不计梁重。

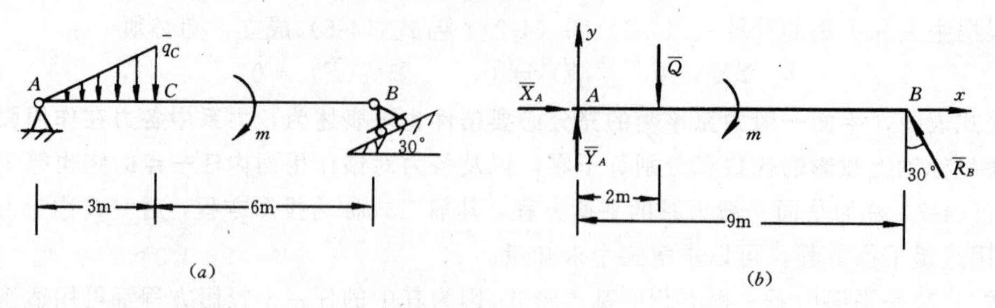

图4-6

【解】 (1) 取梁 AB 为研究对象。

(2) 画受力图。已知力为力偶及三角形荷载。三角形荷载以等效的合力 $\overline{Q}$ 表示，$Q=\frac{1}{2}q_c\cdot 3=3$ kN。约束反力为固定铰支座 A 处的 $\overline{X}_A$、$\overline{Y}_A$，以及辊轴支座 B 的反力 $\overline{R}_B$，$\overline{R}_B$ 垂直支承面 。AB 梁受力如图4-6b。

(3) 列平衡方程求未知量。应注意，力偶对任一点的矩恒等于其力偶矩，力偶在任一轴上的投影都等于零。现应用平衡方程的基本形式求解。对图示坐标系，则有

$$\Sigma X=0,\qquad X_A-R_B\sin30°=0 \tag{1}$$

$$\Sigma Y=0,\qquad Y_A+R_B\cos30°-Q=0 \tag{2}$$

$$\Sigma m_A(\overline{F})=0,\qquad R_B\cos30°\cdot 9-m-Q\cdot 2=0 \tag{3}$$

由式 (3) 得

$$R_B=\frac{m+2Q}{9\cos30°}=\frac{2(6+6)}{9\sqrt{3}}=1.54\text{ kN}$$

将 R_B 分别代入式 (1) 及式 (2)，得

$$X_A=R_B\sin30°=1.54\cdot\frac{1}{2}=0.77\text{ kN}$$

$$Y_A=Q-R_B\cos30°=3-1.54\cdot\frac{\sqrt{3}}{2}=1.67\text{ kN}$$

讨论 (1) 由于平衡方程彼此独立，故可先列能解出一个未知量的方程，并视此未知量为已知量，再列其他方程。如本例中可先列式 (3)，再列式 (1) 和式 (2)，以避免回代过程。

(2) 本例中，$\overline{R}_B$ 的数值有误差或出错，则必定影响到 $\overline{X}_A$ 和 $\overline{Y}_A$。因此每个平衡方程最好能单独求解一个未知量。如本例可改用二力矩式的平衡方程，分别以两未知力的交点 A、B 为矩心，即

$$\Sigma m_A(\overline{F})=0,\qquad R_B\cos30°\cdot 9-m-2Q=0 \tag{4}$$

$$\Sigma m_B(\overline{F})=0,\qquad 7Q-m-9y_A=0 \tag{5}$$

$$\Sigma X = 0, \qquad X_A - R_B\sin 30° = 0 \tag{6}$$

由此三式同样可求得三个未知力。若以 $\overline{R}_B$ 和 $\overline{Y}_A$ 的交点为矩心，列力矩方程以代替式(6)，则得三力矩式的平衡方程，可单独求解每个未知量。作为读者练习，试写出三力矩式的平衡方程。

【例4-4】 悬臂刚架的受力及尺寸如图4-7*a* 所示。

已知 $P=10$ kN，$q=2$ kN/m。试求固定端 A 处的约束反力。

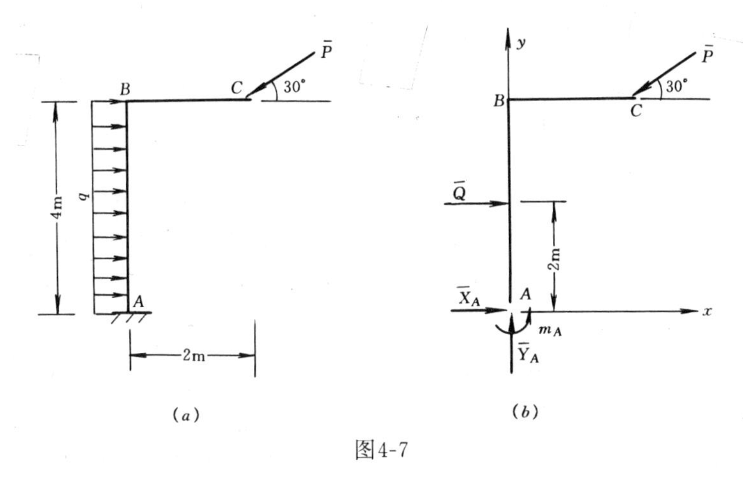

图4-7

【解】 (1) 取刚架 ABC 为研究对象。

(2) 画受力图。刚架受力 $\overline{P}$ 及均布荷载作用，均布荷载可以其合力 $\overline{Q}$ 代替，即 $Q=4q=8$ kN，其作用线通过矩形荷载图的形心，距 A 点的距离为2m。固定端 A 的约束反力为 $\overline{X}_A$、$\overline{Y}_A$，以及力偶矩为 m_A 的反力偶。刚架受力示于图4-7*b*。

(3) 列平衡方程求解未知量。取直角坐标系 Axy，应用平衡方程的基本形式求解。当求力 $\overline{P}$ 对 A 点之矩时，可用合力矩定理计算，即 $m_A(\overline{P})=m_A(\overline{P}_x)+m_A(\overline{P}_y)$。由

$$\Sigma X = 0, \qquad X_A + Q - P\cos 30° = 0$$

$$\Sigma Y = 0, \qquad Y_A - P\sin 30° = 0$$

$$\Sigma m_A(\overline{F}) = 0, \qquad m_A - 2Q + P\cos 30° \cdot 4 - P\sin 30° \cdot 2 = 0$$

可得

$$X_A = P\cos 30° - Q = 10 \cdot \frac{\sqrt{3}}{2} - 8 = 0.66 \text{ kN}$$

$$Y_A = P\sin 30° = 10 \cdot \frac{1}{2} = 5 \text{ kN}$$

$$m_A = 2Q - 4P\cos 30° + 2P\sin 30° = 2 \cdot 8 - 4 \cdot 10 \cdot \frac{\sqrt{3}}{2} + 2 \cdot 10 \cdot \frac{1}{2}$$

$$= -8.64 \text{ kN} \cdot \text{m}$$

X_A 和 Y_A 为正值，表示所设方向正确，m_A 为负值，表示反力偶与假设转向相反，即为顺时针转向。

特别注意，固定端的反力偶千万不能漏画。这是初学者常犯的错误！

【例4-5】 梁 AC 用三根链杆支承，梁受集中力 $\overline{P}$ 和均布荷载作用如图4-8*a* 所示。已知

$P=40$ kN，均布荷载集度 $q=5$kN/m。尺寸如图所示，试求每根链杆所受的力。

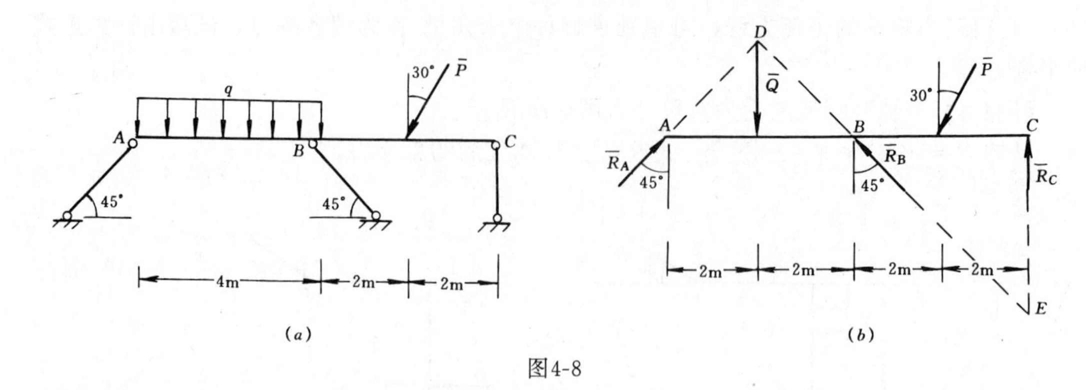

图4-8

【解】 链杆也是二力杆，所受力沿二铰连线，且处处相等。但由链杆本身却不能求出此力。因此，可研究梁的平衡，解出链杆对梁的约束反力，其反作用力即为链杆的受力。

(1) 取梁 AC 为研究对象。

(2) 画受力图。梁受主动力 $\overline{P}$、$\overline{Q}$ 及链杆的反力 $\overline{R}_A$、$\overline{R}_B$ 和 $\overline{R}_C$ 作用，受力如图4-8b 所示。其中 $Q=4q=20$ kN。

(3) 列平衡方程求解。若应用平衡方程的基本形式，每个投影方程必包含两个未知量，需联立求解方程组；若以每二未知力的交点为矩心，可列三力矩式平衡方程，单独求解每个未知量；但 $\overline{R}_A$ 与 $\overline{R}_B$ 的交点远离梁轴，作图计算并不方便，故宜选用二力矩式平衡方程求解。由

$\Sigma m_D(\overline{F})=0$，　$Q\cdot 6+P\sin 30°\cdot 4+P\cos 30°\cdot 2-R_A\cos 45°\cdot 8-R_A\cos 45°\cdot 4=0$

解得　$$R_A=31.74 \text{ kN}$$

由　$\Sigma m_E(\overline{F})=0$，　$R_C\cdot 6-P\cos 30°\cdot 4-P\sin 30°\cdot 2=0$

解得　$$R_C=29.76 \text{ kN}$$

由　$\Sigma X=0$，　$R_A\cos 45°-R_B\cos 45°-P\sin 30°=0$

解得　$$R_B=3.45 \text{ kN}$$

所得结果均为正值，表示所设各力的方向正确。可知三根链杆均受压力。

讨论 计算结果的校核。要保证计算结果的准确性，应仔细检查求解过程的每一步，不得有任何错误，尤其是题设的已知条件和受力图必须正确无误。关于计算结果，还可另列一个未曾使用过的平衡方程，将已解出的未知力代入，应得到满足作为校核条件。例如，本例中可列 $\Sigma Y=0$，即

$$R_A\cos 45°+R_B\cos 45°+R_C-Q-P\cos 30°=0$$

将已求得的 R_A、R_B 和 R_C 代入，得

$$31.74\cdot\frac{\sqrt{2}}{2}+3.45\cdot\frac{\sqrt{2}}{2}+29.76-20-40\cdot\frac{\sqrt{3}}{2}=54.64-54.64=0$$

可见，计算结果正确。

四、平面平行力系的平衡

各力位于同一平面内，并且相互平行，则称此力系为平面平行力系。显然，它是平面一般力系的特殊情况，其平衡方程可由平面一般力系的平衡方程直接导出。

取 Ox 轴与各力相垂直，可知这些力在 x 轴上的投影都等于零，则式（4-7）中的第一式成为恒等式，即 $\Sigma X \equiv 0$ 。故平面平行力系的平衡方程为

$$\Sigma Y = 0, \qquad \Sigma m_O(\overline{F}) = 0 \tag{4-10}$$

可见，**平面平行力系平衡的充分必要条件是，力系中各力的代数和等于零，各力对作用面内任一点矩的代数和也等于零。**

式（4-10）也可写成两个力矩方程，即

$$\Sigma m_A(\overline{F}) = 0, \qquad \Sigma m_B(\overline{F}) = 0 \quad (AB\text{ 与各力不平行}) \tag{4-11}$$

应用平面平行力系的平衡方程，可以求解两个未知量。其解题步骤与平面一般力系的解题步骤基本相同，但有一类所谓“翻倒问题”，有其特点。现举例说明。

【例4-6】 图4-9为一塔式起重机。机架整体重为 W，重心在 C 点，起吊最大重量为 P，在吊臂的另一端放置重为 Q 的平衡块，以保证起重机在满载和空载时均不致翻倒。试求平衡块的重量 Q 和位置 x。

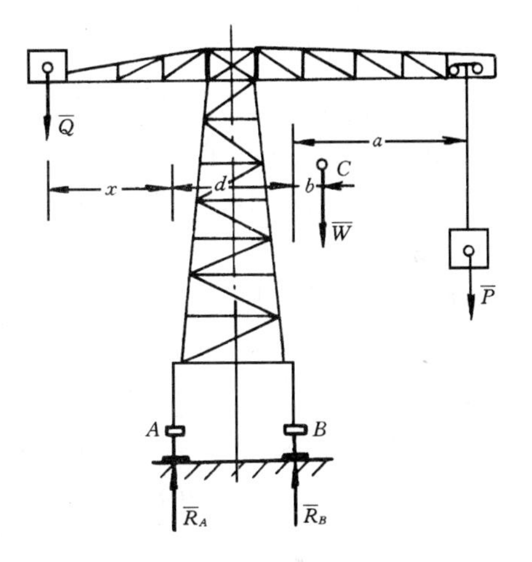

图4-9

【解】 取起重机为研究对象，分别就满载和空载两种情况分别分析，然后加以综合，以确定平衡块的重量及其位置。

（1）满载情形。此时起重机受力有 $\overline{W}$、$\overline{P}$、$\overline{Q}$ 和轨道的约束反力 $\overline{R}_A$、$\overline{R}_B$。起重机只可能绕支点 B 旋转而翻倒，而 A 轮将悬空使得 $R_A = 0$ 。若要起重机不致翻倒，则必须 $R_A > 0$，此即起重机不翻倒的条件。于是可列力矩方程求出 R_A，即

$$\Sigma m_B(\overline{F}) = 0, \qquad Q(x + d) - R_A d - Wb - Pa = 0$$

得

$$R_A d = Q(x + d) - (Wb + Pa)$$

令 $R_A > 0$ ，则有

$$Q(x + d) > Wb + Pa \tag{1}$$

（2）空载情形。此时 $P=0$，起重机将绕支点 A 旋转而使 $R_B = 0$。因此，不翻倒的条件为 $R_B > 0$ 。于是，由

$$\Sigma m_A(\overline{F}) = 0, \qquad R_B d + Qx - W(b + d) = 0$$

得

$$R_B d = W(b + d) - Qx$$

令 $R_B > 0$ ，则得

$$Qx < W(b + d) \tag{2}$$

（3）求 $\overline{Q}$ 及 x。由于 Q 和 x 应同时满足式（1）和式（2），才能保证起重机满载或空载时都不致翻倒。因此，联解式（1）和式（2），可得

$$x < \frac{W}{Q}(b + d) \tag{3}$$

$$Q > \frac{a}{d}P - W \tag{4}$$

应当注意，只有同时满足式（3）和式（4）的Q、x的值，才有可能满足式（1）和式（2）。但当Q、x中的一个由式（3）或式（4）确定后，另一个仍需由式（1）和式（2）确定其取值范围。

第四节　静不定问题·物体系统的平衡

一、静不定问题

由前述力系的平衡问题可知，一个刚体在约束下处于平衡，若作用于其上的力系分别为空间汇交力系、空间力偶系和平面一般力系，它们的独立平衡方程的数目都是三个。也就是说，受这种力系作用下的刚体平衡问题，可以求解三个未知量。若刚体受平面汇交力系或平面力偶系的作用，则可求解未知量的数目为二个或一个。所以，在刚体的平衡问题中，若未知量的数目等于或少于平衡方程的个数，则由平衡方程可以解出全部未知量称此类平衡问题为**静定问题**。反之，若未知量的数目多于平衡方程的个数，则由平衡方程不能求出全部未知量，称此类平衡问题为**静不定问题**或**超静定问题**。意即由刚体静力学的理论不能确定其全部未知量。

例如，楼门上的雨篷，设计时取简图为悬臂梁（图4-10a），受平面一般力系作用，固定端A的三个反力可由平衡方程全部解出，属静定问题。当伸出部分AB较长时，为减少梁的

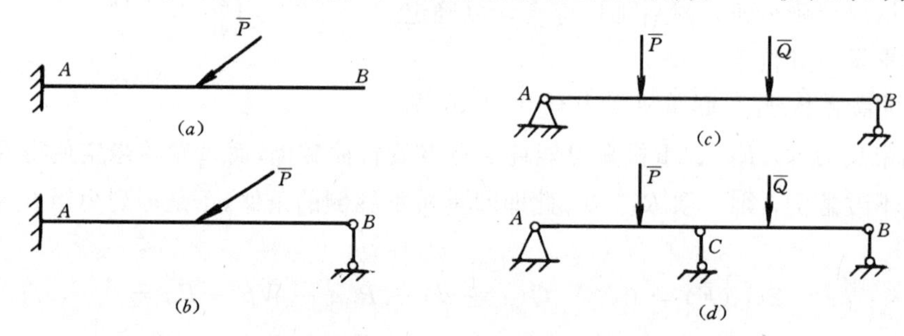

图4-10

变形，在B端则加一支柱（图4-10b），这时，梁的四个反力则不能由平衡方程全部解出，属静不定问题。梁AB称为超静定结构。又如，承受平面平行力系的简支梁（图4-10c），属静定问题。若在梁的跨中增加支座C，这时称AB梁为连续梁，为超静定结构，其三个竖向反力不能由平衡方程全部解出。超静定结构在工程中应用十分普遍，这是因为它有良好的受力性能并节约材料，坚固耐用，对抗震减灾十分有利。

超静定结构的反力，虽然不能由刚体静力学的平衡方程全部解出，但并非不可解。这是由于把物体抽象为刚体而造成的，如果再补充适当的变形条件和力与变形间的关系，则问题便能求解。考虑物体变形的有关理论将在材料力学、结构力学中讲述。由此可见，刚体静力学只能求解静定结构的平衡问题，它是一切变形体力学的基础。

二、物系的平衡和求解

若干个物体通过约束相互联系所组成的系统，称为**物体系统**，简称为**物系**。系统外的物体作用于物系上的力，称为物系的**外力**。物系内各个物体相互作用的力，称为物系的**内力**。由于物系的内力总是成对出现，在研究物系的平衡时，可不考虑其内力。若单独研究物系中某个物体的平衡，则该物体的受力应包含作用于其上的物系外力，同时还应包含物体内与之相联系的其它物体对它的作用，即物系的内力。由此可见，物系的内力和外力的区分具有相对性，是随选取研究对象的不同而转化。

当物系处于平衡时，组成该物系的每一物体或部分物体也必处于平衡。因此，研究物系的平衡时，可选取物系整体、部分或单个物体为研究对象。对于 n 个物体组成的物系，若每个物体均受平面一般力系作用，则可以建立$3n$ 个独立的平衡方程，即可求解$3n$ 个未知量。若未知量的数目超过$3n$ 个，则该物系的平衡问题就成为静不定问题。

对于物系平衡的静定问题，只要分别研究其中每个物体的平衡，列出所有的独立平衡方程，然后联解此方程组，则可求出所有未知量。显然，这种分析方法宜用计算机去完成（见附录）。

我们研究物系平衡问题的目的，是寻求解题的最佳方法。即以最少的计算过程，迅速而准确地求出未知量。其实质是通过力学的方法，尽量避免解联立方程。一般情况下，总是从已知量和未知量的分析着手，通过合理地选取研究对象，以及恰当地列平衡方程，把未知和已知两者直接或间接地联系起来，这就是解前分析。当解题方法不止一个时，要对其进行比较，以确定最好方法。由于解题方法没有一成不变的规律可循，故应作一定数量的习题，灵活求解，举一反三，才能逐步掌握。

应当注意，当画整体、部分或单个物体的受力图时，同一处的约束反力的方向和字母标记必须前后一致，内约束拆开后其彼此相互作用的力应符合作用与反作用规律，不要把某物体上的力移到另一物体上。另外还要正确判断二力杆，以简化计算。

三、物系的平衡举例

【例4-7】 组合梁 AB 和 BC，所受荷载及尺寸如图4-11a 所示。已知 $P=5$ kN，均布荷载集度 $q=2.5$ kN/m，$M=5$ kN·m。试求固定端 A 和可动铰支座 C 的反力。

【解】 因为力偶可等效变换为与各力相平行的两个力，故组合梁的主动力系可视为平

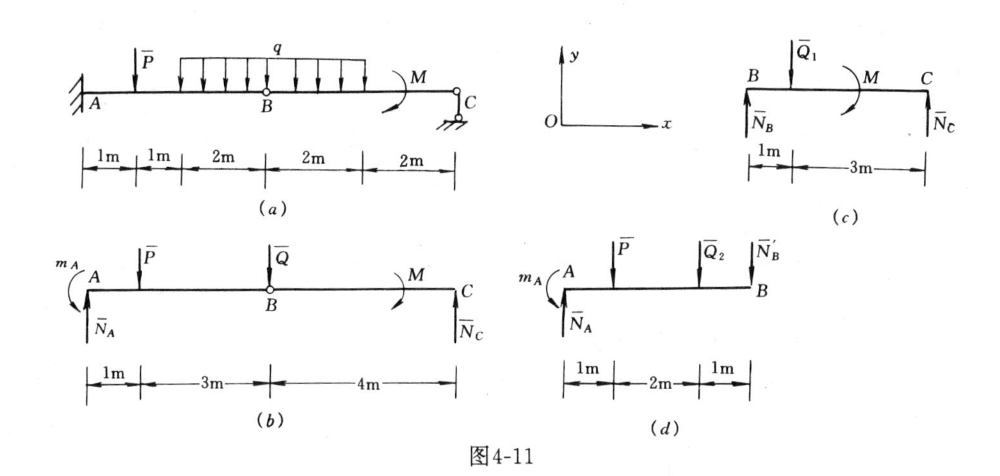

图4-11

面平行力系。可知约束反力必为平行力系，AB、BC 梁各有两个未知量，可分别应用平面平行力系的平衡方程（计四个），将其全部解出。取整体为研究对象（图4-11b），三个待求量都无法求出，此时可研究 BC 梁，$\overline{N}_C$ 可由 $\Sigma m_B(\overline{F})=0$ 单独解出。所以本题的解题方法是，先研究 BC 梁，后研究整体，依次求解。

(1) 取 BC 梁为研究对象，受力如图4-11c。其中 $\overline{Q}_1$ 为作用于 BC 梁上的均布荷载的合力，$Q_1=2q=2\cdot2.5=5\ \mathrm{kN}$，作用线过荷载图的形心，距 B 点为 1m 。由

$$\Sigma m_B(F)=0,\qquad N_C\cdot4-M-Q_1\cdot1=0$$

得
$$N_C=(M+Q_1)/4=2.5\ \mathrm{kN}$$

(2) 取整体为研究对象，受力如图4-11b。其中 $\overline{Q}$ 为组合梁上均布荷载的合力，$Q=4q=4\cdot2.5=10\ \mathrm{kN}$。由

$$\Sigma Y=0,\qquad N_A+N_C-P-Q=0$$

得
$$N_A=P+Q-N_C=5+10-2.5=12.5\ \mathrm{kN}$$

$$\Sigma m_A(\overline{F})=0,\qquad m_A-P\cdot1-4Q-M+8N_C=0$$

得
$$m_A=P+4Q+M-8N_C=30\ \mathrm{kN\cdot m}$$

讨论　(1) 本例也可先取 BC 梁，求 $\overline{N}_C$ 和 $\overline{N}_B$，再取 AB 梁，求解 $\overline{N}_A$ 和 m_A。但 $\overline{N}_B$ 属中间过渡未知量，并非待求量，比上述解法多列一个平衡方程。读者试具体求解。

(2) 从解的结果可见，BC 梁上的荷载通过铰 B 可以传到 AB 梁上，即反映在固定端 A 处的反力中，但 AB 梁上的荷载却不能传到 BC 梁上。因此，常称 BC 梁为附属部分，AB 梁为基本部分。建造时是先基本后附属的顺序，分析时则相反。

(3) 求解本题时，初学者常犯的错误，是将 $\overline{Q}$ 或 $\frac{1}{2}\overline{Q}$ 作用于 BC 梁上的 B 点，再研究 BC 梁的平衡。试分析，错在哪里？

【例4-8】　三铰刚架的受力及尺寸如图4-12a 所示。求固定铰支座 A、B 和铰 C 的反力。

【解】　分别取刚架的 AC 和 BC 部分为研究对象（图4-12b、c），各有四个未知量，注意到 $X_C=X'_C$，$Y_C=Y'_C$，故未知量计有六个。每部分受平面一般力系作用，可列六个独立的平衡方程。所以三铰刚架为静定结构。观察 AC 和 BC 的受力图，未知力两两相交且两两平行，无论如何选取投影轴和矩心，每个平衡方程都包含两个未知力，因而必须联解方程组，

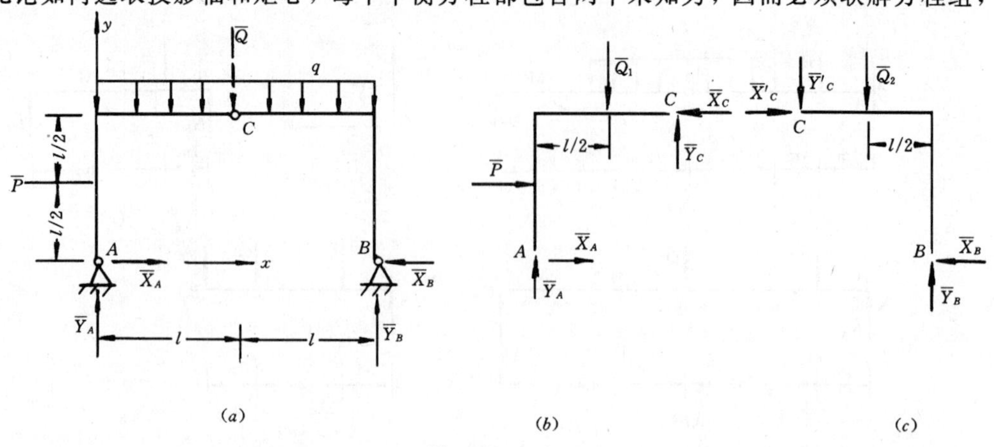

图4-12

才能解出这六个未知力。为避免联解方程，若研究刚架（图4-12a），四个反力虽然不能由三个平衡方程全部解出，但 $\overline{X}_A$ 通过铰 B，即有三个未知力汇交于 B 点。故可以 B 为矩心，由力矩方程单独解出 $\overline{Y}_A$。同理，以 A 为矩心列力矩方程，可解出 $\overline{Y}_B$。然后，由 AC 或 BC 的平衡即可解出全部未知力。具体求解如下：

（1）研究刚架 ABC（图4-12a），由

$$\Sigma m_B(\overline{F}) = 0, \qquad Y_A \cdot 2l + P \cdot \frac{l}{2} - 2ql \cdot l = 0 \tag{1}$$

得 $Y_A = ql - \frac{1}{4}P$

由

$$\Sigma m_A(\overline{F}) = 0, \qquad Y_B \cdot 2l - P \cdot \frac{l^{2}}{2} = 0 \tag{2}$$

得 $Y_B = ql + \frac{1}{4}P$

$$\Sigma X = 0, \qquad X_A - X_B + P = 0 \tag{3}$$

（2）研究 BC 部分（图4-12c），由

$$\Sigma m_C(\overline{F}) = 0, \qquad Y_B \cdot l - X_B \cdot l - ql \cdot \frac{l}{2} = 0 \tag{4}$$

得 $X_B = \frac{1}{2}ql + \frac{1}{4}P$

$$\Sigma X = 0, X'_C - X_B = 0 \tag{5}$$

得 $X'_C = \frac{1}{2}ql + \frac{1}{4}P$

$$\Sigma Y = 0, \qquad Y_B - Y'_C - ql = 0 \tag{6}$$

得 $Y'_C = \frac{1}{4}P$

将解出的 X_B 代入式（3），得

$$X_A = \frac{1}{2}ql - \frac{3}{4}P$$

校核时，以整体为对象，可用未曾使用的平衡方程 $\Sigma Y = 0$，即 $Y_A + Y_B - 2ql = ql - \frac{1}{4}P + ql + \frac{1}{4}P - 2ql = 0$ 表示计算结果正确。

讨论 当研究整体时，约束反力可直接在原图上画出，均布荷载的合力 $\overline{Q}$ 应以虚线表示，铰 C 处相互作用的力属内力，不得在整体图上画出。

【例4-9】 由四杆 AB、AC、AD 和 BC 所组成的结构示于图4-13a。在水平杆 AB 上有铅垂向下的力 $\overline{P}$ 作用。各接触处均是光滑的，不计各杆重。试证明 AC 杆的受力与力 $\overline{P}$ 的作用位置无关。

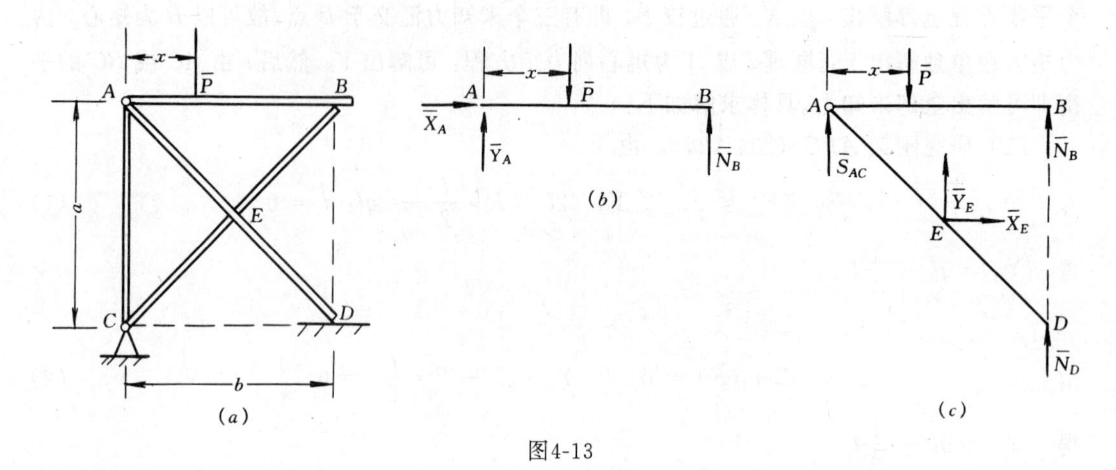

图4-13

【解】 AC 为二力杆，只能受拉或受压。欲证明 AC 杆的受力与力 $\overline{P}$ 的作用位置无关，只要求出 AC 杆的受力 S_{AC}，其中不包括含 x 即可。去掉 AC 杆，代以相应的反力 $\overline{S}_{AC}$。欲求 S_{AC}的分析过程可简便表示如下：

求 S_{AC}→取 BC 杆（未知量共六个）→ $\begin{cases}\text{取整体→求 } \overline{X}_C\text{、}\overline{Y}_C \\ \text{取 } AB \text{ 杆→求 } \overline{N}_B\end{cases}$

求 S_{AC}→取 AB、AD 部分（未知量共五个）→ $\begin{cases}\text{取整体→求 } \overline{N}_D \\ \text{取 } AB \text{ 杆→求 } \overline{N}_B\end{cases}$

将上述分析过程倒过来，即为解题方法。后一解题方法较前一种少解一个未知量，故选用之。

(1) 取整体为研究以象，受力如图4-13a。由

$$\Sigma m_C(\overline{F}) = 0, \qquad N_D \cdot b - P \cdot x = 0$$

得
$$N_D = \frac{x}{b}P$$

(2) 取 AB 杆为研究对象，受力如图4-13b，由

$$\Sigma m_A(\overline{F}) = 0, \qquad N_B \cdot b - P \cdot x = 0$$

得
$$N_B = \frac{x}{b}P$$

(3) 取杆 AB 与 CD 为研究对象，受力如图4-13c 所示。由

$$\Sigma m_E(\overline{F}) = 0, \qquad S_{AC} \cdot \frac{b}{2} - P(\frac{b}{2} - x) - (N_B + N_D)\frac{b}{2} = 0$$

解出
$$S_{AC}=P\ (\text{受压})$$

可见 AC 杆反力的大小与 x 无关，说明力 $\overline{P}$无论处于 AB 杆上的任何位置，AC 杆所受力的大小总是等于 P。

讨论 (1) 首先要正确判定杆 AC 为二力杆，使证明 AC 杆的受力与 x 无关转化为求 AC 杆的反力。在物系的平衡中，二力杆的判断极为重要，务必掌握好。

(2) 取 BC 杆作受力分析时，应包含待求的未知力，故认为销钉 C 固连于 BC 杆，所以 BC 杆的 C 处就作用有支座反力 $\overline{X}_C$、$\overline{Y}_C$ 和 $\overline{S}_{AC}$。

（3）杆 BC 或 AD 为一刚性杆，在 E 处通过销钉相连接，因此不得取 AD、ED 分别研究，也不能将 AD 杆视为二力杆。

第五节　平　面　桁　架

一、桁架的基本假设

桁架是工程中广泛使用的一种结构形式，例如屋架、桥梁、水坝闸门、高压输电塔、飞机等等。工程中的桁架，是由直杆在两端以适当方式连接而组成的几何形状不变的结构。杆件与杆件的连接点，称为结点（或节点）。由于杆件所用材料的不同，实际的结点可以是榫接、焊接、铆接与固结等。由于桁架中各杆件的受力情况比较复杂，为了反映桁架的主要受力特征，在结构设计的力学分析中，通常采用下述假设：

（1）各杆都以光滑铰链连接。

（2）各杆的轴线都是直线并通过铰链中心。

（3）荷载和反力都作用在结点上。

根据上述假设，可将一个实际桁架的计算简图表示为图4-14a。桁架周围的杆件称为弦杆，内部的杆件称为腹杆，支座 A、B 间的距离称为跨度。若组成桁架的杆件轴线都在同一平面内，则称为平面桁架。否则，称为空间桁架。

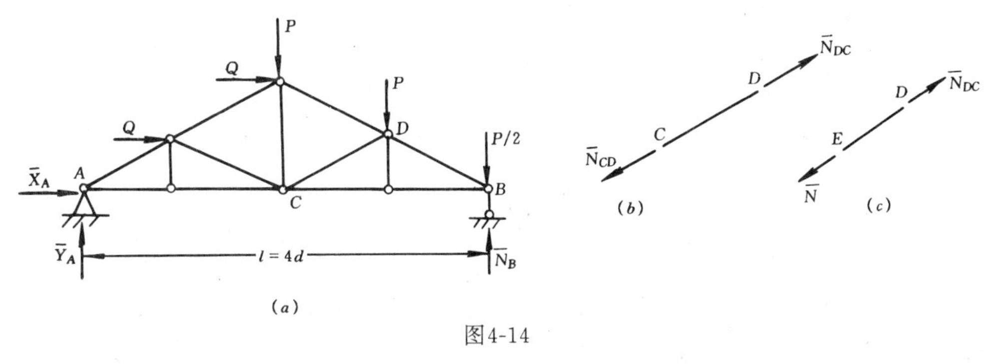

图4-14

根据上述假设，可见桁架中的每一根杆都是二力杆。例如，取 CD 杆研究（图4-14b），其两端受力为 $\overline{N}_{CD}$和 $\overline{N}_{DC}$，二力沿杆轴方向，且 $N_{CD}=N_{DC}$。若将杆 CD 于任一截面 E 处切开，考察 ED 部分的平衡（图4-14c），则杆截面 E 处的内力 $\overline{N}$ 与杆的反力 $\overline{N}_{DC}$必等值、反向并共线。称沿杆轴方向的内力为轴力。总之，桁架中的每根杆只受轴力作用，并且处处相等。于是，在桁架的内力分析中，根据需要可将桁架杆于任一处截断，截断处的内力以轴力表示。若杆件受拉，则轴力必为拉力，表示时其力矢量背离结点。反之，若杆件受压时，其轴力应指向结点。

实际桁架与上述假设有一定的差别，例如各杆不一定是直杆，其轴线也未必相交于一点，结点往往还具有一定的限制杆件转动的能力等。但由实验证实，上述假设下所求得的桁架内力反映了桁架的主要受力情况。

二、桁架内力分析

由上述讨论可知，桁架也是物体系统。因而可取桁架的任一部分作为研究对象。若截取一个结点为研究对象，其分析方法称为**结点法**。若截取桁架一部分（两个以上结点），其分析方法称为**截面法**。

1.结点法

平面桁架的结点受平面汇交力系作用，每个结点只能列两个独立的平衡方程。因此，结点法应从两个未知力的结点开始分析，依次可求出所有桁架杆的轴力。求解时，截断杆的内力一般设为拉力，若计算结果为正值，表示轴力为拉力；反之，表示轴力为压力。应注意，当求得轴力为压力时，不必改变受力图上力的指向，后边用到此值时，须连同负号一并代入。

桁架中某杆的轴力为零时，称为**零杆**。对于下列情况，不必计算，零杆便可直接判断确定。

（1）不共线的两杆结点，若无荷载作用，则此两杆轴力必为零（图4-15*a*）。

（2）不共线的两杆结点，若荷载与其中一杆共线，则另一杆轴力必为零（图4-15*b*）。

（3）三杆结点，无荷载作用，若其中两杆共线，则另一杆轴力必为零（图4-15*c*）。

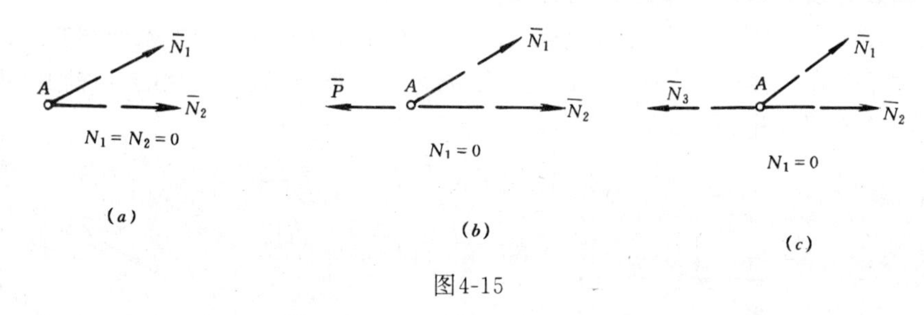

图4-15

实际上，这些都是节点平衡的特例。分析桁架内力时，先判断零杆，可以简化计算。

2.截面法

截面法所取的部分桁架，受平面一般力系的作用，应用平面一般力系的平衡方程，可以求解三个未知力。应用截面法时，一般截断杆件的个数，不应超过三个。应注意，截面的形状并无任何限制，可以是平面，也可以是封闭的曲面。截面法适用于求某些指定杆的轴力，往往作校核用。

三、求桁架轴力举例

【例4-10】 一屋架的尺寸及所受荷载如图4-16所示，试用结点法求每根杆的轴力。

【解】 对此简支三角形桁架，首先容易求得支座 A、B 处的反力 $Y_A = Y_B = 24$ kN。然

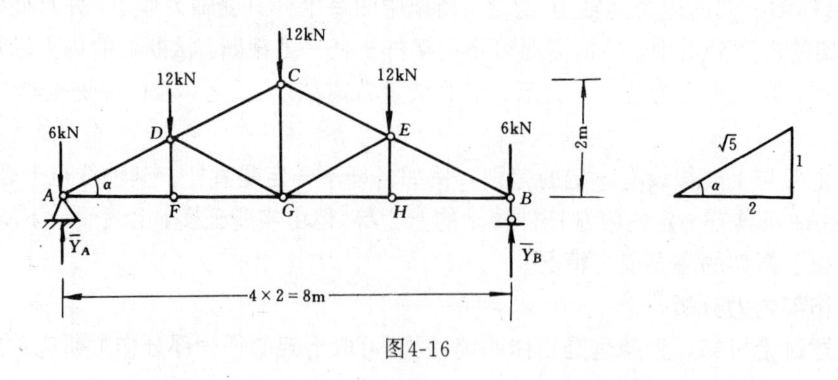

图4-16

后从两未知力的结点 A（或 B）开始，依次逐个选取结点，列平衡方程便可求得各杆内力。注意到结构和荷载都以 CG 为对称轴，因此，其轴力必是对称分布的，只要计算桁架的一半即可。又根据零杆的判断方法，可知 DF 杆和 EH 杆为零杆。故计算的顺序为结点 A、D、C。

（1）结点 A，受力如图4-17a。由

$$\Sigma Y = 0,\quad N_{AD}\sin\alpha + 24 - 6 = 0$$

得
$$N_{AD} = -18\sqrt{5} = -40.2\ \text{kN}$$

$$\Sigma X = 0,\quad N_{AF} + N_{AD}\cos\alpha = 0$$

得
$$N_{AF} = -(-40.2)2/\sqrt{5} = 36\ \text{kN}$$

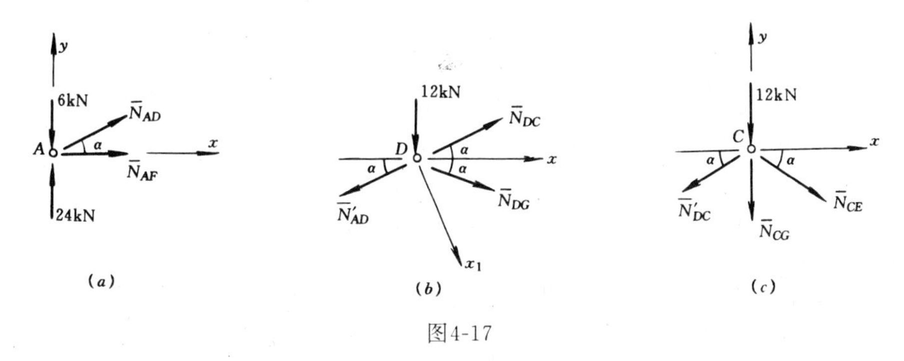

图4-17

（2）结点 D，受力如图4-17b。因已知 DF 杆为零杆，故受力图不必画出。由

$$\Sigma X_1 = 0,\quad N_{DG}\cos(90° - 2\alpha) + 12\cos\alpha = 0$$

得
$$N_{DG} = -\frac{12}{2\sin\alpha} = -6\sqrt{5} = -13.4\ \text{kN}$$

$$\Sigma X = 0,\quad N_{DC}\cos\alpha + N_{DG}\cos\alpha - N'_{AD}\cos\alpha = 0$$

$$N_{DC} = -40.2 - (-13.4) = -26.8\ \text{kN}$$

（3）结点 D，受力如图4-17c。由

$$\Sigma X = 0,\quad N_{CE}\cos\alpha - N'_{DC}\cos\alpha = 0$$

得
$$N_{CE} = -26.8\ \text{kN}$$

$$\Sigma Y = 0,\ -N_{CG} - (N_{CE} + N'_{DC})\sin\alpha - 12 = 0$$

得
$$N_{CG} = 2(-26.8)/\sqrt{5} - 12 = 12\ \text{kN}$$

为了清晰表示各杆的轴力，可将所求得的结果直接标注在杆件的一侧，如图4-18所示。其中正号表示轴力为拉力，负号表示轴力为压力，力的单位为 kN。

讨论　由计算结果可知，桁架的上弦杆都受压，而下弦杆都受拉，斜腹杆亦受压。所以在屋架的制作中，下弦杆用钢拉杆，上弦杆用木材或钢筋混凝土制造，这可以充分发挥材料的力学性能，故桁架适宜作大跨度的结构。

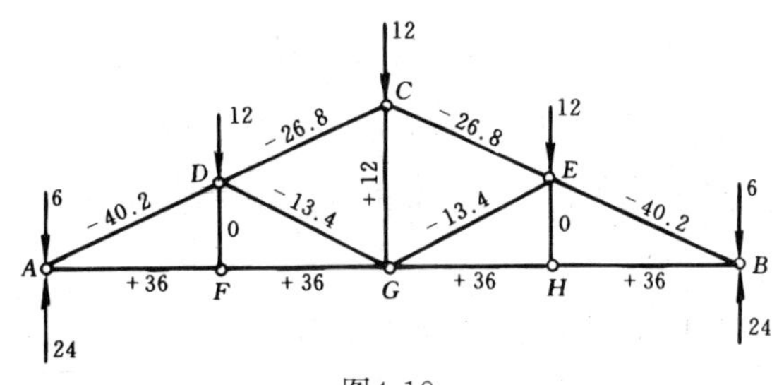

图4-18

【例4-11】　桁架的受力及尺寸如图

4-19a 所示。试求其中1、2、3杆的轴力。

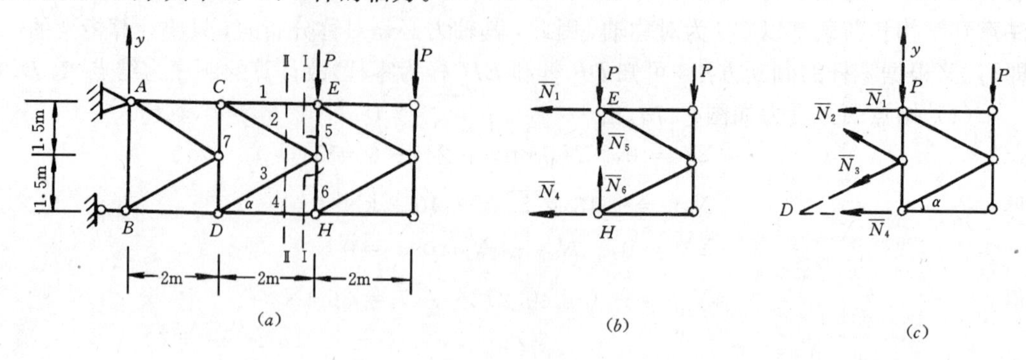

图4-19

【解】 求桁架中指定杆的轴力，宜用截面法。若选用截面Ⅱ-Ⅱ分桁架为两部分，取桁架右部为研究对象，此时将截断四根杆，即有四个未知力，由平面一般力系的平衡方程，一个未知力也解不出来。若取截面Ⅰ-Ⅰ右部桁架为研究对象（图4-19a），虽然也截断四根杆，但杆5、6的轴力共线，并且与4杆轴力交于 H。故可以 H 为矩心，由力矩平衡方程解出 N_1。于是问题可解。由图示几何尺寸知：$\cos\alpha=4/5$，$\sin\alpha=3/5$。

（1）取截面Ⅰ-Ⅰ右部桁架为研究对象。受力如图4-19b。由

$$\Sigma m_H(\overline{F})=0, N_1\cdot 3-P\cdot 2=0$$

得
$$N_1=\frac{2}{3}P$$

（2）取截面Ⅱ-Ⅱ右部桁架为研究对象，受力如图4-19c。由

$$\Sigma m_D(\overline{F})=0,\qquad N_2\cos\alpha\cdot 1.5+N_2\sin\alpha\cdot 2+N_1\cdot 3-P\cdot 2-4P=0$$

得
$$N_2=\frac{6P-2P}{1.5\times 4/5+2\times 3/5}=\frac{5}{3}P=1.67P$$

$$\Sigma Y=0,\qquad N_2\sin\alpha-N_3\sin\alpha-2P=0$$

得
$$N_3=\frac{5}{3}-\frac{2P}{3/5}=-\frac{5}{3}P=-1.67P$$

其中，正号表示轴力为拉力，负号表示轴力为压力。

讨论 本例若求7杆轴力，可取结点 C 为研究对象，列 $\Sigma Y=0$ 求解。因而在求桁架杆的轴力时，可联合应用结点法和截面法，以求解简便为原则。

【例4-12】 组合结构如图4-20a 所示。已知均布荷载集度 $q=2$ kN/m，试求杆 AD、CD 和 BD 的受力。

【解】 取铰 D 为研究对象时，应用平面汇交力系的平衡方程，不可能求出三个未知力。应设法先求出其中的一个力，取 AC 杆研究（图 4-20b），因其中反力 $\overline{R}_A$ 可由整体平衡求得，故应用 $\Sigma m_C(\overline{F})=0$，可解出 $\overline{N}_{AD}$。于是问题可解。由图中的几何尺寸知：$\cos\alpha=2/\sqrt{5}$，$\sin\alpha=1/\sqrt{5}$。

（1）取整体为研究对象，受力如图4-20a。

$$\Sigma m_B(\overline{F})=0,\qquad R_A\cdot 4-6q\cdot 2=0$$

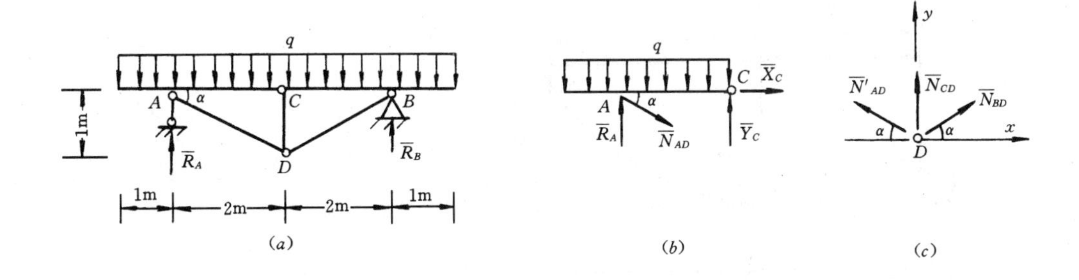

图4-20

得 $$R_A = 3q = 6 \text{ kN}$$

（2）取 AC 梁为研究对象，受力如图4-20b。

$$\Sigma m_C(\overline{F}) = 0, \quad N_{AD}\sin\alpha \cdot 2 - R_A \cdot 2 + 3q \cdot 1.5 = 0$$

得 $$N_{AD} = 1.5\sqrt{5} = 3.35 \text{ kN}$$

（3）取结点 D 为研究对象，受力如图4-20c。

$$\Sigma X = 0, \quad N_{BD}\cos\alpha - N_{AD}\cos\alpha = 0$$

得 $$N_{BD} = 3.35 \text{ kN}$$

$$\Sigma Y = 0, N_{CD} + N_{AD}\sin\alpha + N_{BD}\sin\alpha = 0$$

得 $$N_{CD} = -3 \text{ kN}$$

*第六节　悬　　索

悬索在工程中有广泛地应用，例如悬索桥的主索，斜拉桥的拉索，其主要荷载是桥面板和其上铺面，可以近似地简化为沿水平跨度均匀分布的线荷载。又如输电线、塔架的缆风索等，考虑自重影响时，荷载则沿索线长度均匀分布。在对悬索进行分析时，假设悬索是完全柔软的，因而悬索只能承受拉力而不能抵抗弯曲，并且每一点的拉力都沿悬索在该点的切线方向。

将索的两端固定，在荷载或自重作用下，该索必将挠曲，并处处受到拉力作用。我们将研究悬索在给定荷载作用下，如何确定索线的形状？计算索的长度？以及索线各处受力大小如何？

一、荷载沿水平跨度均匀分布

悬挂于 A、B 两点的索桥，A、B 两点间的水平距离 l 称为跨度，桥面荷载通过吊杆传到主索上，主索所受荷载可视为沿水平跨度均匀分布，设向下的均匀荷载的集度为 q，索上每点到悬索最低点的铅垂距离称为垂度，悬挂点 A、B 的垂度分别设为 f_1和 f_2（图4-21a）。取悬索最低点 O 为坐标原点，悬索平面内的水平线及铅垂线取为 x 轴和 y 轴。截取一段索线 OD 为研究对象，O、D 处的拉力 $\overline{T}_0$、$\overline{T}$ 沿索线在该点的切线方向（图4-21b）。于是 OD 段索线在 $\overline{T}_0$、$\overline{T}_1$和荷载 $Q=qx$ 作用下处于平衡。由

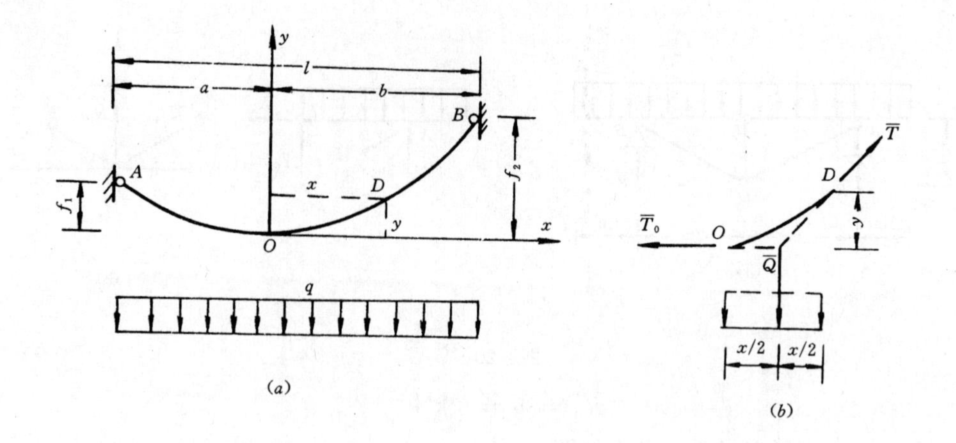

图4-21

$$\Sigma m_D(\overline{F})=0, \qquad Q\cdot\frac{x}{2}-T_0\cdot y=0$$

得
$$y=\frac{q}{2T_0}x^2 \tag{4-12}$$

可见，在水平均布荷载作用下，悬索挠曲后的轴线为一抛物线。

将悬索端点坐标（$-a$、f_1）、（b、f_2）代入式（4-12）得

$$f_1=qa^2/2T_0 \qquad f_2=qb^2/2T_0 \tag{1}$$

则
$$f_1/f_2=a^2/b^2 \tag{2}$$

而
$$l=a+b \tag{3}$$

由式（2）、（3）可求得悬索最低点 O 的位置

$$a=\frac{l}{1+\sqrt{f_2/f_1}} \tag{4}$$

由式（1）解得

$$T_0=\frac{ql^2}{2(\sqrt{f_1}+\sqrt{f_2})^2} \tag{4-13}$$

一般情况下，l、f_1、f_2均为已知，可由上式求出悬索最低点的拉力 $\overline{T}_0$。

现在求悬索中任一点 D 处的拉力的大小。根据图4-21b，由于 $\overline{T}_0$、$\overline{T}$、$\overline{Q}$ 三力处于平衡，可知

$$T=\sqrt{T_0^2+(qx)^2} \tag{4-14}$$

显然，$\overline{T}_0$为索中拉力的最小值，而在悬索点 A、B 处的拉力大小分别为

$$T_A=\sqrt{T_0^2+(qa)^2}, \qquad T_B=\sqrt{T_0^2+(qb)^2} \tag{5}$$

再求索长。先计算 OB 段，令 ds 表示曲线的微分弧长，则

$$S_{OB}=\int_{\widehat{OB}}\mathrm{d}s=\int_0^b[1+(\frac{\mathrm{d}y}{\mathrm{d}x})^2]^{\frac{1}{2}}\mathrm{d}x$$

由 $\frac{\mathrm{d}y}{\mathrm{d}x}=\frac{qx}{T_0}$ 及 $T_0=qb^2/2f_2$ 可知 $\frac{\mathrm{d}y}{\mathrm{d}x}=\frac{2f_2}{b^2}x$，代入上式，则得

$$S_{OB}=\int_0^b[1+(\frac{2f_2x}{b^2})^2]^{\frac{1}{2}}\mathrm{d}x$$

$$=\frac{b}{2}(1+\frac{4f_2^2}{b^2})^{\frac{1}{2}}+\frac{b^2}{4f_2}\ln[\frac{2f_2}{b}+(1+\frac{4f_2^2}{b^2})^{\frac{1}{2}}] \tag{6}$$

同理，可得 OA 段的索长

$$S_{OA}=\frac{a}{2}(1+\frac{4f_1^2}{a^2})^{\frac{1}{2}}+\frac{a^2}{4f_1}\ln[\frac{2f_1}{a}+(1+\frac{4f_1^2}{a^2})^{\frac{1}{2}}] \tag{7}$$

故悬索的总长度为

$$S=S_{OA}+S_{OB}$$

$$=\frac{a}{2}(1+\frac{4f_1^2}{a^2})^{\frac{1}{2}}+\frac{a^2}{4f_1}\ln[\frac{2f_1}{a}+(1+\frac{4f_1^2}{a^2})^{\frac{1}{2}}]$$

$$+\frac{b}{2}(1+\frac{4f_2^2}{b^2})^{\frac{1}{2}}+\frac{b^2}{4f_2}\ln[\frac{2f_2}{b}+(1+\frac{4f_2^2}{b^2})^{\frac{1}{2}}] \tag{4-15}$$

当悬索比较扁平时，$\frac{\mathrm{d}y}{\mathrm{d}x}$的值远远小于1，此时索长 OB 可以近似取为

$$S_{OB}=\int_0^b[1+(\frac{\mathrm{d}y}{\mathrm{d}x})^2]^{\frac{1}{2}}\mathrm{d}x\approx\int_0^b[1+\frac{1}{2}(\frac{\mathrm{d}y}{\mathrm{d}x})^2]\mathrm{d}x$$

$$=\int_0^b[1+\frac{1}{2}(\frac{2f_2x}{b^2})^2]\mathrm{d}x$$

$$=b+\frac{2}{3}\frac{f_2^2}{b}$$

同理 $$S_{OA}=a+\frac{2}{3}\frac{f_1^2}{a}$$

故悬索总长度近似为

$$S=S_{OA}+S_{OB}=l+\frac{2}{3}(\frac{f_1^2}{a}+\frac{f_2^2}{b}) \tag{4-16}$$

当悬挂点 A、B 等高，此时 $f_1=f_2=f, a=b=l/2$，则公式(4-13)、(5)、(4-16)成为

$$T_0=ql^2/8f \tag{4-17}$$

$$T_A=T_B=T_0\sqrt{1+(4f/l)^2} \tag{4-18}$$

$$S=l+\frac{8}{3}\frac{f^2}{l}=l(1+\frac{8}{3}\frac{f^2}{l^2}) \tag{4-19}$$

【例4-13】 一吊桥主索悬挂于 A、B 两点如图4-22所示。已知水平跨度 $l=300\text{m}$，垂度 $f_1=30\text{m}$，$f_2=10\text{m}$，水平均布荷载的集度 $q=30\text{N/m}$。试求悬挂点处索内拉力及索长。

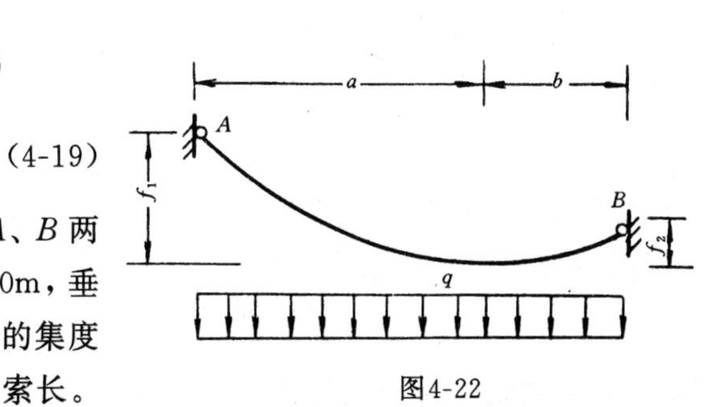

图4-22

【解】　(1) 由于悬索荷载为沿水平跨度的均布荷载，可知悬索曲线为一抛物线。

(2) 由式 (4-13) 可求悬索最低点拉力

$$T_0 = ql^2/2(\sqrt{f_1} + \sqrt{f_1})^2 = 30 \cdot 300^2/2(\sqrt{30} + \sqrt{10})^2 = 18087\text{N} = 18.09\ \text{kN}$$

由式 (4) 得

$$a = \frac{l}{1 + \sqrt{f_2/f_1}} = \frac{300}{1 + \sqrt{10/30}} = 190.2\text{m}$$

$$b = l - a = 109.8\text{m}$$

由式 (4-14) 可得悬挂点 A、B 处索内拉力为

$$T_A = \sqrt{T_0^2 + (qa)^2} = \sqrt{18.09^2 + 0.03^2 \cdot 190.2^2} = 18.97\ \text{kN}$$

$$T_B = \sqrt{T_0^2 + (qb)^2} = \sqrt{18.09^2 + 0.03^2 \cdot 109.8^2} = 18.39\ \text{kN}$$

(3) 悬索的长度由式 (4-16) 得

$$S = l + \frac{2}{3}(\frac{f_1^2}{a} + \frac{f_2^2}{b}) = 300 + \frac{2}{3}(\frac{30^2}{190.2} + \frac{10^2}{109.8}) = 303.76\text{m}$$

二、荷载沿索长均匀分布

图4-23所示悬索，沿索长均分布的铅垂荷载的集度为 q，以悬索最低点为坐标原点 O，取坐标轴如图示。

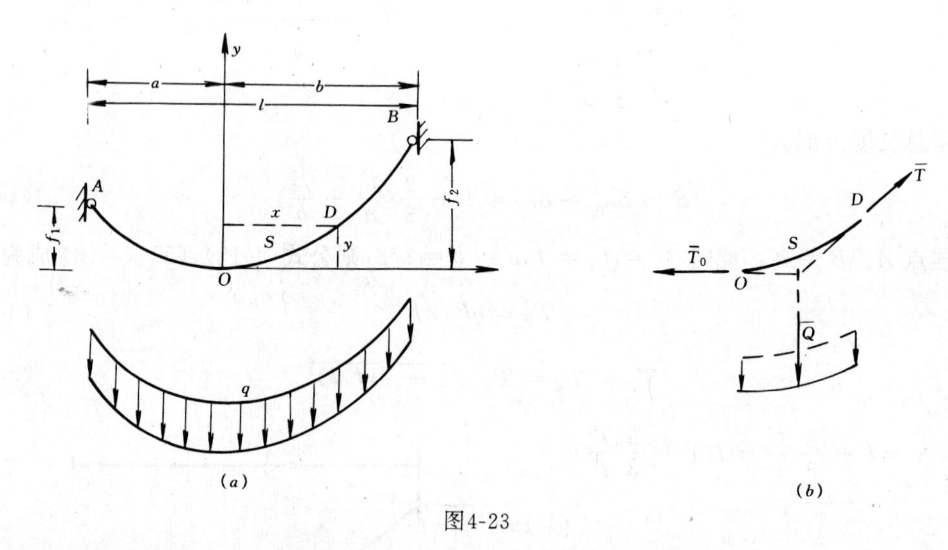

图4-23

现研究索长为 S 的 OD 段悬索（图4-23b），分布荷载合力的大小 $Q=qS$，O 处受水平拉力 $\overline{T}_0$，D 处拉力 $\overline{T}$ 沿索线在该点的切线方向。根据三力的平衡关系，有

$$T = \sqrt{T_0^2 + q^2S^2} = q\sqrt{c^2 + S^2} \tag{8}$$

其中，$c=T_0/q$。曲线在 D 点的斜率

$$\frac{\mathrm{d}y}{\mathrm{d}x}=\tan\theta=qS/T_b=S/c \tag{9}$$

上式不能直接积分为 y 与 x 的函数关系，由微分弧长公式 $\mathrm{d}S=\sqrt{\mathrm{d}x^2+\mathrm{d}y^2}$ 可得

$$\frac{\mathrm{d}S}{\mathrm{d}x}=\sqrt{1+(\mathrm{d}y/\mathrm{d}x)^2}=\sqrt{1+(S/c)^2}$$

对上式分离变量并积分，有

$$\int_0^S\frac{\mathrm{d}S}{\sqrt{c^2+S^2}}=\int_0^x\frac{\mathrm{d}x}{c}$$

得

$$S=c\sinh\frac{x}{c} \tag{10}$$

于是有 $\frac{\mathrm{d}y}{\mathrm{d}x}=\frac{S}{c}=\sinh\frac{x}{c}$。分离变量后积分上式

$$\int_0^y\mathrm{d}y=\int_0^x\sinh\frac{x}{c}\mathrm{d}x=c\cosh\frac{x}{c}\bigg|_0^x$$

得

$$y=c\cosh\frac{x}{c}-c \tag{4-20}$$

可见，沿索长均布荷载作用下，悬索的挠曲轴线为一悬链线。

将式（10）代入式（8），得

$$T=q\sqrt{c^2+S^2}=qc\cos\frac{x}{c}+q\sqrt{c^2+c^2\sinh^2\frac{x}{c}}=c\cos\frac{x}{c} \tag{11}$$

将式（4-20）乘以 q 代入上式，注意 $cq=T_0$，则

$$T=T_0+qy \tag{4-21}$$

由此可见，T_0为索内拉力的最小值，而悬挂点 A、B 处索内拉力的大小为

$$T_A=T_0+f_1q,\qquad T_B=T_0+f_2q \tag{12}$$

悬索的总长度可由式（10）计算，即

$$S=S_{OA}+S_{OB}=c\left(\sinh\frac{a}{c}+\sinh\frac{b}{c}\right) \tag{4-22}$$

可以证明，当 f/l 的值较小时，按悬链线计算与按抛物线计算的结果相差甚微。故在实际问题中，当 f/l 较小时，由自重引起的悬索拉力和索长都可按抛物线悬索计算。

【例4-14】 设悬索的自重为50N/m，悬挂在等高的 A、B 两点如图4-24所示。已知 $f=30\text{m}$，$l=150\text{m}$。试求索长和索中的最大拉力。

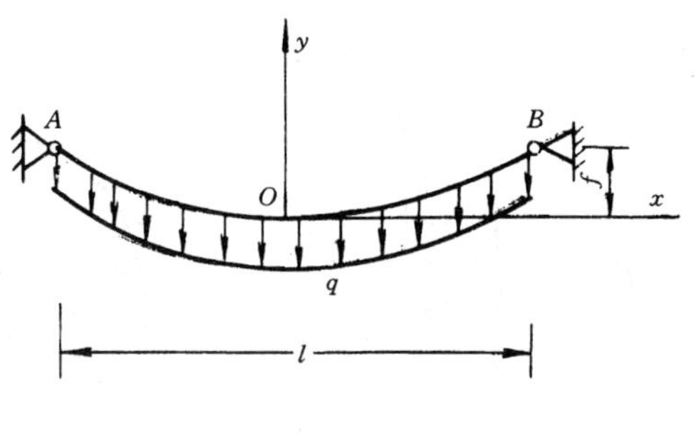

图4-24

【解】 由于索线自重沿索长均匀分布，可知其悬索轴线为一悬链线。

（1）求 c 值。对图示坐标系，当 $x=\frac{l}{2}=75\text{m}$ 时，$y=30\text{m}$。由轴线方程式(4-20)得

$$30=c\cosh\frac{75}{c}-c$$

即 $30/c+1=\cosh(75/c)$

此方程为一超越方程，可采用试算法确定 c 值。列表计算如下：

c	90	100	99	98.4
$30/c+1$	1.333	1.300	1.303	1.305
$\cosh 75/c$	1.368	1.295	1.301	1.305

试算结果得 $c=98.4\text{m}$

（2）求索中拉力。索中最低点 O 处拉力

$$T_0=cq=98.4\cdot 50=4920\text{N}=4.92\ \text{kN}$$

最大拉力发生在悬挂点处，即

$$T_A=T_B=T_0+qf=4920+30\cdot 50=6420\text{N}=6.42\ \text{kN}$$

（3）悬索的总长由式（4-22）得

$$S=2c\sinh\frac{l}{2c}=2\cdot 98.4\sin\frac{150}{2\cdot 98.4}=164.95\text{m}$$

思 考 题

1. 某平面一般力系向作用面内 A 点简化的结果得到一合力，问该力系向同平面内的另一点 B 的简化结果是什么？

2. 平面一般力系的主矢与该力系的合力有何关系？

3. 平面汇交力系、平面力偶系向作用面内任一点的简化结果是什么？

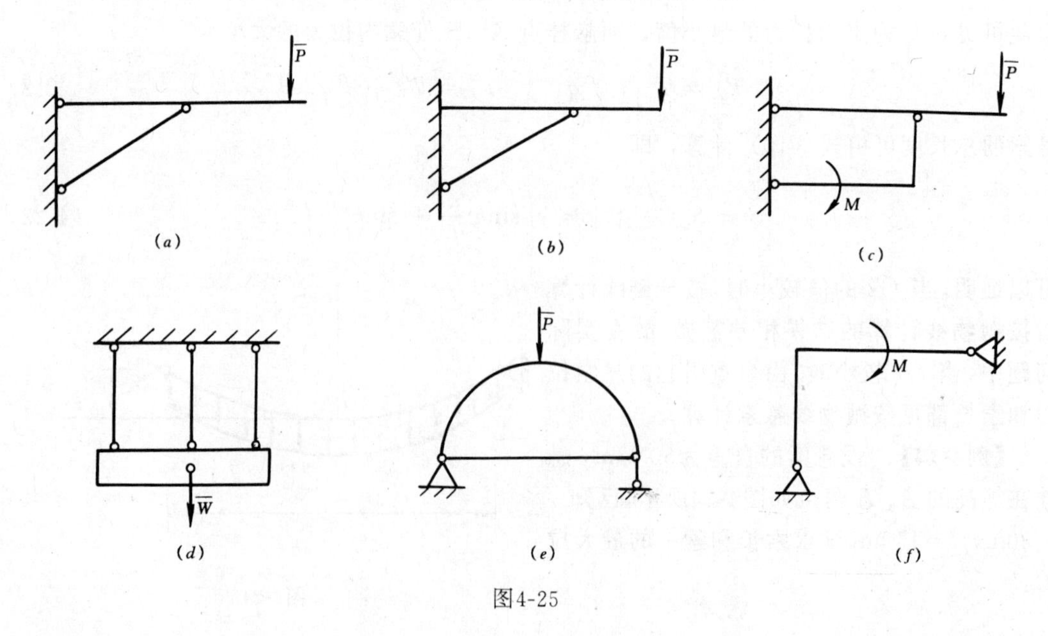

图4-25

4. 在平面一般力系的平衡方程中，在直角坐标轴上的两个投影方程是否可改为在任意二相交轴上的投影方程？为什么？

5. 平面一般力系的平衡方程能否全部采用投影方程？

6. 如何判断物系平衡的静定与静不定问题？

7. 对物系的平衡问题，如何确定解题方法？

8. 求桁架的轴力时，结点法与截面法有何不同。

9. 图4-25所示的各结构，指出哪些平衡问题是静定的？哪些平衡问题是静不定的？

10. 试直接判断图4-26所示的各桁架中的零杆。

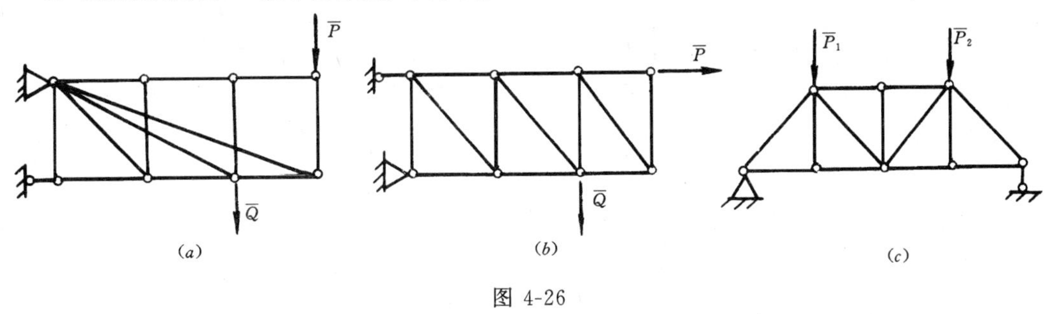

图 4-26

习　题

4-1　在刚体的 A、B、C 三点上，分别作用有大小均为 P 的力，其方向如图示。试求此力系的简化结果。设三角形的边长为 a。

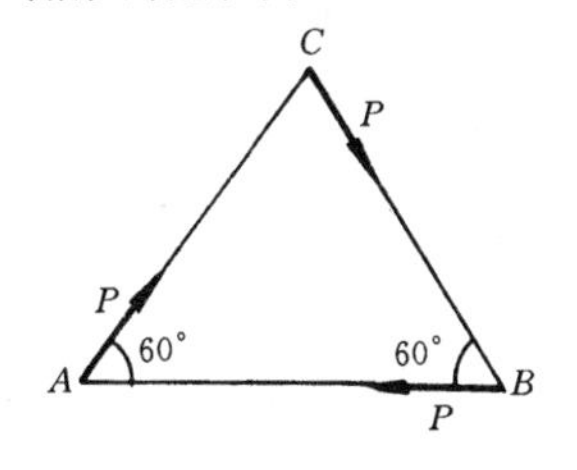

题4-1图

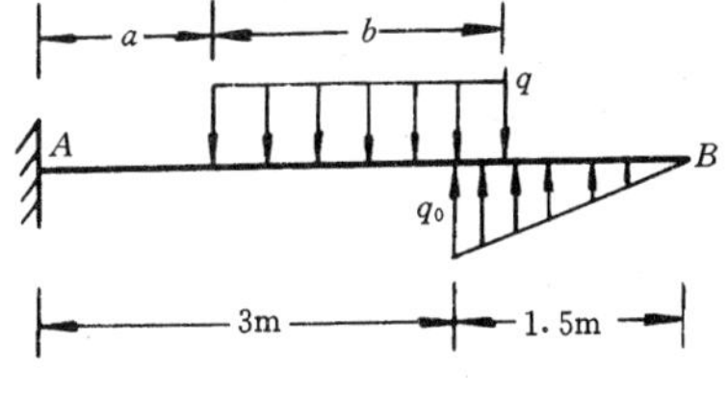

题4-2图

4-2　图示悬臂梁 AB 上，作用有集度 $q=400\text{N/m}$ 的均布荷载，以及 $q_0=900\text{N/m}$ 的三角形荷载。已知此力系向 A 点的简化结果：$\overline{R}'=0$，$M_A=0$。试求均布荷载的分布长度 b 和位置 a。

4-3　图示平面力系中，$P=200\text{N}$，$Q=100\text{N}$，$M=300\text{N}\cdot\text{m}$。欲使力系的合力通过 O 点，问铅垂力 $\overline{T}$ 之

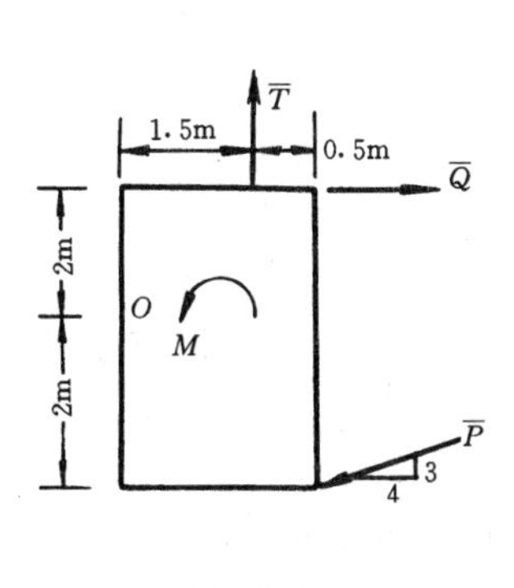

题4-3图

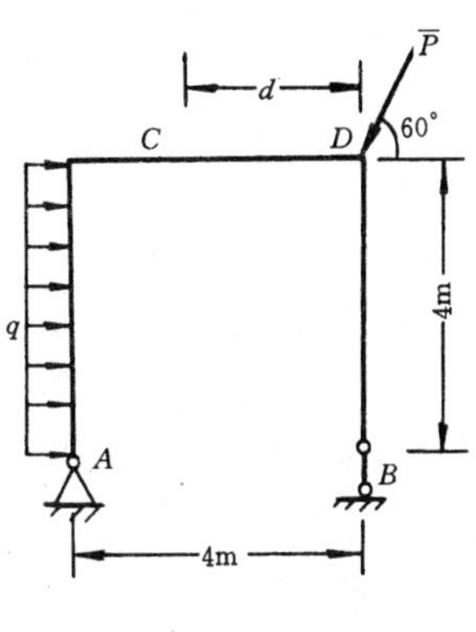

题4-4图

值为多大？

4-4　简支刚架受力作用如图示。已知 $P=10$ kN，均布荷载的集度 $q=2.5$ kN/m。欲以过 C 点的一力 $\overline{F}$ 等效代替此力系，求力 $\overline{F}$ 的大小、方向及 D、C 间的距离 d。

4-5　简支梁 AB 受分布力作用如图示。已知分布荷载的集度 $q_x=\frac{1}{3}x^2$ (kN/m)，且 $q_B=3$ kN/m。试求分布力对 A 点的矩。

4-6　简支梁受力及尺寸如图示。已知 $P_1=P_2=20$ kN，求支座 A、B 的反力。

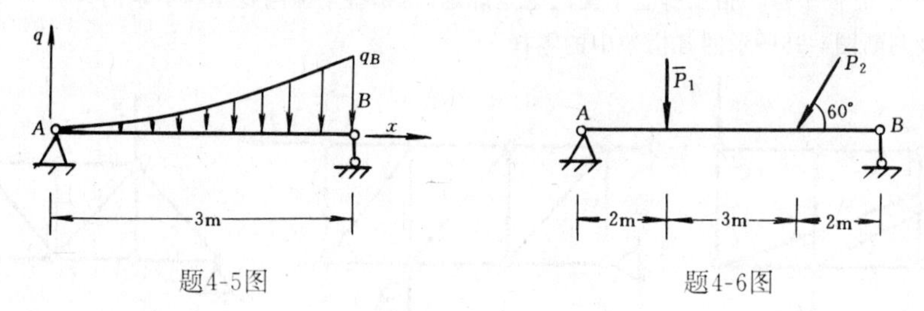

题4-5图　　题4-6图

4-7　简支梁受力及尺寸如图示。已知均布荷载的集度 $q=20$ kN/m，$M=20$ kN·m。求支座 A、B 的反力。

4-8　伸臂梁受力及尺寸如图示。已知 $P=2$ kN，$M=1.5$ kN·m。求支座 A、B 的反力

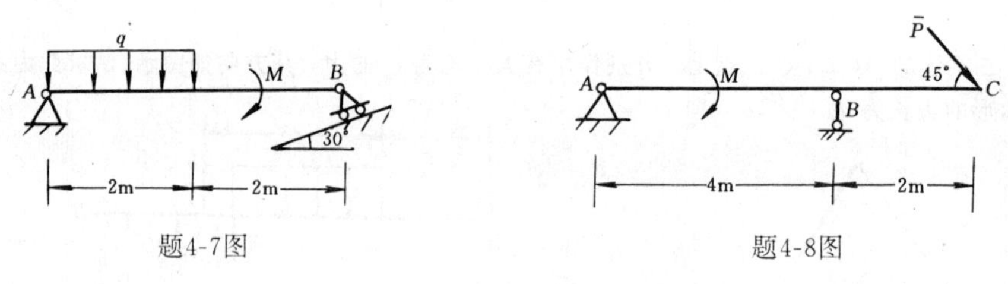

题4-7图　　题4-8图

4-9　图示悬臂梁 AB，已知 q，a，$M=qa^2$。求固定端的反力和反力偶。

4-10　梁 AB 用三根链杆支承如图示。已知 $P=100$ kN，$M=50$ kN·m。求链杆的受力。

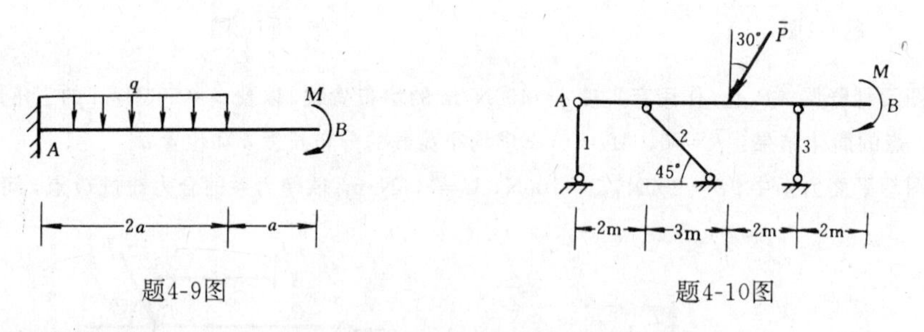

题4-9图　　题4-10图

4-11　图示简支刚架中，$q=1$ kN/m，$P=3$ kN。求支座 A、B 的反力。

4-12　悬臂刚架受力如图。已知 $P=5$ kN，$q=2$ kN/m。求固定端 A 的反力。

4-13　两水池由闸门板 AB 分开，板与水平面成60°角，板 AB 长2 m，宽1 m，板的上部与池壁 AC 铰接。左池水面与 A 相齐，右池无水。不计板重，水的容重 $\gamma=9.8$ kN/m³，求能拉开闸门板的铅垂力 $\overline{T}$。

4-14　一水箱的支承情况如图示。已知水箱与水共重 $W=320$ kN，侧面的风压力 $P=20$ kN。求三杆对水箱的约束反力。

4-15　均质杆 AB 与 BC 在 B 端固结成60°角，A 端用绳悬挂如图示。设 $BC=2AB$，当刚杆 ABC 平衡时，求 BC 杆与水平面的夹角 θ。

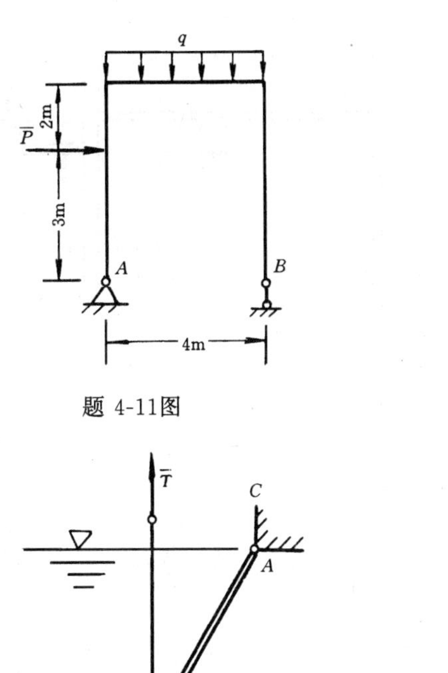

题 4-11图

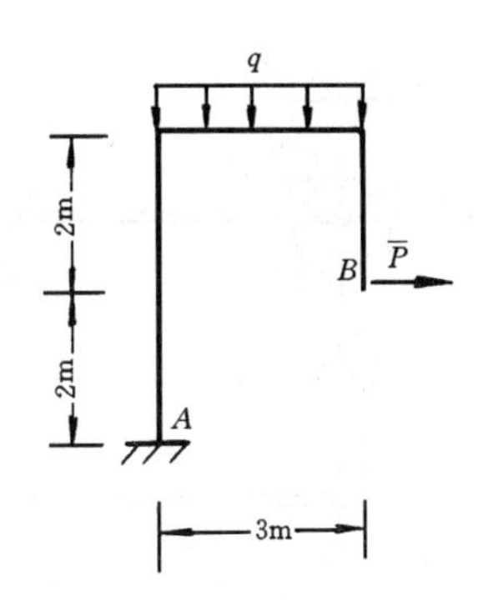

题 4-12图

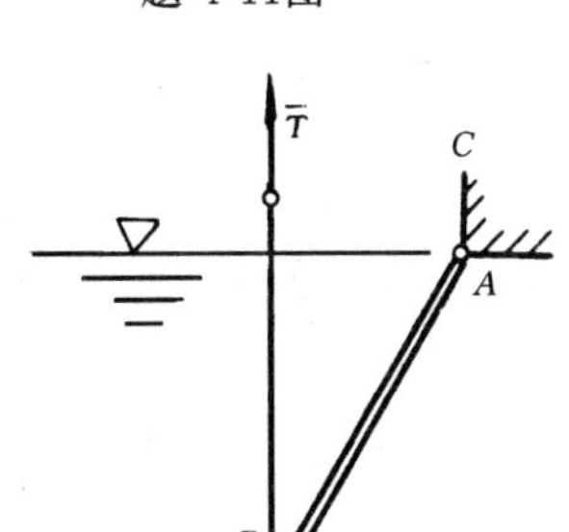

题 4-13图

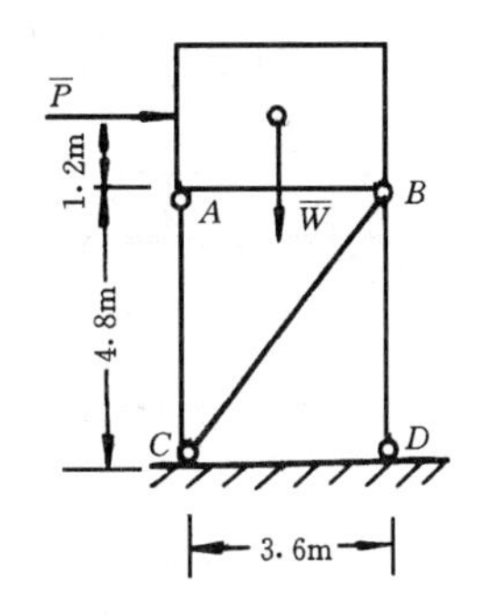

题 4-14图

4-16 均质杆 AB 重 P，长为 $2b$，两端分别置于光滑的斜面与铅垂面上，用水平细绳拉住，在图示位置处于平衡。求绳的拉力 $\overline{T}$ 和 A、B 处的反力。

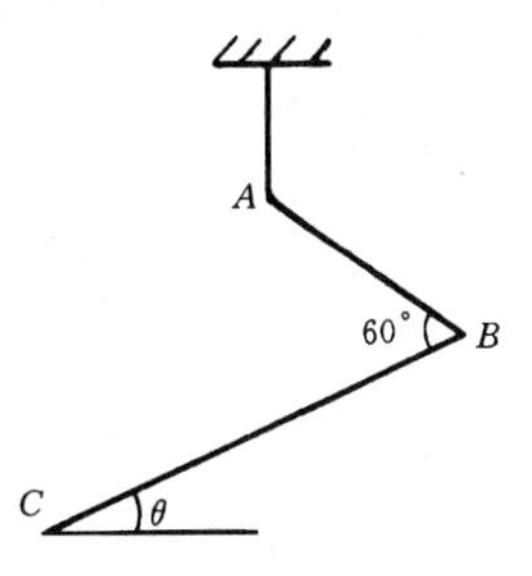

题 4-15图

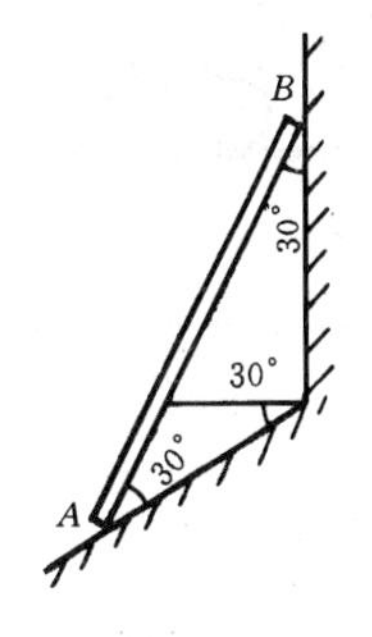

题 4-16图

4-17 送料车装有轮 A 和 B，可沿轨道 CD 移动。两轮间的距离为2m，平臂长 $OE=5$m，料车每次装载物料 $W=15$ kN。欲使物料重不致送料车倾倒，问送料车的重量 Q 应多大？

4-18 汽车地称简图如图示。BDE 为整体台面，杠杆 AB 可绕 O 轴转动，CD 杆处于水平位置。试求平衡时砝码的重量 W_1 与被称汽车重量 W_2 之间的关系。

4-19 多跨梁的荷载及尺寸如图示。已知 $P=5$ kN，$q=2.5$ kN/m，力偶矩 $M=5$ kN·m，$l=8$ m。试求梁支座 A、B、D 的反力。

4-20 多跨梁的荷载及尺寸如图示。设均布荷载的集度 $q=P/l$，力偶矩 $M=Pl$，P、l 已。求固定端 A 处的反力。

4-21 移动式起重机在梁上的位置如图示。设起重机本身重 $W=50$ kN，起吊重物重 $P=10$ kN。求梁

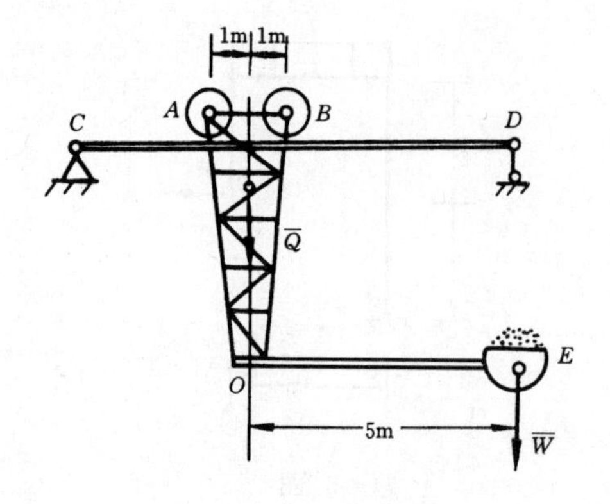

题4-17图

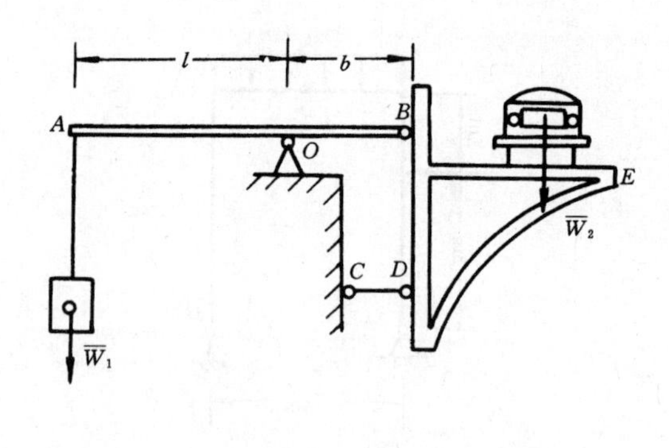

题4-18图

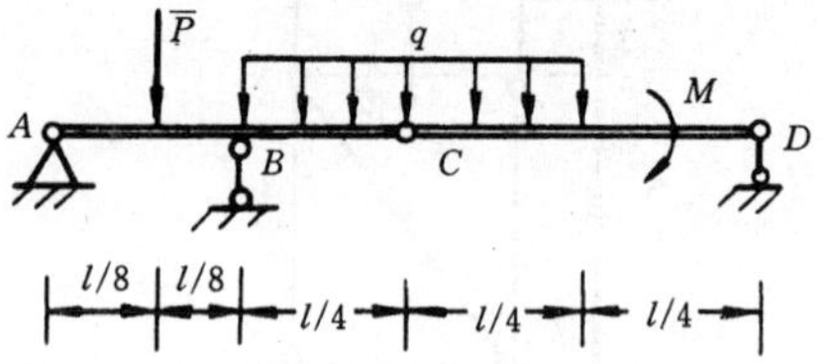

题4-19图

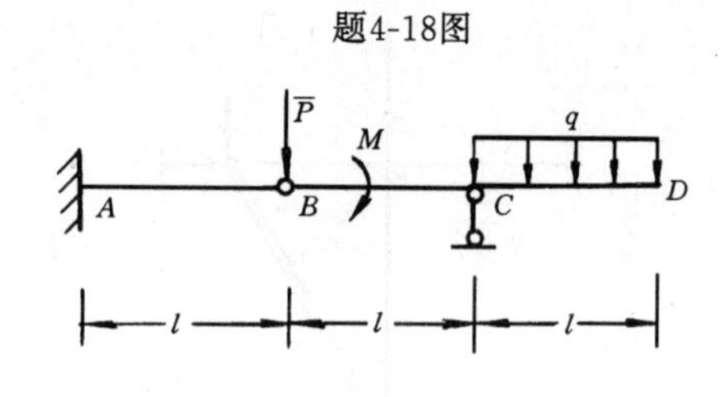

题4-20图

各支座的反力

4-22　图示结构中，已知 $P=40$ kN，$q_0=30$ kN/m，力偶矩 $M=120$ kN·m。试求固定铰支座 B 的反力。

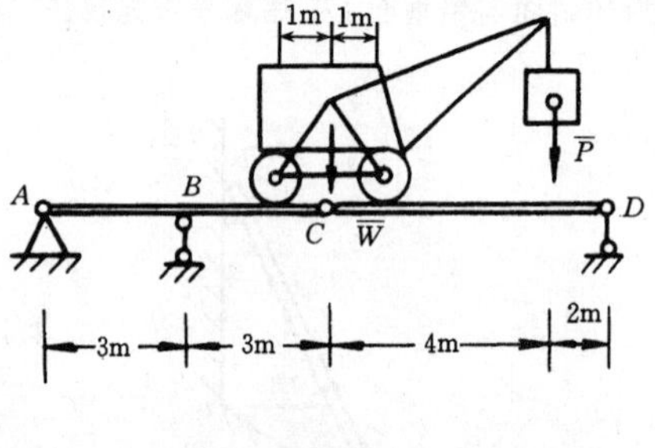

题4-21图

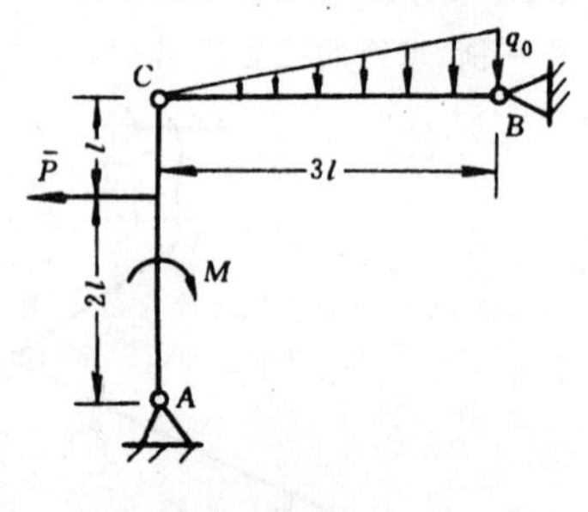

题4-22图

4-23　刚架受均布荷载作用如图示。已知 q、l，求绳 DE 的拉力 $\overline{T}$ 及固定端 A 的反力。

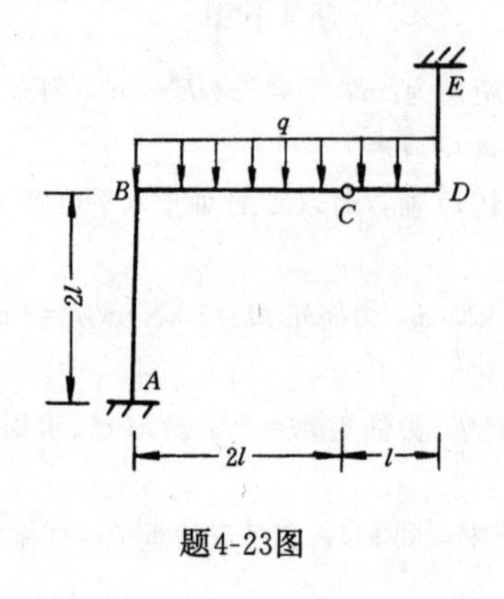

题4-23图

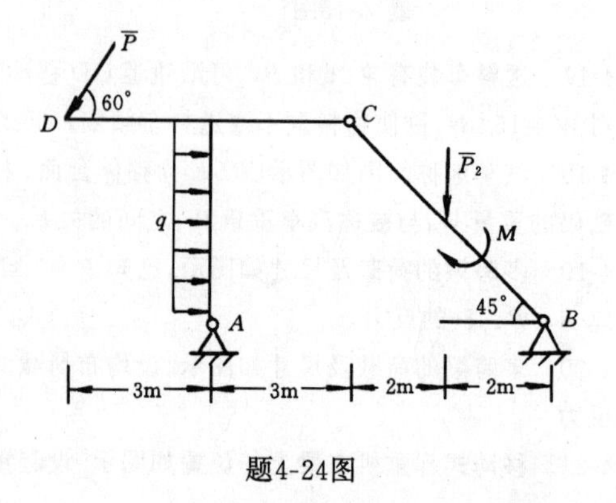

题4-24图

4-24　刚架所受荷载及尺寸如图示。已知 $P_1=10$ kN，$P_2=12$ kN，$M=25$ kN·m，$q=2$ kN/m。求支座 A、B 的反力。

4-25　图示机构受水平力 $Q=800$ N 作用，杆 ACE 和 BCD 各长0.6 m，而在中点用销钉相连，DF 与 EF 各长0.3 m。为了维持机构平衡，在滑块 B 上施加铅垂力 $\overline{P}$，试求此力的大小。

4-26　套筒 C 可沿水平杆 AB 滑动如图示。在杆 CD 的中点作用有水平力 $P=4$ N，在 AB 杆上作用铅垂力 $Q=16$ N，以及矩 $M=12$ N·m 的力偶。设 $l=1$ m，求套筒 C 处和固定端 A 的反力。

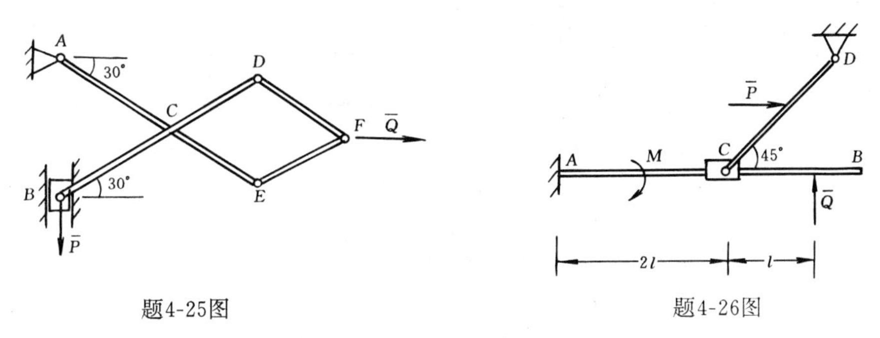

题4-25图　　　　题4-26图

4-27　支架由两杆 AD、CE 和滑轮组成如图示。滑轮上吊有 $Q=1$ kN 的重物，求固定铰支座 A、E 的反力。

4-28　结构的荷载及尺寸如图示。试求各链杆所受的力。

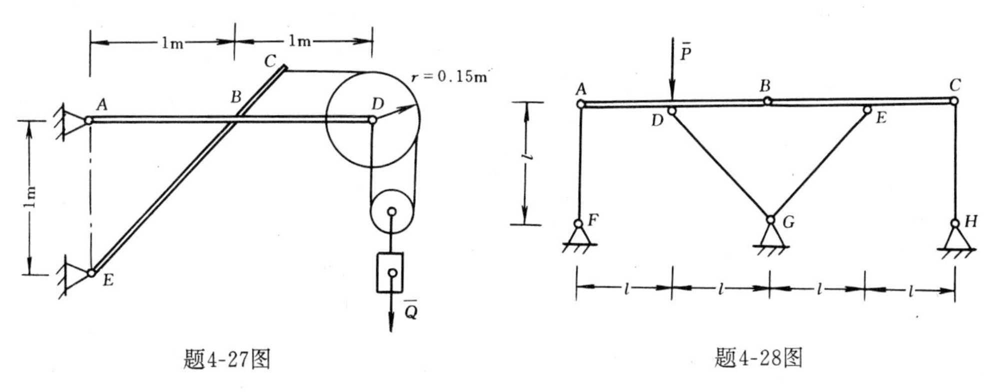

题4-27图　　　　题4-28图

4-29　AB、AC、DE 三杆铰接支承如图示。当 DE 杆的 E 端受矩为 $M=1$ kN 的力偶作用时，求杆上 D、F 两点所受的力。

4-30　三杆铰接置于光滑水平面上如图示。水平杆 AB 上作用有铅垂力 $\overline{P}$，试求 BC 杆上 E 处的反力。

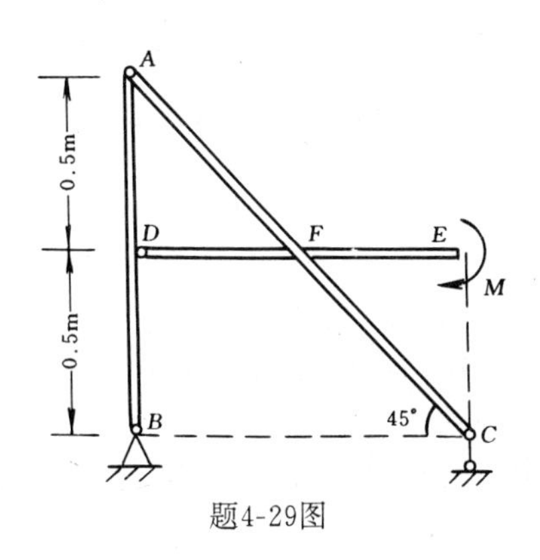

题4-29图

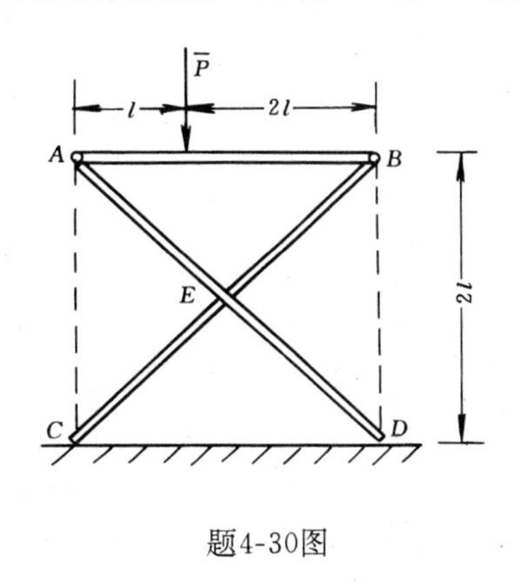

题4-30图

4-31　试用结点法求图示桁架中的各杆内力。

4-32　图示桁架中，$P_1=2\text{ kN}$，$P_2=4\text{ kN}$。试用结点法求各杆的内力。

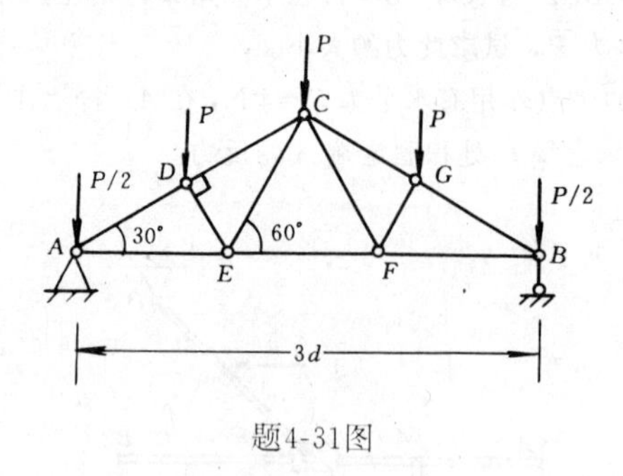

题4-31图

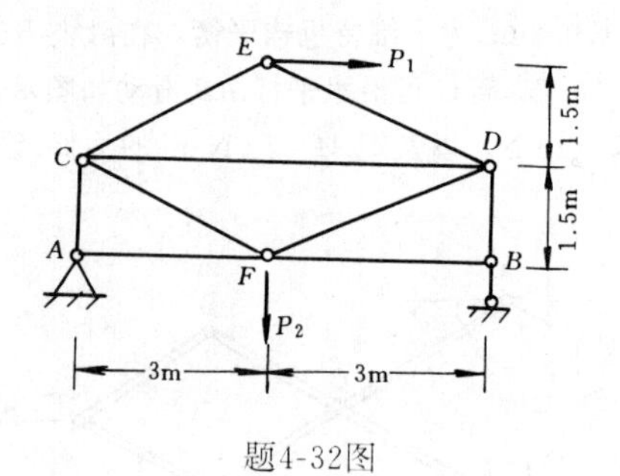

题4-32图

4-33　试用截面法求图示桁架中指定杆的内力。已知 $P=24\text{ kN}$。

4-34　图示桁架中，$P=20\text{ kN}$。求杆1、2、3、4的轴力。

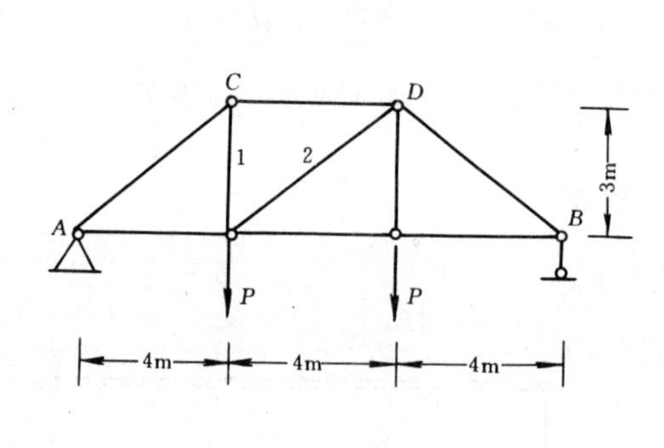

题4-33图

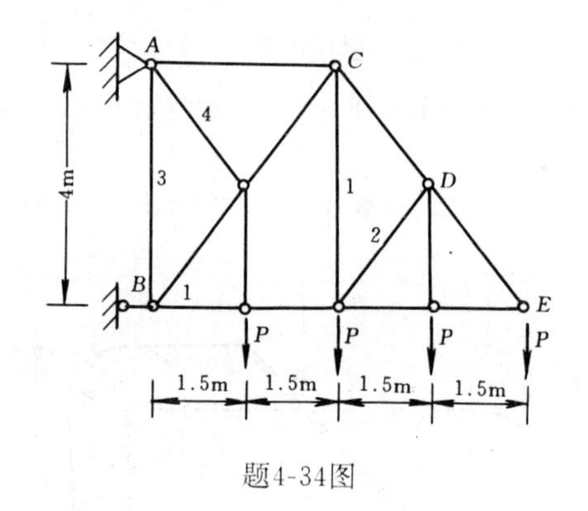

题4-34图

4-35　试求图示桁架中1杆和2杆的内力。

4-36　试求图示桁架中杆1、2和3的内力。

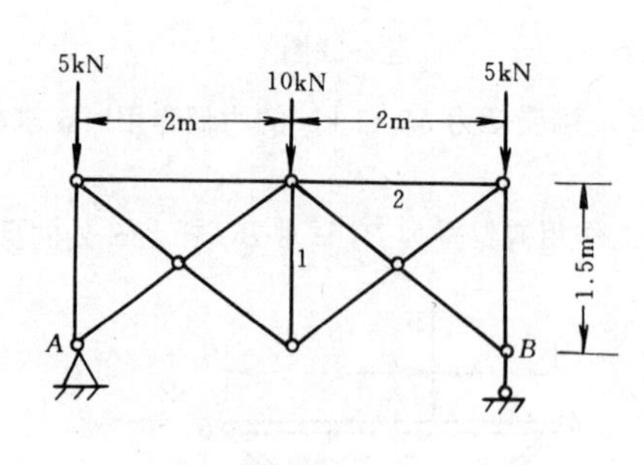

题4-35图

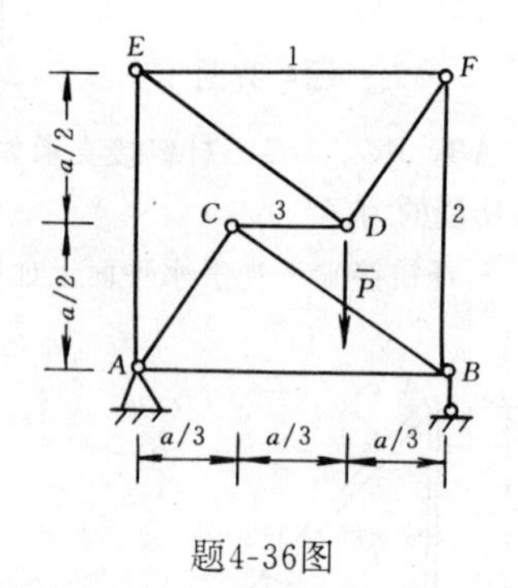

题4-36图

4-37　求图示组合结构中杆1、2、3的内力。

4-38　组合结构的荷载及尺寸如图示。求固定端 A 的约束反力以及杆1、2、3的内力。

*4-39　用绳 AB 悬吊一重为400 kN 的管子，A 处绳的斜率为零。不计绳重，求绳 A、B 两端的张力。

*4-40　均质链条悬挂在等高的 A、B 两点上，两点相距20 m，链条垂度为6 m，沿链条的荷载集度 $q=50\text{ N/m}$。试求链条的长度和最大拉力。

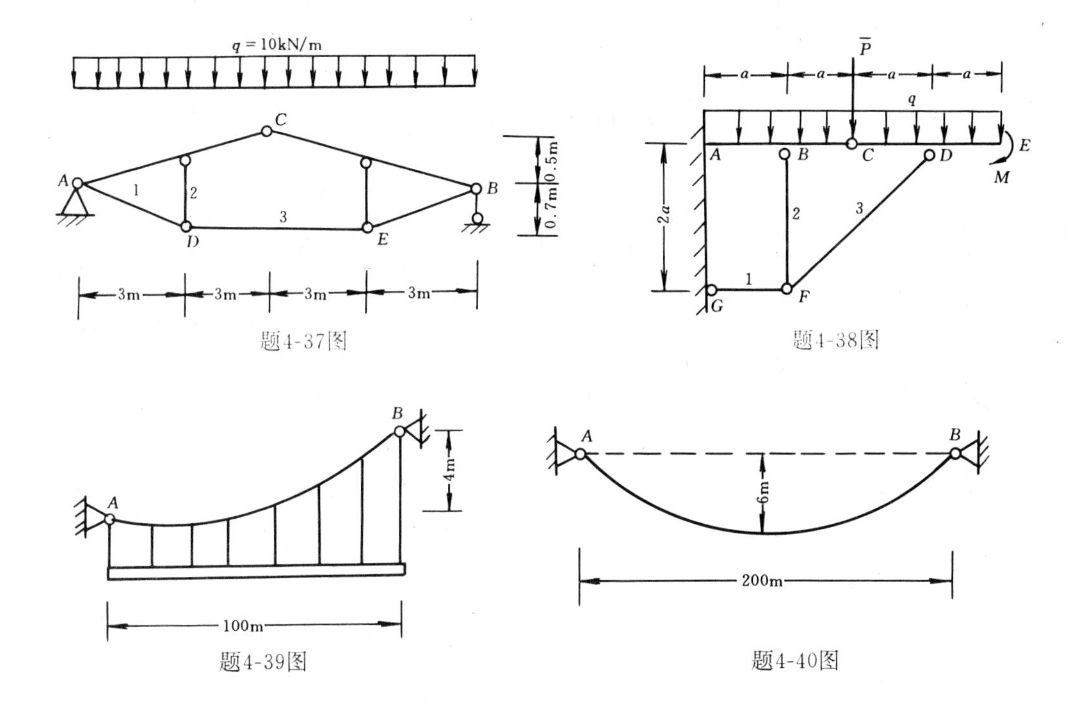

题4-37图

题4-38图

题4-39图

题4-40图

第五章　摩　擦

第一节　滑动摩擦与滑动摩擦定律

当两个相互接触的物体有相对滑动或滑动的趋势时，彼此有阻碍滑动的机械作用，这种机械作用称为**滑动摩擦力**，简称为**摩擦力**。

摩擦在工程上和日常生活中都很重要。例如，重力坝依靠摩擦防止在水压力作用下的滑动；皮带轮和摩擦轮靠摩擦进行传动；机床上的夹具依靠摩擦力来锁紧工件；车辆的起动和制动，也是靠摩擦；要是没有摩擦，连走路也不可能，人们的生活将不可想象。这些都是摩擦有利的一面。摩擦也有其有害的一面。例如摩擦将消耗能量，损坏机件。为了提高机械效率，保护机件，又要设法减小摩擦。当然，减小摩擦力要比增加摩擦力困难得多，特别是高速转动的机械，摩擦力已成为提高转速的主要障碍，这也就成为工程上研究摩擦问题的主要方面。

由于摩擦力阻碍两物体相对滑动，所以**它的方向必与物体相对滑动方向或相对滑动趋势的方向相反**。至于摩擦力的大小，则将随不同的情况而异。有两种滑动摩擦力：静滑动摩擦力和动滑动摩擦力。

一、静滑动摩擦力和静滑动摩擦定律

如果两个相互接触的物体有相对滑动的趋势，但仍然保持相对静止状态，则彼此之间阻碍相对滑动的力称为**静滑动摩擦力**。静滑动摩擦力作用在接触面的切平面内，方向与物体相对滑动的趋势方向相反。

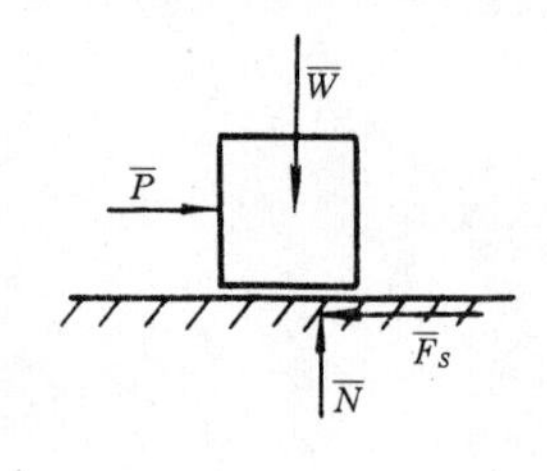

图5-1

设重 $\overline{W}$ 的物体放在水平面上，并施加一水平力 $\overline{P}$（图5-1）。根据经验可知，当力 $\overline{P}$ 的大小不超过某一数值时，物体虽有滑动趋势，但仍可保持静止。这就表明水平面对物体除了有法向反力 $\overline{N}$ 以外，还有摩擦力 $\overline{F_S}$，$\overline{F_S}$ 即静滑动摩擦力。$\overline{F_S}$ 的大小，根据物体的平衡条件，有 $F_S=P$。由此可见，如 $P=0$，则 $F_S=0$，即物体没有滑动趋势时，也就没有摩擦力；当 $\overline{P}$ 增大时，静滑动摩擦力 $\overline{F_S}$ 亦随着相应增大。但当 $\overline{P}$ 增大到一定数值时，物体就将开始滑动。这说明摩擦力不能无限增大而有一极限值。当静滑动摩擦力达到极限值时，物体处于将动而未动的临界状态，这时的摩擦力称为**极限摩擦力**或**最大静摩擦力**。

综上所述，**静滑动摩擦力的大小，系由平衡条件决定**，但必介于零与最大静摩擦力的大小之间，即

$$0 \leqslant F_S \leqslant F_{S\max} \tag{5-1}$$

根据大量实验结果，**最大静摩擦力的大小与接触面之间的正压力 N 成正比**，即

$$F_{S\max} = f_s N \tag{5-2}$$

这就是**静滑动摩擦定律**或**库仑**(C. A. de Coulomb1736－1806) **摩擦定律**。上式中的 f_s 称为**静滑动摩擦系数**，它是一个无量纲的正数。它与相互接触物体的材料，接触面粗糙度、温度、湿度和润滑情况等因素有关，在一般情形下与接触面积的大小无关。表5-1中所列举的是在常温和相当光滑的干燥表面情形下所测量的常用材料的静摩擦系数 f_s 的参考数值。

f_s 的参考值❶ **表5-1**

材　　料	静摩擦系数	材　　料	静摩擦系数
钢对钢	0.15	木材对木材	0.4～0.6
钢对铸铁	0.3	皮革对铸铁	0.3～0.5
钢对青铜	0.15	砖对混凝土	0.76

二、动滑动摩擦力和动滑动摩擦定律

如两个相互接触的物体发生了相对滑动时，在接触面上产生阻碍物体滑动的力称为**动滑动摩擦力**。

动滑动摩擦力的方向沿着接触面的切向，与相对滑动的方向相反。

在实验的基础上建立了动滑动摩擦定律，即

$$F = fN \tag{5-3}$$

即**动滑动摩擦力的大小 F 与接触面上的正压力的大小 N 成正比**。f 称为**动滑动摩擦系数**，它也与接触物体的材料，接触面的粗糙程度、温度、湿度和润滑情况等因素有关。在通常情况下它还有如下性质：

1. 动滑动摩擦系数略小于静滑动摩擦系数 ($f<f_s$)。这就说明，为什么维持一个物体的运动比使其由静止进入运动要容易。

2. 多数材料的动滑动摩擦系数随相对滑动速度的增大则减小，当速度变化不大时可认为 f 是常数。

应注意到，动滑动摩擦力与静滑动摩擦力有所不同。静滑动摩擦力由平衡方程确定，可取零到 $F_{Smax}=f_sN$ 间的任意值，而动滑动摩擦力却看成是一常数值 $F=fN$。

【例5-1】 一重 $W=1.2$ kN 的物体，放于一倾角 $\alpha=30°$的斜面上，并受水平力 $P=0.5$ kN 作用如图5-2所示。设接触面间摩擦系数 $f_s=0.20$，问物体是处于静止还是发生滑动?如静止，摩擦力的大小，方向如何?

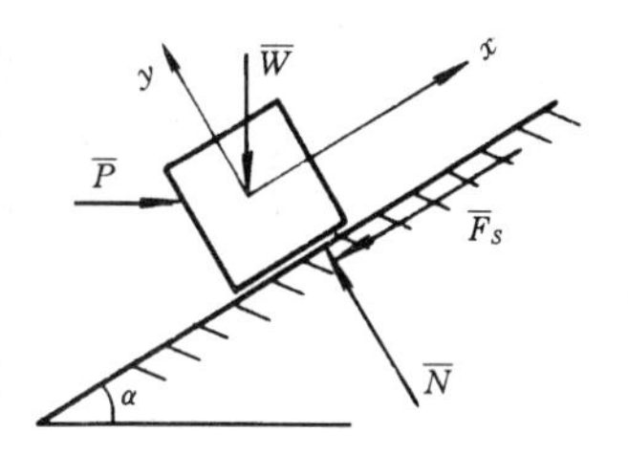

图5-2

【解】 解这一类问题时，可以先假定物体处于平衡，求出法向反力 $\overline{N}$ 和静摩擦力 $\overline{F}_S$。然后将 F 与极限摩擦力 $F_{smax}=f_sN$ 进行比较，若 $F_S\leqslant F_{smax}$，则物体处于平衡状态。否则，物体将产生滑动。

(1) 受力分析

物体所受的主动力有重力 $\overline{W}$，水平推力 $\overline{P}$，并假定在 $\overline{P}$ 力作用下有向上滑动的趋势；则

❶ 《机械设计手册》上册第一分册，化学工业出版社，第2版，1987年。

斜面的约束力有正压力 $\overline{N}$ 和静摩擦力 $\overline{F}_S$（图5-2），$\overline{F}_S$ 的指向是根据物体有向上滑动的趋势而假定向下。

（2）列平衡方程

建立坐标系 Oxy 如图，列平衡方程

$$\Sigma X = 0 \quad , \quad -W\sin\alpha + P\cos\alpha - F_S = 0$$

$$\Sigma Y = 0 \quad , \quad -W\cos\alpha - P\sin\alpha + N = 0$$

解得：

$$F_S = -W\sin\alpha + P\cos\alpha = -1.2 \times \frac{1}{2} + 0.5 \times \frac{\sqrt{3}}{2} = -0.17 \text{ kN}$$

$$N = W\cos\alpha + P\sin\alpha = -1.2 \times \frac{\sqrt{3}}{2} + 0.5 \times \frac{1}{2} = 1.29 \text{ kN}$$

由此可得到接触面的极限摩擦力

$$F_{S\max} = f_s N = 0.20 \times 1.29 = 0.26 \text{ kN}$$

比较 F_S 与 $F_{S\max}$ 可知，物体在斜面上静止，摩擦力的大小等于0.17 kN，指向与假定的方向相反。

（3）讨论

随着水平推力 P 的增大，由平衡方程第一式 $\Sigma X=0$ 可知，摩擦力 F_S 也逐渐增大，当 $F_S>0$ 时，说明物体有向上滑动的趋势，$\overline{F}_S$ 的方向与假设方向相同；当 $F_S>F_{\max}$ 时，物体要向上滑动，这时摩擦力由滑动摩擦定律确定。

第二节　摩擦角与自锁

一、摩擦角

在一般情况下，两物体在接触处的相互作用力，有垂直于接触面的正压力 $\overline{N}$ 和在接触面上摩擦力 $\overline{F}_S$。如果把这两个力用其合力 $\overline{R}$ 来表示（图5-3），则有

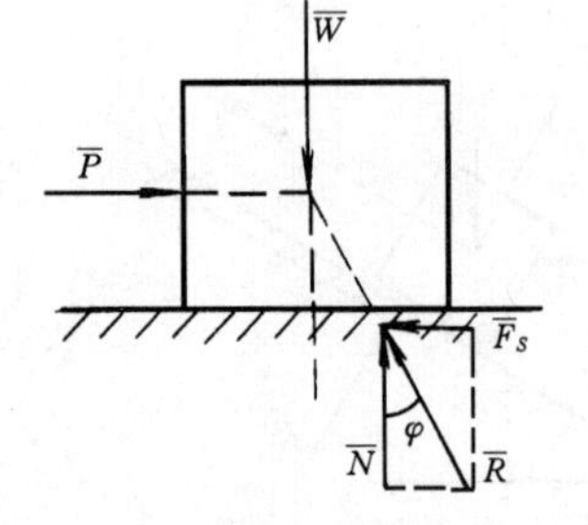

图5-3

$$R = \sqrt{N^2 + F_S^2}$$

其方向可用 $\vec{R}$ 与接触面法线夹角 φ 表示，有

$$\tan\varphi = \frac{F_S}{N}$$

$\overline{R}$ 称为接触面的**全反力**。在保持物块静止的前提下，若增大推力 $\overline{P}$，则摩擦力 $\overline{F}_S$ 也随之增大，全反力 $\overline{R}$ 与法线间的夹角 φ 也相应增大。当达到从静止到运动的临界状态时，摩擦力达到最大值 $\overline{F}_{S\max}$，全反力 $\overline{R}$ 与法线的夹角也达到最大值 φ_m，φ_m 称为**摩擦角**，表示为 φ_S。根据静摩擦定律，$F_{\max}=f_s N$，有

$$\tan\varphi_S = \frac{F_{S\max}}{N} = \frac{f_s N}{N} = f_s \tag{5-4}$$

即摩擦角的正切等于静滑动摩擦系数。

据式(5-4)可用实验的方法来测定静滑动摩擦系数。把要测定的两种材料做成物块和斜面板，表面要相当光滑并保持干燥，在常温下进行实验。将物块放在斜面板上，逐渐增大斜面板的倾角 α，如图5-4所示。当物块开始下滑时的角 α 就是所求的摩擦角 φ_S。

我们以物块为研究对象，除重力 $\overline{W}$ 和板的全反力 $\overline{R}$ 外，滑块没有受到其他力作用。当板的倾角 α 不大时，物块保持静止。重力 $\overline{W}$ 与板的全反力 $\overline{R}$ 等值。反向、共线。因重力 $\overline{W}$ 与板面法线夹角恒等于斜板倾角 α，所以全反力 $\overline{R}$ 与法向反力 $\overline{N}$ 的夹角 $\varphi=\alpha$。α 增大，φ 也增大。当倾角 α 增大到某值 α_m 时，物块将开始下滑而处于平衡的临界状态，这时，力 $\overline{R}$ 与 $\overline{N}$ 的夹角达到静摩擦角 φ_S。因此有

$$\alpha_m=\varphi_S$$

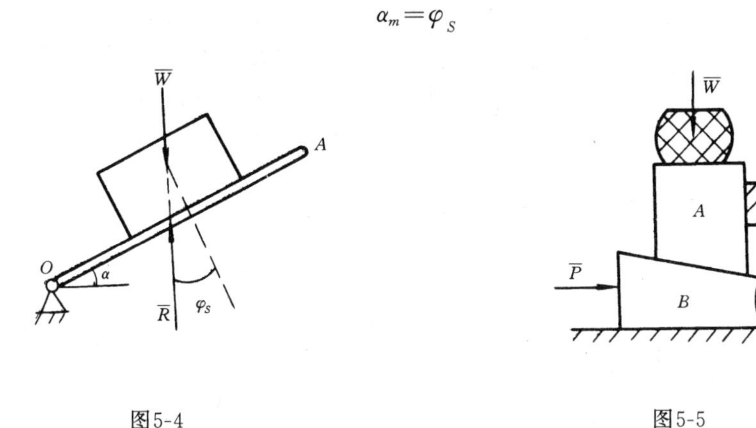

图5-4　　　　图5-5

【例5-2】　图5-5所示为一尖劈装置。在尖劈 B 上有一水平力 $\overline{P}$ 用以升高重 W 的物体。设所有接触面的摩擦角为 φ_S，不计 A、B 的重量，求尖劈即将被推动时水平力的大小。

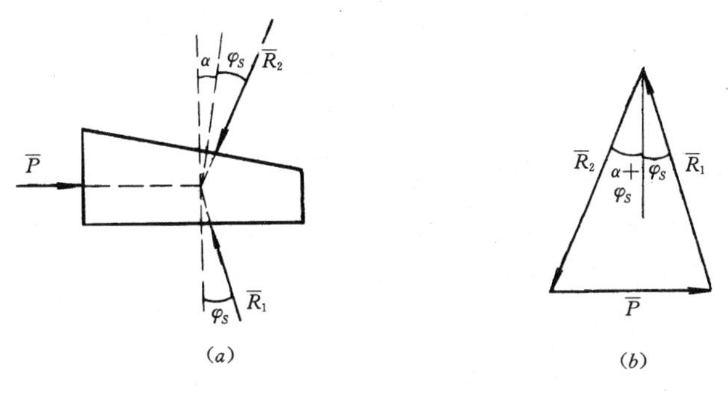

图5-6

【解】　由于水平力 $\overline{P}$ 的作用，使得尖劈 B 向右移动，从而使得平台 A 向上移动，达到了将重物升高的目的。求解本题需分两步走，第一步以夹劈 B 为研究对象，计算 A 对 B 的作用力。与水平力 $\overline{P}$ 之间的关系；第二步以平台 A 为研究对象，求得 B 对 A 的作用力与重物 W 之间的关系，即可确定 $\overline{P}$ 与 $\overline{W}$ 之间的关系。

(1) 以尖劈 B 为研究对象

受力分析：受主动力 $\overline{P}$ 的作用；由于有向右滑动的趋势，尖劈 B 的两个侧面的摩擦力均向左，且与正压力组成的全反力 $\overline{R}_1$、$\overline{R}_2$如图5-6 (a) 所示，在尖劈即将滑动的临界状态，

$\overline{R}_1$和 $\overline{R}_2$均右偏法线 φ_S 角。画力三角形如图5-6（b）所示。

得
$$\frac{P}{\sin(\alpha+2\varphi_S)}=\frac{R_2}{\sin(\frac{\pi}{2}-\varphi_S)}$$

即
$$R_2=P\frac{\cos\varphi_S}{\sin(\alpha+2\varphi_S)}$$

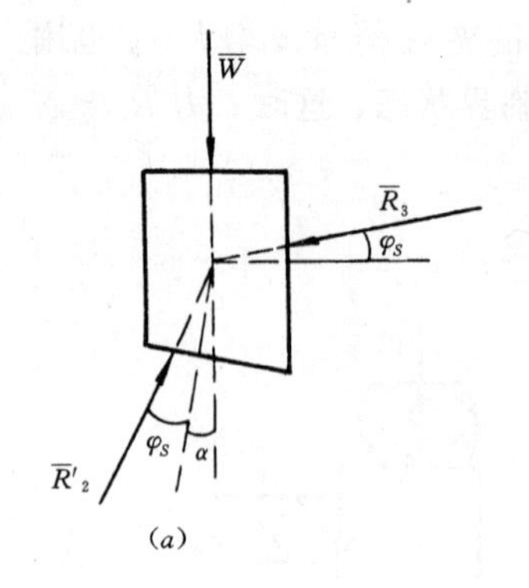

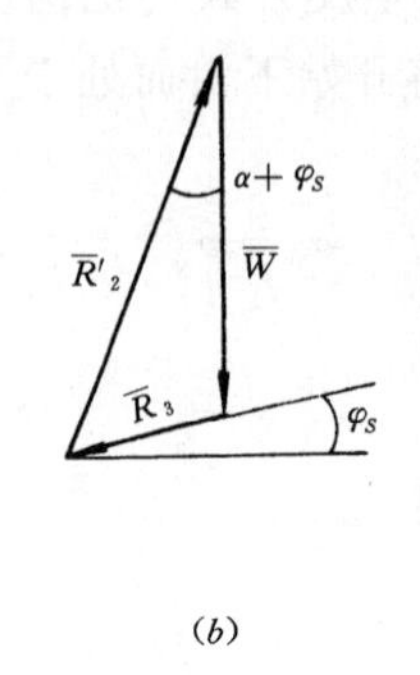

图5-7

（2）以 A 块为研究对象

受力分析：重物压力 $\overline{W}$，右侧面的全反力，由于 A 有向上运动的趋势，侧面的摩擦力向下，因此全反力 $\overline{R}_3$方向如图5-7（a）所示，尖劈 B 给 A 的作用力是 $\overline{R}_2$的反作用力。画力三角形如图5-7（b）所示。有

$$\frac{R_2'}{\sin(\frac{\pi}{2}+\varphi_S)}=\frac{W}{\sin(\frac{\pi}{2}-\alpha-2\varphi_S)}$$

即 $R_2'=W\cdot\dfrac{\cos\varphi_S}{\cos(\alpha+2\varphi_S)}$

由作用和反作用定律，$R_2=R_2'$，得

$$P=\frac{R_2'\sin(\alpha+2\varphi_S)}{\cos\varphi_S}=W\frac{\cos\varphi_S}{\cos(\alpha+2\varphi_S)}\cdot\frac{\sin(\alpha+2\varphi_S)}{\cos\varphi_S}$$

所以
$$P=W\tan(\alpha+2\varphi_S)$$

二、摩擦锥与自锁

我们继续研究物块在水平面上静止的情况。已知当物体有水平向右的力 $\overline{P}$ 作用时，物体受到的摩擦力 F_S 向左，而 $\overline{N}$ 与 F_S 的合力偏向右方。当物体到达即将向右滑动的临界状态时，$\overline{R}$ 到达它的极限位置，亦即它向右偏过最大的角度 φ_S。如果改变水平力 $\overline{P}$ 的方向，那么，对应于 $\overline{P}$ 的每一个方向，都有一个 $\overline{R}$ 的极限位置。这些 $\overline{R}$ 的作用线组成一个锥面，称为**摩擦锥**。如果各个方向的摩擦系数相同，那么这个锥面就是一个顶角为$2\varphi_S$ 的圆锥面，如图5-8所示。

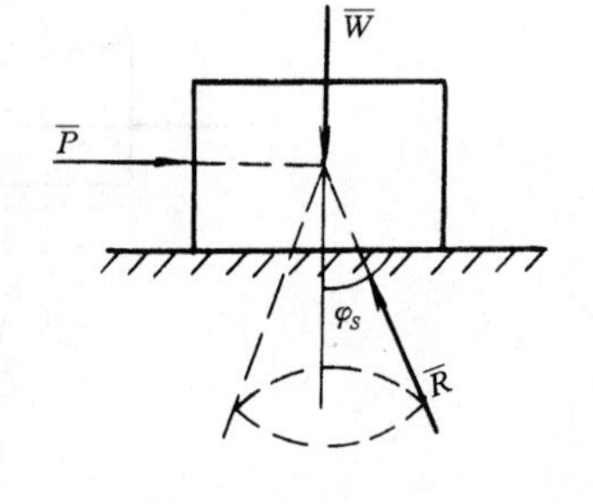

图5-8

当物体静止时，$F_S\leqslant F_{smax}$，即 $\varphi\leqslant\varphi_S$。全反力 $\overline{R}$ 的作用线在摩擦锥内或在锥面上。当物体平衡时，主动力的合力必定与约束反力的合力等值、反向、共线。因此，当作用于物体上的主动力的合力，位于摩擦锥以内时，物体保持静止而不会滑动；位于摩擦锥面上时，物体处于将滑动的临界状态，位于摩擦锥以外时，物体就要滑动。

当作用于物体上的主动力的合力位于摩擦锥以内时，不论这个力有多大，支承面上总能产生约束反力使物体保持静止的现象，称为**自锁**。简单地说，自锁是在主动力满足一定条件下，物体依靠摩擦力能自行“卡死”，而与主动力的大小无关。

在日常生活和工程中，我们时常要利用自锁现象。例如在墙上或桌椅上钉木楔，用螺钉

锁紧零件，螺旋千斤顶举起重物后不会自行下落等。但有时却要避免自锁，例如公共汽车车门的自动开关，水闸门的自动启闭等等。

第三节　考虑摩擦时的平衡问题

有摩擦时物体的平衡问题与不考虑摩擦时物体的平衡问题有相同的一面，即它们都是平衡问题，因而作用在物体上的力都必须满足力系的平衡条件。但摩擦问题还有其特殊性，即摩擦力的数值只能在一定范围内。这就是说，除了满足力系的平衡条件外，还必须满足摩擦力的物理定律 $F_S \leqslant f_s N$。所以研究时必须考虑这两方面的条件。因此，平衡时作用于物体的主动力亦受到一定的限制，或者说，主动力（大小、方向、作用线）在一定的范围内，物体才能平衡，这个范围称为**平衡范围**。

下面通过实例加以说明。

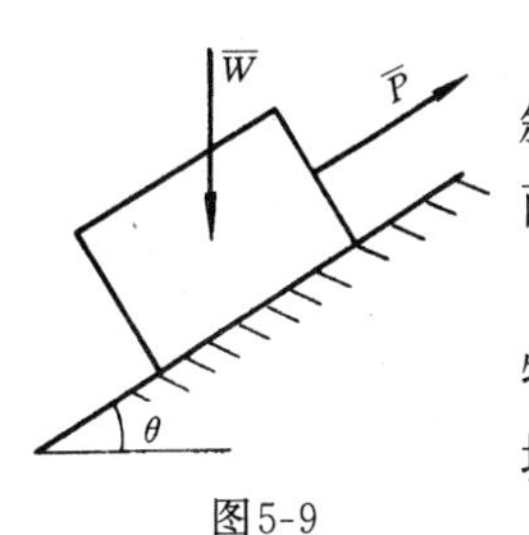

图5-9

【例5-3】　物块重 $\overline{W}$，放在一斜面上，斜面的倾角为 θ，物块与斜面之间的摩擦角为 φ_S，且有 $\theta > \varphi_S$。今在物块上作用一与斜面平行而向上的力 $\overline{P}$（如图5-9所示），求物块平衡时力 $\overline{P}$ 的大小。

【解】　如果接触处光滑，即摩擦角 $\varphi_S = 0$，只有当 $P = W\sin\theta$ 时，物块才能平衡；当 $P < W\sin\theta$ 时，物块要向下滑动；$P > W\sin\theta$ 时，物块要向上滑动。

当有摩擦力存在时（$\varphi_S \neq 0$），可分两种情况讨论：

（1）当 $P < W\sin\theta$ 时

物块有下滑的趋势，接触面上产生向上的摩擦力 $\overline{F}_S$，使物块保持平衡。且 $\overline{F}_S$ 随着 $\overline{P}$ 值减小而增大，一直达到 F_{smax}，此时 $P = P_{min}$。物块下滑的临界平衡状态的受力图如图5-10所示。对图示坐标系，由平衡方程

$$\Sigma X = 0 \quad ; \quad P_{min} - F_{smax} - W\sin\theta = 0$$

$$\Sigma Y = 0 \quad ; \quad N - W\cos\theta = 0$$

和

$$F_{smax} = f_s N = \tan\varphi_S \cdot N$$

解出

$$P_{min} = W\sin\theta - F_{max} = W\sin\theta - f_s N$$
$$= W\sin\theta - f_s W\cos\theta = W(\sin\theta - f_s\cos\theta)$$

（2）当 $P > W\sin\theta$ 时

物块有向上滑动的趋势，因而受到向下的摩擦力 $\overline{F}_S$；与这个摩擦力的极限值 $\overline{F}_{max}$ 对应

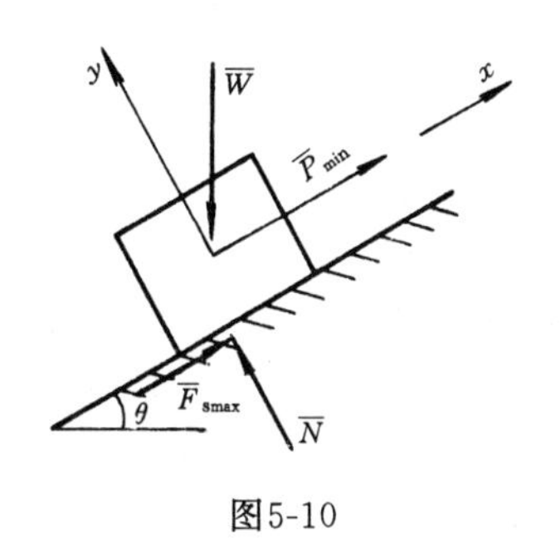

图5-10

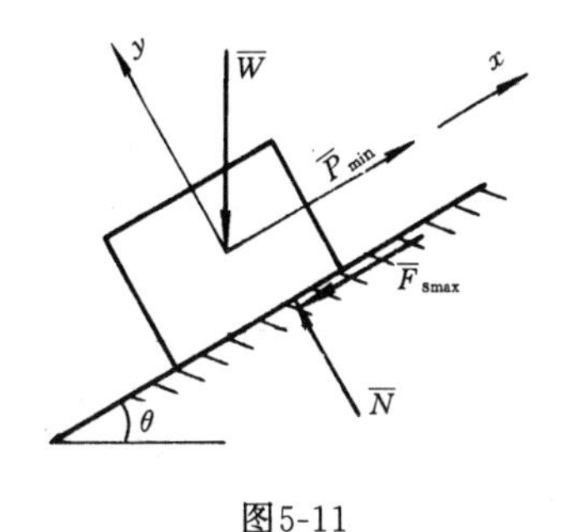

图5-11

的是 $\overline{P}_{max}$。物块上滑的临界平衡状态的受力如图5-11所示。由平衡方程

$$\Sigma X=0,\quad P_{max}-W\sin\theta-F_{smax}=0$$

$$\Sigma Y=0,\quad N-W\cos\theta=0$$

和
$$F_{smax}=\tan\varphi_s\cdot N=f_sN$$

得
$$P_{max}=W\sin\theta+F_{smax}=W\sin\theta+N\tan\varphi_S$$
$$=W\sin\theta+f_sW\cos\theta=W(\sin\theta+f_s\cos\theta)$$

于是，可得物块处于平衡时力 $\overline{P}$ 的大小范围：

$$W(\sin\theta-f_s\cos\theta)\leqslant P\leqslant W(\sin\theta+f_s\cos\theta)$$

【例5-4】 一重 $W_1=240N$ 的梯子 AB 靠于墙上，设梯子与墙面的摩擦系数 $f_{SB}=\frac{1}{3}$，梯子与地面的摩擦系数 $f_{SA}=\frac{1}{2}$。今有 $W_2=600$N 的人沿梯而上，问梯子与铅垂面的夹角 θ 多大时，人才能安全到达梯顶。

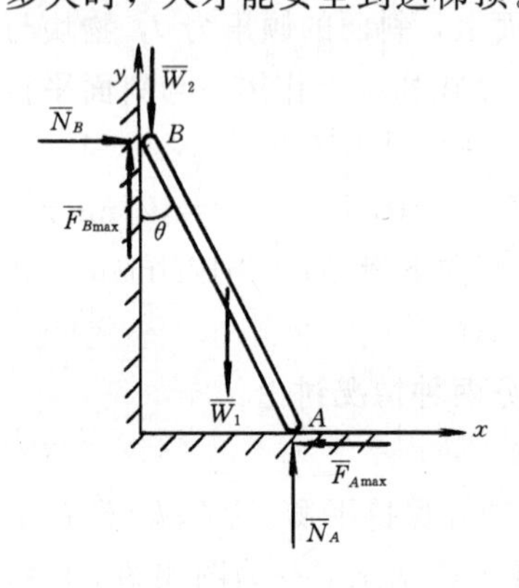

图5-12

【解】 解这一类问题时，我们总是求其临界值，然后指出我们所求的值应大于或小于这个临界值。在本题中，设人到达梯子顶点时，梯子处于临界平衡状态，此时就有关系式

$$F_{Amax}=f_{SA}N_A\quad,\quad F_{Bmax}=f_{SB}N_B \qquad (a)$$

(1) 受力分析

以梯子为研究对象，受力有重力 $\overline{W}_1$，人在梯顶 B 点的压力 $\overline{W}_2$；地面和墙面的反力 $\overline{N}_A$、$\overline{N}_B$，摩擦力 $\overline{F}_{SA}$、$\overline{F}_{SB}$，如图5-12所示。

(2) 列平衡方程

梯子所受力为平面一般力系，可建立三个平衡方程如下：

$$\Sigma X=0,\quad N_B-F_{Amax}=0 \qquad (b)$$

$$\Sigma Y=0,\quad N_A+F_{Bmax}-W_1-W_2=0 \qquad (c)$$

$$\Sigma m_B(\overline{F})=0,\quad N_Al\sin\theta-F_{Amax}l\cos\theta-W_1\cdot\frac{l}{2}\sin\theta=0 \qquad (d)$$

由 (a)、(b) 得 $\quad F_{Bmax}=f_{SB}N_B=f_{SB}\cdot F_{Amax}=f_{SB}\cdot f_{SA}\cdot N_A$

代入 (c) 得 $\quad N_A=\dfrac{W_1+W_2}{1+f_{SB}f_{SA}}=\dfrac{240+600}{1+\frac{1}{2}\times\frac{1}{3}}=720\text{N}$

$$F_{Amax}=f_{SA}\cdot N_A=\frac{1}{2}\times720=360\ \text{N}$$

$$N_B=F_{Amax}=360\ \text{N}$$

$$F_{Bmax}=f_{SB}\cdot N_B=\frac{1}{3}\times360=120\ \text{N}$$

由式 (d) 得 $\quad \tan\theta=\dfrac{F_{Amax}}{N_A-\frac{W_1}{2}}=\dfrac{360}{720-\frac{240}{2}}=0.6$

所以 $\quad \theta=\arctan0.6=30.96°$

讨论

随着人沿梯子上升，N_A 的值在减小，当人达到梯子顶时，N_A 达极小值，再由

$$\tan\theta=\frac{F_{A\max}}{N_A-\dfrac{W_1}{2}}=\frac{f_{SA}}{1-\dfrac{W_1}{2N_A}}$$

可知，当 N_A 极小时，θ 达极大值。因此，当

$$\theta\leqslant\arctan0.6=30.96°$$

时，人可安全地到达梯子顶部。

【例5-5】 如图5-13所示，重 $W_A=60$ N 的物体 A 放在重 $W_B=80$ N 的物体 B 上，物体 A 的运动受连结在墙上 C 点处的水平绳约束。已知 $\theta=30°$，$f_s=\dfrac{1}{3}$（各接触面的 f_s 均相同）。要使物体 B 向下运动，试问与斜面平行的力 $\overline{P}$ 需多大？

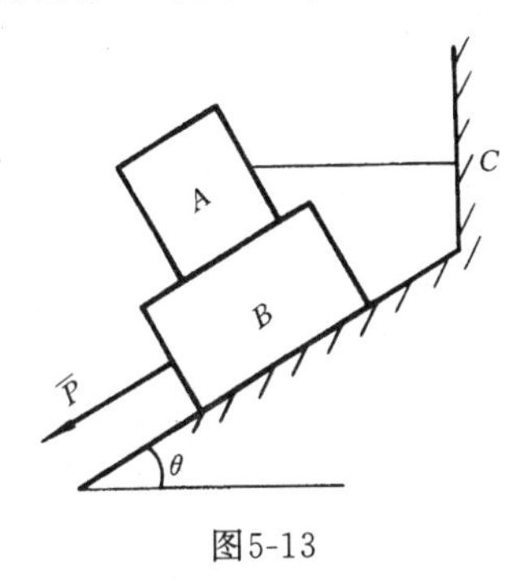

图5-13

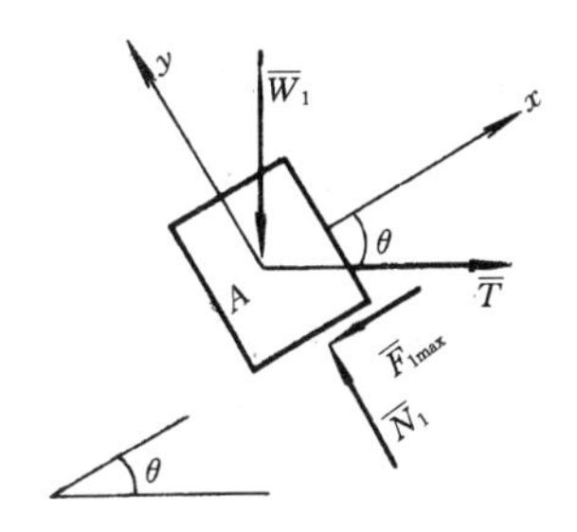

图5-14

【解】 要使物块 B 向下运动，则物块 A 及斜面对物块 B 的摩擦力沿斜面向上，由于物块 B 上的未知量比较多，故先分析物块 A。

（1）以物块 A 为研究对象

受力分析：物块 A 所受的力有重力 $\overline{W}_1$，绳子的水平拉力 $\overline{T}$，物块 B 的反力 $\overline{N}_1$和极限摩擦力 $\overline{F}_{1\max}$。如图5-14所示。

考虑物块 B 的临界平衡状态，有平衡方程：

$$\Sigma X=0\quad,\quad T\cos\theta-W_1\sin\theta-F_{1\max}=0\qquad(a)$$

$$\Sigma Y=0\quad,\quad N_1-W\cos\theta-T\sin\theta=0\qquad(b)$$

由（a）、（b）两式消去 T，并注意到 $F_{1\max}=f_sN_1$，得

$$N_1=\frac{W_1}{\cos\theta-f_s\sin\theta}\quad,\quad F_{1\max}=\frac{f_sW_1}{\cos\theta-f_s\sin\theta}$$

（2）以物块 B 为研究对象

受力分析：物块 B 所受的力有重力 $\overline{W}_2$；物块 A 的压力 $\overline{N}'_1$和极限摩擦力 $\overline{F}'_{1\max}$，由作用与反作用定律可知，$\overline{F}_{1\max}=-\overline{F}'_{1\max}$，$\overline{N}_1=-\overline{N}'_1$；斜面的反力 $\overline{N}_2$和极限摩擦力 $\overline{F}_{2\max}$和主动力 $\overline{P}$。物块 B 的临界平衡状态的受力如图5-15所示。由平衡方程：

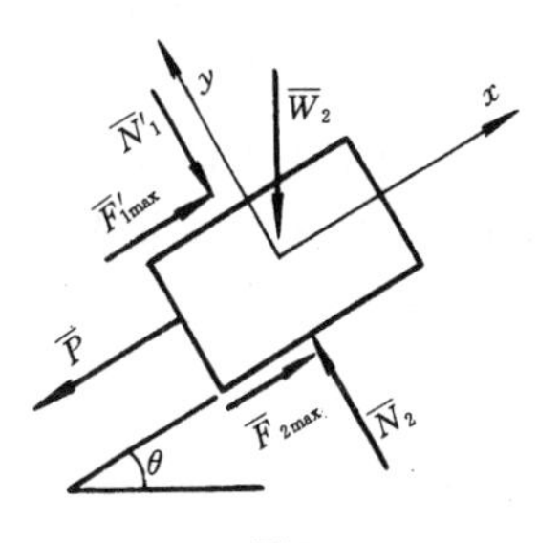

图5-15

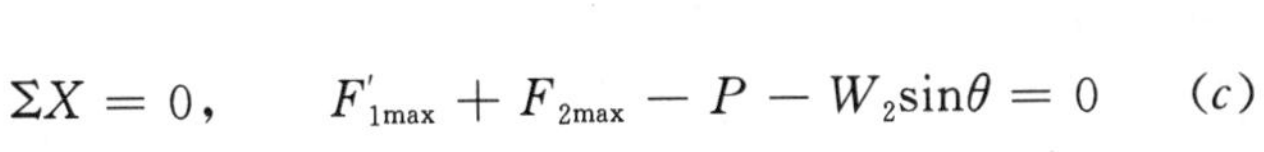

$$\Sigma X=0,\qquad F'_{1\max}+F_{2\max}-P-W_2\sin\theta=0\qquad(c)$$

$$\Sigma Y = 0, \qquad N_2 - N_1' - W_2\cos\theta = 0 \tag{d}$$

注意到 $N_1'=N_1$，由式（d）可得

$$N_2 = N_1 + W_2\cos\theta$$

代入式（c），可得

$$\begin{aligned}
P &= F_{1max} + f_s N_2 - W_2\sin\theta \\
&= F_{1max} + f_s(N_1 + W_2\cos\theta) - W_2\sin\theta \\
&= 2F_{1max} + W_2(f_s\cos\theta - \sin\theta) \\
&= \frac{2f_s W_1}{\cos\theta - f_s\sin\theta} + W_2(f_s\cos\theta - \sin\theta) \\
&= \frac{2\times\frac{1}{3}\times 60}{\cos30^\circ - \frac{1}{3}\times\sin30^\circ} + 80\times(\frac{1}{3}\times\cos30^\circ - \sin30^\circ) = 40.3\ \text{N}
\end{aligned}$$

$$\therefore \quad P > 40.3\text{N}$$

第四节 滚动摩阻的概念

由实践知道，使滚子滚动比使它滑动省力。所以在工程实际中，为了提高效率，减轻劳动强度，常利用滚动代替物体的滑动，如在机械中用滚动轴承代替滑动轴承。

为什么滚动比滑动的摩擦阻力小，滚动摩擦有什么特性？下面我们通过分析轮子滚动时所受的阻力来回答上述问题。

设有一半径为 r 重为 $\overline{Q}$ 的轮子放在水平面上，在轮心 O 加一水平力 $\overline{P}$，并假定接触处有足够的摩擦阻力阻止轮子滑动。假设轮子与路面都是刚体，两者接触于 A 点（实际上是通过 A 点的一条直线）；法向反力 $\overline{N}$ 和摩擦力 $\overline{F}$ 都作用于 A 点；显然，$\overline{N}=-\overline{Q}$；又由轮子不滑动条件，$\overline{F}_S=-\overline{P}$。这时 $\overline{N}$ 与 $\overline{Q}$ 等值、反向、共线，互成平衡，而 $\overline{P}$ 与 $\overline{F}_S$ 则组成一力偶。在这种情况下，不论 $\overline{P}$ 的值多么小，都将使轮子滚动，这表明路面对滚动毫无阻碍，这显然与实际情况不符。实际上，在一定的铅垂力作用下，若力 $\overline{P}$ 不大，轮子保持静止。只有当 $\overline{P}$ 达到一定数值时，轮子才开始滚动。这说明路面对轮子有滚动阻力，这种阻力称为**滚动摩阻**。

出现滚动摩阻的原因是因为轮子与路面并非刚体，受力后产生微小变形，使接触处不是一直线而是偏向轮子相对滚动的前方的一小块面积，路面对轮子作用力就分布在这一小块面积上（图5-16b），将此分布力向 A 点简化，可得到 A 点的一个力 $\overline{R}$ 和力偶矩为 m 的力偶（图5-16c），此力偶起着阻碍滚动的作用，称为**滚动摩阻力偶**。力 $\overline{R}$ 还可进一步分解为法向约束力 $\overline{N}$ 和滑动摩擦力 $\overline{F}_S$。作用在 A 点的法向反力 $\overline{N}$ 和滚动摩阻力偶可合并为作用在 C 点的反力 $\overline{N}'$（图5-16d），这个力的作用线自 A 点朝向滚动前进的一方偏移了一段距离 δ，这样，滚动摩阻力偶矩为 $m=N'\delta$。

当轮子处于静止状态时，对图5-16c 所示的受力图，应用平面力系平衡方程，得

$$\Sigma X = 0 \quad : \quad P - F_S = 0$$

$$\Sigma Y = 0 \quad : \quad N - Q = 0$$

$$\Sigma m_A(\overline{F}) = 0 \quad : \quad m - Pr = 0$$

同时还有静滑动摩擦的物理条件

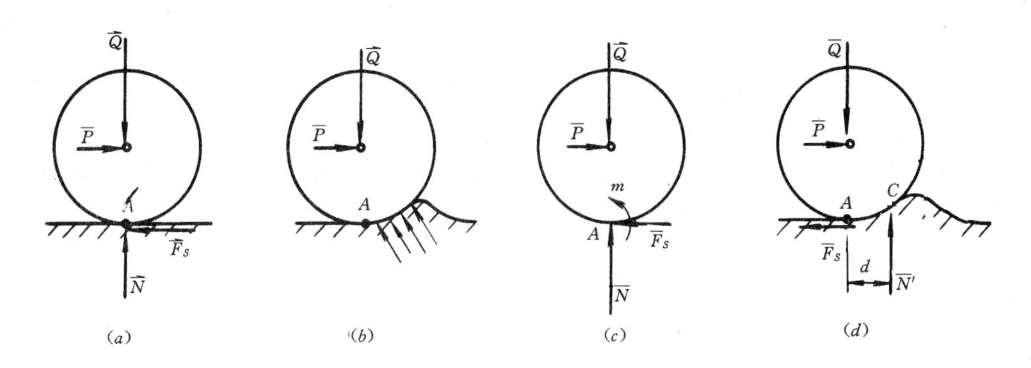

图5-16

$$F_S \leqslant f_s N$$

由平衡方程求得　$m = Pr$

由此可知，当轮子保持静止时，滚动摩阻力偶矩 m 是随主动力矩 Pr 而改变的。若力 $\overline{P}$ 增大，m 也随之增大。当力 $\overline{P}$ 增大到某一数值时，轮子处于滚动的临界状态，这时滚动摩阻力偶达到最大值 m_k，该最大值被称为**极限滚动摩擦力偶矩**。根据实验结果：**极限滚动摩擦力偶矩与法向反力成正比**。即

$$m_k = \delta N \tag{5-5}$$

δ 称为**滚动摩阻系数**，它具有长度的量纲，式（5-5）表明，δ 起着力偶臂的作用，它是法向反力朝相对滚动的前方偏离轮子最低点的最大距离。δ 的值与材料的硬度及湿度等因素有关，可由实验测定。某些材料的 δ 值可在有关工程手册中查到。

【例5-6】　在搬运重物时，下面常垫以滚杠，如图5-17所示。设重物重 $\overline{W}$，滚杠重 $\overline{Q}$，半径为 r，滚杆与重物间的滚动摩阻系数为 δ，与地面的滚动摩阻系数为 δ'，求即将拉动重物时的水平力 $\overline{P}$ 的大小。

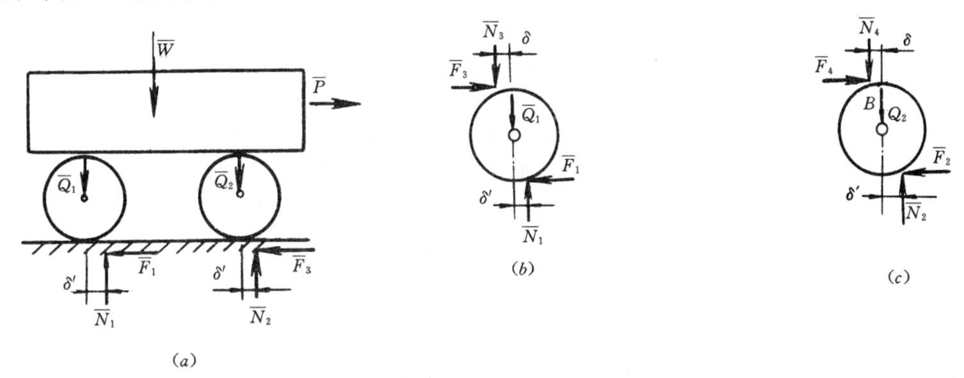

图5-17

【解】　本题中物体比较多，未知量也比较多，在求解过程中要注意适当选取研究对象，建立必要的平衡方程，使问题得到简化。

（1）以整体为研究对象，设系统处于即将滚动的临界状态。

受力有重物的重力 $\overline{W}$ 及滚杠的重力 $\overline{Q}_1$ 和 $\overline{Q}_2$，且有 $Q_1 = Q_2 = Q$，地面的法向反力 $\overline{N}_1$ 和 $\overline{N}_2$（位于滚杠滚动前方的 δ' 处），摩擦力 $\overline{F}_1$ 和 $\overline{F}_2$，水平拉力 $\overline{P}$，如图5-17a 所示。平衡方程为

$$\Sigma X = 0 \quad , \quad P - F_1 - F_2 = 0 \tag{a}$$

$$\Sigma Y = 0 \quad , \quad N_1 + N_2 - W - Q_1 - Q_2 = 0 \tag{b}$$

（2）以左边滚杠为研究对象

受力分析：除了地面对滚杠的法向反力 $\overline{N}_1$和摩擦力 $\overline{F}_1$以外，还有重物对滚杠的法向反力 $\overline{N}_3$（位于滚杠相对于重物滚动方向偏移 δ 距离处）和摩擦力 $\overline{F}_3$，（图5-17b）以 $\overline{N}_3$与 $\overline{F}_3$ 的交点 A 为矩心，平衡方程为

$$\Sigma m_A(\overline{F}) = 0 \quad , \quad N_1(\delta + \delta') - 2F_1 r - Q_1\delta = 0 \tag{c}$$

（3）以右滚杠为研究对象

受力情况同左滚杠。以 $\overline{N}_4$与 $\overline{F}_4$的交点 B 为矩心，有

$$\Sigma m_B(\overline{F}) = 0 \quad , \quad N_2(\delta + \delta') - 2F_2 r - Q_2\delta = 0 \tag{d}$$

将（c）、（d）两式相加，注意到 $Q_1 = Q_2 = Q$，得

$$(N_1 + N_2)(\delta + \delta') - 2(F_1 + F_2)r - 2Q\delta = 0 \tag{e}$$

由（a）、（b）两式得

$$F_1 + F_2 = P \quad , \quad N_1 + N_2 = W + 2Q$$

代入式（e）得

$$(W + 2Q)(\delta + \delta') - 2pr - 2Q\delta = 0$$

于是得到

$$P = \frac{(W + 2Q)(\delta + \delta') - 2Q\delta}{2r} = \frac{W(\delta + \delta') + 2Q\delta'}{2r}$$

当 Q 远比 W 小时，可略去不计，则得

$$P = \frac{W(\delta + \delta')}{2r}$$

设 $W = 10$ kN，$\delta = 0.04$ cm，$\delta' = 0.05$ cm，$r = 6$ cm，代入得

$$P = \frac{10 \times (0.04 + 0.05)}{2 \times 6} = 0.075 \text{ kN}$$

讨论

如果把重物放在地面上拖动，设滑动摩擦系数为0.5，则需5kN 的水平拉力才能拖动。由此可知，利用滚动代替滑动可减少阻力。这也是机械工业中大量使用滚珠轴承的原因。

思 考 题

1. 如图5-18所示，已知一重为 $P = 100$ N 的物块放在水平面上，其摩擦系数 $f_s = 0.3$。当作用在物块上的水平推力 $\overline{Q}$ 分别为10 N，20 N，40 N 时，试分析这三种情形下，物块是否平衡？摩擦力等于多少？

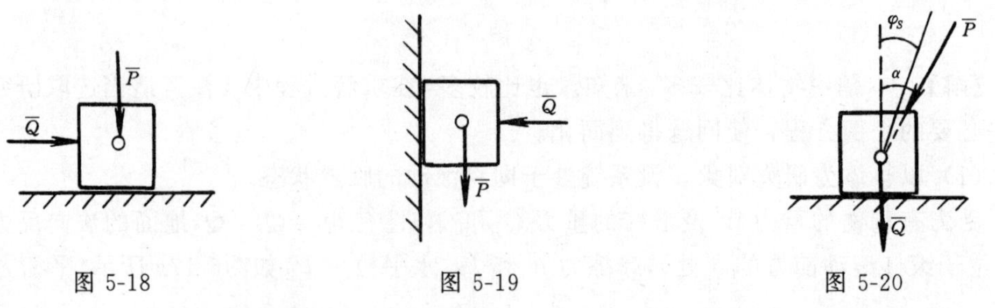

图 5-18　　图 5-19　　图 5-20

2. 已知物块重 $P=100$ N，分别用 $Q=500$ N 和 $Q=400$ N 的力压在一铅直表面上，如图5-19所示。其摩擦系数 $f_s=0.3$，问此时物块所受的摩擦力分别等于多少？

3. 物块重 Q，一力 P 作用在摩擦角之外，如图5-20所示。已知 $\alpha=25°$，$\varphi_S=20°$，$Q=P$。问物块动不动？为什么？

4. 如图5-21所示，物重不计，当 $P=Q=10$ N 时，求滑块所受到的摩擦力的方向？

5. 如图5-22所示，物重不计，当 $P_1>P_2$时，圆盘所受平台摩擦力的方向？设软绳与圆盘没有相对滑动。

6. 轮子受一水平力 $\overline{P}$ 作用，如图5-23所示。$\overline{F}_S$ 和 M 分别为轮子所受的静摩擦力和滚动摩阻力偶矩，且 $\delta \ll f_s$，则轮子只滚不滑的条件是什么？

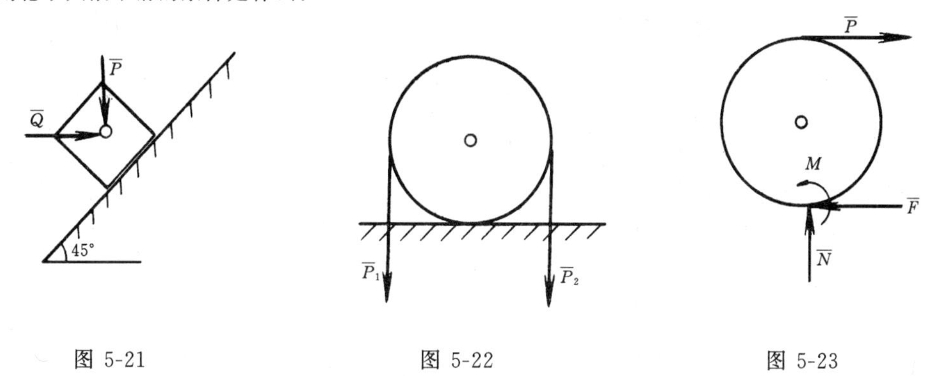

图 5-21　　图 5-22　　图 5-23

7. 为什么传动螺纹多用方牙螺纹（如丝杠）？而锁紧螺纹多用三角螺纹（如螺钉）。

8. 在粗糙的斜板上放置重物，当重物不下滑时，可敲打斜板，重物就会滑下。试解释其原因。

9. 滑动摩擦系数与滚动摩阻系数有何不同？

习　题

5-1　重 $\overline{P}$ 的物体放在倾角为 α 的斜面上，物体与斜面间的摩擦系数是 f_s，如图所示。如在物体上作用力 $\vec{Q}$，此力与斜面的交角为 θ，求拉动物体的 Q 值，当 θ 为何值时，此力为极小。

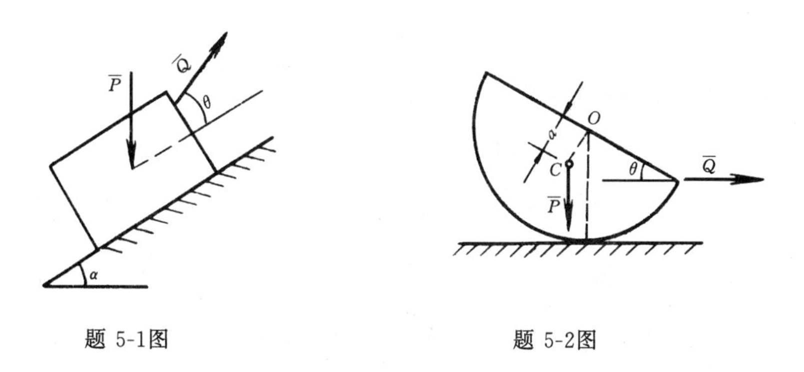

题 5-1图　　题 5-2图

5-2　如图所示，半圆柱体重 $\overline{P}$，重心 C 到圆心 O 的距离 $a=\frac{4R}{3\pi}$，其中 R 为圆柱体半径。如半圆柱体与水平面间摩擦系数为 f_s，求半圆柱体被拉动时所偏过的角度 θ。

5-3　如图所示，欲将放在 A 上的200 kN 的重物举起，试问需要在楔块 B 和 C 作用多大的水平力？已知楔块与地面的摩擦系数 f_s 为1/4，楔块与 A 之间为0.2，并设载荷是对称的。

5-4　物体 B 放在物体 A 上，并用水平绳索连结在墙上，如图所示。欲使 A 发生运动，试问需多大的力 $\overline{P}$？已知 A 和 B 之间摩擦系数为1/4，A 和地面之间为1/3。A 的质量为14 kg，B 的质量为9 kg。

5-5　物块 A 的质量 $m_A=13.5$ kg，物块 B 的质量 $m_B=40$ kg，安放如题5-5图所示，物块 A 用一与斜

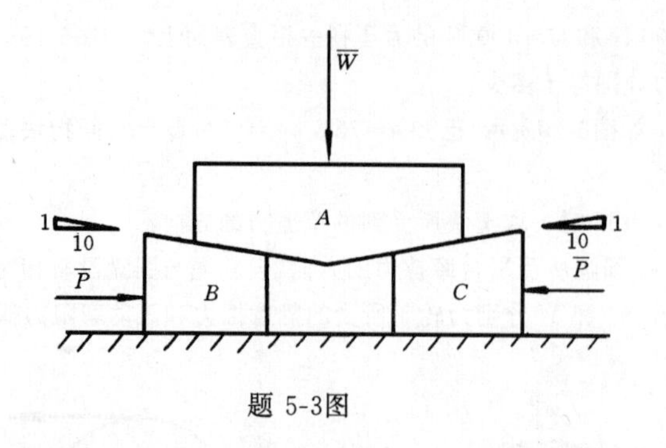

题 5-3图

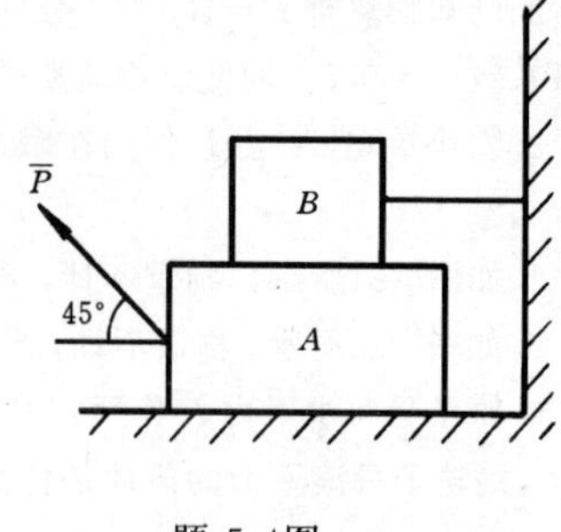

题 5-4图

面平行的软绳拉住。现欲使物块 B 沿斜面即将发生向下的运动。试问 θ 的值应为多少?已知各接触面间的摩擦系数均为1/3。

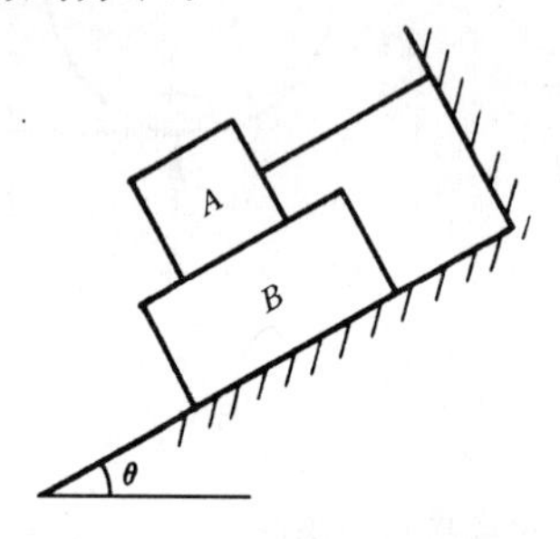

题 5-5图

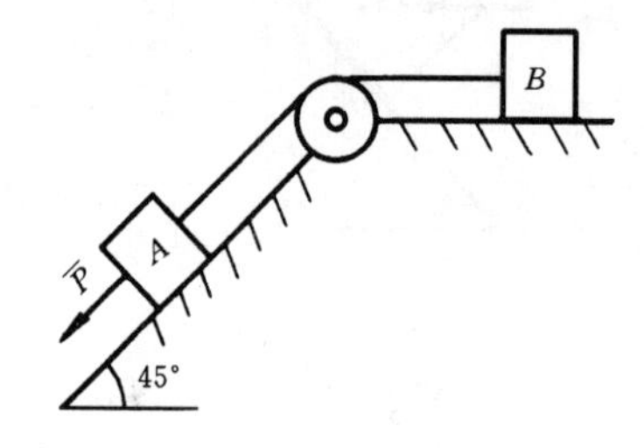

题 5-6图

5-6　物块 A、B 的质量分别为 $m_A=45$ kg，$m_B=135$ kg。如图所示。欲使物体即将发生运动，试求所需的平行于斜面的作用力 $\overline{P}$ 的大小。假设物块 A、B 与接触面间摩擦系数均为1/4，而滑轮是光滑的。

5-7　均质杆长为 L，重为 P，水平放置如图所示，它的自由端在重为 W 的物体 A 上，物体 A 静止在与水平面成倾角 α 的斜面上。试求平衡时物体与斜面间所需要的摩擦系数 f_s。设杆和物体间无摩擦。

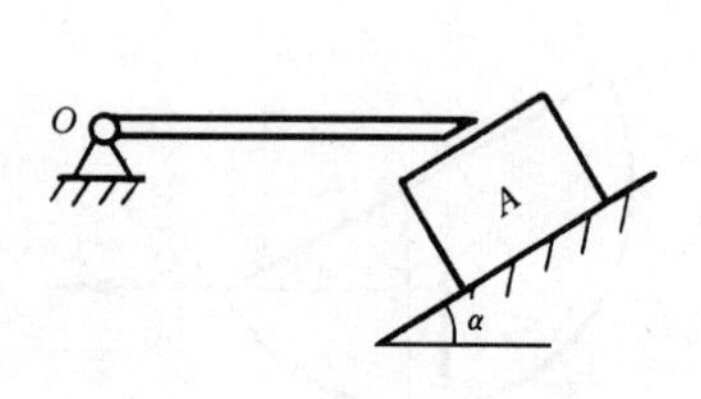

题 5-7图

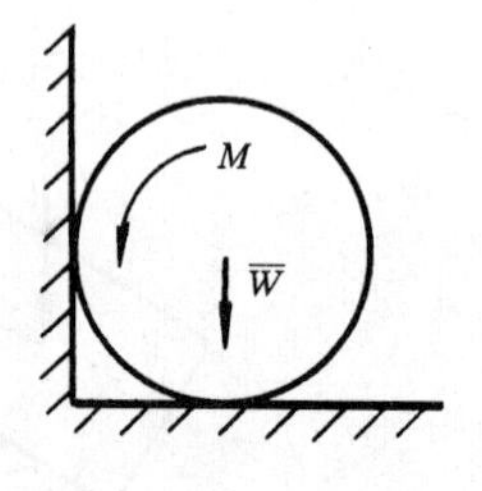

题 5-8图

5-8　均质轮子如图所示，重为 W，半径为 r。欲使它即将发生运动，试问需要多大的力偶矩 M?已知各接解面间的摩擦系数为 f_s。

5-9　如图所示，物块 A 和 B 重量分别为 $W_A=50$ N，$W_B=30$ N，它们用平行于斜面的绳连接在一起。A 与斜面间摩擦系数为1/4，B 与斜面间为1/2，试求将发生滑动时的 θ 角。并问绳中拉力为多少?

5-10　如图所示，物块 A 和 B 与斜面的摩擦系数均为0.25。已知 $m_A=9$ kg，$m_B=4.5$ kg，斜面倾角为30°，力 $\overline{P}$ 和绳子平行于斜面，并不计滑轮摩擦。试求即将发生运动时的力 P。

5-11　图示均质杆 AB 的质量为35 kg，欲使杆开始运动，试问需要多大的向右作用的力 P?已知各接触面间的摩擦系数为0.30。

5-12　无重量杆 AC 和重600 N的均质锥体 BC 铰接于 C 点，如题图所示，在水平面上10 cm 处作用一

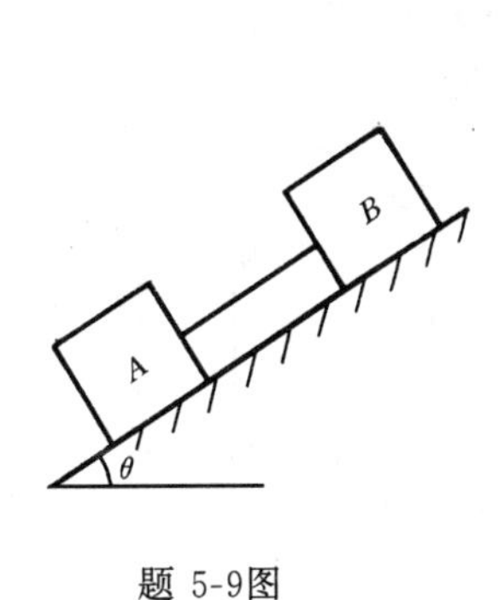

题 5-9图

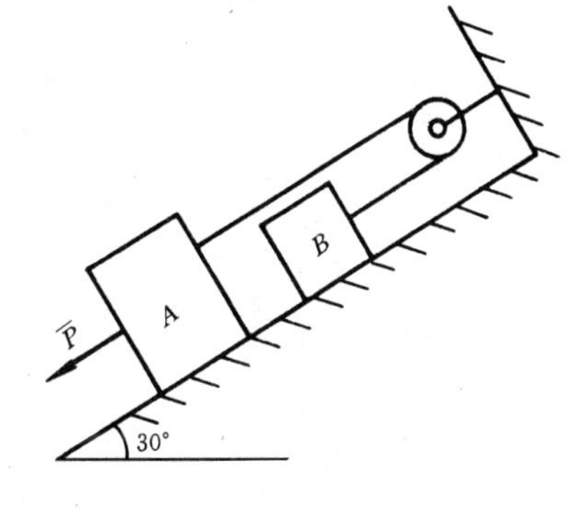

题 5-10图

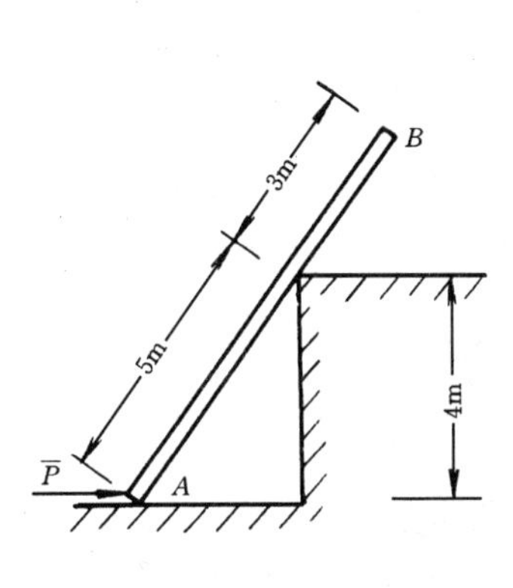

题 5-11图

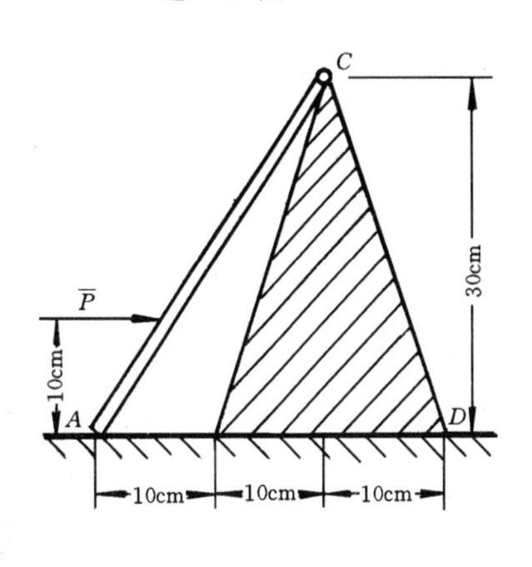

题 5-12图

水平力 $\overline{P}$。如平面和杆或锥体间摩擦系数均为0.4，试问欲使运动发生，需要的力 $\overline{P}$ 为多大?分析锥体的滑动和翻转的两种情况。

5-13　梯子 AB 靠在墙下，其重为 $P=200$ N，如图所示。梯长为 l，并与水平面交角 $\theta=60°$。已知接触面间的摩擦系数均为0.25。今有一重650 N 的人沿梯上爬，问人所能达到的最高点 C 到 A 点的距离 S 应为多少？

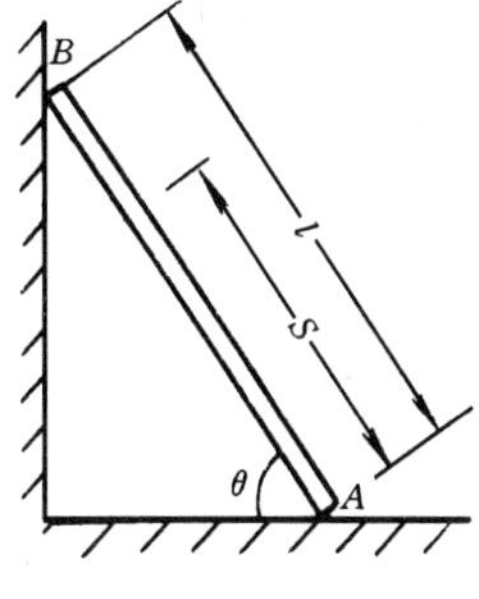

题 5-13图

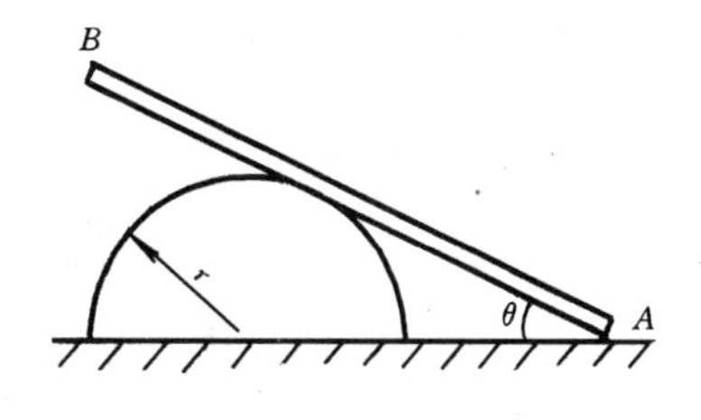

题 5-14图

5-14　均质杆 AB 长$2b$，重 P，放在水平面和半径为 r 的固定圆柱上。设各处摩擦系数都是 f_s，试求杆处于平衡时 θ 的最大值。

5-15　压延机由两轮构成，两轮直径各为 $d=50$ cm，轮间的间隙为 $a=0.5$ cm，两轮反向转动，如图上箭头所示。已知烧红的铁板与铸铁轮间的摩擦系数为 $f_s=0.1$，问能压延的铁板厚度 b 是多少？（提示：

欲使机器可操作，则铁板必须被两转动轮带动，亦即作用在 A、B 处的法向反作用力和摩擦力的合力必须水平向右。）

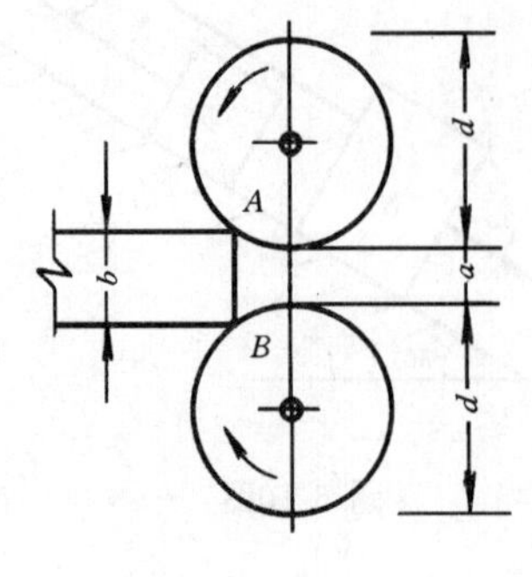

题 5-15图

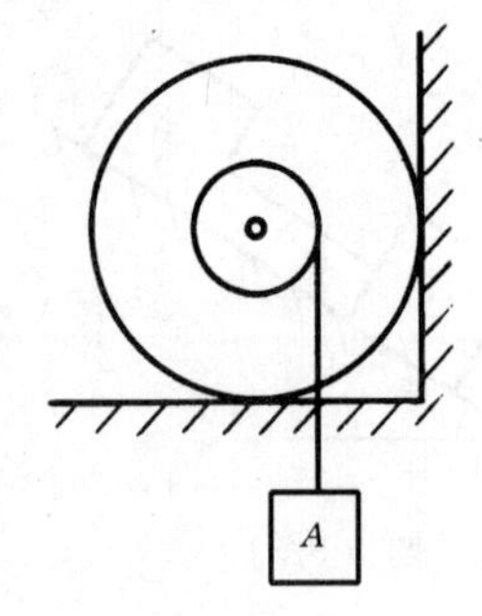

题 5-16图

5-16　一重210 N 的轮子放置如图所示。在轮轴上绕有软绳，并挂有重物 A。设接触处摩擦系数均为0.25，轮子半径为20 cm，轮轴的半径为10 cm，求平衡时重物 A 的最大重量 W。

5-17　如图所示，欲转动一置于 V 型槽中的棒料，需一力偶矩为 $m=1500$ N·cm 的力偶，已知棒料重 $G=400$ N，直径 $D=25$ cm，试求棒料与 V 型槽间的摩擦系数 f_s。

5-18　图示一折梯放置地面上。折梯两脚与地面间的摩擦系数分别为：$f_A=0.2$，$f_B=0.6$。折梯一边 AC 的中点 D 上有一重 $W=500$ N 的重物，如不计折梯的重量，问能否平衡？如果平衡，计算两脚与地面间的摩擦力。

5-19　一车的车身重 W，轮半径为 r，轮重可以不计。今用一水平力 $\overline{P}$ 拉动如图示。设轮子与地面的滚阻系数为 δ，不计轮轴中摩擦力，求拉动时的 P 值。并求当 $\overline{P}$ 力与水平线成多大角度时，可用力最小？求出此最小力。

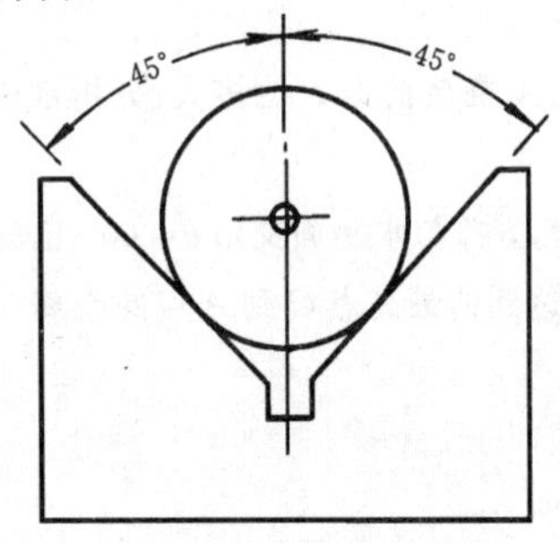

题 5-17图

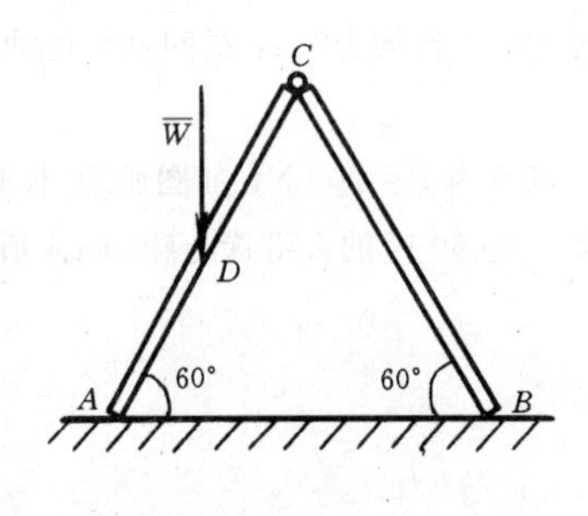

题 5-18图

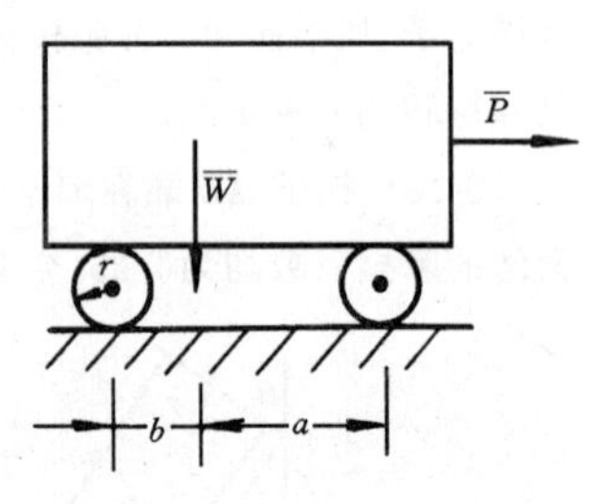

题 5-19图

第六章　空间一般力系

第一节　力 对 轴 之 矩

本章研究空间一般力系的简化与平衡问题 。若作用于物体上的力系，各力的作用线既不全在同一平面上，又不完全汇交于一点或平行，则称该力系为空间一般力系。我们先讨论力对轴之矩的概念和计算，然后讨论空间一般力系的有关问题。

一、力对轴之矩的概念

当研究空间力系问题时，力有使刚体绕某轴转动的效应。为了度量这种效应，在力学中就引入了力对轴之矩的概念。

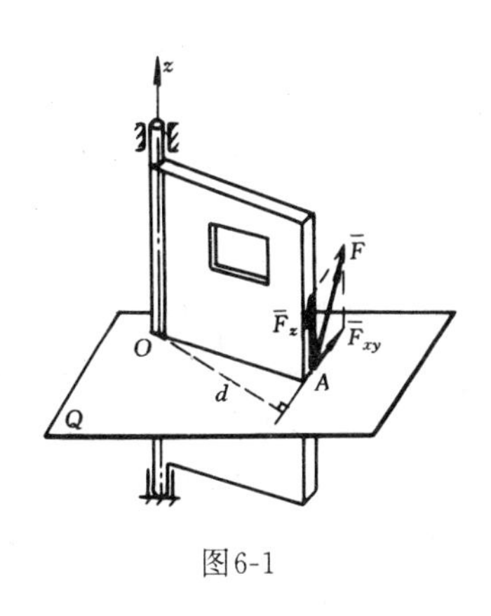

图6-1

现以门为例，说明力对轴之矩与哪些因素有关，如何度量。设力 $\overline{F}$ 作用在门上的 A 点如图6-1所示。若将力 $\overline{F}$ 于 A 点分解为垂直于 z 轴和平行于 z 轴的两个分力 $\overline{F}_{xy}$和 $\overline{F}_z$，则由实践经验可知：平行于 z 轴的力 $\overline{F}_z$ 不能使门转动，正如门的重量一样，没有使门绕枢轴转动的作用；只有分力 $\overline{F}_{xy}$使门绕 z 轴转动。现过 A 点作一垂直于 z 轴的平面 Q，且与 z 轴相交于 O 点。显然，力 $\overline{F}$ 的分力 $\overline{F}_{xy}$正是该力在垂直于 z 轴的平面 Q 上的投影。因而，力 $\overline{F}$ 使门绕 z 轴的转动的效果，可以用平面 Q 上的力 $\overline{F}_{xy}$对 O 点之矩来度量。故**力对轴之矩是力使刚体绕该轴转动效果的度量，定义为力在垂直于此轴的平面上的投影对此轴与该平面交点之矩**。

此定义说明，只要将空间力投影在垂直于该轴的任何一个平面上，就可按平面力系中力对点之矩计算，而矩心正是轴与该平面的交点。可见，力对轴之矩为一代数量。同样，也可把平面力系中力对点之矩看作是空间力系中力对轴之矩的特殊情况，即力都位于垂直于轴的平面内。

对于一般情况，设力 $\overline{F}$ 及任一轴 z 如图6-2所示。任取一水平面 I（xy 面）与 z 轴相交于 O 点，将力 $\overline{F}$ 投影在该平面上，得投影力 $\overline{F}_{xy}$。设点 O 到 $\overline{F}_{xy}$的垂直距离为 d，则力 $\overline{F}$ 对 z 轴之矩 m_z（$\overline{F}$）等于力 $\overline{F}_{xy}$对 O 点之矩。即

$$m_z(\overline{F}) = m_O(\overline{F}_{xy}) = \pm F_{xy} \cdot d \qquad (6\text{-}1)$$

上式中的正负号表示力 $\overline{F}$ 使刚体绕 z 轴的转动方向（简称为力矩的转向），与平面力系中 $\overline{F}_{xy}$对 O 点之矩的正负号的规定相同。也可按右手螺旋规则确定，即以右手四指表示力矩的转向，若大姆指的指向与 z 轴的正向相同，则取正号；反之，取负号。z 轴称为矩轴。

在法定计量单位中，力对轴之矩的常用单位，是牛·米（N·m）或千牛·米(kN·m)。

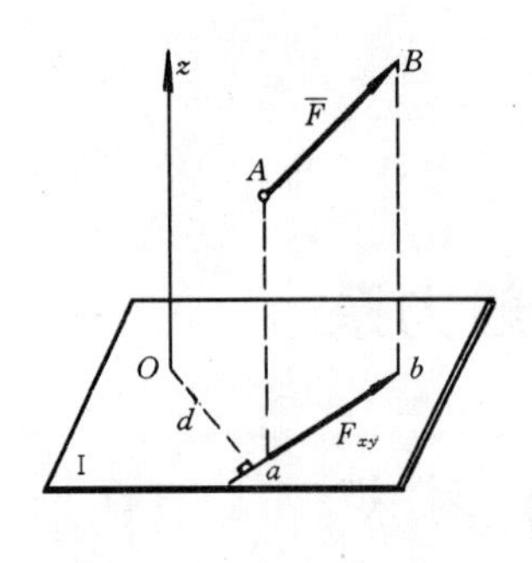

图 6-2

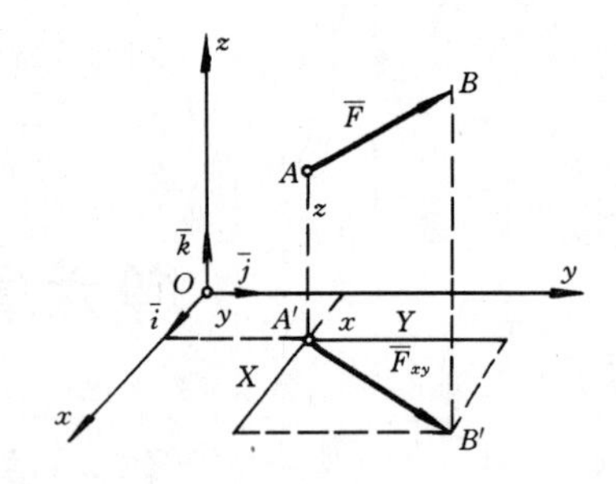

图 6-3

由式（6-1）可知，力对轴之矩在下列情况时为零：

(1) $\overline{F}_{xy}=0$，此时力与矩轴平行；

(2) $d=0$，此时力的作用线通过矩轴。

这两种情况表明，只要力与矩轴在同一平面内，力对该轴之矩必为零。应记住这一结论，在空间力系的问题中常应用它以简化计算。

按上述定义计算力对轴之矩时，若力 $\overline{F}$ 的投影 $\overline{F}_{xy}$的力臂 d 不便计算时，可将 $\overline{F}_{xy}$沿 x 轴和 y 轴分解为 $\overline{F}_x$和 $\overline{F}_y$两个分力，再按平面力系的合力矩定理计算。

读者应注意，我们以门为例，引入了力对轴之矩的概念。但在一般情况下，矩轴可以任意选取，并不一定是真正的转轴。

二、力对轴之矩的解析式

根据定义计算力对轴之矩，有时并不方便，因而，常利用力在直角坐标轴上的投影以及力作用点的坐标来计算力对轴之矩，即应用力对轴之矩的解析式计算。

设力 $\overline{F}$ 及任一轴 z 如图6-3所示。现求 $\overline{F}$ 对 z 轴之矩 $m_z(\overline{F})$的解析式。过 z 轴上任一点 O 建立直角坐标系 $Oxyz$，设力 $\overline{F}$ 作用点的坐标为 $A(x,y,z)$，力 $\overline{F}$ 在轴上的投影分别为 X、Y、Z。将力 $\overline{F}$ 投影在垂于 Z 轴的 xy 平面上，得 $\overline{F}_{xy}$，其作用点的坐标为 $A'(x,y)$。于是，根据力对轴之矩的定义，可知 $m_z(\overline{F})=m_O(\overline{F}_{xy})$；又根据平面力系中力对点之矩，由图6-3可得，$m_O(\overline{F}_{xy})=xY-yX$。则

$$m_z(\overline{F}) = xY - yX$$

同理，将力 $\overline{F}$ 分别投影于 xz 平面及 yz 平面，便可求得力 $\overline{F}$ 对 y 轴之矩与对 x 轴之矩的解析式。综上述，力 $\overline{F}$ 对坐标轴之矩的解析式为

$$\left.\begin{aligned} m_x(\overline{F}) &= yZ - zY \\ m_y(\overline{F}) &= zX - xZ \\ m_z(\overline{F}) &= xY - yX \end{aligned}\right\} \qquad (6\text{-}2)$$

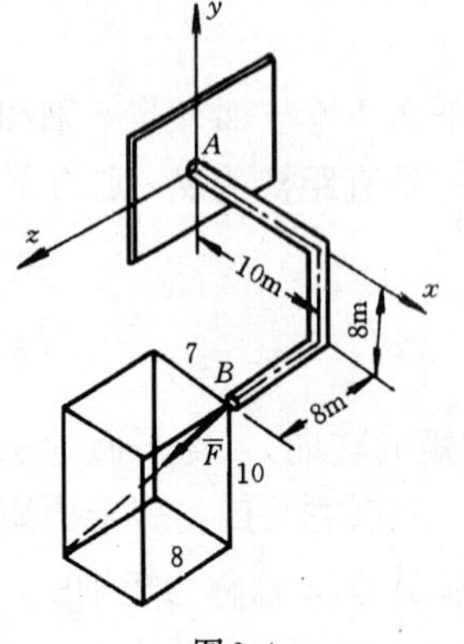

图6-4

【例6-1】 试求图6-4中力 $\overline{F}$ 对过 A 点的坐标轴 x、y、z 之矩。已知 $F=100$ N，构件尺寸如图示。

【解】 本题应用力对轴之矩的定义式计算比较麻烦，故采用解析式(6-2)计算。对图示坐标系，力作用点 B 的坐标为：$x=10$ m，$y=-8$ m，$z=8$ m。力 $\overline{F}$ 在各坐标轴上的投影可按直接

投影法计算，即

$$X = 100 \cdot \frac{-7}{\sqrt{7^2 + 10^2 + 8^2}} = -48.0 \text{ N}$$

$$Y = 100 \cdot \frac{-10}{\sqrt{7^2 + 10^2 + 8^2}} = -68.5 \text{ N}$$

$$Z = 100 \cdot \frac{8}{\sqrt{7^2 + 10^2 + 8^2}} = 54.8 \text{ N}$$

由力对轴之矩的解析式（6-2），得

$$m_x(\overline{F}) = yZ - zY = -8 \cdot 54.8 - 8 \cdot (-68.5) = 109.6 \text{ N} \cdot \text{m}$$

$$m_y(\overline{F}) = zX - xZ = 8 \cdot (-48) - 10 \cdot 54.8 = -932 \text{ N} \cdot \text{m}$$

$$m_z(\overline{F}) = xY - yX = 10 \cdot (-68.5) - (-8) \cdot (-48) = -1069 \text{ N} \cdot \text{m}$$

第二节　力矩关系定理

我们已分别讨论了力对点之矩和力对轴之矩。现在讨论力对任一点之矩与过此点的任一轴之矩的关系，即力矩关系定理。定理如下：

力对任一点的矩矢在过此点的任一轴上的投影，等于此力对该轴之矩。

设有一力 $\overline{F}$ 及任一轴 z 如图6-5所示。在 z 轴上任取一点 O，现求证：$[\overline{m}_O(\overline{F})]_z = m_z(\overline{F})$

过 O 点作一垂直于 z 轴的平面 xy，并取直角坐标系 $Oxyz$ 如图示。设力 $\overline{F}$ 作用点的坐标为 $A(x, y, z)$，力 $\overline{F}$ 在各直角坐标轴上的投影为 X、Y、Z。则由力 $\overline{F}$ 对 O 点的矩矢的解析式，有

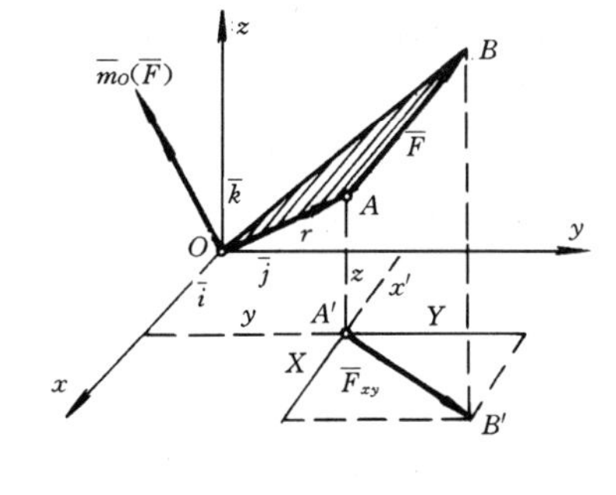

图6-5

$$\overline{m}_O(\overline{F}) = (yZ - zY)\overline{i} + (zX - xZ)\overline{j} + (xY - yX)\overline{k}$$

$\overline{m}_O(\overline{F})$ 在 z 轴上的投影，即为上式中 $\overline{k}$ 前面的系数，即

$$[\overline{m}_O(\overline{F})]_z = xY - yX$$

又根据力对轴之矩的解析式，知 $m_z(\overline{F}) = xY - yX$。比较此两式，可得

$$[\overline{m}_O(\overline{F})]_z = m_z(\overline{F}) \tag{6-3}$$

由于 O 点是 z 轴上的任一点，或 z 轴为过 O 点的任一轴，所以定理得证。

力矩关系定理也可理解为，力对任一轴之矩和对过该轴上任一点之矩间的关系，它提供了力对轴之矩的又一计算方法，但力对该点之矩要便于计算。反过来，若能简便地求出力对过某点的坐标轴之矩，则力对该点之矩矢也可表示为

$$\overline{m}_O(\overline{F}) = m_x(\overline{F})\overline{i} + m_y(\overline{F})\overline{j} + m_z(\overline{F})\overline{k} \tag{6-4}$$

根据此式，可求出力对点之矩矢的大小和方向。

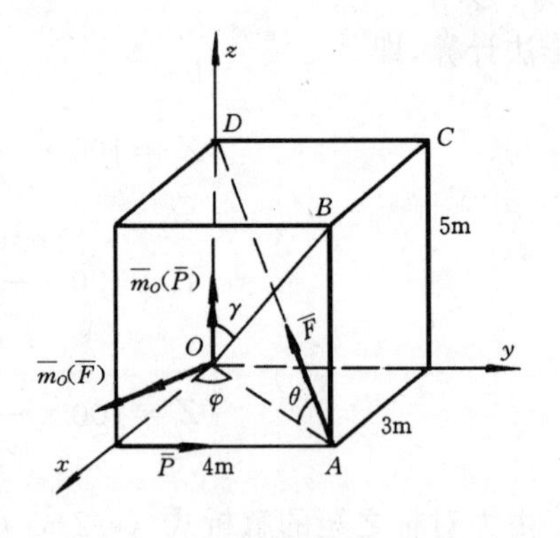

图6-6

【例6-2】 长方体的边长分别为3 m、4 m、5 m，作用有力 $\overline{F}$ 和 $\overline{P}$ 如图6-6所示。已知 $F=10$ kN，$P=20$ kN。试求 (1) 力 $\overline{F}$ 对 O 点的矩；(2) 力 $\overline{P}$ 对 OB 轴的矩。

【解】 (1) 先计算力 $\overline{F}$ 对各坐标轴之矩，再按式 (6-4) 计算力 $\overline{F}$ 对 O 点的矩矢。

力 $\overline{F}$ 对坐标轴之矩应用解析式计算。力 $\overline{F}$ 作用点的坐标为：$x=3$ m，$y=4$ m，$z=0$。由图示几何尺寸知，$\theta=45°$，$\cos\varphi=\frac{3}{5}$，$\sin\varphi=\frac{4}{5}$。力 $\overline{F}$ 在图示各坐标轴上的投影分别为

$$X=-F\cos\theta\cos\varphi=-10\cdot\frac{\sqrt{2}}{2}\cdot\frac{3}{5}=-3\sqrt{2}\ \text{kN}$$

$$Y=-F\cos\theta\sin\varphi=-10\cdot\frac{\sqrt{2}}{2}\cdot\frac{4}{5}=-4\sqrt{2}\ \text{kN}$$

$$Z=F\sin\theta=10\cdot\frac{\sqrt{2}}{2}=5\sqrt{2}\ \text{kN}$$

力 $\overline{F}$ 的作用线过 z 轴，可知 $m_z(\overline{F})=0$。力 $\overline{F}$ 对 x、y 轴之矩分别为

$$m_x(\overline{F})=yZ-zY=4\cdot5\sqrt{2}=20\sqrt{2}\ \text{kN}\cdot\text{m}$$

$$m_y(\overline{F})=zX-xZ=0-3\cdot5\sqrt{2}=-15\sqrt{2}\ \text{kN}\cdot\text{m}$$

于是，由式 (6-4) 可得

$$\overline{m}_O(\overline{F})=20\sqrt{2}\,\overline{i}-15\sqrt{2}\,\overline{j}+0\overline{k}$$

$\overline{m}_O$ ($\overline{F}$) 的大小及其方向余弦分别

$$|\overline{m}_O(\overline{F})|=\sqrt{(20\sqrt{2})^2+(-15\sqrt{2})^2+0}=25\sqrt{2}\ \text{kN}\cdot\text{m}$$

$$\cos\alpha'=\frac{m_x(\overline{F})}{|\overline{m}_O(\overline{F})|}=\frac{20\sqrt{2}}{25\sqrt{2}}=\frac{4}{5}$$

$$\cos\beta'=\frac{m_y(\overline{F})}{|\overline{m}_O(\overline{F})|}=-\frac{15\sqrt{2}}{25\sqrt{2}}=-\frac{3}{5}$$

$$\cos\gamma'=0$$

(2) 应用力矩关系定理，先求出力 $\overline{P}$ 对 O 点的矩矢 $\overline{m}_O$ ($\overline{P}$)，再将该矩矢投影到 OB 轴上，此投影值即为力 $\overline{P}$ 对 OB 轴之矩。

力 $\overline{P}$ 对 O 点之矩矢，由右手螺旋规则确定为沿 z 轴的正向，如图6-6所示。其模 $|\overline{m}_O$ ($\overline{F}$) $|=3P=3\cdot20=60$ kN·m。于是，可得

$$m_{OB}(\overline{P}) = [\overline{m}_O(\overline{F})]_{OB} = |\overline{m}_O(\overline{F})|\cos\gamma = 60 \cdot \cos 45^\circ = 30\sqrt{2}\ \text{kN} \cdot \text{m}$$

第三节　空间一般力系向任一点简化

空间一般力系向任一点的简化，其方法与平面一般力系的简化方法是相同的，仍需应用力线平移定理。考虑到力在空间的任意分布，附加力偶作用面的方位不同，应把力对点之矩和附加力偶矩都用矩矢量表示。因而，力线平移定理可表述为：**作用于刚体上的力 $\overline{F}$，可以平移至刚体上的任一点，但必须在力与该点所决定的平面内附加一力偶，此力偶矩矢等于力 $\overline{F}$ 对 O 点的力矩矢。**

一、主矢与主矩

设物体受空间一般力系力 $\overline{F}_1$、$\overline{F}_2$、…、$\overline{F}_n$ 作用，各力作用点分别为 A_1、A_2、…、A_n。任取一点 O 为简化中心，如图6-7a 所示。现求空间一般力系向 O 点的简化结果。

根据力线平移定理，将各力依次平移至 O 点，并附加相应的力偶，其力偶矩矢分别以 $\overline{m}_1$、$\overline{m}_2$、…、$\overline{m}_n$ 表示。于是便得到了作用于 O 点的一个空间汇交力系 $\overline{F}'_1$、$\overline{F}'_2$、…、$\overline{F}'_n$ 和一个空间力偶系如图6-7b 所示。此空间汇交力系和空间力偶系与原空间一般力系等效。

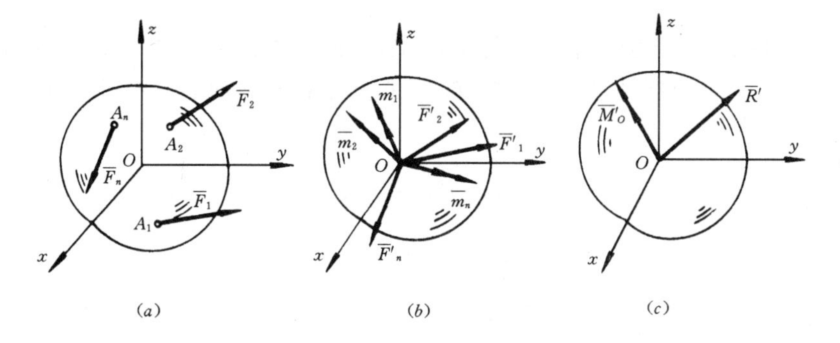

图6-7

作用于 O 点的空间汇交力系，可以合成为作用于该点的一个力 $\overline{R}'$，它等于汇交于 O 点各力的矢量和。注意到 $\overline{F}'_1=\overline{F}_1$，$\overline{F}'_2=\overline{F}_2$，…，$\overline{F}'_n=\overline{F}_n$。因而

$$\overline{R}' = \Sigma\overline{F}' = \Sigma\overline{F} \tag{6-5}$$

上式表明，力矢 $\overline{R}'$ 等于原力系中各力的矢量和。**称力矢 $\overline{R}'$ 为原力系的主矢量**，简称为**主矢**。显而易见，主矢与简化中心的位置无关，为给定力系的一个不变量。

附加的空间力偶系可以合成一个力偶，其力偶矩矢等于各附加力偶矩矢的矢量和。而

$$\overline{m}_1 = \overline{m}_O(\overline{F}_1),\quad \overline{m}_2 = \overline{m}_O(\overline{F}_2),\quad \cdots,\quad \overline{m}_n = \overline{m}_O(\overline{F}_n)$$

于是，可得此力偶矩矢 $\overline{M}_O$ 为

$$\overline{M}_O = \Sigma\overline{m} = \Sigma\overline{m}_O(\overline{F}) \tag{6-6}$$

矩矢 $\overline{M}_O$ 称为**原力系对简化中心的主矩**，简称**主矩**。它等于原力系中各力对简化中心之矩的矢量和。因为主矩不仅决定于力系中各力的大小和方向，而且还与各力相对简化中心的位置有关，故主矩一般随简化中心的不同而不同。$\overline{R}'$ 与 $\overline{M}_O$ 示于图6-7c。

综上所述，空间一般力系向任一点简化，可得作用于该点的一个力和一个力偶。此力矢等于原力系中各力的矢量和，即等于原力系的主矢；此力偶的矩等于原力系中各力对简化中心之矩的矢量和，即等于原力系对简化中心的主矩。

二、主矢与主矩的解析式

对图6-7所示的空间直角坐标系 $Oxyz$，设 R'_x、R'_y、R'_z 及 X、Y、Z 分别表示主矢 $\overline{R}'$ 和原力系中任一力 $\overline{F}$ 在各坐标轴上的投影。将式（6-5）投影在各坐标轴上，根据合矢量投影定量，则有

$$R'_x = \Sigma X,\quad R'_y = \Sigma Y,\quad R'_z = \Sigma Z \tag{6-7}$$

由此可得主矢 $\overline{R}'$ 的大小和方向余弦

$$\left.\begin{array}{l} R' = \sqrt{(R'_x)^2 + (R'_y)^2 + (R'_z)^2} = \sqrt{(\Sigma X)^2 + (\Sigma Y)^2 + (\Sigma Z)^2} \\ \cos\alpha = R'_x/R',\quad \cos\beta = R'_y/R',\quad \cos\gamma = R'_z/R' \end{array}\right\} \tag{6-8}$$

式中，α、β、γ 分别表示主矢 $\overline{R}'$ 与 x、y、z 轴正向间的夹角。主矢 $\overline{R}'$ 的解析式为

$$\overline{R}' = R'_x\overline{i} + R'_y\overline{j} + R'_z\overline{k} = \Sigma X\ \overline{i} + \Sigma Y\ \overline{j} + \Sigma Z\ \overline{k} \tag{6-9}$$

设 M_{Ox}、M_{Oy}、M_{Oz}分别表示主矩在各坐标轴上的投影；m_x（$\overline{F}$）、m_y（$\overline{F}$）、m_z（$\overline{F}$）分别表示任一力 $\overline{F}$ 对各坐标轴之矩。将式（6-6）投影于各坐标轴上，并利用力矢关系定理式（6-3），可得

$$\left.\begin{array}{l} M_{Ox} = \Sigma m_x(\overline{F}) = \Sigma(yZ - zY) \\ M_{Oy} = \Sigma m_y(\overline{F}) = \Sigma(zX - xZ) \\ M_{Oz} = \Sigma m_z(\overline{F}) = \Sigma(xY - yX) \end{array}\right\} \tag{6-10}$$

由此可得主矩 $\overline{M}_O$ 的大小和方向余弦

$$\left.\begin{array}{l} M_O = \sqrt{(M_{Ox})^2 + (M_{Oy})^2 + (M_{Oz})^2} \\ \quad = \sqrt{[\Sigma m_x(\overline{F})]^2 + [\Sigma m_y(\overline{F})]^2 + [\Sigma m_z(\overline{F})]^2} \\ \cos\alpha' = M_{Ox}/M_O,\quad \cos\beta' = M_{Oy}/M_O,\quad \cos\gamma' = M_{Oz}/M_O \end{array}\right\} \tag{6-11}$$

式中，α'、β'、γ'分别表示主矩 $\overline{M}_0$与 x、y、z 轴正向间的夹角。主矩 $\overline{M}_0$也可写成解析式，即

$$\begin{aligned} \overline{M}_O &= M_{Ox}\ \overline{i} + M_{Oy}\ \overline{j} + M_{Oz}\ \overline{k} \\ &= \Sigma m_x(\overline{F})\overline{i} + \Sigma m_y(\overline{F})\overline{j} + \Sigma m_z(\overline{F})\overline{k} \end{aligned} \tag{6-12}$$

三、空间固定端约束

工程实际中的空间固定端约束，是指该约束能限制物体在空间任一方向的移动和转动。例如，图6-8a 所示为一整体浇灌在钢筋混凝土基础上的柱子，基础对柱的约束视为固定端

约束，其简图为图6-8b。在任一个空间载荷作用下，基础对柱的约束反力组成一个空间一般力系，将该力系向固定端截面形心 A 简化，可得作用在 A 点的一个力 $\overline{R}_A$ 和一个矩矢为 $\overline{M}_A$ 的力偶。因为 $\overline{R}_A$ 和 $\overline{M}_A$ 的空间方位并不能予先确定，故可用三个分力 $\overline{X}_A$、$\overline{Y}_A$、$\overline{Z}_A$ 和三个分力偶矩矢 $\overline{M}_{Ax}$、$\overline{M}_{Ay}$、$\overline{M}_{Az}$按轴的正向表示（图6-8c）。而它们的真实方向应由平衡条件确定。注意矩矢 $\overline{M}_{Ax}$、的指向沿 x 轴正向，即该力偶作用在垂直于 x 轴的 yz 平面内，或与 yz 平面平行的平面内。

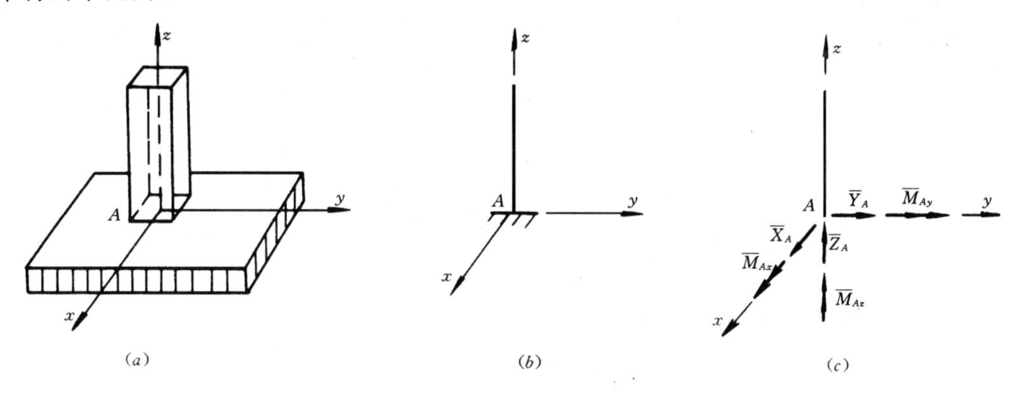

图6-8

第四节　空间一般力系的简化结果

一、空间一般力系的简化结果

根据空间一般力系向任一点简化所得的主矢 $\overline{R}'$ 和主矩 $\overline{M}_0$，可以判断该力系的简化结果。现予以说明。

1. 力系简化为一力偶

若主矢 $\overline{R}'=0$；主矩 $\overline{M}_O\neq0$。此时，该力系简化为一力偶，其力偶矩矢即为 $\overline{M}_0$。因为力偶矩与矩心的位置无关，所以原力系无论向那一点一简化，其主矩不变。在此情况下，力系的主矩与简化中心的位置无关。

2. 力系简化为一合力

若主矢 $\overline{R}'\neq0$；主矩 $\overline{M}_O=0$。此时，原力系简化为作用在简化中心的一个力 $\overline{R}'$，此即原力系的合力。当简化中心恰巧选在合力作用线上，就会出现这种情况。

此外，若主矢 $\overline{R}'\neq0$，主矩 $\overline{M}_O\neq0$；并且 $\overline{R}'\perp\overline{M}_O$。此时，原力系亦简化为一合力。因为主矩为 $\overline{M}_O$ 的力偶与主矢 $\overline{R}'$ 位于同一平面内，可将力偶表示为（$\overline{R}''$，$\overline{R}$）（图6-9b），且

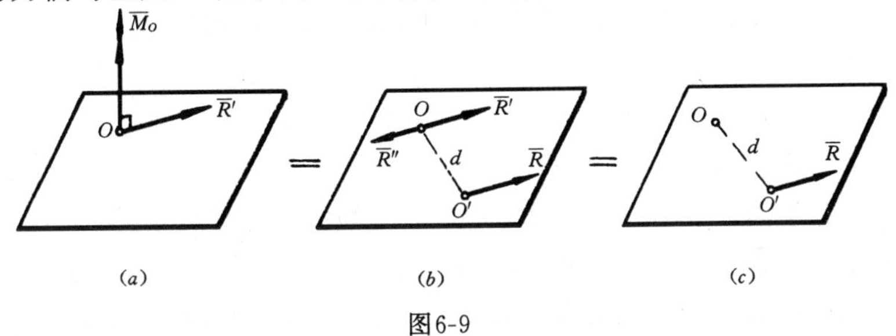

图6-9

$R''=R=R'$，由平面力系的简化结果，原力系简化为作用在 O' 点的一个合力 $\overline{R}$（图6-9c）。O' 点离简化中心 O 的距离为 $d=M_O/R'$。

3. 力系简化为力螺旋

若 $\overline{R}'\neq 0$，$\overline{M}_O\neq 0$；并且 $\overline{R}'\,/\!/\,\overline{M}_O$。如图6-10a 所示。这表明主矢 $\overline{R}'$ 与 $\overline{M}_O$ 的作用面垂直（图6-10b），已无法再进行简化。这样**由一力及一力偶所组成的力系，当力垂直于力偶作用面时，此力系称为力螺旋**。如力螺旋中力矢 $\overline{R}'$ 与矩矢 $\overline{M}_O$ 的指向相同时，称为右力螺旋。反之，$\overline{R}'$ 与 $\overline{M}_O$ 反向，则称为左力螺旋。力螺旋中的力 $\overline{R}'$ 的作用线称为力螺旋的中心轴。例如，钻头钻孔时所受的主动力系就是力螺旋，其中心轴与铅孔的方位相一致。

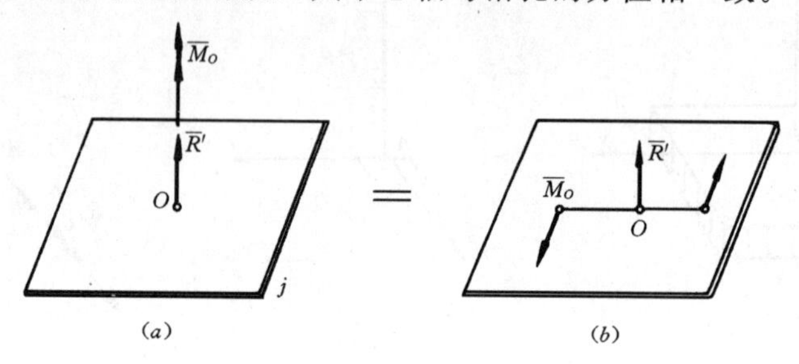

图6-10

一般情况下，主矢 $\overline{R}'$ 与主矩 $\overline{M}_O$ 成任意夹角 θ（图6-11a），此时，原力系仍简化为力螺旋。因为可将 $\overline{M}_O$ 沿与 $\overline{R}'$ 平行与垂直的两个方向分解为 $\overline{M}'_O$ 和 $\overline{M}''_O$（图6-11b），由于 $\overline{R}'\perp\overline{M}''_O$，$\overline{R}'$ 与 $\overline{M}''_O$ 可再合成为作用在 O' 的 $\overline{R}$，又由于力偶矩矢为自由矢量，则可将 $\overline{M}'_O$ 平移至 O' 与 $\overline{R}$ 共线（图6-10c）。所以原力系简化为力螺旋，但其中心轴通过 O' 点，O' 到简化中心 O 的距离 $d'=\dfrac{|\overline{M}''_O|}{R'}=\dfrac{M_O\sin\theta}{R'}$。

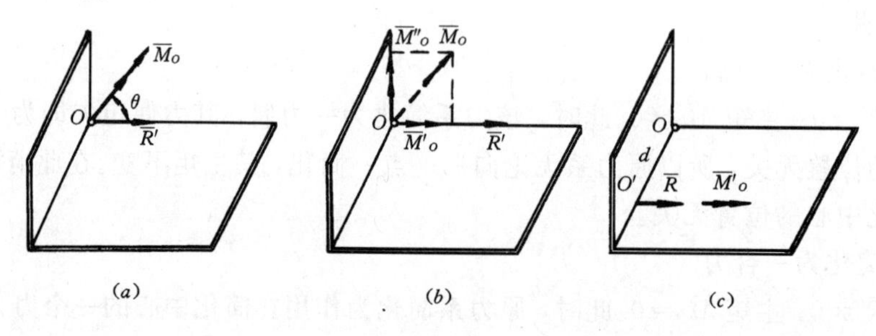

图6-11

4. 力系平衡

若 $\overline{R}'=0$，$\overline{M}_O=0$，则原力系成为平衡力系。在下节将详加讨论。

总之，不平衡的空间一般力系，其简化的结果，可能是一力，或是一力偶，或是一力螺旋。

二、合力矩定理

现在证明，当空间一般力系具有合力时，合力矩定理仍然成立。

设空间一般力系 $\overline{F}_1$、$\overline{F}_2$、…、$\overline{F}_n$ 可合成为作用在点 O' 的合力 $\overline{R}$（图6-9c），力系对任一点 O 的主矩 $\overline{M}_O=\Sigma\overline{m}_O(\overline{F})$。现将合力 $\overline{R}$ 向 O 点简化，所附加的力偶矩矢 $\overline{m}_O(\overline{R})$ 应等于

力系对 O 点的主矩。故

$$\overline{m}_O(\overline{R}) = \Sigma\overline{m}_O(\overline{F}) \tag{6-13}$$

即空间一般力系若有合力，则合力对任一点的矩，等于力系中各力对同一点之矩的矢量和。 这就是**空间一般力系的合力矩定理**。

将式（6-13）投影于过 O 点的任一轴 z 上，根据力矩关系定理，则得

$$m_z(\overline{R}) = \Sigma m_z(\overline{F}) \tag{6-14}$$

即空间一般力系若有合力，则合力对任一轴的矩，等于力系中各力对同一轴之矩的代数和。称为空间一般力系对轴的合力矩定理。

应用合力矩定理，可以方便地计算力对轴之矩。其方法是将力沿三个坐标轴方向分解，分别求出各分力对某轴之矩，然后取其代数和，即得此力对某轴之矩。

【例6-3】 在图6-12所示的正立方体上，作用有空间一般力系 $\overline{F}_1$、$\overline{F}_2$、$\overline{F}_3$。已知立方体的边长 $a=2$ m，$F_1=100$ N，$F_2=F_3=120\sqrt{2}$ N。试求该力系向 O 点简化的结果。

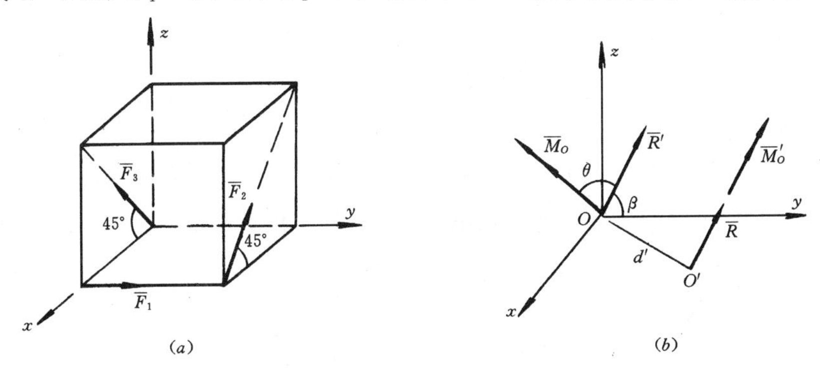

图6-12

【解】 先求力系的主矢 $\overline{R}'$。过 O 点取坐标系 $Oxyz$ 如图示。主矢在各坐标轴上的投影为

$$R'_x = \Sigma X = F_3\cos45° - F_2\cos45° = 0$$

$$R'_y = \Sigma Y = F_1 = 100 \text{ N}$$

$$R'_z = \Sigma Z = F_2\cos45° + F_3\cos45° = 240 \text{ N}$$

主矢的大小和方向余弦，由式（6-8）得

$$R' = \sqrt{(R'_x)^2 + (R'_y)^2 + (R'_z)^2} = \sqrt{100^2 + 240^2} = 260 \text{ N}$$

$$\cos\alpha = R'_x/R' = 0$$

$$\cos\beta = R'_y/R' = 100/260 = 0.3846$$

$$\cos\gamma = R'_z/R' = 240/260 = 0.9230$$

再计算力系对 O 点的主矩。由式（6-10）得

$$M_{Ox}=\Sigma m_x(\overline{F})=0+F_2\sin45°\cdot a+0$$

$$=120\sqrt{2}\cdot\sqrt{2}/2\cdot 2=240\ \mathrm{N\cdot m}$$

$$M_{Oy}=\Sigma m_y(\overline{F})=0-F_2\sin45°\cdot a+0=-240\ \mathrm{N\cdot m}$$

$$M_{Oz}=\Sigma m_z(\overline{F})=F_1\cdot a+F_2\cos45°\cdot a+0$$

$$=100\cdot 2+240=440\ \mathrm{N\cdot m}$$

由式（6-11），可得主矩 $\overline{M}_O$ 的大小及其方向余弦分别为

$$M_O=\sqrt{(M_{Ox})^2+(M_{Oy})^2+(M_{Oz})^2}$$

$$=\sqrt{240^2+(-240)^2+440^2}=555.7\ \mathrm{N\cdot m}$$

$$\cos\alpha'=M_{Ox}/M_O=240/555.7=0.4319$$

$$\cos\beta'=M_{Oy}/M_O=-240/555.7=-0.4319$$

$$\cos\gamma'=M_{Oz}/M_O=440/555.7=0.7918$$

所得主矢 $\overline{R}'$ 及 $\overline{M}_O$ 示于图6-12b。

讨论 当求出力系的主矢和对 O 点的主矩都不等于零时，还可进一步研究力系的简化结果是合力还是力螺旋，这可由主矢 R' 与主矩 $\overline{M}_O$ 之间的夹角 θ 是否为直角而加以判断。

由矢量代数和

$$\overline{R}'\cdot\overline{M}_O=|\overline{R}'||\overline{M}_O|\cos\theta=R'M_0\cos\theta$$

而由主矢和主矩的解析式（6-9）和（6-12），可得

$$\overline{R}'\cdot\overline{M}_O=R'_xM_{Ox}+R'_yM_{Oy}+R'_zM_{Oz}$$

$$=R'\cos\alpha M_O\cos\alpha'+R'\cos\beta M_O\cos\beta'+R'\cos\gamma M_O\cos\gamma'$$

比较上二式，则得

$$\cos\theta=\cos\alpha\cos\alpha'+\cos\beta\cos\beta'+\cos\gamma\cos\gamma'$$

对于本题，将已求得的有关数值代入上式，得

$$\cos\theta=0+0.3846\cdot(-0.4319)+0.9230\cdot 0.7918=0.5647$$

主矢 R' 与主矩 $\overline{M}_O$ 间的夹角为 $\theta=55.62°$。故此力系的简化结果为一力螺旋。力螺旋的中心轴到 O 点的距离为

$$d'=M_O\sin\theta/R'=555.7\sin55.62°/260=1.76\ \mathrm{m}$$

力螺旋示于图6-12b。

第五节 空间一般力系的平衡

一、空间一般力系的平衡

由空间一般力系的简化结果可知，若要原力系平衡，则力系的主矢 $\overline{R}'$ 和主矩 $\overline{M}_O$ 必须

同时为零。反之，若主矢 $\overline{R}'$ 和主矩 $\overline{M}_O$ 都等于零，说明简化后所得的空间汇交力系与附加的空间力偶系均为平衡力系，则原力系必为平衡力系。所以，**空间一般力系平衡的必要和充分条件是：力系的主矢和力系对任一点的主矩都等于零**。即

$$\overline{R}' = \Sigma\overline{F} = 0 \quad , \qquad \overline{M}_O = \Sigma\overline{m}_O(\overline{F}) = 0 \tag{6-15}$$

由主矢 $\overline{R}'$ 和主矩 $\overline{M}_0$ 的解析式（6-9）及（6-12）可知，若要上式成立，则必须

$$\left.\begin{array}{l}\Sigma X = 0, \quad \Sigma Y = 0, \quad \Sigma Z = 0 \\ \Sigma m_x(\overline{F}) = 0, \quad \Sigma m_y(\overline{F}) = 0, \quad \Sigma m_z(\overline{F}) = 0\end{array}\right\} \tag{6-16}$$

因此，**空间一般力系平衡的必要和充分的解析条件是：力系中所有各力在三个坐标轴上投影的代数和分别等于零；同时各力对三个坐标轴之矩的代数和也分别等于零**。式（6-16）称为**空间一般力系的平衡方程**。利用这组方程式，对受空间一般力系作用下的刚体平衡问题，可以求解六个未知量。

二、空间平行力系的平衡方程

由空间一般力系的平衡方程，可以导出其它力系的平衡方程。例如，空间汇交力系、空间力偶系以及平面力系的平衡方程。现以空间平行力系为例，予以说明。

设 $\overline{F}_1$、$\overline{F}_2$、…、$\overline{F}_n$ 为作用于刚体上的平行力系。并取 z 轴与各力的作用线平行（图6-13），显然，$\Sigma X\equiv0$，$\Sigma Y\equiv0$，$\Sigma m_z(\overline{F})\equiv0$。不管力系是否平衡，此三式恒能满足。故空间一般力系的平衡方程中，只剩下三个独立的平衡方程，即

$$\Sigma Z = 0 \ , \ \Sigma m_x(\overline{F}) = 0 \ , \ \Sigma m_y(\overline{F}) = 0 \tag{6-17}$$

可见，**空间平行力系平衡的必要与充分条件是：力系中所有各力在平行于力作用线的任一轴上的投影代数和等于零，并且各力对与此轴垂直的任两轴之矩的代数和分别等于零**。式(6-17)称为空间平行力系的平衡方程。对受空间平行力系作用的刚体平衡问题，可以求解三个未知量。

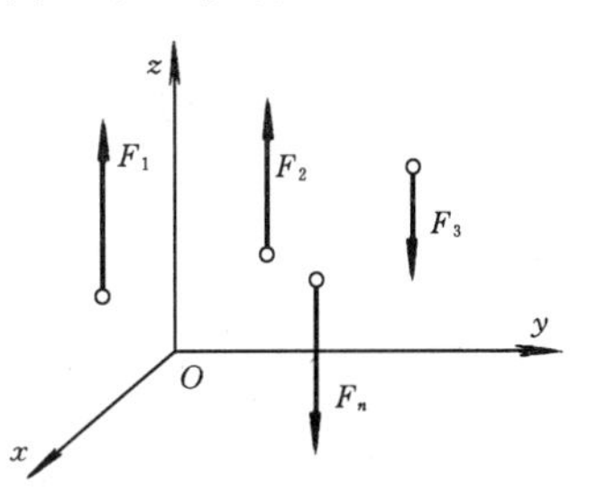

图6-13

三、空间平衡问题举例

物体在空间一般力系作用下的平衡问题，其解题方法和步骤与平面问题基本相同。根据所要求的未知量恰当选取研究对象，进行受力分析并画出受力图，取适当的投影轴与力矩轴，然后列平衡方程求解并校核。应注意绘出的受力图应有立体感，能清晰地表示力与坐标轴之间的几何关系，而且应熟练掌握力的投影与力对轴之矩的计算。

为了简化计算，在选取投影轴与力矩轴时，投影轴不一定要彼此垂直，也不一定与力矩轴相重合。投影轴应与尽可能多的未知力或其所在的平面相垂直，力矩轴应与尽可能多的未知力相交或平行，这些未知力在相应的投影方程与力矩方程中则被清除。在列平衡方程时，可用适当的力矩方程代替投影方程，即可采用四力矩式、五力矩式或六力矩式的平衡方程。只要所建立的平衡方程能解出全部未知量，则说明它们是彼此独立的，必定满足力矩方程代替投影方程的附加条件。

下面举例说明空间平衡问题的解题方法与技巧。

【例6-4】 板块重 $W=20$ kN，以三根绳子匀速向上提升。若不计滑轮摩擦，求每根绳所需拉力的大小。板在任何方向无转动，重力作用线通过板上 D 点如图所示。

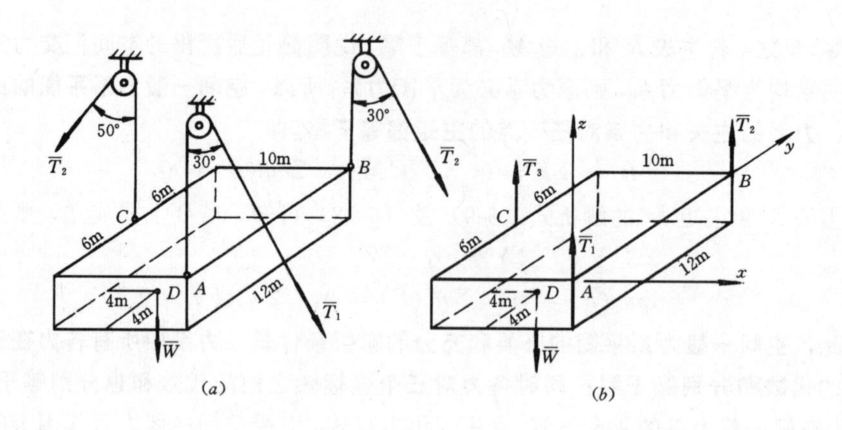

图6-14

【解】 (1) 以板为研究对象，板受重力 $\overline{W}$、绳的拉力 $\overline{T}_1$、$\overline{T}_2$、$\overline{T}_3$作用，因不计滑轮摩擦，绳的拉力处处相等。这四个力作用线相互平行，为一空间平行力系，板的受力图如图6-14b 所示。

(2) 应用空间平行力系的平衡方程求未知力。对图示坐标系，由

$$\Sigma m_y(\overline{F})=0,\quad T_3\cdot 10-W\cdot 6=0$$

得

$$T_3=0.6W=0.6\cdot 20=12\text{ kN}$$

$$\Sigma m_x(\overline{F})=0,\quad T_2\cdot 12+T_3\cdot 6-W\cdot 4=0$$

得

$$T_2=\frac{1}{12}(4\cdot 20-6\cdot 12)=0.667\text{ kN}$$

$$\Sigma Z=0,\qquad T_1+T_2+T_3-W=0$$

得

$$T_1=W-T_2-T_3=20-12-0.667=7.33\text{ kN}$$

【例6-5】 图6-15所示电杆 OD 高7 m，D 处受水平力 T=10 kN 作用。O 处视为球铰支座，A 处以钢索 AB、AC 与地面相连。略去电杆自重，试求钢索拉力和支座反力。

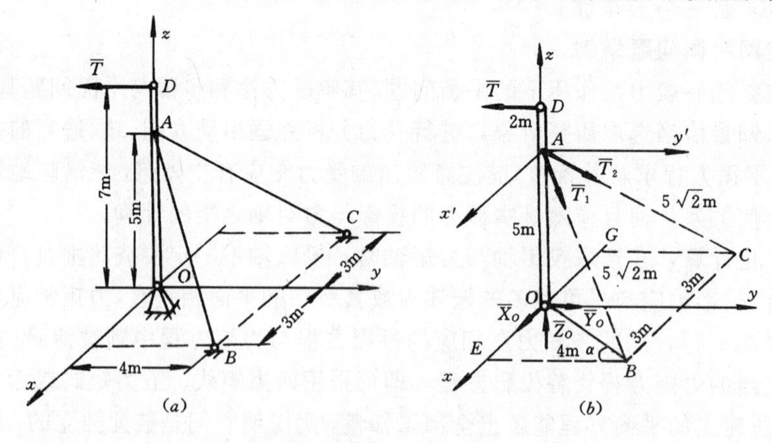

图6-15

【解】 电杆 OD 受已知力 $\overline{T}$、钢索的拉力 $\overline{T}_1$和 $\overline{T}_2$作用，球铰支座 O 处的反力为 $\overline{X}_O$、$\overline{Y}_O$、$\overline{Z}_O$，共有五个未知量，可由空间一般力系的平衡方程求解。

(1) 取 OD 杆为研究对象，OD 杆的受力如图6-15b 所示。

（2）对图示坐标系，列平衡方程

$$\Sigma X=0,\qquad T_1\cos45^\circ\sin\alpha-T_2\cos45^\circ\sin\alpha+X_O=0$$

$$\Sigma Y=0,\qquad -T+T_1\cos45^\circ\cos\alpha+T_2\cos45^\circ\cos\alpha+Y_0=0$$

$$\Sigma Z=0,\qquad Z_O-T_1\cos45^\circ-T_2\cos45^\circ=0$$

$$\Sigma m_x(\overline{F})=0,\qquad T\cdot7-T_1\cos45^\circ\cdot4-T_2\cos45^\circ\cdot4=0$$

$$\Sigma m_y(\overline{F})=0,\qquad T_1\cos45^\circ\cdot3-T_2\cos45^\circ\cdot3=0$$

$$\Sigma m_z(\overline{F})\equiv0$$

式中，$\overline{T}_1$、$\overline{T}_2$在 x、y 轴上的投影应用二次投影法计算，$\overline{T}_2$、$\overline{T}_1$对 x、y 轴之矩的计算，是将该力于 C、B 点进行正交分解，应用对轴的合力矩定理分别计算。

由图示几何关系知：$\sin\alpha=3/5$，$\cos\alpha=4/5$

联立求解上述五个方程，可得

$$T_1=T_2=12.37\text{ kN}$$

$$X_O=0,\quad Y_O=-4\text{ kN},\quad Z_O=17.5\text{ kN}$$

其中，负号表示约束反力的实际方向与假设的方向相反。

讨论　为了避免解联立方程组，如何选取力矩轴?方法是应用矩轴与未知力相交或平行时，未知力对该轴之矩必为零。

首先，要使力矩平衡方程中不出现 $\overline{T}_1$和 $\overline{T}_2$，可过 $\overline{T}_1$、$\overline{T}_2$的交点 A 作 x' 及 y' 轴（图6-15b），此时力 $\overline{T}$、$\overline{Y}_O$、$\overline{Z}_O$ 与 y' 轴共面，则这些力对 y' 轴之矩为零。故应以 y' 轴为矩轴，列力矩平衡方程

$$\Sigma m_{y'}(\overline{F})=0,\quad -X_O\cdot5=0$$

得
$$X_O=0$$

同理，由

$$\Sigma m_{x'}(\overline{F})=0,\quad T\cdot3+Y_O\cdot5=0$$

得
$$Y_O=-3/5T=-4\text{ kN}$$

其次，取 $\overline{T}_1$、$\overline{T}_2$的交线 BC 为矩轴，即

$$\Sigma m_{BC}(\overline{F})=0,\quad Z_O\cdot4-T\cdot7=0$$

得
$$Z_O=\frac{7}{4}T=17.5\text{ kN}$$

最后，求 T_1和 T_2。以过 $\overline{T}_2$的 CG 线为矩轴，并将 $\overline{T}_1$于 B 点分解取矩，由

$$\Sigma m_{CG}(\overline{F})=0,\quad T_1\cdot\frac{\sqrt{2}}{2}\cdot6-Z_O\cdot3=0$$

得
$$T_1=\frac{\sqrt{2}}{2}Z_O=12.37\text{ kN}$$

同理，以 BE 线为矩轴，将 $\overline{T}_2$与 C 点分解取矩，由

$$\Sigma m_{BE}(\overline{F})=0,\quad T_2\cdot\frac{\sqrt{2}}{2}\cdot6-Z_0\cdot3=0$$

得
$$T_2=\frac{\sqrt{2}}{2}Z_O=12.37\text{ kN}$$

本例中也可应用对 OC 及 OB 轴的力矩平衡方程，以求解 $\overline{T}_1$和 $\overline{T}_2$。

综上所述，由于本例合理地选取力矩轴，并以力矩方程代替投影方程，使得每个未知量都可由一个平衡方程解出来，既避免了解联立方程组，又可避免由于数值计算而产生的误差的传播。

【例6-6】 水平轴 AB 上安装二带轮 C 及 D，其半径分别为 $r_1=0.2$ m，$r_2=0.25$ m，带轮 C 上的胶带是水平的，上下带的拉力各为 T_1及$2T_1$，且 $T_1=2.5$ kN；带轮 D 上的胶带和铅垂线的夹角 $\alpha=30°$，两侧带的拉力各为 T_2及$2T_2$。当水平轴 AB 匀速转动时，求带的拉力 T_2及轴承 A、B 的反力。不计轴及带轮的重量。

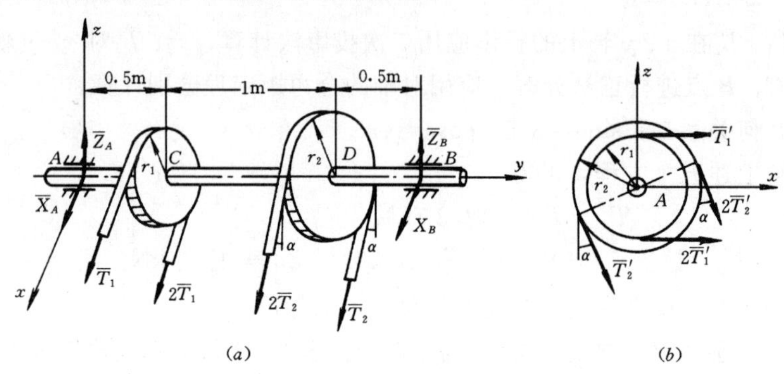

图6-16

【解】 (1) 取水平轴、带轮及部分胶带为研究对象。胶带的拉力为 $\overline{T}_1$、$2\overline{T}_1$、$\overline{T}_2$、$2\overline{T}_2$，轴承 A、B 的约束反力设为 $\overline{X}_A$、$\overline{Z}_A$ 和 $\overline{X}_B$、$\overline{Z}_B$。这些力组成空间一般力系。当轴匀速转动时，不计轮的偏心，在每一瞬时均可按静力平衡问题进行计算。其受力如图6-16a 所示。

(2)列平衡方程求解。由于未知约束反力都通过 y 轴，宜取 y 轴为矩轴列力矩平衡方程，求解 T_2。再依次求解轴承 A、B 处的反力。为了清楚表示各胶带拉力与轴的几何关系，可将这些力投影于 Axz 平面上（图6-16b），作为计算的辅助图。对图示坐标系，列平衡方程及求解未知量如下：

$$\Sigma m_y(\overline{F})=0,\quad (2T_1-T_1)r_1-(2T_2-T_2)r_2=0$$

得
$$T_2=\frac{r_1}{r_2}T_1=\frac{0.2}{0.25}\cdot 2.5=2\ \text{kN}$$

$$\Sigma m_x(\overline{F})=0,\quad Z_B\cdot 2-(T_2+2T_2)\cos 30°\cdot 1.5=0$$

得
$$Z_B=\frac{3\cdot 2\cdot 1.5}{2}\cdot\frac{\sqrt{3}}{2}=3.9\ \text{kN}$$

$$\Sigma Z=0,\quad Z_A+Z_B-(T_2+2T_2)\cos 30°=0$$

得
$$Z_A=3\cdot 2\cdot\frac{\sqrt{3}}{2}-3.9=1.3\ \text{kN}$$

$$\Sigma m_z(\overline{F})=0,\quad -X_A\cdot 2-(T_1+2T_1)\cdot 0.5-(T_2+2T_2)\sin 30°\cdot 1.5=0$$

得
$$X_B=-\frac{1}{2}(3\cdot 2.5\cdot 0.5+3\cdot 2\cdot 1.5\cdot\frac{1}{2})=-4.13\ \text{kN}$$

$$\Sigma X=0,\quad X_A+X_B+3T_1+3T_2\sin 30°=0$$

得
$$X_A=-3\cdot 2.5-3\cdot 2\cdot\frac{1}{2}+4.13=-6.37\ \text{kN}$$

$$\Sigma Y \equiv 0$$

将所得结果整理在一起，即

$T_2 = 2\text{kN}$；$X_A = -6.37\text{ kN}$(与图示方向相反)

$Z_A = 1.3\text{kN}$；$X_B = -4.13\text{ kN}$(与图示方向相反)

$Z_B = 3.9\text{ kN}$

第六节 物体的重心

一、重心及其坐标公式

物体处于地球表面附近，每一部分都受到重力的作用，并组成汇交于地心的空间汇交力系。但由于物体的尺寸与地球半径相比要小得多，因此这些重力被视为平行力系。此平行力系的合力就是物体的重力，物体重力的大小即为物体的重量，物体重力的作用点就称为此物体的重心。由实践经验可知，对于刚体，其重心相对该物体的几何位置不变，也与物体的状态（静止或运动）无关。即重心对该物体而言，是一个确定的几何点，不管该物体如何放置，其重力作用线必定通过该物体的重心。

现在，我们导出重心的坐标公式，设重量为 G 的物体，若将其分成 n 个体积单元，第 i 个体积单元的重力为 $\Delta\overline{G}_i$，对固连于该物体的坐标系 $Oxyz$（图6-17），$\Delta\overline{G}_i$ 作用点的坐标为 x_i、y_i、z_i，物体重心 C 的坐标为 x_C、y_C、z_C。根据对轴的合力矩定理，重力 $\overline{G}$ 对 y 轴的矩等于各体积单元的重力对 y 轴之矩的代数和，即

$$G \cdot x_C = \Sigma \Delta G_i \cdot x_i = \Sigma \Delta G x$$

可得

$$x_C = \Sigma \Delta G x / G$$

同理，应用对 x 轴的合力矩定理，可得

$$y_C = \Sigma \Delta G y / G$$

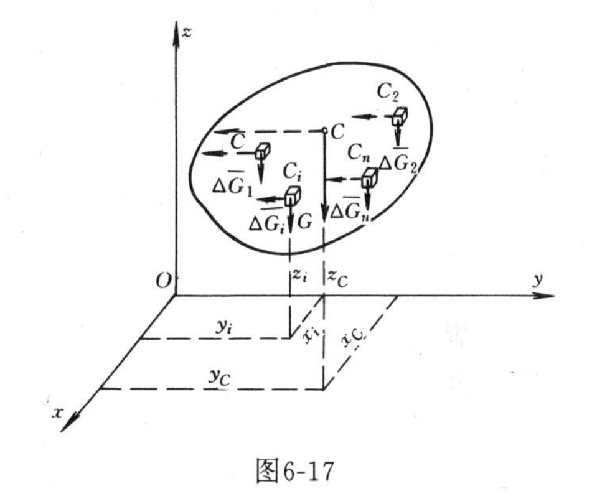

图6-17

由于重心位置与物体在空间的位置无关，可将力系中的各力及合力绕各自作用点沿顺时针转向转90°，如图6-17中虚线所示。再应用对 x 轴的合力矩，则可求得 z_C。于是，物体重心 C 的坐标公式为

$$\left.\begin{aligned} x_C = \Sigma \Delta G x / G \quad , \quad y_C = \Sigma \Delta G y / G \quad , \\ z_C = \Sigma \Delta G z / G \end{aligned}\right\} \tag{6-18}$$

重心坐标公式（6-18）可改写成积分形式，即

$$\left.\begin{aligned} x_C = \int_V x \mathrm{d}G / G \quad , \quad y_C = \int_V y \mathrm{d}G / G \quad , \\ z_C = \int_V z \mathrm{d}G / G \end{aligned}\right\} \tag{6-19}$$

对于均质物体，其单位体积的重量 γ 为常数，以 V 和 $\mathrm{d}V$ 分别表示物体的体积和微分单元体，则 $G=\gamma V$，$\mathrm{d}G=\gamma\cdot\mathrm{d}V$。代入式（6-19），约去公因子 γ，可得

$$x_C = \int_V x \mathrm{d}V / V \quad , \quad y_C = \int_V y \mathrm{d}V / V \quad , \quad z_C = \int_V z \mathrm{d}V / V \tag{6-20}$$

由上式可知，均质物体的重心位置完全决定于物体的几何形状，而与物体的重量无关。由物体的几何形状和尺寸所决定的物体的几何中心，称为该物体的几何形心。因此，均质物体的重心也就是该物体几何形体的形心。应该注意，对非均质物体，同样有形心和重心，只是不重合而已。

如果物体是均质等厚的薄壳，即其厚度远较长度、宽度为小。此时，物体的重量与其面积 A 成正比，则式（6-19）可写成

$$x_C=\int_A x\mathrm{d}A/A\ ,\quad y_C=\int_A y\mathrm{d}A/A\ ,\quad z_C=\int_A z\mathrm{d}A/A \tag{6-21}$$

如果物体是均质等厚的平面薄板，取薄板的中平面为坐标平面 Oxy，则上式中的 $z_C=0$，而 x_C、y_C 仍用式（6-21）中的前二式计算。

如果物体是均质等截面的细线，其长度为 S，由于线段的重量与其长度成正比，则可得线段的重心坐标公式

$$x_C=\frac{\int_S x\mathrm{d}S}{S}\ ,\quad y_C=\frac{\int_S y\mathrm{d}S}{S}\ ,\quad z_C=\frac{\int_S z\mathrm{d}S}{S} \tag{6-22}$$

特别注意，一个物体的重心不一定在该物体内。例如，均质圆环的重心就在圆环的圆心上。

二、确定重心位置的方法

1. 利用对称性

对于均质物体，其重心即形心。因此，若均质物体几何形体具有对称面、对称轴或对称中心，则该物体的重心必定在相应的对称面、对称轴或对称中心上。例如，均质圆球的球心是其对称中心，球的重心即球心。应用这一方法，对于许多常见的几何形状规则的对称物体，其重心位置往往不必计算就可以予以判断。

2. 积分法

对于具有简单几何形状的均质体，一般可由式（6-20）、（6-21）或式（6-22）直接积分求出其重心位置的坐标。

【例6-7】 求图6-18所示圆弧线$\overset{\frown}{AB}$的重心。已知圆弧的半径为 r、顶角为2α rad。

【解】 以顶点 O 为坐标原点，Ox 轴平分圆弧。其重心 C 必在对称轴 Ox 上，即 $y_C=0$。在圆弧上取微分线段 $\mathrm{d}S$，由图可知 $\mathrm{d}S=r\mathrm{d}\theta$，该微分线段中点的横坐标 $x=r\cos\theta$。则由式（6-22）得

$$x_C=\frac{\int_S x\mathrm{d}S}{S}=\int_{-\alpha}^{\alpha} r\cos\theta\cdot r\mathrm{d}\theta/2\alpha r=r\sin\alpha/\alpha$$

若 $\alpha=\pi/2$，即圆弧线成为半圆线，则其重心坐标

$$x_C=2r/\pi$$

【例6-8】 试求图示均质平板 OAB 的形心。已知抛物线方程 $y=x^2$。

【解】 对图示坐标系，取面积微元为平行于 y 轴的微小矩形，微元面积 $\mathrm{d}A=y\mathrm{d}x$，微元的形心坐标为（x，$y/2$）。由式（6-21）的前两式可得

$$x_C=\frac{\int_A x\mathrm{d}A}{\int_A \mathrm{d}A}=\frac{\int_0^1 xy\mathrm{d}x}{\int_0^1 y\mathrm{d}x}=\frac{\int_0^1 x^3\mathrm{d}x}{\int_0^1 x^2\mathrm{d}x}=\frac{0.250}{1/3}=0.75\ \mathrm{m}$$

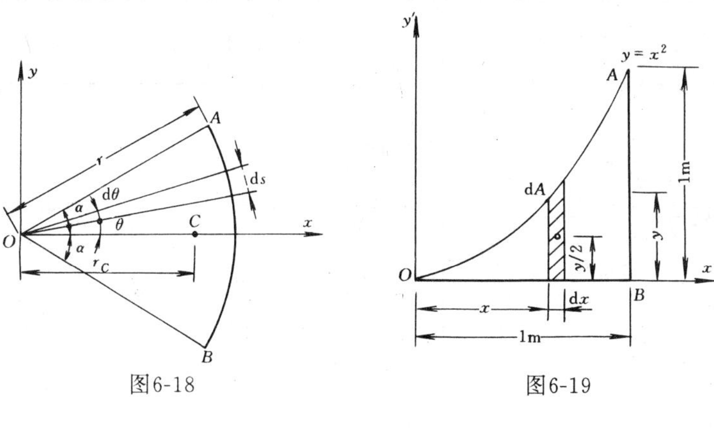

图6-18　　　　　　　　图6-19

$$y_C=\frac{\int_A \frac{y}{2}\mathrm{d}A}{\int_A \mathrm{d}A}=\frac{\int_0^1 \frac{y}{2}y\mathrm{d}x}{\int_0^1 y\mathrm{d}x}=\frac{\int_0^1 \frac{x^4}{2}\mathrm{d}x}{1/3}=3\cdot 0.1=0.30\ \mathrm{m}$$

在工程实际问题中，常见均质物体的重心均可查阅有关工程技术手册。例如，《建筑结构静力计算手册》。表6-1列出了简单均质物体的重心坐标，以便查用。

简单形体的重心　　　　**表6-1**

名称	图　　形	重　心　坐　标	面积、线长、体积
三角形面积		在三中线交点 $y_C=\frac{1}{3}h$	$A=\frac{1}{2}ah$
梯形面积		在上、下底中点的连线上 $y_C=\frac{h\ (a+2b)}{3\ (a+b)}$	$A=\frac{h}{2}\ (a+b)$
圆弧		$x_C=\frac{r\sin\alpha}{\alpha}$ （α 以弧度计） 半圆弧：$\alpha=\frac{\pi}{2}$ $x_C=\frac{2r}{\pi}$	$S=2\alpha r$

续表

名称	图形	重心坐标	面积、线长、体积
扇形面积	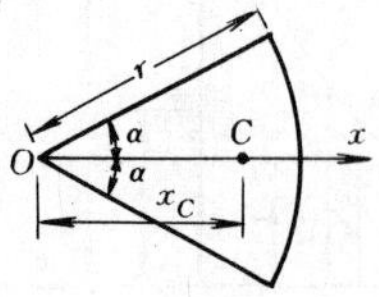	$x_C=\frac{2r\sin\alpha}{3\alpha}$ 半圆面积：$\alpha=\frac{\pi}{2}$ $x_C=\frac{4r}{3\pi}$	$A=\alpha r^2$
椭圆面积	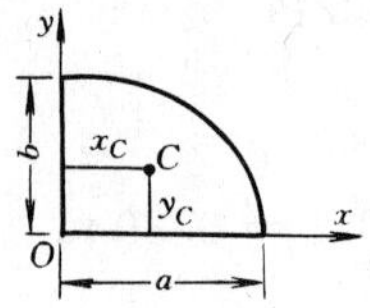	$x_C=\frac{4a}{3\pi}$ $y_C=\frac{4b}{3\pi}$	$A=\frac{1}{4}\pi ab$
二次抛物线面	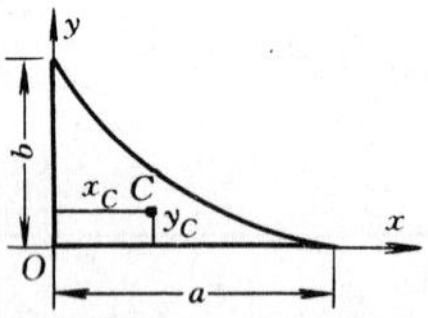	$x_C=\frac{1}{4}a$ $y_C=\frac{3}{10}b$	$A=\frac{1}{3}ab$
二次抛物线面	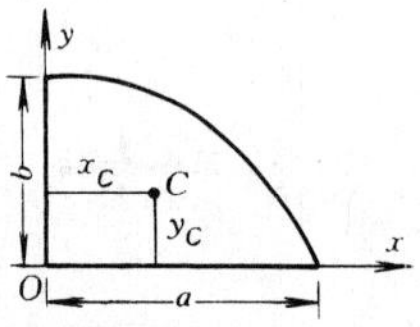	$x_C=\frac{2}{5}a$ $y_C=\frac{3}{8}b$	$A=\frac{2}{3}ab$
半球体	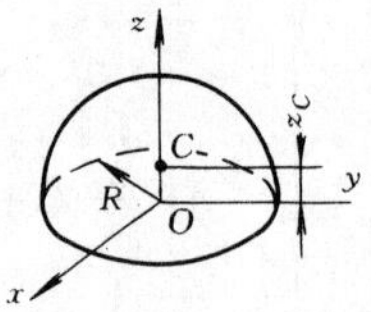	$z_C=\frac{3}{8}R$	$V=\frac{2}{3}\pi R^3$
半球面	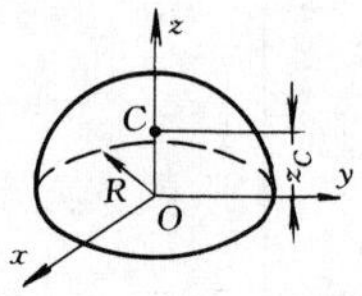	$z_C=\frac{1}{2}R$	$A=2\pi R^2$

续表

名称	图　　形	重心坐标	面积、线长、体积
正圆锥体		$z_C=\frac{1}{4}h$	$V=\frac{1}{3}\pi R^2 h$

3. 分割组合法

许多形状复杂的物体，可以看作是由几个形状简单的部分物体组成，或是从某个形状简单的物体中挖去几个形状简单的部分物体而成。每一部分物体的重心通常是已知的，或有现成的表格可查，则称该物体为组合体。组合体的重心，可由这有限个部分物体组合而成。设组合体中的第 i 个部分物体的重力为 $\overline{G}_i$，其重心坐标为 x_i、y_i、z_i，则由式（6-18）可求得组合体的重心坐标为（略去下标 i）

$$x_C=\frac{\Sigma xG}{\Sigma G}\quad,\quad y_C=\frac{\Sigma yG}{\Sigma G}\quad,\quad z_C=\frac{\Sigma zG}{\Sigma G} \tag{6-23}$$

上式称为有限形式的重心坐标公式。应注意，对挖去部分体积（或面积）的重力在式（6-23）中应取负值，故也称为负体积（或负面积）法。

【例6-9】 图示均质薄板，由一半圆与一矩形组合而成。半圆的半径为 r，矩形的边长为 h 和 $2r$。求此薄板的重心。

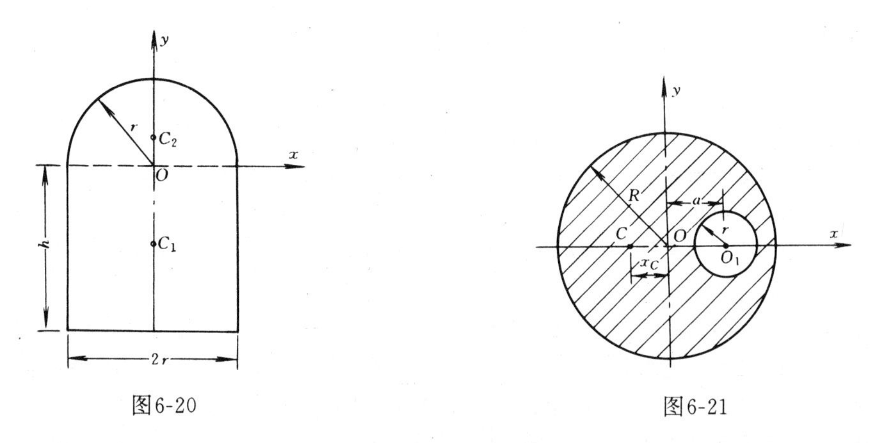

图6-20　　图6-21

【解】 将板分为半圆及矩形二部分，取坐标系如图示。以 A_1、A_2分别表示矩形和半圆的面积，以 C_1、C_2分别表示其形心。因 Oy 轴是对称轴，故 $x_C=0$。现求 y_C。由图知

$$A_1=2rh\quad,\quad y_1=-h/2$$

$$A_2=\frac{1}{2}\pi r^2\quad,\quad y_2=4r/3\pi$$

根据式（6-23），可得

$$y_C = \frac{A_1 y_1 + A_2 y_2}{A_1 + A_2} = \frac{2rh(-h/2) + \frac{1}{2}\pi r^2 \cdot 4r/3\pi}{2rh + \frac{1}{2}\pi r^2}$$

$$= \frac{2(2r^2 - 3h)}{3(\pi r + 4h)}$$

【例6-10】 均质薄圆板的半径为 R，在其上挖去一个半径为 r 的小圆，两圆中心之间的距离 $OO_1 = a$，如图6-21所示。求此图形的面积。

【解】 取图示坐标系，Ox 轴为对称轴，可知 $y_C = 0$。以 A_1、A_2分别表示大圆和小圆的面积，小圆的面积应取负值。由图知

$$A_1 = \pi R^2 \quad , \quad x_1 = 0$$

$$A_2 = -\pi r^2 \quad , \quad x_2 = a$$

由式（6-23），可得

$$x_C = \frac{A_1 x_1 + A_2 x_2}{A_1 + A_2} = \frac{0 + (-\pi r^2)a}{\pi R^2 - \pi r^2}$$

$$= -\frac{ar^2}{R^2 - r^2}$$

式中负号表示图形重心 C 位于坐标原点 O 的左边，如图6-21所示。

实际的物体或机器的部件，有时其形状十分复杂，很难用上述方法确定其重心位置。这时，可作近似计算，或对实物通过实验方法，例如吊线法、称重法等确定其重心位置。

思 考 题

1. 如何计算力对轴之矩？有哪些方法？
2. 力矩关系定理建立的是力对任一轴之矩和对任一点之矩间的关系，这种说明错在哪里？
3. 若力系向任一点的简化结果是：$R' \neq 0$，$\overline{M}_O \neq 0$。如何判断该力系的简化结果？
4. 空间平行力系的简化结果能否为力螺旋？
5. 若两个等效的空间力系分别向 O_1、O_2点简化，主矢与主矩分别是 $\overline{R'_1}$、$\overline{M_1}$和 $\overline{R'_2}$、$\overline{M_2}$。因两力系等效，则 $\overline{R'_1} = \overline{R'_2}$，$\overline{M_1} = \overline{M_2}$。对吗？为什么？
6. 试由空间一般力系的平衡方程导出空间汇交力系、空间力偶系以及平面力系的平衡方程。
7. 空间一般力系投影在直角坐标系的三个坐标面上，得三个平面力系。若该力系平衡，将由三个平面力系共得九个平衡方程。这与空间一般力系的六个平衡方程是否有矛盾？为什么？
8. 若组合体由两种不同材料组成，其重心位置如何计算？

习 题

6-1 求图示力 F 对坐标原点 O 的力矩解析式。

6-2 求图示绳索拉力 T 对各坐标轴之矩。已知 $T = 10$ kN。

6-3 图示长方体的边长分别为 a、b、c，求力 F 对对顶线 OA 轴的矩。

6-4 作用于 OA 杆上的空间力系如图示。已知 $F_1 = 200$ N，$F_2 = 400$ N，$F_3 = 500$ N，$m = 2$ kN·m。试求此力系向 O 点的简化结果。

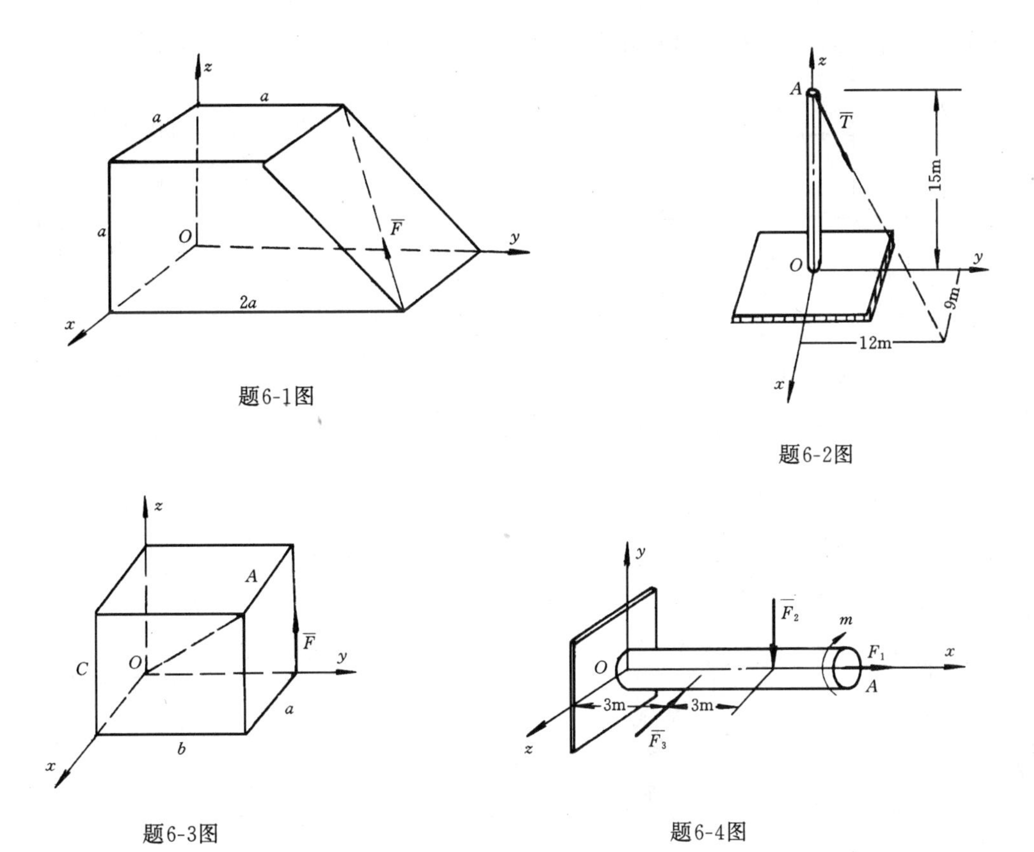

题6-1图

题6-2图

题6-3图

题6-4图

6-5 立方体的三个顶点受力如图示，已知 $F_1=F_2=F_3=F_4$，$F_5=F_6=\sqrt{2}F$，立方体的边长为 a，求此力系的简化结果。

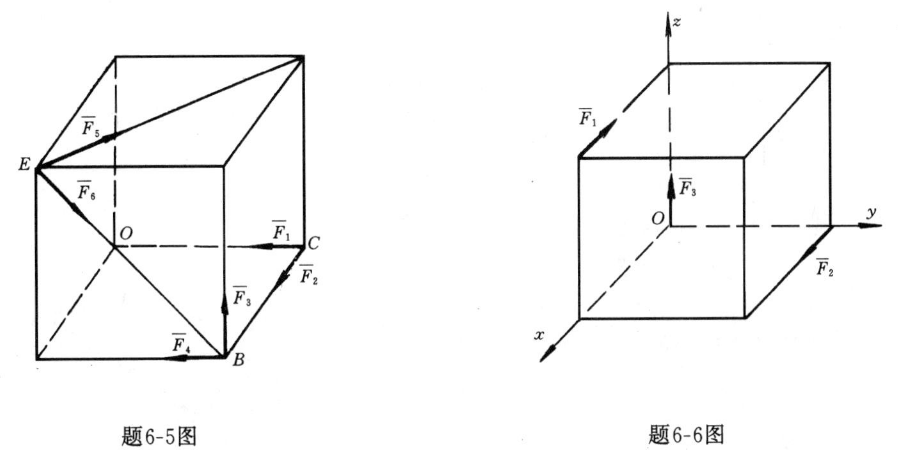

题6-5图

题6-6图

6-6 边长为 a 的立方体，受三力作用如图示，设 $F_1=F_2=F_3=F$，求此力系简化的结果。

6-7* 作用于物体上三力为：$\overline{P}_1=P\overline{k}$，$\overline{P}_2=P\overline{i}$，$\overline{P}_3=P\overline{j}$，作用点的坐标分别是 A_1（a，0，0），A_2（0，b，0），A_3（0，0，c）。欲使此力系简化结果为一合力，求 a、b、c 应满足的条件。

6-8 图示圆桌，半径 $R=400$ mm，受铅垂力 $P=300$ N，作用于 D 点。三个点桌腿沿桌边等分圆周，不计桌重，求桌腿对地面的压力。

6-9 三根相同的杆 AD、BE 及 CF，相互铰接并用链杆支持在水平位置如图示。若在铰链 E 处作用铅

垂力 $\overline{P}$，不计杆重，试求链杆所受的力。

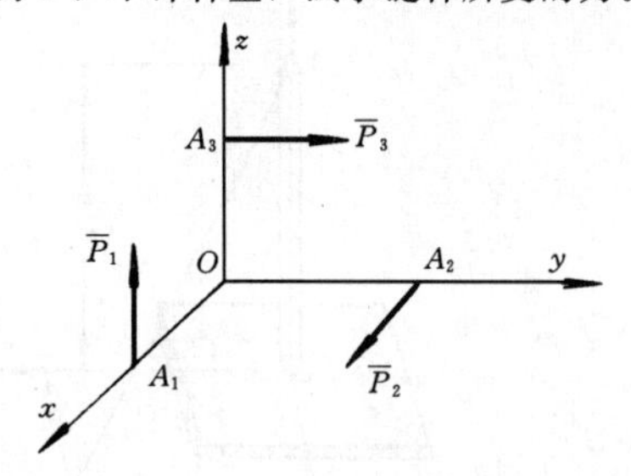

题6-7图

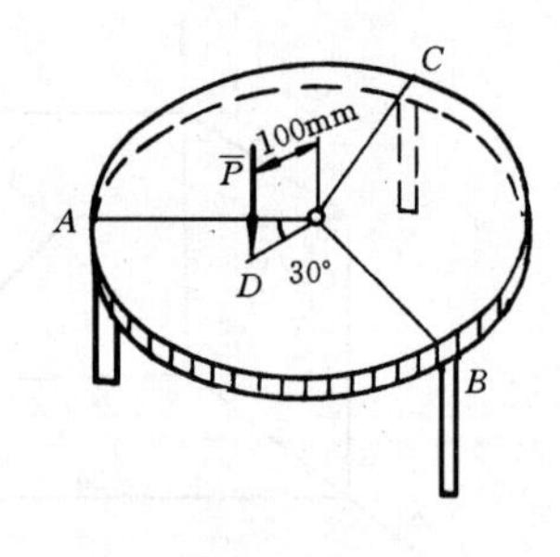

题6-8图

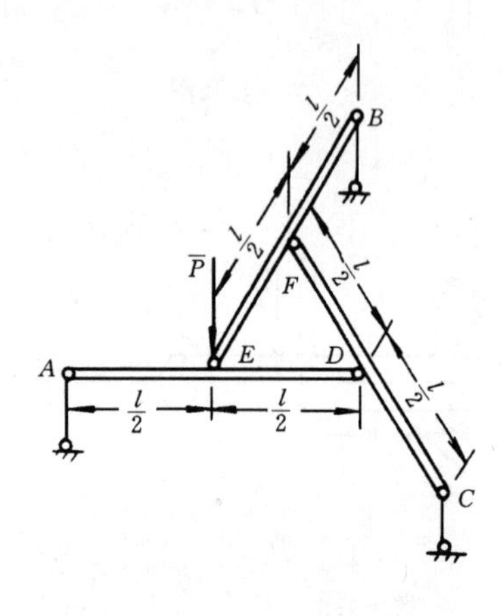

题6-9图

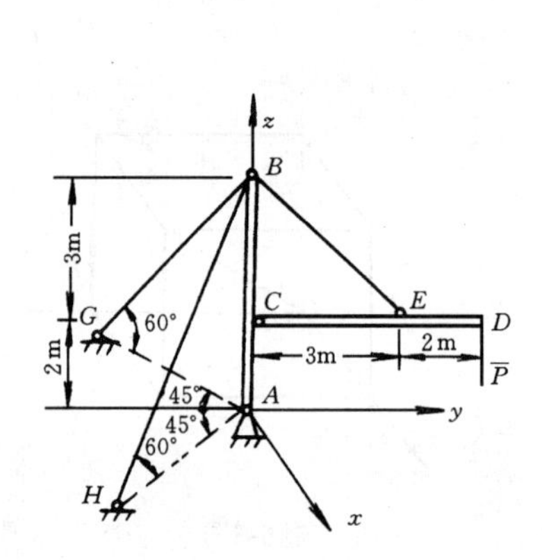

题6-10图

6-10　图示扒杆，竖柱 AB 用两绳拉住，A 处为球铰支座。已知 $P=20$ kN；不计杆重，试求两绳的拉力和 A 铰的约束反力。

6-11　均质长方形板重260 N，用球铰 A、合页 B 和不计重量的杆 CE 支持，处于水平位置如图示。已知 $AB=1.2$ m，$AD=0.5$ m，$AE=0.65$ m，C、E 为球铰约束。求 A、B、C 处的约束反力。

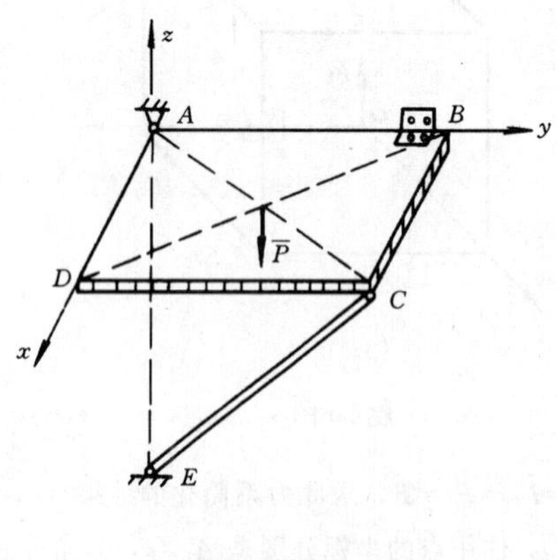

题6-11图

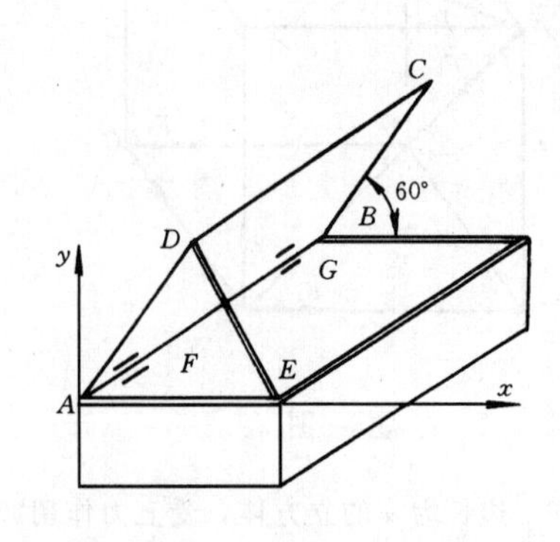

题6-12图

6-12　箱盖 $ABCD$ 重100 N，宽0.6 m，长0.8 m，由杆 DE 支起如图示。不计杆重，F、G 两铰链距离 A、B 各为0.1 m。求杆 DE 的受力及两铰链处的约束反力。

6-13　图示折杆 $ABCD$ 的 A 端为固定端约束，荷载及尺寸如图示。试求 A 端的约束反力。

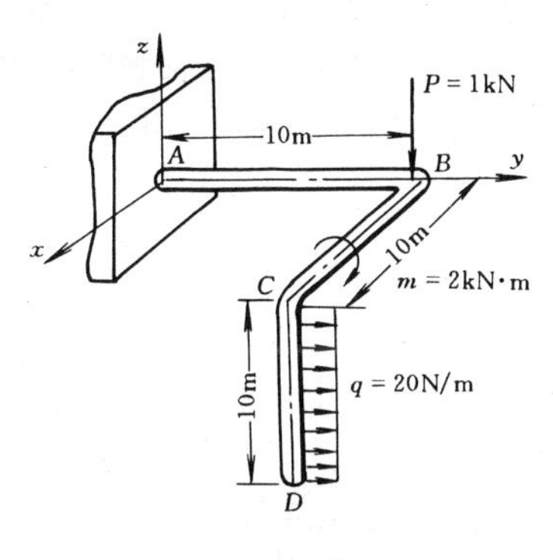

题6-13图

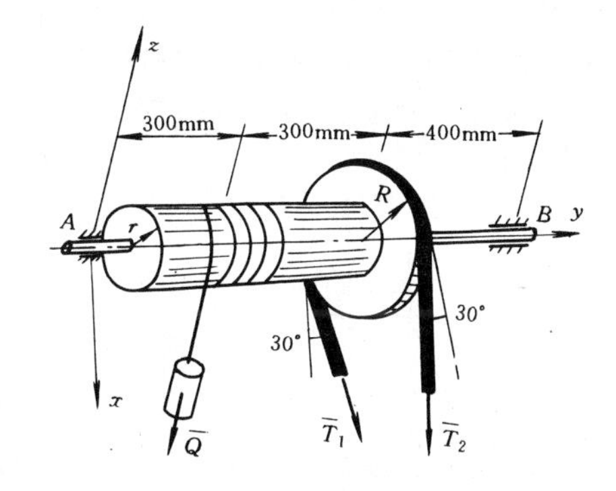

题6-14图

6-14　电动机借链条等速提升重 Q 的重物，链条与水平线成30°角。已知 $R=0.2$ m，$r=0.1$ m，$Q=10$ kN；链条主动边张力 T_1 为从动边张力 T_2 的两倍。求轴 A、B 处的反力和链条张力。

6-15　在铅垂转轴 AB 上有一水平圆盘，盘上 C 点受力 $\overline{P}$ 作用如图示。转轴上的软绳通过滑轮后悬挂重物重为 W。已知 $P=1$ kN，$r_1=0.2$ m，$r_2=0.5$ m。不计摩擦，系统平衡时求 W 和轴承处的约束反力。

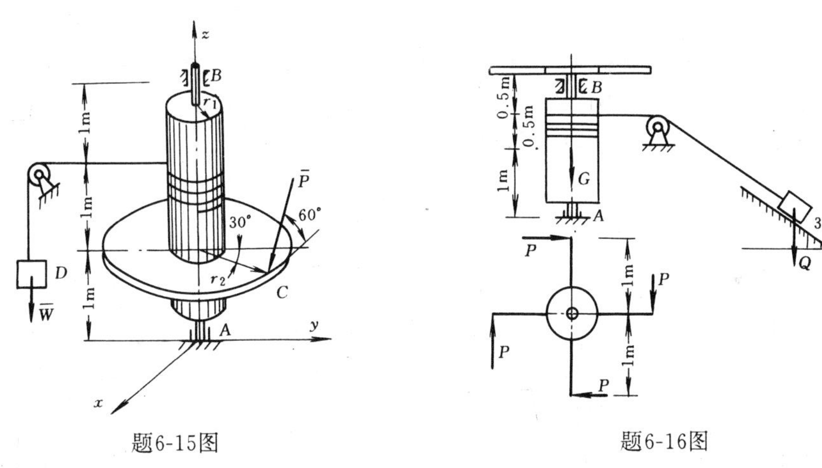

题6-15图　　题6-16图

6-16　货车重 $Q=10$ kN，绞车以匀速沿斜面提升如图示，已知鼓轮直径 $d=0.24$ m，重量 $G=1$ kN，十字杠杆的四个臂长均为1m。求加在每个杠杆上力 $\overline{P}$ 的大小和轴承 A、B 处的约束反力。

6-17　边长为 a 的等三角形板，用六根杆支持在水平位置如图示。若在板面内作用一力偶，其矩为 M，

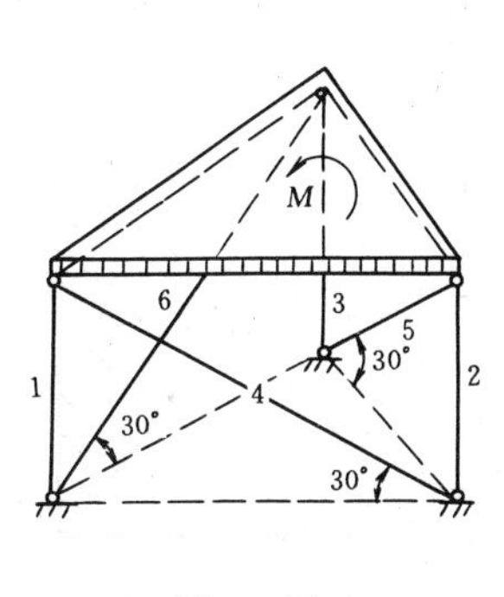

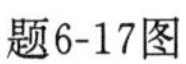

题6-17图

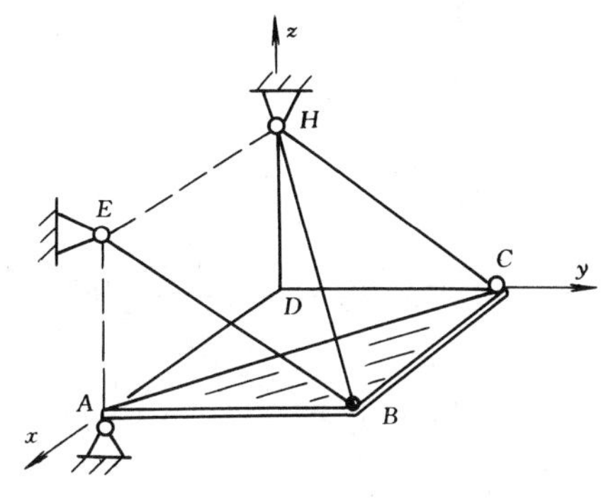

题6-18图

不计板重，试求各杆的内力。

6-18　均质等腰三角形板 ABC，重为 P，用球铰 A 和不计自重的杆 BE、BH 和 CH 维持于水平位置。E 点和 H 点分别在过 A 点和 D 点的铅垂线上，设 $EA=AB=BC=a$，求 A 处的反力和各杆的内力。

6-19　正方形板 $ABCD$，由六根支杆支持在水平位置，板上 B 点受水平力作用如图示。不计板的自重，试求各杆的内力。

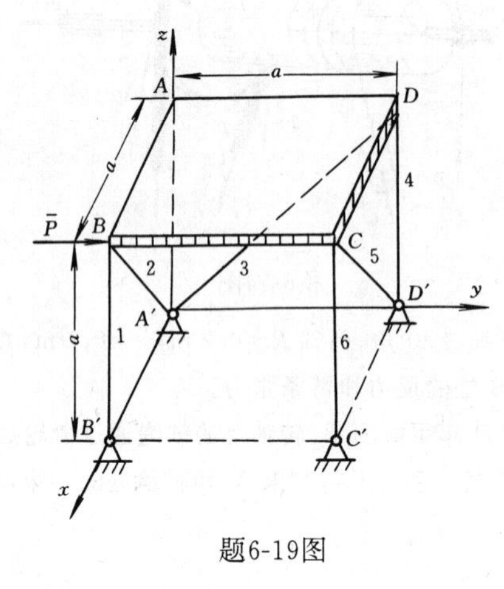

题6-19图

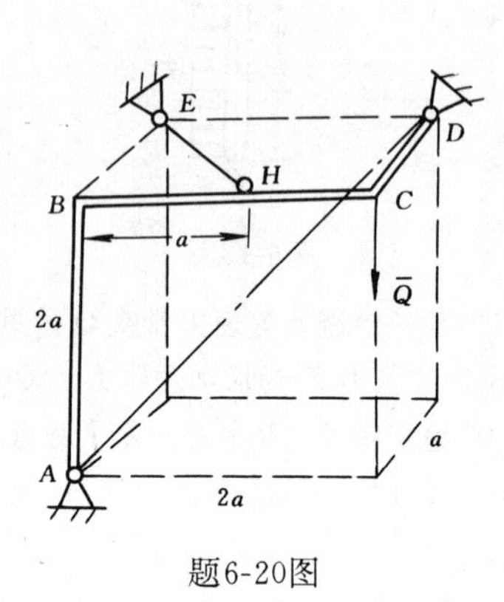

题6-20图

6-20　直角折杆 $ABCD$ 由球铰 A、D 固定于地面及墙上，并用绳 EH 拉住如图示。若在 C 点受铅垂力 Q 作用，不计杆自重，求绳的拉力。

6-21　求图示半径为 r，顶角为 2α 的扇形面积的重心。

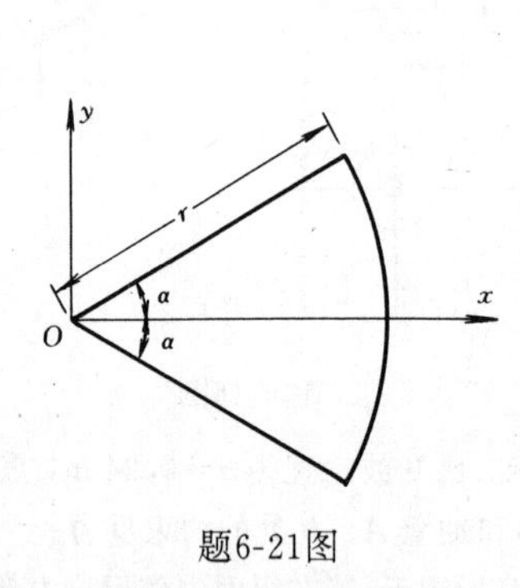

题6-21图

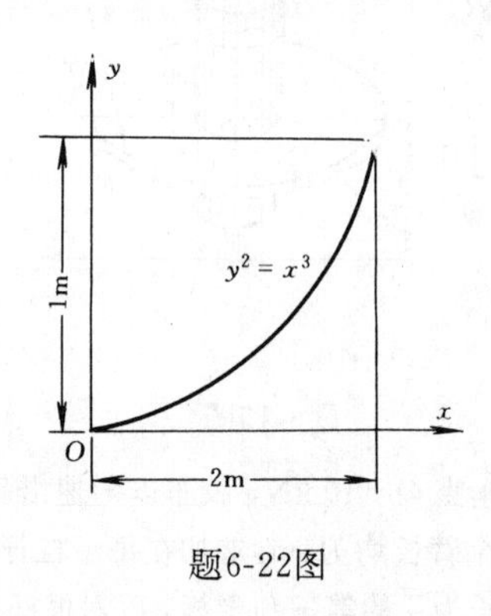

题6-22图

6-22　若把均质细杆弯成图示形状时，求杆的重心坐标 X_C。

6-23　面积 $AEBD$ 由一半径为 R 的半圆 AEB 与两等长的直线 AD 和 BD 所组成，且 $ED=3R$。求此面积的重心。

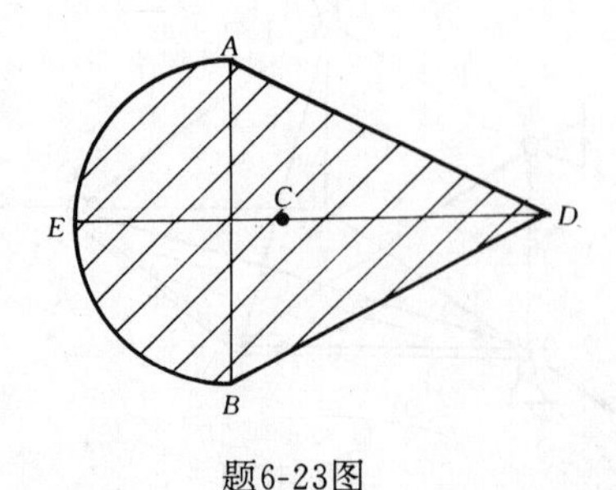

题6-23图

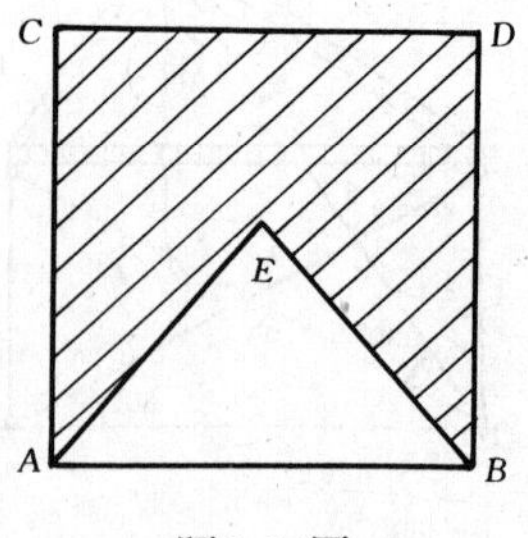

题6-24图

6-24　已知正方形 $ABCD$ 的边长为 a，试在其中求出一点 E，使此正方形在被截去等腰三角形 AEB 后，E 点即为剩余面积的重心。

6-25　试求振动打桩机中的偏心块(图中影线部分)的重心。已知 $r_1=100$ mm，$r_2=30$ mm，$r_3=17$ mm。

6-26　图示均质体由半径为 r 的圆柱体和半径为 r 的半球体组成。若恰使该物体的重心位于本球体平面圆的中心 C，求圆柱的高 h。

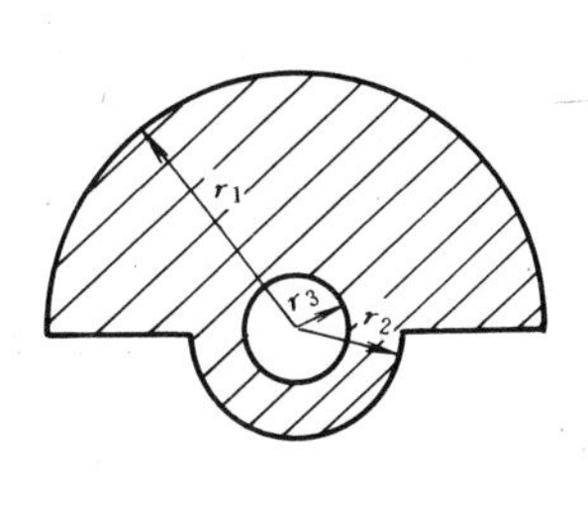

题6-25图

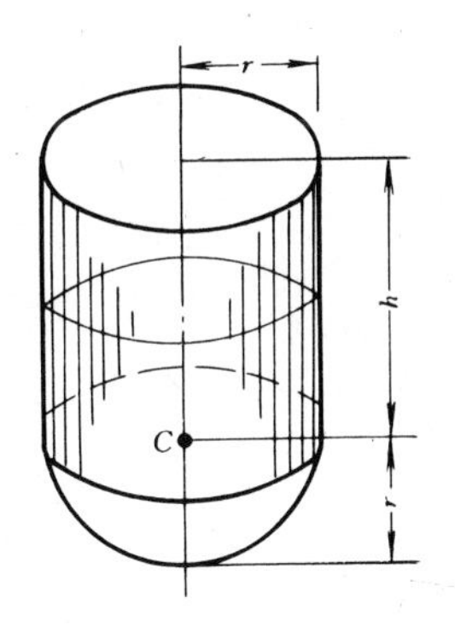

题6-26图

第二篇 运 动 学

引 言

在理论力学中，运动学只从几何方面来研究物体的运动，而不涉及物体的质量和所受力等与运动有关的物理因素。运动学的任务是建立物体运动规律的描述方法，确定物体运动的有关特征量，这些量包括点的运动轨迹、速度和加速度，刚体的角速度和角加速度等。

运动是指物体在空间的位置随时间的变化。物体的空间位置只能相对地描述，也就是说必须选择另一个物体作为参考体。物体相对于参考体的位置由它在与参考体固连的参考系中的坐标来确定，这是物体运动描述的**相对性**。因为，选择不同的参考体来描述同一物体的运动，会得到不同的结果，所以，在运动学中，所谓静止、运动以及运动形式都只有在指明参考体或参考系的情况下才有意义。在一般工程问题中，都是把与地球固连的坐标系作为参考系，称之为**定坐标系**，简称为**定系**。

瞬时和时间间隔是度量物体运动时间的概念。瞬时是指物体运动过程中的某一时刻，如八点整，一秒末等，常以字母 t 标记。运动物体经过不同的位置就对应着不同的瞬时。时间间隔是指两个不同瞬时之间的一段时间。即物体从某一位置（t_1）运动到另一位置（t_2）的运动过程所经历的时间，记为 t_2-t_1。

点和刚体都是实际物体的抽象化模型。依据问题的性质，当物体的几何尺寸和形状在运动过程中不起主作用时，物体的运动可抽象为点的运动，反之，则应视为刚体的运动。例如，研究人造卫星绕地球的运动轨迹问题，就把它抽象为一个点，而在描述卫星飞行的姿态时，则必须视它为刚体。运动学先研究点的运动和刚体的基本运动，在此基础上再研究点的合成运动和刚体的复杂运动。

学习运动学的目的，一方面是为学习动力学打基础，另一方面运动学在工程实际中有重要应用。例如，在设计齿轮变速箱和运输系统时，为了能使机构达到预定的运动要求，就需要对其进行运动分析和计算。

第二篇 运动学

引 言

第七章　点　的　运　动

第一节　矢　量　法

研究点的运动有多种方法。从本节开始介绍常见的矢量法、直角坐标法、自然法和极坐标法。

一、点的运动方程和轨迹

设参考系为$Oxyz$，瞬时t动点位于M点。自原点O向M点引出一矢量$\bar{r}=\overline{OM}$，如图7-1所示，则动点在参考系中的位置可由矢量$\bar{r}$的端点唯一确定。$\bar{r}$称为动点相对于原点O的**矢径**(或称**位置矢**)。显然，当动点运动时，矢径$\bar{r}$的大小和方向均随时间而变化，是时间t的单值连续函数，可以写成

$$\bar{r}=\bar{r}(t) \tag{7-1}$$

式（7-1）就是动点的**矢量形式的运动方程**。它以矢量形式表示了动点在参考系中的位置随时间的变化规律。

在参考系中动点所经过的路线，称为**动点的运动轨迹**。矢径$\bar{r}$的端点在参考系中描绘出的曲线称为**矢端曲线**，即是点的运动轨迹。

用矢量法描述点的运动比较直观、简捷，形式上也不随参考系的不同而变化。除直接应用外，特别适用于理论分析，而且也很容易转换成各种坐标系中的表达式。例如雷达就是用矢量$\bar{r}$来确定空中目标的位置。矢径的长度由雷达波反射的时间计算，矢径的方位可用图7-2中的方位角φ和仰角θ确定。

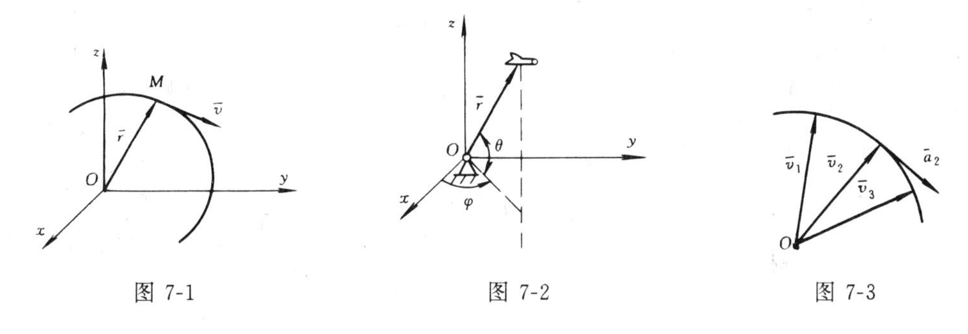

图 7-1　　图 7-2　　图 7-3

二、点的速度和加速度

速度是描述动点运动快慢和方向的物理量。当用矢量$\bar{r}$表示动点在参考系中的位置时，由物理学知，动点的速度等于动点的矢径对时间的一阶导数，即

$$\bar{v}=\dot{\bar{r}} \tag{7-2}$$

速度是矢量，它的模等于$|\dot{\bar{r}}|$，方向沿矢端曲线的切线，并指向动点的前进方向，如图7-1所示。速度的常用单位是米/秒（m/s）。

加速度是描述动点速度的大小和方向变化的物理量。由物理学知，动点的加速度等于

动点的速度矢对时间的一阶导数，或等于动点的矢径对时间的二阶导数，即

$$\bar{a}=\dot{\bar{r}}=\ddot{\bar{r}} \tag{7-3}$$

加速度也是矢量，它的模为$|\dot{\bar{v}}|$，方向沿速度矢端曲线的切线。**速度矢端曲线**是指从任一固定点出发，画出动点在连续不同瞬时的速度矢量，连接这些速度矢量端点的连续曲线，如图 7-3 所示。加速度的常用单位是米/秒^2 (m/s^2)。$\bar{a}$ 的方向沿着速度矢端曲线的切线，理由与 $\bar{v}$ 的方向沿着矢径的矢端曲线的切线相同。

第二节　直角坐标法

直角坐标法是常用的方法，特别是当点的运动轨迹未知时。

一、点的运动方程和轨迹

动点 M 在直角坐标系 $Oxyz$ 中的位置可用它的坐标 x、y、z 唯一确定，如图 7-4 所示。M 点运动时，三个坐标均随时间而变化，可以表示为时间 t 的单值连续函数，即

$$x=x(t)\quad,\quad y=y(t)\quad,\quad z=z(t) \tag{7-4}$$

这组方程用直角坐标描述了动点在参考系的位置随时间变化的规律，称为**动点的直角坐标形式的运动方程**。

运动轨迹与时间无关，从式（7-4）中每两式消去时间 t，即可得动点的运动轨迹方程。例如先从第一、二式，再从第二、三式消去时间 t，得到两个等式 $F_1(x,y)=0$ 与 $F_2(y,z)=0$，它们分别表示两个曲面，这两个面的交线就确定了动点的运动轨迹。因此式

$$F_1(x,y)=0\quad,\quad F_2(y,z)=0 \tag{7-5}$$

就是动点的轨迹方程。式（7-4）实际上是动点的运动轨迹的参数方程。

若动点仅在某平面内运动，可将参考坐标系 Oxy 选在该平面内（图 7-5），则动点的运

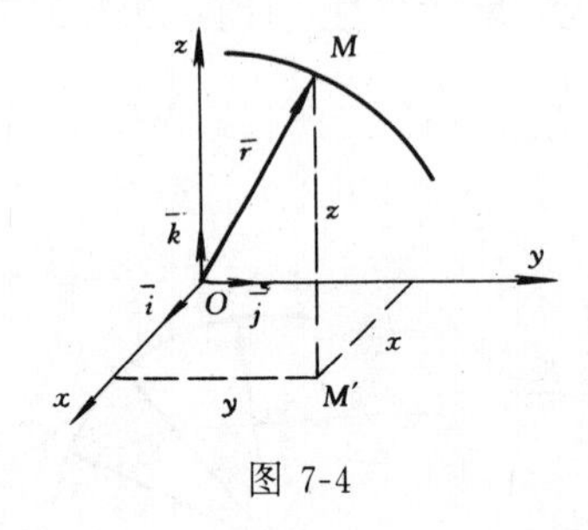

图 7-4

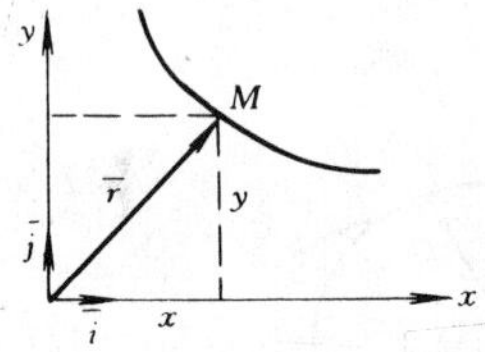

图 7-5

动方程为

$$x=x(t)\quad,\quad y=y(t) \tag{7-6}$$

从式（7-6）中消去时间 t，即得轨迹方程

$$F(x,y)=0 \tag{7-7}$$

二、点的速度和加速度

当动点 M 作空间曲线运动时，它的矢量形式运动方程式（7-1）可写成解析式，即

$$\bar{r}=x\bar{i}+y\bar{j}+z\bar{k} \tag{7-8}$$

式中 $\bar{i}$、$\bar{j}$、$\bar{k}$ 分别是参考系上沿直角坐标 x、y、z 轴正向的单位矢量（图 7-4）。

由式（7-2）、（7-3）和式（7-8），容易得到在直角坐标系中动点的速度和加速度的计算

公式

$$\bar{v}=\dot{\bar{r}}=\dot{x}\bar{i}+\dot{y}\bar{j}+\dot{z}\bar{k}=v_x\bar{i}+v_y\bar{j}+v_z\bar{k}$$

由上式得

$$v_x=\dot{x},\quad v_y=\dot{y},\quad v_z=\dot{z} \tag{7-9}$$

式中 v_x、v_y、v_z 分别为速度矢 $\bar{v}$ 在 x、y、z 轴上的投影，它们等于动点的对应坐标对时间的一阶导数。由此可求得速度的大小和方向余弦为

$$\left.\begin{aligned}
v&=\sqrt{\dot{x}^2+\dot{y}^2+\dot{z}^2}=\sqrt{v_x^2+v_y^2+v_z^2}\\
\cos(\bar{v},\bar{i})&=\dot{x}/v=v_x/v\\
\cos(\bar{v},\bar{j})&=\dot{y}/v=v_y/v\\
\cos(\bar{v},\bar{k})&=\dot{z}/v=v_z/v
\end{aligned}\right\} \tag{7-10}$$

将式（7-8）对时间求二阶导数，可得动点的加速度 $\bar{a}$ 的解析式

$$\bar{a}=\dot{\bar{v}}=\ddot{\bar{r}}=\ddot{x}\bar{r}+\ddot{y}\bar{j}+\ddot{z}\bar{k}=a_x\bar{i}+a_y\bar{j}+a_z\bar{k}$$

由此得

$$a_x=\ddot{x},\quad a_y=\ddot{y},\quad a_z=\ddot{z} \tag{7-11}$$

式中 a_x、a_y、a_z 分别为加速度在 x、y、z 轴上的投影，它们等于动点的对应坐标对时间的二阶导数。由此可求得加速度的大小和方向余弦为

$$\left.\begin{aligned}
a&=\sqrt{\ddot{x}^2+\ddot{y}^2+\ddot{z}^2}=\sqrt{a_x^2+a_y^2+a_z^2}\\
\cos(\bar{a},\bar{i})&=\ddot{x}/a=a_x/a\\
\cos(\bar{a},\bar{j})&=\ddot{y}/a=a_y/a\\
\cos(\bar{a},\bar{k})&=\ddot{z}/a=a_z/a
\end{aligned}\right\} \tag{7-12}$$

当动点作平面曲线运动时，动点 M 的矢径 $\bar{r}$ 可写成

$$\bar{r}=x\bar{i}+y\bar{j} \tag{7-13}$$

如图 7-5 所示。速度的解析式为

$$\bar{v}=\dot{\bar{r}}=\dot{x}\bar{i}+\dot{y}\bar{j}=v_x\bar{i}+v_y\bar{j}$$

加速度的解析式为

$$\bar{a}=\ddot{\bar{r}}=\ddot{x}\bar{i}+\ddot{y}\bar{j}=a_x\bar{i}+a_y\bar{j}$$

速度的大小和方向余弦为

$$\left.\begin{aligned}
v&=\sqrt{\dot{x}^2+\dot{y}^2}=\sqrt{v_x^2+v_y^2}\\
\cos(\bar{v},\bar{i})&=\dot{x}/v=v_x/v\\
\cos(\bar{v},\bar{j})&=\dot{y}/v=v_y/v
\end{aligned}\right\} \tag{7-14}$$

加速度的大小和方向余弦为

$$\left.\begin{aligned}
a&=\sqrt{\ddot{x}^2+\ddot{y}^2}=\sqrt{a_x^2+a_y^2}\\
\cos(\bar{a},\bar{i})&=\ddot{x}/a=a_x/a\\
\cos(\bar{a},\bar{j})&=\ddot{y}/a=a_y/a
\end{aligned}\right\} \tag{7-15}$$

若将点作平面曲线运动和点作直线运动视为点作空间曲线运动的特殊情况，即在式(7-4)中分别令

$$z\ (t)\ \equiv 0$$

和

$$z\ (t)\ \equiv 0\quad,\quad y\ (t)\ \equiv 0$$

则有关速度和加速度的公式仍然适用。

由上述可见，若已知动点的运动方程式(7-4)，用简单的微分运算即可求得点的速度和加速度。建立运动方程的一般方法是，恰当地选取直角坐标系，置动点于坐标系中的一般位置，用几何方法确定动点的坐标，再将该坐标表示为时间 t 的显函数。下面举例说明。

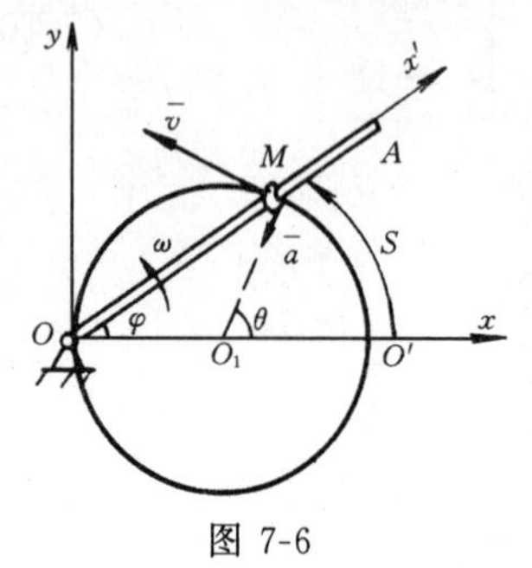

图 7-6

【例 7-1】 图 7-6 中，小环 M 同时活套在半径为 R 的固定大圆环和摇杆 OA 上。摇杆 OA 绕 O 轴以匀角速度 ω 转动。运动开始时，摇杆在水平位置。求：(1) 小环 M 在图示 Oxy 坐标系中的运动方程及其速度和加速度；(2) 小环 M 相对 OA 杆的速度和加速度。

【解】 (1)取小环 M 为研究对象，由图可知，$\theta=2\varphi=2\omega t$，小环 M 在 Oxy 坐标系中的运动方程为

$$\left.\begin{aligned} x &= R + R\cos\theta = R(1+\cos 2\omega t) \\ y &= R\sin\theta = R\sin 2\omega t \end{aligned}\right\} \tag{1}$$

小环 M 的速度为

$$v_x = \dot{x} = -2R\omega\sin 2\omega t \quad,\quad v_y = \dot{y} = 2R\omega\cos 2\omega t \tag{2}$$

于是得

$$v = \sqrt{v_x^2 + v_y^2} = 2R\omega \quad,\quad \cos(\bar{v},x) = v_x/v = -\sin 2\omega t$$

即速度的大小为 $2R\omega$，$\bar{v}$ 与 x 轴的夹角 $(\bar{v},\ x)=90°+2\omega t$，与 O_1M 垂直，指向 OA 杆转动方向，如图 7-6 所示。

小环 M 的加速度为

$$a_x = \dot{v}_x = -4R\omega^2\cos 2\omega t \quad,\quad a_y = \dot{v}_y = -4R\omega^2\sin 2\omega t \tag{3}$$

于是得

$$a = \sqrt{a_x^2 + a_y^2} = 4R\omega^2 \quad,\quad \cos(\bar{a},x) = -\cos 2\omega t$$

即 $\bar{a}$ 与 x 轴的夹角 $(\bar{a},\ x)=180°+2\omega t$，沿 O_1M 指向 O_1；加速度的大小为 $4R\omega^2$。

(2) 小环 M 相对于 OA 杆作直线运动。建立固连在 OA 杆上的坐标系 Ox'，则小环 M 相对于 OA 杆的运动方程为

$$x' = OM = 2R\cos\varphi = 2R\cos\omega t \tag{4}$$

则小环 M 相对于 OA 杆的速度和加速度分别为

$$\left.\begin{aligned} v' &= \dot{x}' = -2R\omega\sin\omega t \\ a' &= \ddot{x}' = -2R\omega^2\cos\omega t \end{aligned}\right\} \tag{5}$$

其中负号说明小环 M 相对于 OA 杆的相对速度和相对加速度方向与 Ox' 轴的正向相反，且始终指向 O 点。

【例 7-2】 曲柄连杆机构如图 7-7a 所示。已知曲柄 OA 以等角速度 ω 绕 O 轴转动，

$OA=AB=l, AC=3l/4$。试求连杆上 C 点的运动轨迹、速度和加速度。

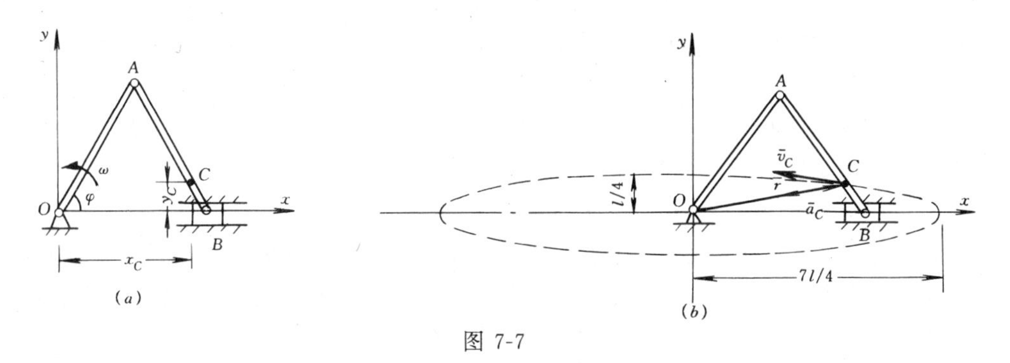

图 7-7

【解】 连杆 AB 上的 C 点作平面曲线运动，建立如图 7-7a 所示平面直角坐标系 Oxy。取 C 点在任一瞬时 t 的位置来分析，它的坐标为

$$\begin{aligned} x_C &= OA\cos\varphi + AC\cos\varphi = l\cos\omega t + (3l/4)\cos\omega t = (7l/4)\cos\omega t \\ y_C &= CB\sin\varphi = (l/4)\sin\omega t \end{aligned} \tag{1}$$

这就是 C 点的直角坐标形式运动方程。为了从式（1）中消去时间 t，改写式（1）为

$$x_C/(7l/4) = \cos\omega t$$

$$y_C/(l/4) = \sin\omega t$$

将上两式平方后相加，得

$$[x_C/(7l/4)]^2 + [y_C/(l/4)]^2 = 1 \tag{2}$$

这就是 C 点的轨迹方程，其轨迹为一椭圆曲线，如图 7-7b 所示。

由式（1）可求得 C 点的速度在 x、y 轴上的投影为

$$v_x = \dot{x}_C = -(7l/4)\omega\sin\omega t \quad , \quad v_y = \dot{y}_C = (l/4)\omega\cos\omega t$$

C 点速度的大小为

$$v_C = \sqrt{v_x^2 + v_y^2} = (l/4)\omega \cdot \sqrt{49\sin^2\omega t + \cos^2\omega t} \tag{3}$$

速度方向沿椭圆轨迹切线（图 7-7b）。

C 点的加速度在 x、y 轴上的投影为

$$a_x = \dot{v}_x = -(7l/4)\omega^2\cos\omega t = -\omega^2 x_C$$

$$a_y = \dot{v}_y = -(l/4)\omega^2\sin\omega t = -\omega^2 y_C$$

C 点加速度的大小为

$$a_C = \sqrt{a_x^2 + a_y^2} = \omega^2\sqrt{x_C^2 + y_C^2} = \omega^2 r \tag{4}$$

上式中的 r 是 C 点矢径 $\bar{r}$ 的模，矢径 $\bar{r}$ 自 O 点引出至 C 点。由式（4）可知，加速度的大小与 r 成正比。加速度的方向可由加速度矢量 $\bar{a}$ 与 x、y 轴的夹角的方向余弦来确定，即

$$\cos(\bar{a}, x) = a_x/a_C = -x_C/r$$

$$\cos(\bar{a}, y) = a_y/a_C = -y_C/r$$

此式说明，加速度 $\bar{a}_C$ 的方向余弦与矢径 $\bar{r}$ 的方向余弦是数值相等而符号相反，因此，加速度 $\bar{a}_C$ 的方向始终指向 O 点。

【例 7-3】 已知点 M 的运动方程

$$x = R\cos\omega t \quad , \quad y = R\sin\omega t \quad , \quad z = h\omega t/2\pi$$

式中 R、ω、h 都是常量。试分析该点的运动轨迹、速度和加速度。

【解】 为了求点 M 的运动轨迹，把运动方程的前两式平方后相加，消去时间 t 后，得

$$x^2 + y^2 = R^2 \tag{1}$$

这是半径为 R 的圆柱面，圆柱的轴线与 z 轴重合，说明点 M 是在圆柱面上运动。再把运动方程的第一、第三式中的时间 t 消去，得

$$x = R\cos(2\pi z/h) \tag{2}$$

这是简谐波形曲面，曲面的母线与 y 轴平行。这曲面与上述圆柱面的交线是两条螺旋线。由给出的运动方程得知，当 $t=0$ 时，$x=R$，$y=0$，$z=0$，即初瞬时点 M 在轴 x 与柱面的交点 M_0。同时，点 M 在平面 Oxy 上的投影 M' 的**幅角** $\angle M_0OM'=\omega t$（图 7-8b）。点 M 的纵坐标 z 正比于角 ωt，这说明点 M 的轨迹是半径等于 R 的右旋螺旋线，如图 7-8b 所示。当幅角 $\angle M_0OM'$ 每增加 2π，动点 M 在圆柱面上转过一圈，点 M 上升距离 $h=$常量，它就是**螺距**。

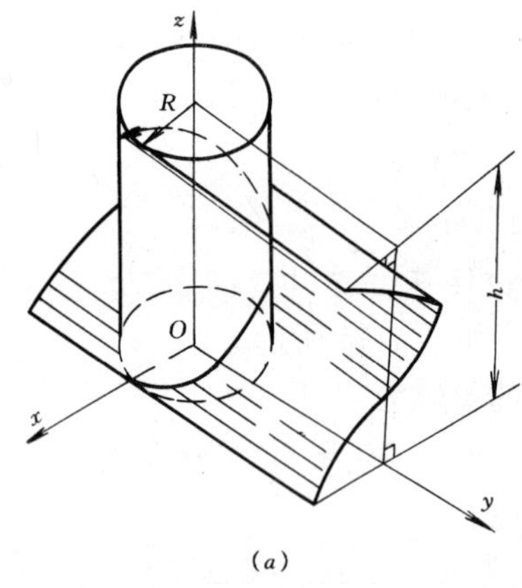

(a)

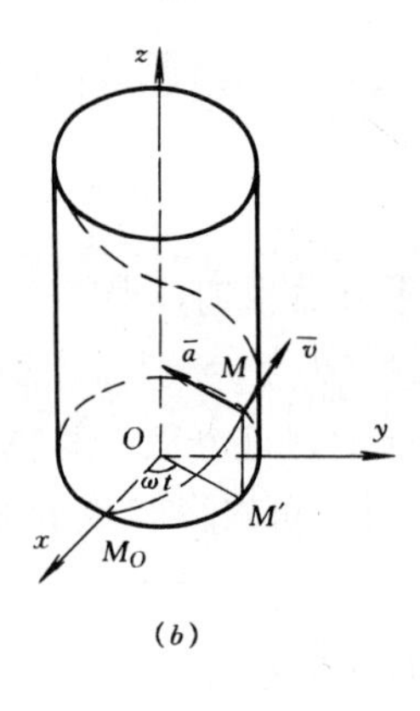

(b)

图 7-8

将运动方程对时间求一阶导数，即得动点速度在三个坐标轴上的投影

$$v_x = \dot{x} = -R\omega\sin\omega t$$

$$v_y = \dot{y} = R\omega\cos\omega t$$

$$v_z = \dot{z} = h\omega/2\pi$$

因此，速度的大小为

$$v = \sqrt{\dot{x}^2 + \dot{y}^2 + \dot{z}^2} = R\omega\sqrt{1 + (h/2\pi R)^2} = 常量 \tag{3}$$

速度矢量 $\bar{v}$ 的方向余弦为

$$\left.\begin{aligned} \cos(\bar{v},\bar{i}) &= \dot{x}/v = -\sin\omega t/\sqrt{1 + (h/2\pi R)^2} \\ \cos(\bar{v},\bar{j}) &= \dot{y}/v = \cos\omega t/\sqrt{1 + (h/2\pi R)^2} \\ \cos(\bar{v},\bar{k}) &= \dot{z}/v = h/\sqrt{h^2 + (2\pi R)^2} = 常量 \end{aligned}\right\} \tag{4}$$

可见，速度 $\bar{v}$ 与轴 z 的正向夹角保持不变。

将运动方程对时间求二阶导数，即得动点加速度在三个坐标轴上的投影

$$a_x = \ddot{x} = -R\omega^2\cos\omega t = -\omega^2 x$$

$$a_y = \ddot{y} = -R\omega^2\sin\omega t = -\omega^2 y$$
$$a_z = \ddot{z} = 0$$

因此，加速度的大小为

$$a = \sqrt{\ddot{x} + \ddot{y} + \ddot{z}} = R\omega^2 = \text{常量} \tag{5}$$

加速度矢量 $\bar{a}$ 的方向余弦为

$$\left.\begin{aligned}\cos(\bar{a},\bar{i}) &= \ddot{x}/a = -x/R \\ \cos(\bar{a},\bar{j}) &= \ddot{y}/a = -y/R \\ \cos(\bar{a},\bar{k}) &= \ddot{z}/a = 0\end{aligned}\right\} \tag{6}$$

第三式表示加速度 $\bar{a}$ 平行坐标平面 Oxy，而前两式表示 $\bar{a}$ 恒指向轴 z。如图 7-8 所示。

第三节　自　然　法

当动点运动的轨迹曲线已知时，可以取轨迹曲线的弧长确定每一瞬时动点的位置，这种方法称为**自然法**(或**弧坐标法**)。

一、点的运动方程

设动点 M 沿已知轨迹曲线运动，在轨迹曲线上任选一点 O' 为坐标原点，并规定出曲线弧长的正向和负向，如图 7-9 所示。由原点 O' 沿轨迹到动点 M 所在点的弧长冠以适当的正负号称为动点 M 的**弧坐标**。

$$S = \pm \widehat{O'M}$$

弧坐标 S 是一个代数量，可唯一地确定动点 M 在已知轨迹上的位置。动点 M 沿轨迹运动时，它的弧坐标 S 随时间 t 变化，是时间 t 的单值连续函数。可以写成

$$S = S(t) \tag{7-16}$$

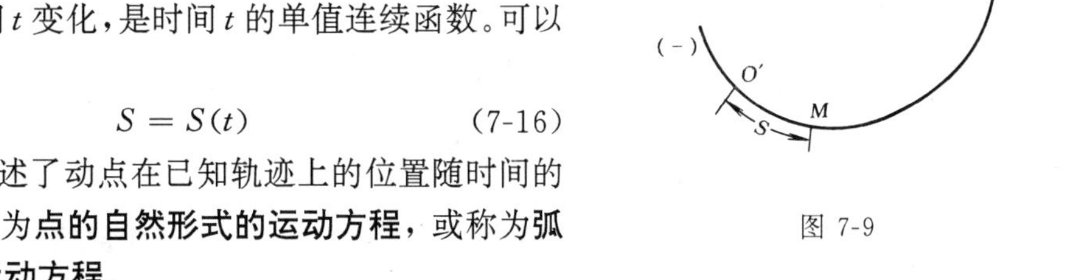

图 7-9

式 (7-16) 描述了动点在已知轨迹上的位置随时间的变化规律，称为**点的自然形式的运动方程**，或称为**弧坐标形式的运动方程**。

二、自然轴系的概念

用自然法研究动点的速度和加速度之前，先介绍空间曲线上任一点 M 处的自然轴系。

如图 7-10a 所示，曲线上 M 点的切线为 MT，邻近 M' 点的切线为 $M'T'$，一般情况下，这两条切线并不在同一平面内。过 M 点作与切线 $M'T'$ 平行的直线 MT_1，则 MT 和 MT_1 可确定一平面。当点 M' 逐渐趋近于 M 点时，因 MT_1 随 $M'T'$ 而变，该平面将绕切线 MT 逐渐旋转，并趋近于一极限位置。这个处于极限位置的平面称为曲线在点 M 处的**密切面**，如图 7-10b 所示。显然，平面曲线上任一点处的密切面就是该平面曲线所在的平面。因此，空间曲线上任一点 M 处的密切面可理解为：在 M 点附近截取一段微弧 ΔS，当 ΔS 小到可视为平面曲线时，点 M 处的密切面就是 ΔS 所在的平面。过 M 点作垂直于切线 MT 的平面，该平面称为曲线在 M 点的**法面**。法面和密切面的交线 MN 称为曲线在 M 点的**主法线**，法

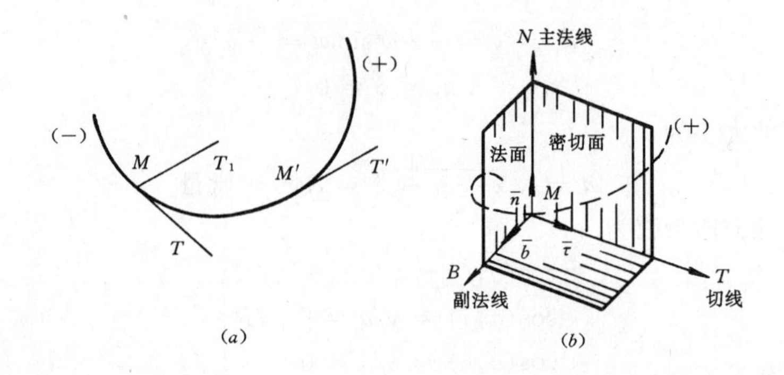

图 7-10

面内过 M 点与主法线垂直的线 MB 称为曲线在 M 点处的**副法线**，如图 7-10b 所示。以 M 点为原点，曲线在该点的切线 MT、主法线 MN 和副法线 MB 组成互相垂直的三个坐标轴，称为曲线在 M 点的**自然轴系**。对自然轴系上的单位矢量作如下规定：切线方向的单位矢量以 $\bar{\tau}$ 表示，指向弧坐标 S 的正向；主法线方向的单位矢量以 $\bar{n}$ 表示，指向曲线内凹一侧，即指向曲率中心；副法线方向的单位矢量以 $\bar{b}$ 表示，$\bar{b}$ 的正向由 $\bar{b}=\bar{\tau}\times\bar{n}$ 确定。

应当注意，曲线上各点处的自然轴系是不相同的，因此，单位矢量的方向均随 M 点的位置而变化，它们都是变矢量。

三、点的速度

由本章第一节可知，动点的速度沿轨迹的切线，并指向点运动的方向。速度的大小为

$$|\bar{v}| = |\dot{\bar{r}}| = \lim_{\Delta t\to 0}\left|\frac{\Delta\bar{r}}{\Delta t}\right| = \lim_{\Delta t\to 0}\left|\frac{\Delta\bar{r}}{\Delta S}\frac{\Delta S}{\Delta t}\right| = \lim_{\Delta t\to 0}\left|\frac{\Delta\bar{r}}{\Delta S}\right|\cdot\lim_{\Delta t\to 0}\left|\frac{\Delta S}{\Delta t}\right|$$

式中 S 是动点在轨迹曲线上的弧坐标，当 $\Delta t\to 0$ 时，$|\Delta\bar{r}|\to|\Delta S|$，故有

$$\lim_{\Delta t\to 0}\left|\frac{\Delta\bar{r}}{\Delta S}\right| = 1$$

则上式变为

$$|\bar{v}| = \lim_{\Delta t\to 0}\left|\frac{\Delta S}{\Delta t}\right| = \left|\frac{\mathrm{d}S}{\mathrm{d}t}\right| \tag{7-17}$$

由此可得结论：**速度的大小等于动点的弧坐标对时间的一阶导数的绝对值。**

弧坐标对时间的导数是一个代数量，以 v 表示

$$v = \frac{\mathrm{d}S}{\mathrm{d}t} \tag{7-18}$$

当 $\frac{\mathrm{d}S}{\mathrm{d}t}>0$ 时，则 S 值随时间增加而增大，表示点沿轨迹的正向运动；当 $\frac{\mathrm{d}S}{\mathrm{d}t}<0$ 时，则 S 值随时间增加而减小，表示点沿轨迹的负向运动。由此可知，$\frac{\mathrm{d}S}{\mathrm{d}t}$ 的绝对值表示速度的大小，它的正负号表示点沿轨迹运动的方向。则动点的速度可表示为

$$\bar{v} = \frac{\mathrm{d}S}{\mathrm{d}t}\bar{\tau} = v\bar{\tau} \tag{7-19}$$

式中 $\bar{\tau}$ 为沿轨迹切线的单位矢量，它始终指向弧坐标 S 的正向。

四、点的加速度

将式（7-19）对时间 t 求一阶导数可得动点的加速度

$$\bar{a} = \dot{\bar{v}} = \dot{v}\bar{\tau} + v\dot{\bar{\tau}} = \ddot{S}\bar{\tau} + v\dot{\bar{\tau}} \tag{7-20}$$

首先说明上式中 $\dot{\bar{\tau}}$的大小和方向。如图 7-11a 所示，$\bar{\tau}$ 和 $\bar{\tau}'$ 分别为动点在 t 和 $t+\Delta t$ 瞬时沿切线的单位矢量，则在 Δt 时间内单位矢量 $\bar{\tau}$ 的增量为 $\Delta\bar{\tau}=\bar{\tau}'-\bar{\tau}$。设 $\bar{\tau}$ 与 $\bar{\tau}'$ 的夹角为 $\Delta\varphi$，则

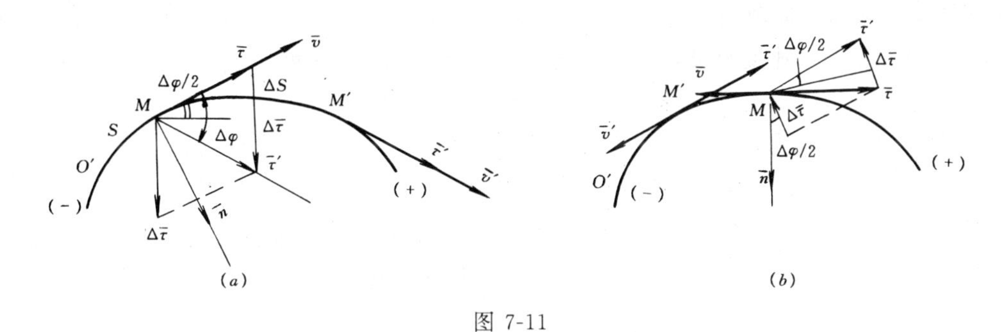

图 7-11

$\Delta\bar{\tau}$ 的大小为

$$|\Delta\bar{\tau}| = 2|\bar{\tau}|\sin\frac{\Delta\varphi}{2} = 2\sin\frac{\Delta\varphi}{2}$$

故有

$$|\dot{\bar{\tau}}| = \lim_{\Delta t\to 0}\left|\frac{\Delta\bar{\tau}}{\Delta t}\right| = \lim_{\Delta t\to 0}\frac{2\sin\frac{\Delta\varphi}{2}}{\Delta t}$$

再将上式作如下变换

$$|\dot{\bar{\tau}}| = \lim_{\Delta t\to 0}\frac{2\sin\frac{\Delta\varphi}{2}}{\Delta t} = \lim_{\Delta t\to 0}\left(\frac{\sin\frac{\Delta\varphi}{2}}{\frac{\Delta\varphi}{2}}\cdot\frac{\Delta\varphi}{|\Delta S|}\cdot\frac{|\Delta S|}{\Delta t}\right)$$

$$= \lim_{\Delta t\to 0}\frac{\sin\frac{\Delta\varphi}{2}}{\frac{\Delta\varphi}{2}}\cdot\lim_{\Delta t\to 0}\frac{\Delta\varphi}{|\Delta S|}\cdot\lim_{\Delta t\to 0}\frac{|\Delta S|}{\Delta t}$$

当 $\Delta t\to 0$ 时，有 $\Delta S\to 0$，$\Delta\varphi\to 0$，则上式中

$$\lim_{\Delta\varphi\to 0}\frac{\sin\frac{\Delta\varphi}{2}}{\frac{\Delta\varphi}{2}} = 1 \quad , \quad \lim_{\Delta t\to 0}\frac{|\Delta S|}{\Delta t} = |v| \quad , \quad \lim_{\Delta S\to 0}\frac{\Delta\varphi}{|\Delta S|} = \frac{1}{\rho}$$

其中 ρ 为曲线在 M 点的曲率半径。于是 $\dot{\bar{\tau}}$的大小可写成

$$|\dot{\bar{\tau}}| = 1\cdot\frac{1}{\rho}\cdot|v| = |v|/\rho$$

矢量 $\dot{\bar{\tau}}$的方向就是当 $\Delta t\to 0$ 时，矢量 $\Delta\bar{\tau}$ 的极限方向，由图 7-11a 中的几何关系可知，$\Delta\bar{\tau}$ 与 $\bar{n}$ 的夹角为 $\Delta\varphi/2$，当 $\Delta t\to 0$ 时，$\Delta\varphi\to 0$，因此 $\Delta\bar{\tau}$ 的方向趋向于 $\bar{n}$ 的方向。在图 7-11a 所示情况，M 点速度 $\bar{v}$ 的方向与 $\bar{\tau}$ 一致，$v=|v|$，综合上面对 $\dot{\bar{\tau}}$的大小和方向的分析，可得

$$\dot{\bar{\tau}} = (v/\rho)\bar{n}$$

当 $\bar{v}$ 的方向与 $\bar{\tau}$ 相反时，如图 7-11b 所示，此时有 $v=-|v|$，$\Delta\bar{\tau}$ 的极限方向与 $\bar{n}$ 相反，仍然有

$$\dot{\bar{\tau}} = (|v|/\rho)(-\bar{n}) = -(|v|/\rho)\bar{n} = (v/\rho)\bar{n}$$

代入式（7-20），即得加速度

$$\bar{a} = \dot{v}\bar{\tau} + (v^2/\rho)\bar{n} = \ddot{S}\bar{\tau} + (\dot{S}^2/\rho)\bar{n} \tag{7-21}$$

该式表明，点作曲线运动的加速度矢可以分解成两个加速度分量。上式右边第一项 $\dot{v}\bar{\tau}$ 是反映速度大小变化的加速度分量，它沿切线方向，称为**切向加速度**，记为 $\bar{a}_\tau$。即

$$\bar{a}_\tau = \dot{v}\bar{\tau} = \ddot{S}\bar{\tau} \tag{7-22}$$

式中 $\ddot{S}$ 是加速度 $\bar{a}$ 在切线方向的投影，等于弧坐标对时间的二阶导数或 v 对时间的一阶导数。当 $\ddot{S}>0$ 或 $\dot{v}>0$ 时，$\bar{a}_\tau$ 与 $\bar{\tau}$ 同向；当 $\ddot{S}<0$ 或 $\dot{v}<0$ 时，$\bar{a}_\tau$ 与 $\bar{\tau}$ 反向。

式（7-21）中的另一分量，即 $v\,\dot{\bar{\tau}} = (v^2/\rho)\,\bar{n}$，它是反映速度方向变化的加速度分量，它的方向沿主法线方向并与 $\bar{n}$ 同向，称为**法向加速度**，记为 $\bar{a}_n$，即

$$\bar{a}_n = v\,\dot{\bar{\tau}} = (v^2/\rho)\bar{n} = (\dot{S}^2/\rho)\bar{n} \tag{7-23}$$

因为 $\bar{\tau}$ 和 $\bar{n}$ 位于密切面内，由式(7-21)可知动点 M 的**全加速度** $\bar{a}$ 也始终位于密切面内。若以 a_τ、a_n、a_b 分别表示 $\bar{a}$ 在切线、主法线和副法线上的投影，则

$$a_\tau = \dot{v} = \ddot{S} \quad , \quad a_n = v^2/\rho = \dot{S}^2/\rho \quad , \quad a_b = 0 \tag{7-24}$$

即加速度在切线上的投影等于速度在切线上的投影对时间的一阶导数或弧坐标对时间的二阶导数；加速度在主法线上的投影等于速度大小的平方除以轨迹曲线在该点的曲率半径；而加速度在副法线上的投影恒等于零。

全加速度 $\bar{a}$ 的大小和方向由下式确定

$$\left.\begin{aligned} a &= \sqrt{a_\tau^2 + a_n^2} = \sqrt{\dot{v}^2 + (v^2/\rho)^2} \\ \tan\theta &= |a_\tau|/a_n \end{aligned}\right\} \tag{7-25}$$

式中 θ 角为全加速度 $\bar{a}$ 与法向加速度 $\bar{a}_n$ 的锐夹角，如图 7-12 所示。由于 $\bar{a}_n$ 与 $\bar{n}$ 同向，所以 $0\leqslant\theta\leqslant\dfrac{\pi}{2}$，即 $\bar{a}$ 的方向总是指向轨迹曲线内凹面一侧。

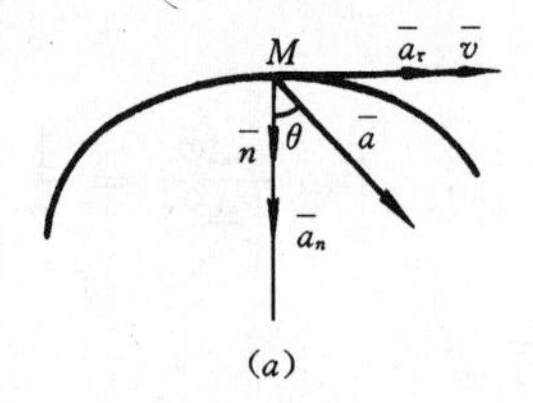

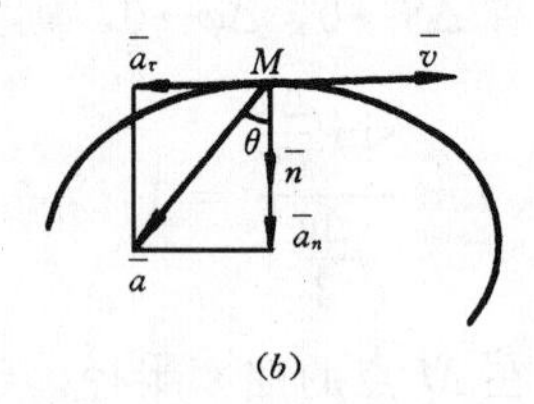

图 7-12

动点 M 在曲线运动中，当速度 $\bar{v}$ 与切向加速度 $\bar{a}_\tau$ 同向时，点作加速运动，如图 7-12*a* 所示，当速度 $\bar{v}$ 与切向加速度 $\bar{a}_\tau$ 反向时，点作减速运动，如图 7-12*b* 所示。

由上面的分析可知，动点在轨迹曲线上运动时速度 $\bar{v}$ 和加速度 $\bar{a}$ 都在密切面内，故上述分析方法和结论对于点作平面曲线运动完全适用。可把点的平面曲线运动作为空间曲线运动的特例来处理。

下面讨论两种特殊情况

(1) 匀速曲线运动

如点作曲线运动，且速度的大小不变，则它在切线上的投影也保持不变，于是有

$$a_\tau = \dot{v} = 0$$

则有

$$\bar{a} = \bar{a}_n = (v^2/\rho)\bar{n} \tag{7-26}$$

可见在匀速曲线运动情况下，加速度并不等于零。

(2) 匀变速曲线运动

当动点作匀变速曲线运动时，a_τ=常量，而 a_n 一般不等于零。点作曲线运动的速度和运动方程可通过积分而得

$$v = v_0 + a_\tau t$$

$$S = S_0 + v_0 t + \frac{1}{2}a_\tau t^2$$

从两式中消去 a_τ 或 t，可得

$$S = S_0 + \frac{1}{2}(v + v_0)t$$

$$v^2 = v_0^2 + 2a_\tau(S - S_0)$$

式中 S_0 和 v_0 是初瞬时动点的弧坐标和速度。

【例 7-4】 试用自然法建立例 7-1 中小环 M 的运动方程，并求 M 点的速度和加速度。

【解】 由题给条件，小环 M 沿大圆环运动，轨迹已知，初瞬时，M 点在 O' 处，在此规定逆钟向为弧坐标正向，则在任一瞬时 t，M 点的弧坐标形式的运动方程（图 7-6）为

$$S = \overset{\frown}{O'M} = O_1M \cdot \theta = 2R\omega t$$

M 点的速度为

$$v = \dot{S} = 2R\omega$$

其方向沿 M 点处轨迹的切线，与弧坐标正向一致。M 点的切向加速度和法向加速度为

$$a_\tau = \dot{v} = 0$$

$$a_n = v^2/\rho = v^2/R = 4R\omega^2$$

则

$$a = a_n = 4R\omega^2$$

其方向指向大圆环的圆心。

与例 7-1 中的方法对比，显然在点的轨迹已知时，用自然法比用直角坐标法较简单。

【例 7-5】 试用自然法写出例 7-3 中动点的运动方程并求动点的速度和运动轨迹的曲率半径。

【解】 由于选择不同的参量（矢径 $\bar{r}$，坐标 x、y、z，弧坐标 S，极坐标 r、φ 等），就产生不同的分析方法，但都为了一个运动学目的，即确定动点任一瞬时的空间位置。因此，不同的参量之间有一定的关系，如

$$\bar{r} = x\bar{i} + y\bar{j} + z\bar{k}$$

$$S = S_0 \pm \int_0^t \sqrt{\dot{x}^2 + \dot{y}^2 + \dot{z}^2}\mathrm{d}t$$

上式中，S_0 为初瞬时（$t=0$）的弧坐标，这个关系可由 $v=\mathrm{d}s/\mathrm{d}t$ 积分而得。

将例 7-3 所给直角坐标形式运动方程代入上式可得弧坐标形式的运动方程为

$$S = R\omega\sqrt{1+(h/2\pi R)^2}t \tag{1}$$

于是求得动点的速度为

$$v = \dot{S} = R\omega\sqrt{1+(h/2\pi R)^2} = \text{常量} \tag{2}$$

动点的切向加速度为

$$a_\tau = \dot{v} = \ddot{S} = 0$$

动点的法向加速度为

$$a_n = v^2/\rho = R^2\omega^2[1+(h/2\pi R)^2]/\rho$$

由例 7-3 的计算结果知加速度为

$$a = R\omega^2 = \text{常量}$$

又因为

$$a = \sqrt{a_\tau^2 + a_n^2} = a_n$$

故有

$$v^2/\rho = R\omega^2$$

则得轨迹曲线在任一点的曲率半径为

$$\rho = v^2/R\omega^2 = R[1+(h/2\pi R^2)^2] = \text{常量} \tag{3}$$

由此结果可知，动点虽在圆柱面上运动，且加速度 $\bar{a}$ 指向 Oz 轴，但轨迹曲线的曲率半径并不等于圆柱体的半径 R。因为动点的轨迹曲线不是以 R 为半径的圆，而是螺距为 h 的螺旋线。从式（3）也可看出，只有当 $h\to 0$ 时，$\rho\to R$。

*第四节　极坐标法

当动点的运动轨迹为平面曲线时，研究点的运动，除上述方法，有时用极坐标法也很方便。

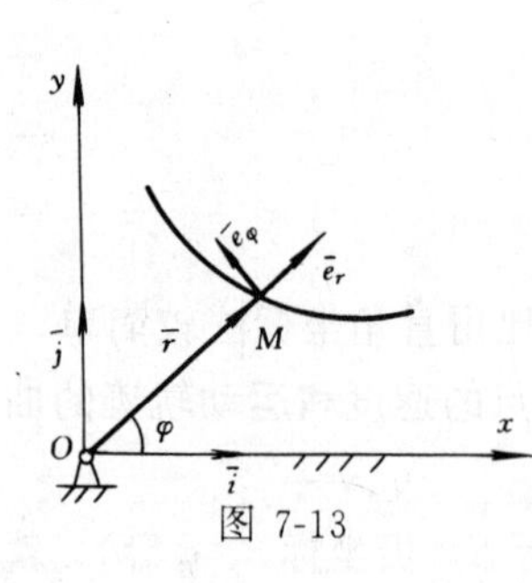

图 7-13

如图 7-13 所示，在轨迹所在平面内选固定点 O 和固定轴 Ox，O 称为极坐标的极点，Ox 称为极坐标的**极轴**。自极点 O 到 M 点作矢径 $\bar{r}$，矢径的模（称为**极半径**）r 和矢径 $\bar{r}$ 与极轴的夹角 φ（称为**幅角或极角**）称为动点 M 的**极坐标**。转角 φ 规定逆时针转向为正。极坐标 r 和 φ 完全确定了动点 M 在平面内的位置，r 和 φ 均是时间 t 的单值连续函数，可写成

$$\left.\begin{aligned} r &= r(t) \\ \varphi &= \varphi(t) \end{aligned}\right\} \tag{7-27}$$

式（7-27）称为点的**极坐标形式的运动方程**。从式（7-27）中消去时间 t，可得点的轨迹方程

$$F(r,\varphi) = 0 \tag{7-28}$$

如图 7-13 所示，M 点沿矢径 $\bar{r}$ 方向的单位矢量称为**径向单位矢量**，记为 $\bar{e}_r$，与 $\bar{e}_r$ 垂直并指向 φ 角增加方向的单位矢量称为**横向单位矢量**，记为 $\bar{e}_\varphi$。

由式（7-27）知

$$\bar{r} = r\bar{e}_r$$

则 M 点的速度为

$$\bar{v} = \dot{\bar{r}} = \dot{r}\bar{e}_r + r\dot{\bar{e}}_r \quad (7\text{-}29a)$$

由图 7-13 可知

$$\left.\begin{aligned} \bar{e}_r &= \bar{i}\cos\varphi + \bar{j}\sin\varphi \\ \bar{e}_\varphi &= -\bar{i}\sin\varphi + \bar{j}\cos\varphi \end{aligned}\right\} \quad (7\text{-}29b)$$

对上式求一阶导数可得

$$\left.\begin{aligned} \dot{\bar{e}}_r &= \dot{\varphi}(-\bar{i}\sin\varphi + \bar{j}\cos\varphi) \\ \dot{\bar{e}}_\varphi &= -\dot{\varphi}(\bar{i}\cos\varphi + \bar{j}\sin\varphi) \end{aligned}\right\} \quad (7\text{-}29c)$$

将式（7-29b）代入可得

$$\left.\begin{aligned} \dot{\bar{e}}_r &= \dot{\varphi}\bar{e}_\varphi \\ \dot{\bar{e}}_\varphi &= -\dot{\varphi}\bar{e}_r \end{aligned}\right\} \quad (7\text{-}29d)$$

式中 $\dot{\varphi}$ 是极角对时间的变化率，即矢径绕极点 O 转动的角速度。代入式（7-29a）得

$$\bar{v} = \dot{r}\bar{e}_r + r\dot{\varphi}\bar{e}_\varphi \quad (7\text{-}30a)$$

上式为**动点速度的极坐标表达式**。式中右边第一项称为**径向速度分量**，用 $\bar{v}_r$ 表示，式中右边第二项称为**横向速度分量**，用 $\bar{v}_\varphi$ 表示。于是动点速度又可表示为

$$\bar{v} = \bar{v}_r + \bar{v}_\varphi \quad (7\text{-}30b)$$

显然，$\bar{v}_r$ 和 $\bar{v}_\varphi$ 的合矢量 $\bar{v}$ 是沿着轨迹的切线方向，如图 7-14 所示。

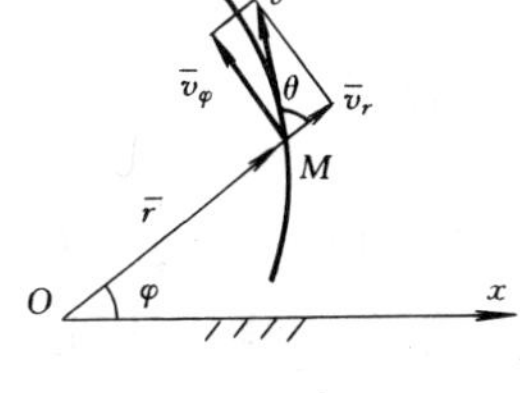

图 7-14

速度 $\bar{v}$ 的大小为

$$|\bar{v}| = \sqrt{v_r^2 + v_\varphi^2} = \sqrt{\dot{r}^2 + (r\dot{\varphi})^2} \quad (7\text{-}30c)$$

速度 $\bar{v}$ 的方向，用 θ 角表示，

$$\tan\theta = v_\varphi / v_r = r\dot{\varphi}/\dot{r} \quad (7\text{-}30d)$$

为了求得动点的加速度的极坐标表达式，将式（7-30a）对时间求一阶导数有

$$\bar{a} = \dot{\bar{v}} = \ddot{r}\bar{e}_r + \dot{r}\dot{\bar{e}}_r + \dot{r}\dot{\varphi}\bar{e}_\varphi + r\ddot{\varphi}\bar{e}_\varphi + r\dot{\varphi}\dot{\bar{e}}_\varphi \quad (7\text{-}31a)$$

或

$$\bar{a} = (\ddot{r} - r\dot{\varphi}^2)\bar{e}_r + (r\ddot{\varphi} + 2\dot{r}\dot{\varphi})\bar{e}_\varphi \quad (7\text{-}31b)$$

令

$$\left.\begin{aligned} \bar{a}_r &= (\ddot{r} - r\dot{\varphi}^2)\bar{e}_r \\ \bar{a}_\varphi &= (r\ddot{\varphi} + 2\dot{r}\dot{\varphi})\bar{e}_\varphi \end{aligned}\right\} \quad (7\text{-}31c)$$

$\bar{a}_r$ 称为加速度的径向分量，$\bar{a}_\varphi$ 称为加速度的横向分量，如图 7-15a 所示，则式（7-31b）又可写成

$$\bar{a} = \bar{a}_r + \bar{a}_\varphi \quad (7\text{-}32d)$$

加速度的大小和方向为

$$\left.\begin{aligned}|\bar{a}| &= \sqrt{(\ddot{r} - r\dot{\varphi}^2)^2 + (r\ddot{\varphi} + 2\dot{r}\dot{\varphi})^2} \\ \tan\theta' &= a_\varphi / a_r = (r\ddot{\varphi} + 2\dot{r}\dot{\varphi})/(\ddot{r} - r\dot{\varphi}^2)\end{aligned}\right\} \quad (7\text{-}32e)$$

在这里要明确，加速度 $\bar{a}$ 的径向分量 $\bar{a}_r$ 和横向分量 $\bar{a}_\varphi$ 相互垂直，但它们并不是自然法中加速度 $\bar{a}$ 的切向分量 $\bar{a}_\tau$ 和法向分量 $\bar{a}_n$。只有当点作圆周运动时，两者才相同，如图 7-15b

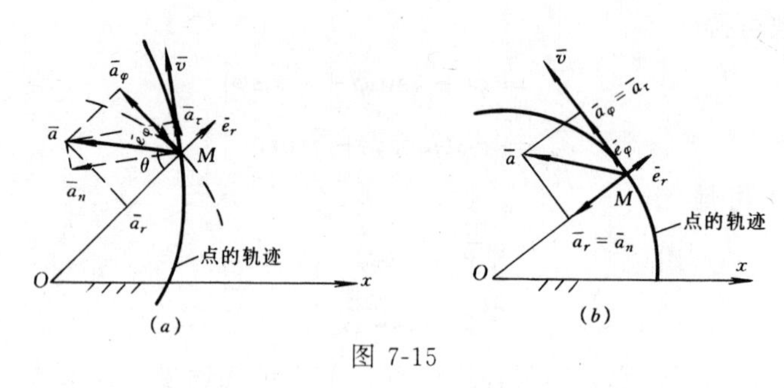

图 7-15

所示。此时极坐标 r=常量，因此，动点的加速度极坐标表达式为

$$\bar{a} = -r\dot{\varphi}^2\bar{e}_r + r\ddot{\varphi}\,\bar{e}_\varphi = \bar{a}_r + \bar{a}_\varphi$$

此种情况下，极坐标轴上的单位矢量与自然轴系轴上的单位矢量有如下关系

$$\bar{e}_r = -\bar{n} \quad , \quad \bar{e}_\varphi = \bar{\tau}$$

故有

$$\bar{a} = \bar{a}_r + \bar{a}_\varphi = \bar{a}_n + \bar{a}_\tau$$

显然，式中的 $\ddot{\varphi}$ 为极轴 r 绕 O 点转动的角加速度。

【例 7-6】 已知点运动的极坐标方程为 $r=R+ut$ 和 $\varphi=\omega t$，其中 R、u 和 ω 为常量。试求点的轨迹方程、速度和加速度。

【解】 由已知点的极坐标运动方程 $r=R+ut$ 和 $\varphi=\omega t$ 得点的轨迹方程为

$$r = R + \frac{u}{\omega}\varphi$$

它为阿基米德螺旋线方程，如图 7-16 所示。

根据式（7-29a）

$$\bar{v} = \dot{r}\bar{e}_r + r\dot{\varphi}\bar{e}_\varphi$$

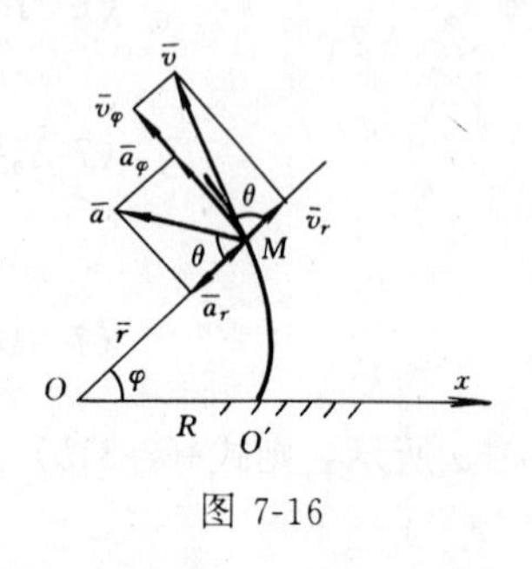

图 7-16

可得动点的速度为

$$\bar{v} = u\bar{e}_r + (R + ut)\omega\bar{e}_\varphi$$

速度的大小和方位角（图 7-16）分别为

$$|\bar{v}| = \sqrt{u^2 + (R + ut)^2\omega^2}$$

$$\tan\theta = v_\varphi / v_r = \omega(R + ut)/u$$

又根据式（7-30b）

$$\bar{a} = (\ddot{r} - r\dot{\varphi}^2)\bar{e}_r + (r\ddot{\varphi} + 2\dot{r}\dot{\varphi})\bar{e}_\varphi$$

可得动点的加速度及其大小

$$\bar{a} = -(R + ut)\omega^2\bar{e}_r + 2u\omega\bar{e}_\varphi$$

$$|\bar{a}| = \sqrt{(R+ut)^2\omega^4 + 4u\omega^2} = \omega\sqrt{4u + (R+ut)^2\omega^2}$$

其方向由下式确定（图 7-16）

$$\tan\theta' = a_\varphi / a_r = -2u/[\omega(R+ut)]$$

思　考　题

1. 点的运动方程与轨迹方程的区别是什么？

2. 直角坐标系和自然轴系有哪些相似之处？主要区别是什么？

3. 点作曲线运动时，若其速度大小保持不变，其加速度是否一定为零？

4. 切向加速度、法向加速和全加速度的物理意义是什么？并指出在怎样的运动中出现下述情况 (1) $\bar{a}_\tau=0$；(2) $\bar{a}_n=0$；(3) $\bar{a}_\tau=0$；$\bar{a}_n=0$。

5. 指出 $\dot{\bar{v}}$、$\dot{v}$、$\dot{v}_x$ 有何区别？

6. 加速度 $\bar{a}$ 的方向是否表示点的运动方向？加速度 $\bar{a}$ 的大小是否表示点的运动快慢程度？

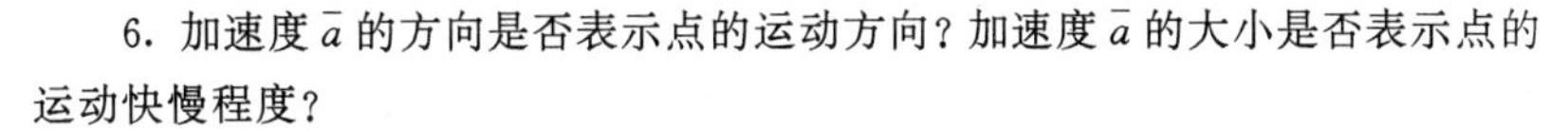

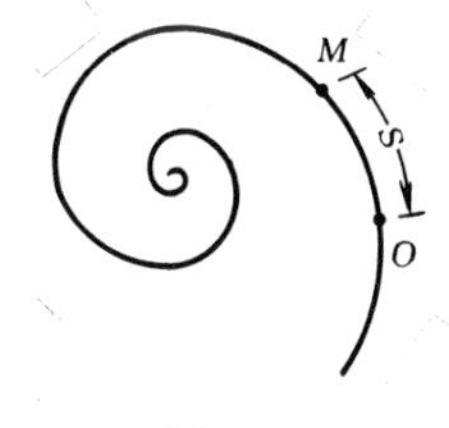

图 7-17

7. 点沿螺旋线自外向内运动（图 7-17），若运动方程为 $S=bt$，b 为常量。试问该点是越跑越快还是越跑越慢？点的加速度是越来越大还是越来越小？

8. 点作曲线运动时，点的位移、路程、弧坐标有何区别？

习　　题

7-1　已知点的运动方程：$x=t^2-t$，$y=t$，试求点的轨迹方程以及 $t=1$s 时点的速度和加速度。(长度的单位以米计)

7-2　图示一曲线规尺，当 OA 杆转动时，M 点即画出一条曲线。已知 $OA=AB=l$，$CM=DM=AC=AD=a$。试求当 OA 以匀角速度 ω 转动时，M 点的运动方程及轨迹方程。

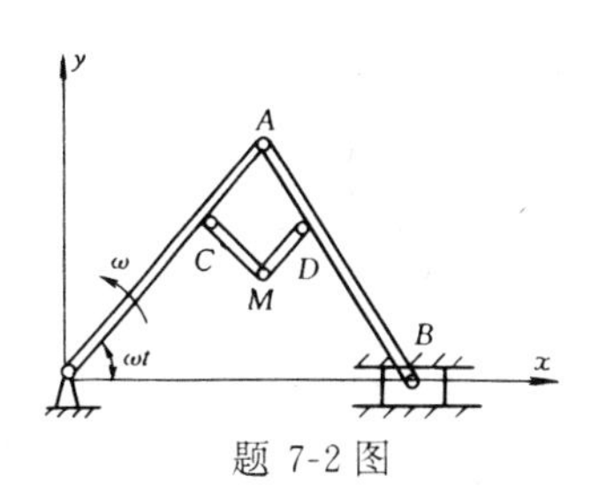

题 7-2 图

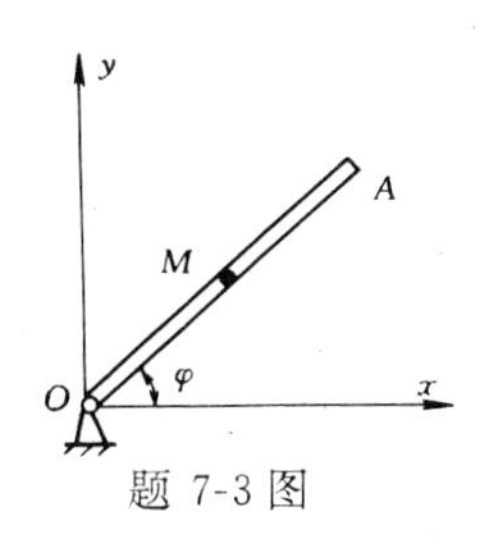

题 7-3 图

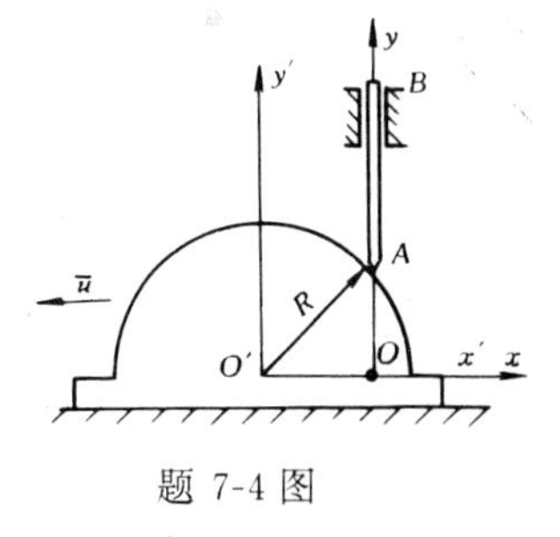

题 7-4 图

7-3　M 点在直管 OA 内以匀速 u 向外运动，同时直管又按 $\varphi=\omega t$ 规律绕 O 轴转动。开始时 M 点在 O 点，求 M 点在任意瞬时相对于地面与相对于直管的速度及加速度。

7-4　图示半圆形凸轮以等速 $u=1$cm/s 沿水平方向向左运动，而使杆 AB 沿铅直方向运动。当运动开始时，杆的 A 端在凸轮的最高点上。如凸轮的半径 $R=8$cm，求杆上 A 点相对地面和相对于凸轮的运动方程和速度。

7-5　图示偏心凸轮半径为 R，绕 O 轴转动，转角 $\varphi=\omega t$（ω 为常量），偏心距 $OC=e$，凸轮带动顶杆 AB 沿铅垂直线作往复运动。试求顶杆上 A 点的运动方程和速度。

7-6　图示杆 AB 长 l，以等角速度 ω 绕点 B 转动，其转动方程为 $\varphi=\omega t$。而与杆铰接的滑块 B 按规律 $S=a+b\sin\omega t$ 沿水平线作谐振动，其中 a 和 b 均为常量。求点 A 的运动轨迹。

7-7　图示曲柄摇杆机构中，曲柄 $O_1A=10$ cm，摇杆 $O_2B=24$ cm，距离 $O_1O_2=10$ cm。设曲柄的角坐

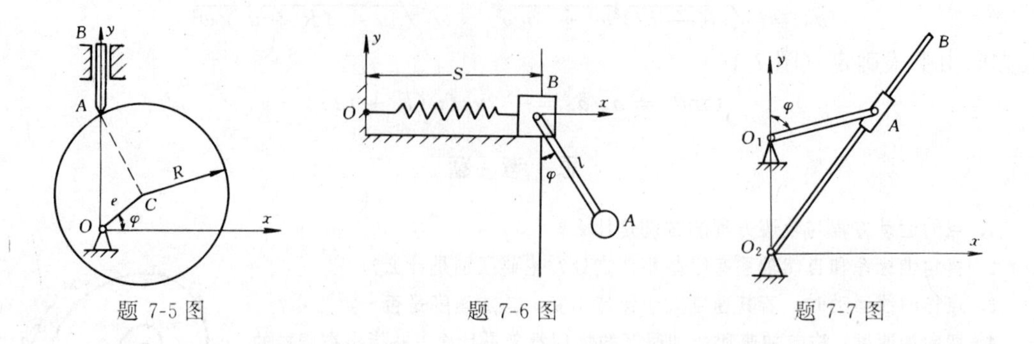

题 7-5 图　　　　题 7-6 图　　　　题 7-7 图

标为 $\varphi=\dfrac{\pi}{4}t$ rad，运动开始时曲柄铅直向上。求点 B 的运动方程、速度和加速度。

7-8　OA 杆以匀角速度 ω 绕 O 轴转动，并带动套在水平杆 BC 上的小环 M 运动。已知开始时，OA 杆在铅垂位置，$OB=h$，求小环 M 沿 BC 杆滑动的速度和相对于 OA 杆运动的速度。

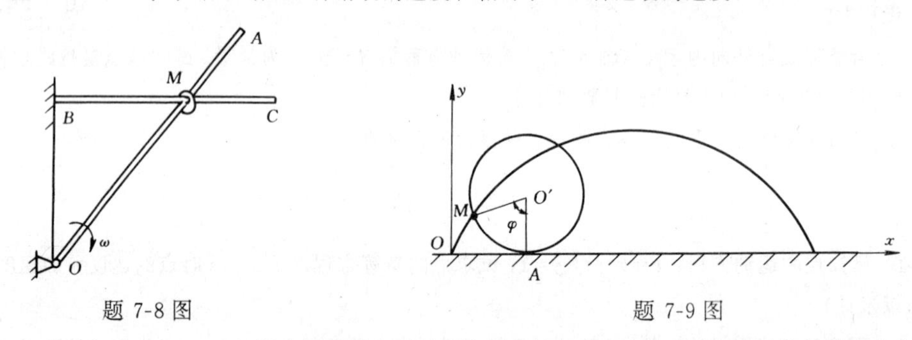

题 7-8 图　　　　题 7-9 图

7-9　机车以匀速 $v_0=20$ m/s 沿直线轨迹行驶。车轮的半径 $r=0.5$ m，只滚不滑，将轮缘上的点 M 在轨道上的起始位置取为坐标原点，并将轨道取为 x 轴；求 M 点的运动方程和在 M 点与轨道接触瞬时的速度及加速度。

7-10　曲柄连杆机构中，曲柄 OA 以匀角速度 ω 绕 O 转动。已知 $OA=r$，$AB=l$，连杆上 M 点距 A 端长度为 b，开始时滑块 B 在最右端位置。求 M 点的运动方程和 $t=0$ 时的速度及加速度。

7-11　图示点沿半径为 R 的圆周作等加速运动，初速度为零。如点的全加速度与切线间的夹角为 θ，并以 β 表示点走过的弧长 S 所对的圆心角，试证：$\text{tg}\theta=2\beta$

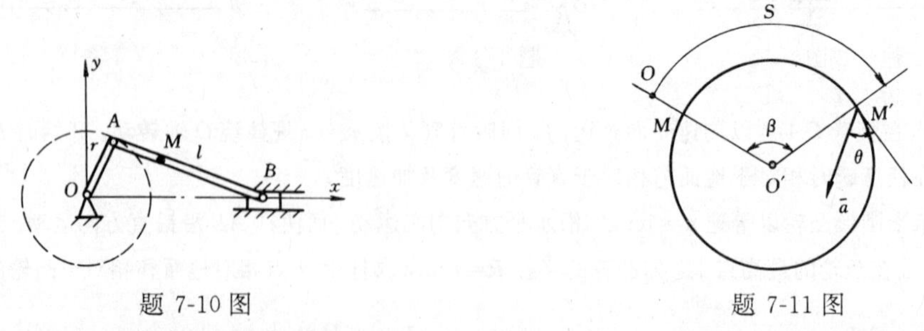

题 7-10 图　　　　题 7-11 图

7-12　已知点平面曲线运动的运动方程为：$x=x(t)$，$y=y(t)$。试证其切向加速度和法向加速度为：$a_\tau=(\dot{x}\ddot{x}+\dot{y}\ddot{y})/\sqrt{\dot{x}^2+\dot{y}^2}$，$a_n=|\dot{x}\ddot{y}-\dot{y}\ddot{x}|/\sqrt{\dot{x}^2+\dot{y}^2}$；而轨迹的曲率半径为 $\rho=(\dot{x}^2+\dot{y}^2)^{3/2}/|\dot{x}\ddot{y}-\dot{y}\ddot{x}|$。

7-13　已知点的直角坐标形式的运动方程为：$x=4t-2t^2$，$y=3t-1.5t^2$。试求动点的运动轨迹方程并以 $t=0$ 时点的初始位置为原点，写出点沿轨迹的运动方程。

7-14　点沿半径为 R 的圆周按 $S=v_0t-\dfrac{1}{2}bt^2$ 规律运动，其中 b 为常量。试求此点加速度的大小，并

计算加速度等于 b 时所经历的时间以及此时点绕圆周的圈数。

*7-15　已知点用极坐标表示的运动方程为：$r=3+4t^2$，$\varphi=1.5t^2$，求 $\varphi=60°$时点的速度与加速度。r 的单位为 m，φ的单位为 rad，t 的单位为 s。

*7-16　已知点的运动方程为：$x=t^2-t$，$y=2t$。试用极坐标表示点的运动方程以及速度和加速度。

第八章　刚体的基本运动

第一节　刚体的平动

刚体在运动过程中，若其上任一直线始终平行于它的初始位置，则这种运动称为刚体的平动或移动。例如，直线轨道上车厢的运动（图 8-1a），摆动式送料机中送料槽 AB 的运动（图 8-1b）等都是刚体平动的实例。由于平动刚体上任一点的轨迹可以是直线（图8-1a），也可以是曲线（图 8-1b），所以刚体的平动又分为直线平动和曲线平动两种。

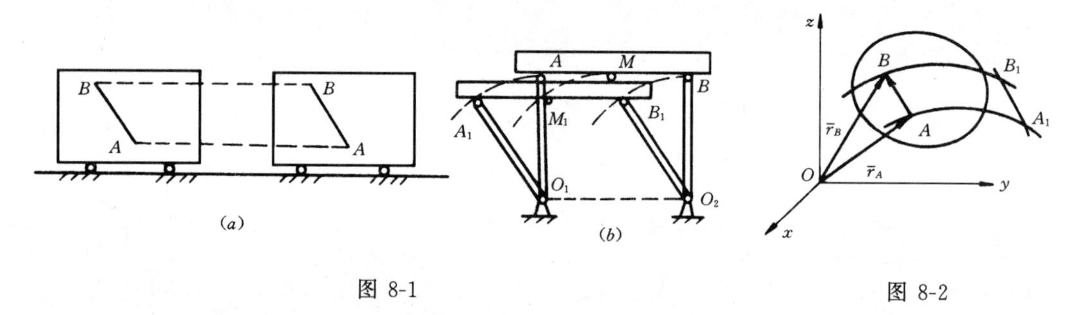

图 8-1　　　　图 8-2

根据刚体平动的定义，刚体平动时具有以下特征：

当刚体作平动时，体内各点的轨迹形状相同；而且在同一瞬时，各点的速度相等，加速度也相等。

如图 8-2 所示，在平动刚体上任取两点 A 和 B，相应的矢径为 $\bar{r}_A$ 和 $\bar{r}_B$，它们的矢端曲线就是 A 点和 B 点的轨迹。作矢量$\overline{AB}$，由图可知

$$\bar{r}_B = \bar{r}_A + \overline{AB} \tag{8-1}$$

根据刚体不变形的性质和刚体作平动的定义，矢量$\overline{AB}$的大小和方向不变，是一常矢量。因此，A、B 两点轨迹形状相同，若将 A 点的轨迹沿$\overline{AB}$的方向平行移动 AB 距离，则必然与 B 点的轨迹重合。

将式（8-1）对时间求一、二阶导数，考虑到$\overline{AB}$为一常矢量，则可得

$$\dot{\bar{r}}_B = \dot{\bar{r}}_A, \qquad \ddot{\bar{r}}_B = \ddot{\bar{r}}_A \tag{8-2a}$$

即

$$\bar{v}_B = \bar{v}_A, \qquad \bar{a}_B = \bar{a}_A \tag{8-2b}$$

由上述平动刚体的运动学特征可知，平动刚体上各点的运动规律相同，因此，平动刚体的运动学问题可归结为其上任一点的运动学问题。

第二节　刚体的定轴转动

一、定义

刚体在运动过程中，若体内（或其延伸部分）有一直线始终保持不动，则这种运动称

为刚体的定轴转动。这条固定不动的直线称为**转轴**。由定义可知，转轴上各点的速度为零，轴外各点都在垂直于转轴的平面内作圆周运动，即以此平面与转轴的交点为圆心，以各点到转轴的垂直距离为半径作圆周运动。

二、转动方程

为了描述整个刚体的运动，首先要确定转动刚体任一瞬时的空间位置。设刚体绕 z 轴转动，如图 8-3a 所示，先通过 z 轴作一固定参考平面 P_0，再过 z 轴作一与刚体固连的动平面 P，则刚体在任一瞬时的空间位置就可由动平面 P 与固定平面 P_0 之间的夹角 φ 来确定，φ 角称为转动刚体的**转角**或**角坐标**，转角 φ 以弧度（rad）计，它是一个代数量，其正负号按右手螺旋法则确定。

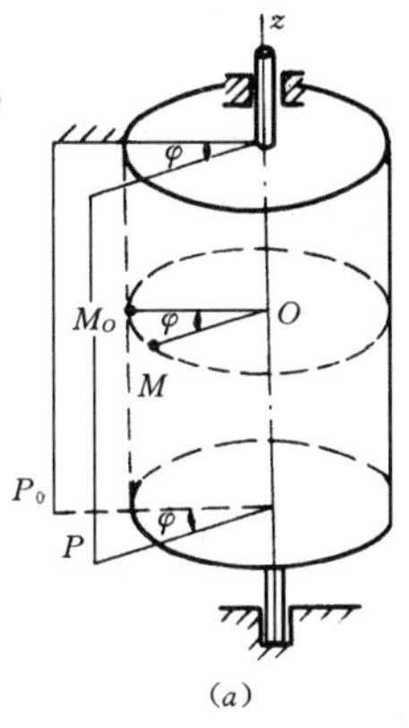

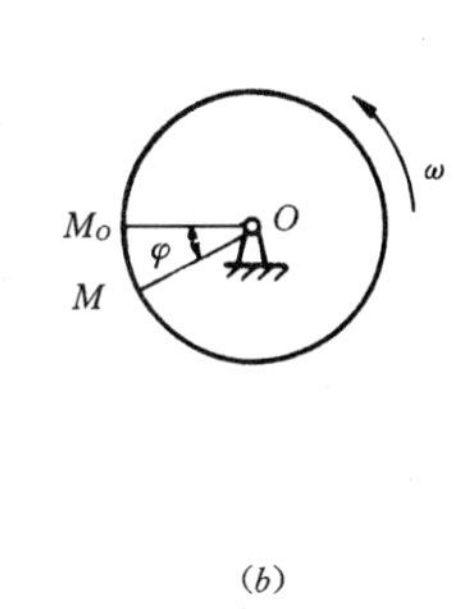

图 8-3

刚体转动时，转角 φ 随时间 t 而变化，是时间 t 的单值连续函数，即

$$\varphi = \varphi(t) \tag{8-3}$$

上式称为定轴转动刚体的**转动方程**。

由于刚体上平行于转轴的任一直线为平动，其上各点的运动学特征量相同，则刚体的定轴转动可以简化为垂直于转轴的平面图形在自身所在平面内绕固定点的转动，如图 8-3b 所示，定点 O 是转轴上的一点，称为**转动中心**。

三、角速度和角加速度

角速度是表示刚体转动快慢和转向的物理量，记为 ω。**角加速度**是表示角速度变化速率的物理量，记为 α。由物理学知

$$\omega = \dot{\varphi}, \qquad \alpha = \dot{\omega} = \ddot{\varphi} r \tag{8-4}$$

即：定轴转动刚体的角速度等于转角 φ 对时间的一阶导数；角加速度等于角速度对时间的一阶导数或转角 φ 对时间的二阶导数。它们都是代数量，当 ω 为正值时，表示刚体逆时针转动，反之，则刚体顺时针转动。因此，ω 的正负号表示刚体不同的转动方向。当 α 与 ω 的正负号相同时，表示角速度的绝对值随时间增加而增大，刚体作加速转动；反之，刚体作减速转动（图 8-4a、b）。

角速度的单位为弧度/秒（rad/s），在工程上常用转速 n 表示，单位为转/分（r/min）。n 与 ω 的关系为

$$\omega = 2n\pi/60 = n\pi/30 (\text{rad/s})$$

角加速度的单位为弧度/秒^2（rad/s^2）。

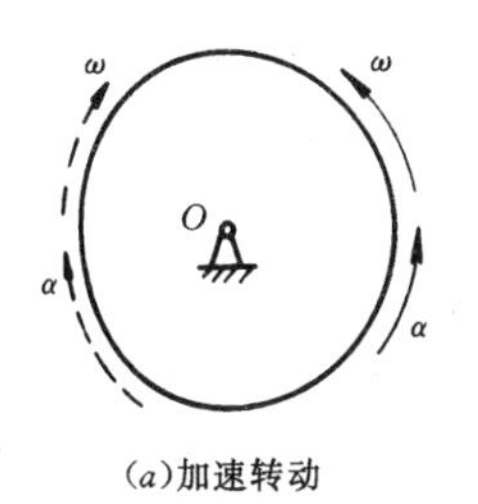

(a)加速转动

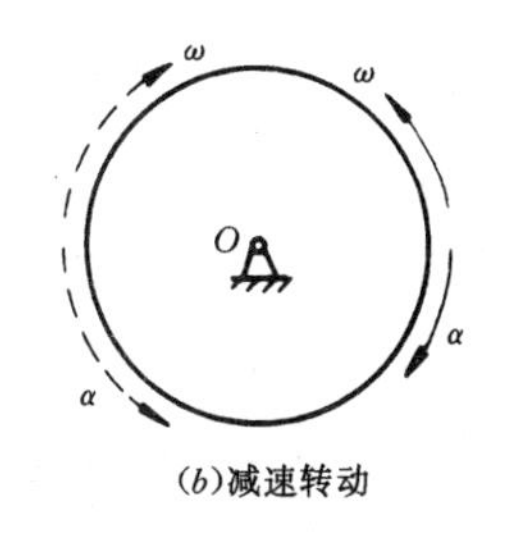

(b)减速转动

图 8-4

四、匀变速转动和匀速转动

当刚体的转动方程已知时，可用导数运算求得刚体的角速度和角加速度。反之，当刚体的角加速度已知时，

可用积分方法求得角速度和转动方程。匀变速转动和匀速转动是工程上常遇到情况。

1. 匀变速转动

当刚体作匀变速转动时，α=常量，可由式（8-4）积分，得到如下二式

$$\omega = \omega_0 + \alpha t, \qquad \varphi = \varphi_0 + \omega_0 t + \frac{1}{2}\alpha t^2$$

从上两式消去时间 t 或 α，可得

$$\omega^2 = \omega_0^2 + 2\alpha(\varphi - \varphi_0)$$

$$\varphi = \varphi_0 + \frac{1}{2}(\omega + \omega_0)t$$

式中 φ_0，ω_0 为初瞬时（$t=0$）的转角和角速度。

2. 匀速转动

当刚体作匀速转动时，ω=常量，$\alpha=0$，则有

$$\varphi = \varphi_0 + \omega t$$

【例 8-1】 某主机由电动机带动。启动时，电动机转速在 5s 内由零均匀升到 $n=600$r/min，此后以此转速作匀速运转（图 8-5）。试计算：(*a*) 电动机启动阶段的角加速度；(*b*) 10 秒钟内电动机转过的转数。

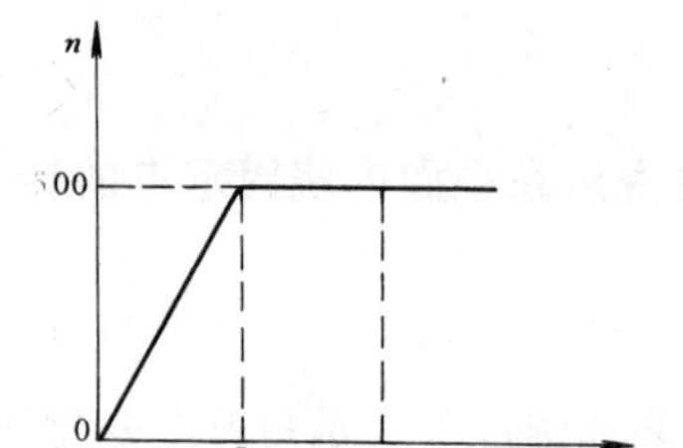

图 8-5

【解】 （1）电动机的角加速度

在启动阶段电动机作匀变速转动。将 5s 末的转速化为角速度的单位。由 n 与 ω 的关系式可得

$$\omega = n\pi/30 = 600\pi/30 = 20\ \pi\text{rad/s}$$

再应用匀变速转动公式

$$\omega = \omega_0 + \alpha t$$

其中，$\omega_0=0$，$\omega=20\pi$rad/s，$t=5$s，代入上式得

$$\alpha = 20\pi/5 = 4\pi \quad \text{rad/s}^2$$

这就是电动机启动阶段的角加速度。

（2）电动机在 10s 内转过的转数

在 $t_1=5$s 内，电动机作匀变速转动，转过的角度为

$$\varphi_1 = \frac{1}{2}\alpha t_1^2 = \frac{1}{2} \times 4\pi \times 5^2 = 50\pi \quad \text{rad}$$

从 $t_1=5$s 后，电动机作匀速转动，到 $t_2=10$s 时，转过的角度为

$$\varphi_2 = \omega t = 20\pi \times (10 - 5) = 100\pi \quad \text{rad}$$

所以，电动机在 10*s* 内共转过的角度为

$$\varphi = \varphi_1 + \varphi_2 = 50\pi + 100\pi = 150\pi \quad \text{rad}$$

因为每转等于 2π rad，则电动机在 10s 内转过的转数为

$$n' = \varphi/2\pi = 150\pi/2\pi = 75\text{rad}$$

第三节　转动刚体内各点的速度和加速度

由上节对定轴转动刚体运动的讨论可知，转角、角速度和角加速度等都是描述刚体整

体运动的特征量。当定轴转动刚体整体的运动确定后，就可以求刚体内各点的速度和加速度。

一、定轴转动刚体内任一点的速度和加速度

由上节知，定轴转动刚体内轴外各点都在过该点而垂直于转轴的平面内作圆周运动。因此，点的运动轨迹已知，可用自然法确定各点的运动。

设定轴转动刚体上任一点 M 到转轴的垂直距离为 R（即**转动半径**），如图 8-6 所示。选 $\varphi=0$ 时，M 点所在位置 M_0 为弧坐标原点，以转角 φ 增加的方向为弧坐标的正向，则在任一瞬时 M 点的运动方程、速度、切向加速度和法向加速度分别为

$$S = R\varphi, \quad v = \dot{S} = R\dot{\varphi} = R\omega \tag{8-5}$$

$$a_\tau = \dot{v} = R\dot{\omega} = R\alpha \tag{8-6}$$

$$a_n = v^2/\rho = (R\omega)^2/R = R\omega^2 \tag{8-7}$$

由于 $\bar{v}$ 与 ω、$\bar{a}_\tau$ 与 α 都有相同的正负号，当 ω 与 α 为正值时，速度 $\bar{v}$ 和切向加速度 $\bar{a}_\tau$ 都指向 M 点轨迹切线的正向；反之，则指向 M 点轨迹切线的负向（图 8-7a、b）

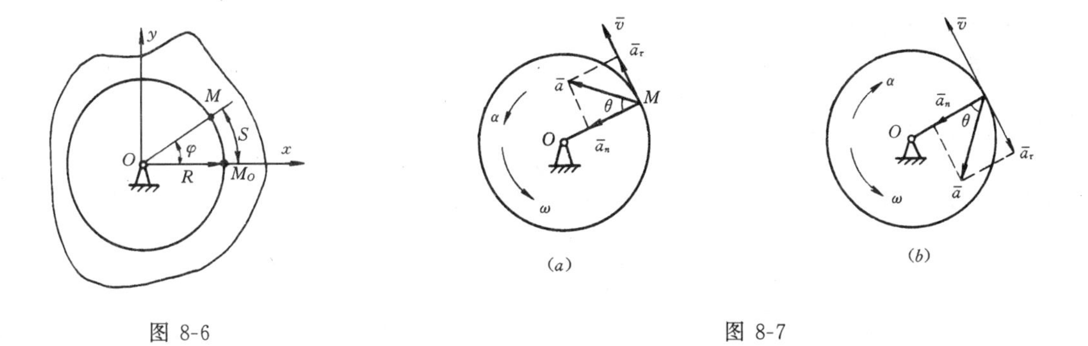

图 8-6　　　　图 8-7

点 M 的加速度 $\bar{a}$（又称全加速度）的大小和方向为

$$a = \sqrt{a_\tau^2 + a_n^2} = R\sqrt{\alpha^2 + \omega^4} \tag{8-8}$$

$$\tan\theta = |a_\tau/a_n| = |\alpha|/\omega^2 \tag{8-9}$$

式中 θ 为加速度与 OM 的锐夹角。

二、定轴转动刚体内各点速度和加速度的分布规律

由式（8-5）、(8-8）和式（8-7）可知，定轴转动刚体内各点的速度和加速度的分布规律为：在任一瞬时，转动刚体内各点的速度和加速度的大小与该点的转动半径成正比，各点的速度都垂直于各点的转动半径，各点的加速度与转动半径之间的夹角 θ 都相等，如图 8-8a、b、c 所示。

【例 8-2】 直角三角板 ABC 由 O_1A 杆带动在铅垂平面内运动。已知 O_1A 杆和 O_2B 杆的长度均为 l，且有$O_1O_2=AB$，如图 8-9 所示。设某瞬时 O_1A 杆的角速度等于 ω，角加速度为 $\alpha=\omega^2$，试求板上点 C 的速度和加速度，并在图上画出它们的方向。

【解】 在题给的机构中，O_1A 杆和 O_2B 杆作定轴转动，三角形板作平动。因此，板上 C 点的速度和加速度与板上其他点，例如 A 点的速度和加速度相等。先求 A 点的速度和加速度。根据定轴转动刚体上任一点的速度和加速度计算公式可得

$$v_A = l\omega, \qquad a_A = l\sqrt{\alpha^2 + \omega^4} = \sqrt{2}\,l\omega^2$$

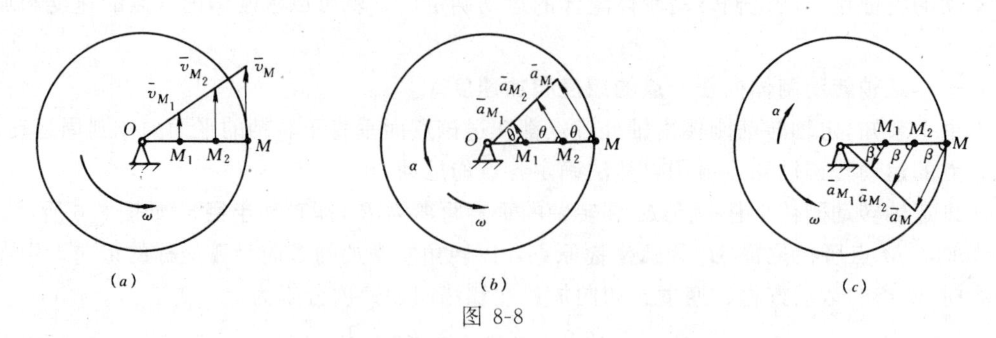

图 8-8

$\bar{a}_A$ 与 O_1A 的夹角为

$$\tan\theta = |a_{A\tau}|/a_{An} = |l\alpha|/l\omega^2 = |\alpha|/\omega^2 = 1$$

$$\theta = 45°$$

所以 C 点的速度的大小 $v_c=l\omega$，方向与 v_A 平行，C 点的加速度的大小 $a_c=\sqrt{2}\,l\omega^2$，方向与 $\bar{a}_A$ 平行，即与 O_1A 杆的夹角为 45°，如图所示。

【例 8-3】 半径 $R=0.2$ m 的圆轮绕定轴 O 沿顺时针方向转动，如图 8-10 所示。轮的转动方程 $\varphi=-2t^2+10t$（φ 以 rad 计，t 以 s 计）。圆轮上绕一不可伸长的软绳，绳端挂一重物 A。试求当 $t=2$s 时轮缘上任一点 M 和重物 A 的速度和加速度。

【解】 圆轮作定轴转动，重物 A 作直线运动。轮缘上 M 点的速度和加速度，可由圆轮的角速度和角加速度求得，因已知轮的转动方程，则

$$\omega = \dot{\varphi} = -4t + 10 \text{ rad/s}$$

$$\alpha = \dot{\omega} = -4 \text{ rad/s}^2$$

当 $t=2$s 时

$$\omega = 2 \text{ rad/s}$$

$$\alpha = -4 \text{ rad/s}^2$$

因 α 与 ω 异号，故知轮作匀减速运动。由定轴转动刚体上任一点速度及加速度计算公式，可得轮缘上 M 点的速度及切向加速度和法向加速度为

$$v_M = R\omega = 0.2 \times 2 = 0.4 \text{m/s}$$

$$a_M^\tau = R\alpha = 0.2 \times (-4) = -0.8 \text{m/s}^2$$

$$a_M^n = R\omega^2 = 0.2 \times 4 = 0.8 \text{m/s}^2$$

$\bar{v}_M$、$\bar{a}_M^\tau$ 及 $\bar{a}_M^n$ 的方向如图示。M 点的全加速度的大小为

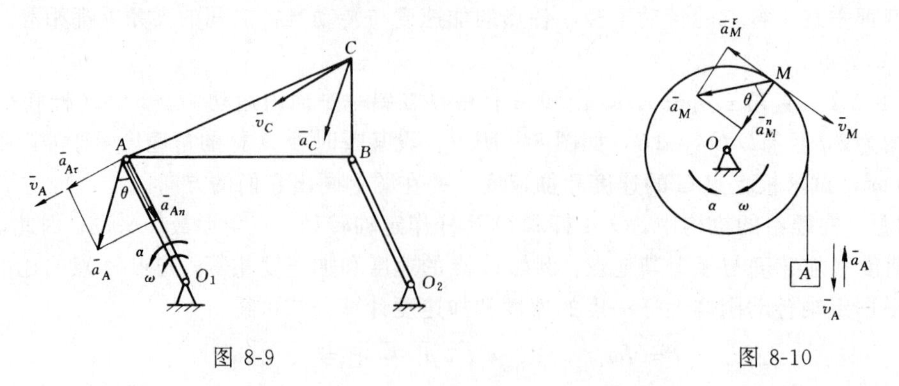

图 8-9　　　　图 8-10

$$a_M = \sqrt{(a_M^n)^2 + (a_M^\tau)^2} = \sqrt{(-0.8)^2 + (0.8)^2}$$

$$= \sqrt{2} \times 0.8 = 11.36\ \mathrm{m/s^2}$$

全加速度与半径的夹角为

$$\tan\theta = |\varepsilon|/\omega^2 = 1, \quad \theta = 45°$$

因绳不可伸长，且设轮与绳之间无相对滑动，故重物的速度和加速度应等于轮缘上 M 点的速度和切向加速度，即

$$v_A = v_M = 0.4\ \mathrm{m/s}$$

$$a_A = a_M^\tau = -0.8\mathrm{m/s}$$

$\bar{v}_A$、$\bar{a}_A$、的方向如图所示。重物 A 作减速下降。

【例 8-4】 定轴轮系如图 8-11 所示（图中只画出两齿轮的节圆轮廓），设主动轮 I 和从动轮 Ⅱ 的节圆半径分别为 r_1 和 r_2，齿轮的齿数分别为 Z_1 和 Z_2，各绕定轴 O_1 和 O_2 转动，轮 I 的角速度为 ω_1（转速为 n_1），求轮 Ⅱ 的角速度 ω_2（转速 n_2）

【解】 当齿轮传动时，可看作是两齿轮的节圆作无滑动的相对滚动，故两齿轮的啮合点（A 点和 B 点）的速度大小相等，方向相同，即

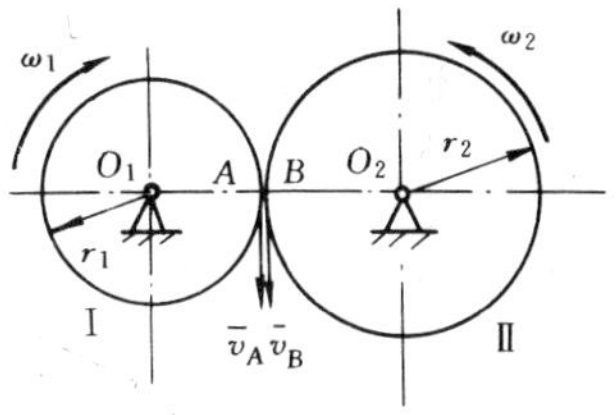

$$\bar{v}_A = \bar{v}_B$$

而

$$v_A = r_1\omega_1 = 2n_1\pi r_1/60 \qquad (1)$$

$$v_B = r_2\omega_2 = 2n_2\pi r_2/60 \qquad (2)$$

图 8-11

由式（1）、（2）可得

$$r_1\omega_1 = r_2\omega_2$$

或

$$\omega_1/\omega_2 = n_1/n_2 = r_2/r_1$$

由于互相啮合的两齿轮的齿距相等，所以其齿数与节圆周长成正比，即

$$Z_2/Z_1 = 2\pi r_2/2\pi r_1 = r_2/r_1 \qquad (3)$$

将式（3）代入上一式中可得

$$\omega_1/\omega_2 = n_1/n_2 = r_2/r_1 = Z_2/Z_1$$

故

$$\omega_2 = \omega_1 r_1/r_2 = \omega_1 Z_1/Z_2$$

在工程中，常把主动轮与从动轮角速度之比（或转速之比）称为**传动比**，并以 i_{12}表示，则

$$i_{12} = \omega_1/\omega_2 = n_1/n_2 = r_2/r_1 = Z_2/Z_1 \qquad (4)$$

如轮 I 有角加速度 α_1，由于两轮在接触处无滑动，即具有相同的切向加速度

$$a_A^\tau = a_B^\tau = r_1\alpha_1 = r_2\alpha_2$$

则有关系 $\alpha_1/\alpha_2 = r_2/r_1$，代入式（4）有

$$i_{12} = \omega_1/\omega_2 = n_1/n_2 = r_2/r_1 = Z_2/Z_1 = \alpha_1/\alpha_2$$

传动比的概念也可以推广到一系列齿轮（轮系）传动的情况以及带轮、链轮传动的情况。

考虑到两齿轮内啮合时的角速度、角加速度方向相反的情况，上式改写为

$$i_{12} = |\omega_1/\omega_2| = |\alpha_1/\alpha_2| = n_1/n_2 = r_2/r_1 = Z_2/Z_1 \qquad (5)$$

第四节　转动刚体内点的速度和加速度的矢积式

一、角速度和角加速度矢量

在上节给出的速度和加速度计算公式中，角速度和角加速度均为代数量。为了得到定轴转动刚体内任一点的速度、切向加速度和法向加速度的矢量表达式，需要把角速度和角加速度用矢量表示。

当研究刚体的定轴转动时，一般应指出转轴的位置、转动的快慢和转向，这三个要素可用一矢量 $\overline{\omega}$ 表示，称为**角速度矢量**。设转轴为 Oz 轴，则 $\overline{\omega}$ 与 Oz 轴共线，其长度表示角速度的大小，箭头指向按右手螺旋法则确定，表示转动的转向，如图 8-12 所示。$\overline{\omega}$ 矢量可从转轴上任一点画出，为一滑动矢量。设 $\overline{k}$ 为沿 Oz 轴正向的单位矢量，则

$$\overline{\omega} = \omega\overline{k} \tag{8-10}$$

角加速度矢量 $\overline{\alpha}$ 定义为

$$\overline{\alpha} = \dot{\overline{\omega}} = \dot{\omega}\overline{k} = \ddot{\varphi}\overline{k} = \alpha\overline{k} \tag{8-11}$$

即 $\overline{\alpha}$ 位于 Oz 轴上，与 $\overline{\omega}$ 共线，仍为一滑动矢量。显然，当刚体绕 Oz 轴加速转动时，$\overline{\alpha}$ 与 $\overline{\omega}$ 同向；减速转动时则相反，如图 8-13a、b 所示。

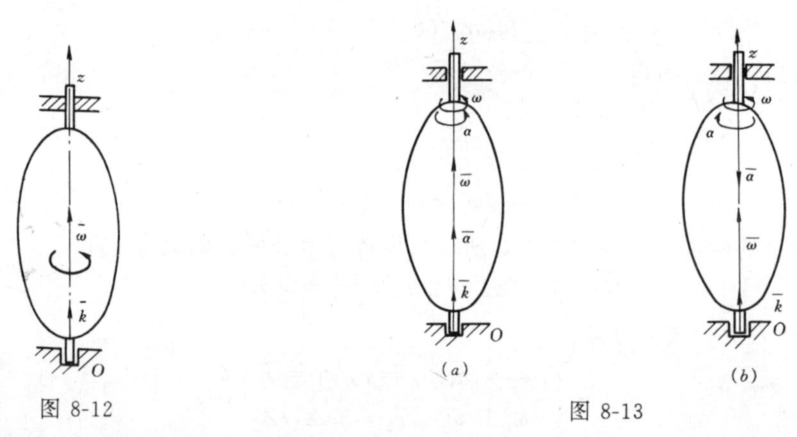

图 8-12　　图 8-13

二、速度和加速度的矢积表达式

利用角速度和角加速度矢量，刚体内任一点的速度、切向加速度和法向加速度就可用矢积来表示。

在转轴上任取一点 O，作点 M 的矢径 $\overline{r}=\overline{OM}$，$\theta$ 表示 $\overline{r}$ 与 z 轴正向的夹角，如图 8-14 所示，则 M 点的速度可表示为

$$\overline{v} = \overline{\omega} \times \overline{r} \tag{8-12}$$

上式同时表达了 M 点速度的大小和方向，因为，由矢积的定义可知

$$|\overline{\omega} \times \overline{r}| = |\overline{\omega}|\,|\overline{r}|\sin\theta = |\overline{\omega}|R = |\overline{v}|$$

即它的模就是 M 点速度的大小，而矢积 $\overline{\omega}\times\overline{r}$ 的方向垂直于 $\overline{\omega}$ 与 $\overline{r}$ 所决定的平面，故也垂直于转动半径 R，其指向与 M 点的速度方向相同。

将式（8-12）对时间求一阶导数，得

$$\bar{a}=\dot{\bar{v}}=\bar{\alpha}\times\bar{r}+\bar{\omega}\times\bar{v} \tag{8-13}$$

上式右边第一项的大小为

$$|\bar{\alpha}\times\bar{r}|=|\bar{\alpha}||\bar{r}|\sin\theta=|\bar{\alpha}|R=|\bar{a}_{\tau}|$$

即它与 M 点的切向加速度的大小相同，该矢量的方向按右手螺旋法则确定，恰与 M 点的切向加速度方向相同，如图 8-15a 所示。故有

$$\bar{a}_{\tau}=\bar{\alpha}\times\bar{r} \tag{8-14}$$

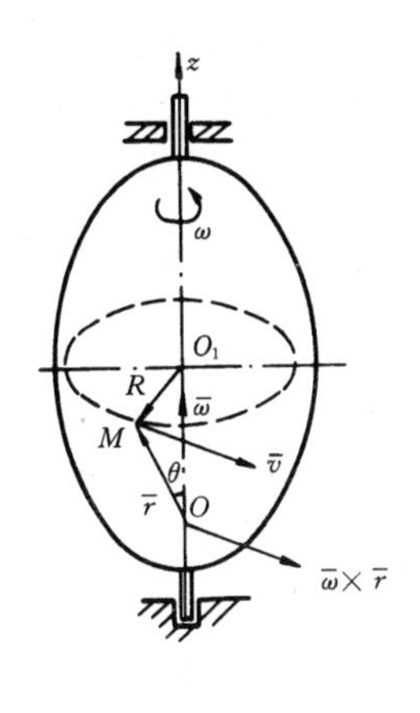

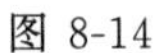

图 8-14

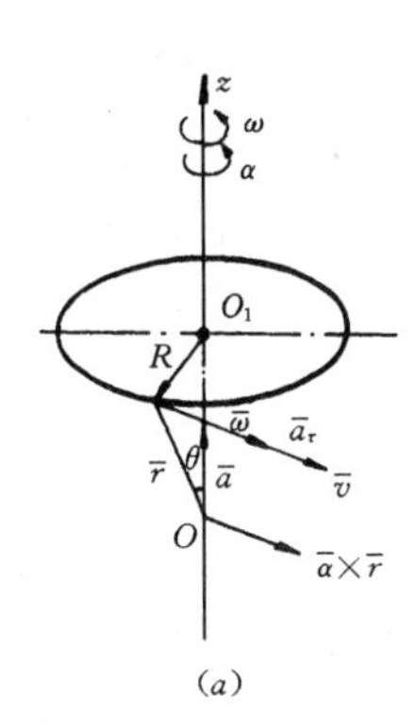

(b)

图 8-15

式（8-13）右边第二项的大小为

$$|\bar{\omega}\times\bar{v}|=|\bar{\omega}||\bar{v}|\sin(\pi/2)=R\omega^2=a_n$$

即该项的大小等于 M 点的法向加速度的大小，其方向按右手螺旋法则确定，并与 M 点的法向加速度相同。如图 8-15b 所示。故有

$$\bar{a}_n=\bar{\omega}\times\bar{v} \tag{8-15}$$

由上面的分析可得：**定轴转动刚体内任一点的速度矢等于角速度矢与该点矢径的矢积；任一点的切向加速度矢等于角加速度矢与该点矢径的矢积；任一点的法向加速度矢等于角速度矢与该点速度矢的矢积。**

三、泊桑公式(poisson)

设刚体以角速度 ω 绕固定轴 Oz 转动，动坐标系 $O'x'y'z'$ 固连在刚体上，动轴上的单位矢量分别是 $\bar{i}'$，$\bar{j}'$，$\bar{k}'$，如图 8-16 所示。泊桑公式是指动轴上的单位矢量对时间的导数与转动刚体的角速度矢的关系式。这一关系式以后将用到。

设单位矢量 $\bar{i}'$ 的端点为 A、O' 和 A 点相对于固定点 O 的矢径分别为 $\bar{r}_O$ 和 $\bar{r}_A$，由图 8-16 可知

$$\bar{i}'=\bar{r}_A-\bar{r}_{O'}$$

将上式对时间求导，得

$$\dot{\bar{i}}'=\dot{\bar{r}}_A-\dot{\bar{r}}_{O'}=\bar{v}_A-\bar{v}_{O'}$$

因 O' 和 A 点是刚体上的点，所以可用式（8-12）求这两点的速度，即有

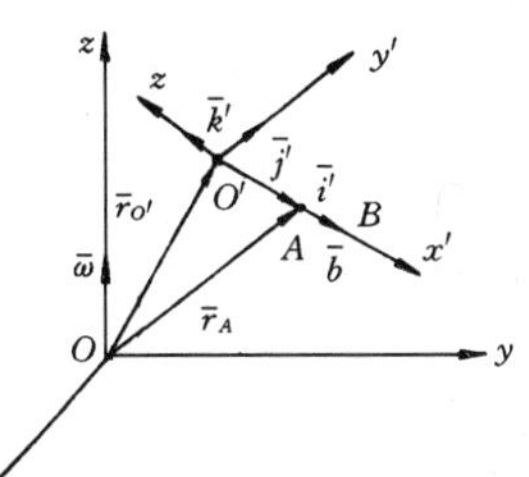

图 8-16

$$\bar{v}_A = \bar{\omega} \times \bar{r}_A, \qquad \bar{v}_{O'} = \bar{\omega} \times \bar{r}_{O'}$$

代入前式得

$$\dot{\bar{i}}' = \bar{\omega} \times \bar{r}_A - \bar{\omega} \times \bar{r}_{O'} = \bar{\omega} \times (\bar{r}_A - \bar{r}_{O'}) = \bar{\omega} \times \bar{i}'$$

同理可得另两个类似的关系式。于是得泊桑公式

$$\dot{\bar{i}}' = \bar{\omega} \times \bar{i}', \qquad \dot{\bar{j}}' = \bar{\omega} \times \bar{j}', \qquad \dot{\bar{k}}' = \bar{\omega} \times \bar{k}' \tag{8-16}$$

式（8-16）和式（8-12）虽是由定轴转动刚体推得，但因 $\bar{\omega}$ 在刚体运动中始终沿转轴（含瞬时转轴）方向，与转轴是定轴还是动轴无关，所以这两式也适用于刚体作其他形式的运动。

应用式（8-16），可以证明，固连在转动刚体上的任一矢量 $\bar{b}$ 对时间的导数为

$$\dot{\bar{b}} = \bar{\omega} \times \bar{b} \tag{8-17}$$

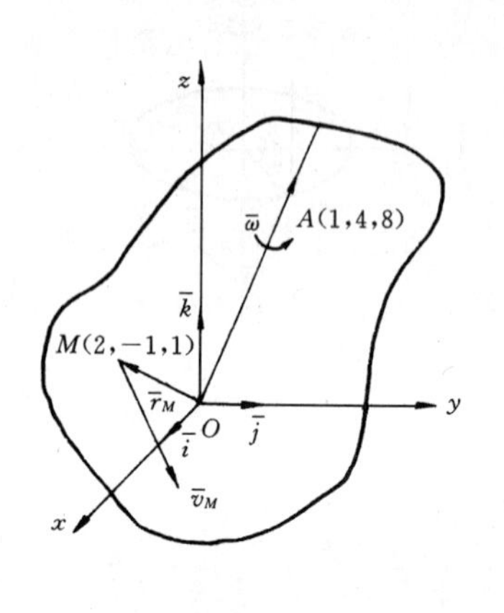

图 8-17

设将固连在转动刚体上的动坐标系 $O'x'y'z'$ 的原点 O' 选在矢量 $\bar{b}$ 的始点，x' 轴的正向与 $\bar{b}$ 重合（图 8-16）则有

$$\bar{b} = |\bar{b}|\ \bar{i}'$$

因为 $\dot{\bar{b}} = |\bar{b}|\dot{\bar{i}}' = |\bar{b}|\bar{\omega} \times \bar{i}' = \bar{\omega} \times |\bar{b}|\bar{i}' = \bar{\omega} \times \bar{b}$，于是式（8-17）得证。它表明，**转动刚体上任一固连矢量对时间的导数等于刚体角速度矢与该矢量的矢积。**

【例 8-5】 如图 8-17 所示。设直角坐标系 $Oxyz$ 固定不动，已知某瞬时刚体以角速度 $\omega = 18$ rad/s 绕通过原点 O 和固定点 A 的轴 OA 转动，A 点坐标为（1，4，8）。试求此瞬时刚体上坐标为（2，−1，1）的 M 点的速度。坐标长度以 cm 计。

【解】 此题可应用公式 $\bar{v} = \bar{\omega} \times \bar{r}$ 求解。

首先应写出 $\bar{\omega}$ 的表达式，为此应求出转轴的方向余弦。因 $OA = \sqrt{1^2 + 4^2 + 8^2} = 9$，所以转轴方向余弦为

$$\cos\alpha = 1/9, \qquad \cos\beta = 4/9, \qquad \cos\gamma = 8/9$$

则角速度矢为

$$\bar{\omega} = |\omega|(\cos\alpha\,\bar{i} + \cos\beta\,\bar{j} + \cos r\,\bar{k})$$

$$= 18(\frac{1}{9}\bar{i} + 4/9\bar{j} + 8/9\bar{k}) = 2\bar{i} + 8\bar{j} + 16\bar{k} \quad \text{rad/s}$$

M 点的矢径为

$$\bar{r}_M = 2\bar{i} - \bar{j} + \bar{k}$$

M 点的速度为

$$\bar{v}_M = \bar{\omega} \times \bar{r} = (2\bar{i} + 8\bar{j} + 16\bar{k}) \times (2\bar{i} - \bar{j} + \bar{k})$$

$$= 24\bar{i} + 30\bar{j} - 18\bar{k} \quad \text{cm/s}$$

M 点速度的大小为

$$v_M = \sqrt{24^2 + 30^2 + 18^2} = 42.4 \text{ cm/s}$$

思 考 题

1. 刚体作平动时，刚体上的点是否一定作直线运动？试举例说明。

2. 刚体作定轴转动时，转轴是否一定通过刚体本身？试举例说明。

3. 刚体以角速度 ω 转动，它在 t 秒钟时间内的转角用式 $\varphi=\omega t$ 表示，这种表达式是否正确？在什么条件下才是正确的？

4. 公式 $\omega=\omega_0+\alpha t$ 和 $\varphi=\varphi_0+\omega_0 t+\frac{1}{2}\alpha t^2$ 的适用条件是什么？

5. 一绳缠绕在鼓轮上，绳端系一重物，重物 M 以速度 $\bar{v}$ 和加速度 $\bar{a}$ 向下运动，如图 8-18 所示。试问绳上两点 A 和 B 与轮缘上两点 C 和 D 的速度和加速度有何不同？若重物 M 的加速度 $\bar{a}$ 与速度 $\bar{v}$ 方向相反，点 A 和 B 与点 C 和 D 的加速度有何不同？

6. 若刚体绕定轴转动，当 $\omega<0$，$\alpha<0$ 时，刚体转动是越转越快还是越转越慢？为什么？

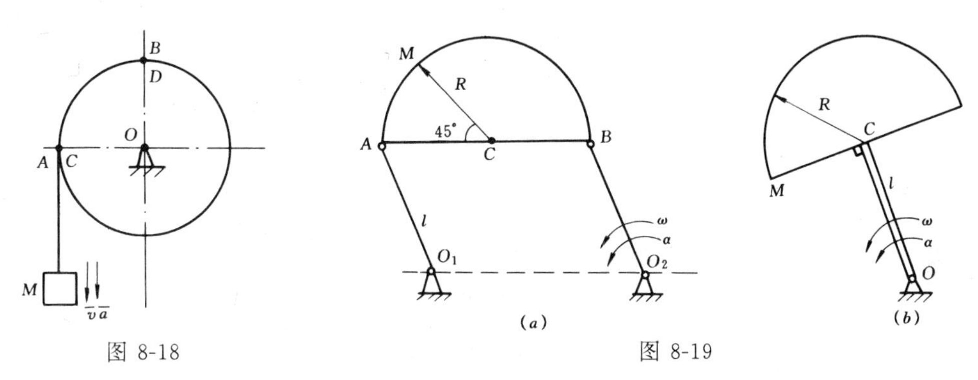

图 8-18　　图 8-19

7. 试分析图 8-19 中 M 点的速度和加速度的大小和方向。

8. 定轴转动刚体上任一点的速度可用矢积表示，即 $\bar{v}=\bar{\omega}\times\bar{r}$。若转轴不与坐标轴重合，是否可用上式求点的速度？

习　　题

8-1　在输送散料的振动式运输机中，$O_1O_2=AB$，$O_1A=O_2B=l$，如某瞬时曲柄 O_2B 与铅垂线成 θ 角，且该瞬时角速度与角加速度分别等于 ω_0 与 α_0，转向如图。试求运输带 AB 上任一点 M 的速度和加速度，并画出点 M 的速度矢和加速度矢。

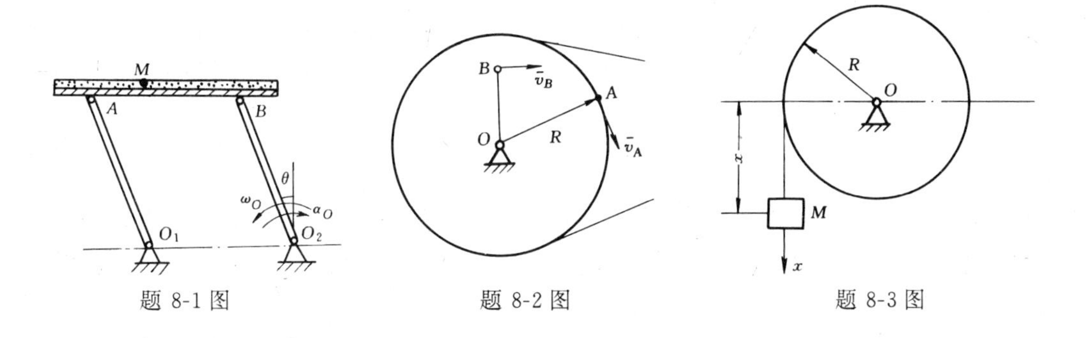

题 8-1 图　　题 8-2 图　　题 8-3 图

8-2　如图所示，带轮边缘上一点 A 以 50 cm/s 的速度运动，在轮内另一点 B 以 10 cm/s 的速度运动，两点到转轴距离相差 20 cm。求带轮的角速度和半径。

8-3　升降机装置由半径为 $R=50$ cm 的鼓轮带动，如图所示。设升降物体的运动方程为 $x=5t^2$（t 以 s 计，x 以 m 计）。求鼓轮的角速度和角加速度，并求在任意瞬时，鼓轮轮缘上一点的全加速度的大小。

8-4　如图所示，曲柄 O_1A 以等角速度 ω 绕 O_1 轴转动，转动方程为 $\varphi=\omega t$。通过滑块 A 带动摇杆 O_2B

绕 O_2 轴转动。设 $O_1O_2=h$，$O_1A=r$。求摇杆的转动方程。

8-5 电动铰车由皮带轮Ⅰ和Ⅱ以及鼓轮Ⅲ组成，鼓轮Ⅲ和皮带Ⅱ刚性地固定在同一轴上。各轮的半径分别为 $r_1=30$ cm，$r_2=75$ cm，$r_3=40$ cm。轮Ⅰ的转速为 $n_1=100$ r/min。设皮带轮和皮带之间无滑动，求重物 Q 上升的速度和皮带各段上点的加速度。

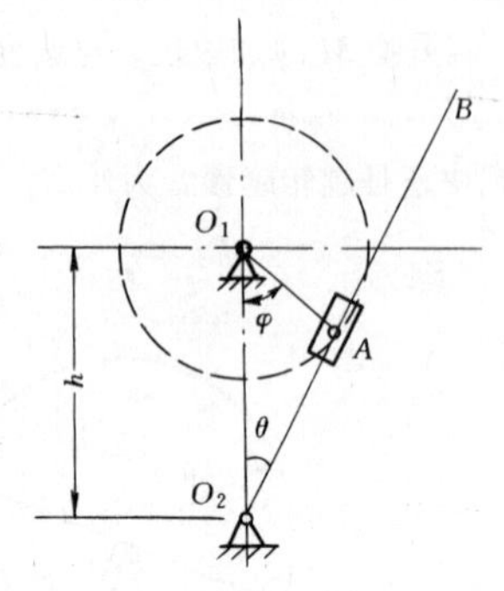

题 8-4 图

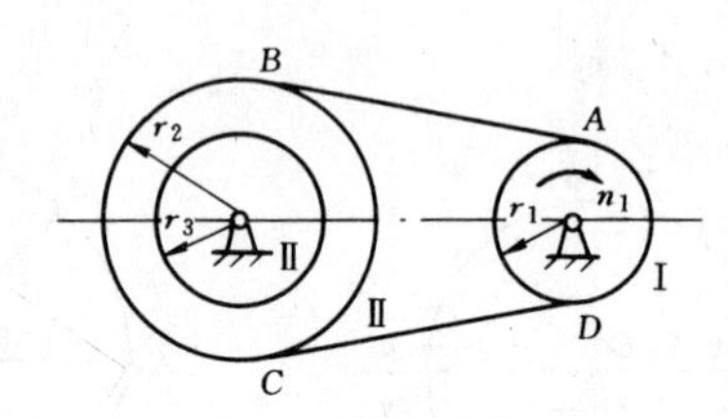

题 8-5 图

8-6 如图所示，已知传动轴 O_1O_2 的转速 $n=200$ r/min，皮带轮半径 $r_1=20$ cm，$r_2=25$cm，一对锥齿轮的齿数分别是 $Z_2=20$ 与 $Z_3=40$。求搅拌机中桨叶的角速度。

8-7 飞轮绕固定轴 O 转动如图示。其轮缘上 M 点的全加速度与转动半径的夹角恒为 $\theta=60°$。当运动开始时，其转角 $\varphi_0=0$，角速度为 ω_0。求飞轮的转动方程，角速度与转角的关系。

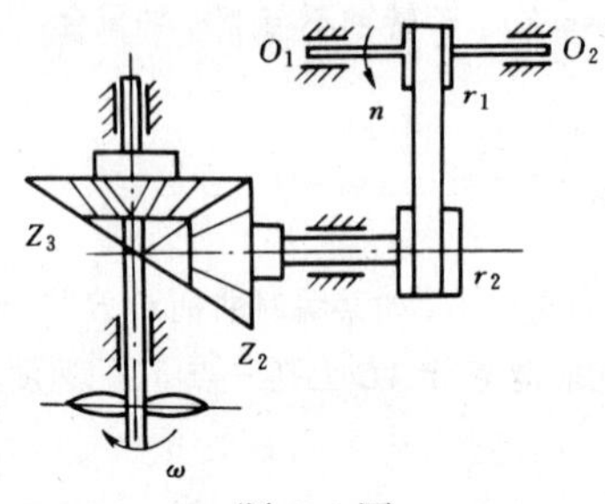

题 8-6 图

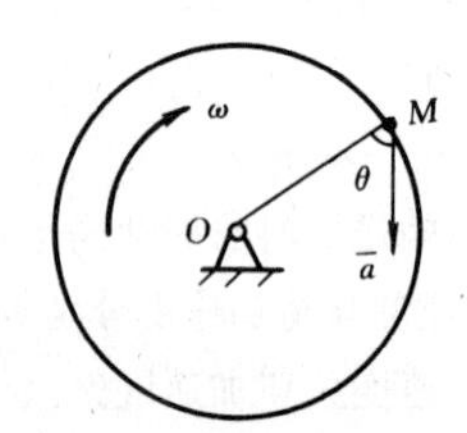

题 8-7 图

8-8 图示曲柄 OA 长 1.5m，在 A 点铰接的杆 AB 长为 0.8m，当曲柄 OA 在铅垂面内绕 O 轴的转动过程中，杆 AB 始终是铅垂向下的。为使 B 端的速度为常量且等于 0.05m/s，求 OA 杆的转角 φ 与时间 t 的关系及点 B 的轨迹方程。

8-9 图示两卷筒，筒Ⅰ以匀角速度 ω 转动，设纸带的厚度为 b，求卷筒Ⅱ的角加速度与卷筒Ⅱ每瞬时最大半径 r_2 的关系。

8-10 如图所示，圆盘绕铅垂轴 z 转动。已知某瞬时圆盘上 B 点的速度 $\bar{v}_B=20\bar{i}$ cm/s，A 点的切向

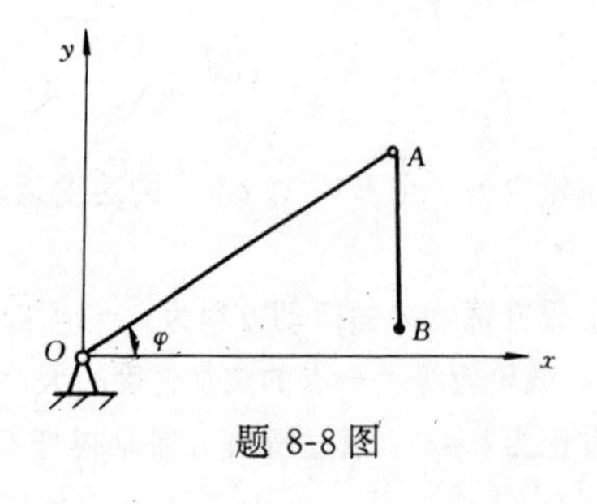

题 8-8 图

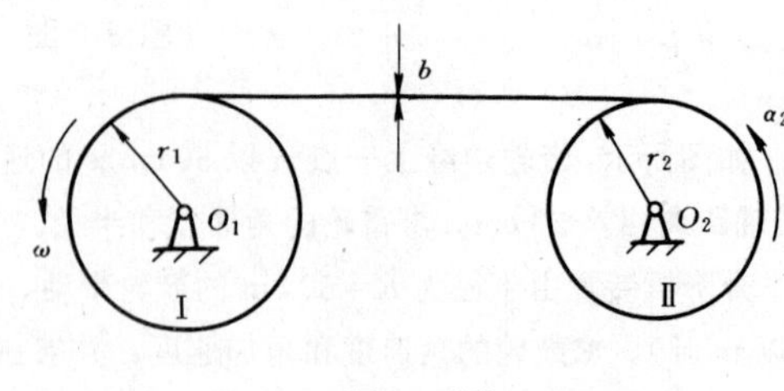

题 8-9 图

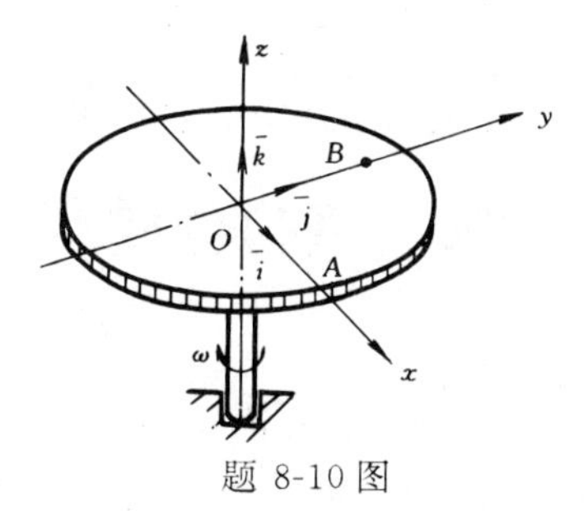

题 8-10 图

加速度为 $\bar{a}_r=45\bar{j}$ cm/s^2。求圆盘的角速度和该瞬时 B 点的全加速度的矢量表达式。已知此时 $OA=15$ cm，$OB=10$ cm。

第九章　点的合成运动

第一节　合成运动的基本概念

前两章只研究了物体对一个参考系的运动。但是在一些理论分析和实际问题中，常需要研究同一物体对不同几个参考系的运动。本章就是建立同一物体（点）相对于两个不同参考系的运动（包括速度和加速度）之间的关系。

一、合成运动的概念

先分析一个实例。如图 9-1a 所示的塔式起重机，设机架和水平悬臂固定不动，而悬臂上的卷扬小车沿悬臂向外作直线平动，同时将吊钩上的重物 A 铅垂向上提升。现以重物 A 为研究对象，当以卷扬小车为参考系时，在小车上的观察者看到重物 A 沿铅垂方向作直线运动，但对以地面为参考系的观察者来说，则看到重物在铅垂平面内作平面曲线运动。由此可见，重物 A 相对地面的平面曲线运动，是重物 A 相对小车的直线运动和小车牵带着重物 A 相对地面的水平直线运动的合成结果。这类由两个运动组合而成的运动称为**点的合成运动或点的复合运动**。

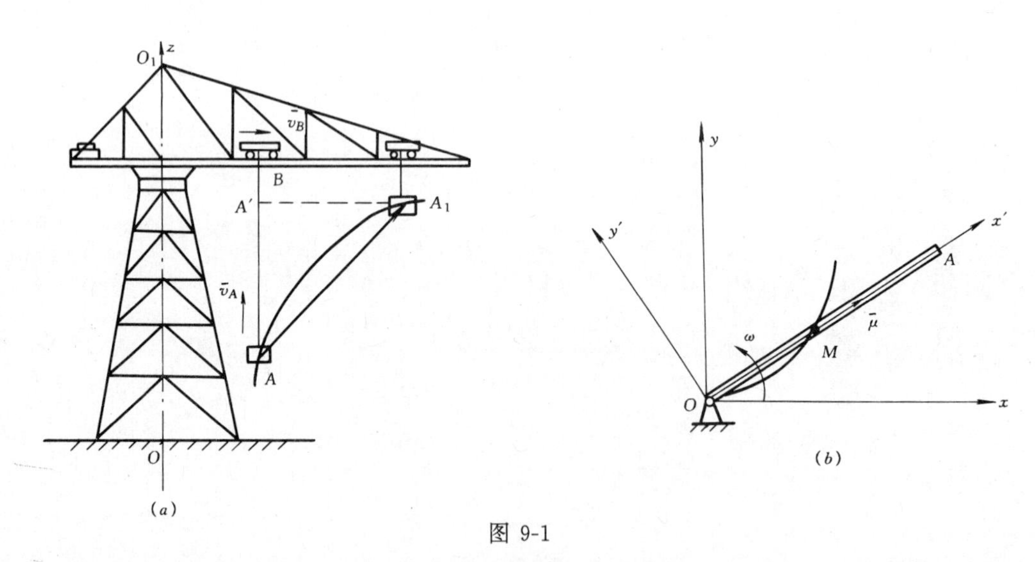

图 9-1

又如直管 OA 以匀角速度 ω 在水平面内绕轴 O 转动（图 9-1b）时，管内小球 M 相对直管（以直管为参考系）作直线运动，而相对地面（以地面为参考系）则作平面曲线运动。小球 M 对地面的平面曲线运动，是它相对直管的直线运动和直管牵带着它对地面的圆周运动的合成结果，也是一个点的合成运动。

二、绝对运动、相对运动和牵连运动

在上述两例中，分析动点 M 的运动，涉及到两个参考系和三种不同的运动。为了区别同一物体对不同参考系的运动，必须选取一个特定的参考系（通常与地面固连）作为**定参考系**，简称**定系**。相对定系运动的参考系称为**动系**。并规定：物体相对于定系的运动称为**绝对运动**，相对于动系的运动称为**相对运动**；动系相对于定系的运动称为**牵连运动**。在上述两例中，以地面为定系，小车和直管为动系，则重物 A 对小车的直线运动和小球 M 对直管的直线运动都是动点的相对运动；重物 A 对地面的平面曲线运动和小球 M 对地面的平面曲线运动都是动点的绝对运动；而小车对地面的水平直线平动和直管对地面的定轴转动都是牵连运动。

在研究点的合成运动中，应特别注意：绝对运动和相对运动都是指动点的运动，它可能是直线运动或曲线运动；而牵连运动则是指动系的运动，实际上是刚体的运动，它可以是平动或定轴转动或其他比较复杂的运动。

三、点的相对运动方程和绝对运动方程

由点运动的矢量法可知，自定系原点 O 引至动点 M 的矢径为（图 9-2）

$$\bar{r}_a = \bar{r}_a(t) = x\bar{i} + y\bar{j} + z\bar{k} \tag{9-1}$$

称为动点 M 的**绝对矢径**。它就是动点的矢量形式的**绝对运动方程**，其矢端曲线就是动点的**绝对轨迹**。

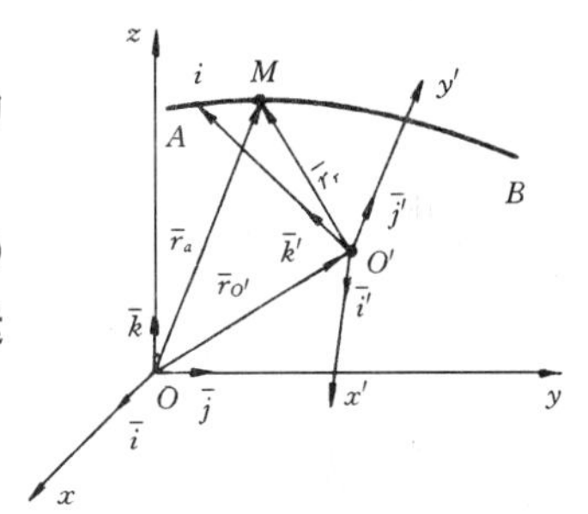

图 9-2

由动系原点 O' 引至动点 M 的矢径为

$$\bar{r}_r = \bar{r}_r(t) = x'\bar{i}' + y'\bar{j}' + z'\bar{k}' \tag{9-2}$$

称为动点的**相对矢径**，它就是动点的矢量形式的**相对运动方程**，其矢端曲线就是动点的**相对轨迹**。绝对矢径和相对矢径两者的关系为

$$\bar{r}_a = \bar{r}_{O'} + \bar{r}_r = \bar{r}_{O'} + x'\bar{i}' + y'\bar{j}' + z'\bar{k}' \tag{9-3}$$

式中 $\bar{r}_{O'}$ 为动系原点 O' 对定系原点 O 的绝对矢径。

第二节　点的速度合成定理

一、绝对速度、相对速度和牵连速度

这里定义：动点相对定系运动的速度称为**动点的绝对速度**，记为 $\bar{v}_a$；动点相对动系运动的速度称为**动点的相对速度**，记为 $\bar{v}_r$。因为动系牵带着动点运动，而每一瞬时能够直接牵带动点运动的只是动系上与动点相重合的一点，某瞬时动系上与动点相重合的点称为动点的**重合点**或**牵连点**；动系上动点的重合点相对于定系运动的速度称为**动点的牵连速度**，记为 $\bar{v}_e$。这里应特别注意，动点的重合点是动系上的一个特定点，是动系上的哪一点？取决于某瞬时动点在动系上的位置。

二、速度合成定理

定理：**动点的绝对速度等于它的牵连速度和相对速度的矢量和**，即

$$\bar{v}_a = \bar{v}_e + \bar{v}_r \tag{9-4}$$

1. 速度合成定理的几何证明

设动点 M 在动系 $O'x'y'z'$ 中沿任意曲线 AB 运动，动系 $O'x'y'z'$ 又相对定系 $Oxyz$ 运动（图 9-3）。在瞬时 t，动系在位置Ⅰ，动点 M 在曲线 AB 上的 E 点（M），E 点是瞬时 t 动点的重合点（牵连点）。在瞬时 $t+\Delta t$，动系运动至位置Ⅱ，曲线 AB 随动系运动到 A_1B_1 位置。同时，t 瞬时动点的重合点 E 也随动系运动到 E_1（M_1）位置。在定系上观察，动点 M 运动至 M' 位置。显然，动点 M 的**绝对位移**是$\overline{MM'}$。在动系上观察，动点的**相对位移**是$\overline{M_1M'}$。$\overline{EE_1}=\overline{MM_1}$ 是动点在瞬时 t 的重合点 E 在 Δt 内的位移，称为动点的**牵连位移**。由图 9-3 可知，绝对位移是相对位移和牵连位移的矢量和，即

$$\overline{MM'} = \overline{MM_1} + \overline{M_1M'}$$

对上式两边除以 Δt，并取极限得

$$\lim_{\Delta t\to 0} \overline{MM'}/\Delta t = \lim_{\Delta t\to 0} \overline{MM_1}/\Delta t + \lim_{\Delta t\to 0} \overline{M_1M'}/\Delta t \tag{9-5}$$

显然，式（9-5）左边就是动点在瞬时 t 的绝对速度 $\bar{v}_a$，方向沿绝对轨迹在 M（E）点的切线方向，式（9-5）右边第一项是瞬时 t 动点 M 的重合点 E 的速度，即动点的牵连速度 $\bar{v}_e$，方向沿 E 点的运动轨迹在 E 点的切线方向，如图 9-3 所示。式（9-6）右边第二项为动点沿相对轨迹 A_1B_1（AB）运动的速度，即动点 M 的相对速度 $\bar{v}_r$。当 $\Delta t\to 0$ 时，$M'\to M_1$（E_1），$M_1\to M$（E），A_1B_1（Ⅱ）$\to AB$（Ⅰ），所以 $\bar{v}_r$ 的方向沿相对轨迹$\overset{\frown}{AB}$在 M（E）点的切线方向，如图 9-3 所示。于是式（9-5）可写成

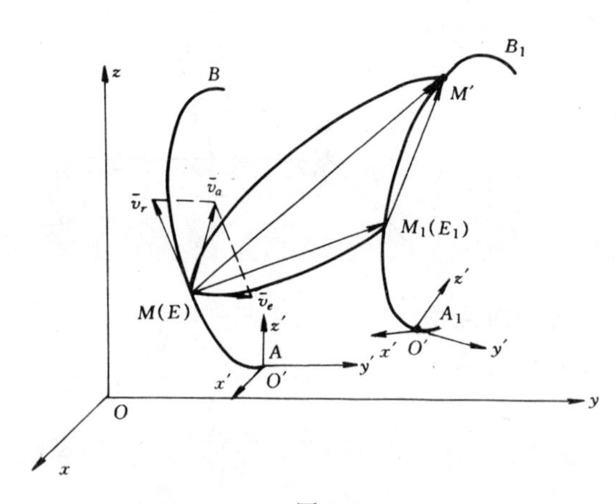

图 9-3

$$\bar{v}_a = \bar{v}_e + \bar{v}_r \tag{9-4}$$

定理得证。

2．速度合成定理的矢量证明

证明：设动点 M 相对动系 $O'x'y'z'$ 沿相对轨迹 AB 运动，动系又相对定系 $Oxyz$ 运动，如图 9-2 所示。由式（9-3）知

$$\bar{r}_a = \bar{r}_{O'} + \bar{r}_r = \bar{r}_{O'} + x'\bar{i}' + y'\bar{j}' + z'\bar{k}' \tag{9-3}$$

将式（9-3）对时间求一阶导数，有

$$\dot{\bar{r}}_a = \dot{\bar{r}}_{O'} + \dot{\bar{r}}_r = \dot{\bar{r}}_{O'} + (x'\dot{\bar{i}}' + y'\dot{\bar{j}}' + z'\dot{\bar{k}}') + (\dot{x}'\bar{i}' + \dot{y}'\bar{j}' + \dot{z}'\bar{k}') \tag{1}$$

应用泊桑公式（8-16），式（1）成为

$$\dot{\bar{r}}_a = \dot{\bar{r}}_{O'} + \bar{\omega}\times\bar{r}_r + (\dot{x}'\bar{i}' + \dot{y}'\bar{j}' + \dot{z}'\bar{k}') \tag{2}$$

式中 $\bar{\omega}$ 为动系的角速度矢量。显然，$\dot{\bar{r}}_a$ 是动点的绝对速度，$\dot{\bar{r}}_{O'}$是动系原点 O'对定系运动的速度，记为 $\bar{v}_{O'}$。式（2）中右边第三项为动点的相对速度 $\bar{v}_r$，即

$$\bar{v}_r = \dot{x}'\bar{i}' + \dot{y}'\bar{j}' + \dot{z}'\bar{k}'$$

于是式（2）变为

$$\bar{v}_a = \bar{v}_{O'} + \bar{\omega}\times\bar{r}_r + \bar{v}_r \tag{3}$$

由于动点的重合点对两个坐标系的矢径关系式与动点对两个坐标系的矢径关系式（9-3）在

形式上相同，为了区别，对其相应矢径加脚标 e，则动点的重合点的绝对矢径表示为

$$\bar{r}_{ae}=\bar{r}_{O'}+\bar{r}_{re} \tag{4}$$

将式（4）对时间求导数，并应用动系上任一固连矢量对时间求导所得公式（8-17），即

$$\dot{\bar{b}}=\bar{\omega}\times\bar{b}$$

则有

$$\dot{\bar{r}}_{ae}=\dot{\bar{r}}_{O'}+\dot{\bar{r}}_{re}=\dot{\bar{r}}_{O'}+\bar{\omega}\times\bar{r}_{re}=\bar{v}_{O'}+\bar{\omega}\times\bar{r}_{re} \tag{5}$$

显然，$\dot{\bar{r}}_{ae}$是动点的牵连速度。注意到任一瞬时，$\bar{r}_{re}=\bar{r}_r$。式（5）变为

$$\bar{v}_e=\bar{v}_{O'}+\bar{\omega}\times\bar{r}_r \tag{9-6}$$

由此可知，式（3）中右边的前两项就是动点的牵连速度 $\bar{v}_e$，于是式（3）可写为

$$\bar{v}_a=\bar{v}_e+\bar{v}_r \tag{9-4}$$

于是，动点的速度合成定理得证。

在速度合成定理的证明过程中，未对牵连运动加任何限制，故它适用于任何形式的牵连运动。速度合成定理的表达式（9-4）是矢量方程，在速度合成（或分解）时要按矢量合成的平行四边形法则处理。式（9-4）中每一矢量均有大小和方向两个因素（量），故该式共有六个因素（量），当已知其中四个因素时，便可求出其余两个因素。

在应用式（9-6）时，当牵连运动为平动时，即 $\bar{\omega}=0$，则因动系上各点速度相同，故有

$$\bar{v}_e=\bar{v}_{O'}$$

当动系为定轴转动且转轴过 O' 点时，即 $\bar{v}_{O'}=0$，故有

$$\bar{v}_e=\bar{\omega}\times\bar{r}_r$$

在应用式（9-4）求解时，关于动点和动系的选择，应注意两点：一是动点与动系不能选在同一刚体上，否则，动点对动系无相对运动；二是动点对动系的相对运动轨迹要简单明了，如为直线运动或圆周运动。

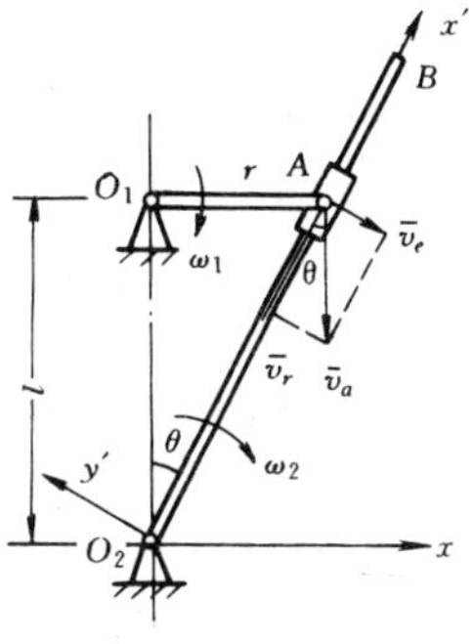

【例 9-1】 试求图 9-4 所示曲柄摇杆机构在图示瞬时摇杆的角速度 ω_2。已知曲柄 OA 长为 r，以匀角速度 ω_1 绕轴 O_1 转动，$O_1O_2=l$，$\theta=30°$。

图 9-4

【解】 依题给条件，套筒 A 在运动着的 O_2B 杆上运动，即为合成运动问题，可应用点的速度合成定理求解如下：

（1）运动分析

选套筒 A 为动点，动系 $O_2x'y'$ 固连在 O_2B 杆上，定系 O_2xy 固连在机架（即地面）上，如图所示。于是，动点的绝对运动是以 O_1 为圆心，r 为半径的圆周运动；动点的相对运动为沿 O_2B 杆的直线运动；牵连运动为动系 $O_2x'y'$ 绕 O_2 轴的定轴转动。

（2）速度分析

速度	$\bar{v}_a$	$\bar{v}_e$	$\bar{v}_r$
大小	$r\omega_1$	待求	未知
方向	$\perp O_1A$	$\perp O_2B$	沿 O_2B

（3）求角速度

由定理 $\bar{v}_a=\bar{v}_e+\bar{v}_r$，依据速度分析，已知其中四个因素，故可作出动点的速度平行四边形（图 9-4）。应注意，$\bar{v}_a$ 一定要画在平行四边形的对角线上，才能正确定出 $\bar{v}_e$、$\bar{v}_r$ 的指向。由速度矢量图可得 $\bar{v}_e$ 的大小为

$$v_e = v_a\sin\theta = r\omega_1\sin30° = r\omega_1/2$$

由几何关系，有 $r/O_2A=\sin30°$，可知 $O_2A=2r$，故得

$$\omega_2 = ve/O_2A = (r\omega_1/2)/2r = \omega_1/4$$

ω_2 的转向由 $\bar{v}_e$ 的指向确定为顺时针。

讨论 本例选套筒 A 为动点，O_2B 杆为动系。三种运动，特别是相对运动轨迹十分明显，使问题得以顺利求解。反之，若选 O_2B 杆上的点（例如与套筒 A 重合之点）为动点，而动系固连在 O_1A 杆上，则动点的相对运动轨迹很难确定，这是不可取的选择。

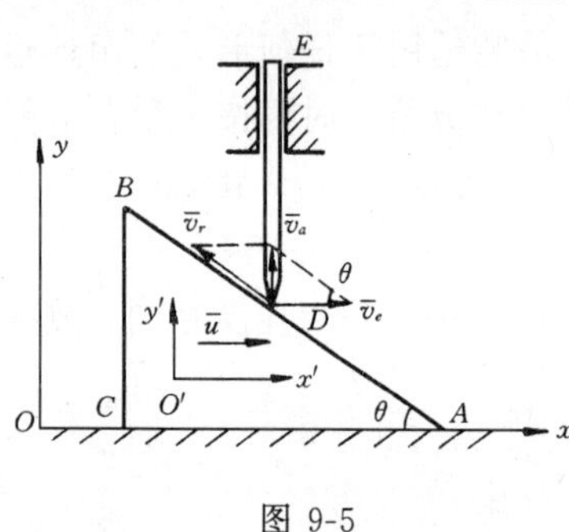

图 9-5

【例 9-2】 倾角为 θ 的尖劈 ABC（图 9-5）沿水平面向右运动，推动铅直杆 DE 沿滑槽上下运动，已知某瞬时尖劈 ABC 的速度为 $\bar{u}$，试求 DE 杆的速度。

【解】 因两构件在接触点有相对运动，可用点的速度合成定理求解。

（1）运动分析

选 DE 杆上的 D 点为动点，动系 $O'x'y'$ 固连于尖劈上，定系与地面固连，如图所示。于是，动点的绝对运动为铅垂直线运动，动点的相对运动为沿 AB 直线运动，牵连运动为尖劈（动系）的水平平动。

（2）速度分析

速度	$\bar{v}_a$	$\bar{v}_e$	$\bar{v}_r$
大小	待求	u	未知
方向	铅直	水平向右	沿 AB

（3）求 DE 杆的速度

由速度合成定理，$\bar{v}_a=\bar{v}_e+\bar{v}_r$，可作出动点的速度平行四边形如图示。由几何关系可得

$$v_a=v_e\tan\theta=u\tan\theta$$

由于 DE 杆为平动，故 $\bar{v}_a$ 即为 DE 杆的速度，其大小为 $v_a=u\tan\theta$，方向铅直向上。

【例 9-3】 偏心凸轮的偏心距 $OC=e$，轮半径 $R=\sqrt{3}e$，以匀角速度 ω_0 绕轴 O 转动，设某瞬时 OC 与 AC 垂直，如图 9-6 所示。试求此瞬时从动杆 AB 的速度。

【解】 杆 AB 的 A 点在运动着的凸轮上运动，可应用速度合成定理求 A 点的速度。

（1）运动分析

选 AB 杆上的点 A 为动点，动系与凸轮固连，定系与机架（或地面）固连。于是动点的绝对运动为铅垂直线运动；动点的相对运动为圆周运动；牵连运动为凸轮的定轴转动。

（2）速度分析

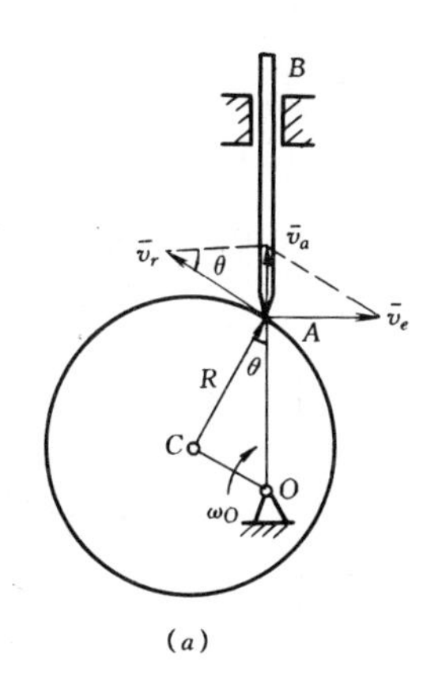

(a)

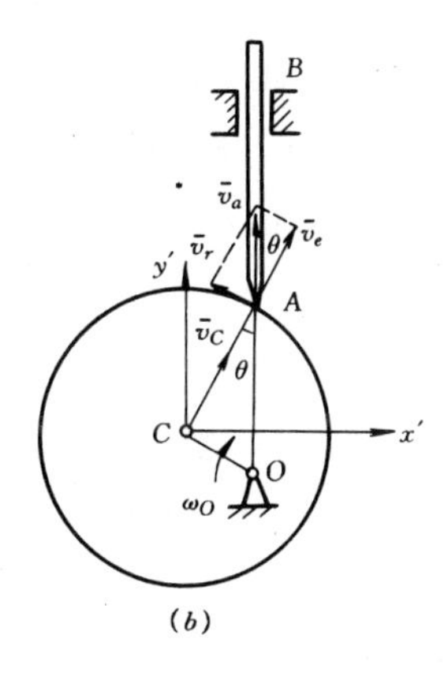

(b)

图 9-6

速度	$\bar{v}_a$	$\bar{v}_e$	$\bar{v}_r$
大小	待求	$OA \cdot \omega_0$	未知
方向	铅直	$\perp OA$	$\perp AC$

(3) 求速度

由速度合成定理 $\bar{v}_a=\bar{v}_e+\bar{v}_r$，可作出动点的速度平行四边形如图 9-6*a* 所示。图中的几何关系可得

$$v_a = v_e \tan\theta = 2e\omega_0 \tan\theta = 2\sqrt{3}\, e\omega_0/3$$

因为 AB 杆作铅垂直线平动，$\bar{v}_a=\bar{v}_A$ 即为 AB 杆的速度，其方向铅直向上，如图 9-6*a* 所示。

讨论 关于动点与动系的选择，对本例，若仍选 AB 杆上的 A 点为动点，但动系不与凸轮固连，而是在凸轮上的 C 点建立一个平动坐标系 $Cx'y'$，如图 9-6*b* 所示。杆 AB 作平动，动点 A 的速度即 AB 杆的速度。动点 A 的绝对速度沿 AB 方向。动点 A 相对于动系 $Cx'y'$ 作圆周运动，故相对速度 $\bar{v}_r$ 沿圆周切向。由于动系作平动，与动点 A 重合的动系上的重合点的速度等于动系上任一点的速度，故 $\bar{v}_e=\bar{v}_C$，(图 9-6*b*)。由定理 $\bar{v}_a=\bar{v}_e+\bar{v}_r$ 和图 9-6*b* 中的几何关系可得

$$v_a = v_e/\cos\theta = v_C/\cos 30^\circ = e\omega_0/(\sqrt{3}/2) = 2\sqrt{3}\, e\omega_0/3$$

$\bar{v}_a$ 的方向铅直向上，如图示。

可见，若选取的动系不同，动点的相对速度和牵连速度则不相同，但绝对速度不变。

【例 9-4】 设汽车 A 以速度 $v_A=40$ km/h 由西向东行驶，另一汽车 B 以速度 $v_B=30$ km/h 由南向北行驶，如图 9-7 所示。试求在图示位置时，A 车相对于 B 车的速度 $\bar{v}_{AB}$、B 车相对于 A 车的速度 $\bar{v}_{BA}$。

【解】 (1) 求 A 车相对于 B 车的速度。

车 A 和车 B 是两个互不相关的物体，各以不同的速度相对于地面运动，为了应用点的速度合成定理求解，选车 A 为动点，它作水平直线运动，$\bar{v}_a=\bar{v}_A$，在车 B 上建立平动动系 $Bx'y'$，平动动系以速度 $\bar{v}_B$ 作直线平动，其上与车 A 重合之点的速度，即 $\bar{v}_e=\bar{v}_B$，因 $\bar{v}_a$、$\bar{v}_e$ 的大小和方向均已知，如图示。故可根据速度合成定理 $\bar{v}_a=\bar{v}_e+\bar{v}_r$ 作出动点（车 A）的速度

平行四边形。由图中的几何关系可得

$$v_r = v_{AB} = \sqrt{v_a^2 + v_e^2} = \sqrt{v_A^2 + v_B^2} = \sqrt{40^2 + 30^2} = 50\text{km/h}$$

设 $\bar{v}_{AB}$与 $\bar{v}_A$ 之间的夹角为 θ，则

$$\theta = \arctan(v_e/v_A) = \arctan(v_B/v_A) = \arctan(30/40) = 36°54'$$

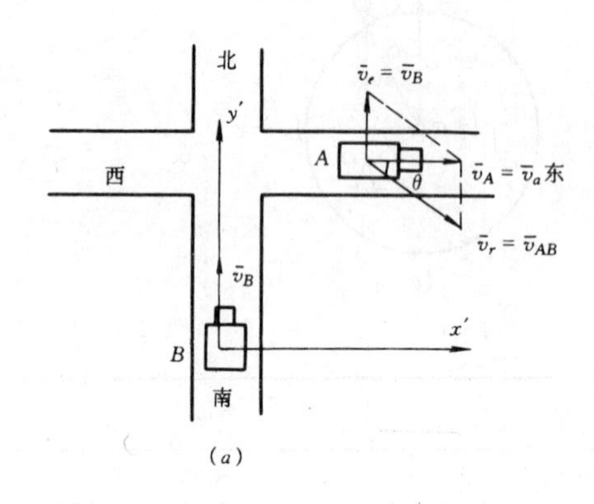

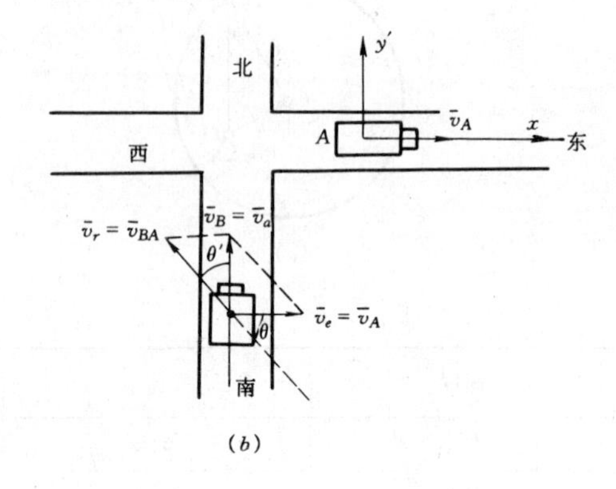

图 9-7

（2）求车 B 相对于车 A 的速度

以车 B 为动点，在车 A 上建立平动动系 $Ax'y'$，如图 9-7b 所示。动点的绝对速度 $\bar{v}_a = \bar{v}_B$，牵连速度 $\bar{v}_e = \bar{v}_A$。因 $\bar{v}_a$ 与 $\bar{v}_e$ 的大小和方向均已知，根据速度合成定理可作出动点 B 的速度平行四边形如图示。由图中的几何关系可得

$$v_r = v_{BA} = \sqrt{v_e^2 + v_a^2} = \sqrt{v_A^2 + v_B^2} = 50\ \text{km/h}$$

$$\tan\theta' = v_e/v_a = v_A/v_B = 4/3 = 1.33 \qquad \theta' = 53°06'$$

由计算结果可知车 A 相对于车 B 的速度 $\bar{v}_{AB}$和车 B 相对于车 A 的速度 $\bar{v}_{BA}$的大小虽然相同，但方向相反。

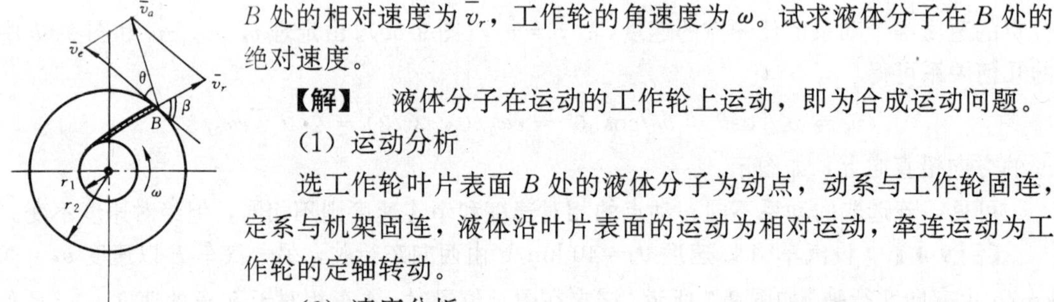

图 9-8

【例 9-5】 图 9-8 所示为涡轮机的工作轮。已知液体分子在出口 B 处的相对速度为 $\bar{v}_r$，工作轮的角速度为 ω。试求液体分子在 B 处的绝对速度。

【解】 液体分子在运动的工作轮上运动，即为合成运动问题。

（1）运动分析

选工作轮叶片表面 B 处的液体分子为动点，动系与工作轮固连，定系与机架固连，液体沿叶片表面的运动为相对运动，牵连运动为工作轮的定轴转动。

（2）速度分析

动点的相对速度 $\bar{v}_r$ 为已知，牵连速度 $\bar{v}_e$ 的大小为 $v_e = r_2\omega$，指向 ω 转动的前方，垂直于 OB。由此可作出动点的速度矢量如图示。

（3）求速度

由定理 $\bar{v}_a = \bar{v}_e + \bar{v}_r$ 和图中的几何关系可得

$$v_a = \sqrt{v_e^2 + v_r^2 - 2v_e v_r \cos\beta} = \sqrt{(r_2\omega)^2 + v_r^2 - 2r_2\omega v_r \cos\beta}$$

其方向可由 $\bar{v}_a$ 与 $\bar{v}_e$ 的夹角 θ 确定，即

$$\sin\theta/v_r = \sin\beta/v_a$$
$$\sin\theta = v_r\sin\beta/v_a$$

第三节　牵连运动为平动时点的加速度合成定理

一、动点的绝对、相对和牵连加速度

这里定义：动点相对定系运动的加速度称为**动点的绝对加速度**；记为 $\bar{a}_a$；动点相对动系运动的加速度称为**动点的相对加速度**，记为 $\bar{a}_r$；某瞬时，动系上动点的重合点对定系运动的加速度称为动点的牵连加速度，记为 $\bar{a}_e$。

当动点对动系 $O'x'y'z'$ 的运动方程为

$$\bar{r}_r = x'\bar{i}' + y'\bar{j}' + z'\bar{k}'$$

时，则由点的运动学可知，动点的相对速度和相对加速度为

$$\left.\begin{aligned}\bar{v}_r &= \dot{x}'\bar{i}' + \dot{y}'\bar{j}' + \dot{z}'\bar{k}' \\ \bar{a}_r &= \ddot{x}'\bar{i}' + \ddot{y}'\bar{j}' + \ddot{z}'\bar{k}'\end{aligned}\right\} \tag{9-7}$$

二、牵连运动为平动时点的加速度合成定理

定理：**当牵连运动为平动时，动点的绝对加速度等于它的牵连加速度和相对加速度的矢量和**，即

$$\bar{a}_a = \bar{a}_e + \bar{a}_r \tag{9-8}$$

证明：设动点 M 在动系 $O'x'y'z'$ 中沿相对轨迹 AB 运动，而动系又相对定系 $Oxyz$ 作平动，如图 9-9 所示。因牵连运动为平动，所以同一瞬时动系上各点的速度和加速度都相等。显然，动点的牵连速度和牵连加速度也等于动系原点 O' 的速度和加速度，即

$$\bar{v}_e = \bar{v}_{O'}, \qquad \bar{a}_e = \bar{a}_{O'} \tag{9-9}$$

图 9-9

由速度合成定理和式（9-7）、（9-9）有

$$\bar{v}_a = \bar{v}_e + \bar{v}_r = \bar{v}_{O'} + (\dot{x}'\bar{i}' + \dot{y}'\bar{j}' + \dot{z}'\bar{k}')$$

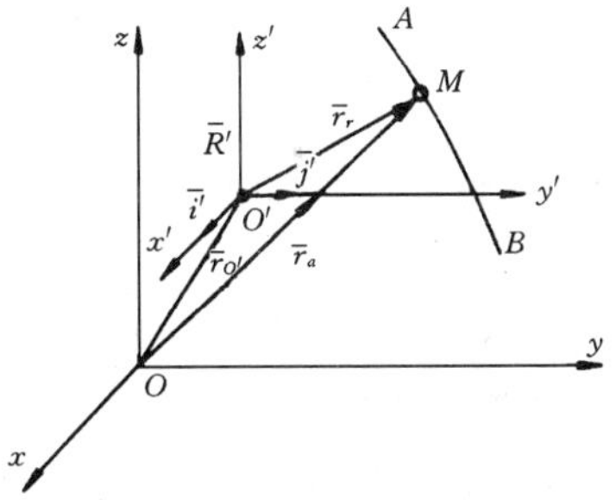

将上式对时间求一阶导数，并注意到动系是作平动，$\bar{i}'$、$\bar{j}'$、$\bar{k}'$ 为常矢量，可得

$$\bar{a}_a = \dot{\bar{v}}_a = \dot{\bar{v}}_{O'} + (\ddot{x}'\bar{i}' + \ddot{y}'\bar{j}' + \ddot{z}'\bar{k}') \tag{9-10}$$

式中 $\dot{\bar{v}}_{O'}=\bar{a}_{O'}$，由式（9-9）知 $\bar{a}_{O'}=\bar{a}_e$；由式（9-7）知

$$\bar{a}_r = \ddot{x}'\bar{i}' + \ddot{y}'\bar{j}' + \ddot{z}'\bar{k}'$$

故式（9-10）即为

$$\bar{a}_a = \bar{a}_e + \bar{a}_r \tag{9-8}$$

于是定理得证。

【例 9-6】　在图 9-10 所示的曲柄导杆机构中，曲柄 OA 长为 R，以角速度 ω_O，角加速度 α_O 转动，转向如图示。求曲柄与导杆轴线夹角为 θ 时，导杆的加速度。

【解】　（1）运动分析

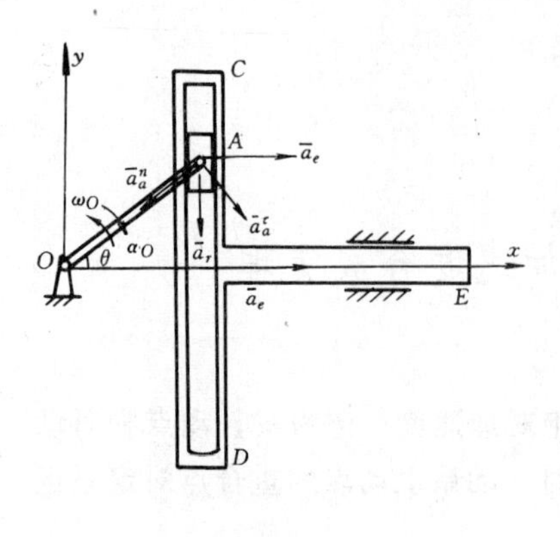

图 9-10

当曲柄 OA 转动时，通过滑块 A 带动导杆在水平方向作往复运动，同时滑块在导杆的槽内滑动。选滑块 A 为动点，动系与导杆固连，定系与机架固连。则动点的绝对运动是以 O 为圆心，R 为半径的圆周运动；相对运动是动点 A 沿导杆上的铅垂槽的直线运动；牵连运动是导杆的水平直线平动。

(2) 加速度分析

动点 A 的绝对加速度 $\bar{a}_a$ 可以分解为法向加速度和切向加速度，依据牵连运动为平动时点的加速度合成定理，$\bar{a}_a$ 又可分解为相对加速度和牵连加速度，即

$$\bar{a}_a = \bar{a}_a^n + \bar{a}_a^\tau = \bar{a}_e + \bar{a}_r \qquad (a)$$

各加速度矢量分析如下表

加速度分量	$\bar{a}_a^n$	$\bar{a}_a^\tau$	$\bar{a}_e$	$\bar{a}_r$
大　　小	$R\omega_O^2$	$R\alpha_O$	待求	未知
方　　向	指向点 O	$\perp OA$	沿水平	铅直

在图 9-10 中先假设了 $\bar{a}_e$ 和 $\bar{a}_r$ 的指向。

(3) 求加速度

应用合矢量投影定理，将式 (a) 按图示各加速度矢量的方向向 x 轴和 y 轴投影得

$$a_a^\tau \sin\theta - a_a^n \cos\theta = a_e$$

$$a_a^\tau \cos\theta + a_a^n \sin\theta = a_r$$

由此解得导杆的加速度大小为

$$a_e = R\alpha_O \sin\theta - R\omega_O^2 \cos\theta$$

其方向由上式计算结果确定。若计算得 a_e 为正值，表示水平向右，得负值表示水平向左。

【例 9-7】 如图 9-11a 所示，凸轮在水平面上向右作减速运动。求导杆 AB 在图示位置时的加速度。已知凸轮半径为 R，图示瞬时的速度和加速度分别为 $\bar{u}$ 和 $\bar{a}$。

【解】 (1) 运动分析

由于凸轮作水平直线平动，带动导杆作铅垂直线平动。导杆和凸轮在接触点有相对运动。选导杆端点 A 为动点，动系与凸轮固连，定系与机架固连。则动点 A 的绝对运动是铅垂直线运动，相对运动是沿凸轮轮廓的圆弧运动。牵连运动是凸轮的水平直线平动。

(2) 速度分析

某些加速度分量与速度有关，如本例中要用到的 $\bar{a}_r^n$ 与 $\bar{v}_r$ 有关。因此，在作加速度分析之前，需先作速度分析。

依据运动分析，动点 A 的速度矢量图如图 9-11a 所示，应用速度合成定理 $\bar{v}_a = \bar{v}_e + \bar{v}_r$，并依据图中的几何关系可求得动点 A 的相对速度大小为

$$v_r = v_e/\sin\varphi = u/\sin\varphi$$

(3) 加速度分析

因为

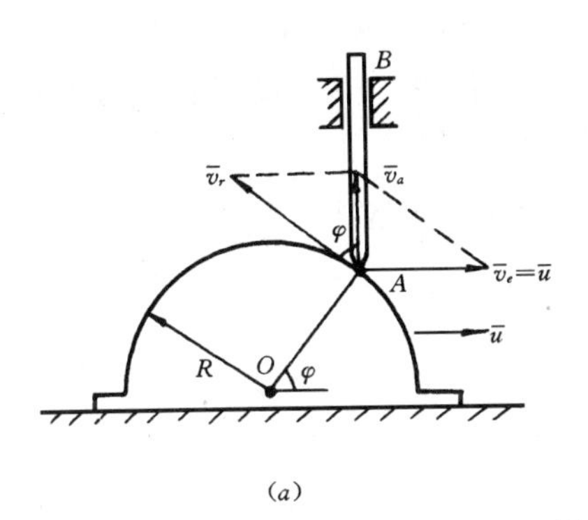

(a)

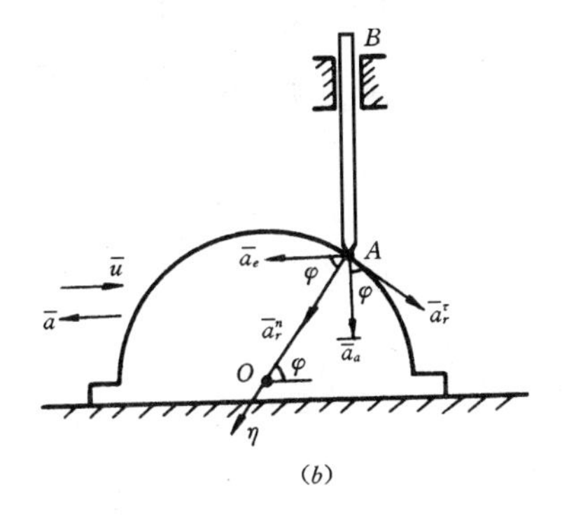

(b)

图 9-11

$$\bar{a}_a = \bar{a}_e + \bar{a}_r = \bar{a}_e + \bar{a}_r^n + \bar{a}_r^\tau \tag{a}$$

其中

加　速　度	$\bar{a}_a$	$\bar{a}_e$	$\bar{a}_r^n$	$\bar{a}_r^\tau$
大　　小	待求	a	v_r^2/R	未知
方　　向	铅直	水平向左	指向 O 点	$\perp OA$

因为 $\bar{a}_r^\tau$ 不需求出，故应用合矢量投影定理，按图示各矢量方向，将式（a）向垂直于 $\bar{a}_r^\tau$ 的 η 轴上投影有

$$a_a\sin\varphi = a_e\cos\varphi + a_r^n = a\cos\varphi + u^2/(R\sin^2\varphi)$$

$$a_a = a\cot\varphi + u^2/(R\sin^3\varphi)$$

当 $\varphi<90°$时，$a_a>0$，说明假设的 $\bar{a}_a$ 方向是其真实方向。$\bar{a}_a$ 也就是导杆 AB 的加速度。

第四节　牵连运动为定轴转动时点的加速度合成定理

定理　当牵连运动为定轴转动时，动点的绝对加速度等于它的牵连加速度、相对加速度和科氏加速度的矢量和。即

$$\bar{a}_a = \bar{a}_e + \bar{a}_r + \bar{a}_k \tag{9-11}$$

其中 $\bar{a}_k$ 为科氏加速度，它等于牵连运动的角速度矢量与动点的相对速度矢量的矢积的两倍。即

$$\bar{a}_k = 2\bar{\omega}_e \times \bar{v}_r \tag{9-12}$$

证明：设动点 M 在动系 $O'x'y'z'$ 中沿相对轨迹曲线 AB 运动。动系又绕定系 $Oxyz$ 的 z 轴转动，其转动角速度矢量和角加速度矢量分别为 $\bar{\omega}_e$ 和 $\bar{\alpha}_e$。如图 9-12 所示。

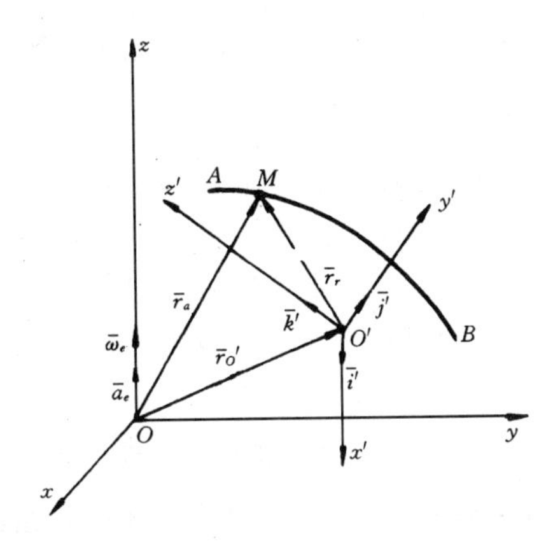

图 9-12

由转动刚体上点的速度和加速度的矢积表达式（8-12）和（8-13）可知，动点的牵连速度和牵连加速度分别为

$$\bar{v}_e = \bar{\omega}_e \times \bar{r}_{ae}, \qquad \bar{a}_e = \bar{\alpha}_e \times \bar{r}_{ae} + \bar{\omega}_e \times \bar{v}_e \tag{9-13}$$

式中 $\bar{r}_{ae}$ 为瞬时 t 动系上动点的重合点对定系原点 O 的绝对矢径。动点的相对速度和相对加速度仍为

$$\bar{v}_r = \dot{x}'\bar{i}' + \dot{y}'\bar{j}' + \dot{z}'\bar{k}', \bar{a}_r = \ddot{x}'\bar{i}' + \ddot{y}'\bar{j}' + \ddot{z}'\bar{k}'$$

依据动点的速度合成定理

$$\bar{v}_a = \bar{v}_e + \bar{v}_r = \bar{\omega}_e \times \bar{r}_a + \bar{v}_r$$

将上式对时间求一阶导数，有

$$\bar{a}_a = \dot{\bar{v}}_a = \dot{\bar{\omega}}_e \times \bar{r}_a + \bar{\omega}_e \times \dot{\bar{r}}_a + \dot{\bar{v}}_r \tag{1}$$

因为

$$\dot{\bar{\omega}}_e = \dot{\bar{\alpha}}_e$$

$$\begin{aligned}
\dot{\bar{r}}_a &= \dot{\bar{r}}_{O'} + \dot{\bar{r}}_r = \bar{\omega}_e \times \bar{r}_{O'} + (\dot{x}'\bar{i}' + \dot{y}'\bar{j}' + \dot{z}'\bar{k}') + (x'\dot{\bar{i}}' + y'\dot{\bar{j}}' + z'\dot{\bar{k}}') \\
&= \bar{\omega}_e \times \bar{r}_{O'} + \bar{v}_r + \bar{\omega}_e \times \bar{r}_r \\
&= \bar{\omega}_e \times (\bar{r}_{O'} + \bar{r}_r) + \bar{v}_r = \bar{\omega}_e \times \bar{r}_a + \bar{v}_r \\
&= \bar{v}_e + \bar{v}_r
\end{aligned} \tag{3}$$

$$\begin{aligned}
\dot{\bar{v}}_r &= (\ddot{x}'\bar{i}' + \ddot{y}'\bar{j}' + \ddot{z}'\bar{k}') + (\dot{x}'\dot{\bar{i}}' + \dot{y}'\dot{\bar{j}}' + \dot{z}'\dot{\bar{k}}') \\
&= \bar{a}_r + \bar{\omega}_e \times \bar{v}_r
\end{aligned} \tag{4}$$

将式（2）、（3）、（4）代入式（1），并注意到任一瞬时 $\bar{r}_{ae} = \bar{r}_a$ 得

$$\begin{aligned}
\bar{a}_a &= \bar{\alpha}_e \times \bar{r}_a + \bar{\omega}_e \times (\bar{v}_e + \bar{v}_r) + \bar{a}_r + \bar{\omega}_e \times \bar{v}_r \\
&= \bar{\alpha}_e \times \bar{r}_a + \bar{\omega}_e \times \bar{v}_e + \bar{\omega}_e \times \bar{v}_r + \bar{a}_r + \bar{\omega}_e \times \bar{v}_r \\
&= \bar{a}_e + \bar{a}_r + 2\bar{\omega}_e \times \bar{v}_r = \bar{a}_e + \bar{a}_r + \bar{a}_k
\end{aligned} \tag{9-11}$$

于是定理得证。

式(9-11)虽然是在牵连运动为定轴转动的情况下导出的，但对牵连运动为刚体的一般运动的情况也适用。

科氏加速度的大小和方向，由式（9-12）可知，它的大小为

$$a_k = 2\omega_e v_r \sin\theta \tag{9-14}$$

式中 θ 是矢量 $\bar{\omega}_e$ 和 $\bar{v}_r$ 正向间小于 π 的夹角。科氏加速度的方向垂直于 $\bar{\omega}_e$ 和 $\bar{v}_r$ 组成的平面，指向由右手螺旋法则确定，如图 9-13 所示。当 $\bar{\omega}_e \perp \bar{v}_r$ 时，$\theta=90°$，$a_k=2\omega_e v_r$，此时 $\bar{\omega}_e$、$\bar{v}_r$ 和 $\bar{a}_k$ 互相垂直，如图 9-14 所示。当 $\bar{\omega}_e // \bar{v}_r$ 时，$\theta=0°$或 $\theta=180°$，$a_k=0$。

【例 9-8】 某一河流在北半球纬度为 φ 处沿经线自南向北以速度 $\bar{v}_r$ 流动(图 9-15)。考虑地球自转的影响，求河水的科氏加速度。

【解】 以北半球纬度为 φ 处的河水水滴 M 为动点，动系与地球固连，设地球的自转轴与定系的 z 轴重合，则动系是绕定系的 z 轴作定转轴转动，由于牵连运动为转动，故有

$$\bar{a}_k = 2\bar{\omega}_e \times \bar{v}_r$$

其中 $\bar{\omega}_e$ 为地球绕自转轴（地轴）转动的角速度，$\bar{v}_r$ 是河水相对地球的速度，为了计算 $\bar{a}_k$，可将角速度矢量 $\bar{\omega}_e$ 平行移至 M 点，于是，由图 9-15 中各矢量的几何关系可得 $\bar{a}_k$ 的大小为

$$a_k = 2\omega_e v_r \sin\varphi$$

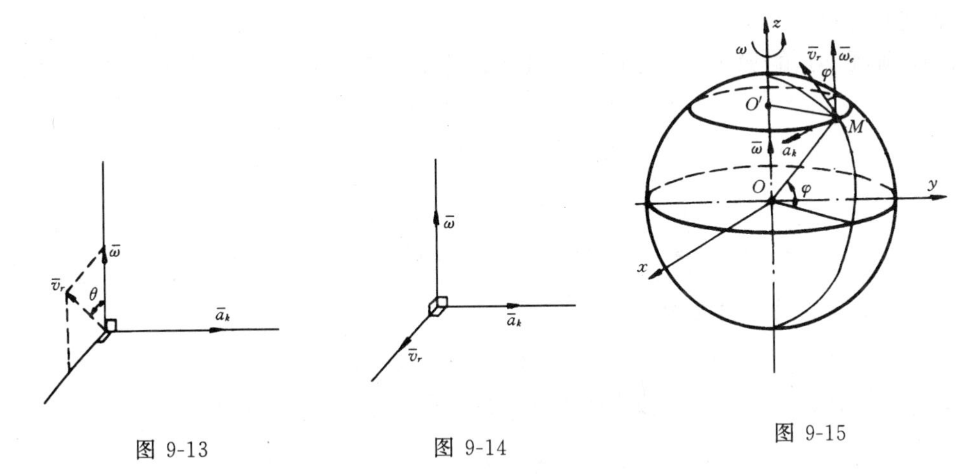

图 9-13　　图 9-14　　图 9-15

$\bar{a}_k$ 的方向由右手螺旋法则确定，它垂直于 $\bar{\omega}_e$ 与 $\bar{v}_r$ 所在的平面，沿纬线在点 M 的切线指向西边，如图所示。

由牛顿第二定律可知，河水有向左的科氏加速度是由于河的右岸对水流作用有向左的力而产生的。依据作用与反作用定律，水流对右岸必有反作用力。由于这个力的经常不断的作用而使右岸受到冲刷而塌陷，逐渐被河水冲向下游，从而造成河床向东移动的现象。这种客观存在的现象，证明了 $\bar{a}_k$ 的存在。

【例 9-9】　求例 9-1 中摇杆 O_2B 在图 9-16 所示位置时的角加速度。

图 9-16

【解】　(1) 运动分析

动点和动系的选择同例 9-1。因为动系作转动，因此，应用牵连运动为转动时的加速度合成定理

$$\bar{a}_a = \bar{a}_e + \bar{a}_r + \bar{a}_k = \bar{a}_e^\tau + \bar{a}_e^n + \bar{a}_r + \bar{a}_k$$

来求解。由于 $a_e^\tau = O_2A \cdot \alpha_2$，欲求摇杆 O_2B 的角加速度，只需求出 $\bar{a}_e^\tau$ 即可。

(2) 加速度分析

加　速　度	$\bar{a}_a$	$\bar{a}_e^\tau$	$\bar{a}_e^n$	$\bar{a}_r$	$\bar{a}_k$
大　　小	$r\omega_1^2$	待求	已知	未知	已知
方　　向	指向 O_1	$\perp O_2B$	指向 O_2	沿 O_2B	$\perp O_2B$

表中

$$a_e^n = O_2A \cdot \omega_2^2 = 2r(\omega_1^2/4^2) = r\omega_1^2/8$$

由例 9-1 动点的速度矢量图 9-4 可求得

$$v_r = v_a\cos\theta = r\omega_1\sqrt{3}/2$$

所以表中

$$a_k = 2\omega_2 v_r = 2\omega_1/4 \times r\omega_1\sqrt{3}/2 = \sqrt{3}\,r\omega_1^2/4$$

(3) 求角加速度

依图 9-16 所画动点的加速度矢量图，应用合矢量投影定理，将加速度矢量式向 x 轴上投影有

$$-a_a\cos\theta = a_e^{\tau} - a_k$$

即

$$a_e^{\tau} = a_k - a_a\cos\theta = \sqrt{3}r\omega_1^2/4 - \sqrt{3}r\omega_1^2/2 = -\sqrt{3}r\omega_1^2/4$$

于是可求得摇杆 O_2B 的角加速度为

$$\alpha_2 = -\sqrt{3}r\omega_1^2/4/2r = -\sqrt{3}\omega_1^2/8$$

式中负号表示 $\bar{a}_e^{\tau}$ 的真实方向与图中假设的方向相反。即表示 α_1 为逆时针转向。

思 考 题

1. 何谓牵连运动？何谓牵连速度和牵连加速度？
2. 一般情况下，如何选择动点和动系？
3. 当牵连运动为转动时，$\bar{a}_e=\dot{\bar{v}}_e$ 及 $\bar{a}_r=\dot{\bar{v}}_r$ 是否成立？为什么？
4. 当牵连运动为转动时，$a_{e\tau}=\dot{v}_e$ 及 $a_{r\tau}=\dot{v}_r$ 是否成立？为什么？
5. 加速度合成定理与牵连运动的类型有何关系？
6. 哪些情况下，科氏加速度 $\bar{a}_k=0$？

习 题

9-1 斜面以匀速 $u=20$ m/s 水平向右运动，在斜面上的物块 A 沿斜面按 $x'=5t^2$ 规律运动。设 $\theta=60°$，求 $t=2$s 时物块 A 的绝对速度。

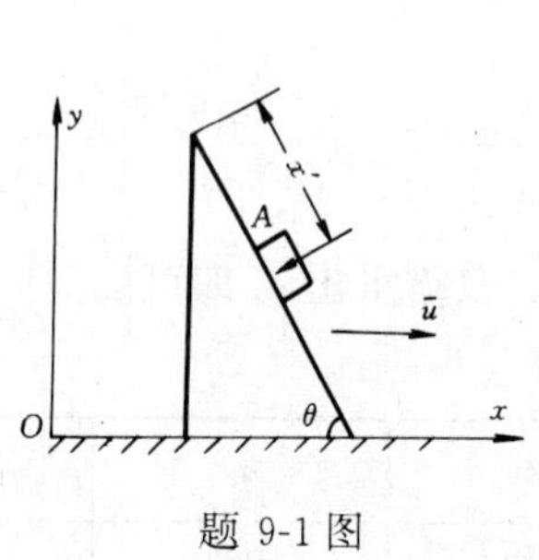

题 9-1 图

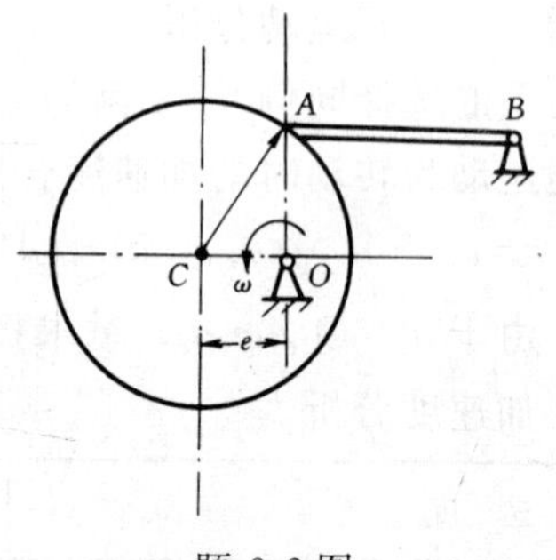

题 9-2 图

9-2 半径为 R，偏心距为 e 的凸轮以匀角速度 ω 绕轴 O 转动，AB 杆长 l，A 端置于凸轮上，B 端可绕轴 B 转动。在图示瞬时，AB 杆处于水平位置。试求杆 AB 的角速度。

9-3 图示平面铰接四边形机构，$O_1A=O_2B=100$ mm，$O_1O_2=AB$，杆 O_1A 以 $\omega=2$ rad/s 绕轴 O_1 作匀速转动。AB 杆上有一套筒 C，此筒与 CD 杆铰接。求当 $\varphi=60°$时 CD 杆的速度。

9-4 瓦特离心调速器以角速度 $\omega=10$ rad/s 绕铅垂轴转动，由于机器负荷的变化，调速器的重球在图示平面内以角速度 $\omega_1=1.2$ rad/s 向外张开。如球柄长 $l=50$ cm，与铅垂线所成夹角 $\theta=30°$，悬挂球柄的铰接点至铅垂轴的距离 $e=5$ cm。求此时重球的绝对速度。

9-5 图示曲柄滑道机构中，杆 BC 水平，而杆 DE 保持铅直，并与 BC 杆在 D 处固结。曲柄长 $OA=10$ cm，以等角速度 $\omega=20$ rad/s 绕轴 O 转动，通过与曲柄铰接的滑块 A 使杆 BC 作往复运动。求当曲柄与水平线间的夹角分别为 $\varphi=0°$、30°、90°时，杆 BC 的速度。

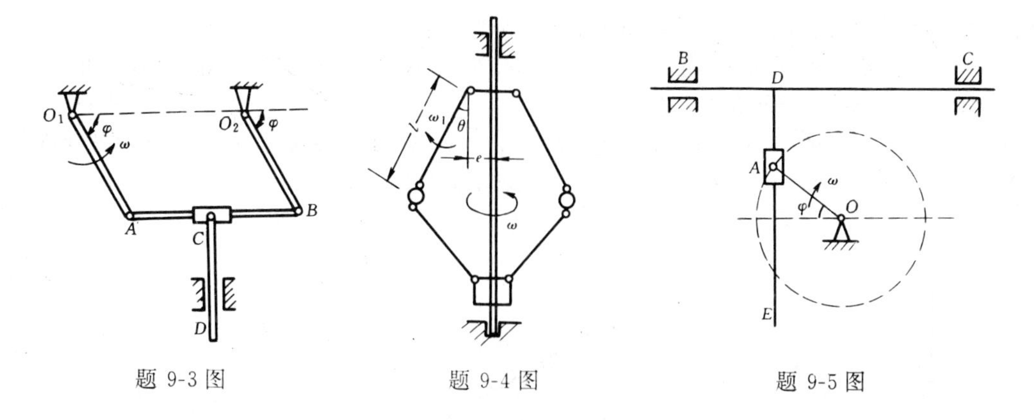

题 9-3 图　　　　题 9-4 图　　　　题 9-5 图

9-6　直杆 AB 和 CD 相交成 $\pi/2$ 角，直杆 AB 以速度 $\bar{v}_1$ 沿垂直于 AB 杆的方向向下移动，而直杆 CD 以速度 v_2 沿垂直于 CD 杆的方向向右移动。求套在两杆交点处的小环 M 速度的大小。

9-7　试求习题 9-3 中 CD 杆的加速度。

9-8　小车以匀加速度 $a_0=49.2\ \mathrm{cm/s^2}$ 水平向右运动，车上有一半径 $r=20$ cm 的圆轮绕轴 O 按 $\varphi=t^2$ 规律转动，单位为弧度、秒。在 $t=1$s 时，轮缘上 A 点的位置如图示。求此时点 A 的绝对加速度。

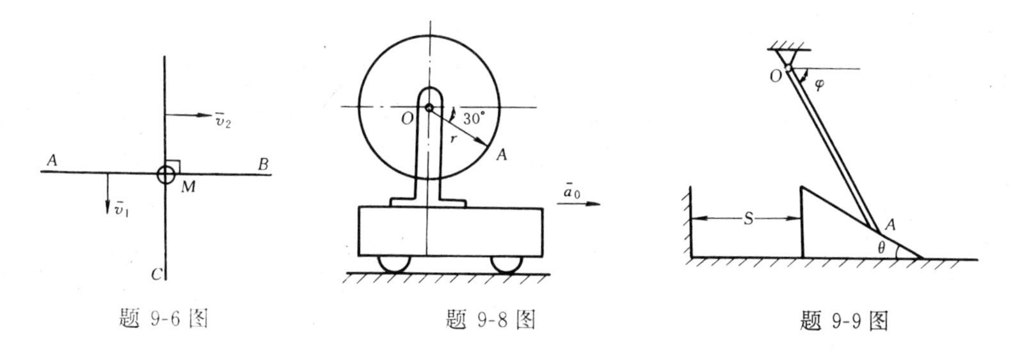

题 9-6 图　　　　题 9-8 图　　　　题 9-9 图

9-9　一棱柱，按 $s=2t(5-t)$ cm 规律沿水平面作直线平动。杆 OA 可绕轴 O 转动，A 端压在棱柱的斜面上，已知 $OA=20$ cm，试求在 $t=1$s 时 OA 杆的角速度和角加速度。设此时 $\theta=30°$，$\varphi=60°$。

9-10　水平直杆 AB 在半径为 R 的固定圆平面上以匀速 $\bar{u}$ 铅直落下，求套在直杆与圆环上的小环 M 的速度和加速度（表示成 φ 的函数）。

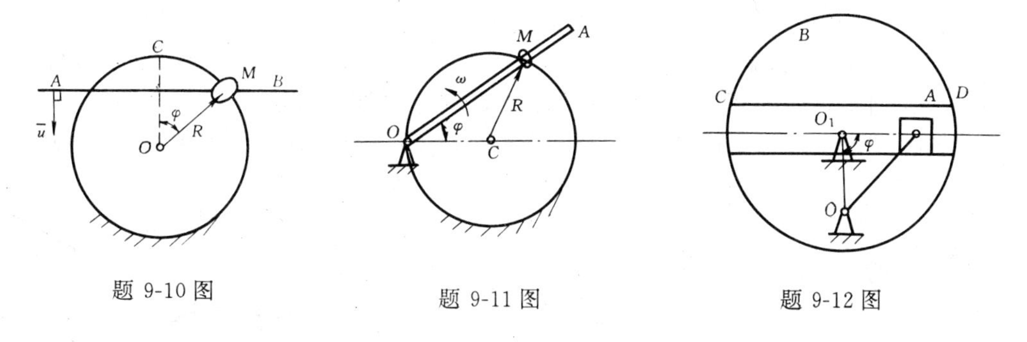

题 9-10 图　　　　题 9-11 图　　　　题 9-12 图

9-11　OA 杆以匀角速度 ω 绕轴 O 转动，带动小环 M 沿半径为 R 的固定大圆环运动，如图所示。当 OA 杆与水平线夹角为 φ 时，求小环 M 的速度和加速度。

9-12　图示机构的杆 OA 以等角速度 ω_O 绕轴 O 转动，通过滑块 A 在圆盘 B 上的滑槽 CD 内的运动来带动圆盘绕轴 O_1 转动。在图示位置时，$\varphi=90°$，$OO_1=O_1A=e$。试求此瞬时：(1) 圆盘 B 的角速度和角加速度，(2) 滑块 A 相对于圆盘 B 的相对速度和相对加速度。

9-13　平底凸轮机构如图示。凸轮的半径为 R，偏心矩 $OA=e$，以匀角速度 ω 绕轴 O 转动，并带动挺杆 BCD 移动。试求挺杆的速度和加速度。

9-14　半径为 $R=4\sqrt{3}$ cm 的圆盘，以匀角速度 $\omega_O=1.9$rad/s 绕轴 O 转动，并带动 AB 杆绕轴 O_1 转动。试求机构在图示位置时，AB 杆的角速度和角加速度。设此时 $\varphi=30°$。

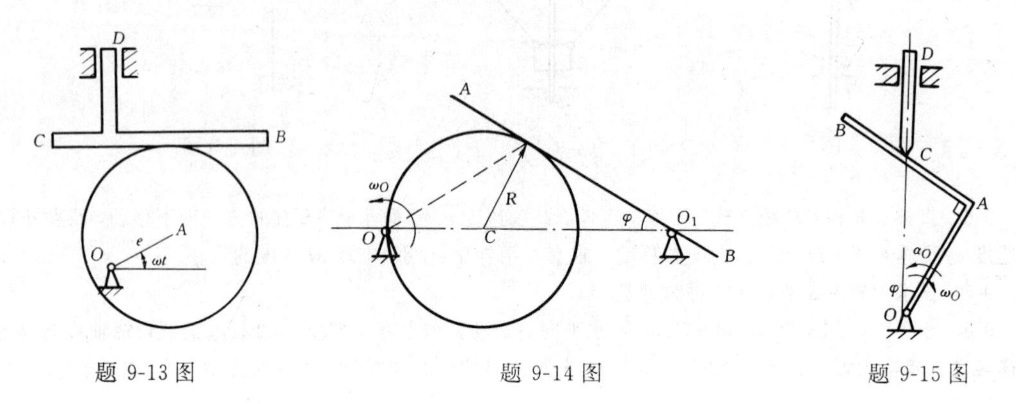

题 9-13 图　　题 9-14 图　　题 9-15 图

9-15　试求图示机构在图示瞬时 CD 杆的速度和加速度。已知在图示瞬时 $\varphi=30°$，$\omega_O=1.5$ rad/s，$\alpha_O=2$ rad/s^2，$OA=10\sqrt{3}$ cm。

9-16　圆盘绕 AB 轴转动，其角速度 $\omega=2t$ rad/s。M 点沿圆盘一直径离开中心向外缘运动，其运动规律为 $OM=4t^2$ cm，OM 与 AB 轴成 60°倾角，求当 $t=1$s 时，M 点的绝对加速度的大小。

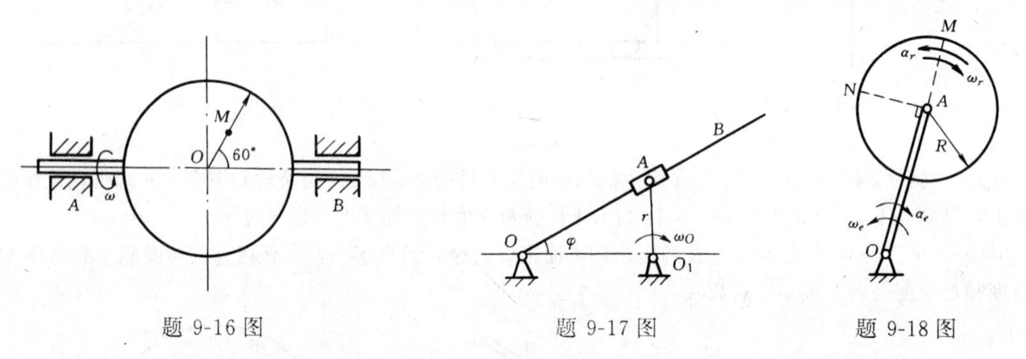

题 9-16 图　　题 9-17 图　　题 9-18 图

9-17　在图示机构中，套筒 A 与曲柄 O_1A 铰接，OB 杆穿过套筒，曲柄 O_1A 以匀角速度 ω_0 转动。已知 $O_1A=r$，当 O_1A 在图示铅垂位置时，$\varphi=30°$。试求 OB 杆的角速度和角加速度。

9-18　曲柄 OA，长为 $2R$，绕固定轴 O 转动；圆盘半径为 R，绕轴 A 转动。已知 $R=0.1$m，在图示

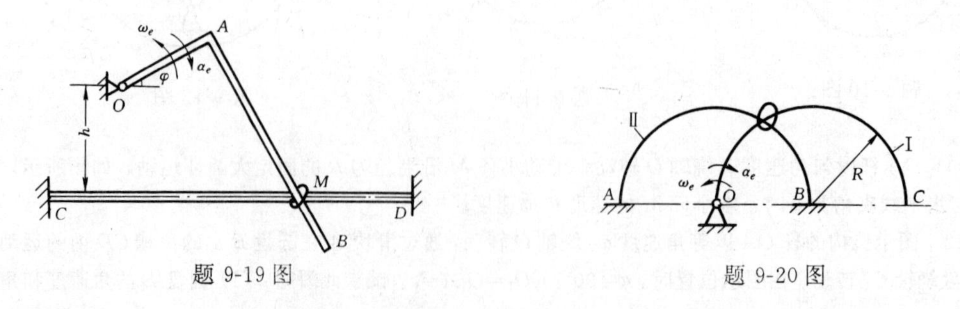

题 9-19 图　　题 9-20 图

位置，曲柄的角速度 $\omega_e=4$ rad/s，角加速度 $\alpha_e=3$ rad/s^2，圆盘相对于 OA 杆的角速度 $\omega_r=6$ rad/s，角加速度 $\alpha_r=4$ rad/s^2、求圆盘上点 M 和点 N 的绝对速度和绝对加速度。

9-19　直角曲杆 OAB 绕轴 O 转动，并带动套在固定杆 CD 上的小环 M 运动。已知 $OA=0.4m=h$，当 $\varphi=30°$时，$\omega_e=2$ rad/s，$\alpha_e=1$ rad/s^2。试求该瞬时小环 M 的绝对速度和绝对加速度，以及小环相对杆 OAB 的速度和加速度。

9-20　如图示，半圆弧形杆Ⅰ，可绕轴 O 转动，并带动套在固定半圆弧形杆Ⅱ上的小环运动，已知两半圆弧形杆半径均为 $R=20$ cm，轴 O 与Ⅱ杆的曲率中心重合。当Ⅰ杆的曲率中心与点 B 重合时，且 $\omega_e=0.5$ rad/s，$\alpha_e=0.2$ rad/s^2 时，求点 M 的绝对速度和绝对加速度以及它相对杆Ⅰ的速度和加速度。

9-21　如图示，小车在水平面上作平动，其速度为 $\bar{v}_O$，加速度为 $\bar{a}_O$。试求在图示瞬时，OA 杆的角速度 ω 和角加速度 α。已知小车高为 b，图示位置 $\theta=30°$。

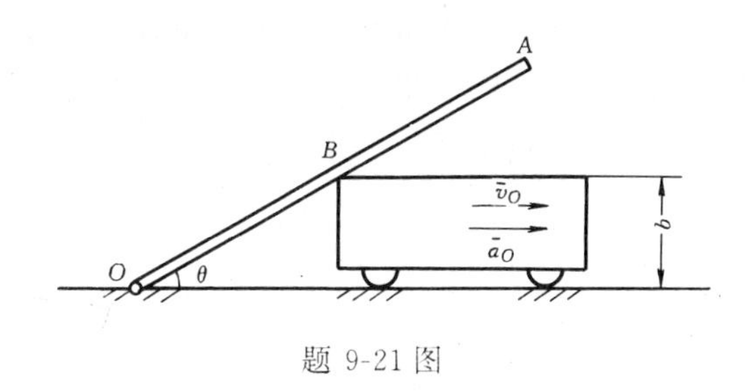

题 9-21 图

第十章　刚体的平面运动

第一节　刚体的平面运动方程

一、刚体平面运动的简化

刚体在运动过程中，如其上任一点到某一固定平面的距离始终保持不变，则称该刚体作平面运动。刚体的平面运动在工程实际中也是常见的。例如，车轮沿直线轨道的滚动（图10-1*a*），曲柄连杆机构中连杆 AB 的运动（图 10-1*b*），行星齿轮 O_1 的运动（图 10-1*c*）等等，这些刚体上的各点都在平行于某固定平面的平面内运动。

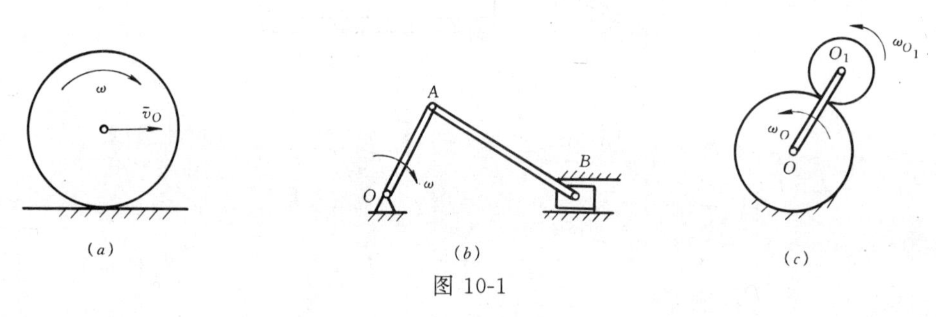

图 10-1

设刚体作平面运动，如图 10-2 所示，刚体上任一点 A 到固定平面 P_0 的距离始终保持不变。过点 A 作一与固定平面 P_0 平行的平面 P，则平面 P 在刚体上截出一平面图形 S。由刚体平面运动的定义可知，当刚体运动时，平面图形 S 始终在自身所在的平面 P 内运动。同时，刚体上过点 A 与平面图形 S 垂直的直线段 A_1A_2 作平动，其上各点的运动状态相同，即点 A 的运动就代表了刚体上直线段 A_1A_2 的运动，则平面图形 S 的运动就代表了整个刚体的运动。于是，刚体的平面运动可简化为平面图形 S 在其自身所在平面内的运动。以后将以平面图形 S 的运动来代表刚体的平面运动。

二、刚体的平面运动方程

如图 10-3 所示，设平面图形 S 在自身所在的固定平面 Oxy 内运动。平面图形 S 在 Oxy 面内的位置，显然，可以用其上的任一线段 $O'M$ 的位置完全确定。而线段 $O'M$ 的位置，则

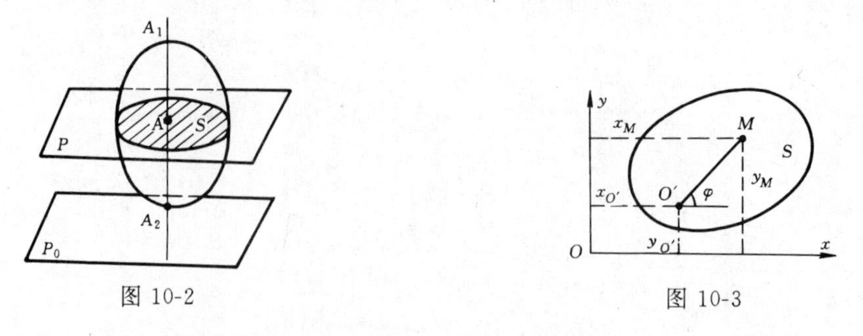

图 10-2　　图 10-3

可用点 O' 的坐标 $x_{O'}$、$y_{O'}$ 和 $O'M$ 与某固定轴（如 x 轴）之夹角 φ 来确定。当平面图形 S 运动时，$x_{O'}$，$y_{O'}$ 和 φ 都是时间 t 的单值连续函数。即

$$x_{O'} = x_{O'}(t), \qquad y_{O'} = y_{O'}(t), \qquad \varphi = \varphi(t) \tag{10-1}$$

式（10-1）就是平面图形 S 的运动方程，也称为**刚体的平面运动方程**。点 O' 称为**基点**。式(10-1)中的前两个方程决定了基点 O' 的运动。最后一个方程是平面图形 S 绕基点 O 的转动方程。可以用转动方程来求平面图形 S 的角速度和角加速度。即

$$\omega = \dot{\varphi}, \qquad \alpha = \ddot{\varphi} = \dot{\omega} \tag{10-2}$$

由图 10-3 可知，平面图形 S 上任一点 M 的运动方程为

$$\left.\begin{aligned} x_M &= x_{O'} + O'M\cos\varphi = x_{O'}(t) + O'M\cos\varphi(t) \\ y_M &= y_{O'} + O'M\sin\varphi = y_{O'}(t) + O'M\sin\varphi(t) \end{aligned}\right\} \tag{10-3}$$

式（10-3）中 $O'M$ 是常量。有了平面图形上任一点 M 的运动方程式（10-3），就可应用点的运动学知识来确定点的运动轨迹、速度和加速度。应用平面运动方程式（10-1）来研究刚体平面运动的方法，称为**解析法**。由于解析法在实际问题中应用较少，本教材不再深入讨论。

第二节　平面运动分解为平动和转动

由刚体的平面运动方程式（10-1）可见，(1) 若基点 O' 固定不动，则图形 S 绕垂直于平面的轴 O' 作定轴转动，即刚体作定轴转动；(2) 若 φ 角保持不变，则图形 S 在其自身平面内作平动，即刚体随基点 O 作平面平动。故刚体的定轴转动和平面平动都是刚体平面运动的特例。一般情况下，点 O' 的坐标与 φ 角均随时间 t 而变化，平面图形 S 的运动将是平动和转动的合成结果。或者说，平面图形 S 的运动可以分解为平动和转动。

在图形 S 上取 O' 为原点，建立一平动坐标系 $O'x'y'$（动系），且令动坐标轴 x'、y' 分别与定坐标轴 x、y 平行（图 10-3）。于是，图形 S 相对动系 $O'x'y'$ 的运动为相对运动，即图形绕基点 O' 的转动；动系 $O'x'y'$ 相对定系 Oxy 的运动为牵连运动，即动系随 O' 点的平动；图形 S 相对定系的运动为绝对运动。根据合成运动的概念，**平面图形 S 的运动（绝对运动）可分解为随平动坐标系的平动（牵连运动）和相对该平动坐标系原点的转动（相对运动）。或简称为刚体的平面运动可分解为随基点的平动和绕基点的转动。**

应注意，平动坐标系仅有点 O' 与图形 S 相固连，基点 O' 的运动即代表了平动坐标系的运动。

由于基点的选择是任意的，而图形 S 上各点的运动又不相同。因此，随着基点选择的不同，平面图形 S 平动部分的速度和加速度都不相同。但是，平面图形绕基点转动的角速度、角加速度都和基点的选择无关。此结论可通过图 10-4 来证明。在平面图形 S 上任取一三角形 ABM，如分别以 A 和 B 作为基点，则图形的角坐标 φ 可以分别取为 φ_A 和 φ_B。从图可知，φ_A 与 φ_B 仅相差一个常量 θ。即

$$\varphi_B = \varphi_A + \theta$$

于是有

$$\dot{\varphi}_A = \dot{\varphi}_B = \omega, \qquad \ddot{\varphi}_A = \ddot{\varphi}_B = \alpha \tag{10-4}$$

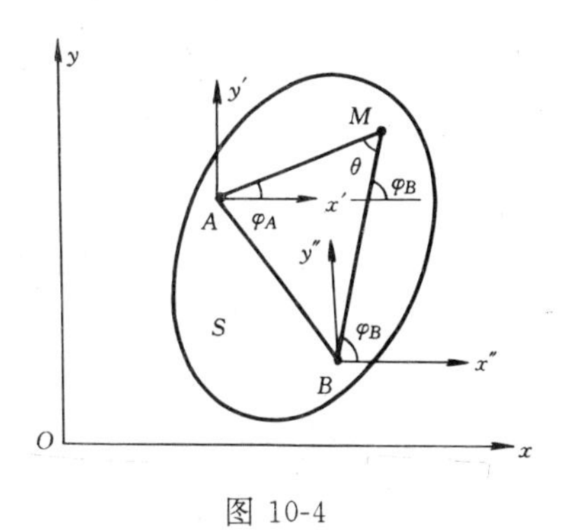

图 10-4

这就首先证明了角速度 ω 和角加速度 α 与基点的选择无关。

另外，角速度 ω 和角加速度 α 虽然是平面图形 S 相对于平动坐标系转动的角速度和角加速度，但由于平动坐标系相对于定系无转动。所以 ω 和 α 也就是平面图形 S 相对于定系转动的角速度和角加速度。因此，把 ω 和 α 称为平面图形 S 的角速度和角加速度。

第三节　平面图形内各点的速度

上节依据刚体的合成运动的方法，把平面图形的运动分解为随同基点的平动和绕基点的转动。本节将根据点的速度合成定理分析平面图形内各点的速度。

一、基点法（合成法）

设平面图形 S 上点 A 的速度为 $\bar{v}_A$（图 10-5），则平面图形 S 上任一点 B 的速度，可依据点的速度合成定理来求解。

以点 A 为基点，则平面图形 S 上点 B 的相对运动是以基点 A 为圆心，AB 为半径的圆周运动，其相对速度记为 $\bar{v}_{BA}$，即 $\bar{v}_r=\bar{v}_{BA}$，它的方向垂直于转动半径 AB，指向平面图形角速度 ω 的转动前方，大小等于 $v_{BA}=AB\cdot\omega$；牵连运动是以基点 A 为原点的坐标系的平动，其牵连速度 $\bar{v}_e=\bar{v}_A$，（图 10-5）由点的速度合成定理可得

$$\bar{v}_B=\bar{v}_A+\bar{v}_{BA} \tag{10-5}$$

式 (10-5) 表明，平面图形上任一点的速度等于基点的速度与该点绕基点作圆周运动的速度的矢量和。称此法为**基点法（合成法）**。

二、速度投影法

依据合矢量投影定理，将式（10-5）在 AB 连线上投影，由于 $\bar{v}_{BA}$ 垂直于 AB 连线，于是可得

$$[\bar{v}_B]_{AB}=[\bar{v}_A]_{AB} \tag{10-6}$$

式（10-6）称为**速度投影定理**。即**平面图形上任意两点的速度在这两点连线上的投影相等**。速度投影定理是刚体上任意两点间的距离保持不变的必然结果。因此，速度投影定理对刚体作任何形式的运动都适用。用此法求速度，称为**速度投影法**。

【例 10-1】　椭圆规尺的 A 端的速度 v_A 沿 x 轴正向运动，如图所示，已知 $AB=L$，试分别用基点法和投影法求 B 端的速度及规尺的角速度。

【解】　(1) 运动分析

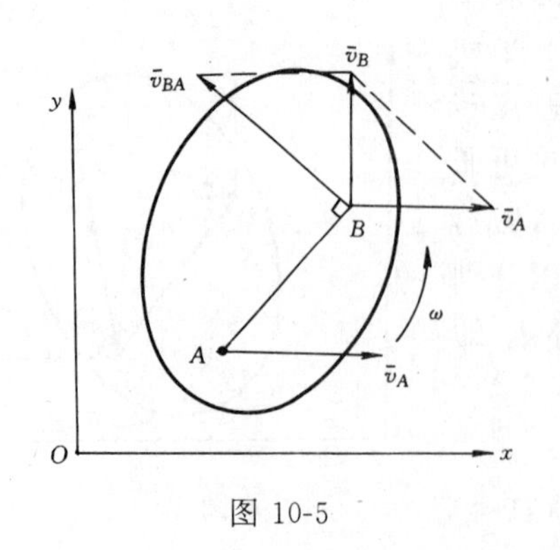

图 10-5

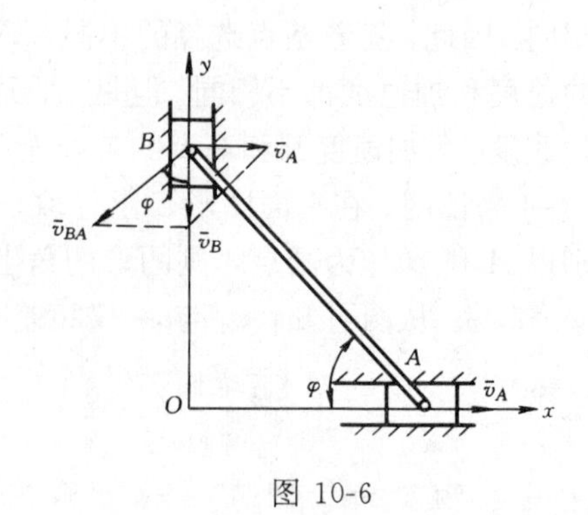

图 10-6

椭圆规尺 AB 作平面运动，其两端 A、B 分别沿水平和铅直方向作直线运动。

(2) 速度分析

已知规尺 A 端速度 $\bar{v}_A$ 的大小和方向以及 B 端速度 $\bar{v}_B$ 的方位如图示。

(3) 用基点法求解

依据公式 $\bar{v}_B=\bar{v}_A+\bar{v}_{BA}$，其中

速　度	$\bar{v}_B$	$\bar{v}_A$	$\bar{v}_{BA}$
大　小	待求	已知	待求
方　向	指向 O 点	水平向右	$\perp AB$

作出速度平行四边形如图示，作图时应注意一定要使 $\bar{v}_B$ 位于速度平行四边形的对角线上。由图中的几何关系可得

$$v_B=v_A\cot\varphi,\quad v_{BA}=v_A/\sin\varphi$$

而
$$v_{BA}=l\omega_{AB}$$

ω_{AB}为椭圆规尺 AB 的角速度，则得

$$\omega_{AB}=v_{BA}/l=v_A/(l\sin\varphi)$$

(4) 用投影法求解

依据公式 $[\bar{v}_B]_{AB}=[\bar{v}_A]_{AB}$，将基点法的速度合成矢量式投影在 A、B 连线上，得

$$v_B\cos(90°-\varphi)=v_A\cos\varphi$$

故
$$v_B=v_A\cos\varphi/\sin\varphi=v_A\cot\varphi$$

讨论　比较两种解法可知，当已知平面图形上一点速度的大小和方向以及另一点速度的方位时，用速度投影法求该点速度的大小和指向比较方便。但是，用速度投影法不能求出平面图形的角速度。

【例 10-2】　在图 10-7 所示的曲柄连杆机构中，已知曲柄 OA 长 $r=30$cm，并以 $\omega_0=50\pi/30$rad/s 作顺时针转动。试求当曲柄与连杆相垂直时滑块 B 的速度和 AB 杆的角速度。

【解】　(1) 运动分析

曲柄连杆机构中，曲柄作定轴转动，AB 杆作平面运动，滑块 B 作水平直线平动。

(2) 速度分析

已知曲柄上点 A 的速度大小和方向，其大小为：$v_A=30\omega_0=50\pi$cm/s，方向沿 AB 指向 B 点。点 B 的速度方位水平，大小未知。

(3) 用基点法求解

依据公式 $\bar{v}_B=\bar{v}_A+\bar{v}_{BA}$，可作出速度平行四边形（图 10-7）。依据图中的几何关系可得

$$v_B\cos30°=v_A=50\pi,\quad v_{BA}=v_B\sin30°$$

$$v_B=100\pi\sqrt{3}/3\ \text{cm/s}$$

$$v_{BA}=50\pi\sqrt{3}/3\ \text{cm/s}$$

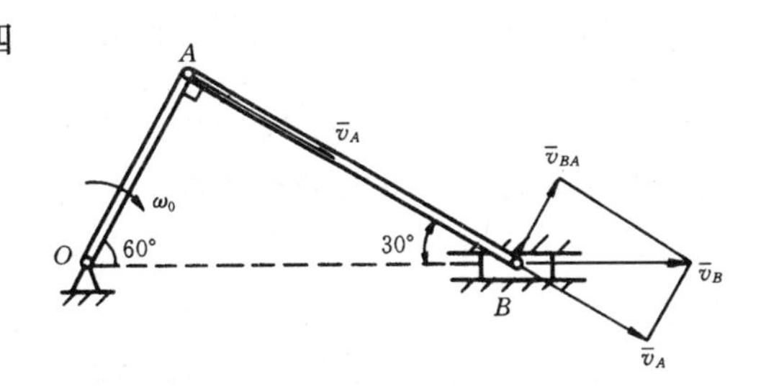

图 10-7

而　$v_{BA}=AB\cdot\omega_{AB}$

故得

$$\omega_{AB} = v_{BA}/AB = (50\pi\sqrt{3}/3)/30\sqrt{3} = 5\pi/9 \text{ rad/s}$$

ω_{AB}的转向为逆时针转向。

(4) 用投影法求解

依据公式 $[\bar{v}_B]_{AB} = [\bar{v}_A]_{AB}$，将基点法的速度合成矢量式投影于 A、B 连线上，得

$$v_B\cos30° = v_A$$

故

$$v_B = v_A/\cos30° = 2\sqrt{3}v_A/3 = 100\pi\sqrt{3}/3 \text{ cm/s}$$

【例 10-3】 平面铰接机构如图 10-8 所示。已知 OA 杆长为 $\sqrt{3}R$，角速度 $\omega_O=\omega$，CD 杆长为 R，角速度 $\omega_D=2\omega$，它们的转向如图所示。在图示位置，OA 杆与 AB 杆垂直，BC 与 AB 的夹角为 60°，CD 与 AB 平行。试求该瞬时 B 点的速度 $\bar{v}_B$。

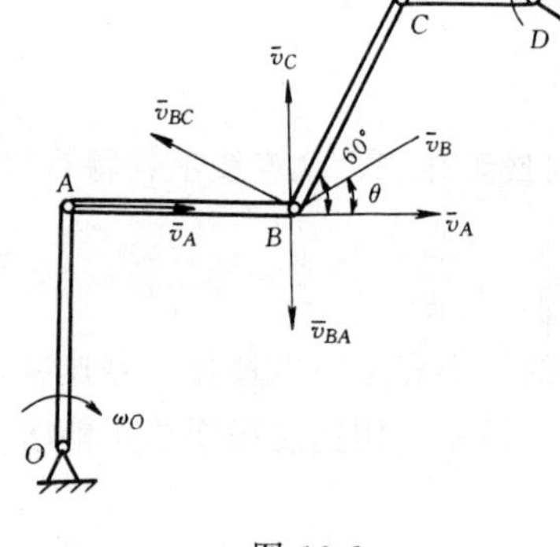

图 10-8

【解】 (1) 运动分析

平面铰接机构中，OA 杆和 CD 杆作定轴转动，AB 杆和 BC 杆均作平面运动。

(2) 速度分析并求解

由基点法求速度公式可知，以点 A 为基点或以点 C 为基点不能直接求出点 B 的速度，因为已知因素都少于四个，无法作出速度平行四边形。但由于 AB 杆和 BC 杆在 B 处铰接，两杆在铰接处具有相同的速度，故可分别以 AB 杆和 BC 杆为研究对象，分别以点 A 和点 C 为基点分析点 B 的速度，则有

$$\bar{v}_B = \bar{v}_A + \bar{v}_{BA} \tag{1}$$

$$\bar{v}_B = \bar{v}_C + \bar{v}_{BC} \tag{2}$$

$\bar{v}_{BA}$ 和 $\bar{v}_{BC}$ 的方向假设如图示。因为 B 点速度的唯一性，于是

$$\bar{v}_A + \bar{v}_{BA} = \bar{v}_C + \bar{v}_{BC} = \bar{v}_B \tag{3}$$

其中

$$v_A = \sqrt{3}R\omega,\ v_C = 2R\omega$$

将式 (3) 两边向与 $\bar{v}_{BC}$垂直的方向投影，(图中的 BC 方向)，可得

$$v_A\cos60° - v_{BA}\cos30° = v_C\cos30°$$

则

$$v_{BA} = v_A\cos60/\cos30° - v_C = \sqrt{3}R\omega/\sqrt{3} - 2R\omega = -R\omega$$

负号表示 $\bar{v}_{BA}$的实际指向与假设方向相反。注意到 $\bar{v}_{BA}$与 $\bar{v}_A$ 互相垂直，由式 (1) 可得

$$v_B = \sqrt{v_A^2 + v_{BA}^2} = \sqrt{(\sqrt{3}R\omega)^2 + (-R\omega)^2} = 2R\omega$$

由图可看出 $\bar{v}_B$ 与 AB 的夹角 θ 为

$$\cos\theta = v_A/v_B = \sqrt{3}R\omega/2R\omega = \sqrt{3}/2$$

所以

$$\theta = 30° \tag{4}$$

讨论 此题若用投影法，可假设 $\bar{v}_B$ 的方向与 AB 的夹角为 θ，如图示。将点 A 和点 B 的速度在 AB 连线上投影得

$$v_A = v_B \cos\theta$$

再将点 B 和点 C 的速度在 BC 连线上投影得

$$v_C \cos 30° = v_B \cos(60° - \theta) \tag{5}$$

代入 $\bar{v}_A$、$\bar{v}_C$ 的值，有

$$\sqrt{3} R\omega = v_B \cos\theta$$

$$2R\omega \times \frac{\sqrt{3}}{2} = v_B \cos(60° - \theta)$$

比较上两式，可得

$$v_B \cos\theta = v_B \cos(60° - \theta)$$

所以
$$\theta = 30°$$

将 θ 代入式（4）或式（5），解得

$$v_B = 2R\omega$$

与基点法所得结果相同。

第四节　速度瞬心法

一、速度瞬心的概念

在应用基点法求速度时，基点的选择是任意的。但实际应用时，总是选速度已知的点为基点。显然，如果选图形上瞬时速度为零的点作为基点，则基点法求速度的公式（10-5）变为

$$\bar{v}_B = \bar{v}_{BA}$$

此时图形上任一点的速度就等于绕基点转动的速度 $\bar{v}_{BA}$。

某瞬时平面图形（或其延伸部分）上速度为零的点称为平面图形的**瞬时速度中心**。简称为**速度瞬心**。下面来证明速度瞬心的存在及其唯一性。

设某瞬时平面图形上某点 A 的速度为 $\bar{v}_A$，平面图形的角速度为 ω。如选点 A 为基点，在图形上自点 A 沿 $\bar{v}_A$ 的方向作半直线 AL，然后将 AL 沿图形转动方向转过 90°至 AL' 位置，如图 10-9 所示。在半直线 AL' 上所有各点的牵连速度均等于基点的速度 $\bar{v}_A$，而相对速度的大小正比于各点至基点的距离，方向与 $\bar{v}_A$ 相反。因此，半直线 AL' 上必有且只有一点，它的相对速度和牵连速度是大小相等方向相反。因而该点的绝对速度等于零。若以 C 表示该点，则 C 点在半直线上的位置应满足

$$CA \cdot \omega = v_{CA} = v_A$$

$$CA = v_A / \omega \tag{10-7}$$

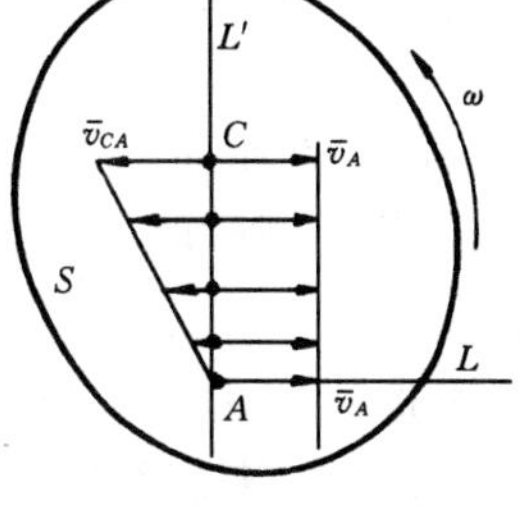

图 10-9

由此可知，每一瞬时平面图形上都存在着唯一的速度瞬心。必须明确，速度瞬心是随时间而变化的，在不同瞬时，平面图形有不同的瞬心。显然，固定平面上与图形瞬心相重合点的位置也是不断随时间而改变。例如，当车轮沿直线轨道无滑动地滚动时，车轮轮缘上

的点和直线轨道上与之相重合的点都在不断变化。

二、速度瞬心法

以速度瞬心 C 作为基点来求平面图形上各点速度的方法，称为**速度瞬心法**。依据式(10-5)，如以速度瞬心 C 为基点，则平面图形上任一点 B 的速度

$$\bar{v}_B = \bar{v}_{BC} \tag{10-8}$$

即平面图形上任一点的速度等于该点绕速度瞬心作圆周运动的速度。某瞬时平面图形上各点的速度分布情况与图形在该瞬时以角速度 ω 绕速度瞬心 C 作定轴转动时一样（图 10-10）。故称平面图形在该瞬时作瞬时转动。但瞬时转动与定轴转动不同，瞬时转动时，C 点的加速度不为零。

三、确定速度瞬心位置的方法

应用速度瞬时法求速度时，必须首先确定速度瞬心的位置，下面介绍各种情况下确定速度瞬心位置的一般方法。

1. 已知某瞬时平面图形上 A、B 两点的速度方位

因为平面图形上各点的速度应垂直于该点和速度瞬心的连线，所以过点 A、B 分别作出 $\bar{v}_A$ 和 $\bar{v}_B$ 的垂线，两垂线的交点就是平面图形的速度瞬心 C（图 10-11a）。如已知 $\bar{v}_A$ 或 $\bar{v}_B$ 的

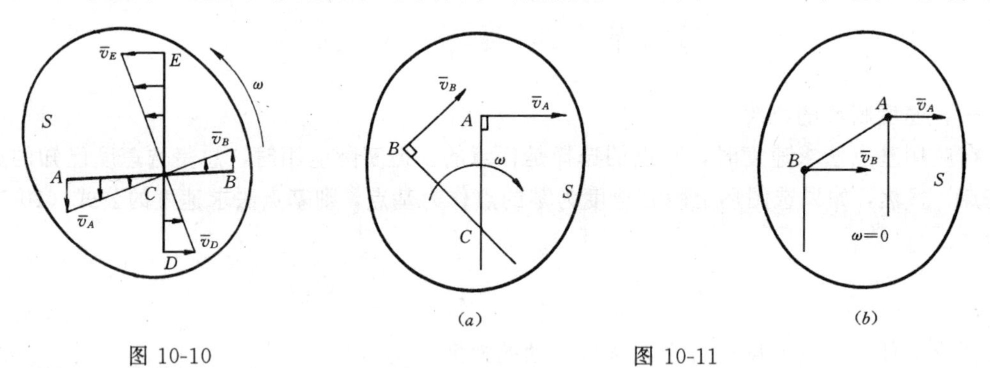

图 10-10　　　　图 10-11

大小和指向，即可求出平面图形的角速度的大小

$$\omega = v_A/CA = v_B/CB$$

ω 的转向应由 $\bar{v}_A$ 或 $\bar{v}_B$ 的指向确定。

特殊情况是：$\bar{v}_A$ 平行于 $\bar{v}_B$，且不与连线 AB 相垂直（图 10-11b）。此时，速度瞬心在无穷远处，平面图形在此瞬时的角速度等于零，即

$$\omega = v_A/AC = v_A/\infty = 0$$

此瞬时平面图形上各点的速度完全相同，速度分布情况和刚体平动时一样。这种情况下图形的运动称为**瞬时平动**。它和平面图形作瞬时转动一样，只是瞬时运动状态。前者是因为平面图形上此瞬时各点的加速度并不相同，不是刚体的平动，其 $\omega=0$，而 $\alpha\neq0$。后者是因为瞬心的加速度并不为零，故不是定轴转动。

2. 已知某瞬时平面图形上 A、B 两点的速度 $\bar{v}_A$ 和 $\bar{v}_B$ 的大小，且其方向都垂直于连线 AB。

依据平面图形瞬时转动速度分布规律，不论 $\bar{v}_A$ 和 $\bar{v}_B$ 的指向相同（图 10-12a）或相反（图 10-12b），平面图形的速度瞬心都是在通过 A、B 两点的直线与通过两点速度矢端的直线的交点上。求出速度瞬心的位置后，就可依据 $\bar{v}_A$ 或 $\bar{v}_B$ 的大小求出平面图形的角速度大小

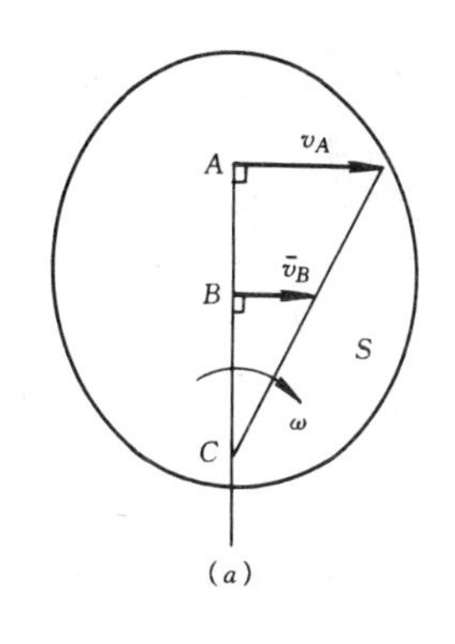

(a)

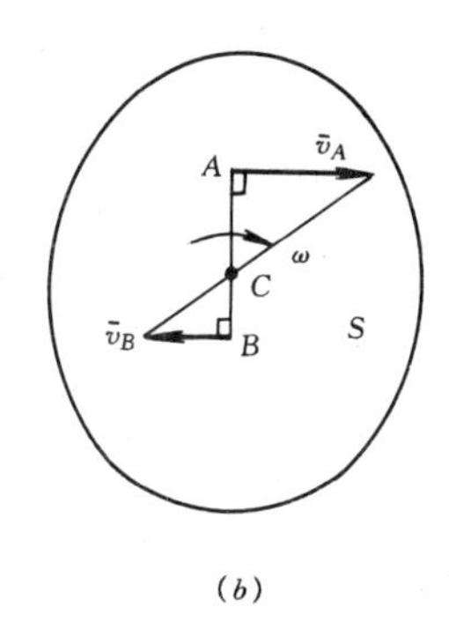

(b)

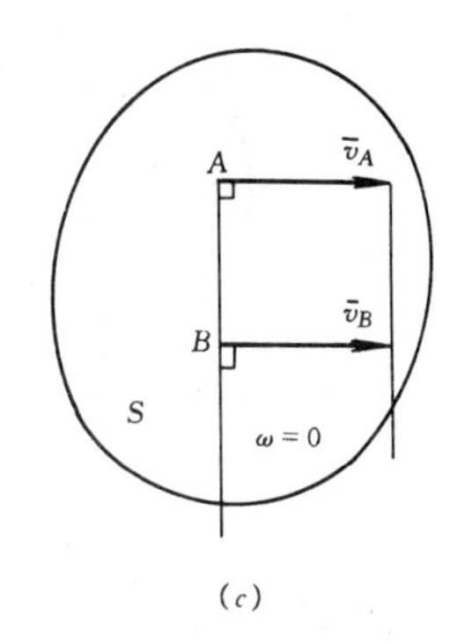

(c)

图 10-12

$$\omega = v_A/CA = v_B/CB = |v_A - v_B|/AB$$

并依据 $\bar{v}_A$ 或 $\bar{v}_B$ 的指向确定出 ω 的转向。

特殊情况是：$\bar{v}_A$ 和 $\bar{v}_B$ 的大小相等且指向相同（图 10-12*C*），此时平面图形的速度瞬心在无穷远处。这种情况和图 10-11*b* 所示相同，平面图形作瞬时平动。

3. 当平面图形沿某一固定平面（或曲面）作无滑动地滚动时（图 10-13），平面图形上与固定平面（或曲面）相接触的点就是平面图形的速度瞬心。因为平面图形无滑动，在每一瞬时接触点 C 的速度为零。

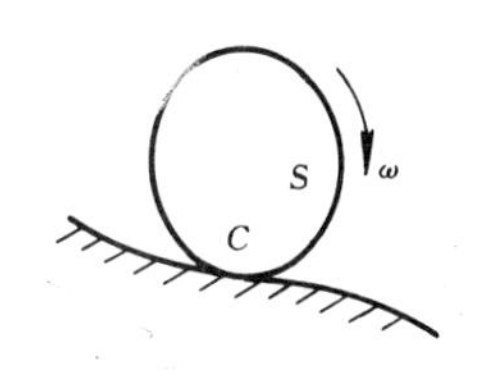

图 10-13

必须注意，某瞬时，平面图形的速度瞬心只是在该瞬时它的速度为零，而在下一瞬时它的速度就不再为零了。可见速度瞬心是有加速度的。例如图 10-13 所示平面图形上的 C 点，在它与地面接触的瞬时它的速度为零，但在此瞬时 C 点的加速度并不为零。

【例 10-4】 车轮沿直线轨道作纯滚动，轮心 O 的速度（即车行速度）等于 $\bar{v}_O$，如图 10-14 所示。设车轮半径为R。求车轮的角速度和轮缘上点 A 点 B 及点 D 的速度。

【解】 车轮作平面运动，因车轮沿直线轨道作纯滚动，所以车轮上与轨道的接触点 C 就是车轮的速度瞬心。设车轮的角速度为 ω，由于 $v_O = R\omega$，故得

$$\omega = v_O/R(\text{rad/s})$$

轮缘上点 A、B、D 的速度分别等于该点绕速度瞬心 C 转动的速度。

$$v_A = AC \cdot \omega = \sqrt{2}R\omega = \sqrt{2}v_O$$

$$v_B = BC \cdot \omega = 2R\omega = 2v_O$$

$$v_D = DC \cdot \omega = \sqrt{2}R \cdot \omega = \sqrt{2}v_O$$

$\bar{v}_A$、$\bar{v}_B$、$\bar{v}_D$ 的方向如图 10-14 所示。

【例 10-5】 外啮合行星齿轮机构如图 10-15 所示。已知固定齿轮 Ⅰ 的半径为 R_1，动齿轮 Ⅱ 的半径为 R_2，曲柄 OA 的角速度为 ω_O。试求齿轮 Ⅱ 轮缘上 B、D 两点的速度。

【解】 机构中的曲柄 OA 作定轴转动，动齿轮 Ⅱ 作平面运动。可用瞬心法求点 B 和点 D 的速度。

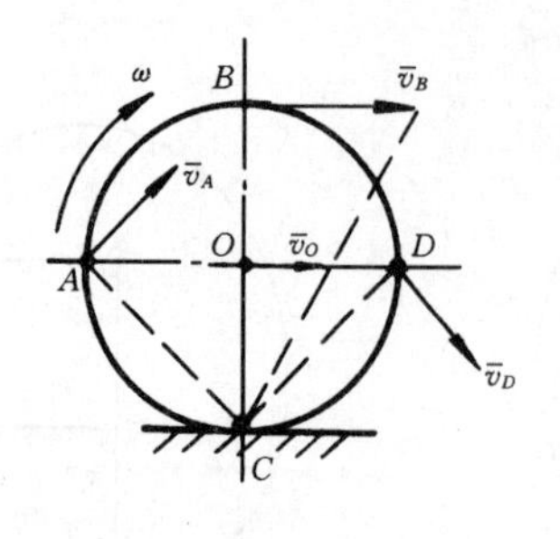

图 10-14

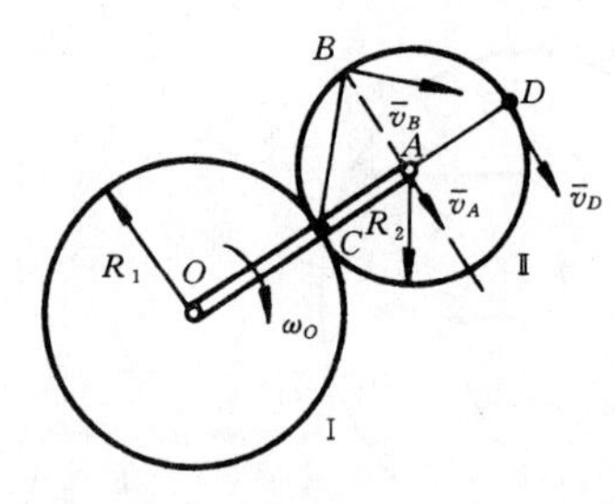

图 10-15

因为动齿轮Ⅱ的节圆沿固定齿轮Ⅰ的节圆作无滑动的滚动，故两齿轮节圆的接触点 C 就是动齿轮Ⅱ的速度瞬心。动齿轮Ⅱ和曲柄 OA 在 A 处铰接，轮Ⅱ和曲柄 OA 在铰接处 A 具有相同的速度

$$v_A = OA \cdot \omega_O = (R_1 + R_2)\omega_O$$

依据速度瞬心法，轮Ⅱ的角速度 ω 等于

$$\omega = v_A/AC = (R_1 + R_2)\omega_O/R_2$$

由 C 点的位置与 $\bar{v}_A$ 的方向可判定 ω 是顺时针转向。同理可分别求出点 B 和点 D 的速度

$$v_B = BC \cdot \omega = \sqrt{2}R_2 \times (R_1 + R_2)\omega_O/R_2 = \sqrt{2}(R_1 + R_2)\omega_O$$

$$v_D = DC \cdot \omega = 2R_2 \times (R_1 + R_2)\omega_O/R_2 = 2(R_1 + R_2)\omega_O$$

$\bar{v}_B$ 和 $\bar{v}_D$ 的方向如图示。

【例 10-6】 在图 10-16 所示的机构中，曲柄 OA 长为 R，以角速度 ω_O 顺时针转动。杆 DE 两端分别与连杆 AB 的中点和摆杆 EF 的端点铰接，EF 杆长为 $4R$。试求在图示位置时，摆杆 EF 的角速度 ω_F。

【解】 (1) 运动分析

机构由五个构件铰接组成，其中曲柄 OA 和摆杆 EF 作定轴转动，滑块 B 作水平平动，连杆 AB 和 DE 作平面运动。

(2) 速度分析并求解

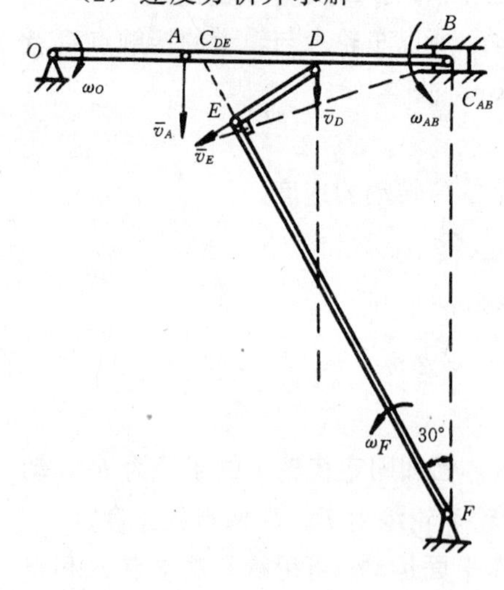

图 10-16

点 A 的速度为

$v_A = OA \cdot \omega_O = R\omega_O$ （方向垂直向下）

点 B 在水平轨道内作直线运动，其速度只可能是水平方向。由点 A 和点 B 的速度方位，可确定此瞬时连杆 AB 的瞬心 C_{AB} 正好在点 B 处。因而，连杆 AB 的角速度和点 D 的速度为

$$\omega_{AB} = v_A/AC_{AB} = v_A/AB \quad \text{（逆时针）}$$

$$v_D = DC_{AB} \cdot \omega_{AB} = \frac{1}{2}AB \cdot \omega_{AB}$$

$$= \frac{1}{2}v_A = \frac{1}{2}R\omega_O \quad \text{（铅垂向下）}$$

对 EF 杆，点 E 的速度 $\bar{v}_E$ 垂直于 EF。依据速度投影定理，有

$$v_D\cos60° = v_E$$

故得

$$v_E = \frac{1}{4}R\omega_O$$

从而可求得摆杆 EF 的角速度为

$$\omega_{EF} = v_E/EF = \frac{1}{4}R\omega_O/4R = \frac{1}{16}\omega_O \quad （逆时针）$$

注意，当一个机构中有几个构件作平面运动时，如本例中的杆 AB 和 DE，每个构件各有各自的速度瞬心和角速度，必须加以区别，不能相混。例如杆 DE 的速度瞬心记为 C_{DE}。

第五节　平面图形内各点的加速度

一、求加速度的基点法

和求平面图形上任一点速度的基点法一样（图 10-17），将平面图形上任一点 B 的运动进行分解，其牵连运动为动系随基点 A 作平动；相对运动是点 B 绕基点 A 的圆周运动。因此，依据牵连运动为平动时点的加速度合成定理，可得

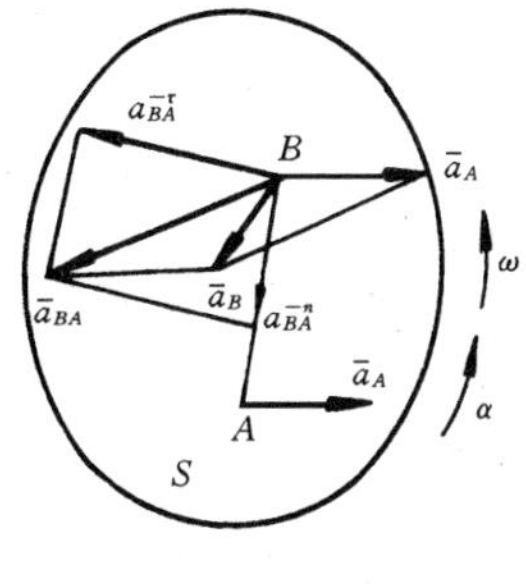

$$\bar{a}_B = \bar{a}_A + \bar{a}_{BA}^{\tau} + \bar{a}_{BA}^{n} \tag{10-9}$$

图 10-17

式中 $\bar{a}_A$ 是点 B 的牵连加速度 $\bar{a}_e$，它等于基点 A 的加速度；其余两项是点 B 的相对加速度 $\bar{a}_r$。设已知平面图形的角速度 ω 和角加速度 α，则 B 点的相对加速度 $\bar{a}_r$ 等于 B 点相对于基点 A 的切向加速度 $\bar{a}_{BA}^{\tau}$和法向加速度 $\bar{a}_{BA}^{n}$的矢量和。它们的大小分别为

$$a_{BA}^{\tau} = BA \cdot \alpha, \qquad a_{BA}^{n} = BA \cdot \omega^2$$

式中 α 取其绝对值。$\bar{a}_{BA}^{\tau}$的方位垂直于 BA，指向与 α 的转向一致。$\bar{a}_{BA}^{n}$恒指向基点 A。

式（10-9）表明，**平面图形上任一点的加速度，等于基点的加速度与该点绕基点转动的切向加速度和法向加速度的矢量和**。这就是求平面图形上任一点加速度的**基点法**。

应当指出

1. 公式（10-9）是一个平面矢量方程。应用时可将其向平面坐标轴上投影，一般可求解两个未知量。

2. 一般情况下，点 B 和点 A 作平面曲线运动，它们的加速度都可分解为切向和法向分量，于是式（10-9）可以写成

$$\bar{a}_B^{\tau} + \bar{a}_B^{n} = \bar{a}_A^{\tau} + \bar{a}_A^{n} + \bar{a}_{BA}^{\tau} + \bar{a}_{BA}^{n} \tag{10-10}$$

其中点 B 和点 A 的法向加速度的大小为

$$a_B^n = v_B^2/\rho_B, \qquad a_A^n = v_A^2/\rho_A$$

式中 ρ_B 和 ρ_A 分别为点 B 和点 A 的运动轨迹在 t 瞬时处的曲率半径。当求点 B 的加速度时，无论问题是否要求求 $\bar{v}_B$ 和 ω，都应首先求出点 B 的速度 $\bar{v}_B$ 和图形的角速度 ω。

二、加速度瞬心法

某瞬时平面图形上加速度为零的点称为平面图形的**瞬时加速度中心**。简称为**加速度瞬**

心。

如以加速度瞬心 Q 为基点，则式（10-9）及式（10-10）分别变为

$$\bar{a}_B = \bar{a}_{BQ}^{\tau} + \bar{a}_{BQ}^{n} \tag{10-11}$$

$$\bar{a}_B^{\tau} + \bar{a}_B^{n} = \bar{a}_{BQ}^{\tau} + \bar{a}_{BQ}^{n} \tag{10-12}$$

即平面图形上任一点的加速度等于该点绕加速度瞬心作圆周运动的加速度。

应当注意到，在式(10-11)中，平面图形上任一点 B 绕加速度瞬心 Q 作圆周运动的切向加速度 $\bar{a}_{BQ}^{\tau}$和法向加速度 $\bar{a}_{BQ}^{n}$通常并不是沿点 B 绝对运动轨迹的切向和法向。因此，不能把它们称作是点 B 的切向加速度和法向加速度。因为通常情况下，Q 点的速度并不为零。以加速度瞬心为基点求平面图形上各点加速度的方法称为**加速度瞬心法**。由于加速度瞬心的位置一般不容易求得，故除加速度瞬心的位置已知的情况外，较少采用。

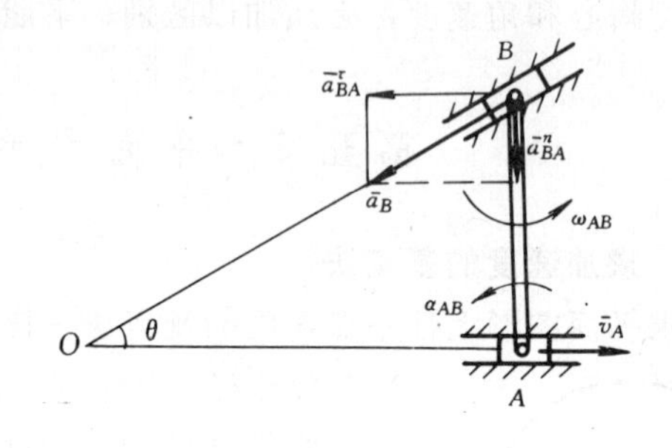

图 10-18

【例 10-7】 图 10-18 所示的连杆滑块机构中，滑块 A 沿水平导槽以匀速 $v_A=2\text{m/s}$ 向右滑动，连杆 AB 长 $l=2\text{m}$，$\theta=30°$。试求当连杆位于铅直位置时，滑块 B 的速度和加速度以及 AB 杆的角速度和角加速度。

【解】 连杆 AB 作平面运动，滑块 B 的速度和加速度的方位沿 OB。过点 B 作 OB 的垂线，过点 A 作 $\bar{v}_A$ 的垂线，两垂线交于点 B，点 B 即为连杆 AB 在该瞬时的速度瞬心。故得滑块 B 的速度 $\bar{v}_B=0$

此瞬时连杆 AB 的角速度为

$$\omega_{AB} = v_A/l = 1\text{rad/s}(\text{逆时针})$$

根据题给条件 $\bar{v}_A=$常矢量，且点 A 作直线运动，因而点 A 的加速度 $\bar{a}_A=0$，故点 A 为图示瞬时连杆 AB 的加速度瞬心。由加速度瞬心法，有

$$\bar{a}_B = \bar{a}_{BA}^{\tau} + \bar{a}_{BA}^{n}$$

于是可作出如图 10-18 所示的加速度矢量图。由图中的几何关系，可得 B 点加速度为

$$a_B = a_{BA}^{n}/\sin\theta = l\omega_{AB}^2/\sin 30° = 2l\omega_{AB}^2 = 4\text{m/s}^2$$

$\bar{a}_B$ 的方向如图示。$\bar{a}_{BA}^{\tau}$的大小为

$$a_{BA}^{\tau} = a_B\cos\theta = 4 \times \sqrt{3}/2 = 2\sqrt{3}\,\text{m/s}^2$$

而 $a_{BA}^{\tau}=l\alpha_{AB}$，故连杆在图示位置的角加速度为

$$\alpha_{AB} = a_{BA}^{\tau}/l = 2\sqrt{3}/2 = \sqrt{3}\,\text{rad/s}^2 \quad (\text{逆时针})$$

由此例可知，一般情况下，平面图形的速度瞬心和加速度瞬心并不重合，而且速度瞬心的加速度不等于零，加速度瞬心的速度不等于零。

【例 10-8】 图 10-19 所示机车车轮半径为 R，沿固定直线轨道作纯滚动。图示瞬时，轮心 O 的速度为 $\bar{v}_O$，加速度为 $\bar{a}_O$。求此瞬时车轮速度瞬心的加速度。

【解】 车轮作平面运动。由于车轮作纯滚动，故知车轮上与轨道的接触点 C 为车轮在

此瞬时的速度瞬心。因而有

$$\omega = v_O/R\text{（顺时针）}$$

这一关系在任何瞬时都成立，由此可得车轮的角加速度

$$\alpha = \dot{\omega} = \dot{v}_O/R$$

由于轮心 O 作直线运动，有

$$\dot{v}_O = a_O$$

因此

$$\alpha = a_O/R\text{（顺时针）}$$

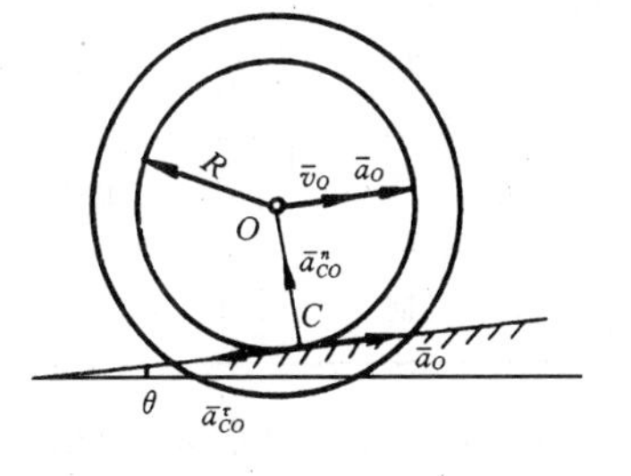

图 10-19

现以加速度已知的点 O 为基点，应用求加速度的基点法，则速度瞬心 C 点的加速度为

$$\bar{a}_C = \bar{a}_O + \bar{a}_{CO}^{\tau} + \bar{a}_{CO}^{n}$$

其中

$$a_{CO}^{\tau} = R\alpha = a_O$$

即 $\bar{a}_O$ 与 $\bar{a}_{CO}^{\tau}$等值反向，其矢量和为零，故有

$$\bar{a}_C = \bar{a}_{CO}^{n}$$

这就是车轮速度瞬心点 C 的加速度，其大小为

$$a_C = a_{CO}^{n} = R\omega^2 = v_O^2/R$$

方向指向点 O。

【例 10-9】 在图 10-20 所示的曲柄连杆滑块机构中，曲柄长 $r=0.4\text{m}$，连杆长 $l=1\text{m}$。设曲柄以匀角速度 $\omega_O=5\text{rad/s}$ 逆时针绕轴 O 转动。试求当曲柄转到铅垂位置（图示位置）时，连杆 AB 的角速度和角加速度以及滑块 B 的加速度。

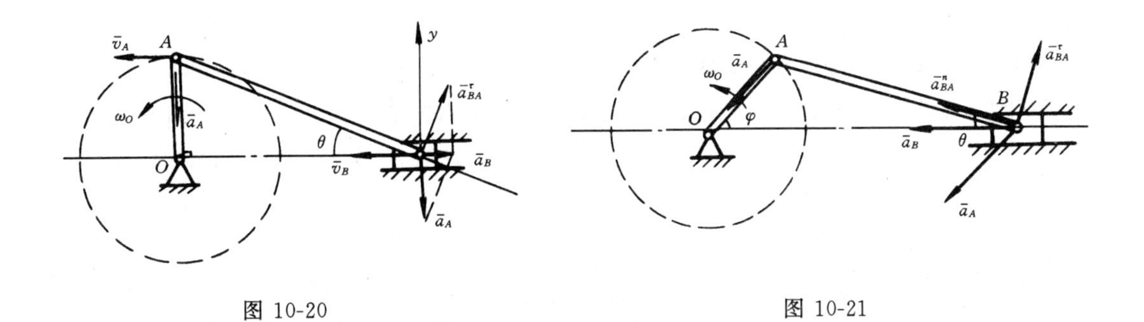

图 10-20　　　　图 10-21

【解】 图示曲柄连杆滑块机构中，连杆 AB 作平面运动，滑块 B 作水平直线平动。曲柄 OA 作匀速转动，点 A 的加速度

$$\bar{a}_A = \bar{a}_A^n, \qquad a_A = a_A^n = r\omega_O^2$$

由于点 A 和点 B 的速度方位相同，故知杆 AB 作瞬时平动，其角速度

$$\omega_{AB} = 0$$

以点 A 为基点求点 B 的加速度及 AB 杆的角加速度。

$$\bar{a}_B = \bar{a}_A + \bar{a}_{BA}^{\tau} + \bar{a}_{BA}^{n}$$

其中

加速度	$\bar{a}_B$	$\bar{a}_A=\bar{a}_A^n$	$\bar{a}_{BA}^\tau$	$\bar{a}_{BA}^n$
大　小	待求	$r\omega_O^2$	$l\alpha_{AB}$	$l\omega_{AB}^2=0$
方　向	方位水平	指向点 O	$\perp AB$	指向点 A

作出点 B 的加速度矢量图如图 10-20 所示。应用合矢量投影定理，将其向 AB 连线和铅垂轴 y 投影，有

$$a_B\cos\theta = a_A^n\cos(90° - \theta) = a_A^n\sin\theta$$
$$a_{BA}^\tau\cos\theta - a_A^n = 0$$

故得

$$a_B = a_A^n\tan\theta = r\omega_0^2 \cdot r/\sqrt{l^2 - r^2} = r^2\omega_O^2/\sqrt{l^2 - r^2}$$
$$\alpha_{AB} = a_A^n/(l\cos\theta) = r\omega_O^2/\sqrt{l^2 - r^2}$$

代入已知数据可求得

$$a_B = 0.4^2 \times 5^2/\sqrt{1^2 - 0.4^2} = 4.35\text{m/s}^2 \quad (水平向右)$$
$$\alpha_{AB} = 0.4 \times 5^2/\sqrt{1^2 - 0.4^2} = 10.87\ \text{rad/s}^2 \quad (逆时针)$$

讨论 当曲柄 OA 转到任一位置时，若要求滑块 B 的加速度和 AB 杆的角加速度，仍可用基点法求解。但需先求出 AB 杆的角速度 ω_{AB}，并假设 α_{AB}的方向，画出点 B 的加速度矢量图，如图 10-21 所示。应用合矢量投影定理，将其在 AB 连线上投影可求得 $\bar{a}_B$，在铅垂轴 y 上投影可求得 $\bar{a}_{BA}^\tau$，由于 $a_{BA}^\tau=l\alpha_{AB}$，从而可求得 AB 杆的角加速度。

*第六节　刚体绕平行轴转动的合成

设刚体绕某轴转动，该轴又绕另一个与它平行的固定轴转动，称为**刚体绕平行轴转动**。显然，刚体是作平面运动。例如图 10-22a、b 中的行星齿轮 Ⅱ 的运动就是这种情况。齿轮 Ⅱ 绕轴 A 转动，轴 A 又绕固定轴 O 转动，且轴 A 与轴 O 平行。分析齿轮 Ⅱ 的运动问题，可以用基点法，例如以点 A 为原点建立平动坐标系 $Ax'y'$。但是，解决这一类问题，还可采用把 Ⅱ 轮的运动视为绕两平行轴转动的合成，则比基点法方便。

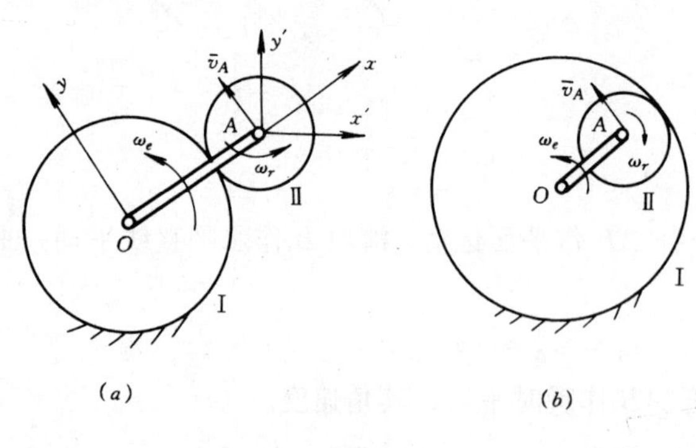

图 10-22

在曲柄 OA 上建立转动坐标系 Oxy，如图 10-22a 所示。则齿轮 Ⅱ 的运动可以视为相对于动系 Oxy 的定轴转动和动系 Oxy 绕固定轴 O 转动的合成。设动系转动的角速度为 ω_e，称为**牵连角速度**。设齿轮 Ⅱ（平面图形）相对于动系的转动角速度为 ω_r，称为**相对角速度**。齿轮 Ⅱ 对定系的角速度称为**绝对角速度**，记为 ω_a。下

面分两种情况推导 ω_a 与 ω_e 和 ω_r 的关系，并建立转动偶的概念。

一、绕两平行轴的同向转动的合成

设 ω_e 与 ω_r 转向相同如图 10-23 所示。则在平面图形（或延伸部分）上的 OA 连线（或延长线）上总可以找到一点 C，它相对于动系 Oxy 的速度 $\bar{v}_r$ 与它的牵连速度 $\bar{v}_e$ 大小相等，而方向相反。由点的速度合成定理得

$$\bar{v}_c = \bar{v}_e + \bar{v}_r = 0$$

故点 C 即为平面图形的速度瞬心。因

$$v_e = \omega_e \cdot OC, \qquad v_r = \omega_r \cdot AC$$

由于 $v_e = v_r$，所以

$$\omega_e \cdot OC = \omega_r \cdot AC \tag{1}$$

平面图形的绝对角速度

$$\omega_a = v_A/AC = \omega_e(OC + AC)/AC$$

将式（1）代入上式，得

$$\omega_a = \omega_e + \omega_r \tag{10-13}$$

将式（10-13）对时间求导数可得

$$\alpha_a = \alpha_e + \alpha_r \tag{10-14}$$

上两式表示：刚体绕两平行轴同向转动合成时，其绝对角速度和绝对角加速度分别等于牵连角速度与相对角速度之和、牵连角加速度与相对角加速度之和。其转动方向与牵连角速度（或相对角速度）相同。

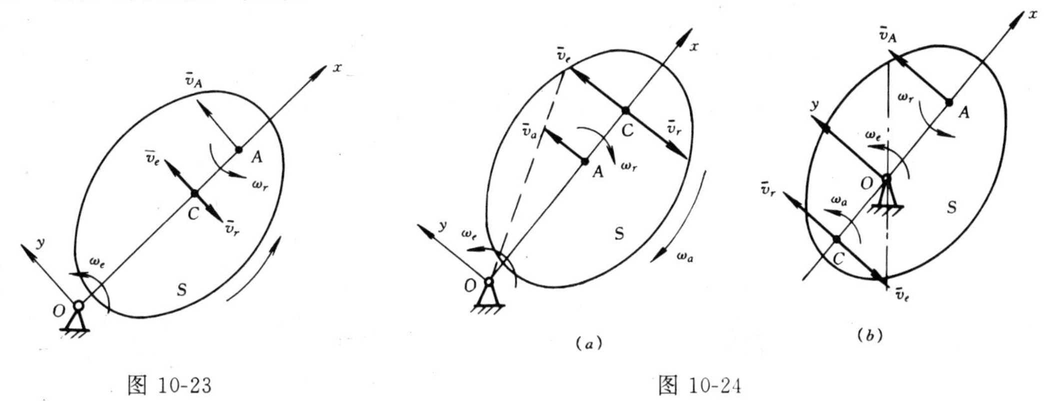

图 10-23　　图 10-24

二、绕两平行轴的反向转动的合成

设 ω_e 与 ω_r 转向相反如图 10-24 所示。此时平面图形的速度瞬心在平面图形上的 OA 的延长线上。由式（1）知，点 C 的位置取决于 ω_e/ω_r。当 $OC > AC$ 时，$\omega_e < \omega_r$；当 $OC < AC$ 时，$\omega_e > \omega_r$。如图 10-24a、b 所示。

平面图形的角速度

$$\omega_a = v_A/AC = \omega_e \cdot OA/AC$$

在上述两种情况下，$OA = |OC - AC|$，所以

$$\omega_a = |\omega_e - \omega_r| \tag{10-15}$$

式（10-15）表示：绕两平行轴反向转动时，平面图形的角速度等于牵连角速度与相对角速

度之差。其转向与较大者相同。

三、转动偶的概念

在绕两平行轴反向转动时，若 $\omega_e=\omega_r$，由式（10-15）得

$$\omega_a = |\omega_e - \omega_r| = 0 \tag{10-16}$$

显然，刚体作平动。角速度大小相等，转向相反的两个转动的组合称为**转动偶**。例如，自行车脚踏板的运动就是转动偶的实例（图 10-25）。

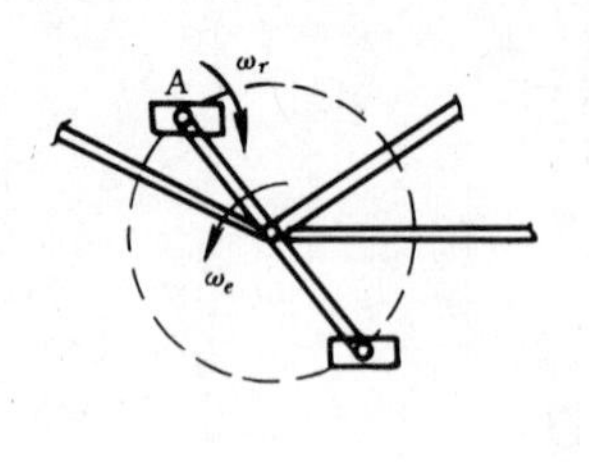

图 10-25

【例 10-10】 杆 OA 以角速度 ω_1 绕定轴 O 作顺时针转动；半径为 R_2 的小齿轮在杆端 A 处铰接，并与半径为 R_1 的定齿轮相啮合（图 10-26）。求小齿轮相对于杆 OA 的角速度 ω_{2r}以及绝对角速度 ω_2。

【解】 （1）求小齿轮的相对角速度

因两齿轮在啮合点 C 的速度等于零，故小齿轮上的点 C 即为其速度瞬心。小齿轮的牵连角速度 ω_e 等于杆 OA 的角速度，即

$$\omega_e = \omega_1$$

方向是顺时针。显然，小齿轮是作绕两平行轴的同向转动，点 C 是其速度瞬心，故有关系式

$$OC/AC = \omega_r/\omega_e = \omega_{2r}/\omega_1$$

由此可得小齿轮相对于杆 OA 的角速度大小

$$\omega_{2r} = OC \cdot \omega_1/AC = R_1\omega_1/R_2$$

转向为顺时针。

还可以用另一种方法求 ω_{2r}，这就是假定 OA 杆是静止的（图 10-27），即相当于两齿轮分别绕点 O 和点 A 作定轴转动，则大齿轮以与 ω_1 相反的转向绕点 O 转动，即为逆时针，且

$$\omega_{1r} = \omega_1$$

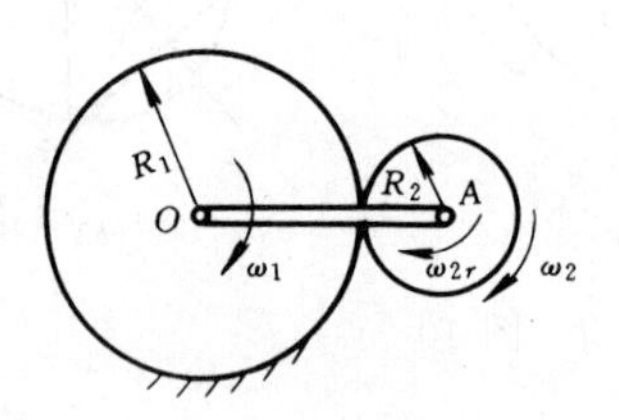

图 10-26

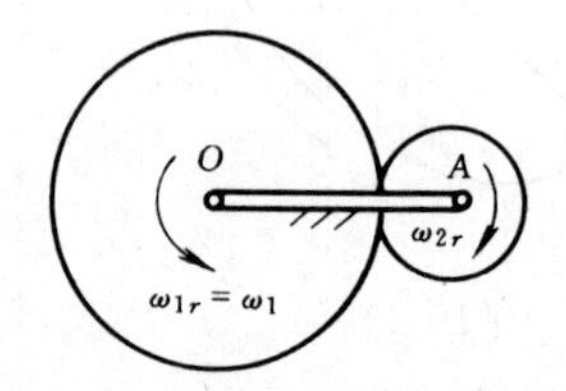

图 10-27

于是，由定轴轮系的传动性比公式，有

$$\omega_{2r}/\omega_{1r} = R_1/R_2$$

从而求得

$$\omega_{2r} = \omega_{1r}R_1/R_2 = \omega_1 R_1/R_2$$

显然，ω_{2r}的转向与 ω_{1r}相反，即 ω_{2r}是顺时针。

对于速度瞬心不易一下就能确定的较复杂轮系，应用这种方法（称为**反转法**）求相对角速度，有明显的优越性。在这里实际上已应用了绕平行轴转动合成的理论。因要假设杆 OA 变成不转，只需把相对它不动的定齿轮（或整个机构的底座）按逆时针以角速度 ω_1 转

动就可达到。

(2) 求绝对角速度

由于小齿轮的牵连角速度 ω_e（$=\omega_1$）和相对角速度 ω_{2r} 都是顺时针转向，所以由绕两平行轴同向转动的合成公式得

$$\omega_2=\omega_e+\omega_{2r}=\omega_1+\omega_1 R_1/R_2=(R_1+R_2)\omega_1/R_2$$

显然，绝对角速度转向也是顺时针的。

第七节　运动学综合题分析

点的合成运动和刚体的平面运动是运动学的重点和难点，前面已分别进行了分析。本节主要介绍点的合成运动和刚体平面运动的综合问题的分析方法，以及牵连运动为平面运动时点的加速度合成定理的应用。

一、点的合成运动和刚体平面运动的综合问题的分析方法

点的合成运动和刚体的平面运动的综合问题，是指在所研究的运动机构中，有作平面运动的机构，又有参与合成运动的动点。求解这类机构运动问题时，既要应用点的速度合成定理和加速度合成定理，又要应用刚体平面运动求速度和加速度的公式。

【例 10-11】 平面机构的曲柄 OA 长为 $2a$，以角速度 ω_O、角加速度 α_O 绕轴 O 转动。在图示位置时，套筒 B 距 A 和 O 两点等长，且$\angle OAD=90°$。求此时套筒 D 相对于 BC 杆的速度和加速度。

【解】 在图示平面机构中，曲柄 OA 作定轴转动，杆 BC 作水平平动，连杆 AD 作平面运动。套筒 B 相对 OA 作直线运动，套筒 D 相对杆 BC 作水平直线运动。本例中，因 BC 杆作水平平动，若能求得 BC 杆上任一点的速度和加速度，再求套筒 D 相对 BC 杆的速度和加速度。

(1) 求 BC 杆上 B 点的速度和加速度

由于套筒 B 相对 OA 杆有滑动，两构件在接触点具有不同的速度和加速度，可应用点的速度和加速度合成定理求得套筒 B 的速度和加速度。

选套筒 B 为动点，动系与曲柄 OA 固连。依据点的速度合成定理

$$\bar{v}_{Ba}=\bar{v}_{Be}+\bar{v}_{Br} \tag{a}$$

可作出动点 B 的速度矢量图如图 10-28a 所示。从图中的几何关系即可求得

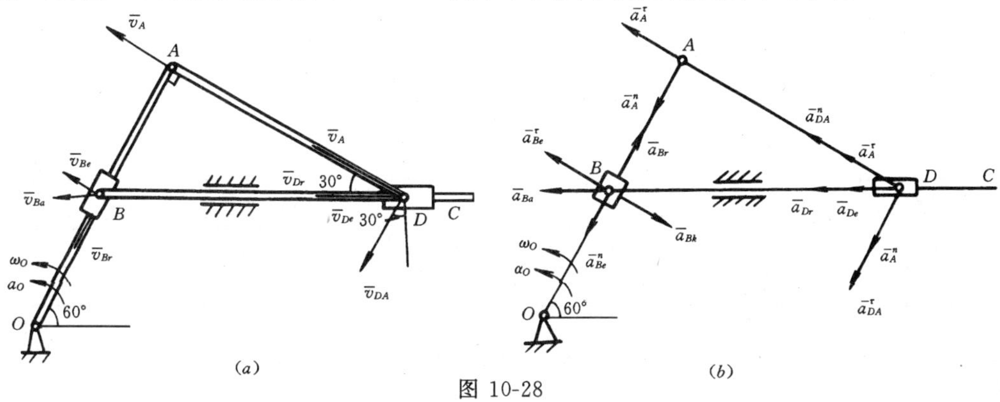

图 10-28

$$v_{Ba} = v_{Be}/\sin60° = 2\sqrt{3}a\omega_O/3 \text{（方向水平向左）}$$

$$v_{Br} = v_{Ba}\cos60° = \sqrt{3}a\omega_O/3 \text{（方向沿 } OA \text{ 指向点 } O\text{）}$$

$\bar{v}_{Ba}$即为 BC 杆上任一点的速度。

由定理 $\bar{a}_a=\bar{a}_e+\bar{a}_r+\bar{a}_k$，有

$$\bar{a}_{Ba} = \bar{a}_{Be} + \bar{a}_{Br} + \bar{a}_{Bk} = \bar{a}^{\tau}_{Be} + \bar{a}^{n}_{Be} + a_{Br} + \bar{a}_{Bk} \tag{b}$$

其中

加速度	$\bar{a}_{Ba}$	$\bar{a}^{\tau}_{Be}$	$\bar{a}^{n}_{Be}$	$\bar{a}_{Br}$	$\bar{a}_{Bk}$
大　小	待求	$a\alpha_O$	$a\omega_O^2$	未知	$2\sqrt{3}a\omega_O^2/3$
方　向	方位水平	$\perp OA$	指向点 O	沿 OA	$\perp OA$

据图 10-28b 所示加速度矢量图，将式（b）在垂直于 OA 的轴上投影有

$$a_{Ba}\cos30° = a^{\tau}_{Be} - a_{Bk} = a\alpha_O - 2\sqrt{3}a\omega_O^2/3$$

$$a_{Ba} = 2\sqrt{3}a\alpha_O/3 - 4a\omega_O^2/3 \text{（方向水平向左）}$$

$\bar{a}_{Ba}$即为杆 BC 上任一点的加速度。

（2）求套筒 D 相对杆 BC 的速度和加速度

选套筒 D 为动点，动系与杆 BC 固连，动点的速度矢量图如图 10-28a 所示。因

$$\bar{v}_{Da} = \bar{v}_{De} + \bar{v}_{Dr}$$

又因杆 AD 作平面运动，故上式为

$$\bar{v}_{Da} = \bar{v}_A + \bar{v}_{DA} = \bar{v}_{De} + \bar{v}_{Dr} \tag{c}$$

其中
$$v_A=2a\omega_O$$

据图 10-28a 所示速度方向，将式（c）向轴 AD 上投影，得

$$(v_{Dr} + v_{De})\cos30° = v_A$$

于是
$$v_{Dr} = v_A/\cos30° - v_{De} = 4\sqrt{3}a\omega_O/3 - 2\sqrt{3}a\omega_O/3 = 2\sqrt{3}a\omega_O/3$$

$\bar{v}_{Dr}$的方向水平向左。$\bar{v}_{Dr}$即为套筒 D 相对杆 BC 的速度。

应用定理 $\bar{a}_a=\bar{a}_e+\bar{a}_r$ 求套筒 D 相对杆 BC 的加速度。动点 D 的加速度矢量图如图 10-28b 所示。

$$\bar{a}_{Da} = \bar{a}_{De} + \bar{a}_{Dr}$$

考虑作平面运动的 AD 杆，有

$$\bar{a}_{Da} = \bar{a}^{\tau}_A + \bar{a}^{n}_A + \bar{a}^{n}_{DA} + \bar{a}^{\tau}_{DA} = \bar{a}_{De} + \bar{a}_{Dr} \tag{d}$$

其中

加速度	$\bar{a}^{\tau}_A$	$\bar{a}^{n}_A$	$\bar{a}^{\tau}_{DA}$	$\bar{a}^{n}_{DA}$	$\bar{a}_{De}$	$\bar{a}_{Dr}$
大小	$2a\alpha_O$	$2a\omega_O^2$	未知	$4\sqrt{3}a\omega_O/9$	a_{Ba}	待求
方向	$\perp OA$	指向点 O	$\perp AD$	指向点 A	水平向左	水平

表中
$$a^{n}_{DA}=v^2_{DA}/AD$$

而

$$v_{DA}=(v_{De}+v_{Dr})\cos60°=(2\sqrt{3}a\omega_O/3+2\sqrt{3}a\omega_O/3)/2=2\sqrt{3}a\omega_O/3$$

$$AD=\sqrt{3}a$$

所以

$$a_{DA}^n=v_{DA}^2/AD=(2\sqrt{3}a\omega_O/3)^2/\sqrt{3}a=4\sqrt{3}a\omega_O^2/9$$

据图 10-28b 所示加速度矢量图，将式（d）在轴 AD 上投影有

$$a_A^\tau+a_{DA}^n=(a_{Dr}+a_{De})\cos30°$$

$$a_{Dr}=(a_A^\tau+a_{DA}^n)/\cos30°-a_{De}$$

$$=(2a\alpha_O+4\sqrt{3}a\omega_O^2/9)\times2\sqrt{3}/3-2\sqrt{3}a\alpha_O/3+4a\omega_O^2/3$$

$$=4\sqrt{3}a\alpha_O/3-2\sqrt{3}a\alpha_O/3+8a\omega_O^2/9+4a\omega_O^2/3$$

$$=2\sqrt{3}a\alpha_O/3+20a\omega_O^2/9$$

$\bar{a}_{Dr}$即为套筒 D 相对杆 BC 的加速度，方向水平向右。

讨论 本例在求得作平动杆 BC 上任一点的速度和加速度后，若要求套筒 D 相对杆 BC 的速度和加速度，可应用刚体平面运动的有关公式。由于套筒 D 只能沿 BC 杆作直线运动，故其速度和加速度均沿水平方向。以杆 AD 为研究对象，应用速度投影定理（图 10-

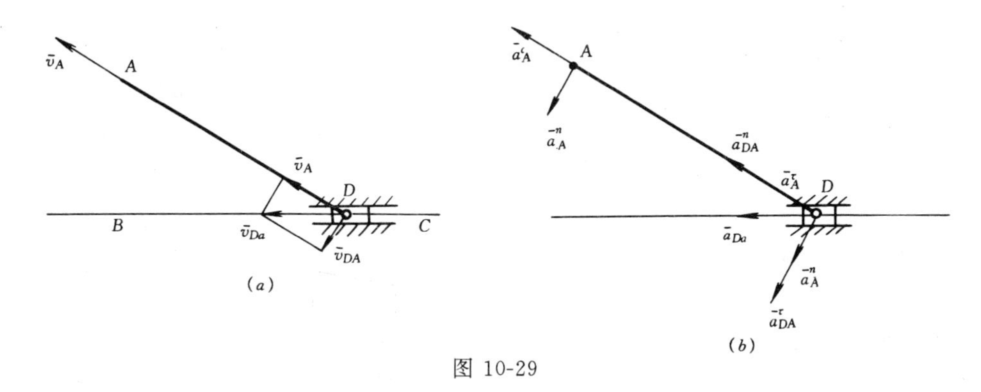

图 10-29

29a），可得

$$v_A=v_{Da}\cos30°$$

$$v_{Da}=v_A/\cos30°=2a\omega_O/(\sqrt{3}/2)=4\sqrt{3}a\omega_O/3$$

故得套筒 D 相对杆 BC 的速度为

$$v_{Dr}=v_{Da}-v_{Ba}=4\sqrt{3}a\omega_O/3-2\sqrt{3}a\omega_O/3=2\sqrt{3}a\omega_O/3$$

其方向水平向左。

由图 10-29a 可得

$$v_{DA}=v_{Da}\sin30°=v_{Da}/2=2\sqrt{3}a\omega_O/3$$

则有 $$a_{DA}=v_{DA}^2/AD=(2\sqrt{3}a\omega_O/3)^2/\sqrt{3}a=4\sqrt{3}a\omega_O^2/9$$

因 $$\bar{a}_{Da}=\bar{a}_A^n+\bar{a}_A^\tau+\bar{a}_{DA}^n+\bar{a}_{DA}^\tau \quad (e)$$

据 D 点的加速度矢量图（图 10-29b），将式（e）向轴 AD 上投影，可得

$$a_{Da}\cos30°=a_A^\tau+a_{DA}^n=2a\alpha_O+4\sqrt{3}a\omega_O^2/9$$

$$a_{Da}=4\sqrt{3}a\alpha_O/3+8a\omega_O^2/9$$

故得

$$a_{Dr}=a_{Da}-a_{Ba}=4\sqrt{3}\,a\alpha_O/3+8a\omega_O^2/9-2\sqrt{3}\,a\alpha_O/3+4a\omega_O^2/3$$
$$=2\sqrt{3}\,a\alpha_O/3+20a\omega_O^2/9$$

$\bar{a}_{Dr}$的方向水平向左。与前面所得结果相同。

二、牵连运动为平面运动时点的加速度合成定理的应用

当牵连运动为平面运动时点的加速度合成定理为

$$\bar{a}_a=\bar{a}_e+\bar{a}_r+2\bar{\omega}_e\times\bar{v}_r$$

其中 $\bar{\omega}_e$ 为平面图形的角速度。

【例 10-12】 图 10-30 所示平面机构中，曲柄 OA 绕轴 O 顺时针转动，曲柄 $O'B$ 绕轴 O' 转动，滑块 B 和 D 分别沿 AD 和水平滑槽运动。在图示瞬时曲柄 OA 的角速度为 ω_O，角加速度为 $\alpha_O=0$，$\varphi=30°$。曲柄长 $OA=r$，$O'B=r/2$。试求曲柄 $O'B$ 的角速度和角加速度。

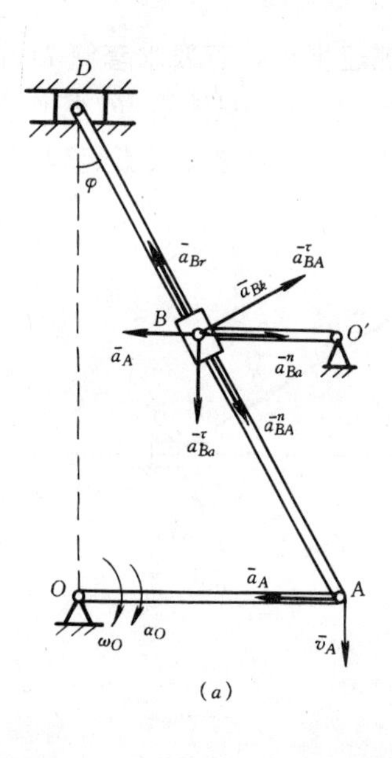

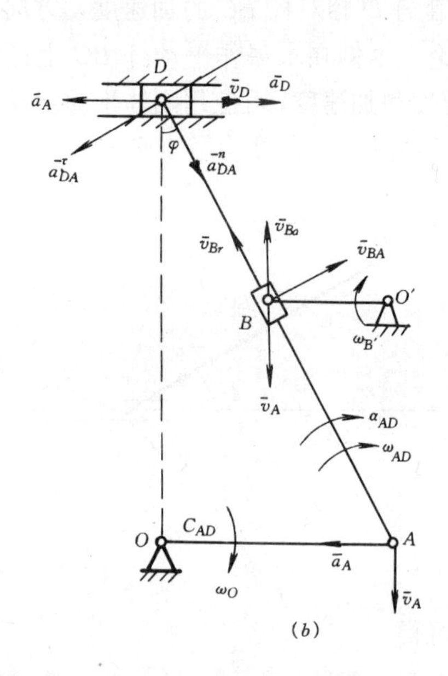

图 10-30

【解】 图示平面机构中，曲柄 OA 和 $O'B$ 作定轴转动，杆 AD 作平面运动。滑套 B 相对杆 AD 作直线运动，滑块 D 沿水平方向作直线运动。

(1) 求 $O'B$ 杆的角速度

由图 10-30a 中点 A 和点 D 的速度方位可判断出杆 AD 的速度瞬心 C_{AD}在点 O 处。因

$$v_A=r\omega_O$$

故得杆 AD 的角速度

$$\omega_{AD}=v_A/r=\omega_O \qquad (顺时针)$$

选与曲柄 $O'B$ 铰接的滑套 B 为动点，动系与 AD 杆固连。由点的速度合成定理

$$\bar{v}_{Ba}=\bar{v}_{Be}+\bar{v}_{Br} \tag{a}$$

其中

$$\bar{v}_{Be}=\bar{v}_A+\bar{v}_{BA}$$

$$v_A=r\omega_O,\qquad v_{BA}=AB\cdot\omega_{AD}=r\omega_O$$

将式（a）向垂直于 AD 方向投影得

$$v_{Ba}\cos 60° = v_{BA} - v_A \sin 30°$$

$$v_{Ba}/2 = r\omega_O - r\omega_O/2 = r\omega/2$$

$$v_{Ba} = r\omega_O$$

又因

$$v_{Ba}\cos 30° = v_{Br} - v_A \cos 30°$$

$$v_{Br} = (v_{Ba} + v_A)\cos 30° = 2r\omega_O\sqrt{3}/2 = \sqrt{3}r\omega_O$$

$\bar{v}_{Ba}$即为滑套 B 的绝对速度，方向如图示。由此可得曲柄 $O'B$ 的角速度为

$$\omega_{O'} = v_{Ba}/O'B = \omega_O/2\ \text{rad/s} \quad （顺时针）$$

（2）求杆 $O'B$ 的角加速度

为了求得杆 AD 角的加速度，以点 A 为基点，通过求点 D 的加速度而得。由图 10-30b 所示点 D 的加速度矢量图，可得

$$a_D\cos 60° = a_{DA}^n - a_A \sin 30°$$

$$a_D/2 = 2r\omega_{AD}^2 - r\omega_O^2/2$$

$$a_D = 4r\omega_O^2 - r\omega_O^2 = 3r\omega_O^2$$

又因　$a_D\cos 30° = -a_A\cos 30° - a_{DA}^\tau$

$$a_{DA}^\tau = -(a_D + a_A)\sqrt{3}/2 = -(3r\omega_O^2 + r\omega_O^2)\sqrt{3}/2 = -2\sqrt{3}r\omega_O^2$$

由此可求得 AD 杆的角加速度

$$\alpha_{AD} = a_{DA}^\tau/(2r) = -\sqrt{3}\omega_O^2\ \ \text{rad/s}（顺时针）$$

$$|\alpha_{AD}| = \sqrt{3}\omega_O^2$$

为了求得 $O'B$ 杆的角加速度，仍选滑套 B 为动点，动系与 AD 杆固连，则牵连运动为刚体的平面运动。应用定理

$$\bar{a}_{Ba} = \bar{a}_{Be} + \bar{a}_{Br} + \bar{a}_{Bk} \tag{b}$$

其中

$$\bar{a}_{Ba} = \bar{a}_{Ba}^n + \bar{a}_{Ba}^\tau,\ \bar{a}_{Be} = \bar{a}_A + \bar{a}_{BA}^n + \bar{a}_{BA}^\tau,\ \bar{a}_{Bk} = 2\bar{\omega}_{AD}\times\bar{v}_{Br}$$

加速度	$\bar{a}_{Ba}^n$	$\bar{a}_{Ba}^\tau$	$\bar{a}_A$	$\bar{a}_{BA}^n$	$\bar{a}_{BA}^\tau$	$\bar{a}_{Bk}$	$\bar{a}_{Br}$
大　小	$r\omega_{O'}^2/2$	$r\alpha_{O'}/2$	$r\omega_O^2$	$r\omega_{AD}^2$	$r\alpha_{AD}$	$2\omega_{AD}v_{Br}$	未知
方　向	指向点 O'	$\perp O'B$	水平向左	指向点 A	$\perp AD$	$\perp AD$	沿 AD

点 B 的加速度矢量图如图 10-30a 所示。将式（b）向垂直于 AD 方向投影有

$$a^n\ B a\cos 30° - a_{Ba}^\tau \sin 30° = a_{BA}^\tau + a_{Bk} - a_A\cos 30°$$

$$a_{Ba}^\tau/2 = (a_{Ba}^n + a_A)\sqrt{3}/2 - a_{BA}^\tau - a_{Bk}$$

$$r\alpha_{O'}/4 = (r\omega_O^2/8 + r\omega_O^2)\sqrt{3}/2 - \sqrt{3}r\omega_O^2 - 2\sqrt{3}r\omega_O^2$$

$$r\alpha_{O'}/4 = 9\sqrt{3}r\omega_O^2/16 - 3\sqrt{3}r\omega_O^2 = -39\sqrt{3}r\omega_O^2/16$$

故得曲柄 $O'B$ 的角加速度为

$$\alpha_{O'} = -39\sqrt{3}\omega_O^2/4 = -16.89\ \text{rad/s}^2 \quad （顺时针）$$

式中负号表示 $\alpha_{O'}$与假定方向相反。

思考题

1. 刚体平动和刚体绕定轴转动是刚体平面运动的特例。这种说法确切吗？为什么？

2. 什么是瞬时平动？它与刚体的平动有何不同？

3. 长为 l 的 AB 杆作平面运动，某瞬时其两端点的速度 $\bar{v}_A$ 和 $\bar{v}_B$ 与 AB 分别成 θ_1 和 θ_2 的夹角，如图 10-31 所示。试证明该瞬时 AB 杆的角速度为 $\omega_{AB}=v_A\sin\theta_1/l+v_B\sin\theta_2/l$。

4. 图 10-32 中两滑块的速度分别为 $\bar{v}_A$ 和 $\bar{v}_B$，当求 C 点速度时，因为 C 点为两速度 $\bar{v}_A$、$\bar{v}_B$ 垂线的交点，则 C 为瞬心，故 $v_C=0$。这种作法对吗？

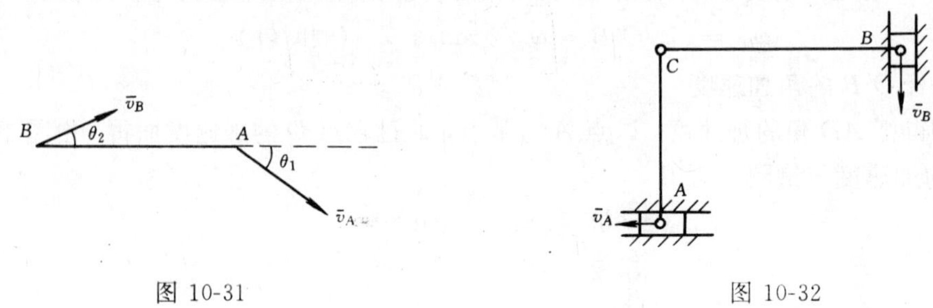

图 10-31　　　　图 10-32

5. 何谓转动偶？其特征是什么？

习　　题

10-1　椭圆规尺 AB 由曲柄 OC 带动，曲柄以角速度 ω_O 绕轴 O 匀速转动，如图所示。如 $OC=BC=AC=r$，并取 C 为基点，求椭圆规尺 AB 的平面运动方程。

10-2　两齿条以速度 $\bar{v}_1$ 和 $\bar{v}_2$ 作同向直线平动，两齿条间夹一半径为 R 的齿轮。求齿轮的角速度及其中心 O 的速度。

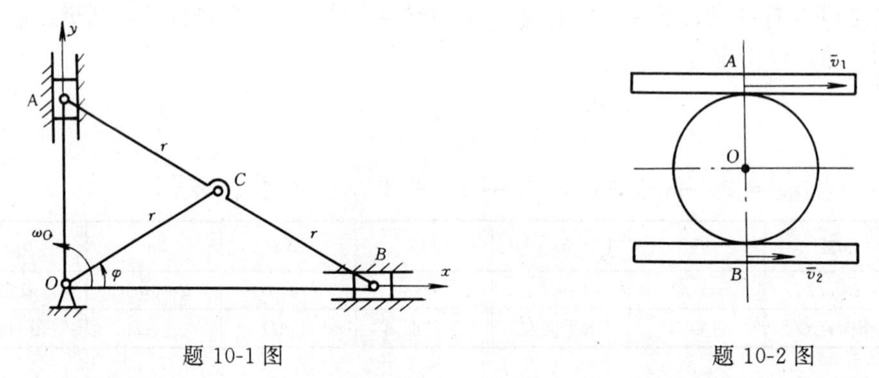

题 10-1 图　　　　题 10-2 图

10-3　四连机构中，$OA=O'B=AB/2$，曲柄以角速度 $\omega=3\text{rad/s}$ 绕轴 O 转动。求在图示位置时，杆 AB 和杆 $O'B$ 的角速度。

10-4　杆 AB 的 A 端沿水平线以等速 v 运动，在运动时杆恒与一半圆周相切，半圆周的半径为 R，如图所示。如杆与水平线间的夹角为 θ，试以角 θ 表示杆的角速度。

10-5　图示曲柄摇块机构中，曲柄 OA 以角速度 ω_O 绕 O 轴转动，带动连杆 AC 在摇块 B 内滑动，摇块及与其刚连的 BD 杆则绕 B 铰转动，杆 BD 长 l。求在图示位置时摇块的角速度及 D 点的速度。

10-6　轮 O 在水平面内滚动而不滑动，轮缘上固定销钉 B，此销钉在摇杆 $O'A$ 的槽内滑动，并带动摇杆绕轴 O' 转动。已知轮的半径 $R=50$ cm，在图示位置时 $O'A$ 是轮的切线，轮心的速度 $v_O=20$ cm/s，摇杆与水平面夹角 $\theta=60°$。求摇杆的角速度。

10-7　图示平面机构中，曲柄长为 $R=0.2\text{m}$，以匀角速度 $\omega_O=2$ rad/s 绕轴 O 转动，连杆 AB 长为 l

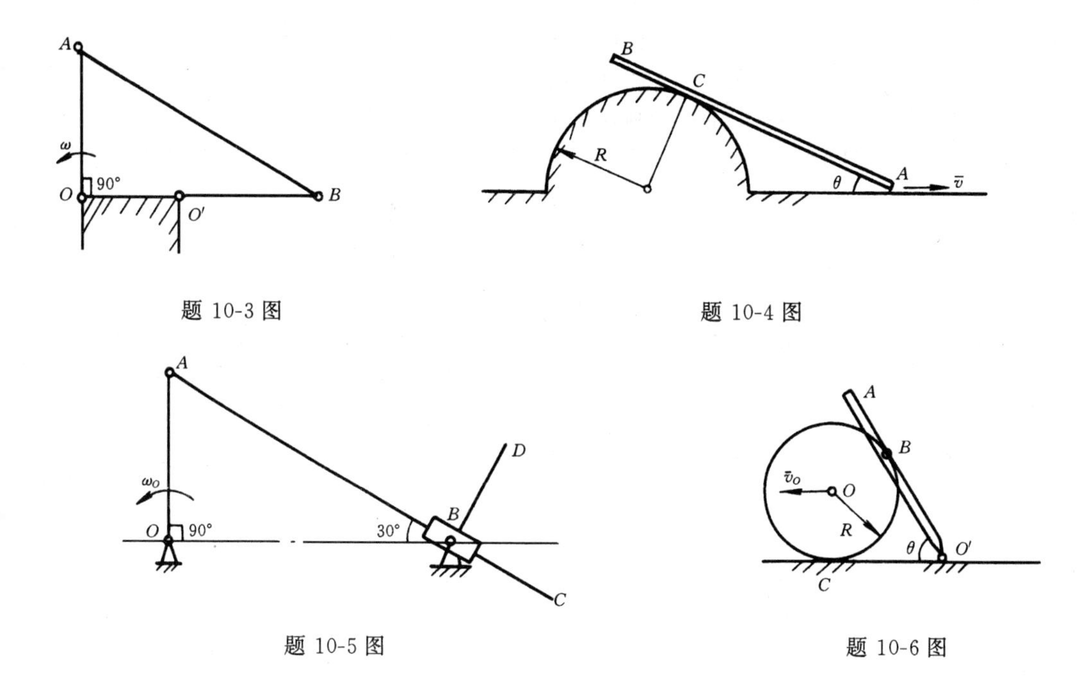

题 10-3 图　　　　题 10-4 图

题 10-5 图　　　　题 10-6 图

$=0.4\text{m}$，通过销钉 B 带动圆轮绕 O' 轴转动，圆轮半径 $r=0.1\text{m}$。在图示位置时，求点 B 的速度和加速度。

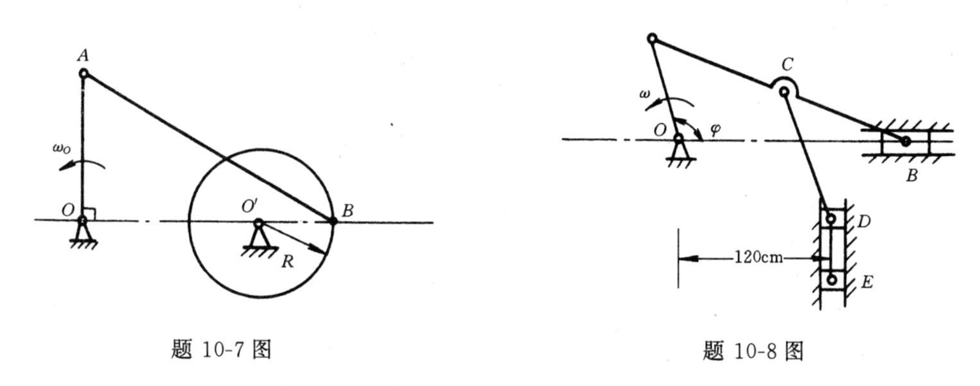

题 10-7 图　　　　题 10-8 图

10-8　图示配气机构中，曲柄以匀角速 $\omega=20$ rad/s 绕轴 O 转动，$OA=40$ cm，$AC=CB=20\sqrt{37}$ cm。当曲柄在两铅垂位置和两水平位置时，求气阀推杆 DE 的速度。

10-9　车轮在铅垂平面内沿倾角为 θ 的斜面上纯滚动，轮的半径 $R=0.5\text{m}$，轮心 O 在某瞬时的速度 $v_O=1\text{m/s}$，加速度 $a_O=3\text{m/s}^2$。求轮上两相互垂直直径的端点的加速度。滚压机构的滚子沿水平面滚动而不滑动。已知曲柄 $r=10\text{cm}$，以匀转速 $n=30\text{r/min}$ 转动，连杆 AB 长 $l=17.3$ cm，滚子半径 $R=10$ cm。求在图示位置时滚子的角速度及角加速度。

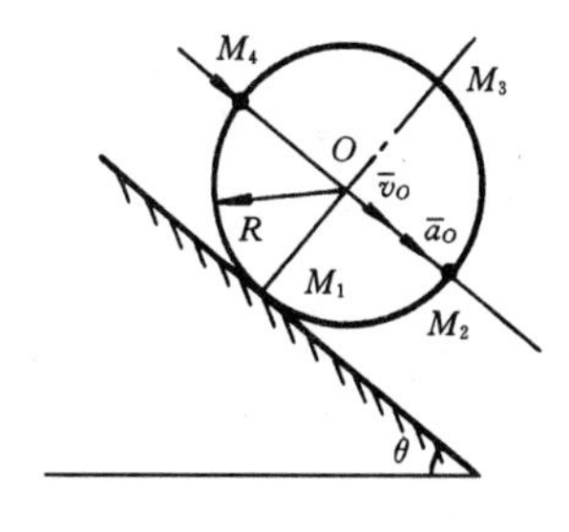

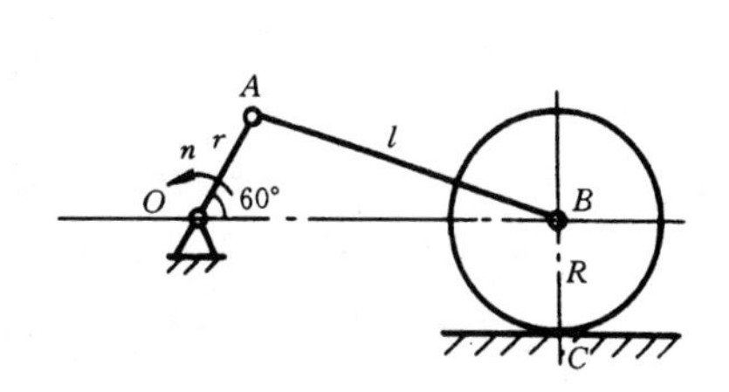

题 10-9 图　　　　题 10-10 图

10-10　滚压机构的滚子沿水平面滚动而不滑动。已知曲柄 OA 长 $r=10$ cm，以匀转速 $n=30$r/min 转动。连杆 AB 长 $l=17.3$ cm，滚子半径 $R=10$ cm，求在图示位置时滚子的角速度及角加速度。

10-11　曲柄 OA 以角速度 $\omega_0=2$ rad/s 绕轴 O 逆时针转动。图示瞬时，OA 铅直，O、B、O_1 三点在同一条水平线上。若 $OA=O_1B=30$ cm，$OO_1=130$ cm。求此瞬时，杆 O_1B 和杆 AB 的角速度和角加速度。

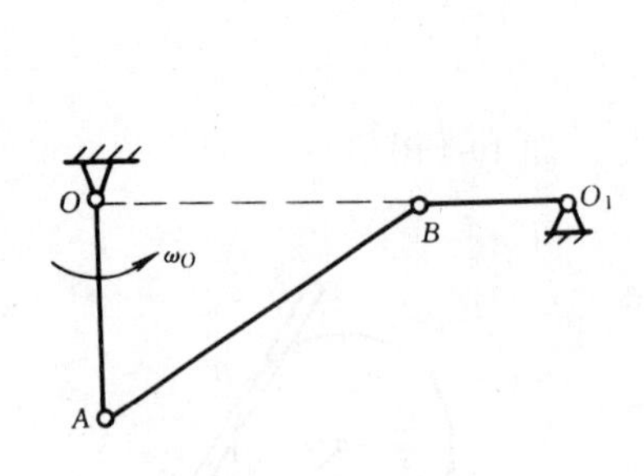

题 10-11 图

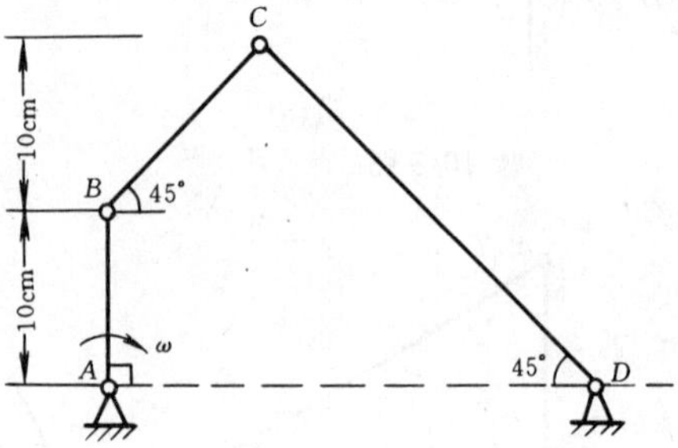

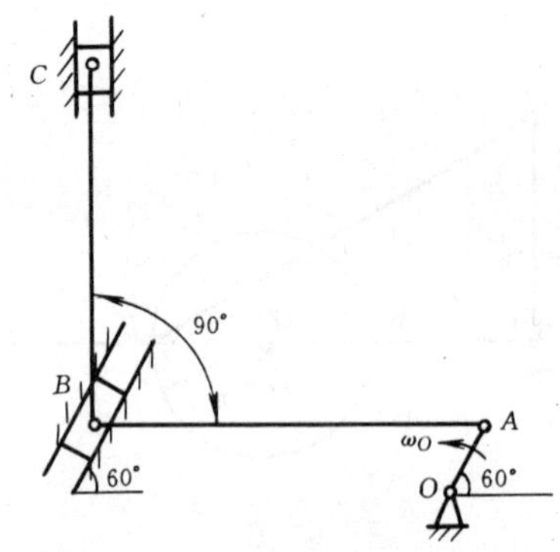

题 10-12 图

10-12　平面四连杆机构 $ABCD$ 的尺寸和位置如图所示。如杆 AB 以等角速度 $\omega=1$rad/s 绕轴 A 转动。求点 C 的加速度。

10-13　图示曲柄连杆机构中，曲柄长 $r=20$ cm，以等角速度 $\omega_O=10$ rad/s 转动，连杆长 $l=100$ cm。求在图示位置时连杆的角速度与角加速度以及滑块 B 的加速度。

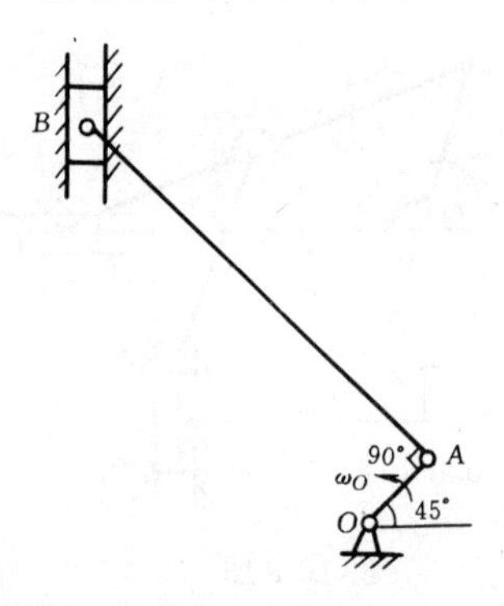

题 10-13 图

题 10-14 图

10-14　在图示配汽机构中，曲柄 OA 长为 r，绕轴 O 以等角速度 ω_O 转动，$AB=6r$，$BC=3\sqrt{3}r$。求机构在图示位置时，滑块 C 的速度和加速度。

10-15　图示平面机构中，曲柄 OA 长为 r，绕轴 O 以匀角速度 ω_O 逆时针转动，在图示瞬时，A、O、D 三点共线，$\varphi=60°$。若 $OD=l=r$，求此瞬时连杆 AB 的角速度和角加速度。

10-16　正方形 $ABCD$ 每边长 $a=10$ cm，在图面内作平面运动。在某瞬时顶点 A 和 B 的加速度大小均等于 10cm/s^2，其方向如图所示，求此瞬时其顶点 C 和 D 的加速度。

10-17　图示平面机构中，摇杆 OA 绕轴 O 摆动，通过套筒带动滚轮沿水平轨道滚动而不滑动，套筒与滚轮中心 C 铰接。滚轮的半径 $r=10$ cm。图示瞬时，$\varphi=30°$，摇杆 OA 逆时针转动的角速度 $\omega_O=3$rad/s，角加速度 $\alpha_O=0$。求此瞬时滚轮的角速度和角加速度。

10-18　直角弯杆 ABC 的 A 端沿竖直轨道以匀速 $\bar{v}$ 向下运动。图示瞬时，OA 水平。若 $AB=r$，$l=\sqrt{2}r$。求此瞬时弯杆的角速度和角加速度。

10-19　图示菱形，其中 $AC=DC=0.4$m，$BC=EC=0.3$m，其平面运动方程为 $x_c=6t$，$y_c=6t-5t^2$，$\varphi=10-10t$，单位是米、弧度、秒。求当 $t=1$s 时，A、B 两点的速度和加速度。

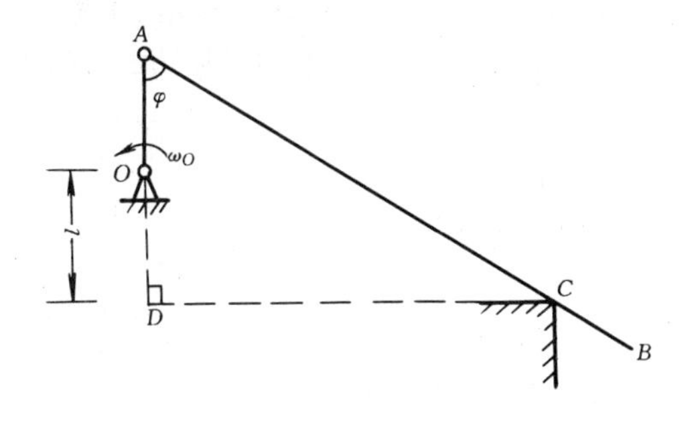

题 10-15 图

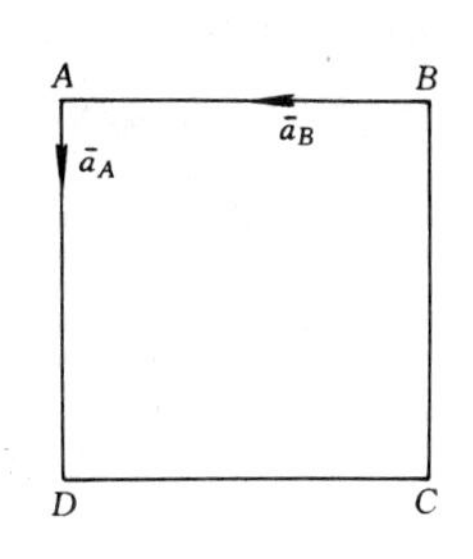

题 10-16 图

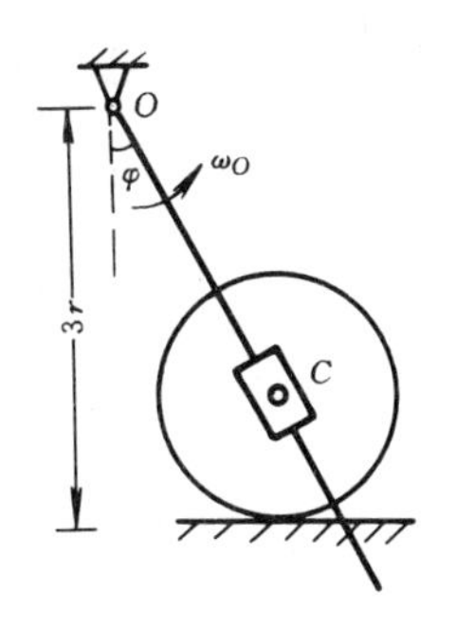

题 10-17 图

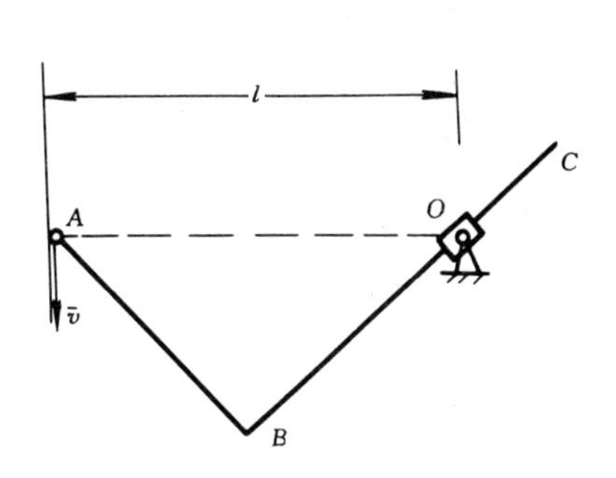

题 10-18 图

10-20 图示行星轮机构中，系杆 O_1O_2 以角速度 ω_H 绕轴 O_1 转动。如齿轮的半径分别为 r_1 和 r_2，求齿轮Ⅱ的绝对角速度和相对于系杆的角速度。

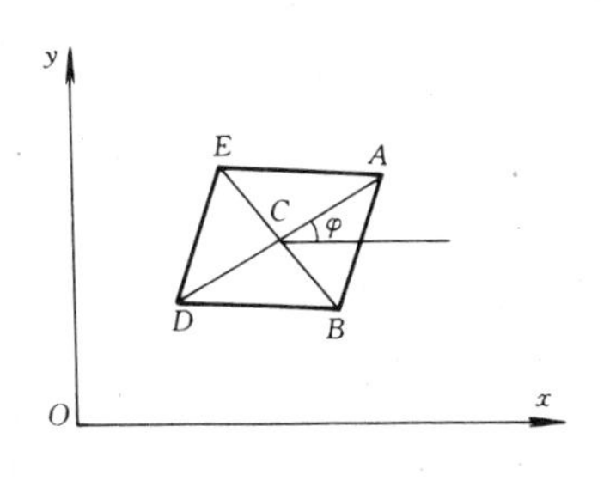

题 10-19 图

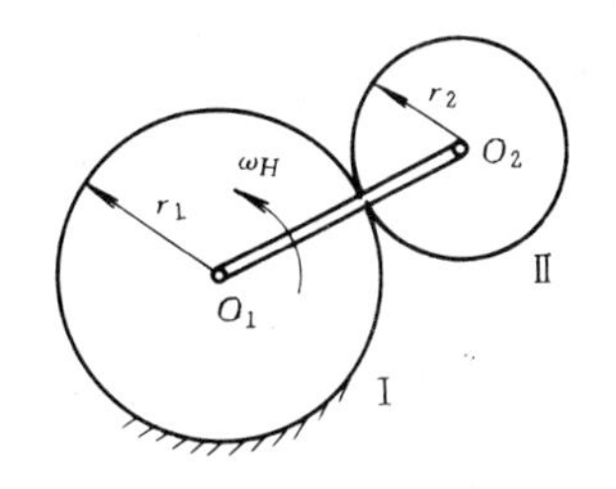

题 10-20 图

10-21 图示曲柄 OA 绕固定齿轮Ⅰ的轴 O 以角速度 ω_O 匀速转动，齿轮Ⅱ与齿轮Ⅰ大小相同，两齿轮用链条相连接。若曲柄长为 l，求齿轮Ⅱ的角速度和角加速度以及其上任一点 M 的速度和加速度。

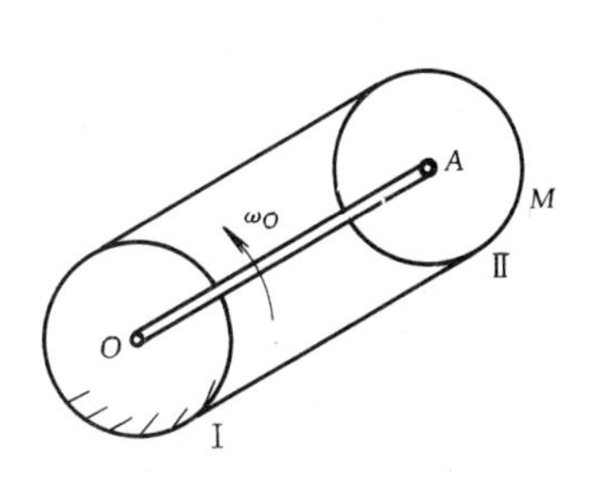

题 10-21 图

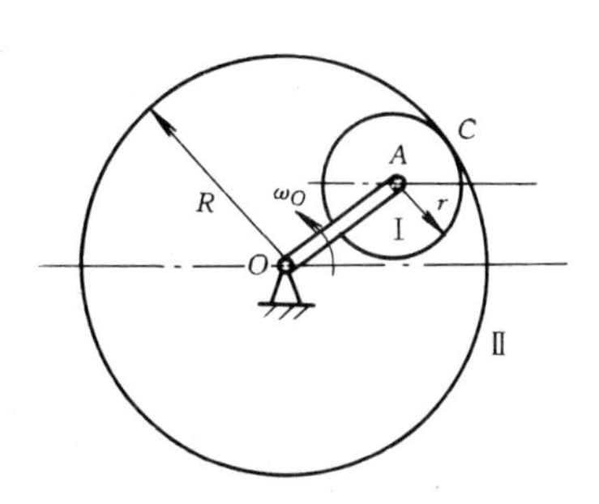

题 10-22 图

$*$10-22　图示周转轮系，曲柄 OA 以匀角速度 ω_O 转动，并带动半径为 r 的齿轮Ⅰ运动，齿轮Ⅰ又与半径为 R 的内齿轮Ⅱ啮合，$R=3r$。假定齿轮Ⅱ的角速度 $\omega_2=3\omega_O$，齿轮Ⅱ与曲柄的转向相同。试求齿轮Ⅰ相对于曲柄 OA 的角速度 ω_{1r} 及绝对角速度 ω_1。

第三篇　动　力　学

引　　言

静力学研究了作用于物体上力系的简化和平衡问题，而没有涉及不平衡力系作用下物体将如何运动。运动学只从几何方面研究了物体的运动，而未涉及物体本身的质量及其所受的力。动力学将**研究物体运动的变化与作用在物体上的力之间的关系**。因此，在动力学中不仅要对物体进行受力分析，而且通过动力学原理，建立物体机械运动的普遍规律。

动力学的理论基础是由牛顿总结的关于质点运动的牛顿三定律。以牛顿运动定律为基础的动力学称为**牛顿力学**或**经典力学**。凡是对牛顿运动定律都能适用的参考系称为**惯性参考系**。相对于惯性参考系静止或作匀速直线运动的参考系都是惯性参考系。在一般工程技术问题中，如果忽略地球的自转和公转而不致带来很大的误差时，可近似地把固结于地球上的参考系看作惯性参考系。以后若无特殊说明，则认为固结于地球的坐标系是惯性坐标系。

经典力学只能适用于研究宏观物体和速度远低于光速的运动问题。在一般工程问题中，大多是宏观物体的机械运动，而且其速度远小于光速，应用经典力学能足够精确地反映物体的运动规律。因而，经典力学在现代工程技术中，仍占有重要的地位。

动力学中所研究的研究对象有质点、刚体和质点系。质点是指具有一定的质量但可以忽略其尺寸大小的物体；质点系是有限个或无限个质点的集合，其中各质点的位置或运动都与其他质点的位置或运动相联系；刚体是不变形的特殊质点系。

一个物体能否抽象成质点，要由问题中的要求和实际可能来确定。例如，在研究天体运动中星球的运动轨道时，星球的形状和大小对所研究的问题不起主要作用，可以忽略不计，可将星球抽象为质点；刚体平动时，因刚体内各点的运动情况完全相同，也可以不考虑这个刚体的形状和大小而将它抽象为一个质点。如果物体的形状和大小在所研究的问题中不可忽略，但可略去变形的影响时，可将该物体抽象为刚体。

动力学可分为质点动力学和质点系动力学。我们将着重研究质点系的动力学问题。

在我国的法定计量单位中，力的单位是牛（N），定义为

$$1\text{N} = 1\text{kg} \cdot \text{m/s}^2$$

即加在质量为 1kg 的物体上使之产生 1m/s^2 加速度的力为 1N。

在地球表面，物体受重力 $\overline{W}$ 作用而自由落体的加速度 g，称为**自由落体加速度**或**重力加速度**。设物体的质量为 m，据牛顿第二定律，有

$$\overline{W} = m\overline{g}$$

由于物体的质量不变，而重力加速度在地面各处略有不同，因而物体的重量在地面各处地略有差异。标准自由落体加速度为（第三届国际计量大会，1901）：

$$g_n = 9.80665\text{m/s}^2$$

在一般工程技术中，为简化计算，常取 $g=9.8\text{m/s}^2$。

第十一章　质点运动微分方程

第一节　质点运动微分方程

牛顿第二定律表明了作用在质点上的力和质点运动状态变化间的关系，通常称为质点动力学基本方程。牛顿第二定律可表示为

$$m\bar{a} = \overline{F} \tag{11-1}$$

这是一个瞬时的关系式，右端的力 $\overline{F}$ 应理解为作用在该质点上的合力。为了求出质点的运动，可应用运动学中确定质点位置的三种方法，将加速度表示为位置参数的导数形式，则可得到各种形式的微分方程，称为质点的运动微分方程。

一、质点运动微分方程的矢量形式

设质点 M 的质量为 m，作用于其上的合力为 $\overline{F}$，矢径为 $\bar{r}$，加速度为 $\bar{a}$（图 11-1）。在运动学中，质点加速度可表示为其矢径的二阶导数，即

$$\bar{a} = \frac{\mathrm{d}^2\bar{r}}{\mathrm{d}t^2}$$

代入式（11-1），得

$$m\frac{\mathrm{d}^2\bar{r}}{\mathrm{d}t^2} = \overline{F} \tag{11-2}$$

上式即为**质点运动微分方程的矢量形式**。

二、质点运动微分方程的直角坐标形式

将矢量方程式（11-1）投影到直角坐标系 $Oxyz$（图 11-1）的各坐标轴上，应注意到 $a_x=\frac{\mathrm{d}^2x}{\mathrm{d}t^2}=\ddot{x}$，$a_y=\frac{\mathrm{d}^2y}{\mathrm{d}t^2}=\ddot{y}$，$a_z=\frac{\mathrm{d}^2z}{\mathrm{d}t^2}=\ddot{z}$。$X$、$Y$、$Z$ 为 $\overline{F}$ 在各直角坐标轴上的投影，则得**质点运动微分方程的直角坐标形式**。

$$\left.\begin{aligned} m\ddot{x} &= X \\ m\ddot{y} &= Y \\ m\ddot{z} &= Z \end{aligned}\right\} \tag{11-3}$$

三、质点运动微分方程的自然坐标形式

设已知质点 M 运动的轨迹曲线（图 11-2），以轨迹曲线上质点所在处为坐标原点，取自然轴系，并把式（11-1）向各轴投影，在运动学中

$$a_\tau = \frac{\mathrm{d}^2s}{\mathrm{d}t^2}, \qquad a_n = \frac{v^2}{\rho}, \qquad a_b = 0$$

F_τ、F_n　F_b 分别表示为 $\overline{F}$ 在各自然坐标轴上的投影。于是可得

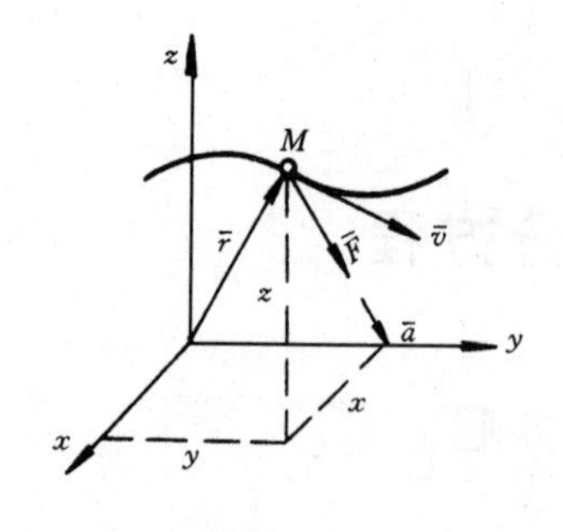

图 11-1

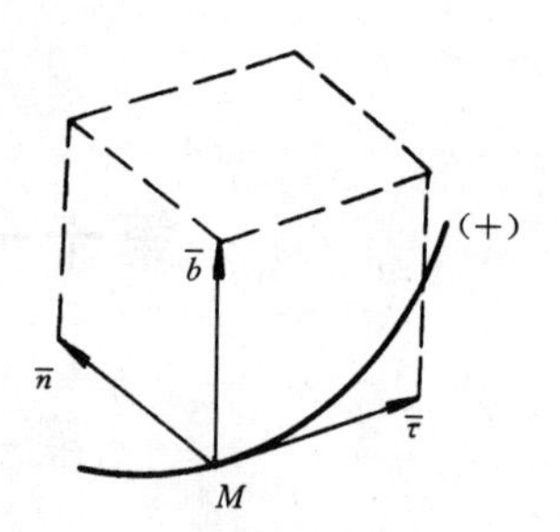

图 11-2

$$\left.\begin{aligned} ma_\tau &= m\frac{\mathrm{d}^2 s}{\mathrm{d}t^2} = F_\tau \\ ma_n &= m\frac{v^2}{\rho} = F_n \\ ma_b &= 0 = F_b \end{aligned}\right\} \tag{11-4}$$

式中，ρ表示轨迹曲线在点 M 处的曲率半径，式（11-3）称为**质点运动微分方程的自然坐标形式**。上式第三式说明作用在质点 M 上的力系在副法线上投影平衡，或者说，作用在质点 M 上的汇交力系的合力总在密切面内。

第二节　质点动力学的两类问题

应用质点运动微分方程可求解质点动力学的两类问题。

第一类问题，已知质点的运动，求作用在质点上的力。解决这一类问题，只需根据质点的已知运动方程通过导数运算，求出加速度，代入质点运动微分方程，即可求得作用力 $\bar{F}$。由此可知，求解第一类问题可归结为微分问题。

第二类问题，已知作用在质点上的力，求质点的运动。求解第二类问题，是积分过程。作用于质点的已知力，在一般情况下可能表现为时间、质点位置和速度的函数，即 $\bar{F}=\bar{F}$（$\bar{r}$，$\dot{\bar{r}}$，t），这样使质点运动微分方程成为 $\bar{r}$（t）的二阶微分方程。仅在少数情况下可以求解。通常采取二种办法：一是在可能条件下将微分方程线性化，而线性方程有一般解法。二是采用数值解法。在求解第二类问题时，方程的积分要出现积分常数，为了完全确定质点的运动，必须根据运动的初始条件确定这些积分常数。

下面举例说明这两类问题的求解方法和步骤。

【例 11-1】　质量为 1kg 的质点 M 用两根细绳系住，两绳的另一端分别连结在固定点 A、B，如图 11-3 所示。已知质点以速度 $v=2.5\mathrm{m/s}$ 在水平面内作匀速圆周运动，园的半径 $r=0.5\mathrm{m}$，求两绳的拉力。

【解】　（1）受力分析

取质点 M 为研究对象，作用于质点上的力有：重力 $\bar{W}$ 和绳子拉力 $\bar{T}_A$ 和 $\bar{T}_B$（图 11-3b）。

（2）动力学分析

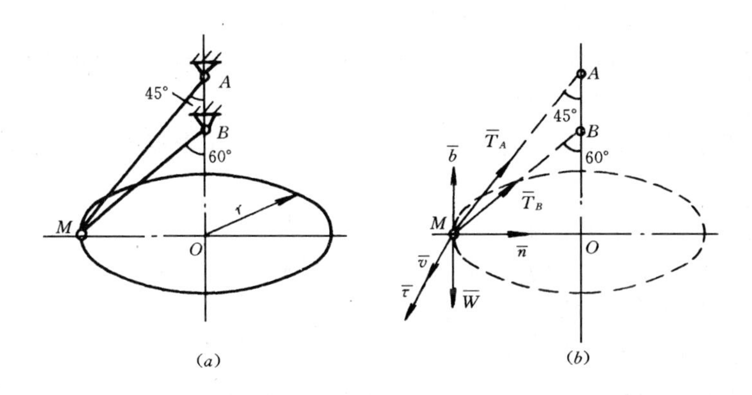

图 11-3

因质点运动轨迹已知，故宜采用质点运动微分方程的自然坐标形式求解。质点的切向加速度 $a_\tau=\frac{dv}{dt}=0$，法向加速度指向 O 点，大小为 $a_n=\frac{v^2}{\rho}=\frac{2.5^2}{0.5}=12.5\text{m/s}^2$。取自然坐标轴如图 11-3$b$ 所示，则

$$m\frac{v^2}{\rho}=F_n,\qquad 0=F_b$$

即
$$1\times 1.25=T_A\sin45°+T_B\sin60°$$
$$0=-9.80+T_A\cos45°+T_B\cos60°$$

解得
$$T_A=8.65\text{N},T_B=7.38\ \text{N}$$

【例 11-2】 设质点 M 在固定平面内运动（图 11-4）。已知质点的质量是 m，运动方程是

$$x=a\cos\omega t,y=b\sin\omega t$$

其中，a，b 和 ω 都是常量，求作用于质点的力 $\bar{F}$。

【解】 这是一个自由质点的平面运动问题，小球只有在按某一特殊规律变化的主动力作用下和特定的起始条件下，才能实现题设的运动。

分析小球在任一瞬时所受的力。因主动力未知，可假设它在坐标轴上的投影为 X 和 Y，将小球的运动方程求导，求出 M 的加速度在固定坐标轴上的投影

$$\ddot{x}=-a\omega^2\cos\omega t=-\omega^2x$$
$$\ddot{y}=-b\omega^2\sin\omega t=-\omega^2y$$

再由式（11-4）求得作用力 $\bar{F}$在坐标轴上的投影

$$X=m\ddot{x}=-\omega^2mx$$

$$Y=m\ddot{y}=-\omega^2my$$

故力 $\bar{F}$的大小为

$$F=\sqrt{x^2+Y^2}=\omega^2m\sqrt{x^2+y^2}=\omega^2mr$$

式中：r 是质点 M 到原点 O 的距离（称为极距）。$\bar{F}$的方向余弦是

$$\cos(\bar{F},\bar{i})=\frac{X}{F}=-\frac{x}{r},\qquad \cos(\bar{F},\bar{j})=\frac{Y}{F}=-\frac{y}{r}$$

最后，作用力 $\bar{F}$可表示成

$$\bar{F}=X\bar{i}+Y\bar{j}=-\omega^2 m(x\bar{i}+y\bar{i})=-\omega^2 m\bar{r}$$

可见，力 $\bar{F}$ 与 M 的矢径 $\bar{r}$ 的方向相反，也就是说力 $\bar{F}$ 指向原点 O。这种作用线恒通过固定点的力称为有心力，而这个固定点则称为力心。

以上两例都是动力学的第一类基本问题，由此可归纳出求解第一类基本问题的步骤如下：

(1) 取研究对象，并视其为质点。

(2) 分析质点在任一瞬时的受力，并画出受力图。

(3) 分析质点的运动，求质点的加速度。

(4) 列质点的运动微分方程并求解。

质点动力学第二类基本问题的解题步骤基本上与上述步骤相似，但是由于作用于质点的力可能是常力，也可能是时间、速度、距离等的函数，在求解时要注意积分的方法，以及利用初始条件确定积分常数。

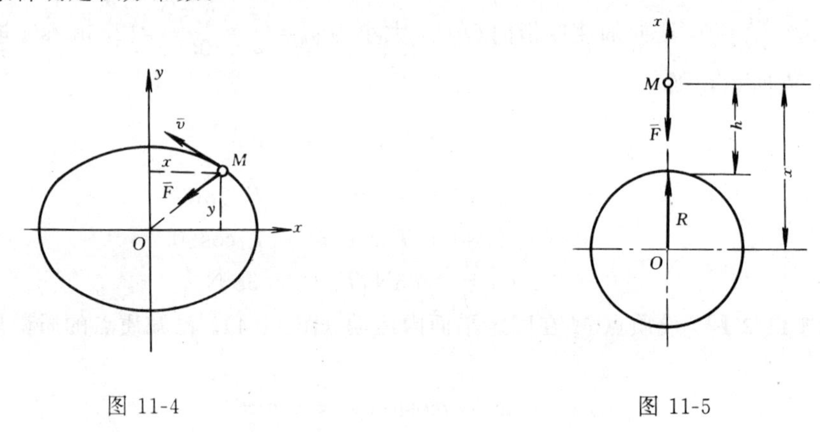

图 11-4　　　　图 11-5

【例 11-3】 以初速 $\bar{v}_0$ 自地球表面竖直向上发射一质量为 m 的火箭（图 11-5）。不计空气阻力，火箭所受引力 $\bar{F}$ 之大小与它到地心的距离平方成反比，求火箭能到达的最大高度。

【解】 (1) 研究对象。取火箭为研究对象，并视为质点。

(2) 受力分析。火箭在任意位置 x 处（图 11-5），仅受地球引力 $\bar{F}$ 的作用。由题意知，$\bar{F}$ 的大小与 x^2 成反比，设 μ 为比例系数，则有

$$F=\mu/x^2 \tag{1}$$

当火箭处于地面时，即 $x=R$ 时，$F=mg$，可得 $\mu=mgR^2$。于是由式 (1)，得

$$F=mgR^2/x^2 \tag{2}$$

(3) 到运动分方程求解。由于火箭作直线运动，可得火箭的直线运动微分方程为

$$m\frac{\mathrm{d}^2x}{\mathrm{d}t^2}=-mgR^2/x^2 \tag{3}$$

由于力 $\bar{F}$ 是坐标 x 的函数，可用分离变量方法积分式 (3)。注意到

$$\frac{\mathrm{d}^2x}{\mathrm{d}t^2}=\frac{\mathrm{d}v}{\mathrm{d}t}=\frac{\mathrm{d}v}{\mathrm{d}x}\cdot\frac{\mathrm{d}x}{\mathrm{d}t}=v\frac{\mathrm{d}v}{\mathrm{d}x}$$

式 (3) 成为

$$mv\frac{\mathrm{d}v}{\mathrm{d}x}=-mgR^2/x^2$$

即
$$v\mathrm{d}v = -\ gR^2 \frac{\mathrm{d}x}{x^2} \tag{4}$$
根据题意及所选坐标轴，初始条件为：当 $t=0$ 时，$x=R$，$v=v_0$；当火箭达到最大高度 H 时，$x_{max}=R+H$，$v=0$。积分式（4）
$$\int_{v_0}^{0} v\mathrm{d}v = \int_{R}^{H+R} -\ gR^2 \frac{\mathrm{d}x}{x^2}$$
得
$$\frac{1}{2}v_0^2 = gR^2(\frac{1}{R} - \frac{1}{R+H})$$
于是，解出火箭能达到的高度 H 为
$$H = \frac{v_0^2 R}{2gR - v_0^2} \tag{5}$$

讨论 欲使火箭脱离地球引力，所需的初速 v_0 应多大？欲使火箭不受地球引力作用，必须要求 $x=R+H\to\infty$，由于 R 为常量，由式（5）知，即要求
$$2gR - v_0^2 = 0$$
即
$$v_0 = \sqrt{2gR} \tag{6}$$
将 $g=9.8\times10^{-3}\mathrm{km/s^2}$ 及 $R=6370\ \mathrm{km}$ 代入上式，得
$$v_0 = 11.2\ \mathrm{km/s}$$
这就是火箭脱离地球引力所需的最小发射速度，称为第二宇宙速度或逃逸速度。

【例 11-4】 在重力作用下以仰角 α 初速 v_0 抛射一物体。假设空气阻力与速度一次方成正比，与速度方向相反，$\bar{R}=-\gamma\bar{v}$，γ 为阻力系数，求抛射体的运动方程。

【解】 这是二个自由度的平面曲线运动。求质点的运动方程，属于第二类问题。

（1）视物体为质点，作为研究对象。

（2）受力分析。质点在任意位置处（图 11-6），受重力 $\bar{W}$ 和阻力 $\bar{R}$ 作用。

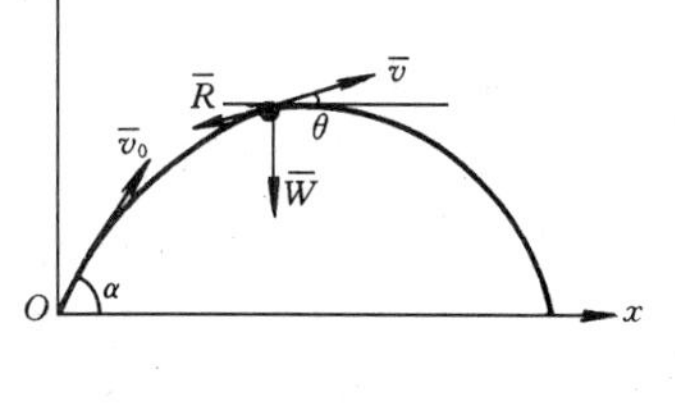

图 11-6

（3）列运动微分方程求解。

对图示直角坐标系，写出质点的运动微分方程：
$$m\ddot{x} = -\ R\cos\theta = -\ \gamma v\cos\theta = -\ \gamma\dot{x}$$
$$m\ddot{y} = -\ R\sin\theta - W = -\ \gamma v\sin\theta - mg = -\ \gamma\dot{y} - mg$$
令 $\beta=\dfrac{\gamma}{m}$，得
$$\left.\begin{aligned} \ddot{x} + \beta\dot{x} &= 0 \\ \ddot{y} + \beta\dot{y} &= -\ g \end{aligned}\right\} \tag{1}$$
这是两个独立的线性微分方程，其一般解为：
$$\left.\begin{aligned} x &= C_1 + C_2 e^{-\beta t} \\ y &= D_1 + D_2 e^{-\beta t} - \frac{g}{\beta}t \end{aligned}\right\} \tag{2}$$
积分常数由运动起始条件决定如下：

当 $x=0$ 时，有 $x_0=0$，$y_0=0$；$\dot{x}_0=v_0\cos\alpha$，$\dot{y}_0=v_0\sin\alpha$。代入式（2），得

$$0=C_1+C_2,\quad v_0\cos\alpha=-\beta C_2$$

$$0=D_1+D_2, v_0\sin\alpha=-\beta D_2-\frac{g}{\beta}$$

解得

$$\left.\begin{aligned} C_1=-C_2=\frac{v_0\cos\alpha}{\beta} \\ D_1=-D_2=\frac{v_0\sin\alpha+g/\beta}{\beta} \end{aligned}\right\} \tag{3}$$

将式（3）代入式（2），得运动方程：

$$\left.\begin{aligned} x&=\frac{v_0\cos\alpha}{\beta}(1-e^{-\beta t}) \\ y&=\frac{v_0\sin\alpha+g/\beta}{\beta}(1-e^{-\beta t})-\frac{gt}{\beta} \end{aligned}\right\} \tag{4}$$

这就是质点的运动方程，也可看成以 t 为参数的轨迹方程。

讨论 由式（4）中的第一式知，质点的轨迹趋于一竖直渐近线 $x=\frac{v_0\cos\alpha}{\beta}$。

质点的速度公式为

$$\left.\begin{aligned} v_x&=\dot{x}=v_0\cos\alpha e^{-\beta t} \\ v_y&=\dot{y}=(v_0\sin\alpha+\frac{g}{\beta})e^{-\beta t}-\frac{g}{\beta} \end{aligned}\right\} \tag{5}$$

由上式可见，质点的速度在水平方向的投影不是常量，而是随着时间的增大而不断减小，当 $t\to\infty$，$v_x\to 0$；质点的速度在 y 轴上的投影 v_y，当 $t\to\infty$ 时，$v_y\to-\frac{g}{\beta}$。

【例 11-5】 如图 11-7 所示，一细长杆 OA，O 端用光滑铰固定，A 端有一质量为 m 的小球；杆长为 l，其质量不计。当杆在铅直位置时，球因受冲击具有水平初速 $\bar{v}_0$。不计空气阻力，求球的运动和杆对球的约束力。

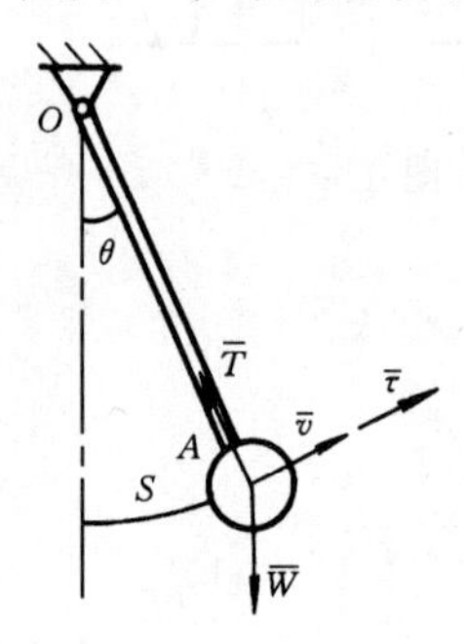

图 11-7

【解】 球因受杆的约束只能在铅直面内沿圆弧运动，这是非自由质点动力学问题。本题要求先从已知主动力 $\bar{W}$ 求质点的运动，然后再根据已求得的运动求未知约束力，故本题既有第一类问题，又有第二类问题。

（1）研究对象与受力分析

以小球为研究对象。在任意位置球受主动力（重力）$\bar{W}$ 和杆的约束力（杆的拉力）$\bar{T}$ 作用。受力图如图 11-7 所示。

（2）建立运动微分方程

由于质点作圆弧运动，对图示坐标轴，列出质点运动微方程的自然坐标形式为

$$\left.\begin{aligned} m\frac{\mathrm{d}v}{\mathrm{d}t}&=-mg\sin\theta \\ m\frac{v^2}{l}&=T-mg\cos\theta \end{aligned}\right\} \tag{a}$$

(3) 求运动

式 (a) 第一式建立了主动力与切向加速度之间的关系。由于 $v=l\dot{\theta}$，即有 $\frac{dv}{dt}=l\ddot{\theta}$。因此式 ($a$) 第一式成为

$$\ddot{\theta}+\frac{g}{l}\sin\theta=0 \tag{b}$$

注意到 $\ddot{\theta}=\frac{d\dot{\theta}}{dt}=\frac{d\theta}{dt}\frac{d\dot{\theta}}{d\theta}=\dot{\theta}\frac{d\dot{\theta}}{d\theta}$

故式 (b) 成为

$$\dot{\theta}\frac{d\dot{\theta}}{d\theta}=-\frac{g}{l}\sin\theta$$

即
$$\dot{\theta}\,d\dot{\theta}=-\frac{g}{l}\sin\theta d\theta$$

积分之
$$\int_{\dot{\theta}_0}^{\dot{\theta}}d\left(\frac{\dot{\theta}^2}{2}\right)=-\int_{\theta_0}^{\theta}\frac{g}{l}\sin\theta d\theta$$

得
$$\frac{1}{2}\dot{\theta}^2-\frac{1}{2}\dot{\theta}_0^2=\frac{g}{l}(\cos\theta-\cos\theta_0)$$

起始条件是：当 $t=0$ 时，$\theta_0=0$，$\dot{\theta}_0=\frac{v_0}{l}$，并注意到 $v=l\dot{\theta}$，代入上式得

$$v^2=v_0^2+2gl(\cos\theta-1) \tag{c}$$

此式表示杆在任意位置 θ 时的速度 v。由式 (c) 可知，当 $v_0\geqslant\sqrt{4gl}$ 时，小球才能作圆周运动，否则小球只能作摆动。

(4) 求约束力 $\bar{T}$

利用式 (a) 中的法向投影式，有

$$T=mg\cos\theta+m\frac{v^2}{l}$$

$$=mg\cos\theta+\frac{m}{l}[v_1^2+2gl(\cos\theta-1)]$$

$$T=mg(3\cos\theta-2)+\frac{mv_0^2}{l} \tag{d}$$

上式右边第一项表示静反力，是由重力的法向分量直接引起的；第二项表示附附加动反力，由质点的运动状态所决定。这两次叠加的结果称为动反力。

第三节 质点在非惯性坐标系中的运动

在以上各节中，我们基于牛顿定律研究了质点在惯性参考系中的动力学问题。但是在工程实际中有很多问题，需要研究物体相对于非惯性参考系的运动。所谓非惯性参考系是指相对于惯性参考系有加速度的参考系。例如，考虑地球自转时河流的流动，地震情况下建筑物相对地面的运动，远程火箭或人造地球卫星的运动等。为此，需要建立在非惯性参考系中物体的运动与作用力之间的关系。

设有一质量为 m 的质点 M，相对于动参考系 $O'x'y'z'$ (非惯性参考系) 运动，其相对加速度为 $\bar{a}_r$。动参考系 $O'x'y'z'$ 相对于定参考系 $Oxyz$ 运动 (图 11-8)，。这时质点 M 相对

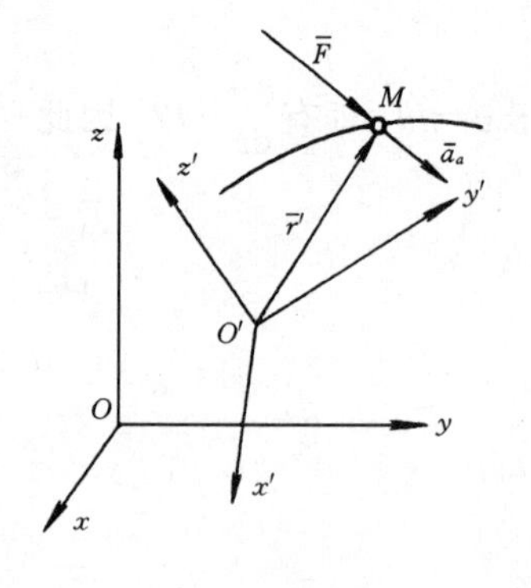

图 11-8

于定参考系的运动为绝对运动。根据牛顿定律有

$$m\bar{a}_a = \bar{F} \tag{a}$$

其中 $\bar{a}_a$ 表示质点 M 的绝对加速度，力 $\bar{F}$ 为作用在质点 M 上的合力。由运动学中点的加速度合成定理，有

$$\bar{a}_a = \bar{a}_e + \bar{a}_r + \bar{a}_k \tag{b}$$

其中 $\bar{a}_e$ 为质点的牵连加速度，$\bar{a}_r$ 为质点的相对加速度，$\bar{a}_k$ 为质点的科氏加速度。将式（b）代入式（a），得

$$m\bar{a}_r + m\bar{a}_e + m\bar{a}_k = \bar{F}$$

或

$$m\bar{a}_r = \bar{F} - m\bar{a}_e - m\bar{a}_k \tag{c}$$

考虑到此式右端最后两项具有力的量纲，令

$$\bar{F}_e^I = -m\bar{a}_e, \bar{F}_k^I = -m\bar{a}_k \tag{11-5}$$

$\bar{F}_e^I$ 和 $\bar{F}_k^I$ 分别称为牵连惯性力和科氏惯性力。于是式（c）变成

$$m\bar{a}_r = \bar{F} + \bar{F}_e^I + \bar{F}_k^I \tag{11-6}$$

这就是**质点相对运动的动力学基本方程。即质点的质量与相对加速度的乘积等于作用于质点的力与牵连惯性力、科氏惯性力的矢量和。**

将式（11-6）写成微分形式

$$m\frac{d\bar{v}_r}{dt} = m\frac{d^2\bar{r}'}{dt^2} = \bar{F} + \bar{F}_e^I + \bar{F}_k^I \tag{11-7}$$

此即为**矢量形式的质点相对运动微分方程**。应用时，常将上式向动系 $O'x'y'z'$ 的坐标轴投影或向质点相对运动轨迹的自然轴系上投影，得到相应的投影式。

下面讨论几种特殊情形。

1．动系相对于定系作平动。

在此情况下，$\bar{a}_k=0$，相应有 $\bar{F}_k=0$，于是式（11-6）成为

$$m\bar{a}_r = \bar{F} + \bar{F}_e^I \tag{11-8}$$

2．动系相对于定系作匀速直线平动。

在此情况下，$\bar{a}_k=0$，$\bar{a}_e=0$；相应地有 $\bar{F}_k^I=0$，$\bar{F}_e^I=0$。于是质点相对运动的动力学基本方程与相对于惯性参考系的基本方程形式完全一样，即

$$m\bar{a}_r = \bar{F} \tag{11-9}$$

上式表明，对于相对于惯性参考系作匀速直线平动的参考系，牛顿定律也是适用的，因此，这样的参考系也是惯性参考系。由此可见，发生在任何惯性参考系中的一切力学现象的规律都完全相同，此即古典力学中的**相对性原理**。

3．质点相对于动系作匀速直线运动。

在此情况下，$\bar{a}_r=0$，质点相对运动动力学基本方程变为

$$\bar{F} + \bar{F}_e^I + \bar{F}_k^I = 0 \tag{11-10}$$

这种情形称为**相对平衡**。即，作用在质点上的力（主动力和约束力）、牵连惯性力和科氏惯性力组成平衡力系。

4．质点相对于动参考系静止。

此时，$\bar{a}_r=0$，$\bar{v}_r=0$ 故有 $\bar{F}_k^I=0$。因而方程（11-6）变成

$$\bar{F}+\bar{F}_e^I=0$$

上式称为质点相对静止的平衡方程。

【例 11-6】 如图 11-9 所示，用一细绳悬挂的小球，在纬度为 ϕ 角的地球表面静止不动，求悬挂线对于地球半径的偏差角 α 和重力加速度随纬度变化规律。

【解】 研究小球相对于地球的平衡问题，由于地球自转，所以作用在小球上的力除了地球引力 $\bar{F}$ 和绳子的约束力 $\bar{N}$ 之外，还应加入牵连惯性力 $\bar{F}_e^I$，则 $\bar{F}$、$\bar{N}$ 和 $\bar{F}_e^I$ 组成平衡力系，即

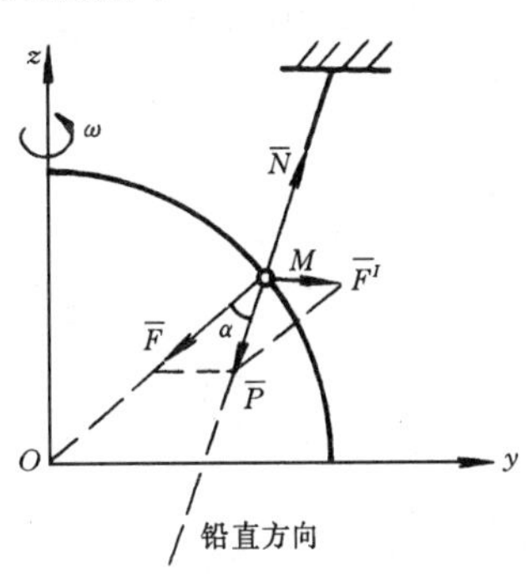

图 11-9

$$\bar{F}+\bar{N}+\bar{F}_e^I=0$$

其中 $F_e^I=m\omega^2R\cos\phi$，m 为小球质量，ω 为地球自转角速度（地球自转一周的时间为 86164s，故 $\omega=7.2921\times10^{-5}\text{rad/s}$），$R$ 为地球半径（$R=6370\text{km}$）

通常所测得的重力 $\bar{P}$ 并不是地球的引力 $\bar{F}$，而是地球引力和牵连惯性力的合力，即

$$\bar{P}=\bar{F}+\bar{F}_e^I$$

由于 $\bar{F}_e^I$ 的大小及 $\bar{F}_e^I$ 与 $\bar{F}$ 间夹角都随纬度改变，故重力 $\bar{P}$ 的大小亦随纬度而变；且其方向也不是指向地球中心 O，而与 OM 有一夹角 α。平常所谓的铅垂线事实上是指重力 $\bar{P}$ 的方向线。

由图 11-9，根据正弦定理求得

$$\sin\alpha=\frac{F_e^I}{P}\sin\phi=\frac{\omega^2R\sin2\phi}{2g}$$

如果我们已测得当 $\phi=45°$ 时 $g=9.8062\text{m/s}^2$，则可算得

$$\alpha\approx\frac{\omega^2R\sin^2\phi}{2g}=0°6'$$

由于 ω 值很小，故由此引起的牵连惯性力也很小，比值

$$\frac{F_e^I}{mg}=\frac{\omega^2R}{g}\cos\phi$$

在赤道，F_e^I 有极大值，此时

$$\max\left(\frac{F_e^I}{mg}\right)\approx\frac{1}{290}$$

为了决定重力加速度的值 g 附 ϕ 的变化规律，由图 11-9 据正弦定理得

$$F=mg\frac{\sin(\phi+\alpha)}{\sin\phi}\approx mg+m\omega^2R\cos^2\phi$$

设赤道 $\phi=0$ 处的重力加速度为 g_0，即

$$F=mg_0+m\omega^2R$$

由上边两式右边相等，得

$$g=g_0\left(1+\frac{\omega^2R}{g_0}\sin^2\phi\right)$$

利用 $\phi=45°$时测得的 $g_0=980.62\ \text{cm/s}^2$ 代入上式即求得 $g_0=978.03\ \text{cm/s}^2$，这样在任何其他纬度 φ 时重力加速度的 g 的近似公式为

$$g_0 = 978.03(1 + 0.0053\sin^2\phi)\ (\text{cm/s}^2)$$

【例 11-7】 质量为 m 的滑块，可在光滑杆 OA 上滑动（图 11-10），杆以匀角速度 ω_O 在水平面内绕 O 轴转动。已知滑块在离轴心 O 的距离为 b 时无相对初速度地开始运动。求此后滑动在杆上滑动的速度 v_r 及杆作用于滑块上的水平力 N，以滑块离轴心 O 的距离 x_1 表示之。

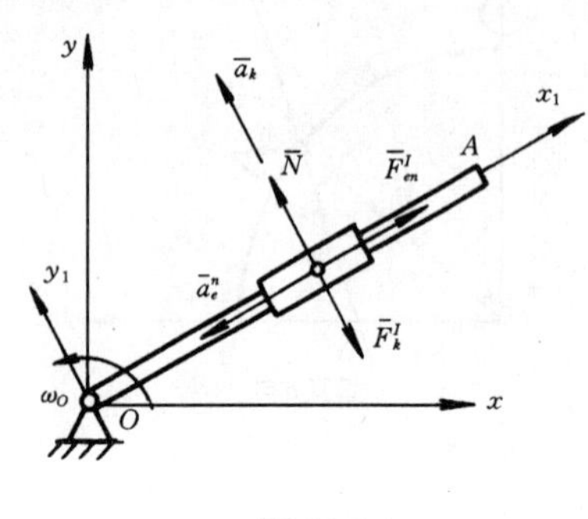

图 11-10

【解】 取 OA 为动参考系，在其上固结一坐标系 ox_1y_1。当滑块在任意位置 x_1 时，有

$$a^\tau_e = 0,\quad a^n_e = \omega_O^2 x_1,\quad a_k = 2\omega_O v_r$$

因而牵连惯性力 $\bar{F}^I_e$ 及科氏惯性力 $\bar{F}^I_k$ 的大小为

$$F_{e\tau} = 0,\quad F^I_{en} = m\omega_1^2 x_1,\quad F^I_k = 2m\omega_O v_r$$

方向与相应加速度方向相反。根据质点相对运动动力学基本方程式

$$m\bar{a}_r = \bar{F} + \bar{F}^I_e + \bar{F}^I_k$$

将上式分别投影到 x_1，y_1 轴上，有

$$m\ddot{x}_1 = m\omega_O^2 x_1 \tag{a}$$

$$0 = N - 2m\omega_O\dot{x}_1 \tag{b}$$

由于

$$\ddot{x}_1 = \dot{x}_1\frac{\mathrm{d}\dot{x}_1}{\mathrm{d}x_1}$$

所以

$$m\dot{x}_1\mathrm{d}\dot{x}_1 = m\omega_O^2 x_1\mathrm{d}x_1$$

对上式积分，当 $t=0$ 时，$x_1=b$，$\dot{x}_1=0$

$$\int_O^{\dot{x}_1}\dot{x}_1\mathrm{d}\dot{x}_1 = \int_b^{x_1}\omega_O^2 x_1\mathrm{d}x_1$$

积分后可得

$$\dot{x}_1^2 = \omega_O^2(x_1^2 - b^2)$$

所以

$$v_r = \dot{x}_1 = \omega_O\sqrt{x_1^2 - b^2}$$

代入（b）式，有

$$N = 2m\omega_O^2\sqrt{x_1^2 - b^2}$$

思 考 题

1. 质点的运动方程和运动微分方程有何区别？

2. 已知质点的运动方程，是否就可以求出作用于质点上的力？已知作用于质点上的力，是否就可以确定质点的运动方程？

3. 质点 M 在力 $\bar{F}$ 作用下，能否沿图 11-11（a）、（b）、（c）所示的曲线运动？

4. 三个质量相同的质点，在某瞬时速度分别如图 11-12（a）、（b）、（c）所示，若对它们作用了大小、方向相同的力 $\bar{F}$，问质点的运动情况是否相同？

5. 绳子通过两定滑轮，在绳两端分别挂着两个完全相同的物体。开始时，它们处于同一高度，如图

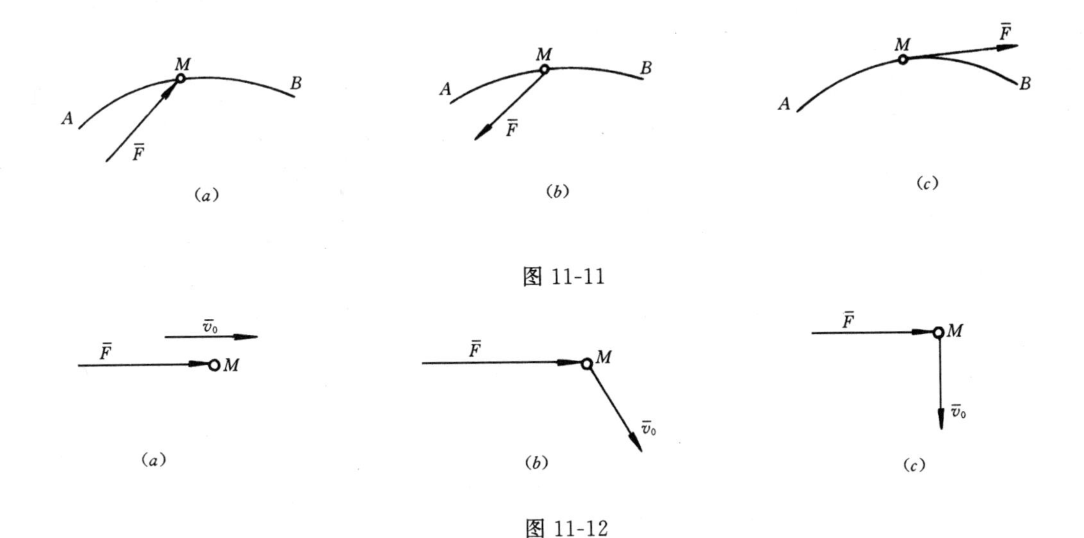

图 11-11

图 11-12

11-13 所示。给右边物体一速度，使其在平衡位置附近来回摆动，则左边物体作何运动？

图 11-13

图 11-14

6. 小球用绳子悬挂，在水平面内作匀速圆周运动，如图 11-14 所示。若在重力方向求合力，则

$$G - T\cos\varphi = 0 \tag{1}$$

若在张力方向求合力，则

$$T - G\cos\varphi = 0 \tag{2}$$

方程（1）和（2）是否正确？为什么？

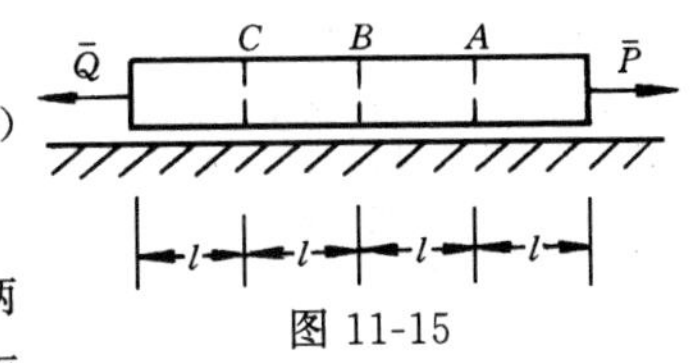

图 11-15

7. 如图 11-15 所示，重为 W 的均质杆放在光滑的水平面上，在两端沿其轴线分别作用拉力 $\bar{P}$ 和 $\bar{Q}$，且 $P>Q$，则杆上 A、B、C 三个截面处的张力分别为多少？

习　　题

11-1　一质量为 m 的小球悬挂于车厢顶上如图所示。车厢以匀加速度 $\bar{a}$ 沿直线轨道运动。求当小球与车厢相对平衡时绳子与铅垂线所成的角度 θ 以及此时绳子中的拉力 $\bar{T}$。

11-2　一质量为 10kg 的小球置于倾斜 30°的光滑斜面上，并用平行于斜面的软绳拉住如图示。当斜面以 $g/3$ 的加速度向左运动时，求绳子中拉力及斜面上的压力。并问当斜面的加速度达到多大时绳子中拉力为零？

11-3　物块 A、B，质量分别为 $m_1=100$ kg，$m_2=200$ kg，用弹簧联结如图。设物块 A 按规律 $x=a\sin 10t$ 作简谐运动（x 以 cm 计，t 以 s 计），求水平面所受的压力的最大值与最小值。

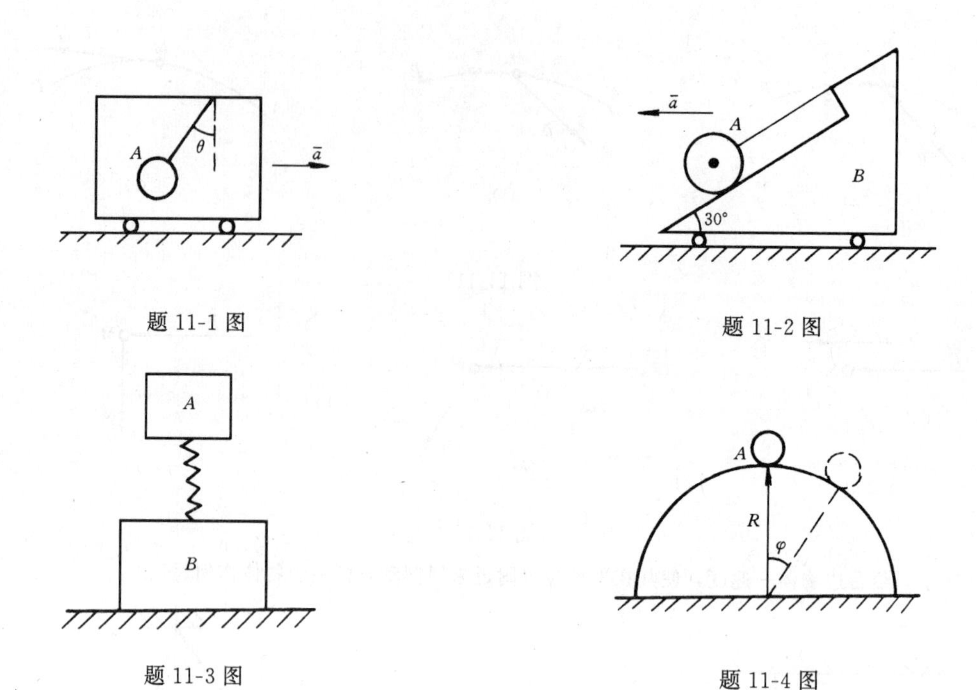

题 11-1 图　　题 11-2 图

题 11-3 图　　题 11-4 图

11-4　小球从半径为 R 的光滑半圆柱的顶点 A 无初速地下滑，求小球脱离半圆柱的位置角 φ。

11-5　一质量为 m 的物体放在匀速转动的水平转台上，它与转轴的距离为 r，如图所示。设物体与转台表面的摩擦系数为 f，当物体不致因转台旋转而滑出时，求转台的最大转速。

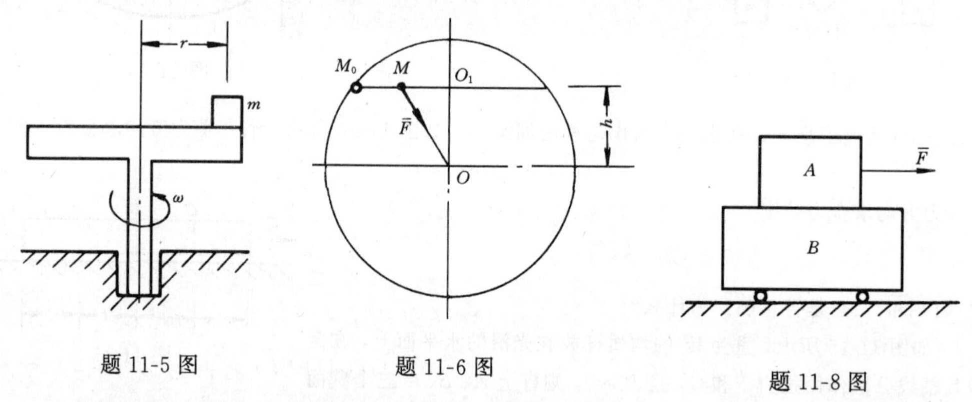

题 11-5 图　　题 11-6 图　　题 11-8 图

11-6　如图所示，质量为 m 的质点 M 沿圆上的弦运动。此质点受一指向圆心 O 的引力作用，引力大小与质点到点 O 的距离成反比，比例常数为 K。开始时，质点处于位置 M_0，初速为零，已知圆的半径为 R，点 O 到弦的垂直距离为 h。求质点经过弦中点 O_1 时的速度。

11-7　一物体质量为 $m=10$ kg，在变力 $F=100\ (1-t)$（F 的单位为 N）作用下运动。设物体的初速度为 $v_0=20$ cm/s，开始时，力的方向与速度方向相同。问经过多少时间后物体停止运动？停止前走了多少路程？

11-8　一物 A 重 100N，放在重 200N 的小车 B 上，小车 B 又放在光滑轨道上如图所示。已知 A 与 B 之间的摩擦系数 $f=0.40$。今在 A 上作用一水平力 $\bar{P}$。求当 A 与 B 之间不发生相对滑动时 $\overline{P}$ 的最大值以及此时的加速度。

11-9　一物体自离地面 $h=320$ km 的高处无初速地下落，不计空气阻力，但要考虑地球对物体引力的变化，求物体到达地面时的速度以及所需时间。（地球半径约 6400 km）

11-10　两个重各为 W 的相同质点 M_1 和 M_2 处于同一铅直线上，质点 M_1 在地球表面，质点 M_2 在高度 为 H 处。设 M_1 有铅直向上的初速度 v_0，而 M_2 则无初速地降落。两质点同时开始运动，试求两质点相遇的时间。假设重力不变，空气阻力与速度成正比，比例系数为 k。又问为使两质点相遇，M_1 的初速度 v_0 的范围应是多少？

11-11　质量各为 10kg 的物块 A、B，放置水平面上，并用滑轮联系如图所示。设两物块与水平面的摩擦系数 $f=0.2$，滑轮质量略去不计。在物块 A 上作用一大小为 50N 的水平力 $\bar{F}$，求 A、B 的加速度。

11-12　质量为 m 的小球，从斜面上 A 点开始运动，初速度 $v_0=5$ m/s，方向与 CD 平行，不计摩擦。斜面的倾角 $\alpha=30°$。试求：(1) 小球运动到 B 点所需的时间；(2) 距离 d。

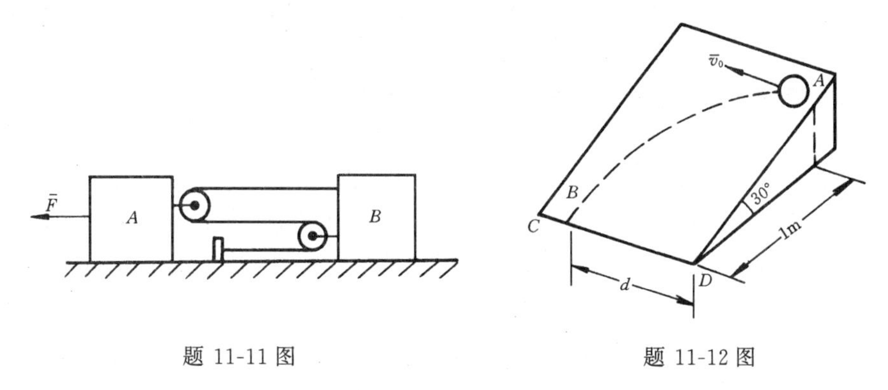

题 11-11 图　　　　题 11-12 图

11-13　质量为 2kg 的套筒在力 $\bar{F}$ 作用下沿杆 AB 运动，杆 AB 在铅直平面内绕 A 转动，已知 $s=0.4t$，$\varphi=0.5$t（s 的单位为 m，φ 的单位为 rad，t 的单位为 s），套筒与杆 AB 的摩擦系数为 0.1，求 $t=2$ s 时力 $\bar{F}$ 的大小。

11-14　一飞机水平飞行。空气阻力与速度平方成正比，当速度为 1 m/s 时，这阻力等于 0.5N。推进力为恒量，等于 30.8 kN，且与飞行方向往上成 10°角，求飞机的最大速度。

11-15　图示半径为 r 的光滑圆圈，以匀加速度 $\bar{a}$ 在铅直平面内向上运动，质量为 m 的小环套在大圆环上，相对于大圆环在 $\varphi=0$ 的位置由静止开始运动，求小环在图示位置时的相对速度和对大圆环的压力。

11-16　图示光滑直管 AB 长 l，在水平面内以匀角速度 ω 绕铅直轴 Oz 转动，另有一小球在管内作相对运动。初瞬时，小球在 B 端，相对速度为 v_{r0}，指向固定端 A。问 v_{r0} 应为多少，小球恰能达到 A 端。

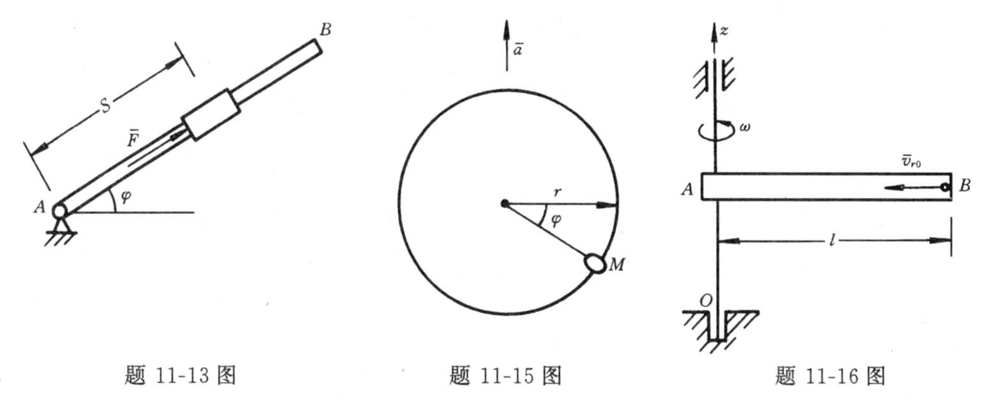

题 11-13 图　　　　题 11-15 图　　　　题 11-16 图

第十二章 动量定理

第一节 动力学普遍定理概述

质点运动微分方程，为解决质点的动力学问题提供了基本方法。当研究质点系动力学问题时，从理论上讲，可写出质点系中每一个质点的运动微分方程，并联立求解。然而，由于质点系中质点的数目可能有很多，每个质点的受力可能是其他有关质点的位置和速度的函数，因此，求解这样的微分方程组，将会遇到很大的困难。事实上，许多质点系的动力学问题，并不需要了解每个质点的运动，只需知道作为质点系整体运动的某些特征（如质心的运动和绕质心的转动等）就够了。

从本章开始，我们将逐个地叙述动力学的几个普遍定理，即动量定理、动量矩定理和动能定理。从不同的侧面研究质点系整体运动的特征量（如动量、动量矩、动能等）与力系对质点系的作用量（如力系的主矢、主矩、功等）之间的关系。应用普遍定理求解质点系动力学问题，既方便又简捷。此外，定理中包含的量，不仅有明确的物理意义，而且对客观现象有直观的物理解释，这将使我们对机械运动的规律有更深入的认识。

为了揭示不同种类的力与质点系运动的不同物理量之间的关系，通常将作用在质点系上的力按两种方法进行分类：一种方法分为外力和内力。质点系以外的物体作用在质点系上的力称为**外力**，质点系内各质点之间相互作用力称为**内力**。另一种分类方法是分为主动力和约束力。这种分类方法适用于非自由质点系。作用力的这两种不同的分类方法，将在以后研究不同问题时分别用到。

第二节 动量和冲量

一、动量

物体运动的强弱，不仅与它的速度有关，而且还与它的质量有关，例如一颗高速飞行的子弹，虽然它的质量很小，但是却具有很大的冲击力，当遇到障碍时，可以穿入甚至穿透该障碍；轮船靠岸时速度虽小，但质量很大，如果稍有疏忽，就会撞坏船坞。因此，我们用**质点的质量与速度的乘积来表征质点的机械运动量**，称为**质点的动量**。质点的动量是一个矢量，它的方向与质点速度的方向一致，记为 $m\bar{v}$。

动量的单位，在法定计量单位中是千克·米/秒（kg·m/s）

质点系内各质点动量的矢量和称为质点系的动量，记为 $\bar{p}$，即

$$\bar{p} = \Sigma m\bar{v} \tag{12-1}$$

将上式投影到固定直角坐标轴上，可得

$$\left.\begin{aligned} p_x &= \Sigma m v_x \\ p_y &= \Sigma m v_y \\ p_z &= \Sigma m v_z \end{aligned}\right\}$$

式中 p_x、p_y、p_z 分别表示质点系的动量在坐标轴 x、y 和 z 轴上的投影。

为了计算质点系的动量，我们引入**质心**的概念。设一质点系内 n 个质点组成，其中任一质点的质量为 m_i；相对直角坐标系 $Oxyz$ 坐标原点的矢径为 $\bar{r}_i$，则质点系质心 C 的位置矢 $\bar{r}_c$ 由下式确定

$$\bar{r}_C = \frac{\Sigma m_i \bar{r}_i}{\Sigma m_i} = \frac{\Sigma m \bar{r}}{M}$$

式中，$M = \Sigma m_i$ 为质点系的总质量。质心 C 在直角坐标系中的坐标可表示为

$$x_C = \frac{\Sigma m x}{M}, \qquad y_C = \frac{\Sigma m y}{M}, \qquad z_C = \frac{\Sigma m z}{M}$$

质心的位置反映了质点系各质点质量的分布情况。若质点系在地球附近受重力作用，则质点 m_i 的重量为 $m_i g$。质点系总重量为 Mg。只要对质心坐标公式的公子分母同乘以 g，即得到静力学中的重心坐标公式。可见，在重力场中，质心与重心相重合。但应注意，重心只在地球表面附近才有意义，而质心在宇宙间依然存在。

当质点系运动时，它的质心也跟着运动。质心运动的速度

$$\bar{v}_C = \frac{d\bar{r}_C}{dt} = \frac{d}{dt}\left(\frac{\Sigma m \bar{r}}{M}\right) = \frac{\Sigma m \bar{v}}{M}$$

于是，得

$$\Sigma m \bar{v} = M \bar{v}_C$$

所以

$$\bar{p} = M \bar{v}_C \tag{12-2}$$

即质点系统的动量等于系统的质量与质心速度的乘积。

二、冲量

冲量表示作用于物体的力在一段时间内对物体作用效果的累积。推动小车时，用较大的力可在较短的时间内达到一定的速度；要是用较小的力，但作用时间长一些，也可达到同样的速度。因此，物体运动状态的改变，不仅与作用于物体上的力的大小和方向有关，而且与力作用的时间的长短有关。为了度量力在一段时间内的作用效果，我们**把力与其作用时间的乘积称为该力的冲量**，用 $\bar{I}$ 表示。冲量是一个矢量，它的方向与力的方向一致。在法定计量单位中，冲量的单位是牛顿秒（N·s）。

当力 $\bar{F}$ 是常矢量时，冲量 $\bar{I} = \bar{F} \cdot t$。

当力 $\bar{F}$ 是变矢量时，在 dt 时间内，力 $\bar{F}$ 可近似地认为不变，因而力 $\bar{F}$ 在 dt 时间内的冲量（称为元冲量）为

$$d\bar{I} = \bar{F} \cdot dt$$

设力的作用时间是由 t_1 到 t_2，则力 $\bar{F}$ 在时间（$t_2 - t_1$）内的冲量 $\bar{I}$，应等于在这段时间内元冲量的矢量和。即

$$\bar{I} = \int_{t_1}^{t_2} \bar{F}\, dt \tag{12-3}$$

将式（12-3）投影到固定直角坐标轴上，得到冲量 $\bar{I}$ 在三个直角坐标轴上的投影为

$$I_x=\int_{t_1}^{t_2}X\mathrm{d}t, I_y=\int_{t_1 0}^{t_2}Y\mathrm{d}t, I_z=\int_{t_1}^{t_2}Z\mathrm{d}z \tag{12-4}$$

设作用在一质点上有 n 个力 $\bar{F}_1$、$\bar{F}_2$、…、$\bar{F}_n$，它们的合力为 $\bar{R}$，合力 $\bar{R}$ 在时间（t_2-t_1）内的冲量为 I，则

$$\bar{I}=\int_{t_1}^{t_2}\bar{R}\,\mathrm{d}t$$

但

$$\bar{R}=\bar{F}_1+\bar{F}_2+\cdots+\bar{F}_n$$

所以

$$\begin{aligned}\bar{I}&=\int_{t_1}^{t_2}(\bar{F}_1+\bar{F}_2+\cdots+\bar{F}_n)\mathrm{d}t\\&=\int_{t_1}^{t_2}\bar{F}_1\mathrm{d}t+\int_{t_1}^{t_2}\bar{F}_2\mathrm{d}t+\cdots+\int_{t_1}^{t_2}\bar{F}_n\mathrm{d}t\\&=I_1+I_2+\cdots+I_n\end{aligned}$$

即

$$\bar{I}=\Sigma\bar{I} \tag{12-5}$$

式（12-5）说明，**合力的冲量等于各分力冲量的矢量和**。

同样，可将式（12-5）向直角坐标轴投影而得投影式。

第三节　动量定理

一、质点的动量定理

设有一质点 M，质量为 m，速度为 $\bar{v}$，加速度为 $\bar{a}$，作用在质 M 上的合力为 $\bar{F}$。由动力学基本方程有

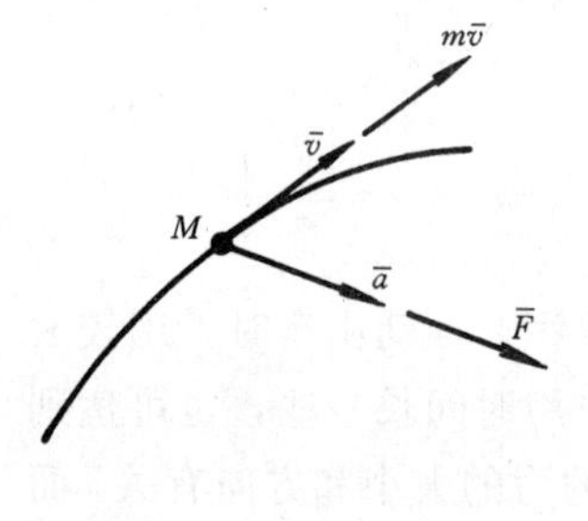

图 12-1

$$m\bar{a}=\bar{F}$$

或

$$m\frac{\mathrm{d}\bar{v}}{\mathrm{d}t}=\bar{F}$$

当质量是常量时，上式可改写成

$$\frac{\mathrm{d}}{\mathrm{d}t}(m\bar{v})=\bar{F} \tag{12-6}$$

即质点动量对时间的导数等于作用在该质点上的合力。这就是微分形式的质点动量定理。

将上式改写为

$$\mathrm{d}(m\bar{v})=\bar{F}\,\mathrm{d}t$$

然后将上式两边积分，时间从 t_1 到 t_2，速度 $\bar{v}$ 从 $\bar{v}_1$ 到 $\bar{v}_2$，得

$$m\bar{v}_2-m\bar{v}_1=\int_{t_1}^{t_2}\bar{F}\,\mathrm{d}t=\bar{I} \tag{12-7}$$

即质点的动量在任一时间内的改变量，等于作用在该质点上的合力在同一时间内的冲量。这就是积分形式的质点动量定理（或称为质点冲量定理）。

将式（12-7）投影到直角坐标轴上，可得到质点动量定理的投影式

$$\left.\begin{aligned} mv_{2x} - mv_{1x} &= \int_{t_1}^{t_2} X\mathrm{d}t = I_x \\ mv_{2y} - mv_{1y} &= \int_{t_1}^{t_2} Y\mathrm{d}t = I_y \\ mv_{2z} - mv_{1z} &= \int_{t_1}^{t_2} Z\mathrm{d}t = I_z \end{aligned}\right\} \tag{12-8}$$

即在任一时间内，质点的动量在任一轴上投影的改变，等于作用在该质点上的合力的冲量在同一轴上的投影。

【例 12-1】 在水平面上有物体 A 与 B，$m_A=2\text{kg}$，$m_B=1\text{kg}$。今 A 以某一速度运动而撞击原来静止的 B 如图 12-2 所示。撞击后，A 与 B 一起向前运动，历时 2s 而停止。设 A、B 与平面的摩擦系数 $f=\dfrac{1}{4}$，求撞击前 A 的速度，以及撞击时 A、B 相互作用的冲量。

【解】 (1) 运动分析

A 与 B 均作直线运动。设撞击前 A 的速度为 $\bar{v}_0$，从撞击开始到停止运动的 2s 内，A 的速度从 v_0 到 0；而 B 开始是静止的，最后仍处于静止。

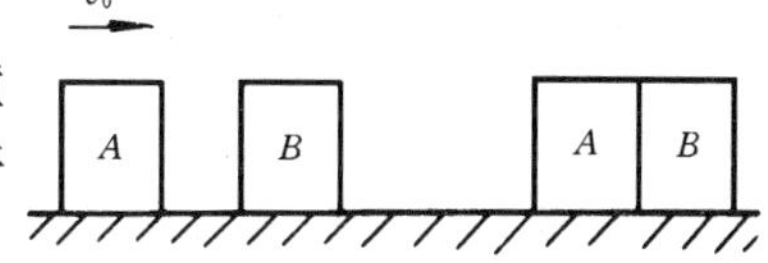

图 12-2

(2) 应用动量定理求解

从撞击开始到停止运动过程中，在水平方向上，A 上有两个冲量作用：一个是 B 对它的撞击冲量，设其大小为 I；一个是平面对 A 作用的动滑动摩擦力的冲量，其大小为 F_At，其中动滑动摩擦力 $F_A=fN_A=fm_Ag$。这两个冲量的方向都与运动方向相反。取 x 轴的水平指向与运动方向相同，于是根据动量定理，有

$$0 - m_Av_0 = - I - F_At$$

物块 B 由于起始是静止，结束时也是静止，所以它的动量变化为零。在这个过程中，作用于 B 上水平方向的冲量也有两个：一个是 A 对 B 撞击时作用的冲量，它与 B 作用于 A 上的撞击冲量是互为作用与反作用，大小相等而方向相反；另一个是动滑动摩擦力的冲量，大小为 F_Bt，而 $F_B=fN_B=fm_Bg$，方向与运动方向相反。于是有

$$0 = I - F_Bt$$

将上两式相加得

$$- m_Av_0 = - (F_A + F_B)t$$

即

$$m_Av_0 = f(m_A + m_B)gt$$

从而有

$$v_0 = \frac{f(m_A + m_B)gt}{m_A} = \frac{\frac{1}{4} \times (2 + 1) \times 9.8 \times 2}{2} = 7.35 \text{ m/s}$$

$$I = F_Bt = fm_Bgt = \frac{1}{4} \times 1 \times 9.8 \times 2 = 4.9\text{N} \cdot \text{s}$$

二、质点系的动量定理

对于 n 个质点组成的质点系，系内每一个质点都可以写出类似于式 (12-6) 的方程

$$\frac{\mathrm{d}}{\mathrm{d}t}(m\bar{v}) = \bar{F}^e + \bar{F}^i$$

式中，$\bar{F}^e$、$\bar{F}^i$ 分别表示作用于质点上的外力和内力，将这 n 个方程相加得

$$\Sigma \frac{\mathrm{d}}{\mathrm{d}t}(m\bar{v}) = \Sigma \bar{F}^e + \Sigma \bar{F}^i$$

交换求和和求导次序得

$$\frac{\mathrm{d}}{\mathrm{d}t}\Sigma(m\bar{v}) = \Sigma \bar{F}^e + \Sigma \bar{F}^i$$

式中，$\Sigma(m\bar{v})$ 为质点系的总动量 $\bar{p}$。因为内力是成对出现，并且大小相等，方向相反，所以内力的矢量和必等于零，即 $\Sigma \bar{F}_i=0$，所以上式成为

$$\frac{\mathrm{d}}{\mathrm{d}t}\bar{p} = \Sigma \bar{F}^e = \bar{R}^e \tag{12-9}$$

即质点系的动量对于时间的变化率，等于作用在质点系上所有外力的矢量和（外力系的主矢）。这就是质点系动量定理的微分形式。将式（12-9）投影到固定直角坐标轴上，可得

$$\left.\begin{aligned} \frac{\mathrm{d}}{\mathrm{d}t}p_x &= \Sigma X^e = R_x^e \\ \frac{\mathrm{d}}{\mathrm{d}t}p_y &= \Sigma Y^e = R_y^e \\ \frac{\mathrm{d}}{\mathrm{d}t}p_z &= \Sigma Z^e = R_z^e \end{aligned}\right\} \tag{12-10}$$

式（12-10）表明质点系的动量在任一轴上的投影对于时间的导数，等于作用在质点系的外力在同一轴上投影的代数和。

以 $\mathrm{d}t$ 乘以式（12-9）两边，得

$$\mathrm{d}\bar{p} = \Sigma \bar{F}^e \mathrm{d}t$$

对上式两边求对应的积分，时间从 t_1 到 t_2，动量从 $\bar{p}_1$ 到 $\bar{p}_2$，得

$$\bar{p}_2 - \bar{p}_1 = \Sigma \int_{t_1}^{t_2} \bar{F}^e \mathrm{d}t = \Sigma \bar{I}^e \tag{12-11}$$

式中 $\bar{I}^e$ 表示力 $\bar{F}^e$ 在时间（t_2-t_1）内的冲量。式（12-11）表示**质点系的动量在任一时间内的改变量，等于作用在该质点系所有外力在同一时间内冲量的矢量和**。这就是**积分形式的质点系动量定理**，也称为**质点系的冲量定理**。

将式（12-11）投影到直角坐标轴上，得

$$\left.\begin{aligned} p_{2x} - p_{1x} &= \Sigma I_x^e \\ p_{2y} - p_{1y} &= \Sigma I_y^e \\ p_{2z} - p_{1z} &= \Sigma I_z^e \end{aligned}\right\} \tag{12-12}$$

即在任一时间内，质点系的动量在任一轴上的投影的改变量，等于作用在该质点系的外力的冲量在同一轴上投影的代数和。

由此可见，系统动量的改变与内力无关。内力可以改变质点系中单个质点的动量。却不能改变系统的总动量。

【例 12-2】 图 12-3 表示水流流经变截面弯管的示意图。设流体是不可压缩的，流动是稳定的。设 Q 为流体在单位时间内流过截面的体积流量，γ 为容重，在弯管进口处和出口处的流速分别是 $\bar{v}_1$ 和 $\bar{v}_2$。求流体对管壁的压力。

【解】 （1）受力分析

从管中任意取出两个截面 aa 与 bb 间的流体为研究的质点系。系统所受的力有重力 $\bar{W}$，管子入口和出口处流体压力 $\bar{G}_1$ 和 $\bar{G}_2$，管壁对流体的约束反力 $\bar{N}$。

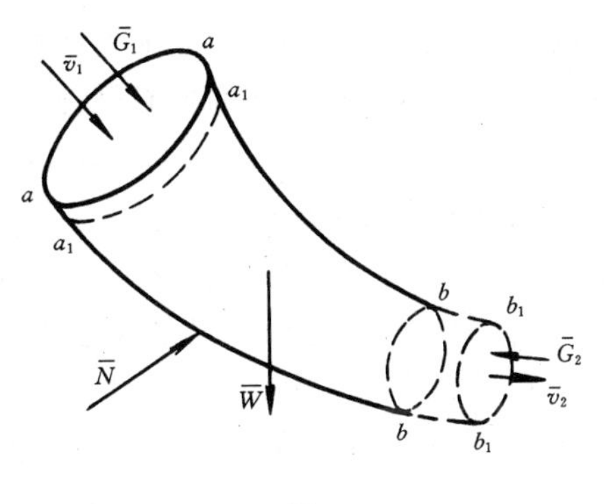

图 12-3

(2) 动力学分析

对于所研究的质点系，经过无限小的时间间隔 $\mathrm{d}t$，这一部分流体流到两个截面，a_1a_1 和 b_1b_1 之间，则质点系在时间间隔 $\mathrm{d}t$ 内流过截面的质量为

$$m=\frac{\gamma Q}{g}\mathrm{d}t$$

在同一时间的质点系的动量的改变为

$$\begin{aligned}\bar{p}_2-\bar{p}_1&=\bar{p}_{a_1b_1}-\bar{p}_{ab}\\&=(\bar{p}_{bb_1}+\bar{p}'_{a_1b})-(\bar{p}_{a_1b}+\bar{p}_{aa_1})\end{aligned}$$

由于管内的流动是稳定的。有 $\bar{p}'_{a_1b}=\bar{p}_{a_1b}$，于是

$$\bar{p}_2-\bar{p}_1=\bar{p}_{bb_1}-\bar{p}_{aa_1}$$

当 $\mathrm{d}t$ 取得极小时，可认为在截面 aa 和 a_1a_1 之间各质点的速度相同。截面 bb 和 b_1b_1 之间各质点速度相同，得

$$\bar{p}_2-\bar{p}_1=\frac{\gamma Q}{g}\mathrm{d}t(\bar{v}_2-\bar{v}_1)$$

将动量定理应用于所研究的质点系，则

$$\frac{\gamma Q}{g}\mathrm{d}t(\bar{v}_2-\bar{v}_1)=(\bar{W}+\bar{G}_1+\bar{G}_2+\bar{N})\mathrm{d}t$$

消去时间 $\mathrm{d}t$，得

$$\frac{\gamma Q}{g}(\bar{v}_2-\bar{v}_1)=\bar{W}+\bar{G}_1+\bar{G}_2+\bar{N} \tag{12-13}$$

上式称为**稳定流的动量方程**。其中管道对于流体的反力 $\bar{N}$可以分为两部分；一部分为由于流体的重力 $\bar{W}$和截面 aa、bb 处流体总压力 $\bar{G}_1$、$\bar{G}_2$ 所引起的静反力；另一部分为由于流体动量的变化而引起的附加动反力，同 $\bar{N}'$表示。即

$$\bar{N}'=\frac{rQ}{g}\mathrm{d}t(\bar{v}_2-\bar{v}_1) \tag{12-14}$$

至于流体对管道壁的附加动压力，则与附加动反力 $\bar{N}'$大小相等，方向相反。由上式可知，流量 Q 越大，附加动压力也越大。因此，当流速很高或管子截面积很大时，附加动压力很大，在管子弯头处必须安装支座。

三、动量守恒定理

如果作用于质点系的外力的主矢恒等于零，根据式 (12-11)，质点系的动量保持不变，即

$$\bar{p}_1=\bar{p}_2=\text{恒量}$$

如果作用于质点系的外力的主矢在某一坐标轴上的投影恒等于零，则根据式（12-12），质点系的动量在这坐标轴上的投影保持不变，即

$$p_{1x} = p_{2x} = \text{恒量}$$

以上结论称为**动量守恒定理**。

【例 12-3】 一小车的质量 $m_1 = 100\text{kg}$，在光滑的直线轨道上以 $v_{10} = 1\text{m/s}$ 的速度匀速运动。今有一质量为 $m_2 = 50\text{kg}$ 的人从高处跳到车上，其速度 $v_{20} = 2\text{m/s}$，与水平成 60° 角如图示。以后，该人又从车上向后跳下。他跳离车子时相对于车子的速度为 $v_r = 1\text{m/s}$，方向与水平成 30°角。求人跳离车子后的车速。

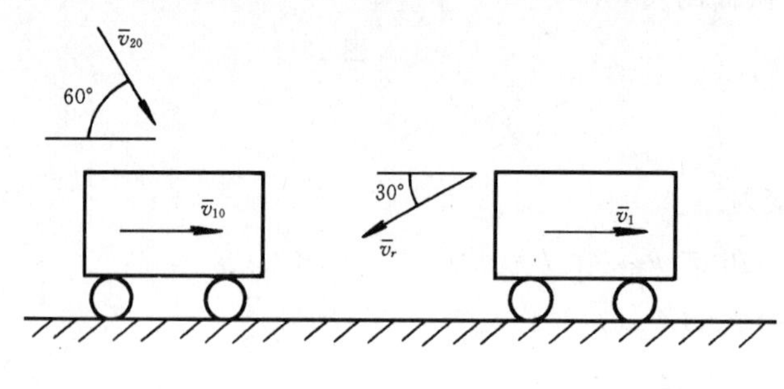

图 12-4

【解】 (1) 选取车子和人作为研究对象。

(2) 受力分析　系统所受的外力系为：车子和人所受的重力及水平面给车子的铅直反力。

外力系在水平方向的投影为零。因此，质点系的动量在水平方向的投影守恒。

(3) 应用质点系的动量守恒定理求解

由于质点系的动量在水平方向的投影守恒，故只需计算系统开始时的总动量及末了时总动量在水平方向的投影，而不必考虑中间过程。设系统开始及末了时的动量在水平方向的投影分别为 p_1 的 p_2，则

$$p_1 = m_1 v_{10} + m_2 v_{20} \cos 60°$$

$$p_2 = m_1 v_1 + m_2 (v_1 - v_r \cos 30°) = (m_1 + m_2) v_1 - \frac{\sqrt{3}}{2} m_2 v_r$$

式中 v_1 为小车在人跳离后的速度。

由　$p_1 = p_2$，得

$$m_1 v_{10} + \frac{1}{2} m_2 v_{20} = (m_1 + m_2) v_1 - \frac{\sqrt{3}}{2} m_2 v_r$$

有

$$v_1 = \frac{m_1 v_{10} + \frac{1}{2} m_2 v_{20} + \frac{\sqrt{3}}{2} m_2 v_r}{m_1 + m_2}$$

$$= \frac{100 \times 1 + \frac{1}{2} \times 50 \times 2 + \frac{\sqrt{3}}{2} \times 50 \times 1}{100 + 50}$$

$$= 1.29\text{m/s}$$

第四节　质心运动定理

一、质心运动定理

质点系的运动不仅与所受的力有关，而且与质点系的质量分布情况有关，而质量分布

的特征之一可用质量中心来描述。因此有必要来研究质心的运动规律，为此，只须把式（12-2）确定的质点系动量表达式 $\bar{p}=M\bar{v}_C$ 代入质点系动量定理的表达式（12-9），可得

$$\frac{\mathrm{d}}{\mathrm{d}t}(M\bar{v}_C)=\Sigma\bar{F}^e=\bar{R}^e$$

引入质心加速度 $\bar{a}_C=\dfrac{\mathrm{d}\bar{v}_C}{\mathrm{d}t}$，则上式改写成

$$M\bar{a}_c=\Sigma\bar{F}^e=\bar{R}^e \tag{12-15}$$

即，**质点系的总质量与其质心加速度的乘积，等于作用在该质点系上所有外力的矢量和**。这就是**质心运动定理**。把式（12-15）和牛顿第二定律的表达式 $m\bar{a}=\bar{F}$ 相比较，可见质点系的质心的运动与一个质点的运动相同。即设想质心具有质点系的总质量，而外力主矢也作用在质心上。

将式（12-5）投影到直角坐标轴上，得

$$\left.\begin{aligned}M\ddot{x}_C=\Sigma X^e=R_x\\M\ddot{y}_C=\Sigma Y^e=R_y\\M\ddot{z}_C=\Sigma Z^e=R_z\end{aligned}\right\} \tag{12-16}$$

二、质心运动守恒定理

现在讨论质心运动守恒的情形：

（1）如果 $\Sigma\bar{F}^e=0$，由式（12-15）可知 $\bar{a}_C=0$，从而有

$$\bar{v}_C=\text{常矢量}$$

即，**如果作用于质点系的所有外力的矢量和（主矢）始终等于零，则质心保持静止或作匀速直线运动**。也就是在这样的系统中，每一质点的运动可能是很复杂的，其速度的大小和方向都可能随时改变，但质心却作惯性运动。

（2）如果 $\Sigma X^e=0$，由式（12-16）可知：$\ddot{x}_C=0$，从而有

$$\dot{x}_C=v_{Cx}=\text{常量}$$

即，**作用于质点系的所有外力在某固定轴上的投影的代数和等于零，则质心的速度在该轴上投影是常量**。

如果初瞬时质心的速度在该固定轴上的投影也等于零，即 $(\dot{x}_C)_{t=0}=0$，则 $\dot{x}_C=0$，即

$x_C=\text{常量}=(x_C)_{t=0}$

可见，如果系统中有一部分质量沿 x 轴运动，则必定要引起其他一部分质量向相反方向运动，使整个系统的质心坐标 x_C 保持不变。

以上两种情况说明了质心运动守恒的条件，称为**质心运动守恒定理**。

以 x_{Co} 表示质心 C 在 $t=0$ 时的坐标，则

$$x_{Co}=\frac{\Sigma m_j x_{jo}}{M}$$

用 x_C 表示质心 C 在任意瞬时 t 的坐标，则

$$x_C=\frac{\Sigma m_j x_j}{M}$$

因为 $x_{co}=x_c$，所以

$$\Sigma m_j x_j - \Sigma m_j x_{jo} = 0$$

即

$$\Sigma m_j (x_j - x_{jo}) = 0$$

令 $x_j - x_{jo} = \Delta x_j$，表示质点的坐标 x_j 的绝对改变量。于是得到

$$\Sigma m_j (\Delta x_j) = 0 \tag{12-17}$$

此式称为**质心守恒定理的位移形式**。

根据质心运动定理可知，质心的运动仅取决于外力的主矢量，而与质点系的内力无关，内力仅能影响各个质点的运动。下面举几个常见的实例加以说明：

（1）站在光滑水平面上的人，只能向上跳起，而不可能前后或左右运动。如果向后抛一物体，人就会向前运动，这是由于人受到物体对人的反作用力，使人的质心产生向前的加速度。

（2）汽车开动时，汽缸内的燃气压力对汽车整体来说是内力，仅靠它不能使汽车前进，只是当燃气推动活塞，通过传动机构带动主动轮转动，地面对主动轮作用了向前的摩擦力，而且这个摩擦力大于总的阻力时，汽车才能前进。在下雪天汽车开动时有打滑现象，正是由于摩擦力很小的缘故。

【例 12-4】 在光滑轨道上有一小车，车上站立一人，开始时人与车均处于静止。今人在车上走过的距离 $a=3$ m，求小车后退的距离 b。设小车重 $W_1=1$ kN，人重 $W_2=0.6$ kN。

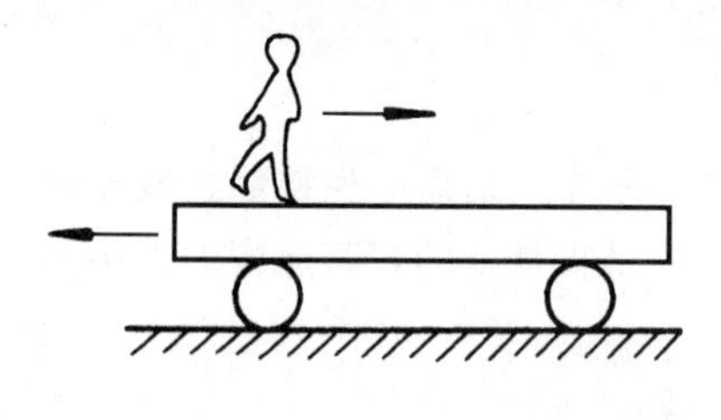

图 12-5

【解】 如图 12-5 所示，人和小车组成系统，该系统所受的外力是重力和地面的约束反力，全部外力在水平方向的投影为零，而开始时，系统处于静止，所以，当人走动时，必然要引起车子后退，而有

$$m_1 \Delta x_1 + m_2 \Delta x_2 = 0$$

必须注意到在式子中的 Δx 是在固定坐标系中的坐标变化，由于车子后退，人实际上前进的距离为 $a-b$。以 $\Delta x_1=-b$，$\Delta x_2=a-b$ 代入，得

$$-m_1 b + m_2 (a-b) = 0$$

$$b = \frac{m_2 a}{m_1 + m_2} = \frac{9}{8} m$$

在这里，我们可不必考虑人的走动是匀速的还是变速的，连续的还是不连续的，上述结果总是成立。

【例 12-5】 质量为 30kg 的小车 B 上有一质量为 20kg 的重物 A。已知小车上有一 120N 的水平力作用使系统由静止开始运动，在 2s 内小车移过 5m，不计轨道阻力，试计算 A 在 B 上移过的距离。

【解】 （1）以重物 A 和小车 B 为研究对象，系统除受重力和地面的约束反力外，小车受水平拉力 $\bar{F}$。

设运动开始时，物块与小车的重心之间距离为 b，则系统重心 C 到小车重心 B 的水平距离为 b_1，有

$$W_B b_1 = W_A(b - b_1)$$

得

$$b_1 = \frac{W_B}{W_A + W_B} b = \frac{2}{5} b$$

（2）由于水平力 $\bar{F}$ 的作用，根据质心运动定理，有

$$(m_A + m_B) a_C = F$$

$$a_c = \frac{F}{m_A + m_B} = \frac{120}{20 + 30} = 2.4 \text{ m/s}^2$$

由此，质心作匀加速直线运动，其移过的距离 S 为

$$S = \frac{1}{2} a_C t^2 = \frac{1}{2} \times 2.4 \times 2^2 = 4.8 \text{ m}$$

（3）由于小车移过 5m，故重物 A 在小车上必有相对滑动，设其滑动量为 x，则在 $t=$ 2s 时，物块 A 重心与小车 B 的重心间距离为（$b-x$），而系统重心与小车 B 重心间距离为

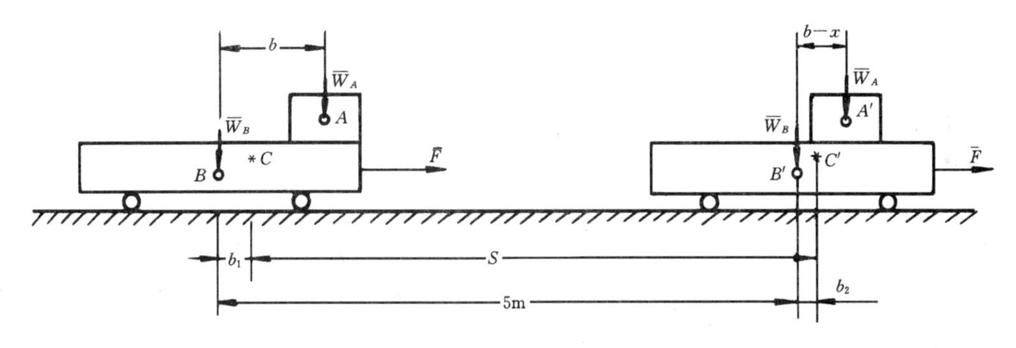

图 12-6

$b_2=\frac{2}{5}$（$b-x$），如图 12-6 所示，有

$$b_1 + S = 5 + b_2$$

即

$$\frac{2}{5} b + 4.8 = 5 + \frac{2}{5}(b - x)$$

解之得

$$x_b = 0.5 \text{ m}$$

【例 12-6】 电动机外壳固定在水平基础上，定子质量为 m_1，转子的质量为 m_2。转子的轴通过定子质心 O_1，由于制造误差，使转子的质心 O_2 对它们轴线有偏心距 e。已知转子以匀角速 ω 转动，求基础支座反力。

【解】 （1）取整个电动机（包括定子和转子）作为研究对象，这样可不考虑使转子转动的内力。选坐标系如图 12-7 所示。电动机所受的外力有：定子重力 $\bar{W}_1$，转子重力 $\bar{W}_2$，基础和螺栓的总反力的水平分力 $\bar{R}_x$ 的铅直反力 $\bar{R}_y$。

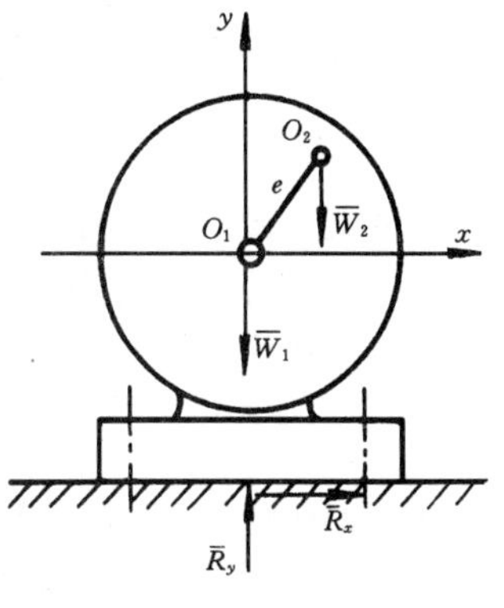

图 12-7

（2）应用质心运动定理

质心的坐标为：

$$x_C = \frac{m_1 x_1 + m_2 x_2}{m_1 + m_2}, y_C = \frac{m_1 y_1 + m_2 y_2}{m_1 + m_2}$$

其中 x_1 和 y_1 为定子重心 O_1 的坐标，x_2 和 y_2 为转子重心 O_2 的坐标，有

$$x_1 = y_1 = 0, x_2 = e\cos\omega t, y_2 = e\sin\omega t$$

所以

$$x_C = \frac{m_2}{m_1 + m_2} e\cos\omega t, y_C = \frac{m_2}{m_1 + m_2} e\sin\omega t$$

从而求得质心加速度为：

$$\ddot{x}_C = -\frac{m_2}{m_1 + m_2} e\omega^2\cos\omega t, \ddot{y}_C = -\frac{m_2}{m_1 + m_2} e\omega^2\sin\omega t$$

根据质心运动定理，有

$$\left.\begin{array}{l}(m_1 + m_2)\ddot{x}_C = R_x \\ (m_1 + m_2)\ddot{y}_C = R_y - m_1 g - m_2 g\end{array}\right\}$$

将加速度表达式代入，得

$$\left.\begin{array}{l}R_x = - m_2 e\omega^2\cos\omega t \\ R_y = (m_1 + m_2)g - m_2 e\omega^2\sin\omega t\end{array}\right\}$$

由上式可见，电动机的支座反力是时间的正弦和余弦函数，这种由于转子的偏心而引起的力将使电动机与支座发生振动。

*第五节　变质量质点的运动微分方程

以前研究的物体，在运动中质量是不变的。但是在工程实际中，有时遇到质量不断增加或减少的物体，例如飞行中的喷气式飞机，它不断地吸进气体又喷出气体；火箭在飞行中不断地喷出燃料燃烧后产生的气体等等都是变质量物体。当变质量物体作平动，或只研究它们的质心的运动时，可简化为变质量质点来研究。一般地说，一个运动着的质点，不断有质量并入，或者排出，或者两者同时发生，因而使质点的质量随时间改变，成为时间的函数。这样的质点称为**变质量质点**。

设有一质点，原来的质量为 m_0，在运动时，既不断有质量并入，又不断有质量排出。以 a 表示单位时间内并入的质量，以 b 表示单位时间内排出的质量，则我们有 $\Delta m = a\Delta t - b\Delta t$，或

$$\frac{\mathrm{d}m}{\mathrm{d}t} = a - b$$

在一般情况下，a、b 是时间的函数。因此，质点的质量 m 可以写成

$$m = m_0 + \int a\mathrm{d}t - \int b\mathrm{d}t$$

我们把在某一瞬时 t 具有质量为 m 的质点称为主体部分。现在研究它的微分方程。

以主体部分以及将在 Δt 时间内并入的质量 $a\Delta t$ 作为系统来考虑。设这两部分的绝对速度分别为 $\bar{v}$ 和 $\bar{v}_1$，则这一系统在瞬时 t 的动量为

$$\bar{p}_1 = m\bar{v} + (a\Delta t)\bar{v}_1$$

在 $t+\Delta t$ 瞬时，质量 $a\Delta t$ 已经并入主体部分，同时，有 $b\Delta t$ 的质量排出。设主体部分的速度由 $\bar{v}$ 变为 $\bar{v}+\Delta\bar{v}$，而排出部分的速度为 $\bar{v}_2$，则此时这一系统的动量为

$$\bar{p}_2 = (m + a\Delta t - b\Delta t)(\bar{v} + \Delta\bar{v}) + (b\Delta t)\bar{v}_2$$

设作用于这系统上外力的主矢力 $\Sigma\bar{F}$，则在 Δt 内的冲量之和为 $\Sigma\bar{F}\Delta t$。据动量定理，有

$$\bar{p}_2 - \bar{p}_1 = \Sigma\bar{F}\,\Delta t$$

以 $\bar{p}_1$、$\bar{p}_2$ 代入，得

$$m\Delta\bar{v} + a(\bar{v} - \bar{v}_1)\Delta t - b(v - \bar{v}_2)\Delta t + (a + b)\Delta\bar{v}\,\Delta t = \Sigma\bar{F}\,\Delta t$$

即

$$m\frac{\Delta\bar{v}}{\Delta t} + a(\bar{v} - \bar{v}_1) - b(\bar{v} - \bar{v}_2) + (a - b)\Delta\bar{v} = \Sigma\bar{F}$$

令 $\Delta t \to 0$，则$\dfrac{\Delta\bar{v}}{\Delta t} \to \dfrac{\mathrm{d}\bar{v}}{\mathrm{d}t}$，$\Delta\bar{v} \to 0$，于是有

$$m\frac{\mathrm{d}\bar{v}}{\mathrm{d}t} = \Sigma\bar{F} + a(\bar{v}_1 - \bar{v}) - b(\bar{v}_2 - \bar{v})$$

式中（$\bar{v}_1 - \bar{v}$）和（$\bar{v}_2 - \bar{v}$）分别为并入质量和排出质量相对于主体部分的相对速度，分别以 $\bar{v}_{r1}$和 $\bar{v}_{r2}$表示，则有

$$m\frac{\mathrm{d}\bar{v}}{\mathrm{d}t} = \Sigma\bar{F} + a\bar{v}_{r1} - b\bar{v}_{r2} \tag{12-18}$$

项（$a\bar{v}_{r1} - b\bar{v}_{r2}$）具有力的量纲，称为反推力，以 $\bar{\Phi}$表示，则上式写成

$$m\frac{\mathrm{d}\bar{v}}{\mathrm{d}t} = \Sigma\bar{F} + \bar{\Phi}$$

因为$\dfrac{\mathrm{d}m}{\mathrm{d}t} = a - b$，如果只有质量并入而没有质量排出，则 $b=0$，而 $a = \dfrac{\mathrm{d}m}{\mathrm{d}t}$；或者只有质量排出而没有质量并入，则 $a=0$，$-b = \dfrac{\mathrm{d}m}{\mathrm{d}t}$。不论哪一种情况，都有

$$m\frac{\mathrm{d}\bar{v}}{\mathrm{d}t} = \Sigma\bar{F} + \bar{v}_r\frac{\mathrm{d}m}{\mathrm{d}t} \tag{12-19}$$

在此情况下，反推力 $\bar{\Phi} = \bar{v}_r\dfrac{\mathrm{d}m}{\mathrm{d}t}$，$\bar{v}_r$ 为并入质量或排出质量的相对速度。这个微分方程就是**变质量质点动力学基本方程**。称为**密歇尔斯基方程**。

现在我们来简略地研究火箭的运动。

设一铅垂地向上发射的火箭，以不变的相对速度 v_r 喷出燃气如图 12-8 所示。如果只考虑火箭重力，不计空气阻力，不计高度变化对重力加速度的影响，并略去尾喷管处喷气静压力，将密歇尔斯基方程向铅垂方向投影，向上为正，有

$$m\frac{\mathrm{d}v}{\mathrm{d}t} = -mg - v_r\frac{\mathrm{d}m}{\mathrm{d}t}$$

或

$$\mathrm{d}v = -g\mathrm{d}t + v_r\frac{\mathrm{d}m}{m}$$

积分之，并设 $t=0$ 时 $v=0$，$m=m_0$。m_0 为火箭发射前的质量。得

$$v = -gt + v_r\ln\frac{m_0}{m} \tag{12-20}$$

这就是火箭发射时的速度公式。

火箭原始质量 m_0 中，包括壳体，有效载荷（卫星、仪器等）和燃料两部分。今分别以 m_s 和 m_f 表示这两部分质量，则 $m_0 = m_s + m_f$。经过时间 τ，燃料烧完，此时 $m = m_s$，而火

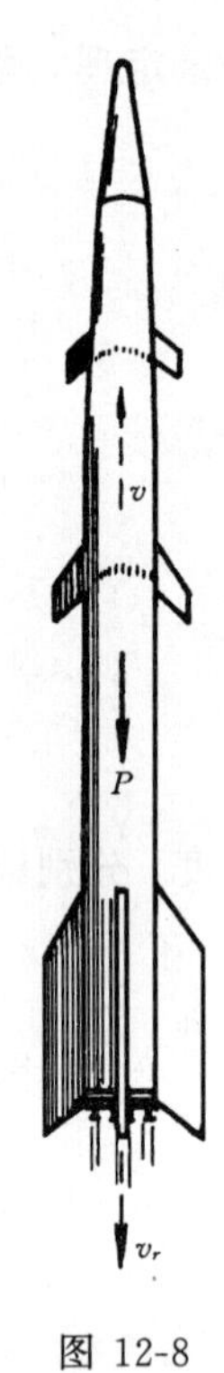

图 12-8

箭达到最大速度 v_m，于是有

$$v_m = -g\tau + v_r \ln \frac{m_s + m_f}{m_s}$$

由于火箭燃料的燃烧速度极快，上式第一项，即重力的影响可忽略不计，则

$$v_m = v_r \ln \frac{m_s + m_f}{m_s}$$

这一速度决定于火箭喷射体的相对速度及火箭的质量比 m_0/m。它表征了火箭性能，称为火箭的**特征速度**。

上式表明，火箭的总质量按几何数增加时，火箭的特征速度按算术级数增加。因此，为了提高火箭的特征速度，增加喷射的相对速度 v_r 要比增加质量比有效得多。但相对喷射速度 v_r 受到燃料能量，发动机性能，壳体材料等种种因素限制，不可能无限增加。为此，为了获得较大的特征速度，目前一般都采用多级火箭来代替单级火箭，从而大大提高火箭的性能使它成为宇宙航行中的运载工具。

【例 12-7】 火箭总质量 $m_0=3\times10^6$ kg，其中燃料质量 $m_f=2\times10^6$ kg，每秒消耗燃料的质量为 1×10^4 kg，气体排出火箭的相对速度 v_r 是常量。$v_r=3000$ m/s，设火箭铅直向上发射，不计空气阻力及地球引力随高度变化，求①当燃料燃完时火箭所获得速度 v_m，②火箭可能达到的总高度。

【解】 要求燃料烧完时速度，首先需求出燃料烧完所需的时间 τ

$$\tau = \frac{2\times10^6}{1\times10^4} = 200\text{s}$$

由式（12-20）有

$$v_m = -g\tau + v_r \ln \frac{m_0}{m_s}$$

将已知值代入得

$$v_m = -9.8\times200 + 3000\ln \frac{3\times10^6}{3\times10^6 - 2\times10^6} = 1336\text{m/s}$$

火箭运动可分两个阶段，第一阶段是在燃料燃烧时的反推力和重力作用下运动；第二阶段是燃料烧完之后，质量保持不变，而以 v_m 的初速度，在重力作用下的运动。两个阶段上升的高度分别设为 H_1 和 H_2，则火箭上升总高度为 $H=H_1+H_2$。

先求 H_1，将式（12-20）改写为

$$\frac{\mathrm{d}z}{\mathrm{d}t} = -gt + v_r \ln \frac{m_0}{m}$$

因质量喷射率为常量，设为 μ，则 $\mu=1\times10^4$kg/m，所以火箭在任一瞬时的质量 $m=m_0-\mu t$ $=m_0\left(1-\frac{\mu}{m_0}t\right)$，即 $\frac{m}{m_0}=\left(1-\frac{\mu}{m_0}t\right)$，代入上式，分离变量，并积分，得

$$\int_0^{H_1}\mathrm{d}z = \int_0^{\tau}\left[-gt - v_r\ln\left(1-\frac{\mu}{m_0}t\right)\right]\mathrm{d}t$$

得

$$H_1 = -\frac{g\tau^2}{2} + \frac{v_r m_0}{\mu}[(1-\frac{\mu}{m_0}\tau)\ln(1-\frac{\mu}{m_0}\tau) + \frac{\mu}{m_0}\tau]$$

将各已知值 $\tau=200$ s，$v_r=3000$ m/s，$m_0=3\times10^6$ kg，$\mu=1\times10^4$ kg/s 代入上式，求得

$$H_1 = 74.5 \text{ km}$$

第二阶段所达到的高度 H_2，可直接由抛射体运动公式求得

$$H_2 = \frac{v_m{}^2}{2g} = \frac{1336^2}{2\times 9.8} = 91 \text{ km}$$

所以火箭上升总高度为

$$H = H_1 + H_2 = 74.5 + 91 = 165.5\text{km}$$

【例 12-8】 在水平桌面的边缘上有一堆软链。当软链的一段自桌而下滑时，软链的各个环节将一个一个地进入运动。设软链长 l，质量为 M，求其全部滑离桌面时的速度及其所需的时间。

【解】 首先应注意到，并入质量的初速度为零，所以 $\bar{v}_r=-\bar{v}$。此时密歇尔斯基方程可能写成

$$m\frac{\mathrm{d}\bar{v}}{\mathrm{d}t} + \bar{v}\frac{\mathrm{d}m}{\mathrm{d}t} = \Sigma\bar{F}^e$$

即

$$\frac{\mathrm{d}}{\mathrm{d}t}(m\bar{v}) = \Sigma\bar{F}^e$$

可见，这个方程形式上与牛顿第二定律完全相同，只是此时 m 不是常数。

将上述方程投影到向下为正的铅垂轴 y 上，有

$$\frac{\mathrm{d}}{\mathrm{d}t}(m\dot{y}) = mg$$

以桌面处为原点，则 $m=\frac{M}{l}y$。代入上式，并化简，可得 $\frac{\mathrm{d}}{\mathrm{d}t}(y\dot{y})=gy$

或

$$y\ddot{y}+\dot{y}^2=gy$$

这就是软链的微分方程。解这一方程时，我们可以把方程左边改写为

$$\frac{\mathrm{d}}{\mathrm{d}t}(y\dot{y}) = \frac{\mathrm{d}(y\dot{y})}{\mathrm{d}y}\frac{\mathrm{d}y}{\mathrm{d}t} = \dot{y}\frac{\mathrm{d}(y\dot{y})}{\mathrm{d}y}$$

于是有

$$\dot{y}\,\mathrm{d}(y\dot{y}) = gy\mathrm{d}y$$

方程两边乘以 y，得

$$(y\dot{y})\mathrm{d}(y\dot{y}) = gy^2\mathrm{d}y$$

积分之，得

$$\frac{1}{2}(y\dot{y})^2 = \frac{g}{3}y^3 + C$$

当 $t=0$ 时，$y=0$，$\dot{y}=0$，所以 $C=0$。于是有

$$(\dot{y})^2 = \frac{2}{3}gy$$

可得，

$$\frac{\mathrm{d}y}{\mathrm{d}t} = \sqrt{\frac{2}{3}gy}$$

分离变量得

$$\frac{\mathrm{d}y}{\sqrt{y}}=\sqrt{\frac{2}{3}g}\mathrm{d}t$$

再积分一次，可得

$$2\sqrt{y}=\sqrt{\frac{2}{3}g}t$$

即

$$y=\frac{1}{6}gt^2$$

这就是软链的运动方程。

当软链全部脱离桌面时，$y=l$，得

$$v=\sqrt{\frac{2}{3}gl},\qquad t=\sqrt{\frac{6l}{g}}$$

思 考 题

1. 动量有什么物理意义？当质点作匀速直线运动、变速直线运动或匀速曲线运动时，它的动量是否改变？

2. 什么叫冲量？它与动量有什么关系？动量和冲量都是一个瞬时的量吗？

3. 如果刚体质心固定不动，试问作用在该刚体上的外力系的主矢等于多大？

4. 水在直管中流动对管壁有没有动压力？为什么？

5. 炮弹飞出炮膛后，空气阻力不计，质心沿抛物线运动，炮弹爆炸后，质心运动规律不变，若有一块碎片落地，质心是否仍沿抛物线运动？为什么？

6. 在光滑水平面上放置一静止的圆盘，当它受一力偶作用时，如图 12-9 所示，该盘心将如何运动？

7. 两均质杆 AC 和 BC，各重 Q_1 和 Q_2，在点 C 以铰链连接。两杆直立于地上，AB 两点间距离为 b，如图 12-10 所示。设地面绝对光滑，两杆无初速地落向地面。问当 $Q_1=Q_2$ 或 $Q_1=2Q_2$ 时，点 C 的运动轨迹是否相同？为什么？

8. 三棱柱 ABC 的 A 点置于光滑水平面上，如图 12-11 所示。无初速释放后，其质心的运动轨迹是什么？为什么？

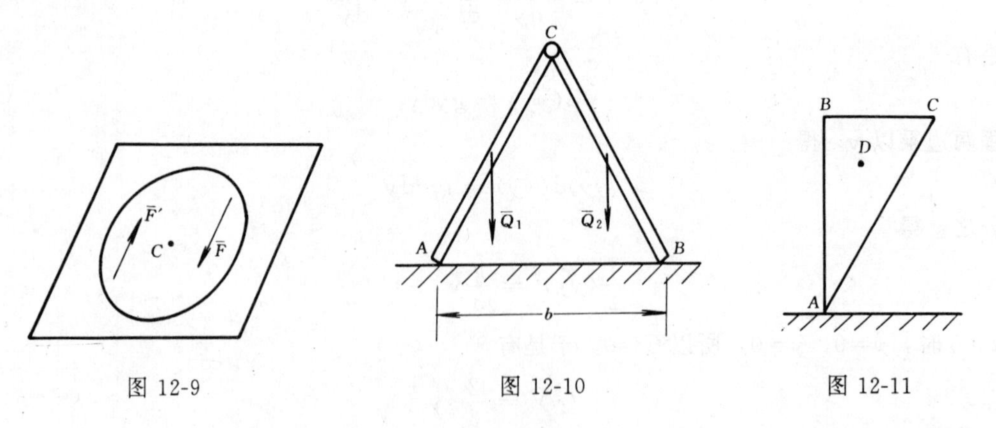

图 12-9　　图 12-10　　图 12-11

习　题

12-1　质点的质量为 m，在常力 $\bar{F}$ 作用下，从静止开始沿水平直线轨道运动。阻力大小与速度平方成正比，即 $R=kv^2$。求质点从开始运动到其速度达最大值时，作用在质点上的力的总冲量。

12-2　棒球质量为 0.14 kg，速度 $v_0=50$ m/s，方向如图。被棒打击后，速度降低为 $v=40$ m/s，方向如图。请计算打击力的冲量。若棒与球接触的时间为 0.02s，求打击力的平均值。

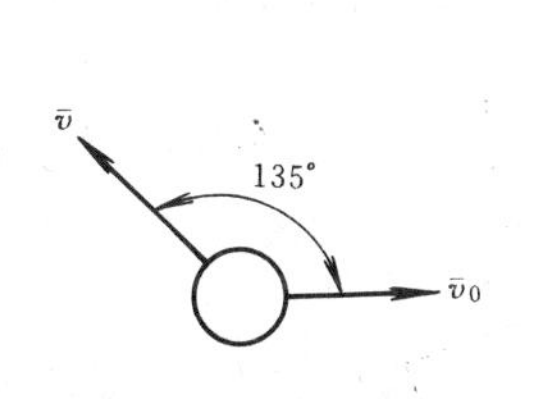

题 12-2 图

题 12-3 图

12-3　如图所示，炮弹质量为 $m=100$ kg，发射速度 $v_0=500$ m/s，发射角 $\alpha_0=60°$，达到最高位置 M 时的速度为 $v_1=200$ m/s，求炮弹从最初位置到最高位置 M 的一段时间中，作用其上外力的总冲量。

12-4　计算下列情况下系统的动量。

(a) 质量为 m 的均质圆盘，圆心具有速度 v_0，沿水平面作纯滚动。

(b) 非均质圆盘以角速度 ω 绕 O 轴转动，圆盘质量为 m，质心为 C，$OC=e$。

(c) 设胶带及胶带轮的质量都是均匀的。

(d) 质量为 m 的均质杆，长度为 l，角速度为 ω。

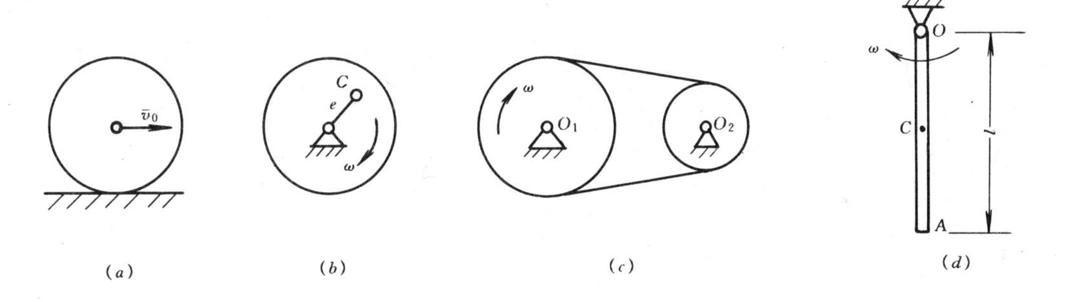

题 12-4 图

12-5　椭圆规之尺 AB 重 $2P_1$，曲柄 OC 重 P_1，滑块 A 和 B 各重 P_2，$OC=AC=BC=l$。曲柄与尺均为均质杆。设曲柄以匀角速转动。求此椭圆规机构的动量的大小及方向。

12-6　电动机重 W，放在光滑的水平基础上，另有一均质杆，长 $2l$，重 P，一端与电动机机轴相固结，

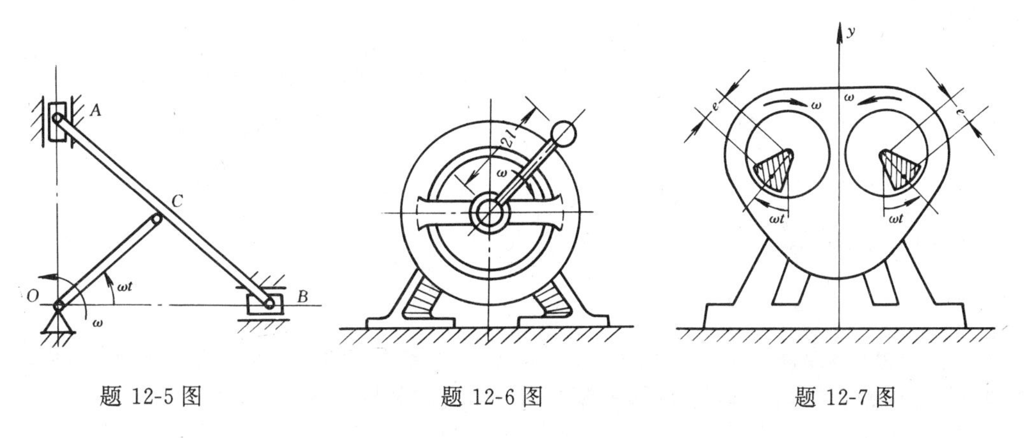

题 12-5 图　　题 12-6 图　　题 12-7 图

并与机轴的轴线垂直，另一端则刚连于重 Q 的物体，设机轴的角速度为 ω，杆在开始时处于铅直位置。试求电动机的水平运动。

12-7　压实土壤的振动器，由两个相同的偏心块和机座组成。机座重 Q，每个偏心块重 P，偏心距 e。两偏心块以相同的匀角速度 ω 反向转动，转动时两偏心块的位置对称于 y 轴。试求振动器在图示位置时对土壤的压力。

12-8　图示浮动起重机举起重物 $P_1=20\ \text{kN}$。当起重杆 OA 转到与铅直位置成 30°角时，求起重机的位移。设起重机重 $P_2=200\ \text{kN}$，杆长 $OA=8\ \text{m}$；当开始时杆与铅直位置成 60°角；水的阻力与杆重均略去不计。

12-9　三个重物的质量分别为 $m_1=20\ \text{kg}$，$m_2=15\ \text{kg}$，$m_3=10\ \text{kg}$，由一绕过定滑轮 B 和 C 的绳子相连接，如图所示。当重物 m_1 下降时，重物 m_2 在四棱柱 $ABCD$ 的上面向右移动，而重物 m_3 则沿着侧面的上升。四棱柱体的质量 $m=100\ \text{kg}$ 如略去一切摩擦和绳子的重量，求当物块下降 1 m 时四棱柱体相对于地面的位移。

12-10　一重 P、长 l 的单摆的支点固定在小车 A 上如图所示。A 重 Q，放在光滑的直线轨道上。开始时，A 与摆物处于静止，而摆与铅垂线的交角为 θ_0。以后，摆即以幅角 θ_0 左右摆动。求在摆动过程中 A 移动的距离。

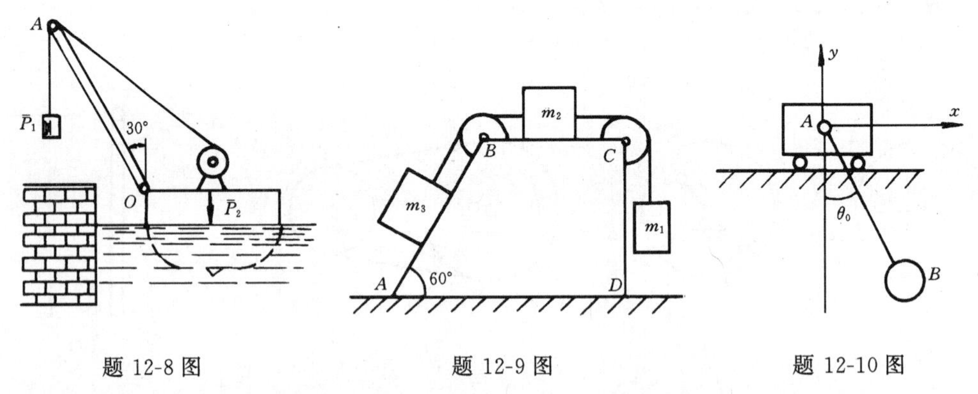

题 12-8 图　　题 12-9 图　　题 12-10 图

12-11　均质杆 AB 长 $2l$，其一端 B 搁置在光滑水平面上，并与水平面成 θ_0 角，求当杆倒下时 A 点之轨迹方程。

12-12　均质杆 OA，长 $2l$，重 P，绕通过 O 端的水平轴在铅直面内转动，转动到与水平面成 ϕ 角时，角速度与角加速度分别为 ω 及 α，试求这时 O 端的反力。

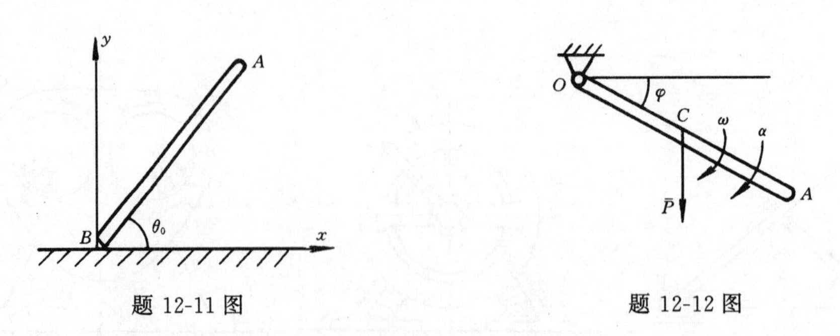

题 12-11 图　　题 12-12 图

12-13　水柱以水平速度 v_1 打在水轮机固定的叶片上，水流出叶片时的速度为 v_2，并与水平线成 θ 角。求水柱对于叶片的水平压力，假设水的流量等于 Q，单位体积水重 γ。

12-14　施工中广泛采用喷枪浇注混凝土衬砌。设喷枪的直径 $D=80\text{mm}$，喷射速度 $v_1=50\ \text{m/s}$，混凝土容重 $\gamma=21.6\text{kN/m}^3$，求喷浆对壁之压力。

*12-15　链条长 l，每单位长度质量为 ρ，堆在地面上，如图所示。在链条上端作用一力 $\bar{F}$，使它以不变的速度 $\bar{v}$ 上升，假设堆积在地面上的链条对提起部分没有力作用。求力 $\bar{F}$ 的表达式 $F(t)$ 和地面反力 $\bar{R}$ 的表达式 $R(t)$。

*12-16　空间运载器的质量为 1000 kg，其中燃料质量为 750 kg。今将该运载器铅直向上发射，假定点火后燃料的燃烧速率为 30 kg/s，燃气喷出的相对速度为 6000 m/s。求下列两瞬时运载器的加速度：(*a*) 刚点火时，(*b*) 燃料烧完时。

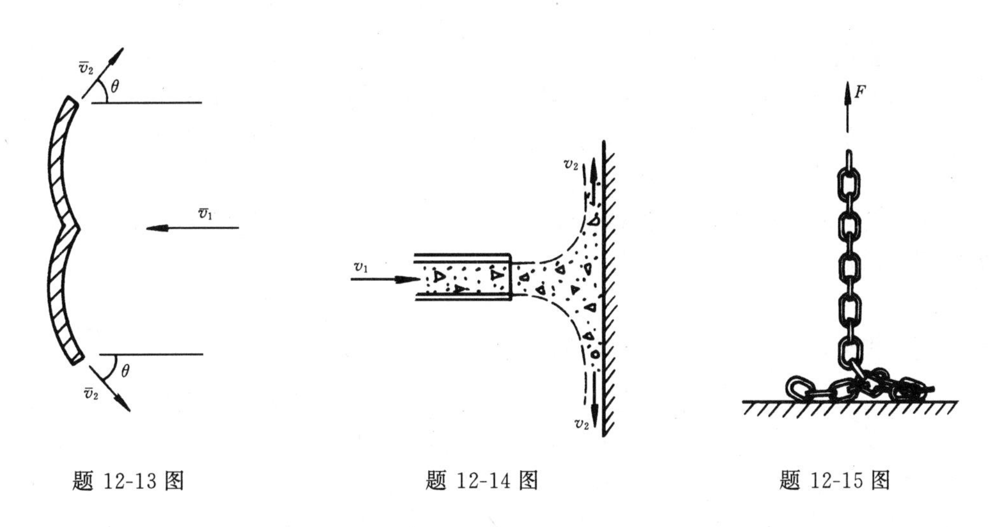

题 12-13 图　　题 12-14 图　　题 12-15 图

第十三章　动量矩定理

第一节　转动惯量·平行轴定理

一、转动惯量

质点系的运动，不仅与作用在质点系上的力有关，还与质点系各质点的质量及其分布情况有关。质量中心与转动惯量就是描述质点系质量分布的两个特征量。关于质心前面已经介绍过了，本节介绍转动惯量的概念。

刚体对轴 z 的转动惯量，是刚体内所有各质点的质量 m_i 与它到该轴的垂直距离 r_{zi} 的平方的乘积之和。记作 J_z，即

$$J_z = \Sigma m_i r_{zi}^2 \tag{13-1}$$

如果刚体的质量是连续分布的，则可用积分表示

$$J_z = \int_M r^2 \mathrm{d}m \tag{13-2}$$

式中积分号下 M 表示积分范围遍及整个刚体。

由上式可见，转动惯量永远是正值，它的大小不仅和整个刚体的质量大小有关，而且还和刚体各部分的质量相对于转轴的分布情况有关，它是由刚体的质量，质量分布以及转轴位置这三个因素共同决定的。

在法定计量单位中，转动惯量的常用单位是千克·米^2（$\mathrm{kg \cdot m^2}$）。

刚体对某轴 z 的转动惯量 J_z 与其质量 M 的比值的平方根为一个当量长度，称为**刚体对于该轴的回转半径**。即

$$\rho_z = \sqrt{\frac{J_z}{M}}, \qquad J_z = M\rho_z^2 \tag{13-3}$$

必须注意：回转半径不是物体某一部分的尺寸，它只是在计算物体的转动惯量时，假想地把物体的全部质量集中到离轴距离为回转半径的某一点上，这样计算物体对该轴的转动惯量时，就简化为这个质点对该轴的转动惯量。

二、简单形状均质刚体的转动惯量

形状规则的匀质刚体的转动惯量可以利用式（13-2）计算。

（1）均质细直杆

如图 13-1 所示均质细直杆，质量为 M，长为 l，建立坐标系如图。

在直杆上取长为 $\mathrm{d}x$ 的微段，作为质点看待，其质量 $\mathrm{d}m=\dfrac{M}{l}\mathrm{d}x$，此质点到 z 轴的距离为 x，则 OA 杆对 z 轴的转动惯量，根据式（13-2）得

$$J_z = \frac{M}{l}\int_0^l x^2 \mathrm{d}x = \frac{1}{3}Ml^2$$

(2) 均质矩形薄板

质量为 M，边长分别为 b 和 h 的均质薄板，如图 13-2 所示。取一平行 x 轴之细条，其宽度为 dy。因该细条与 x 轴之距离均为 y，则该细条为 y 轴的转动惯量为

$$y^2 \cdot \frac{M}{h}dy$$

所以，均质矩形薄板对 x 轴的转动惯量为

$$J_x = \int_0^l y^2 \frac{M}{h}dy = \frac{1}{12}Mh^2$$

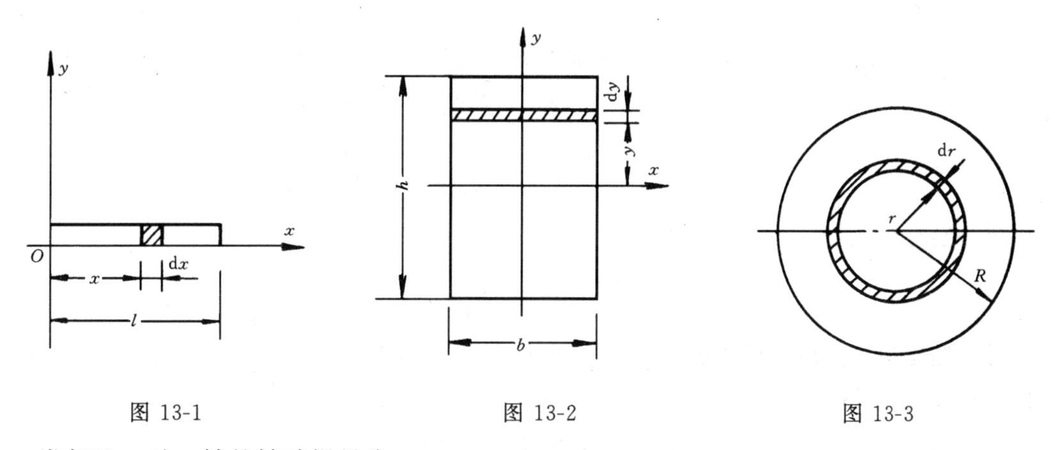

图 13-1　　图 13-2　　图 13-3

类似地，对 y 轴的转动惯量为

$$J_y = \frac{1}{12}Mb^2$$

(3) 均质等厚圆盘

质量为 M，半径为 R 均质等厚薄圆盘，如图 13-3 所示。将圆盘分为很多同心细圆环，半径为 r，宽度为 dr。令圆盘单位面积的质量为 ρ，则细圆环对过圆心、且垂直于圆盘平面的轴 z 的转动惯量为

$$(2\pi r \cdot dr \cdot \rho)r^2 = 2\pi\rho r^3 dr$$

由此，圆盘对 z 轴的转动惯量为

$$J_z = J_0 = \int_0^R 2\pi\rho r^3 dr = \frac{1}{2}\pi\rho R^4$$

但圆盘质量 $M=\rho\pi R^2$，所以

$$J_z = J_0 = \frac{1}{2}MR^2$$

三、平行轴定理

转动惯量与轴的位置有关，但在一般工程手册中所给出的大都只是刚体对通过质心 C 的轴（形心轴）的转动惯量。对于与质心轴平行的轴的转动惯量的计算，可以应用下面的定理——转动惯量的平行轴定理。

定理：　**刚体对于任一轴的转动惯量，等于刚体对于通过质心并与该轴平行的轴的转动惯量，加上刚体的质量与两轴间距离平方的乘积。**即

$$J_{z1} = J_{zc} + Md^2 \tag{13-4}$$

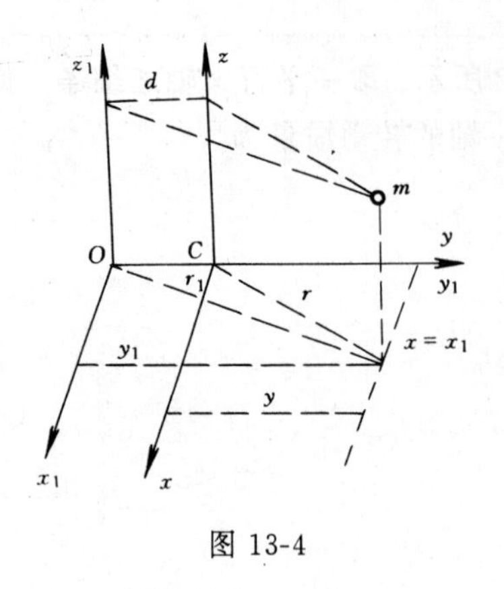

图 13-4

证明： 如图 13-4 所示，点 C 为刚体质心，刚体对于通过质心的 z 轴的转动惯量为 J_{zC}，刚体对于与 z 轴平行的 z_1 轴的转动惯量为 J_{z1}，两轴间距离为 d。

分别以 O、C 两点为原点，建立直角坐标系 $O\,x_1y_1z_1$ 和 $C\,xyz$，由图易见，

$$x_1 = x,\quad y_1 = y + d,\quad z_1 = z$$

由转动惯量定义

$$J_{zC} = \Sigma mr^2 = \Sigma m(x^2 + y^2)$$

$$J_{z1} = \Sigma mr_1^2 = \Sigma m(x_1^2 + y_1^2)$$

注意到 $x_1=x$，$y_1=y+d$，有

$$\begin{aligned} J_{z1} &= \Sigma m[x^2 + (y+d)^2] \\ &= \Sigma m[(x^2 + y^2) + 2dy + d^2] \\ &= \Sigma m(x^2 + y^2) + 2d\Sigma my + d^2\Sigma m \end{aligned}$$

由质心坐标公式

$$y_C = \frac{\Sigma my}{\Sigma m}$$

可知，当坐标原点取在质心时，$y_C=0$，所以有 $\Sigma my=0$，于是得

$$J_{z1} = J_{zC} + Md^2$$

这就证明了平行轴移轴定理。由此可见 $J_{z1}>J_{zC}$，这就是说，在所有平行轴中，刚体对于通过质心 C 的轴的转动惯量为最小。

表 13-1 给出了一些常见均质刚体的转动惯量和回转半径的计算公式以备查用。

转 动 惯 量 **表13-1**

匀质物体	简图	转动惯量	回转半径
细直杆		$I_x\approx 0$ $I_y=I_z=\frac{1}{12}Ml^2$	$\rho_x\approx 0$ $\rho_y=\rho_z=\frac{\sqrt{3}}{6}l$
矩形薄板		$I_x=\frac{1}{12}Mb^2$ $I_y=\frac{1}{12}Ma^2$ $I_z=\frac{1}{12}M\ (a^2+b^2)$	$\rho_x=\frac{\sqrt{3}}{6}b$ $\rho_y=\frac{\sqrt{3}}{6}a$ $\rho_z=\frac{1}{6}\sqrt{3\ (a^2+b^2)}$
长方体		$I_x=\frac{1}{12}M\ (b^2+c^2)$ $I_y=\frac{1}{12}M\ (c^2+a^2)$ $I_z=\frac{1}{12}M\ (a^2+b^2)$	$\rho_x=\frac{1}{6}\sqrt{3\ (b^2+c^2)}$ $\rho_y=\frac{1}{6}\sqrt{3\ (c^2+a^2)}$ $\rho_z=\frac{1}{6}\sqrt{3\ (a^2+b^2)}$

续表

匀质物体	简图	转动惯量	回转半径
薄圆盘	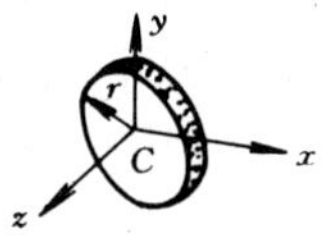	$I_x=I_y=\frac{1}{4}Mr^2$ $I_x=\frac{1}{2}Mr^2$	$\rho_x=\rho_y=\frac{1}{2}r$ $\rho_x=\frac{\sqrt{2}}{2}r$
圆柱	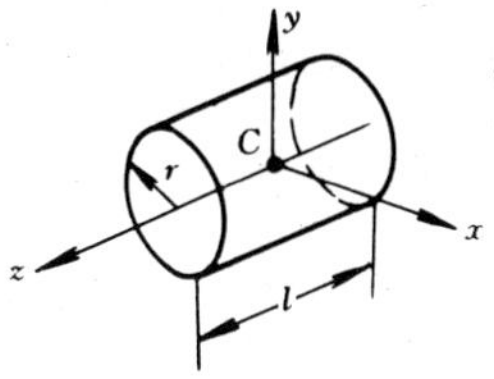	$I_x=I_y=$ $\frac{M}{12}(3r^2+l^2)$ $I_x=\frac{1}{2}Mr^2$	$\rho_x=\rho_y=\frac{1}{6}\sqrt{3(3r^2+l^2)}$ $\rho_x=\frac{\sqrt{2}}{2}r$
空心圆柱	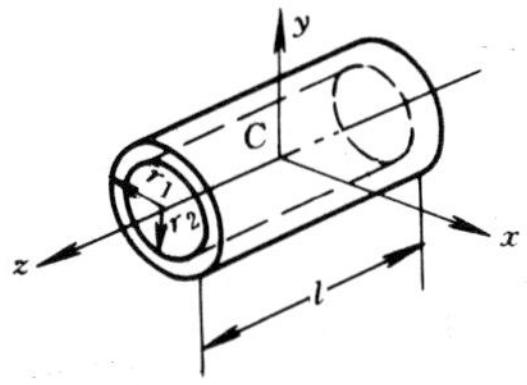	$I_x=I_x=$ $\frac{M}{12}[3(r_1^2+r_2^2)+L^2]$ $I_x=\frac{1}{2}M(r_1^2+r_2^2)$ $[M=\rho\pi(r_2-r_1^2)l]$	$\rho_x=\rho_y$ $=\frac{1}{6}\sqrt{9(r_1^2+r_2^2)+3l^2)}$ $\rho_x=\frac{1}{2}\sqrt{2(r_1^2+r_2^2)}$
正圆锥体	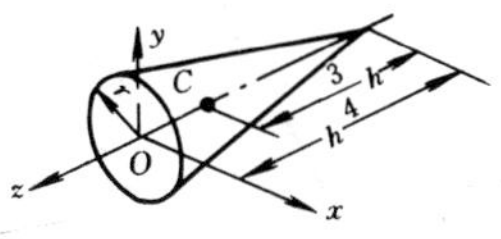	$I_x=I_y=$ $\frac{M}{20}(3r^2+2h^2)$ $I_x=\frac{3}{10}Mr^2$ $(M=\frac{1}{3}\rho\pi r^2h)$	$\rho_x=\rho_y$ $=\frac{1}{10}\sqrt{5(3r^2+2h^2)}$ $\rho_x=\frac{1}{10}\sqrt{30}r$
实心球	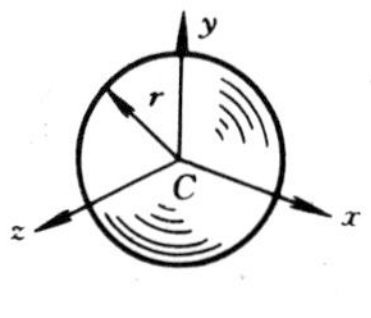	$I_x=I_y=I_z=$ $\frac{2}{5}Mr^2$ $(M=\frac{4}{3}\rho\pi r^3)$	$\rho_x=\rho_y=\rho_z=\frac{1}{5}\sqrt{10}r$
球壳	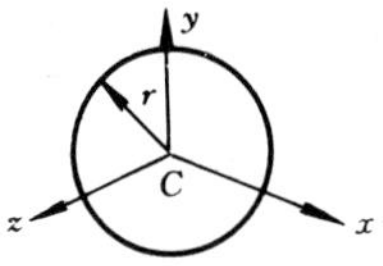	$I_x=I_y=I_z=\frac{2}{3}Mr^2$	$\rho_x=\rho_y=\rho_z=\frac{\sqrt{6}}{6}r$

注：M——物体的质量，C——质心，ρ——密度。

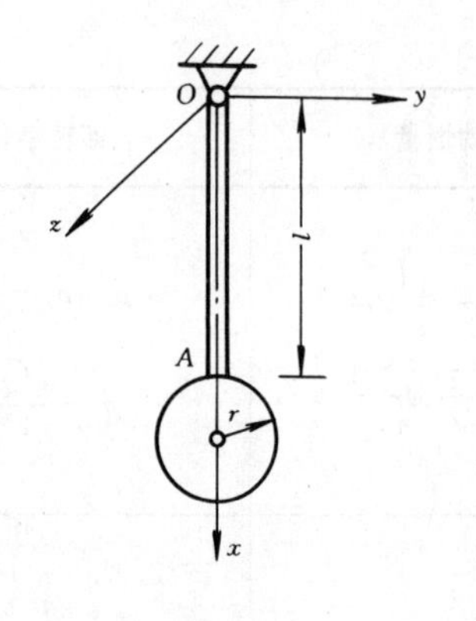

图 13-5

【例 13-1】 一摆由一均质杆及一均质圆球刚连而成如图 13-5 所示。均质杆质量为 m_1，长为 l；圆球质量为 m_2，半径为 r。试计算摆对于通过 O 点并垂直于杆的 z 轴的转动惯量。

【解】 以 J_{z1}和 J_{z2}分别表示杆与球对于 z 轴的转动惯量，则摆对于 z 轴的转动惯量为两者之和，即

$$J_z = J_{z1} + J_{z2}$$

从查表知，杆对于通过其质心且与 z 轴平行的轴的转动惯量是$\frac{1}{12}m_1l^2$，球对于通过其质心且与 z 和平行的轴的转动惯量是$\frac{2}{5}m_2r^2$。通过平行轴移轴定理，可得

$$J_{z1} = \frac{1}{12}m_1l^2 + (\frac{l}{2})^2 \cdot m_1 = \frac{1}{3}m_1l^2$$

$$J_{z2} = \frac{2}{5}m_2r^2 + (l+r)^2m_2$$

于是

$$J_z = \frac{1}{3}m_1l^2 + \frac{2}{5}m_2r^2 + m_2(l+r)^2$$

【例 13-2】 计算均质正圆锥体（图 3-16）对于其底面直径的转动惯量。已知圆锥体质量为 M，底圆半径为 R，高为 h。

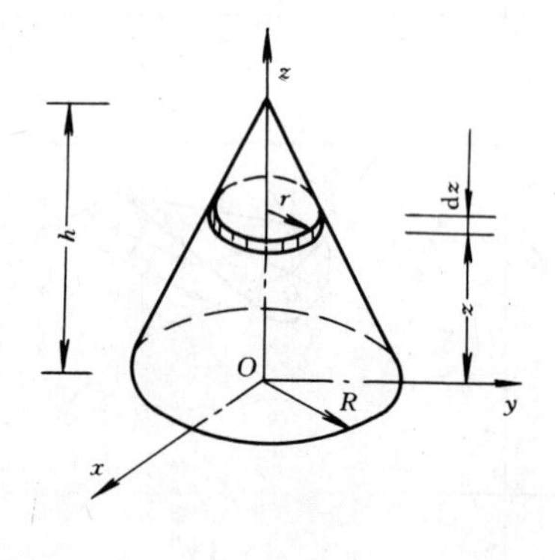

图 13-6

【解】 把圆锥体分成许多厚度为 dz 的薄圆片，这薄圆片的质量为 $\mathrm{d}m=\rho\pi r^2\mathrm{d}z$，(式中 ρ 为圆锥体的密度，r 为薄圆片的半径)。圆锥体的质量为 $M=\frac{1}{3}\rho\pi R^2h$。这薄圆片对其自身直径的转动惯量可查表知为$\frac{1}{4}r^2\cdot\mathrm{d}m$，由几何关系可知，$r=\frac{R}{h}(h-z)$。于是薄圆片对 y 转动惯量 dJ_y 为

$$\begin{aligned}\mathrm{d}J_y &= \frac{1}{4}r^2 \cdot \mathrm{d}m + z^2\mathrm{d}m \\ &= (\frac{1}{4}r^2 + z^2) \cdot \rho\pi r^2\mathrm{d}z \\ &= \rho\pi[\frac{1}{4}\frac{R^4}{h^4}(h-z)^4 + \frac{R^2}{h^2}(h-z)^2z^2)\mathrm{d}z\end{aligned}$$

因此，整个圆锥体对于 y 轴的转动惯量为

$$
\begin{aligned}
J_y &= \int_0^h \rho\pi\left[\frac{1}{4}\cdot\frac{R^4}{h^4}(h-z)^4+\frac{R^2}{h^2}(h-z)^2z^2\right]\mathrm{d}z \\
&= \frac{\rho\pi R^2 h}{3}\left(\frac{3}{20}R^2+\frac{h^2}{10}\right) \\
&= \frac{M}{20}(3R^2+2h^2)
\end{aligned}
$$

第二节 惯性积和惯性主轴

一、转动惯量的普遍公式

根据转动惯量的定义，我们可以得出对于坐标轴的转动惯量的普遍公式。

设质点到 z 轴的距离为 r_z，则 $r_z^2=x^2+y^2$，所以有

同理，可得

$$
\left.\begin{aligned}
J_z &= \Sigma m r_z^2 = \Sigma m(x^2+y^2) \\
J_x &= \Sigma m r_x^2 = \Sigma m(y^2+z^2) \\
J_y &= \Sigma m r_y^2 = \Sigma m(z^2+y^2)
\end{aligned}\right\} \tag{13-5}
$$

或写成积分形式

$$
\left.\begin{aligned}
J_x &= \int (y^2+z^2)\mathrm{d}m \\
J_y &= \int (z^2+x^2)\mathrm{d}m \\
J_z &= \int (x^2+y^2)\mathrm{d}m
\end{aligned}\right\} \tag{13-6}
$$

对于一个厚度可以忽略不计的薄板来说，令 $z\to 0$，上式将简化为

$$
\left.\begin{aligned}
J_x &= \Sigma m y^2 \\
J_y &= \Sigma m x^2 \\
J_z &= \Sigma m(x^2+y^2)
\end{aligned}\right\} \quad 或 \quad
\left.\begin{aligned}
J_x &= \int y^2\mathrm{d}m \\
J_y &= \int x^2\mathrm{d}m \\
J_z &= \int (x^2+y^2)\mathrm{d}m
\end{aligned}\right\} \tag{13-7}
$$

此时有

$$
J_z = J_x + J_y \tag{13-8}
$$

薄板对与板面垂直的轴的转动惯量，称为薄板的极转动惯量。上式表明，薄平板的极转动惯量，等于薄板对板面内与极轴 z 共点并相互正交的任意两轴的转动惯量之和。

二、刚体对任意轴的转动惯量·惯性积

今研究刚体对于通过某一定点 O 的任意轴 L 的转动惯量 J_L 的普遍表达式。

以 O 为原点取坐标系 $Oxyz$，则 L 轴的位置由它的方向角 α、β、γ 确定。设刚体内任一点 M 的坐标为 (x, y, z)；M 点到 L 轴的距离为 r，M 点相对于 O 点的矢径为 $\bar{R}$；OM 与 L 轴的交角为 φ（图 13-7），则

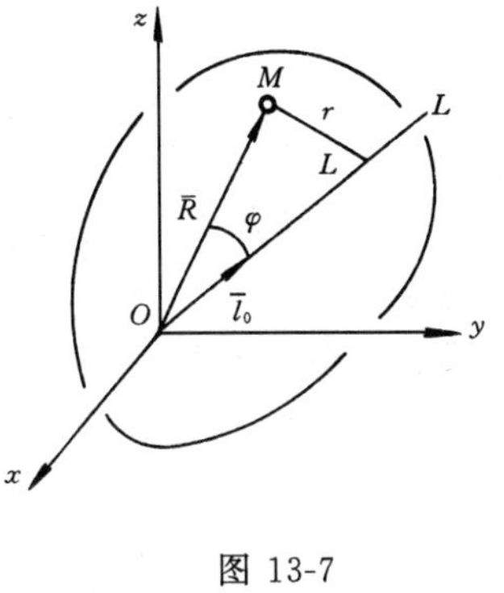

图 13-7

$$J_L = \Sigma m r^2$$

而
$$r = R\sin\varphi$$

令 L 轴的单位矢量为 $\bar{l}_0$，则 r 等于矢量 $\bar{R}$与 $\bar{l}_0$ 的矢性积的模，即

$$r = |\bar{R}\times \bar{l}_0|$$

因为
$$\bar{R}= x\bar{i}+ y\bar{j}+ z\bar{k}, \qquad \bar{l}_0 = \cos\alpha\bar{i} + \cos\beta\bar{j}+ \cos\gamma\,\bar{k}$$

所以

$$\bar{R}\times \bar{l}_0 = \begin{vmatrix} \bar{i} & \bar{j} & \bar{k} \\ x & y & z \\ \cos\alpha & \cos\beta & \cos\gamma \end{vmatrix}$$

$$= (y\cos\gamma - z\cos\beta)\bar{i} + (z\cos\alpha - x\cos r)\bar{j}+ (x\cos\beta - y\cos\alpha)\bar{k}$$

而 $r^2 = |\bar{R}\times \bar{l}_0|^2 = (y\cos\gamma - z\cos\beta)^2 + (z\cos\alpha - x\cos\gamma)^2 + (x\cos\beta - y\cos\alpha)^2$

展开得

$$r^2 = (y^2 + z^2)\cos^2\alpha + (z^2 + x^2)\cos^2\beta + (x^2 + y^2)\cos^2\gamma - 2yz\cos\beta\cos\gamma - 2zx\cos\gamma\cos\alpha - 2xy\cos\alpha\cos\beta$$

所以

$$\begin{aligned} J_L &= \Sigma m[(y^2 + z^2)\cos^2\alpha + (z^2 + x^2)\cos^2\beta + (x^2 + y^2)\cos^2\gamma \\ &\quad - 2yz\cos\beta\cos\gamma - 2zx\cos\gamma\cos\alpha - 2xy\cos\alpha\cos\gamma] \\ &= \cos^2\alpha\Sigma m(y^2 + z^2) + \cos^2\beta\Sigma m(z^2 + x^2) + \cos^2\gamma\Sigma m(x^2 + y^2) \\ &\quad - 2\cos\beta\cos\gamma\Sigma myz - 2\cos\gamma\cos\alpha\Sigma mzx - 2\cos\alpha\cos\beta\Sigma mxy \end{aligned}$$

由式（13-5）知：$\Sigma m\ (y^2+z^2)\ =J_x$，$\Sigma m\ (z^2+x^2)\ =J_y$，$\Sigma m\ (x^2+y^2)\ =J_z$ 分别为刚体对 x、y、z 轴的转动惯量。今将 Σmyz、Σmzx、Σmxy 分别定义为刚体对轴 y 和 z、对轴 z 和 x、对轴 x 和 y 的惯性积，并用 J_{yz}、J_{yx}、J_{xy}表示，即

$$\left.\begin{aligned} J_{yz} &= \Sigma myz \\ J_{yx} &= \Sigma mzx \\ J_{xy} &= \Sigma mxy \end{aligned}\right\} \quad 或 \quad \left.\begin{aligned} J_{yz} &= \int yz\mathrm{d}m \\ J_{zx} &= \int zx\mathrm{d}m \\ J_{xy} &= \int xy\mathrm{d}m \end{aligned}\right\} \tag{13-9}$$

惯性积的单位与转动惯量相同（$\mathrm{kg \cdot m^2}$），它的大小也决定于刚体的质量、质量的分布以及坐标轴的位置这三个因素。但是惯性积可正、可负，也可以等于零。

将式（13-5)、(13-9）代入前式，得到

$$\begin{aligned} J_L = J_x\cos^2\alpha + J_y\cos^2\beta - J_z\cos^2\gamma - 2J_{yz}\cos\beta\cos\gamma \\ - 2J_{zx}\cos\gamma\cos\alpha - 2J_{xy}\cos\alpha\cos\beta \end{aligned} \tag{13-10}$$

由此可见，只要已知刚体通过 O 点的直角坐标轴的转动惯量和惯性积，就可求得刚体对通过 O 点的任一轴 L 的的转动惯量。当然，如果 L 轴的方位不同，对 L 轴的转动惯量 J_L 也随之改变。

借助于矩阵工具，式（13-10）可以写成矩阵的形式，令

$$[J] = \begin{bmatrix} J_x & -J_{xy} & -J_{xz} \\ -J_{xy} & J_y & -J_{yz} \\ -J_{xz} & -J_{yz} & J_z \end{bmatrix}$$

为转动惯量矩阵；

$$\{l\} = \begin{Bmatrix} \cos\alpha \\ \cos\beta \\ \cos\gamma \end{Bmatrix}$$

为 L 轴的方向余弦列阵，则式（13-10）可写为

$$J_L = \{l\}^T[J]\{l\} \tag{13-11}$$

由式（13-10）可知，如已知六个量 J_x、J_y、J_z、J_{xy}、J_{yz}、J_{zx}，则由式（13-10）或式（13-11）可求出刚体对通过点 L 的任意轴 L 的转动惯量。再应用转动惯量的平行轴移轴定理，即可求出刚体对任何轴的转动惯量。

三、惯性主轴

适当地选择坐标系 $Oxyz$ 的方位，总可以使刚体的两个惯性积同时等于零，例如 $J_{yz}=J_{zx}=0$。这时，与这两个惯性积同时相关的轴 z 称为刚体在 O 点处的一根**惯性主轴**。刚体对惯性主轴的转动惯量称为**主转动惯量**。如果惯性主轴还通过刚体的质心，则该主轴称为**中心主惯性轴**。刚体对中心惯性主轴的转动惯量称为**中心主转动惯量**。如果已知 Oz 轴是一根主轴，则绕 Oz 轴转动 Oxy，可使另一个 J_{xy} 也等于零。于是，Ox 轴和 Oy 轴也成为 O 点处的惯性主轴。因此，对刚体的任何一点都可以有三个互相垂直的主轴。

现在取刚体在质心 C 的三根中心主惯性轴为坐标轴 x、y、z（图 13-8），此时 $J_{xy}=J_{yz}=J_{zx}=0$。则 J_x、J_y、J_z 为中心主转动惯量，则刚体对任一质心轴 CL 的转动惯量写成最简单形式

$$J_{CL} = J_x\cos^2\alpha + J_y\cos^2\beta + J_z\cos^2\gamma \tag{13-12}$$

式中 α、β、γ 是轴 CL 的三个方向角。此后应用转动惯量的平行轴定量，即可求得刚体对任何与轴 CL 相平行的轴 OL' 的转动惯量 J。有

$$\begin{aligned} J &= J_{CL} + Md^2 \\ &= J_x\cos^2\alpha + J_y\cos^2\beta + J_z\cos^2\gamma + Md^2 \end{aligned} \tag{13-13}$$

式中 d 是两轴间距离，M 是刚体质量。可见，只要知道刚体的三个主转动惯量，就可求出刚体对任何轴的转动惯量。

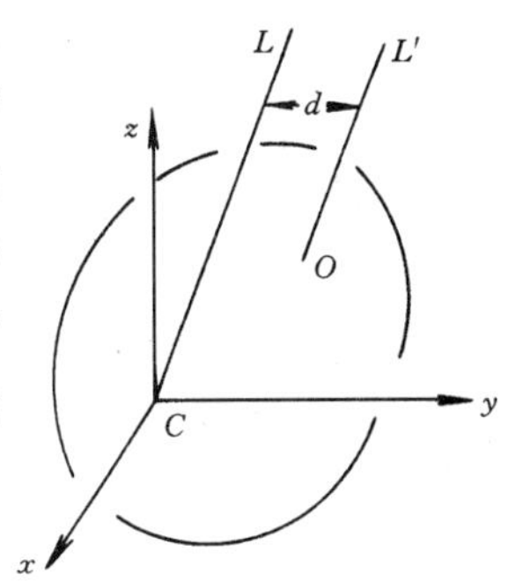

图 13-8

我们经常遇到具有对称面或对称轴的物体。对于它们来说，有一个中心主惯性轴是可以立即确定的。设物体具有对称面，则质心必在对称面上，取 z 轴通过质心并垂直于对称面。根据对称的定义，物体如有一质点，它的坐标为（x，y，z），则在（x，y，$-z$）处必定有一质量相同的另一质点。于是，$\Sigma myz=0$，$\Sigma mzx=0$，而 z 轴为中心主惯性轴。同样可以证明，当物体具有对称轴时，此对称轴即为中心主惯性轴。

【例 13-3】 求图 13-9 所示长方形薄板对于 $Ox'y'z'$ 轴系的转动惯量及惯性积。x' 轴与对角线重合，而 z' 轴垂直板面。

【解】 对称轴 x，y，z 是长方形薄板在中心点 O 的主惯性轴，有

$$J_x = \frac{mb^2}{12}, \qquad J_y = \frac{ma^2}{12}, \qquad J_z = \frac{m}{12}(a^2 + b^2)$$

$$J_{yz} = J_{zx} = J_{xy} = 0$$

根据式（13-10）或（13-12），可以得到

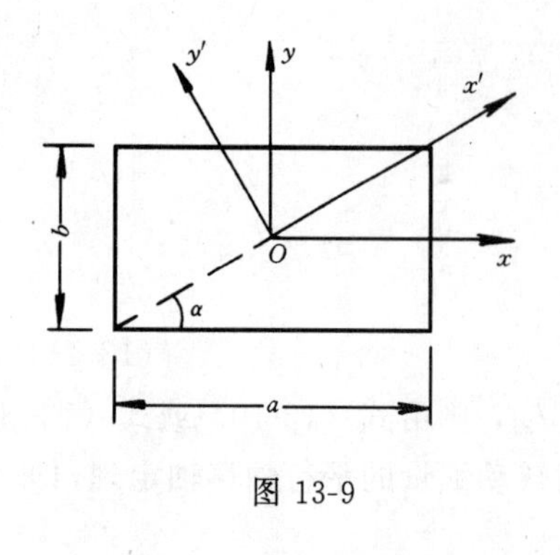

图 13-9

$$J_{x'}=J_x\cos^2\alpha+J_y\cos^2(90°-\alpha)+J_z\cos^2 90°$$
$$=J_x\cos^2\alpha+J_y\sin^2\alpha$$
$$=\frac{m}{12}(b^2\cos^2\alpha+a^2\sin^2\alpha)=\frac{ma^2b^2}{6(a^2+b^2)}$$
$$J_{y'}=J_x\cos^2(90°+\alpha)+J_y\cos^2\alpha+J_z\cos^2 90°$$
$$=J_x\sin^2\alpha+J_y\cos^2\alpha$$
$$=\frac{m}{12}(b^2\sin^2\alpha+a^2\cos^2\alpha)=\frac{m(a^4+b^4)}{12(a^2+b^2)}$$
$$J_{z'}=J_{x'}+J_{y'}=J_x+J_y=\frac{m}{12}(a^2+b^2)$$

从上面最后一个关系式可知，薄平板对于板面上经过某一点的任何两个互相垂直的轴的转动惯量之和为一恒量。

计算对于 x'、y'、z' 轴的惯性积时，要利用坐标转换公式：

$$x'=y\sin\alpha+x\cos\alpha,\quad y'=y\cos\alpha-x\sin\alpha,\quad z'=z$$

因此，我们有

$$J_{x'y'}=\Sigma mx'y'$$
$$=\Sigma m(y\sin\alpha+x\cos\alpha)(y\cos\alpha-x\sin\alpha)$$
$$=\sin\alpha\cos\alpha\Sigma m(y^2-x^2)+(\cos^2\alpha-\sin^2\alpha)\Sigma mxy$$

因为 $\Sigma m(y^2-x^2)=\Sigma m(y^2+z^2)-\Sigma m(z^2+x^2)=J_x-J_y$，而 $\Sigma mxy=J_{xy}$

所以

$$J_{x'y'}=\frac{J_x-J_y}{2}\sin 2\alpha+J_{xy}\cos 2\alpha \tag{13-14}$$

这对于平板来说，也是一个普遍关系式。在本题中，$J_{xy}=0$，于是，

$$J_{x'y'}=\frac{J_x-J_y}{2}\sin 2\alpha=\frac{1}{24}m(b^2-a^2)\sin 2\alpha$$
$$=\frac{mab(b^2-a^2)}{12(a^2+b^2)}$$

此外，

$$J_{y'z'}=\Sigma my'z'=\Sigma my(y\cos\alpha-x\sin\alpha)$$
$$=J_{yz}\cos\alpha-J_{zx}\sin\alpha=0$$
$$J_{z'x'}=\Sigma mz'x'=\Sigma mz(y\sin\alpha+x\cos\alpha)$$
$$=J_{yz}\sin\alpha+J_{zx}\cos\alpha=0$$

这两个结果是显然的，因为 z' 与 z 重合，仍然是平板的主轴。

第三节 质点和质点系的动量矩

一、质点的动量矩

设质点某瞬时的动量为 $m\bar{v}$，对固定点 O 的矢径为 $\bar{r}$（图 13-10），质点的动量对固定点 O 的矩为一矢量，定义为

$$\bar{m}_O(m\bar{v})=\bar{r}\times m\bar{v} \tag{13-15}$$

式中，$\bar{m}_O(m\bar{v})$ 称为质点对定点 O 的动量矩。将上式投影到以 O 为原点的各直角坐标轴

上，类似于静力学中的力矩关系定理，可得到动量 $m\bar{v}$对各直角坐标轴之矩。即

$$\left.\begin{aligned} m_x(m\bar{v}) &= m(yv_z - zv_y) \\ m_y(m\bar{v}) &= m(zv_x - xv_z) \\ m_z(m\bar{v}) &= m(xv_y - yv_x) \end{aligned}\right\} \tag{13-16}$$

其中 x、y、z 为质点的坐标。

二、质点系的动量矩

质点系内各质点对固定点 O 的动量矩的矢量和，称为质点系时 O 点的动量矩。用 $\bar{L}_0$ 表示，有

$$\bar{L}_O = \Sigma\bar{m}_O(m\bar{v}) = \Sigma\bar{r}\times(m\bar{v}) \tag{13-17}$$

类似地也可得到质点系对各坐标轴的动量矩的表达式：

$$\left.\begin{aligned} L_x &= \Sigma m_x(m\bar{v}) = \Sigma m(yv_z - zv_y) \\ L_y &= \Sigma m_y(m\bar{v}) = \Sigma m(zv_x - xv_z) \\ L_z &= \Sigma m_z(m\bar{v}) = \Sigma m(xv_y - yv_x) \end{aligned}\right\} \tag{13-18}$$

在法定计量单位中，动量矩的常用单位是牛·米·秒（N·m·s）。

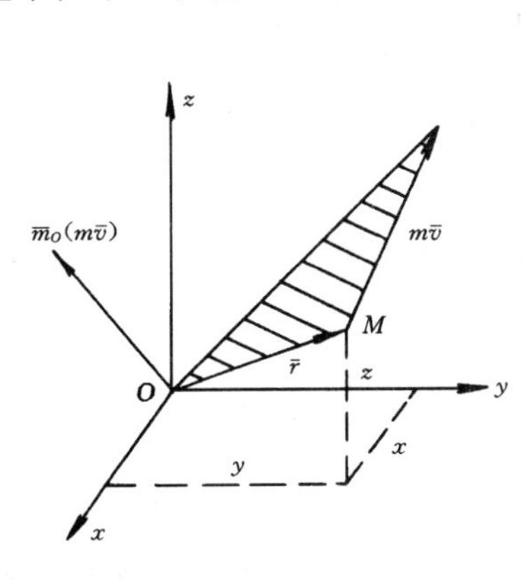

图 13-10

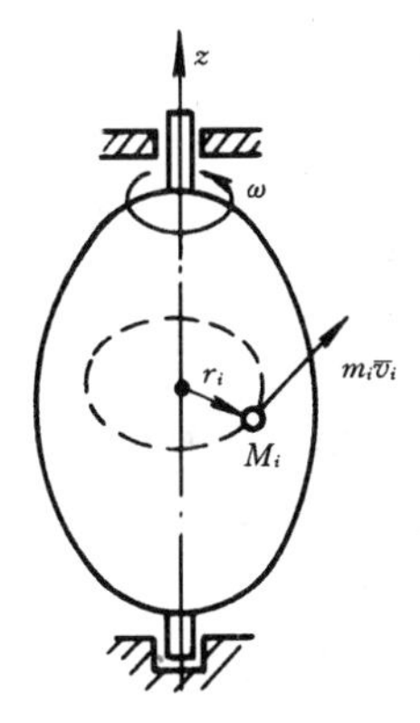

图 13-11

三、定轴转动刚体的动量矩

设刚体以角速度 ω 绕固定轴 z 转动，如图 13-11 所示。对于刚体内任一质点 M，其质量为 m，转动半径为 r，动量为 mv。于是质点 M 对 z 轴的动量矩为

$$l_z = mvr = mr^2\omega$$

而整个刚体对 z 轴的动量矩为

$$L_z = \Sigma l_z = \Sigma mr^2\omega = \omega\Sigma mr^2$$

因为　$\Sigma mr^2 = J_z$，是刚体对 z 轴的转动惯量，故

$$L_z = J_z\omega \tag{13-19}$$

即，**定轴转动刚体对于转动轴的动量矩，等于刚体对于转轴的转动惯量与角速度之乘积**。L_z 的正负号与 ω 的正负号相同。

【例 13-4】　图 13-12 所示一复摆，均质杆 OA 长为 l，质量为 m_1，均质圆盘 C_2 的半

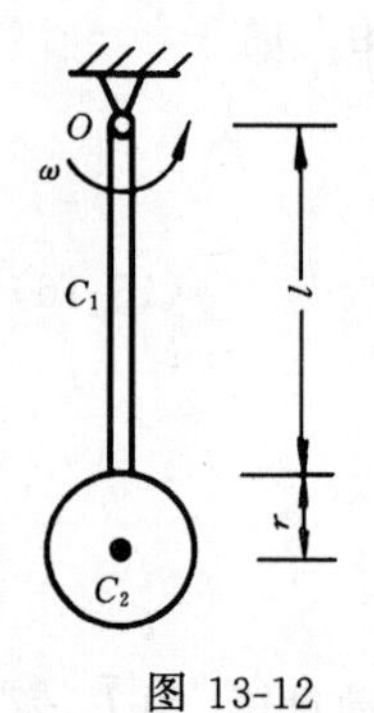

图 13-12

径为r,质量为m_2,以角速度ω绕O轴转动,试求复摆对O轴的动量矩。

【解】 本题先计算复摆对O轴的转动惯量J_O,再由式(13-19)计算复摆对O轴的动量矩。关于J_O的计算,可以分别计算OA杆和圆盘C_2对O轴的动量矩。然后再相加。其中要用到平行轴定理。有

$$J_O=\left[\frac{1}{12}m_1l^2+m_1\left(\frac{l}{2}\right)^2\right]+\left[\frac{1}{2}mr^2+m_2(l+r)^2\right]$$

$$=\frac{1}{3}m_1l^2+m_2\left(l^2+2lr+\frac{3}{2}r^2\right)$$

所以 $$L_O=\left[\frac{1}{3}m_1l^2+m_2\left(l^2+2lr+\frac{3}{2}r^2\right)\right]\omega$$

第四节 动 量 矩 定 理

一、质点的动量矩定量

由动量矩的定义知

$$\bar{m}_O(m\bar{v})=\bar{r}\times(m\bar{v})$$

对时间求导数得

$$\frac{\mathrm{d}}{\mathrm{d}t}[\bar{m}_O(m\bar{v})]=\frac{\mathrm{d}}{\mathrm{d}t}[\bar{r}\times(m\bar{v})]$$

$$=\frac{\mathrm{d}\bar{r}}{\mathrm{d}t}\times(m\bar{v})+\bar{r}\times\frac{\mathrm{d}}{\mathrm{d}t}(m\bar{v})$$

$$=\bar{v}\times(m\bar{v})+\bar{r}\times\frac{\mathrm{d}}{\mathrm{d}t}(m\bar{v})$$

此式中右边第一项为零,根据动量定理

$$\frac{\mathrm{d}}{\mathrm{d}t}(m\bar{v})=F$$

得 $$\frac{\mathrm{d}}{\mathrm{d}t}(\bar{m}_O(m\bar{v})]=\bar{r}\times\bar{F}=\bar{m}_O(\bar{F}) \tag{13-20}$$

此式表明:**质点对于固定点O的动量矩对时间的一阶导数等于作用力对同一点之矩。式(13-20)称为质点的动量矩定理。**

将式(13-20)投影到固定直角坐标轴上,则得

$$\left.\begin{aligned}\frac{\mathrm{d}}{\mathrm{d}t}[m_x(m\bar{v})]=m_x(\bar{F})\\\frac{\mathrm{d}}{\mathrm{d}t}[m_y(m\bar{v})]=m_y(\bar{F})\\\frac{\mathrm{d}}{\mathrm{d}t}[m_z(m\bar{v})]=m_z(\bar{F})\end{aligned}\right\} \tag{13-21}$$

此式表明:**质点对固定轴的动量矩对时间的一阶导数等于作用力对同一轴之矩。**

下面应用质点动量矩定理说明两种特殊情形:

(1)如果质点所受的力始终指向一固定中心,这种情形为中心力,行星受太阳的引力就是一种中心力。因作用力总是通过中心点O,则力对O点之矩恒等于零。因此

$$\bar{m}_O(m\bar{v})=\bar{r}\times(m\bar{v})=\text{常矢量}$$

常矢量由运动起始条件决定。此式表示质点对 O 点动量矩守恒。例如在太阳引力作用下的行星运动，由于 $\bar{m}_O$ $(m\bar{v})$ 垂直于 $\bar{r}$ 与 $(m\bar{v})$ 所在平面，为常矢量，可知 $\bar{r}$ 和 $m\bar{v}$ 始终在一个平面内。因此，质点在有心力作用下运动的轨迹是平面曲线。

(2) 如果质点受到的作用力始终与某一固定轴（如 z 轴）相交或平行，或作用力对 z 轴之矩恒等于零，因此，质点对 z 轴的动量矩

$$m_z(m\bar{v}) = \text{常数}$$

常数值由运动起始条件确定。上式说明了质点对 z 轴的动量矩守恒。

二、质点系的动量矩定理

对于系统内的每个质点，对同一固定点应用动量矩定理，写出每个质点的动量矩方程，并把作用于质点的力分成外力 $\bar{F}^e$ 和内力 $\bar{F}^i$，有

$$\frac{\mathrm{d}}{\mathrm{d}t}[\bar{m}_O(m\bar{v})] = \bar{m}_O(\bar{F}^e) + \bar{m}_O(\bar{F}^i)$$

把这些方程全部相加，得

$$\Sigma\frac{\mathrm{d}}{\mathrm{d}t}[\bar{m}_O(m\bar{v})] = \Sigma\bar{m}_O(\bar{F}^e) + \Sigma\bar{m}_O(\bar{F}^i)$$

由于内力总是成对的作用于质点系，每一对内力对任意点之矩的矢量和恒等于零，即 $\Sigma\bar{m}_O$ $(\bar{F}^i)=0$。设以 $\bar{M}_O^e=\Sigma\bar{m}_O$ $(\bar{F}^e)$ 表示全部外力对固定点 O 之距的矢量和（主矩）。并将上式中左端交换导数和求和的运算次序，得

$$\frac{\mathrm{d}}{\mathrm{d}t}\Sigma\bar{m}_O(m\bar{v}) = \Sigma\bar{m}_O(\bar{F}^e) = \bar{M}_O^e$$

即

$$\frac{\mathrm{d}\bar{L}_O}{\mathrm{d}t} = \Sigma\bar{m}_O(\bar{F}^e) = \bar{M}_O^e \tag{13-22}$$

将上式投影到固定直角坐标轴上，有

$$\left.\begin{aligned}\frac{\mathrm{d}L_x}{\mathrm{d}t} &= \Sigma m_x(\bar{F}^e) = M_x^e\\ \frac{\mathrm{d}L_y}{\mathrm{d}t} &= \Sigma m_y(\bar{F}^e) = M_y^e\\ \frac{\mathrm{d}L_z}{\mathrm{d}t} &= \Sigma m_z(\bar{F}^e) = M_z^e\end{aligned}\right\} \tag{13-23}$$

可见，**质点系对某定点（或某定轴）的动量矩对时间的导数，等于作用于质点系的全部外力对同一点（或同一轴）之矩的矢量和（代数和）**。这就是**质点系的动量矩定理**。

由动量矩定理可知：

(1) 质点系的内力不能改变质点系的动量矩，只有作用于质点系的外力才能使质点系的动量矩发生变化。

(2) 当外力对于某定点（或某定轴）的主矩（或力矩的代数和）等于零时，质点系对于该点（或该轴）的动量矩守恒。

【例 13-5】 水平杆 AB 长 $2b$，可绕铅垂轴转动，两端用铰链与长 l 的杆 AC、BD 相连。杆端 C、D 各装有重 P 的小球，两球由绳相连，绳长 $2b$，系统以角速度 ω_0 绕铅垂轴转

动如图 13-13 所示。在某瞬时绳被割断，两球分离，杆 AC、BD 各与铅垂线成 β 角。各杆重不计，求此时系统的角速度。

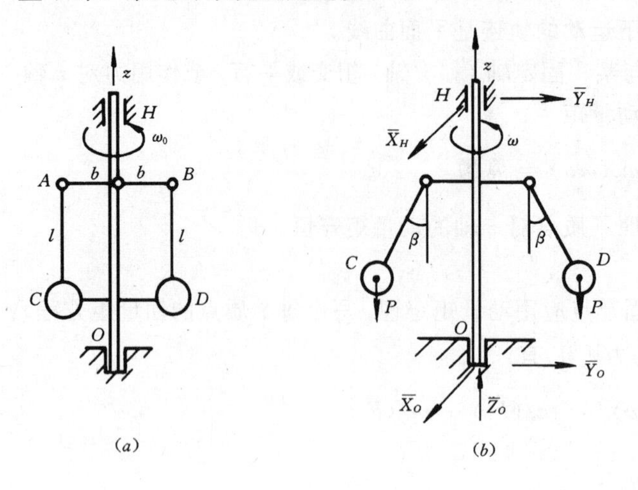

图 13-13

【解】 系统作定轴转动，可应用动量矩定理求解。

(1) 研究对象。研究由各杆和小球组成的质点系。

(2) 受力分析。作用于质点系上的力有小球的重力 $\overline{P}$ 和轴承反力 $\overline{X}_O$、$\overline{Y}_O$、$\overline{Z}_O$、$\overline{X}_H$、$\overline{Y}_H$ 如图 13-12(*b*)所示。这些外力对 z 轴之矩都等于零，因此，质点第对 z 轴的动量矩守恒。

(3) 应用动量矩定理

在绳子被割断以前，系统对 z 轴的动量矩为

$$L_{zo}=2(\frac{P}{g}\omega_0 b)\cdot b=\frac{2P}{g}b^2\omega_0$$

当绳子断开以后，系统对 z 轴的动量矩为

$$L_z=2\,\frac{P}{g}(b+l\sin\beta)^2\omega$$

由于动量矩定恒，即 $L_{zo}=L_z$，则

$$\frac{P}{g}b^2\omega_0=2\,\frac{P}{g}(b+l\sin\beta)^2\omega$$

由此得

$$\omega=\frac{b^2}{(b+l\sin\beta)^2}\omega_0$$

【例 13-6】 涡轮转子的定常运动。设涡轮转子以匀角速度 ω 绕垂直于图面的铅直轴 oz 转动（图 13-14）。已知涡轮进口 AB 和出口 CD 处的半径分别是 r_1 和 r_2，该处流体的平均流速（绝对速度）分别是 $\bar{v}_1$ 和 $\bar{v}_2$，$\bar{v}_1$ 和 $\bar{v}_2$ 与转子切线方向夹角分别是 θ_1 和 θ_2。设流体的体积流量为 Q，密度为 ρ。试求流体对涡轮的转动力矩。

【解】 (1) 研究对象与受力分析

选叶轮中的水流为所研究的质点系，流体作用在转子上的转动力矩 M_z 与转子给予流体的反力矩 M_z' 大小相等而转向相反。

质点系所受的外力有重力，进口和出口截面上水压力和叶轮对水的反作用力。重力与铅直轴 z 平行，对此轴力矩为零。略去进出口截面上的水压力，故质点系上的外力矩仅有叶轮对流体的反作用力矩。

(2) 应用动量矩定理

在相对运动中，经过时间 dt，所取流体的位置 $ABCD$ 流到新位置 $A'B'C'D'$（图13-14*b*）。当流动是定常时，处于容积 $A'B'C'D'$ 内的流体具有不变的相对动量矩，并且也具有相同的牵连动量矩。因此，所研究这段流体的绝对动量矩的变化仅由小容积 $CDD'C'$ 与 $ABB'A'$ 内

流体的绝对动量矩之差来决定。这两个小容积都等于 $q\mathrm{d}t$（q 为每对相邻叶片间流体的体积流率），对应流体质量为 $\mathrm{d}m=\rho q\mathrm{d}t$，而各有绝对动理矩 $(\rho q\mathrm{d}t)r_2v_2\cos\theta_2$ 和 $(\rho q\mathrm{d}t)r_1v_1\cos\theta_1$。因此两者之差为

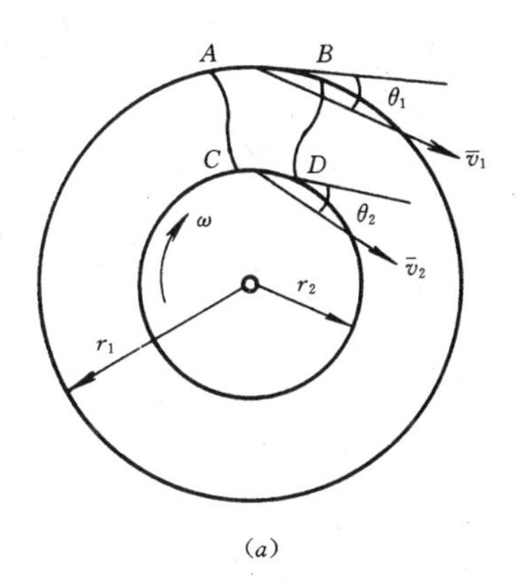

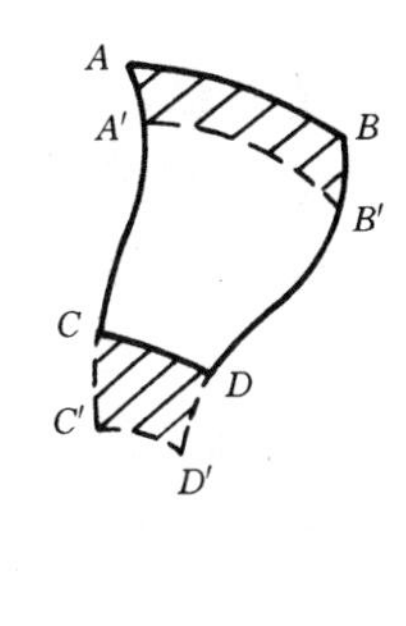

图 13-14

$$\rho q\mathrm{d}t(r_2v_2\cos\theta_2-r_1v_1\cos\theta_1)$$

在同一时间 $\mathrm{d}t$ 内，流过整个涡轮转子的流体的绝对动量矩的变化是上式给出的每个通道动量矩变化之和，即有

$$\begin{aligned}\mathrm{d}L_z&=\Sigma\rho q\mathrm{d}t(r_2v_2\cos\theta_2-r_1v_1\cos\theta_1)\\&=\rho Q\mathrm{d}t(r_2v_2\cos\theta_2-r_1v_1\cos\theta_1)\end{aligned}$$

应用动量矩定理，可求得转子给于流体的反力矩 M_z'

$$M_z'=\frac{\mathrm{d}L_z}{\mathrm{d}t}=\rho Q(r_2v_2\cos\theta_2-r_1v_1\cos\theta_1)$$

显然，流体作用在转子上的转矩

$$M_z=-M_z'=\rho Q(r_1v_1\cos\theta_1-r_2v_2\cos\theta_2) \tag{13-24}$$

这就是**欧拉涡轮方程**。

第五节　刚体定轴转动微分方程

设刚体在主动力 $\bar{F}_1$，$\bar{F}_2$，…，$\bar{F}_n$ 作用下绕定轴 AB 转动（图 13-15），轴承 A、B 的反力为 $\bar{X}_A$、$\bar{Y}_A$ 和 $\bar{X}_B$、$\bar{Y}_B$、$\bar{Z}_B$，设任一瞬时刚体的角速度为 ω，由式（13-19）知，刚体对转轴 z 的动量矩 $L_z=J_z\omega$；根据动量矩定理的式（13-23）第三式，可得

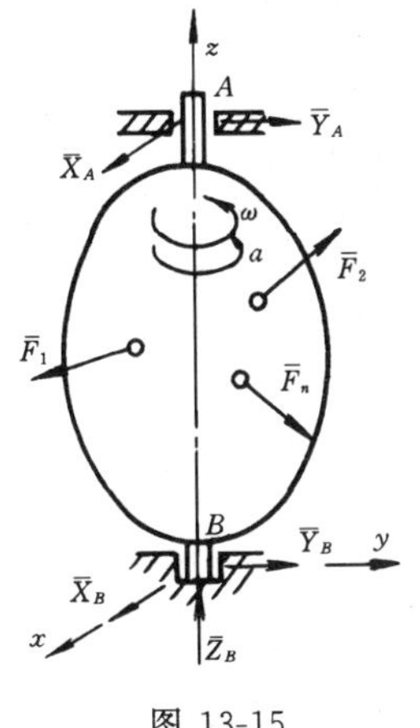

图 13-15

$$J_z\frac{\mathrm{d}\omega}{\mathrm{d}t}=M_z^e=\Sigma m_z(\bar{F})$$

考虑到 $\alpha=\dfrac{\mathrm{d}\omega}{\mathrm{d}t}=\dfrac{\mathrm{d}^2\varphi}{\mathrm{d}t^2}$，则上式可写成

$$J_z\alpha=\Sigma m_z(\bar{F})$$

或

$$J_z\ddot{\varphi}=\Sigma m_z(\bar{F}) \tag{13-25}$$

式中 $\alpha=\dot{\omega}=\ddot{\varphi}$ 为刚体绕转轴转动的角加速度。上式表明：**定轴转动刚体对转轴的转动惯量与角加速度的乘积，等于作用于刚体的主动力对转轴的主矩**。这就是**刚体的定轴转动微分方程**。

将式(13-25)与动力学基本方程 $m\bar{a}=\bar{F}$ 相比，可知转动惯量是刚体转动时惯性的度量。应用式（13-25），可以求解有关转动刚体的动力学两类问题。

【例 13-7】 为了测定物体 A 的转动惯量，采用图 13-16 所示装置。测得重物 B 由静止下落一段距离 h 所需的时间 τ，试求物体 A 对转轴的转动惯量。鼓轮 D、滑轮 C 及绳子等的质量以及各轴承处的摩擦都可忽略不计，并假定绳子是不可伸长的。鼓轮 D 的半径为 r，重物 B 的质量为 m。

【解】 如将物体 A 及重物 B 作为一个质点系来考察，则不论怎样选取矩轴，在动量矩方程中将不能完全避免 z 轴轴承处或滑轮 C 轴承处的约束反力。因此，将物 A 与物体 B 分别考察。

（1）取物体 A 及鼓轮组成系统为研究对象。其上的力有绳子的张力 $\bar{S}$，物体 A 的重力及 z 轴轴承处的反力(因为它们对 z 轴的矩都等于零，也不出现在动量矩方程中，图中未画出)。

设物体 A 转动的角加速度为 α，根据定轴转动微分方程（13-25），有

$$J_z\alpha = Sr \tag{1}$$

（2）取物块 B 为研究对象，作用于重物 B 上的力有：重力 $\bar{P}$，$P=mg$；绳子张力 $\bar{S}'$（因为不计及滑轮 C 的质量，所以 $S'=S$）。由动力学基本方程，可得

$$ma = P - S' = mg - S \tag{2}$$

从式（1）和（2）中消去 S，并注意 $r\alpha=a$，就得到

$$ma = mg - \frac{J_z}{r^2}a$$

即

$$a = \frac{mr^2}{mr^2 - J_z}g \tag{3}$$

（3）求 J_z。由式（3）知，物体 B 以匀加速下降，于是由匀加速运动公式可得

$$h = \frac{1}{2}\frac{mr^2}{mr^2 + J_z}g\tau^2 \tag{4}$$

由此求得

$$J_z = mr^2(\frac{g\tau^2}{2h} - 1)$$

讨论 实际上，这里求得的是物体 A 和鼓轮 D 对 z 轴的总转动惯量，要是鼓轮 D 的质量不能忽略，从上式中减去鼓轮 D 的转动惯量，就得到物体 A 对 z 轴的转动惯量。

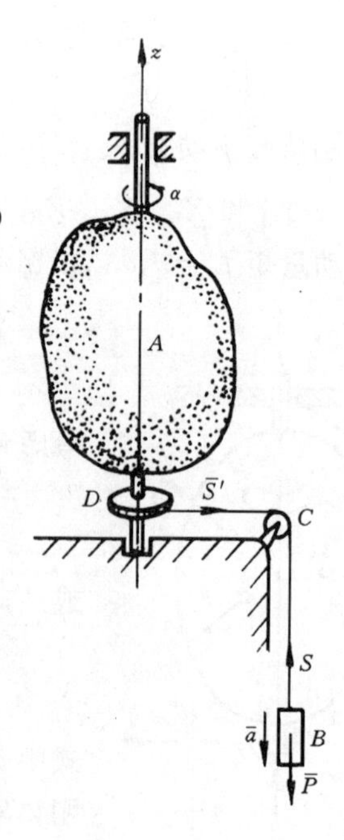

图 13-16

第六节　相对质心的动量矩定量·刚体平面运动微分方程

一、相对质心的动量矩定理

在本章第四节中所述的动量矩定量，我们曾强调矩心或矩轴是固定点或固定轴。实际上，若取质点系的质心为矩心，则动量矩定理的形式将保持不变。现予以证明。

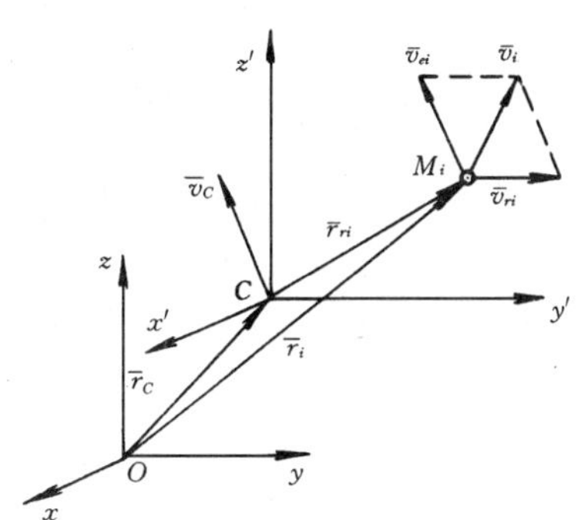

图 13-17

设质点系的质心为 C，取动坐标系 $Cx'y'z'$ 随质心 C 作平动，可将质点系的运动分解为随同平动坐标系 $Cx'y'z'$ 的平动和相对于该平动坐标系的运动（图 13-17）。根据速度合成定理，系内质点 M_i 的速度 $\bar{v}_i=\bar{v}_C+\bar{v}_{ri}$。由图知 M_i 的矢径 $\bar{r}_i=\bar{r}_C+\bar{r}_{ri}$，质点 M_i 对固定点 O 的动量矩

$$\bar{m}_O(m_i\bar{v}_i)=\bar{r}_i\times m_i\bar{v}_i=(\bar{r}_e+\bar{r}_{ri})\times m_i(\bar{v}_C+\bar{v}_{ri})$$

则质点系对定点 O 的动量矩 $\bar{L}_O$ 为

$$\begin{aligned}\bar{L}_O&=\Sigma\bar{m}_O(m_i\bar{v}_i)\\&=\Sigma(\bar{r}_C+\bar{r}_{ri})\times m_i(\bar{v}_C+\bar{v}_{ri})\\&=\Sigma\bar{r}_C\times m_i\bar{v}_C+\Sigma\bar{r}_C\times m_i\bar{v}_{ri}\\&\quad+\Sigma\bar{r}_{ri}\times m_i\bar{v}_C+\Sigma\bar{r}_{ri}\times m_i\bar{v}_{ri}\\&=\bar{r}_C\times\bar{v}_C(\Sigma m_i)+\bar{r}_C\times\Sigma m_i\bar{v}_{ri}\\&\quad+(\Sigma m_i\bar{r}_{ri})\times\bar{v}_C+\Sigma\bar{r}_{ri}\times m_i\bar{v}_{ri}\end{aligned}$$

其中　$\Sigma m_i=M,\quad \Sigma m_i\bar{v}_{ri}=M\bar{v}_{rC},\quad \Sigma m_i\bar{r}_{ri}=M\bar{r}_{rC}$

而 C 点是质心，在平动坐标系中的相对矢径 $\bar{r}_{rC}$和相对速度 $\bar{v}_{rC}$都等于零，因此得

$$\bar{L}_O=\bar{r}_C\times M\bar{v}_C+\Sigma\bar{r}_{ri}\times m_i\bar{v}_{ri}$$

令

$$\bar{L}_C=\Sigma\bar{r}_{ri}\times m_i\bar{v}_{ri}$$

称为质点系对质心 C 的相对动量矩。则

$$\bar{L}_O=\bar{r}_C\times M\bar{v}_C+\bar{L}_C \tag{13-26}$$

可见，质点系对任一固定点 O 的动量矩，等于质点系相对质心 C（平动坐标系 $Cx'y'z'$ 的 C 点）的动量矩，以及将质点系的质量集中于质心 C 时对 O 点的动量矩的矢量和。这就提供了质点系在一般情况下对固定点动量矩的计算方法。

根据质点系对固定点 O 的动量矩定量，将式（13-26）代入，可得

$$\frac{\mathrm{d}}{\mathrm{d}t}(\bar{r}_C\times M\bar{v}_C)+\frac{\mathrm{d}\bar{L}_C}{\mathrm{d}t}=\Sigma\bar{r}\times\bar{F}^e=\Sigma(\bar{r}_C+\bar{r}_r)\times\bar{F}^e$$

即

$$\bar{v}_C\times M\bar{v}_C+\Sigma\bar{r}_C\times\bar{F}^e+\frac{\mathrm{d}\bar{L}_C}{\mathrm{d}t}=\Sigma\bar{r}_C\times\bar{F}^e+\Sigma\bar{r}_r\times\bar{F}^e$$

式中　$\bar{v}_C\times M\bar{v}_C=0$，$\Sigma\bar{r}_r\times\bar{F}^e$ 表示质点系的所有外力对质点 C 的矩的矢量和，记为 $\bar{M}_C^e=$

$\Sigma\overline{m}_C$ ($\overline{F}^e$)。于是，上式成为

$$\frac{d\overline{L}_C}{dt}=\Sigma\overline{m}_C(\overline{F}^e)=\overline{M}_C^e \tag{13-27}$$

即质点系相对质心的动量矩对时间的导数，等于作用于质点系的所有外力对质心之矩的矢量和（主矩）。式（13-27）称为**质点系相对质心的动量矩定理**。

将式(13-27)向平动坐标系 $Cx'y'z'$ 的各轴上投影，可得质点系相对质心轴的动量矩定理为

$$\frac{d\overline{L}_{x'}}{dt}=\Sigma m_x'(\overline{F}^e),\qquad \frac{dL_{y'}}{dt}=\Sigma m_{y'}(\overline{F}^e),\qquad \frac{dL_{z'}}{dt}=\Sigma m_{z'}(\overline{F}^e) \tag{13-28}$$

式中，$L_{x'}$，$L_{y'}$、$L_{z'}$分别表示质点系对轴 x'、y'、z' 的动量矩。

质点系在运动过程中，若 $\overline{M}_C^e\equiv0$（或 $\Sigma m_{x'}(\overline{F}^e)=0$），则质点系对质心（或过质心的轴 x'）动量矩守恒。例如，跳水运动员跳水时，如果他准备翻筋斗，他必须脚蹬跳板以获得初角速度。这是因为他在空中时，所受的外力只有重力，而重力通过质心，对质心的力矩为零，质点系对质心的动量矩守恒。如果无初角速度，对质心的动量矩恒为零，他靠内力是不能翻筋斗的。如果他有了初角速度，想在空中多翻几个筋斗，他就把身体卷曲起来，使四肢尽量靠近质心，以减少身体对质心的转动惯量，从而增加角速度，以达到多翻几个筋斗的目的。

二、刚体平面运动微分方程

由运动学知，刚体的平面运动可以分解为随质心 C 的平动和绕质心轴 Cz'（过质心且垂直于运动平面的轴）相对转动。前一种运动可由质心运动定理确定，后一种运动则可由相对于质心的动量矩定理确定。于是有

$$M\bar{a}_C=\Sigma F^e,\qquad \frac{d\bar{L}_C}{dt}=\Sigma\bar{m}_C(\bar{F}^e) \tag{13-29}$$

将前一式投影到 x、y 轴上，后一式投影到 Cz' 轴上，注意到 $L_{Cz'}=J_C\omega=J_C\dot{\varphi}$，于是有

$$\left.\begin{aligned}Ma_{Cx}&=\Sigma X^e\\ Ma_{Cy}&=\Sigma Y^e\\ J_C\alpha&=\Sigma m_C(\bar{F}^e)\end{aligned}\right\} \tag{13-30}$$

或写成

$$\left.\begin{aligned}M\ddot{x}_C&=\Sigma X^e\\ M\ddot{y}_C&=\Sigma Y^e\\ J_C\ddot{\varphi}&=\Sigma m_C(\overline{F}^e)\end{aligned}\right\} \tag{13-31}$$

式中，J_C 表示刚体对通过其质心的 Cz' 轴的转动惯量，式（13-31）称为**刚体平面运动微分方程**。可以应用它求解刚体作平面运动时的动力学问题。

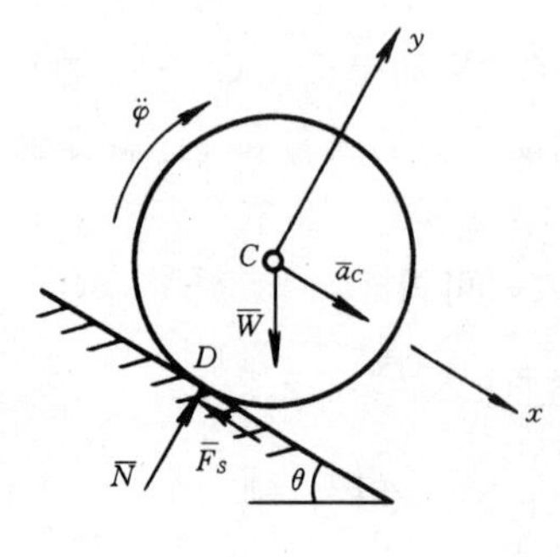

图 13-18

【例 13-8】 一均质圆柱体重 W，半径为 r。无初速地放在倾角为 θ 的斜面上。试确定当圆柱体在斜面上作纯滚动时的摩擦系数的范围，并求出在纯滚动时质心 C 的加速度。

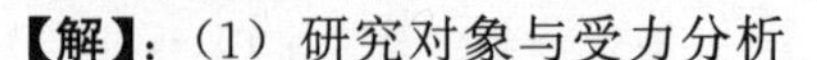
【解】：(1) 研究对象与受力分析

取圆柱体为研究对象。所受的外力有重力 $\overline{W}$，斜面的反力 $\overline{N}$和摩擦力 $\overline{F}_S$（图 13-18）。

(2) 运动分析。柱体作平面运动，设角加速度为 $\ddot{\varphi}$，质心 C 的加速度为 $\bar{a}_C$。由题设知，柱体作纯滚动，接触点 D 为其速度瞬心，则有运动学关系

$$a_C = r\ddot{\varphi} \tag{1}$$

(3) 列刚体平面运动微分方程。对图示坐标系，据式（13-31），可得

$$\frac{W}{g}a_C = W\sin\theta - F_S \tag{2}$$

$$0 = N - W\cos\theta \tag{3}$$

$$J_C\ddot{\varphi} = F_S r \tag{4}$$

式中，$J_C=\frac{1}{2}\frac{W}{g}r^2$。联立求解式（1）、(2)、(3) 和（4），可解得

$$a_C = \frac{2}{3}g\sin\theta$$

$$F_S = \frac{1}{3}W\sin\theta, \qquad N = W\cos\theta$$

圆柱体纯滚动的条件是：$F_S \leqslant f_s N$

即
$$\frac{1}{3}W\sin\theta \leqslant f_S W\cos\theta$$

所以有
$$f_s \geqslant \frac{1}{3}\tan\theta$$

讨论 当 $f<\frac{1}{3}\tan\theta$ 时，圆柱体在斜面上将又滚又滑。在这种条件下，受力情况不变，但运动学关系 $a_C=r\ddot{\varphi}$ 不成立。因圆柱体与斜面有相对滑动，就有动滑动摩擦定律 $F=fN=fW\cos\theta$ 成立，再与原方程组联立，即可解出，读者不妨一试。

【例 13-9】 如图 13-19 所示。滑轮 A、B 的质量分别为 m_A 和 m_B，半径分别为 R 和 r，且有 $R=2r$，对其自身轮心轴的转动惯量分别为 J_A 和 J_B；重物 C 的质量为 m_C；作用于轮 A 上的力矩为 M。试求轮心 B 上升的速度。

【解】 本题虽然为一多刚体系统，但只有一个固定转轴，故可应用动量矩定理求解。

(1) 研究对象与受力分析。取轮 A、B 和重物 C 的组成的系统为研究对象。受力有重力 $m_A g$、$m_B g$ 和 $m_C g$，A 处的反力为 $\overline{X}_A$、$\overline{Y}_A$（图 13-19）。

(2) 运动分析。轮 B 作平面运动，因绳 AD 静止不动，轮的速度瞬心在轮与绳的接触点 D。设轮心 B 的速度为 $\bar{v}_B$，由速度瞬心法知

$$\omega_B = v_B/r, \qquad v_E = 2v_B \tag{1}$$

轮 A 作定轴转动，其角速度为

$$\omega_A = v_E/R = 2v_B/2r = v_B/r \tag{2}$$

重物 C 作直线运动，其速度与轮心 B 的速度相同，即

$$v_C = v_B \tag{3}$$

(3) 应用动量矩定理 $\frac{\mathrm{d}L_A}{\mathrm{d}t}=\Sigma m_A(\overline{F}^e)$

系统内各刚体对轴 A 的动量矩分别为

轮 A：
$$L_1 = J_A\omega_A = J_A v_B/r$$

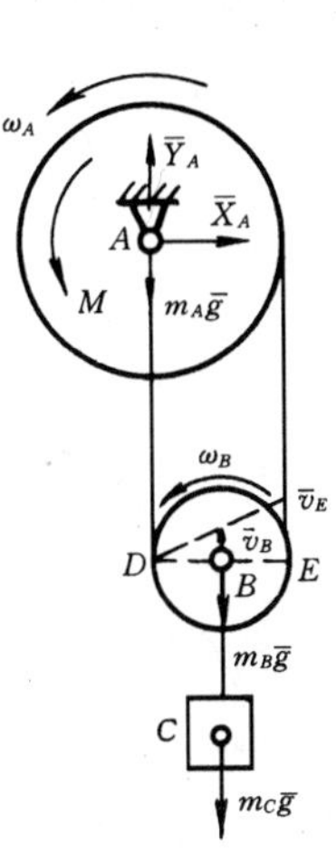

图 13-19

轮 B 的动量矩由式（13-26）计算，即

$$L_2 = J_B\omega_B + m_B v_B \cdot r = J_B v_B/r + m_B v_B \cdot r$$

物C：

$$L_3 = m_C v_C \cdot r = m_C v_B r$$

于是可得系统对轴 A 的动量矩为

$$L_A = L_1 + L_2 + L_3 = [J_A/r + J_B/r + (m_B + m_c)r]v_B \tag{4}$$

系统外力对 A 点的力矩之和为

$$\Sigma m_A(\overline{F}^e) = M - (m_B + m_C)gr \tag{5}$$

根据动量矩定理式（13-23），可得

$$[J_A/r + J_B/r + (m_B + m_C)r]\frac{\mathrm{d}v_B}{\mathrm{d}t} = M - (m_B + m_C)r$$

由于轮心 B 作铅垂直线运动，则有$\frac{\mathrm{d}v_B}{\mathrm{d}t}=a_B$。由式（5）解出

$$a_B = \frac{Mr - (m_B + m_C)gr^2}{J_A + J_B + (m_B + m_C)r^2}$$

$\overline{a}_B$ 的方向铅垂向上。

讨论 本题也可分别对轮 A 列定轴转动微分方程，对轮 B 列平面运动微分方程，对重物 C 列直线运动微分方程，然后补充运动学关系联立求解。但不如应用动量矩定理简便。

*第七节 关于动矩心的动量矩定理

我们已经讨论了质点系对固定点和对质心的动量矩定量。现在进一步讨论质点系对任一动点的动量矩定理。

设由 n 个质点组成的质点系，对定系作一般运动。对任一动点 A，建立平动坐标系 $Ax'y'z'$（图 13-20），将质点系的运动可分解为随 A 点的平动和相对于 A 点的相对运动。质点系的任一点 B 对定系 $Oxyz$ 和动系 $Ax'y'z'$ 原点的矢径分别是 $\overline{r}$ 和 $\overline{r}_r$；动矩心 A 的矢径是 $\overline{r}_A$，则 $\overline{r}=\overline{r}_A+\overline{r}_r$。设质点 B 的质量为 m，相对于定系的绝对速度为 $\overline{v}$，相对于动系的相对速度为 $\overline{v}_r$，由于动系为平动坐标系，故牵连速度和牵连加速度就为 $\overline{v}_A$ 和 $\overline{a}_A$；质点系的总质量为 M，其质心相对于动系的矢径为 $\overline{r}_{cr}$。由于动系为非惯性参考系，所以应用相对运动微分方程来推导当矩心运动时的动量矩定理。

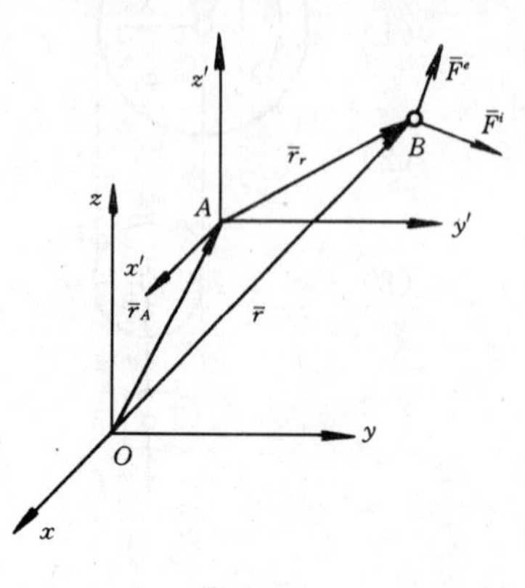

图 13-20

对于质点系中的任一质点的相对运动微分方程为：

$$m\overline{a}_r = \overline{F}^e + \overline{F}^i + (-m\overline{a}_A)$$

式中（$-m\overline{a}_A$）是牵连惯性力，将上式两边左叉乘 $\overline{r}_r$ 得

$$\overline{r}_r \times \frac{\mathrm{d}}{\mathrm{d}t}(m\overline{v}_r) = \overline{r}_r \times \overline{F}^e + \overline{r}_r \times \overline{F}^i + \overline{r}_r \times (-m\overline{a}_A)$$

或改写为

$$\overline{m}_A(\overline{F}^e) + m_A(\overline{F}^i) + \overline{r}_r \times (-m\overline{a}_A)$$

$$= \frac{\mathrm{d}}{\mathrm{d}t}(\overline{r}_r \times m\overline{v}_r) - \frac{\mathrm{d}\,\overline{r}_r}{\mathrm{d}t} \times (m\overline{v}_r) = \frac{\mathrm{d}}{\mathrm{d}t}(\overline{r}_r \times m\overline{v}_r)$$

将 n 个质点的方程全部相加，得

$$\Sigma\bar{m}_A(\bar{F}^e) + \Sigma\bar{m}_A(\bar{F}^i) + \Sigma\bar{r}_r \times (-m\bar{a}_A)$$
$$= \Sigma\frac{\mathrm{d}}{\mathrm{d}t}(\bar{r}_r \times m\bar{v}_r) = \frac{\mathrm{d}}{\mathrm{d}t}[\Sigma(\bar{r}_r \times m\bar{v}_r)]$$

上式左边第二项为内力对动矩心 A 之矩的矢量和，应为零。左边第三项为牵连惯性力对 A 点的主矩，记为 $\bar{M}_e^I$，有

$$\bar{M}_e^I = \Sigma\bar{r}_r \times (-m\bar{a}_A) = -(\Sigma m\bar{r}_r) \times \bar{a}_A$$
$$= -M\bar{r}_{Cr} \times \bar{a}_A = \bar{r}_{Cr} \times (-M\bar{a}_A) \tag{13-32}$$

右边方括号内即为质点系相对运动对 A 点的动量矩，记为 $\bar{L}_{Ar}=\Sigma\bar{r}_r\times m\,\bar{v}_r$

最后得

$$\frac{\mathrm{d}\,\bar{L}_{Ar}}{\mathrm{d}t} = \Sigma\bar{m}_A(\bar{F}^e) + \bar{M}_e^I \tag{13-33}$$

这就是**相对于动矩心的动量矩定理的一般形式**。上式表明：质点系在相对于以动矩心速度作平动的坐标系运动时，质点系各点的相对动量对动矩心的主矩对时间的变化率，等于作用于质点系的外力对动矩心的主矩和牵连惯性力对动矩心的主矩的矢量和。

在式（13-33）中，若取质心 C 为动点，即得相对质心的动量矩定理。另外，若（1）$\bar{a}_A=0$；（2）$\bar{r}_{cr}/\!/\bar{a}_A$ 或 $\bar{a}_A$ 通过质心 C。则式（13-33）具有与对固定点动量矩定理相同的简单数学形式。即

$$\frac{\mathrm{d}\,\bar{L}_{Ar}}{\mathrm{d}t} = \Sigma m_A(\bar{F}^e) = \bar{M}_A^e \tag{13-34}$$

式（13-34）虽然可应用于满足条件（1）、（2）的任何质点系，但实际上只对刚体的平面运动有实用价值。若能方便地找到平面运动刚体的加速度瞬心，或其速度瞬心到质心的距离保持不变（这时速度瞬心加速度必通过质心 C），这时，可对加速度瞬心或速度瞬心直接应用动量矩定理（13-34）。

【例 13-10】 半径为 R、质量为 m 的均质圆柱体，绕有不计质量、不可伸长的细绳，绳悬挂于固定点 A 如图（13-21）所示。试求柱体铅垂下落时质心 C 的加速度。

【解】 圆柱体作平面运动，质心 C 到瞬心的距离为常量 R，可应用相对瞬心轴的动量矩定理求解。

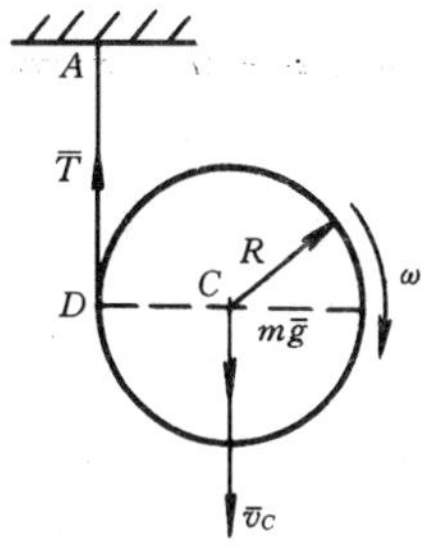

（1）研究对象与受力分析。研究任一瞬时的圆柱体，受重力 mg 和绳的拉力 $\bar{T}$。

（2）运动分析。设柱心 C 速度为 $\bar{v}_C$，D 点为柱体的速度瞬心，可知 $\omega=v_C/R$。

（3）应用动理矩定理。因为

$$L_D = J_C\omega + mv_C \cdot R = \frac{1}{2}mR^2 \cdot \frac{v_C}{R} + mv_CR = \frac{3}{2}mRv_C$$

$$M_A^e = mgR$$

图 13-21

由式（13-34），得

$$\frac{\mathrm{d}}{\mathrm{d}t}(\frac{3}{2}mRv_C) = mgR$$

即 $$\frac{3}{2}a_C = g$$

故得柱心 C 的加速度为

$$a_C = \frac{2}{3}g$$

讨论 本题若应用刚体平面运动微分方程求解，则需联解方程。读者试解之。

思考题

1. 质点系的动量按公式 $\bar{p}=\Sigma m_i\bar{v}_i=M\bar{v}_C$ 计算。那么质点系的动量矩 $L_z=\Sigma m_z(m_i\bar{v}_i)$ 是否也可以用质心对 z 轴的动量矩 $m_z(M\bar{v}_C)$ 来计算？为什么？

2. 表演花样滑冰的运动员利用手臂的伸张和收拢改变旋转的速度，试说明其原因。

3. 人坐在转椅上，双脚离地，是否可用双手将转椅转动，为什么？

4. 细绳跨过光滑的滑轮，一猴沿绳的一端向上爬动。另一端系砝码，砝码与猴等重。开始时系统静止。问砝码将如何运动？

5. 如果质点系对某点或某轴的动量矩很大，是否该质点系的动量也一定很大？

6. 定轴传动轮系对其中心轴 O_1、O_2 的转动惯量分别是 J_1 和 J_2，角速度分别为 ω_1 和 ω_2，如图 13-22 所示。试问整个系统对定轴 O_1 的动量矩是否等于 $J_1\omega_1-J_2\omega_2$？

7. 如图 13-23 所示，质量为 M 的刚体作平面运动，其角速度为 ω，质心 C 的速度为 $\bar{v}_C$，A 为刚体上任一点，质心 C 相对于 A 点矢径为 $\bar{r}_C$、J_A 和 J_C 为刚体的转动惯量，其转轴分别过 A、C 两点且与图形垂直。则刚体对 A 点的动量矩 L_A 是多少？

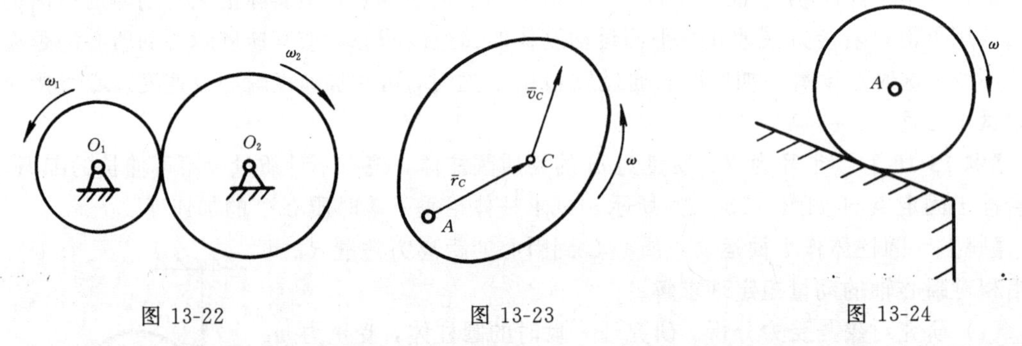

图 13-22　　图 13-23　　图 13-24

8. 圆柱 A 沿粗糙斜面在重力作用下向下滚动（图 13-24），脱离斜面前的角速度为 ω_0，则此后圆柱转动的角速度为多少？

习　题

13-1　空心半圆球的质量为 m，外半径为 R，内半径为 r。试求其对于圆底面任一直径的转动惯量。

13-2　一均质薄壁容器的质量为 m，由半球壳，高为 h 的圆柱形筒壳及半径为 r 的圆形底板组成，如题 13-2 图所示。试求该容器对 z 轴的转动惯量。

*13-3　均质杆 AB 长 l，质量为 m，杆轴线与 y 轴成 θ 角。求其对 x、y 轴的惯性积。

*13-4　均质等厚三角板 OAB，单位面积的质量为 ρ，$\angle AOB=\theta$，试求其对 x、y 轴的惯性积。

13-5　如题 13-5 图，计算下列情况下系统对固定轴 O 的动量矩。

(a) 质量为 m，半径为 R 的均质圆盘以匀角速度 ω_0 转动；

(b) 质量为 m，长为 l 的均质杆在某瞬时以角速度 ω 绕定轴 O 转动。

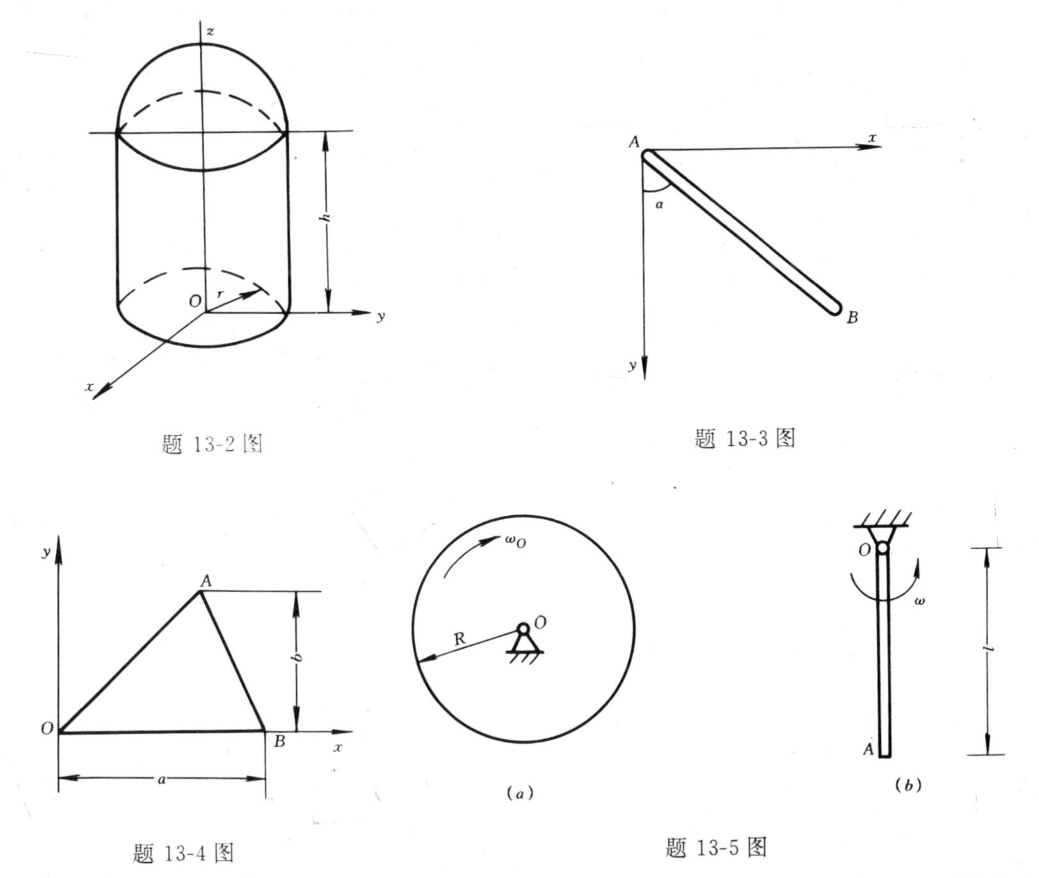

题 13-2 图　　题 13-3 图

题 13-4 图　　题 13-5 图

13-6　均质圆盘，半径为 R，质量为 m。细长杆长 l，绕 O 轴转动，角速度为 ω。求下列三种情况下圆盘对固定轴 O 的动量矩。

(a) 圆盘固结于杆；

(b) 圆盘绕 A 轴转动，相对于杆 OA 的角速度为 $-\omega$；

(c) 圆盘绕 A 轴转动，相对于杆 OA 的角速度为 ω。

13-7　小球重 P，系于绳子一端。绳子的另一端穿过光滑水平面上的一个小孔，并以匀速 u 向下拉动。设开始时，小球与孔的距离为 r，与绳垂直的速度分量为 v_0，求经过一段时间 τ 后的小球速度。

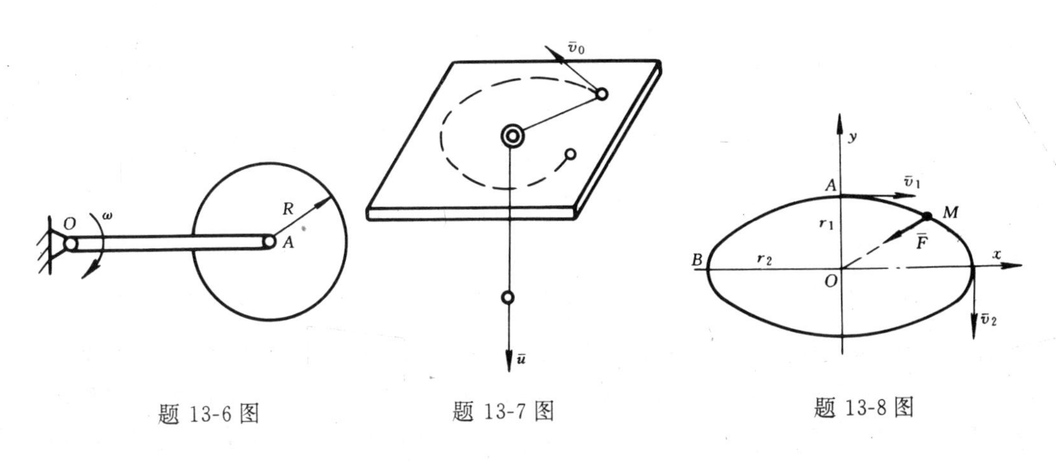

题 13-6 图　　题 13-7 图　　题 13-8 图

13-8　质量为 m 的质点 M 在有心力 $\bar{F}$ 作用下运动，已知 $OA=r_1$，$OB=r_2$，且有 $r_2=5r_1$，M 在最近点 A 的速度为 $v_1=30\ \mathrm{cm/s}$，求 M 在最远点 B 的速度 v_2。

13-9　宇宙航行飞行器，以速度 $v_1=5140\ \mathrm{km/h}$ 绕着月球在半径为 $R_1=2400\ \mathrm{km}$ 的圆形轨道上运动，为了转换到另一半径为 $R_2=2000\ \mathrm{km}$ 的圆形轨道上运行，在 A 点点火使速度减少到 $v_2=4900\ \mathrm{km/h}$ 以进入椭圆轨道 AB。试求：(1) 在椭圆轨道上 B 点的速度。(2) 在 B 点速度应降低多少，才能使其进入较小的圆形轨道上运行。

13-10　两个重物 M_1 和 M_2 各重 P_1 和 P_2，分别系在两条绳上，此两绳又分别围绕在半径为 r_1 和 r_2 并装在同一轴的两鼓轮上。重物受重力的作用而运动。求鼓轮的角加速度 α。鼓轮和绳的质量略去不计。

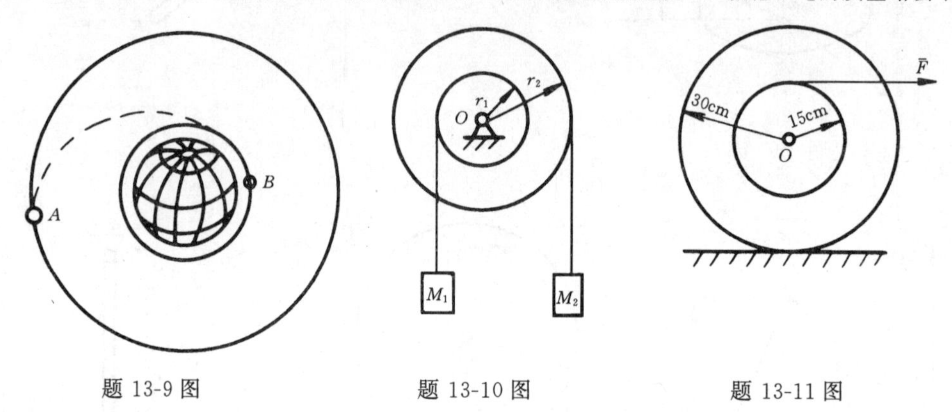

题 13-9 图　　　　题 13-10 图　　　　题 13-11 图

13-11　均质圆柱重 1.96 kN，半径为 30 cm。在垂直中心面上，沿圆周方向挖有狭槽，槽环半径为 15 cm。今在狭槽内绕以绳索，并在绳端施以水平力 $F=100\ \mathrm{N}$ 向右，使圆柱在水平面上纯滚动。如圆柱对其中心的转动惯量可近似地按实心圆柱体计算，并忽略滚动摩擦，试求圆柱自静止开始运动 4s 后，圆心的加速度和速度。

13-12　小车上放一半径为 r，质量为 M 的钢管（钢管的厚度可以略去不计），钢管与小车平面之间有足够的摩擦力，防止相对滑动。今小车以加速度 $\bar{a}$ 向右运动，不计滚动摩擦，求钢管中心的加速度。

13-13　矩形薄片 $ABCD$，边长为 a 和 b，重为 P，绕铅垂轴 AB 以初速度 ω_0 转动。此薄片的每一部分均受到空气阻力，其方向垂直于薄片平面，其大小与面积及速度平方正比，比例常数为 k。问经过多少时间后，薄片的角速度减为初角速度的二分之一。

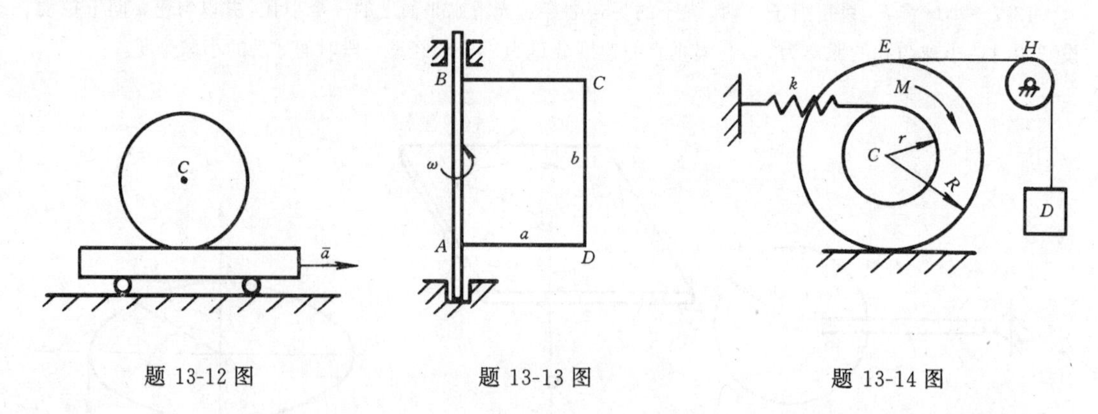

题 13-12 图　　　　题 13-13 图　　　　题 13-14 图

13-14　鼓轮的质量 $m_1=100\ \mathrm{kg}$，半径 $r=0.2\ \mathrm{m}$，$R=0.5\ \mathrm{m}$，可在水平面上作纯滚动，鼓轮对中心 C 的回转半径 $\rho=0.25\ \mathrm{m}$，弹簧的刚度系数 $K=60\ \mathrm{N/m}$，开始时弹簧为自然长度，弹簧和 EH 段绳与水平面平行，定滑轮的质量不计。若在轮上加一矩为 $M=20\ \mathrm{N\cdot m}$ 的常力偶，当质量 $m_2=20\ \mathrm{kg}$ 的物体 D 无

初速下降 $S=0.4$ m 时，试求鼓轮的角速度。

13-15　匀质杆 AB 的质量为 49 kg，长 2 m，置于光滑水平面上。今有一 98N 的水平力垂直地作用于杆端 A。求当此力作用的瞬时，(a) 杆中心 C 的加速度；(b) 杆的角加速度；(c) A 点的加速度；(d) 杆的加速度瞬心的位置。

13-16　重 100 N，长 1 m 的匀质杆 AB，一端 B 搁在地面上，一端 A 用软绳悬吊如图所示。设杆与地面间摩擦系数 $f=0.30$，问当将绳剪断瞬时，B 端滑动否？并求此瞬时杆的角加速度以及地面对杆的作用力。

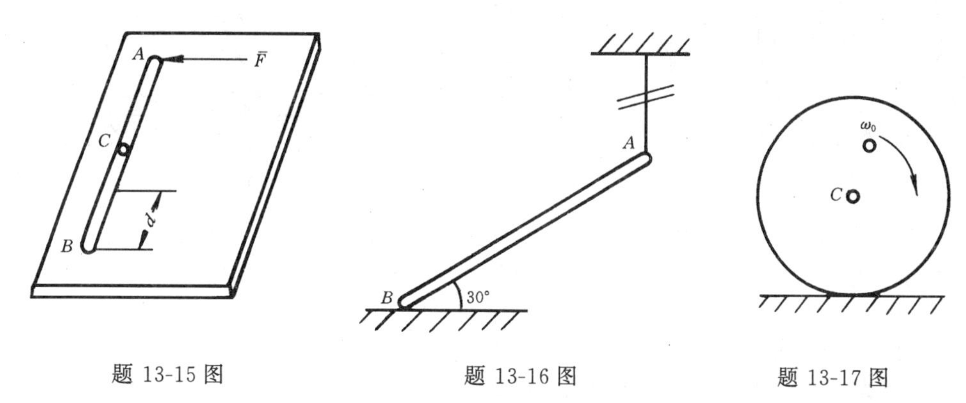

题 13-15 图　　　　题 13-16 图　　　　题 13-17 图

13-17　一半径为 r 的均质圆球，令其绕通过其中心的水平轴以角速度 ω_0 转动，然后轻放于水平面上如题 13-17 图所示，此时其中心的速度为零。设接触面间摩擦系数为 f，问经过多少时间后，圆球将在平面上作纯滚动？此时中心的速度多大？滚动阻力不计。

13-18　一质量为 $m=20$kg，半径为 $r=25$cm 的匀质半圆球放在水平面上。在其边缘上作用一铅垂力 $P=130$N，如题 13-18 图所示。C 为质心，$OC=e=\frac{3}{8}r$。问，如果在压力 $\bar{P}$作用的瞬时不发生滑动，接触处的摩擦系数至少应多大？并求此瞬时的角加速度 α 为多大？

13-19　长 l、重 W 的均质杆 AB、BC 用铰链 B 联结，并用铰链 A 固定，位于平衡位置如图所示。今分别在 B 和 C 点作用一水平力 $\bar{F}$。求在此两种情况下，力 $\bar{F}$刚作用的瞬时两杆的角加速度。

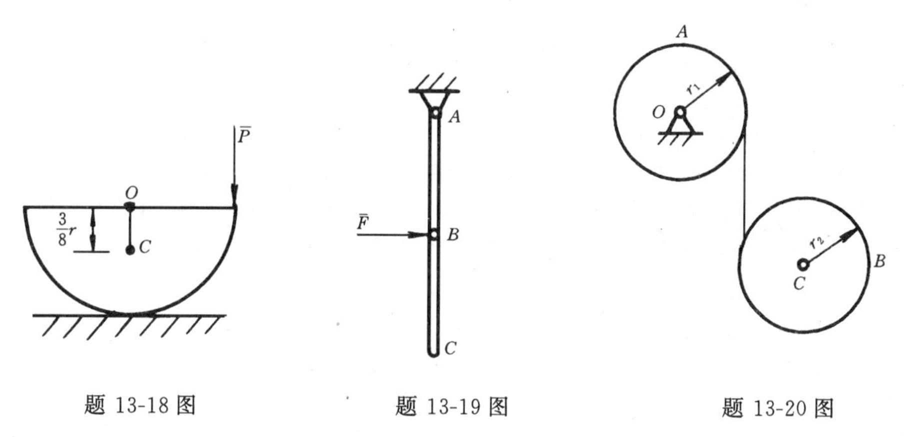

题 13-18 图　　　　题 13-19 图　　　　题 13-20 图

13-20　两个均质轮 A 和 B，质量分别是 m_1 和 m_2，半径分别是 r_1 和 r_2，用细绳连接如题 13-20 图所示。轮 A 绕固定轴 O 转动，试求轮 B 下落时质心 C 的加速度和细绳的拉力。

13-21　一均质轮，半径为 R，质量为 m。在轮中心有一半径为 r 的轴，轴上绕两条细绳，绳端各作用一半径为 r 的轴，轴上绕两条细绳，绳端各作用一不变的水平力 $\bar{F}_1$ 和 $\bar{F}_2$，其方向相反。如轮对其中心的

转动惯量为 J，且轮作纯滚动，求轮中心的加速度。

13-22　板重 P_1，受水平力 $\bar{F}$作用，沿水平面运动，板与平面间的滑动摩擦系数为 f。在板上放一重为 P_2 的实心圆柱，此圆柱对板只滚不滑，求板的加速度。

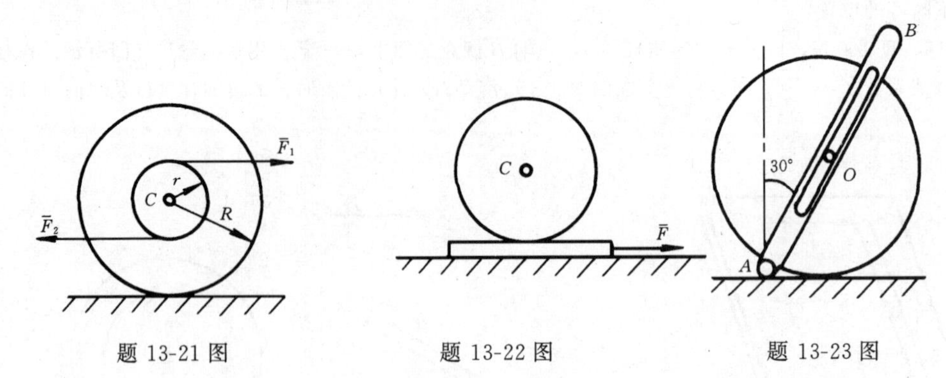

题 13-21 图　　题 13-22 图　　题 13-23 图

13-23　绕 A 点转动的 AB 杆上有一导槽，套于一在水平面上作纯滚动的轮子的轴上。已知 AB 杆的质量 $m_1=24$ kg，重心离 A 点为 8 cm，对于 A 轴的回转半径为 $\rho_1=10$ cm；轮子的质量 $m_2=16$ kg，半径 $R=6$ cm，对轮心的回转半径 $\rho_2=3$ cm；除轮子与地面间有足够大的摩擦力外，所有摩擦阻力不计。求在图示位置 $\theta_0=30°$，无初速地开始运动时轮子的角加速度 α。

13-24　质量为 m，半径为 r 的薄圆环 O 放在一粗糙平面上。圆环的边缘上刚连一质量为 m 的质点 A。开始时，OA 在水平位置，初速度为零。求此瞬时圆环中心 O 的加速度。并讨论在此情况下，除了应用 $J_C\alpha=\Sigma m_C(\bar{F})$外，下面两个式子是否成立：

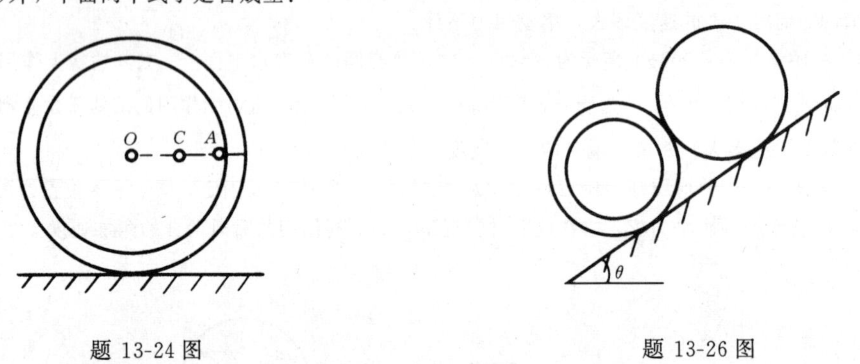

题 13-24 图　　题 13-26 图

(a) $J_A\alpha=\Sigma m_A(\bar{F})$；(b) $J_O\alpha=\Sigma m_O(\bar{F})$

13-25　上题中，设开始时，OA 与水平线 30°角，初速为零。求此瞬时 O 点的加速度。

13-26　在粗糙斜面上有一薄壁圆筒和一实心圆柱如题 13-26 图所示。设圆筒和柱具有相同的质量和外径。不计滚动阻力及圆柱和圆筒间的摩擦阻力。求圆柱或圆筒中心的加速度。

第十四章　动能定理

第一节　力的功·功率

通过动量与动量矩定理的研究，建立了质点系的外力主矢、主矩与动量、动量矩变化间的关系。本章的动能定理将建立质点系的动能变化与作用力的功之间的关系，力的功和物体动能的计算是应用动能定理的关键。下面讨论功的概念及其计算方法。

一、功的表达式

力的功是力在一段路程上对物体作用的累积效果，其结果将引起物体能量的变化。设质量为 m 的质点 M，受力 $\overline{F}$ 作用，质点在惯性系中运动的元位移为 $\mathrm{d}\overline{r}$ 如图 14-1 所示。力 $\overline{F}$ 在此元位移上的累积效果，称为**力的元功**。**力的元功定义为力与其作用点元位移之点积**，以$\mathrm{d}'w$表示，则

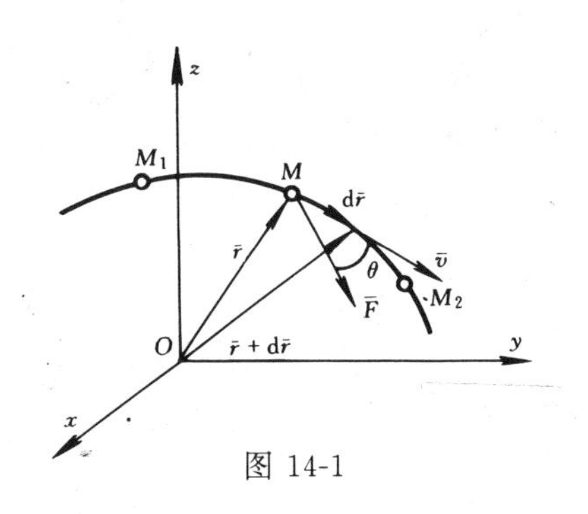

图 14-1

$$\mathrm{d}'w = \overline{F} \cdot \mathrm{d}\overline{r} \tag{14-1}$$

这里，$\mathrm{d}'w$ 表示无限小的功，以与全微分 $\mathrm{d}w$ 相区别。一般情况下，力的元功不能表示为某一函数 w 的全微分。观察图 14-1 可知，$|\mathrm{d}\overline{r}| = |\mathrm{d}s|$，力的元功还可写成

$$\mathrm{d}'w = F\mathrm{d}s\cos\theta = F_\tau \mathrm{d}s \tag{14-2}$$

其中，F_τ 为力 $\overline{F}$ 在 M 点轨迹切线方向上的投影。

在图 14-1 所示的直角坐标系中，力 $\overline{F}$ 与 $\mathrm{d}\overline{r}$ 可分别用解析式表示为

$$\overline{F} = X\overline{i} + Y\overline{j} + Z\overline{k}$$
$$\mathrm{d}\overline{r} = \mathrm{d}x\overline{i} + \mathrm{d}y\overline{j} + \mathrm{d}z\overline{k}$$

将上式代入式（14-1），可得元功的解析式

$$\mathrm{d}'w = X\mathrm{d}x + Y\mathrm{d}y + Z\mathrm{d}z \tag{14-3}$$

当质点从位置 M_1 运动到 M_2，力在这段路程$\widehat{M_1M_2}$上所作的功，等于力在该段路程上元功之和，可用线积分表示为

$$w = \int_{M_1}^{M_2} \overline{F} \cdot \mathrm{d}\overline{r} = \int_{M_1}^{M_2} F_\tau \cdot \mathrm{d}s \tag{14-4}$$

或
$$w = \int_{M_1}^{M_2} (X \cdot \mathrm{d}x + Y \cdot \mathrm{d}y + Z \cdot \mathrm{d}z) \tag{14-5}$$

若 $\overline{R}$ 为作于该质点的汇交力系 $\overline{F}_1$、$\overline{F}_2$、…、$\overline{F}_n$ 的合力，合力的功 w_R，由式（14-2）得

$$w_R = \int_{M_1}^{M_2} \overline{R} \cdot \mathrm{d}\overline{r} = \int_{M_1}^{M_2} \Sigma\overline{F} \cdot \mathrm{d}\overline{r} = \Sigma\int_{M_1}^{M_2} \overline{F} \cdot \mathrm{d}\overline{r} = \Sigma w \tag{14-6}$$

可见，合力在某一段路程上的功，等于各分力在该段路程上所作功的和。称为**合力功定理**。

我们知道，力的功 w 是一代数量，其值可为正，可为负，也可为零。在法定计量单位中，功的基本单位用焦耳（J）表示，即

$$1J = 1\ \mathrm{N}\cdot\mathrm{m}$$

二、几种常见力的功

1. 常力在直线路程上的功

质点 M 在常力 $\overline{F}$ 的作用下，沿 x 轴方向由 M_1 运动到 M_2，路程为 S，如图 14-2 所示。力 $\overline{F}$ 的功，由式（14-5）得

$$w = \int_{M_1}^{M_2} X\mathrm{d}x = \int_0^S F\cos\theta \mathrm{d}S = FS\cos\theta \tag{14-7}$$

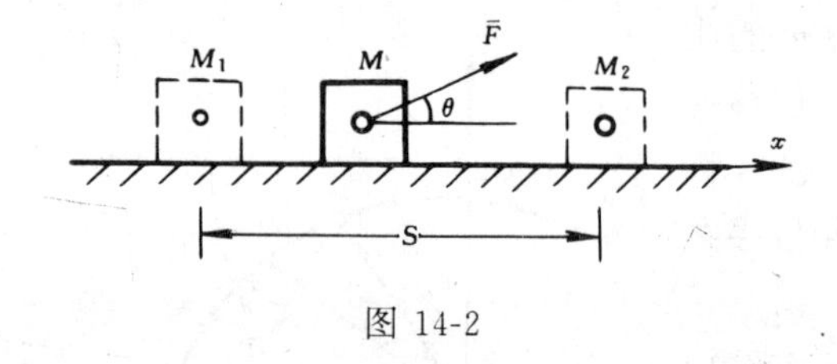

图 14-2

2. 重力的功

设重为 P 的质点 M，由 M_1 沿曲线 $\widehat{M_1M_2}$ 运动到 M_2，如图 14-3 所示。对图示坐标系，重力 $\overline{P}$ 在各坐标轴上的投影分别为

$$X = 0\quad ,\quad Y = 0\quad ,\quad Z = -P$$

代入式(14-5)，得重力在曲线路程 $\widehat{M_1M_2}$ 上的功为

$$w = \int_{z_1}^{z_2} -P\mathrm{d}z = P(z_1 - z_2)$$

或

$$w = Ph \tag{14-8}$$

式中，$h = z_1 - z_2$，为质点起始与末了位置的高度差，若质点 M 下降，h 为正值，重力作功为正；若质点 M 上升，h 为负值，则重力作功亦为负。由此可见，**重力的功只与质点的重量及其起始和终了位置的高度差 h 有关，而与质点所经历的路径无关。**

同理，可以求得质点系重力的功。设有 n 个质点的质点系，其重量为 P，当质点系从位置一运动到位置二时，第 i 个质点的重力 $\overline{P}_i$ 的功为

$$w_i = P_i(z_{i1} - z_{i2})$$

各质点重力的总功即质点系重力的功为

$$w = \Sigma w = \Sigma P_i(z_{i1} - z_{i2}) = P(z_{c1} - z_{c2}) = Ph$$

其中，$h = z_{c1} - z_{c2}$，为质点系质心 C 始末位置的坐标高度差。

3. 弹性力的功

设弹簧未变形的长度为 l_0，刚度系数为 k，弹簧的一端 O 固定，而另一端与质点 M 相连，如图 14-4 所示。当质点作任意曲线运动时，由于弹簧变形而对质点施加弹性力 $\overline{F}$。在弹性极限内，弹性力的大小与弹簧的变形 $\lambda = (r - l_0)$ 成正比，其方

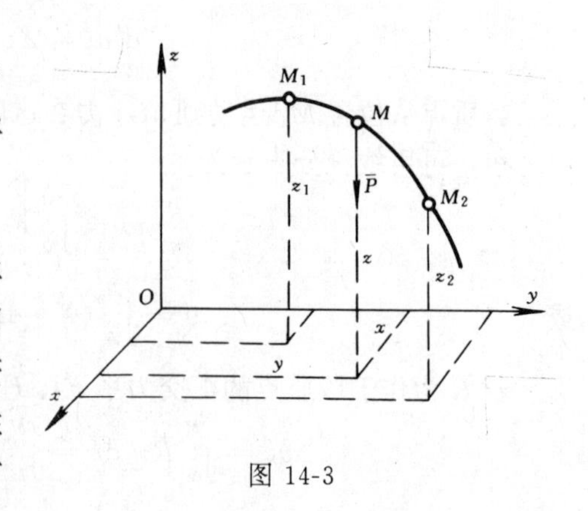

图 14-3

向沿弹簧轴线而指向变形为零的点。以 $\bar{r}/r$ 表示质点 M 矢径方向的单位矢量，弹性力 $\bar{F}$ 可表示为

$$\bar{F}=-k(r-l_0)\bar{r}/r$$

弹性力的元功，由式（14-1）得

$$d'w=\bar{F}\cdot d\bar{r}=-k(r-l_0)\frac{\bar{r}\cdot d\bar{r}}{r}$$

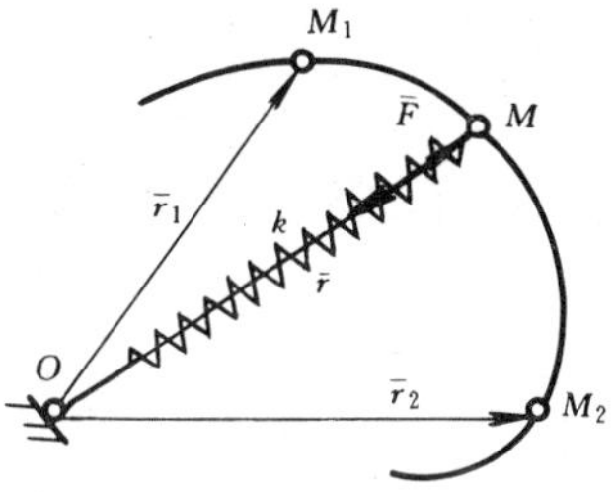

考虑到 $\bar{r}\cdot d\bar{r}=\frac{1}{2}d\ (\bar{r}\cdot\bar{r})\ =\frac{1}{2}dr^2=rdr$

上式成为

$$d'w=-k(r-l_0)dr$$

图 14-4

当质点从 M_1 运动到 M_2 时，弹性力的功为

$$w=\int_{M_1}^{M_2}d'w=\int_{r_1}^{r_2}-k(r-l_0)dr=\frac{k}{2}[(r_1-l_0)^2-(r_2-l_0)^2]$$

以 $\lambda_1=r_1-l_0$ ， $\lambda_2=r_2-l_0$

分别表示弹簧在初始和末了位置时的变形量，弹形力的功可简写为

$$w=\frac{k}{2}(\lambda_1^2-\lambda_2^2) \tag{14-9}$$

即弹性力的功，等于弹簧的初变形与末变形的平方差与刚度系数的乘积之半，而与质点运动的路径无关。

三、定轴转动刚体上力的功

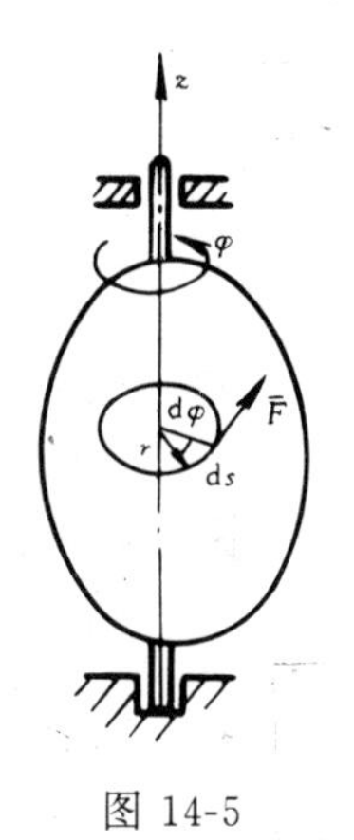

图 14-5

定轴转动刚体上的 M 点受力 $\bar{F}$ 作用如图 14-5 所示。当刚体转过微小转角 $d\varphi$ 时，M 点的微小路程为 $ds=rd\varphi$。此时，力 $\bar{F}$ 的元功由式（14-2）得

$$d'w=F_\tau ds=F_\tau rd\varphi$$

应注意到，$F_\tau r$ 表示力 $\bar{F}$ 对转轴 z 之矩，即 $M_z=m_z$（$\bar{F}$）$=F_\tau r$。因而作用在定轴转动刚体上的力的元功写成

$$d'w=M_z d\varphi \tag{14-10}$$

即作用在转动刚体上力的元功，等于该力对转轴之矩与刚体微小转角之积。

刚体由位置角 φ_1 转到 φ_2 的过程中，力 $\bar{F}$ 的功为

$$w=\int_{\varphi_1}^{\varphi_2}M_z d\varphi \tag{14-11}$$

若 M_z=常量，则

$$w=M_z(\varphi_2-\varphi_1)=M_z\varphi \tag{14-12}$$

如果在转动刚体上作用有力偶，式（14-11）与（14-12）仍然成立。但该式中的 M_z 应是该力偶矩矢在转轴 z 上的投影，特别是当力偶的作用面垂直于转轴时，M_z 就等于该力偶矩 m。

【例 14-1】 一质量为 m 的质点受力 $\bar{F}=3y\bar{i}+x\bar{j}$ 作用，沿曲线 $\bar{r}=a\cos t\bar{i}+a\sin t\bar{j}$ 运动。试求 $t=0$ 运动到 $t=2\pi$ 时力 $\bar{F}$ 在此曲线上所作的功。

【解】 由于已知力 $\bar{F}$ 的分析式和曲线方程，可应用功的解析式（14-5）计算。

由 $$\bar{r} = a\cos t\bar{i} + a\sin t\bar{j}$$
可知 $$x = a\cos t \quad , \quad y = a\sin t$$
$$dx = -a\sin t \cdot dt \quad , \quad dy = a\cos \cdot dt$$
由力的分析式知力在坐标轴上的投影
$$X = 3y = 3a\sin t \quad , \quad Y = x = a\cos t$$
于是，可得力的功
$$w = \int_{M_1}^{M_2} (X dx + Y dy)$$
$$= \int_0^{2\pi} [3a\sin t(-a\sin t dt) + a\cos t \cdot a\cos t dt]$$
$$= \int_0^{2\pi} (-3a^2\sin^2 t + a^2\cos^2 t) dt = -2\pi a^2$$

【例 14-2】 弹簧的刚度系数 $k=40$ N/cm，自然长度 $l_0=40$ cm，此时将弹簧两端分别固定在水平线上的 A 点和 B 点，如图 14-6a 所示。现给弹簧中点附一重为 9.8 N 的小球 C，当 C 下降 5 cm 时，试求作用在小球 C 上的所有力的功。

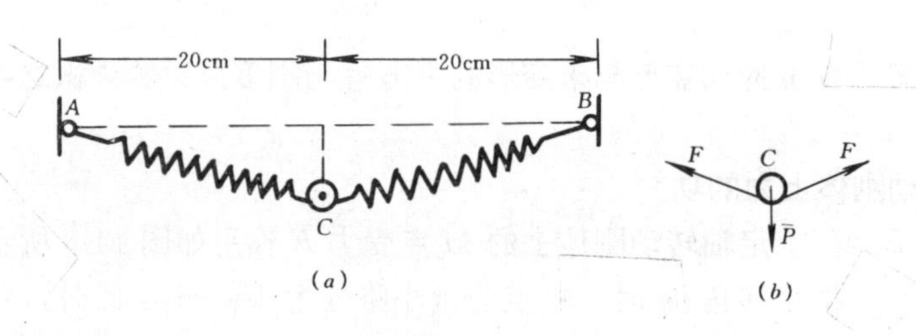

图 14-6

【解】 以小球为研究对象，作用于其上的力有重力和弹性力（图 14-6b）。

重力的功。由式（14-8）得
$$w_1 = Ph = 9.8 \cdot 5 = 49 \text{ N} \cdot \text{cm}$$

弹性力的功。因不考虑弹簧的质量，弹性力处处相等。它的功与整个弹簧的初末变形有关，应按式（14-9）计算。弹簧的初始与末了位置时的变形量分别为
$$\lambda_1 = 0$$
$$\lambda_2 = AC + BC - AB = 2\sqrt{20^2 + 5^2} - 40 = 1.23 \text{ cm}$$
于是，弹性力的功为
$$w_2 = \frac{k}{2}(\lambda_1^2 - \lambda_2^2) = \frac{40}{2}(0 - 1.23^2) = -30.3 \text{ N} \cdot \text{cm}$$
所以，作用于小球 C 上所有力的功
$$w = w_1 + w_2 = 49 - 30.3 = 18.7 \text{ N} \cdot \text{cm} = 0.187 \text{ J}$$

讨论 计算弹性力的功时，若分别考虑 AC 与 BC 段弹性力的功，然后求和，则有
$$w_2 = 2 \cdot \frac{k}{2}[0 - (\sqrt{20^2 + 5^2} - 20)^2] = 15.15 \text{ N} \cdot \text{cm}$$
这一结果与前边所得的值不同，请读者思考，问题何在？

四、功率与机械效率

1. 功率

在实际工程中，常用功率表示力作功的快慢程度，力在单位时间内所作的功，称为功率。以 P 表示之，则有

$$P=\frac{d'w}{dt} \tag{14-13}$$

由元功的定义式（14-1），可得以作用力表示的功率为

$$P=\frac{d'w}{dt}=\bar{F}\cdot\frac{d\bar{r}}{dt}=\bar{F}\cdot\bar{v} \tag{14-14}$$

即**力的功率，等于力与其作用点速度矢的标积**。

由于力矩 M_z（或力偶矩）在 dt 时间内所作元功为 $M_z d\varphi$，所以用力矩（或力偶矩）表示的功率为

$$P=M_z\frac{d\varphi}{dt}=M_z\omega \tag{14-15}$$

即**力矩的功率，等于力矩与刚体转动角速度的乘积**。

功率的法定计量单位为焦耳/秒（J/S），称为瓦（W），因而

$$1\ \mathrm{W}=1\ \mathrm{J/S}=1\ \mathrm{N\cdot m/S}$$

2. 机械效率

任何机器在工作时，都必须输入一定的功，用以克服无用阻力（如摩擦、碰撞等阻力）的功外，并提供为完成予期目标而克服有用阻力（如机床的切削力）的功。若以 $P_{入}$、$P_{出}$、$P_{无}$ 分别表示输入功率、有用阻力的输出功率和无用阻力的损耗功率，则机器的输入功率等于有用功率与损耗功率之和。当机器稳定运转时，机器的输出功率与输入功率的比值，称为**机械效率**。并用 η 表示，即

$$\eta=P_{出}/P_{入} \tag{14-16}$$

机械效率表明机器对输入功率的有效利用程度，是评定机器质量好坏的重要指标之一。

第二节　动　能

一、质点的动能

动能是物体机械运动的又一种度量，是物体作功能力的标志。**质点的动能定义为质点的质量 m 和质点速度 $\bar{v}$ 平方的乘积之半**，即为 $\frac{1}{2}mv^2$。动能是与速度方向无关的恒正标量。在法定计量单位中，动能的单位为 $\mathrm{kg\cdot m^2/s^2}$，与功的单位 J 相同。

应注意到，动能和动量都是表示机械运动的量，是机械运动的两种不同度量。它们虽然都与质点的质量和速度有关，但定义不同，各有其适用范围。动量是矢量，而动能是标量；动量是以机械运动形式传递运动时的度量，而动能是机械运动形式转化为其他运动形式（如热、电等）的度量。

二、质点系的动能

1. 定义：**质点系内各质点动能的算术和，称为质点系的动能**。以 T 表示，则有

$$T=\Sigma\frac{1}{2}mv^2 \tag{14-17}$$

式中 $\bar{v}$ 为质点系内任一质量为 m 的质点所具有的速度。

2. 柯尼希（Konig）定理

当质点系的运动比较复杂时，动能的计算常应用柯尼希定理。定理可陈述为

质点系在绝对运动中的动能，等于随质心平动的动能与相对质心平动坐标系运动的动能之和。

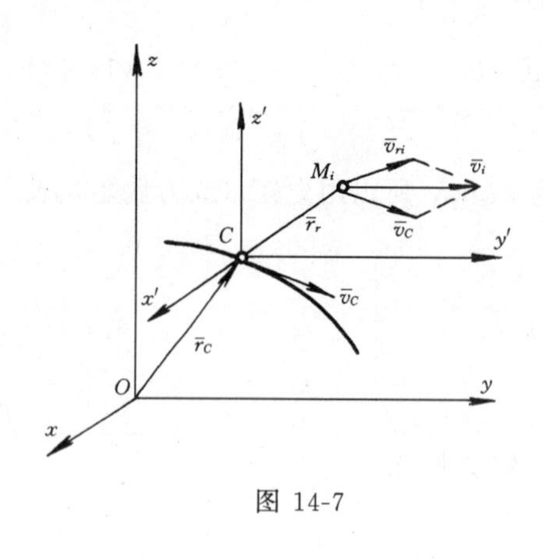

图 14-7

现予以证明。以质点系的质心 C 为坐标原点，取平动坐标系 $Cx'y'z'$，它将以质心 C 的速度 $\bar{v}_c$ 平动，如图 14-7 所示。设质点系内任一质点 M_i 对于平动坐标系的相对速度为 $\bar{v}_{ri}$，根据速度合成定理，该点的绝对速度

$$\bar{v}_i = \bar{v}_C + \bar{v}_{ri}$$

或
$$v_i^2 = v_C^2 + v_{ri}^2 + 2\bar{v}_C \cdot \bar{v}_{ri}$$

代入质点系的动能式（14-17）中，得

$$T = \Sigma \frac{1}{2} m v_i^2 = \Sigma \frac{1}{2} m_i (v_C^2 + v_{ri}^2 + 2\bar{v}_C \cdot \bar{v}_{ri})$$

$$= \frac{1}{2}(\Sigma m_i) v_C^2 + \Sigma \frac{1}{2} m_i v_{ri}^2 + \Sigma m_i \bar{v}_C \cdot \bar{v}_{ri}$$

$$= \frac{1}{2} M v_C^2 + \Sigma \frac{1}{2} m_i v_{ri}^2 + \bar{v}_C \cdot \Sigma m_i \bar{v}_{ri}$$

式中，$M = \Sigma m$ 为质点系的总质量。右边第一项为质点系随质心一起平动时的动能；第二项是相对质心平动坐标系运动时的动能，以 T_r 表示；第三项中，由于 $\Sigma m_i v_{ri} = M v_{rC} = 0$。故上式成为

$$T = \frac{1}{2} M v_C^2 + T_r \tag{14-18}$$

定理得证。

三、刚体运动时的动能

在质点系中，特别是刚体的动能计算十分重要。现根据刚体的运动形式分别讨论。

1. 平动刚体的动能。当刚体平动时，其上各点的速度都相等，即 $\bar{v}_i = \bar{v}_C$。据式（14-7）有

$$T = \Sigma \frac{1}{2} m_i v_i^2 = \frac{1}{2}(\Sigma m_i) v_C^2$$

或
$$T = \frac{1}{2} M v_C^2 \tag{14-19}$$

式中 $M = \Sigma m_i$，为平动刚体的质量。可见，**平动刚体的动能，等于刚体的质量与质心速度平方的乘积之半**。具体计算时，可设想将平动刚体的质量集中于质心 C 上，则按单质点的动能计算。

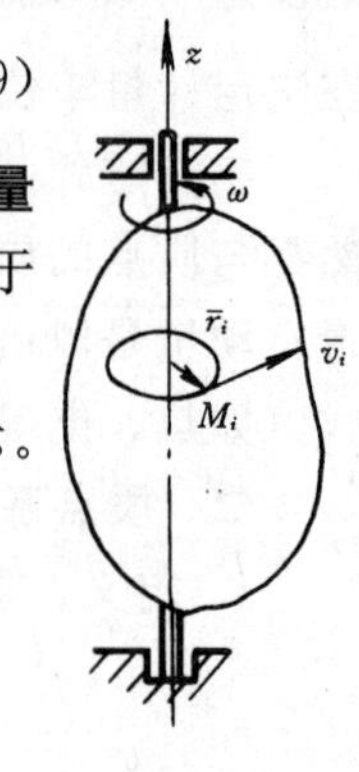

图 14-8

2. 定轴转动刚体的动能。设刚体以角速度 ω 绕 z 轴转动如图 14-8 所示。刚体内任一点 M_i 的质量为 m_i，速度为 $\bar{v}_i$，转动半径为 $\bar{r}_i$，则

$$v_i = r_i \omega$$

$$T = \Sigma \frac{1}{2} m_i v_i^2 = \Sigma \frac{1}{2} m_i (r_i \omega)^2 = \frac{1}{2} \omega^2 \Sigma m_i r_i{}^2$$

由于 $J_z = \Sigma m_i r_i^2$，是刚体对 z 轴的转动惯量，故

$$T = \frac{1}{2}J_z\omega^2 \tag{14-20}$$

即**定轴转动刚体的动能，等于刚体对转轴的转动惯量与其角速度平方的乘积之半**。

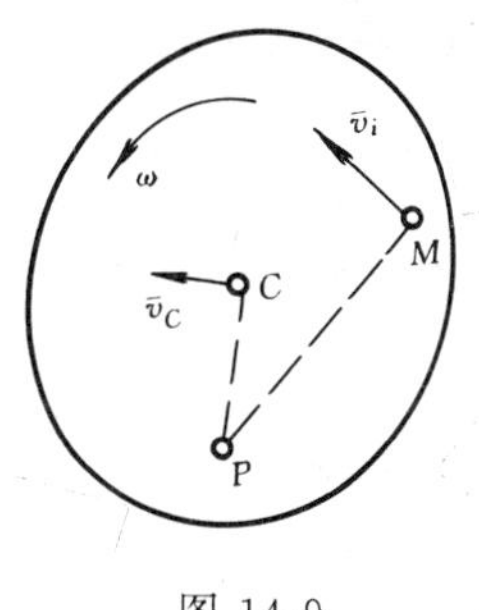

图 14-9

3. 平面运动刚体的动能。当刚体作平面运动时，若以质心 C 为基点，则刚体的运动可分解为随质心 C 的平动和相对于垂直于运动平面的质心轴的转动（图 14-9）。根据柯尼希定理，可得

$$T = \frac{1}{2}Mv_C^2 + T_r = \frac{1}{2}Mv_C^2 + \frac{1}{2}J_C\omega^2 \tag{14-21}$$

式中，J_C 是刚体对垂直于运动平面的质心轴的转动惯量。可见，**平面运动刚体的动能，等于以质心速度平动的动能和相对于质心轴转动的动能之和**。

平面运动刚体内的速度分布规律，在每一瞬时与刚体绕瞬心轴（垂直于运动平面）转动时相同。故可按式（14-20）计算。即

$$T = \frac{1}{2}J_P\omega^2 \tag{14-22}$$

其中，J_P 是刚体对垂直于运动平面的瞬心轴的转动惯量。

【例 14-3】 图 14-10 所示坦克履带单位长度的质量为 m，两轮的质量均为 m_1，可视为均质圆盘，半径为 r，两轮轴间距离为 l。当坦克以速度 v 沿直线行驶时，试求此系统的动能。

【解】 此系统的动能等于系统内各部分动能之和。两轮及其上履带部分作平面运动，其瞬心分别为 D、E，可知轮的角速度 $\omega = v/r$；履带 AB 部分作平动，由瞬心法知平动速度为 $2v$；履带 DE 部分速度为零。

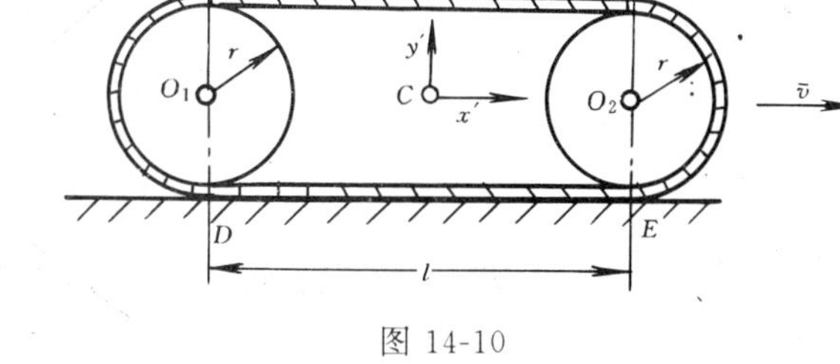

图 14-10

（1）轮的动能

$$T_1 = T_2 = \frac{1}{2}J_D\omega^2 = \frac{1}{2}(m_1r^2/2 + m_1r^2)(\frac{v}{r})^2 = \frac{3}{4}m_1v^2$$

（2）履带 AB 部分动能

$$T_{AB} = \frac{1}{2}m_{AB}(2v)^2 = \frac{1}{2}ml \cdot 4v^2 = 2mlv^2$$

（3）两轮上履带（合并为一均质圆环）动能

$$T_3 = \frac{1}{2}J_D\omega^2 = \frac{1}{2}(2\pi rm \cdot r^2 + 2\pi rm \cdot r^2)(\frac{v}{r})^2 = 2\pi rmv^2$$

所以，此系统的动能

$$\begin{aligned} T &= 2T_1 + T_{AB} + T_3 + T_{DE} \\ &= 2 \cdot \frac{3}{4}m_1v^2 + 2mlv^2 + 2\pi rmv^2 + 0 \end{aligned}$$

$$= \left[\frac{3}{2}m_{+} 2(l+\pi r)m\right]v^2$$

讨论 本例应用柯尼希定理计算系统的动能将十分简便。随质心 C 平动的动能为

$$\frac{1}{2}Mv_C^2 = \frac{1}{2}[2m_1 + 2(l+\pi r)m]v^2 = [m_1 + (l+\pi r)m]v^2$$

相对质心 C 的平动坐标系，两轮均作定轴转动，$\omega = v/r$；履带上各点相对速度方向虽然不同，但速度大小均为 $v_r = r\omega = v$。因而

$$T_r = 2 \cdot \frac{1}{2}J_{01}\omega^2 + \frac{1}{2} \cdot 2(l+\pi r)mv^2 = \left[\frac{1}{2}m_1 + (l+\pi r)m\right]v^2$$

故
$$T = \frac{1}{2}Mv_C^2 + T_r = \left[\frac{3}{2}m_1 + 2(l+\pi r)m\right]v^2$$

第三节　动　能　定　理

动能定理建立了质点或质点系的动能变化与其上作用力的功之间的关系。我们依据力与运动关系的牛顿第二定律来导出动能定理。

一、质点的动能定理

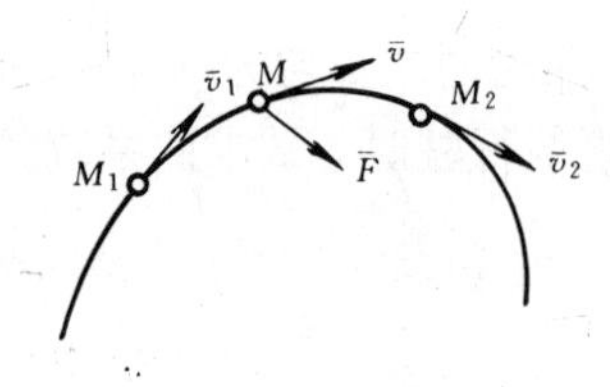

图.14-11

设质量为 m 的质点 M 在力 $\bar{F}$ 作用下作曲线运动，在任意位置 M 处（图 14-11），根据牛顿第二定律

$$m\frac{\mathrm{d}\bar{v}}{\mathrm{d}t} = \bar{F}$$

两边同时乘以元位移 $\mathrm{d}\bar{r} = \bar{v} \cdot \mathrm{d}t$，得

$$m\bar{v} \cdot \mathrm{d}\bar{v} = \bar{F} \cdot \mathrm{d}\bar{r}$$

注意到　$m\bar{v} \cdot \mathrm{d}\bar{v} = \frac{1}{2}m\mathrm{d}\ (\bar{v} \cdot \bar{v})\ = \mathrm{d}\ (\frac{1}{2}mv^2)$，可得

$$\mathrm{d}(\frac{1}{2}mv^2) = \mathrm{d}'w \tag{14-23}$$

上式称为**质点动能定理的微分形式**。**它表明质点动能的微分等于作用于质点上的力的元功**。

当质点 M 从 M_1 运动到 M_2 时，其速度由 $\bar{v}_1$ 变为 $\bar{v}_2$。将式（14-23）沿路径积分，得

$$\frac{1}{2}mv_2^2 - \frac{1}{2}mv_1^2 = w \tag{14-24}$$

式中，w 为力 $\bar{F}$ 在路程 $\widehat{M_1M_2}$ 上的功。可见，**质点的动能在任一路程中的变化量，等于作用于质点上的力在该路程上所作的功**。式（14-24）称为**质点动能定理的积分（或有限）形式**。显然，作用力作正功时，质点的动能增加；当力作负功时，则质点的动能减少。因此，动能表明由于质点运动而具有的作功能力。

二、质点系的动能定理

对于质点系内的任一个质点，设其质量为 m_i，速度为 $\bar{v}_i$。应用质点动能定理的微分形式（14-23），得

$$\mathrm{d}(\frac{1}{2}m_iv_i^2) = \mathrm{d}'w_i$$

将每一质点所写出的上述方程相加，得

$$\Sigma \mathrm{d}(\frac{1}{2}m_i v_i^2) = \Sigma \mathrm{d}' w_i$$

因
$$\Sigma \mathrm{d}(\frac{1}{2}m_i v_i^2) = \mathrm{d}\Sigma \frac{1}{2}m_i v_i^2 = \mathrm{d}T$$

上式成为

$$\mathrm{d}T = \Sigma \mathrm{d}' w \tag{14-25}$$

即，**质点系动能的微分等于作用于质点系上所有力的元功之和**。式（14-25）**称为质点系动能定理的微分形式**。

若质点系在某运动过程中，起始和末了位置时的动能分别以 T_1、T_2 表示，积分上式，得

$$T_2 - T_1 = \Sigma w \tag{14-26}$$

即，**质点系在某运动过程中，动能的变化量，等于作用于质点系的所有力在各相应路程中的作功之和**。式（14-26）称为**质点系动能定理的积分形式**。

应该注意，虽然质点系的内力系的主矢和主矩恒为零，但内力作功之和一般并不等于零。因此，在质点系的动能定理中，应包含质点系内力的功。例如，在机器运转中，轴和轴承间的摩擦力对整个机器而言虽属内力，但此内力却作负功而消耗机器的能量。

应用动能定理时，常将质点系的力分为主动力和约束反力。而在许多情况下，约束反力不作功或作功之和等于零。这种约束称为**理想约束**(严格定义见第十六章)。因而，在理想约束条件下,动能定理将不包含约束反力的功。以 Σw_A 表示所有主动力作功的代数和。则式（14-26）可写成

$$T_2 - T_1 = \Sigma w_A$$

若质点系中还有作功不等于零的反力，例如摩擦力，此时可视其为主动力，而上式同样适用。

三、约束反力的功

在本章第一节中，我们研究了主动力和力偶的功，现在进一步研究约束反力的功，以确定哪些约束是理想约束，为应用动能定理提供条件。

1. 质点系和刚体内力的功

设质点系内的相邻二质点 M_1 和 M_2，它们相互作用的力为 $\overline{F}_1$ 和 $\overline{F}_2$，则 $\overline{F}_1 = -\overline{F}_2$。当两质点分别发生元位移 $\mathrm{d}\overline{r}_1$ 和 $\mathrm{d}\overline{r}_2$ 时(图 14-12)，这对内力元功之和为

$$\begin{aligned}\Sigma \mathrm{d}' w &= \overline{F}_1 \cdot \mathrm{d}\overline{r}_1 + \overline{F}_2 \cdot \mathrm{d}\overline{r}_2 \\ &= \overline{F}_1 \cdot \mathrm{d}(\overline{r}_1 - \overline{r}_2) = \overline{F}_1 \cdot \mathrm{d}\overline{r}_{21}\end{aligned}$$

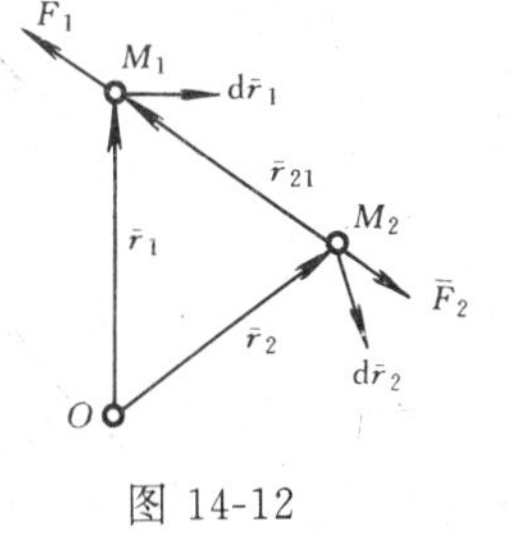

图 14-12

式中，$\mathrm{d}\overline{r}_{21}$称为质点 M_1 相对 M_2 的元位移。可见，当系内两点相互作用的内力连线始终与两点间的相对元位移垂直时，则两力作功之和为零。当力 $\overline{F}_1$ 与 $\mathrm{d}\overline{r}_{21}$共线时，则

$$\overline{F}_1 \cdot \mathrm{d}\overline{r}_{21} = \overline{F}\,\frac{\overline{r}_{21}}{r_{21}} \cdot \mathrm{d}\overline{r}_{21} = F_1 \frac{\mathrm{d}r_{21}^2}{2r_{21}} = F_1 \mathrm{d}r_{21}$$

于是，得

$$\Sigma \mathrm{d}' w = F_1 \mathrm{d}r_{21} \tag{14-27}$$

这里，$\mathrm{d}r_{21}$表示两点间距离的微小变化。在一般质点系中，由于任意两点间的距离可以变化。所以，可变质点系内力作功之和不一定等于零。例如变形体内力功之和就不等于零。

对于刚体而言，其中任意两点的距离始终保持不变，故**刚体在任一运动过程中，所有内力作功之和恒等于零**。

对于不可伸长的柔索约束，受拉力作用时可视为刚体，故不可伸长柔索内力功之和等于零。

2. 光滑接触反力的功

当系统内两刚体的接触处是理想光滑时，则接触处相互作用的力始终与相对微小位移垂直。因而，光滑的固定支承面、轴承约束、铰链支座以及光滑的铰链约束，其约束反力作功之和都等于零。这些约束都是理想约束。

3. 滑动摩擦力的功

车轮沿地面作纯滚动如图 14-13 所示。以轮为考察对象，支承面的静滑动摩擦力为 $\overline{F}_S$。

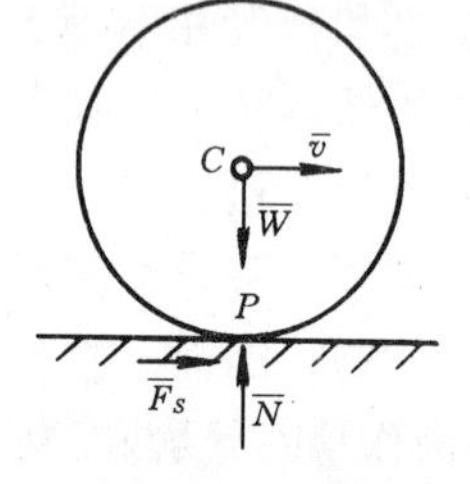

图 14-13

由运动学知，接触点 P 为车轮的速度瞬心，即 $\overline{v}_P=0$。由功的定义式(14-1)，有

$$\mathrm{d}'w=\overline{F}_S\cdot\mathrm{d}\overline{r}_P=\overline{F}_S\cdot\overline{v}_P\mathrm{d}t=0$$

故**车轮作纯滚动时的静滑动摩擦力不作功**。

在皮带轮的传动中，若皮带与轮的接触处无相对滑动发生，则它们之间相互作用的摩擦力都是静摩擦力，根据内力功式（14-27），可知这一对摩擦力作功之和为零。同理，在摩擦轮的传动中，若无相对滑动，其相互作用的滑动摩擦力之功也等于零。所以静摩擦力的功恒等于零。

当系统内两刚体有相对滑动发生时，每对相互作用的动滑动摩擦力的功不等于零，且为负值。

四、动能定理的应用

动能定理直接建立了速度与力和路程之间的关系，应用动能定理可以求解与这些量有关的动力学问题。对于常见的理想约束系统，动能定理直接给出了主动力与运动量的关系，因而求解有关的运动量特别简便。由于动能定理是一个标量方程，一般只能求解一个未知量。应用动能定理时，解题步骤如下：

1. 取研究对象。一般情况下，可取整个质点系作为研究对象。

2. 分析运动，计算动能。应首先明确系统内各刚体的运动形式，再根据相应的动能公式计算。并且应根据各刚体（或质点）的运动学关系，将动能用同一个已知量或待求量表示。质点系的动能是系内各质点或刚体动能的算术和。当采用动能定理的积分形式时，应明确系统运动过程的起始和末了的两个瞬时，分别计算两瞬时的动能。

3. 分析受力，计算力的功。对于常见的理想约束系统，只需计算主动力的功，而且，在受力图上可以只画出作功的力。应特别注意，是否有内力作功？

4. 应用动能定理求解有关的未知量。

【例 14-4】 刚度系数为 k 的弹簧，A 端固定于位于铅垂平面的大圆环上的最高点 A，B 端连一质量为 m 的小环如图 14-14 所示。已知大环的半径及弹簧的自然长度均为 R。当小环于弹簧原长处无初速沿大环滑至 C 点时，不计摩擦，试求小环速度的大小。

【解】 这是质点的动力学问题，应用动能定理的积分形式求解。

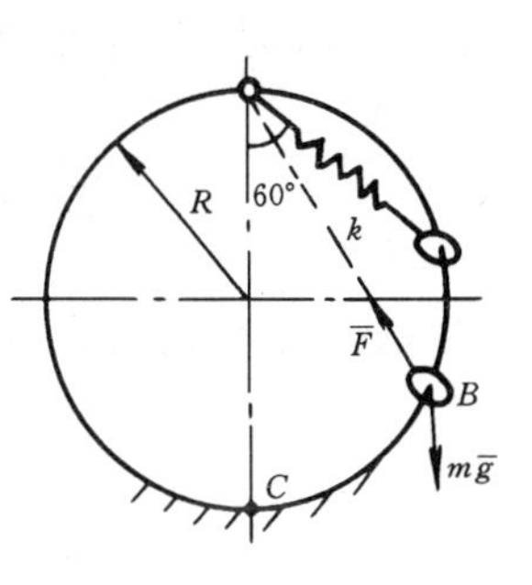

图 14-14

(1) 取小环为为研究对象。

(2) 小环沿大环作圆周运动。初瞬时，速度为零，则初动能为零。小环在 C 点时为末瞬时，设其速度为 $\bar{v}_C$，则末动能为

$$\frac{1}{2}mv_C^2$$

(3) 小环在运动过程中，受重力 $m\bar{g}$、弹性力和反力 $\overline{N}$ 作用。反力 $\overline{N}$ 不作功，重力的功 w_1 和弹性力的功 w_2 分别由式(14-8)与(14-9)计算，即

$$w_1 = mgh = mg(2R - R\cos 60°) = \frac{3}{2}mgR$$

$$w_2 = \frac{k}{2}(0 - R^2) = -\frac{1}{2}kR^2$$

(4) 由质点的动能定理

$$\frac{1}{2}mv_2^2 - \frac{1}{2}mv_1^2 = w$$

得
$$\frac{1}{2}mv_C^2 - 0 = w_1 + w_2 = \frac{3}{2}mgh - \frac{1}{2}kR^2$$

故
$$v_C = \sqrt{3gR - \frac{k}{m}R^2}$$

应注意到，欲上式的解成立，则要求根号下的数值大于零。即$\frac{k}{m}R<3g$

【例 14-5】 重为 G、半径为 R 的均质圆柱体，从静止开始沿倾角为 α 的斜面无滑动地滚下如图 14-15 所示。设滚动摩擦系数为 δ，当圆柱体滚过距离为 S 时，试求圆柱质心 C 的速度和加速度。

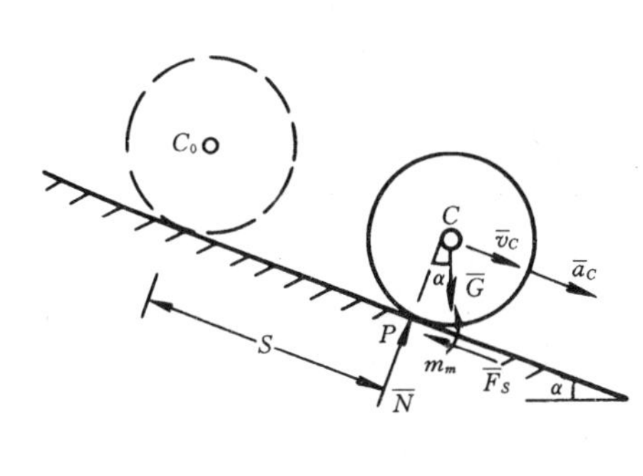

图 14-15

【解】 圆柱体沿斜面作平面运动，可用动能定理的积分形式求质心 C 的速度和加速度。

(1) 取圆柱体为研究对象。

(2) 以圆柱开始及滚过距离 S 时为初、末瞬时，初瞬时速度为 0，末瞬时速度设为 $\bar{v}_C$，则该两瞬时圆柱体的动能分别为

$$T_1 = 0 \quad , \quad T_2 = \frac{1}{2}J_P\omega^2$$

因接触点 P 为速度瞬心，则 $v_C = R\omega$；而 $J_P = J_C + mR^2 = \frac{1}{2}\frac{G}{g}R^2 + \frac{G}{g}R^2 = \frac{3}{2}\frac{G}{g}R^2$。于是

$$T_2 = \frac{1}{2}(\frac{3}{2}\frac{G}{g}R^2)(\frac{v_c}{R})^2 = \frac{3G}{4g}v_C^2 \tag{1}$$

(3) 在柱体运动过程中，法向反力 $\overline{N}$ 和静摩擦力 $\overline{F}_S$ 均不作功，作功的有重力 $\overline{G}$ 和滚动摩擦力偶。重力的功为 $GS\sin\alpha$；滚摩力偶矩 $m_m = N \cdot \delta = G\delta\cos\alpha$，此阻力偶的功为 $m_m\varphi=$

$-G\delta\cos\alpha \cdot \dfrac{S}{R}$。所以，作用于柱体上所有力的功

$$\Sigma w = GS\sin\alpha - GS\delta\cos\alpha/R = GS(\sin\alpha - \frac{\delta}{R}\cos\alpha) \tag{2}$$

(4) 由动能定理 $T_2 - T_1 = \Sigma w$，得

$$\frac{3G}{4g}v_C^2 = GS(\sin\alpha - \frac{\delta}{R}\cos\alpha) \tag{3}$$

故

$$v_C = \sqrt{\frac{4}{3}S(\sin\alpha - \frac{\delta}{R}\cos\alpha)}$$

现通过对时间 t 求导数的方法，求柱质心 C 的加速度 $\bar{a}_c$。视 S 为时间 t 的函数，由于 C 点作直线运动，在任一瞬时，则有 $\dfrac{dS}{dt} = v_C$，$\dfrac{dv_C}{dt} = a_C$。这样，将式（3）理解为任意位置 $S(t)$ 时 C 点速度与其路程间的函数关系，于是，将式（3）对时间 t 求导，

得

$$\frac{3}{2}v_C a_C = g v_C(\sin\alpha - \frac{\delta}{R}\cos\alpha)$$

所以

$$a_C = \frac{2}{3}g(\sin\alpha - \frac{\delta}{R}\cos\alpha)$$

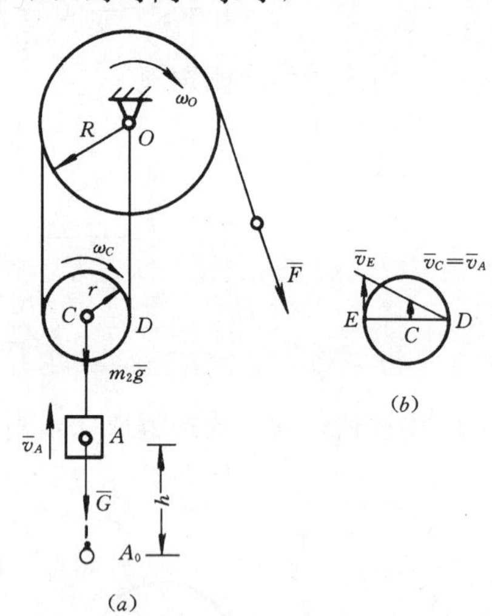

图 14-16

【例 14-6】 图 14-16 所示提升重物系统中，重物 A 重 $G=980$ N，定滑轮质量为 $m_1=10$ kg，半径 $R=20$ cm，动滑轮质量为 $m_2=6$ kg，半径 $r=R/2$。两滑轮均视为均质圆盘，现用常力 $F=600$ N 的拉力提升重物，试求重物 A 上升的加速度。

【解】 应用动能定理的积分形式求解。

(1) 取整个系统为研究对象。

(2) 系统中重物 A 作直线运动，动滑轮 C 作平面运动，定滑轮为定轴转动。设重物 A 在 A_0 处系统由静止开始运动，因而，初瞬时的动能 $T_1=0$。

设重物 A 上升距离为 h 时的速度为 $\bar{v}_A$。动滑轮的速度瞬心在 D 点（图 14-16b），角速度 $\omega_C = v_C/r = 2v_A/R$。定滑动的角速度 $\omega_O = v_E/R = 2v_A/R$。于是，系统在末瞬时的动能可用 v_A 表示为

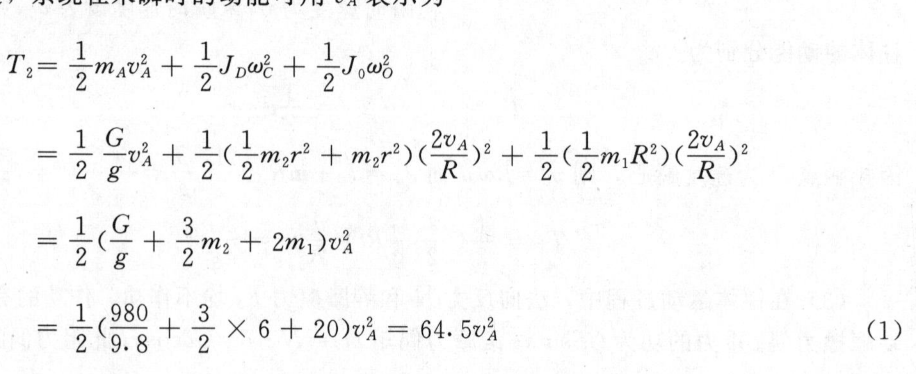

$$T_2 = \frac{1}{2}m_A v_A^2 + \frac{1}{2}J_D\omega_C^2 + \frac{1}{2}J_0\omega_O^2$$

$$= \frac{1}{2}\frac{G}{g}v_A^2 + \frac{1}{2}(\frac{1}{2}m_2r^2 + m_2r^2)(\frac{2v_A}{R})^2 + \frac{1}{2}(\frac{1}{2}m_1R^2)(\frac{2v_A}{R})^2$$

$$= \frac{1}{2}(\frac{G}{g} + \frac{3}{2}m_2 + 2m_1)v_A^2$$

$$= \frac{1}{2}(\frac{980}{9.8} + \frac{3}{2} \times 6 + 20)v_A^2 = 64.5v_A^2 \tag{1}$$

(3) 系统在此运动过程中，作功的主动力为$\overline{F}$、$m_2\overline{g}$和$\overline{G}$。当重物A上升h时，力$\overline{F}$沿其作用方向的位移为$2h$。于是，主动力的功为

$$\Sigma w_A = 2Fh - (G - m_2 g)h = (2F - G - m_2 g)h = (1200 - 980 - 58.8)h = 161.2h \tag{2}$$

(4) 由动能定理$T_2 - T_1 = \Sigma w_A$得

$$64.5 v_A^2 = 161.2h \tag{3}$$

把h视为时间t的函数，则$v_A = \frac{\mathrm{d}h}{\mathrm{d}t}$，$a_A = \frac{\mathrm{d}v_A}{\mathrm{d}t}$。将式(3)的两边对时间$t$求导，得

$$64.5 \cdot 2v_A a_A = 161.2 v_A$$

故

$$a_A = \frac{161.2}{129} = 1.25 \ \mathrm{m/s^2}$$

讨论 求物A的加速度，可应用动能定理的微分形式。重物在任意位置h处的动能仍如式(1)，可得

$$\mathrm{d}T = 64.5 \cdot 2v_A \mathrm{d}v_A = 129 v_A \mathrm{d}v_A$$

系统主动力的总元功为

$$\Sigma \mathrm{d}'w = F\mathrm{d}(2h) - (G + m_2 g)\mathrm{d}h = 161.2\mathrm{d}h$$

由动能定理的微分形式(14-25)，得

$$129 v_A \mathrm{d}v_A = 161.2\mathrm{d}h$$

对上式两边除以$\mathrm{d}t$，并且注意到$v_A = \frac{\mathrm{d}h}{\mathrm{d}t}$，$a_A = \frac{\mathrm{d}v_A}{\mathrm{d}t}$。即可求得重物$A$的加速度。所以，若求速度(或角速度)，宜采用动能定理的积分形式；若求加速度(或角加速度)，宜采用动能定理的微分形式。

【例 14-7】 置于水平面内的椭圆规尺机构如图 14-17 所示。设曲柄OC和规尺AB为均质细杆，其质量分别为m_1和$2m_1$，且$OC = AC = BC = l$。滑块A和B的质量均为m。当曲柄上作用常值转矩M_O时，不计摩擦，试求曲柄在OB线上从静止开始转过一周时的角速度和角加速度。

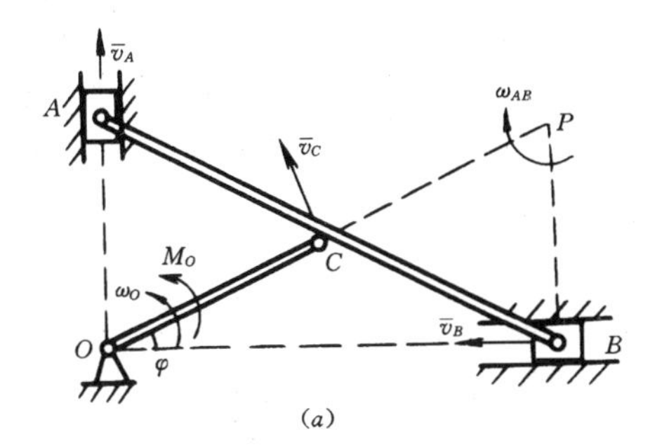

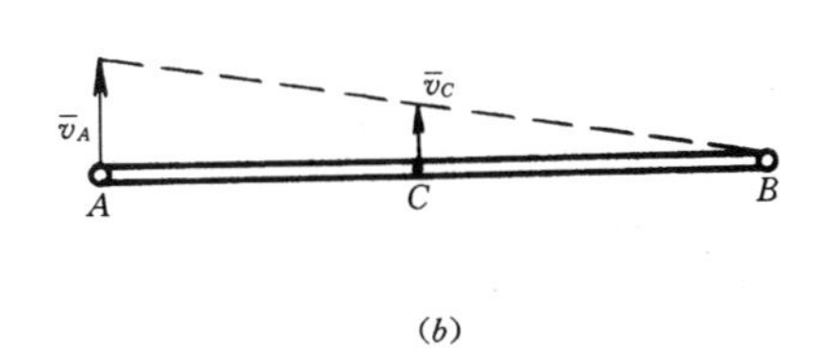

图 14-17

【解】 由于不考虑摩擦，此机构为理想约束系统。应用动能定理的微分形式求曲柄角加速度，应用动能定理的积分形式求曲柄的角速度。

(1) 求角加速度α

以机构为研究对象，其中滑块A、B作直线运动，OC杆作定轴转动，AB杆作平面运动。设曲柄OC转至任一φ角时，角速度为ω。由运动学知，AB杆的速度瞬心为P点(图

14-17a)，其角速度 $\omega_{AB}=\frac{v_C}{CP}=\frac{l\omega}{l}=\omega$，而

$$v_A = AP \cdot \omega_{AB} = 2l\omega\cos\varphi \quad , \quad v_B = BP \cdot \omega_{AB} = 2l\omega\sin\varphi$$

于是，可得此机构的动能为

$$T= \frac{1}{2}m_A v_A^2 + \frac{1}{2}m_B v_B^2 + \frac{1}{2}J_O\omega^2 + \frac{1}{2}J_P\omega_{AB}^2$$

$$= \frac{1}{2}m(2l\omega\cos\varphi)^2 + \frac{1}{2}m(2l\omega\sin\varphi)^2 + \frac{1}{2}(\frac{1}{3}m_1 l^2)w^2 + \frac{1}{2}[\frac{1}{12}(2m_1)\cdot(2l)^2 + 2m_1\cdot l^2]\omega^2$$

$$= \frac{1}{2}(3m_1 + 4m)l^2\omega^2 \tag{1}$$

对上式微分，得

$$dT = (3m_1 + 4m)l^2\omega d\omega \tag{2}$$

系统的重力和约束反力均不作功，转矩 M_O 在 φ 角时的元功为 $M_O d\varphi$，因而

$$\Sigma d'w = M_O d\varphi \tag{3}$$

将式（2）和式（3）代入动能定理

$$dT = \Sigma d'w$$

得

$$(3m_1 + 4m)l^2\omega d\omega = M_O d\varphi \tag{4}$$

考虑到运动学关系　$\omega=d\varphi/dt$　，　$\alpha=d\omega/dt$。由式（4）求得曲柄的角加速度

$$\alpha = \frac{M_O}{(3m_1 + 4m)l^2} \tag{5}$$

可见，角加速度 α 为一常量，即曲柄作匀加速转动。

（2）求曲柄的角速度

初瞬时，系统静止，$T_1=0$。

$\varphi=2\pi$ 的瞬时为末瞬时，此时 OC 杆、AB 杆均在 OB 线上。设此时 OC 杆的角速度为 ω_2，则 $v_C=l\omega_2$。由运动学知，AB 杆的瞬心在 B 点（图 14-17b），因而 $v_A=2v_C=2l\omega_2$，$\omega_{AB}=v_C/l=\omega_2$。于是，可得

$$T_2= \frac{1}{2}m_A v_A^2 + \frac{1}{2}m_B v_B^2 + \frac{1}{2}J_O\omega_2^2 + \frac{1}{2}J_B\omega_{AB}^2$$

$$= \frac{1}{2}m(2l\omega_2)^2 + 0 + \frac{1}{2}(\frac{1}{3}m_1 l^2)\omega_2^2 + \frac{1}{2}[\frac{1}{3}\cdot 2m(2l)^2]\omega_2^2$$

$$= \frac{1}{2}(3m_1 + 4m)l^2\omega_2^2 \tag{6}$$

在此运动过程中，力的功为

$$\Sigma w_A = M_O \cdot 2\pi = 2\pi M_O \tag{7}$$

将式（6）和式（7）代入动能定理 $T_2-T_1=\Sigma w_A$，得

$$\frac{1}{2}(3m_1 + 4m)l_2\omega_2^2 = 2\pi M_O \tag{8}$$

故 $\varphi=2\pi$ 时，曲柄的角速度

$$\omega_2 = \frac{2}{l}\sqrt{\frac{\pi M_O}{3m_1 + 4m}} \tag{9}$$

讨论　（1）由于 OC 杆作匀加速转动，根据刚体定轴转动的匀加速转动公式 $\omega^2-\omega_O^2=$

$2\alpha(\varphi-\varphi_0)$，已知 $\varphi=2\pi$ 及 α，则可求得 ω_2。反之，若已求出 $\varphi=2\pi$ 时的 ω_2，则由此式也可求解角加速度 α。读者试自行验证。

（2）当由动能定的微分形式求得式（4）后，可直接积分此式而求 ω_2。即

$$\int_0^{\omega_2}(3m_1+4m)\omega \mathrm{d}\omega=\int_0^{2\pi}M_O \mathrm{d}\varphi$$

但由动能定理的积分形式求得式（8）时，不得对此式取导求角加速度。因为此时的 ω_2 是一个确定的数值，在任意 φ 角时，该式不成立。

第四节　机械能守恒定理

一、势力场与势能

1. 势力场

若质点在某一空间中所受力的大小和方向完全由受力质点的位置决定，则称这部分空间为**力场**。当质点在力场中运动时，作用于该质点的力的功，只决定于质点的起始和末了位置，而与该质点的运动路径无关，则称该力场为**势力场**或**保守力场**。质点所受势力场的力，称为**有势力**或**保守力**。例如重力、弹性力、万有引力都是有势力，而重力场、弹性力场、万有引力场都是势力场。

2. 势能函数

在势力场中，当质点的位置改变时，有势力就要作功。因此，质点在势力场中某位置时，有势力所具有的作功能力，称为质点在该位置时的**势能**或**位能**。质点的势能在势力场中只能是相对值，我们可在势力场中任选一点 M_0 作为势能零点，即 M_0 点的势能为零。**当质点从任一点 M 运动到 M_0 的过程中，作用于该质点的有势力所作的功，定义为质点在 M 处的势能**。以 V 表示质点在 M 处的势能，则

$$V=\int_M^{M_0}\mathrm{d}'w=\int_M^{M_0}\overline{F}\cdot \mathrm{d}\overline{r} \tag{14-28}$$

因为有势力的功只和质点运动的始末位置有关，质点的势能可表示成质点位置坐标 x、y、z 的单值连续函数，称为**势能函数**。即

$$V=V(x、y、z) \tag{14-29}$$

在势力场中，势能相等的各点所组成的曲面，称为**等势面**。例如重力场的等势面是一个水平面。由全部零点所构成的等势面，称为零势面。对势能零点 M_0，质点在 M_1、M_2 点处的势能为 V_1 和 V_2。根据有势力作功与路径无关的特点，质点从 M_1 到 M_0 时有势力的功，与质点由 M_1 经过 M_2 点再到 M_0 点有势力的功应相等。即

$$V_1=\int_{M_1}^{M_2}\mathrm{d}'w+V_2$$

或

$$\int_{M_1}^{M_2}\mathrm{d}'w=V_1-V_2 \tag{14-30}$$

上式表明，**有势力的功等于质点在运动始末位置时的势能之差**。正因为如此，势能零点可以任意选取，而不影响有势力的作功。

3. 常见势力场中的质点势能

(1) 重力场

取势能零点为$M_0(x_0,y_0,z_0)$，根据重力功的公式 (14-8)，可得重为P的质点在重力场中的点$M(x,y,z)$处的势能为

$$V = P(z - z_0) \tag{14-31}$$

(2) 弹性力场

取弹簧无变形的原长处为势能零点，根据弹性力的功的表达式 (14-9)，可得质点在弹性力场中弹簧变形为λ的M处的势能为

$$V = \frac{1}{2}k\lambda^2 \tag{14-32}$$

二、有势力与势能函数的关系

1. 有势力的元功等于势能函数全微分的负值。

若质点发生微小位移$d\bar{r}=dx\bar{i}+dy\bar{j}+dz\bar{k}$时，有势力$\bar{F}$的元功，根据式 (14-30)，可表示为势能差，即

$$d'\omega = V(x,y,z) - V(x + dx, y + dy, z + dz)$$

故
$$d'w = - dV \tag{14-33}$$

2. 有势力在直角坐标轴上的投影，分别等于势能函数对相应坐标偏导数的负值。

若质点在任一位置M处的势能函数为V (x, y, z)，则势能函数的全微分为

$$dV = \frac{\partial V}{\partial x}dx + \frac{\partial V}{\partial y}dy + \frac{\partial V}{\partial z}dz$$

而力$\bar{F}=X\bar{i}+Y\bar{j}+Z\bar{k}$的元功解析式 (14-3) 为

$$d'w = Xdx + Ydy + Zdz$$

根据式 (14-33)，可得

$$X = -\frac{\partial V}{\partial x}, \quad Y = -\frac{\partial V}{\partial y}, \quad Z = -\frac{\partial V}{\partial z} \tag{14-34}$$

以上两点表明了势力场中有势力与势能函数的关系，也是势力场所具有的基本性质。

综上所述，我们就质点在势力场中的势能函数、有势力的功等问题进行了研究，但所得结论同样适用于质点系。质点系在势力场中某处的势能，等于系内各质点在相应位置处的势能之和。若质点或质点系在几个势力场中运动，则质点或质点系的总势能等于各种势能的代数和，并且各种势力场的势能零位可以分别独立选取。

三、机械能守恒定理

当质点系在势力场中运动时，设其始末位置的动能分别为T_1和T_2，而势能分别为V_1和V_2。根据动能定理的积分形式 (14-26)，有

$$T_2 - T_1 = \Sigma w$$

有势力的功等于质点系在始末位置时的势能之差，即

$$\Sigma w = V_1 - V_2$$

于是，由此二式可得

$$T_2 - T_1 = V_1 - V_2$$

即
$$T_1 + V_1 = T_2 + V_2$$

或 $$T + V = 常量 \tag{14-35}$$

质点系在任一位置处的动能和势能之和，称为**机械能**。上式表明，**质点系在势力场中运动时，其机械能保持不变**。这就是**机械能守恒定理**。由于势力场具有机械能守恒的特性，势力场故又称为保守力场，而有势力又称为保守力。

在势力场中，质点系的动能和势能可以相互转化，但机械能保持不变。若质点系在非保守力作用下运动，则机械能不再守恒。例如摩擦力作功将使机械能减少，而转化为另一种形式的热能。但机械能与其他形式能量（如热能、电能等）的总能量仍是守恒的，这就是物理学中众所周知的能量守恒定律。

【例 14-8】 图 14-8 所示系统中，物块 A 质量为 m_1，定滑轮质量为 m_2。视为均质圆盘，滑块 B 质量为 m_3，置于光滑水平面上，弹簧刚度系数为 k，绳与滑轮间无相对滑动。当系统处于静平衡时，若给 A 块以向下的速度 v_0，试求 A 块下降距离为 h 时的速度。

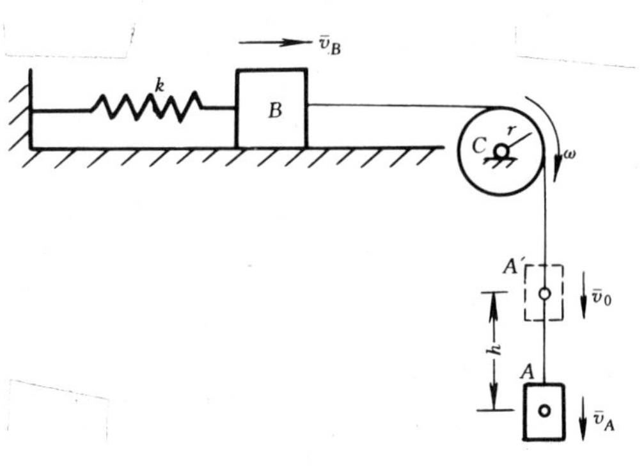

图 14-18

【解】 以整个系统为研究对象。在系统运动过程中，只有重力和弹性力作功，均为有势力，故可应用机械能守恒定理求解。

首先计算动能。取物块 A 的静平衡位置为初位置。当给 A 块初速度 v_0 时，因绳不可伸长，可知 B 块的初速度 $v_{B0}=v_0$，滑轮的初角速度 $\omega_0=v_0/r$。于是，系统的初动能为

$$\begin{aligned} T_1 &= \frac{1}{2}m_A v_0^2 + \frac{1}{2}m_B v_{B0}^2 + \frac{1}{2}J_0\omega_0^2 \\ &= \frac{1}{2}m_1 v_0^2 + \frac{1}{2}m_3 v_0^2 + \frac{1}{2}(\frac{1}{2}m_2 r^2)(v_0/r)^2 \\ &= \frac{1}{4}(2m_1 + m_2 + 2m_3)v_0^2 \end{aligned}$$

取重物 A 下降距离为 h 时作为末位置，设此时 A 块的速度为 v_A。同理，可得系统的末动能为

$$\begin{aligned} T_2 &= \frac{1}{2}m_1 v_A^2 + \frac{1}{2}(\frac{1}{2}m_2 r^2)(v_A/r)^2 + \frac{1}{2}m_3 v_A^2 \\ &= \frac{1}{4}(2m_1 + m_2 + 2m_3)v_A^2 \end{aligned}$$

其次计算势能。取弹簧未变形的末端为弹性力场的零点，取物块 A 下降 h 的位置为重力场的零点。弹簧的初变形，即静变形 $\lambda_1=m_1 g/k$，弹簧的末变形 $\lambda_2=\lambda_1+h=m_1 g/k+h$。于是，可得系统在初末位置时的总势能分别为

$$V_1 = m_1 gh + \frac{1}{2}k\lambda_1^2 = m_1 g(h + \frac{\lambda_1}{2})$$

$$V_2 = 0 + \frac{1}{2}k(\lambda_1 + h)^2 = m_1 g(h + \frac{\lambda_1}{2}) + \frac{1}{2}kh^2$$

根据机械能守恒定理 $T_1+V_1=T_2+V_2$ 得

$$\frac{1}{4}(2m_1 + m_2 + 2m_3)v_0^2 + m_1 g(h + \frac{\lambda_1}{2})$$

$$= \frac{1}{4}(2m_1 + m_2 + 2m_3)v_A^2 + m_1 g(h + \frac{\lambda_1}{2}) + \frac{1}{2}kh^2$$

所以，重物 A 下降 h 时的速度为

$$v_A = \sqrt{v_0^2 - \frac{2kh^2}{2m_1 + m_2 + 2m_3}}$$

讨论 关于势能零点的选取问题。若取静平衡位置为系统的势能零点，即弹簧的静变形端点为弹性力场的势能零点，A 块的初位置 A' 点为重力场的势能零点。则系统的初势能 $V_1=0$，而末势能为

$$V_2 = -mgh + \frac{k}{2}[\lambda_1^2 - (\lambda_1 + h)^2] = -m_1 gh + \frac{k}{2}[2\lambda_1 h + h^2]$$

$$= -m_1 gh + \frac{k}{2}2\frac{m_1 g}{k}h + \frac{k}{2}h^2 = \frac{k}{2}h^2$$

显然，势能零点选取不同，则势能不同。但有势力的总功 $\Sigma w = V_2 - V_1$ 与势能零点选取无关。

第五节 动力学普遍定理的综合应用

动量定理、动量矩定理和动能定理统称为动力学普遍定理，我们已分别对每个定理作了论述。每个定理都从某一方向反映了质点或质点系的运动特征量与力的作用量之间的关系，即它们从不同的侧面反映了物体机械运动的一般规律。因此，各个定理既有共性，又有各自的特点和适用范围。例如，动量和动量矩定理为矢量形式，不仅能求出运动量的大小，还能求出它们的方向；对于质点系，动量和动量矩的变化只取决于外力的主矢和主矩而与内力无关。但动能定理却是标量形式，不反映运动量的方向性；作功的力则包含外力和内力。所以对每个定理要有全面深刻地理解，在对比分析中掌握其特点和适用条件，并能熟练地计算有关的基本物理量，例如动量、动量矩、动能、力的冲量和功等。

动力学普遍定理的综合应用，是指根据给定问题的已知量和待求量，合理地选择其中的某一定理或应用两个以上定理联立求解。若对同一问题，几个定理都可求解时，将出现一题多种解法。这时应经过分析比较，以选取最简便的方法求解。

一般情况下，应从给定问题的待求量是力还是运动量着手分析，分析系统的外力特征和约束，有无内力作功的情况；分析各刚体的运动形式及其运动量间的关系。然后选用能将未知量和已知量联系起来的定理求解。若已知主动力求质点系的运动，对于理想约束系统，尤其是多刚体系统，应首选动能定理求解。其次考虑有无动量守恒、质心运动守恒或动量矩守恒的情况，或选用其它定理求解。若已知质点系的运动求未知力，可选取质心运动定理、动量矩定理或刚体平面运动微分方程。对于既求运动又求力的动力学问题，一般先根据已知力，求出系统的运动量；再根据已求出的运动量，求解未知力。

由于动力学问题的复杂性以及题目的多样性，它可以包含静力学及运动学中的内容和方法，而动力学普遍定理概念性强，应用时又特别灵活。因此，只有通过解题实践，举一反三，提高分析问题和综合应用的能力，才能熟练运用动力学普遍定理灵活解题。

下面举例说明动力学普遍定理的综合应用。

【例 14-9】 均质细直杆 OA 重 $G=100$ N，长为 $l=4$ m，O 处为光滑铰链，A 端用刚度系数 $k=20$ N/m 的弹簧连于 B 点如图 14-19a 所示。此时弹簧无伸长。当杆在铅垂位置时，施加矩 $M=20$ N·m 的力偶作用，使杆从静止开始作转动，求杆转到水平位置时 O 处的反力。

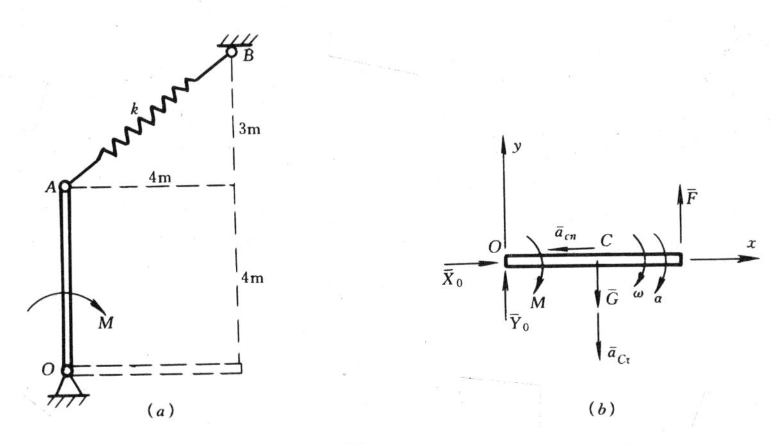

图 14-19

【解】 求杆在水平位置时的约束反力，可应用质心运动定理求解，但要先求杆在该位置时的质心 C 的加速度。由于 OA 杆作定轴转动，质心 C 的加速度可通过杆的角速度与角加速度计算，而角速度可应用动能定理求解，角加速度可由定轴转动微分方程求解。具体求解如下：

(1) 求 OA 杆的 ω

分别取杆的铅垂和水平位置为杆运动的初瞬和末瞬。由题设知，$T_1=0$。杆在末瞬时的动能为

$$T_2=\frac{1}{2}J_0\omega^2=\frac{1}{2}(\frac{1}{3}ml^2)\omega^2=\frac{1}{6}ml^2\omega^2$$

$$=\frac{1}{6}\frac{100}{9.8}\cdot 4^2\omega^2=27.2\omega^2(\text{J}) \tag{1}$$

杆在此运动过程中，作功的力有重力、弹性力和力偶。所有力的功为

$$\Sigma w=G\cdot\frac{l}{2}+\frac{k}{2}[0-(7-5)^2]+M\cdot\frac{\pi}{2}$$

$$=100\times 2+\frac{20}{2}\times 4+20\cdot\frac{\pi}{2}=191.4\text{ J} \tag{2}$$

根据动能定理 $T_2-T_1=\Sigma w$，可得

$$27.2\omega^2=191.4$$

解得

$$\omega=2.65\text{ rad/s}(\downarrow) \tag{3}$$

(2) 求 OA 杆的 α

杆在水平位置时受到弹性力的大小为 $F=20\cdot 2=40$ N。对图 14-19b，应用刚体定轴转动微分方程 $J_0\alpha=\Sigma m_0(\overline{F}^e)$，得

$$\frac{1}{3}ml^2 \cdot \alpha = G \cdot \frac{l}{2} + M - Fl \tag{4}$$

得
$$\alpha = \frac{3(200 + 20 - 40.4)}{100 \cdot 4^2} = 1.1 \text{ rad/s}^2(\downarrow)$$

(3) 求反力 $\overline{X}_0$、$\overline{Y}_0$

杆在水平位置时，其质心加速度

$$a_{c\tau} = \frac{l}{2}\alpha = 2 \cdot 1.1 = 2.2 \text{ m/s}^2 \tag{5}$$

$$a_{cn} = \frac{l}{2}\omega^2 = 2 \cdot 2.65^2 = 14.0 \text{ m/s}^2 \tag{6}$$

对受力图 14-19b，应用质心运动定理

$$ma_{cx} = -ma_{cn} = X_0 \tag{7}$$

$$ma_{cy} = -ma_{c\tau} = Y_0 - G + F \tag{8}$$

分别解出

$$X_0 = -ma_{cn} = -\frac{100}{9.8} \cdot 14 = -142.9 \text{ N}$$

$$Y_0 = G - F - ma_{c\tau} = 100 - 40 - \frac{100}{9.8} \cdot 2.2 = 37.6 \text{ N}$$

其中，负号表示力的实际方向与假设的相反。

讨论 关于 OA 杆的 ω 和 α。杆在任一位置 φ 角时，应用动能定理求出 ω，ω 是转角 φ 的函数，可通过对 t 求导而得 α。再代入 $\varphi=\pi/2$，即可求得杆在水平位置时的 ω 和 α 的值。本题若采用此法比较麻烦。但不得对应用动能定理所得的式 (3) 取导数。因为此时的 ω 是确定的数值。

【例 14-10】 物块 B 的质量 $m_B=4$ kg，置于光滑的水平平面上，在物块 B 的斜面上放一质量为 $m_A=2$ kg 的小方块 A，如图 14-20 所示。已知斜面边长为 $l=0.5$ m，两物块间的动摩擦系数 $f=0.2$。A 块由静止开始沿斜面下滑，当 A 块脱离斜面时，求物块 B 的速度。

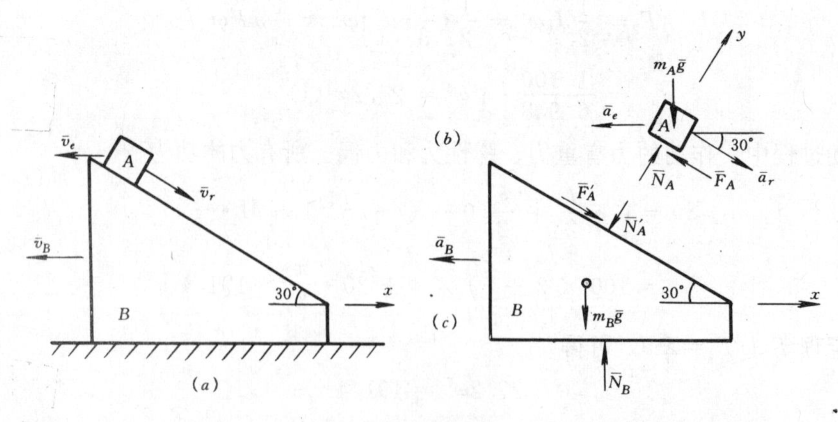

图 14-20

【解】 由于系统所受外力在水平方向的投影为零，当 A 块下滑时，必将引起 B 块向左滑动，可见 A 块的运动为合成运动。以系统为研究对象，应用动能定理求 B 块的速度 $\bar{v}_B$ 时，也要用到 A 块的绝对速度 $\bar{v}_A$，$\bar{v}_A$ 中应包含 A 块沿斜面的相对速度 $\bar{v}_r$，而 $\bar{v}_r$ 与 $\bar{v}_B$ 并无运动

学关系，必须由动力学定理求解。根据外力特征，显然系统动量在水平方向守恒。于是，$\bar{v}_B$ 可由动量守恒定理与动能定理综合求解。但应注意到，应用动能定理时，物块间的摩擦力虽为内力，因有相对位移发生而作负功。因而，还应求解两物块间的正压力，即应分别研究二物块，应用质心运动定理求解。具体求解如下：

（1）求两物块间的正压力

取物块 A 为研究对象，受力如图 14-20b。根据质心运动定理 $Ma_{cy}=\Sigma Y^e$，得

$$-m_A a_e \sin 30° = N_A - m_A g \cos 30° \tag{1}$$

取物块 B 为研究对象，受力如图 14-20c。根据 $Ma_{cx}=\Sigma X^e$，得

$$m_B a_B = N'_A \sin 30° - F'_A \cos 30° \tag{2}$$

注意到　$N_A=N'_A$，$F'_A=fN'_A=fN_A$ 及 $a_e=a_B$。由式（1）与式（2）可解出

$$N_A=\frac{m_A m_B g \cos 30°}{m_B + m_A(\sin^2 30° - f\sin 30° \cos 30°)}$$

$$=\frac{8\sqrt{3}}{9-0.3\sqrt{3}}=1.634g \tag{3}$$

（2）求 $\bar{v}_r$ 与 $\bar{v}_B$ 之关系

根据系统在水平方向的动量守恒（图 14-20a），可得

$$m_B v_B + m_A v_{Ax} = 0$$

因为 $\bar{v}_A=\bar{v}_e+\bar{v}_r=\bar{v}_B+\bar{v}_r$，$v_{Ax}=v_B-v_r\cos 30°$，则上式成为

$$m_B v_B + m_A(v_B - v_r \cos 30°) = 0 \tag{4}$$

于是，可将 v_r 以 v_B 表示为

$$v_r=\frac{m_A+m_B}{m_A\cos 30°}v_B=\frac{2+4}{2\cdot\sqrt{3}/2}v_B=2\sqrt{3}v_B \tag{5}$$

（3）求 v_B

取 A 块位于斜面顶点时为初瞬时，系统静止，可知 $T_1=0$。取 A 块脱离斜面时为末瞬时，系统的动能

$$T_2=\frac{1}{2}m_A v_A^2+\frac{1}{2}m_B v_B^2$$

$$=\frac{1}{2}m_A(v_B^2+v_r^2-2v_B v_r\cos 30°)+\frac{1}{2}m_B v_B^2$$

将式（5）的 v_r 代入上式，得

$$T_2=\frac{1}{2}\cdot 2(v_B^2+12v_B^2-4\sqrt{3}\cdot\frac{\sqrt{3}}{2}v_B^2)+\frac{4}{2}v_B^2=9v_B^2 \tag{6}$$

在整个运动过程中，A 块的重力作正功，物块 A、B 间的一对内摩擦力在相对运动中作负功，其他力不作功。则

$$\Sigma w = m_A g \cdot l\sin 30° - fN_A l$$

将已求得 N_A 代入上式，可得

$$\Sigma w = 2g\cdot 0.5\cdot\frac{1}{2}-0.2\cdot 1.634g\cdot 0.5=0.337g \tag{7}$$

根据动能定理 $T_2-T_1=\Sigma w$，得

$$9v_B^2 = 0.337g$$

故
$$v_B = \sqrt{\frac{0.337 \times 9.8}{9}} = 0.61 \text{ m/s}$$

注意 本题在求正压力时，由于合理地选取投影轴而较简地求得了 $\overline{N}_A$。在求 $\overline{v}_A$ 和 $\overline{a}_A$ 时，应用了速度合成定理和牵连运动为平动的加速度合成定理。因此，在动力学的解题中，应及时复习静力学和运动学的有关理论和方法。

思考题

1. 力的元功 $d'w = Xdx + Ydy + Zdz$ 中，Xdx、Ydy、Zdz 是否分别是元功在直角坐标轴上的投影？

2. 弹性力的功与弹簧的变形有关。当弹簧的变形增加一倍时，能否说其功也增大一倍？

3. 摩擦力在什么情况下作功？能否说摩擦力恒作负功？为什么？

4. 作用在转动刚体上的力偶，若力偶作用面与转轴不垂直时，其功应如何计算？

5. 动量和动能是机械运动的两种度量，试说明它们的不同？

6. 平面运动刚体的动能，是否等于随基点平动的动能和相对基点转动的动能之和。

7. 质点系的约束反力是否能改变质点系的动能？

8. 若作用于质点系的外力主矢和主矩都等于零，试问该质点系的动能和质心的运动状态会不会改变？为什么？

9. 有势力有什么特点？它与势能函数有何关系？

10. 动能和势能有无区别？在势力场中两者有什么联系？

习　题

14-1　已知质点受力为 $\overline{F} = y^2\overline{i} + x^2\overline{j}$，沿曲线 $\overline{r} = a\cos t\overline{i} + b\sin t\overline{j}$ 运动。求 $t=\pi$ 到 $t=0$ 时力 $\overline{F}$ 所作的功。

14-2　质点在常力 $\overline{F} = 3\overline{i} + 4\overline{j} + 5\overline{k}$ 作用下运动，其运动方程为 $\overline{r} = \left(2+t+\frac{3}{4}t^2\right)\overline{i} + t^2\overline{j} + \left(t+\frac{5}{4}t^2\right)\overline{k}$（$F$ 以 N 计，r 以 m 计，t 以 s 计）。求在 $t=0$ 到 $t=2$s 时间内力 $\overline{F}$ 所作的功。

14-3　弹簧的刚度系数为 k，其一端固连于铅垂平面内的圆环顶点 O，另一端与可沿圆环滑动的小套环 A 相连如图示。设小套环重 G，弹簧的原长等于圆环的半径 r。在小环由 A_1 到 A_2 和由 A_2 到 A_3 的过程中，试分别计算重力和弹性力的功。

14-4　绕线轮在常力 $\overline{F}$ 作用下沿水平面作纯滚动，当轮心移动距离为 S 时，试求力 $\overline{F}$ 所作的功。

14-5　图示各均质圆轮，质量为 M，半径为 R，角速度为 ω。试写出该瞬时各轮的动能。图（c）圆轮沿水平面作纯滚动。

14-6　图示各均质杆的质量均为 m，且以角速度 ω 绕 O 轴转动，l 为已知。试写出各杆在图示瞬时的动能。

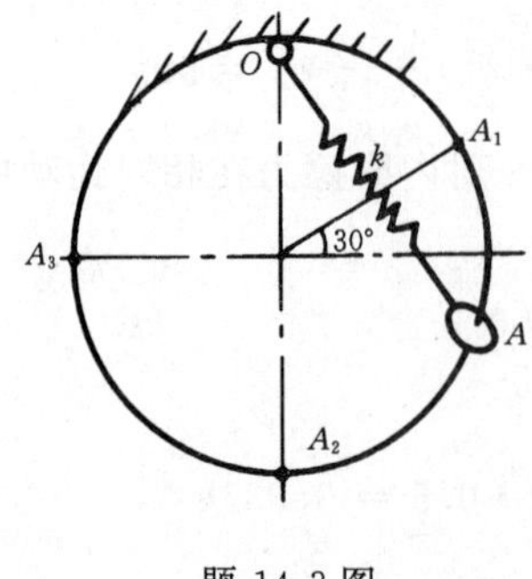

题 14-3 图

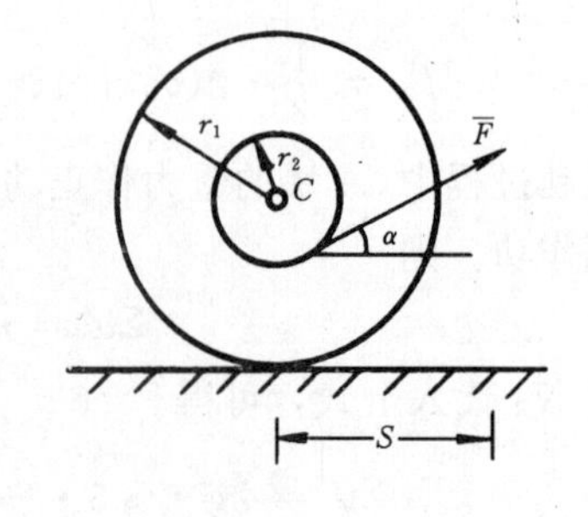

题 14-4 图

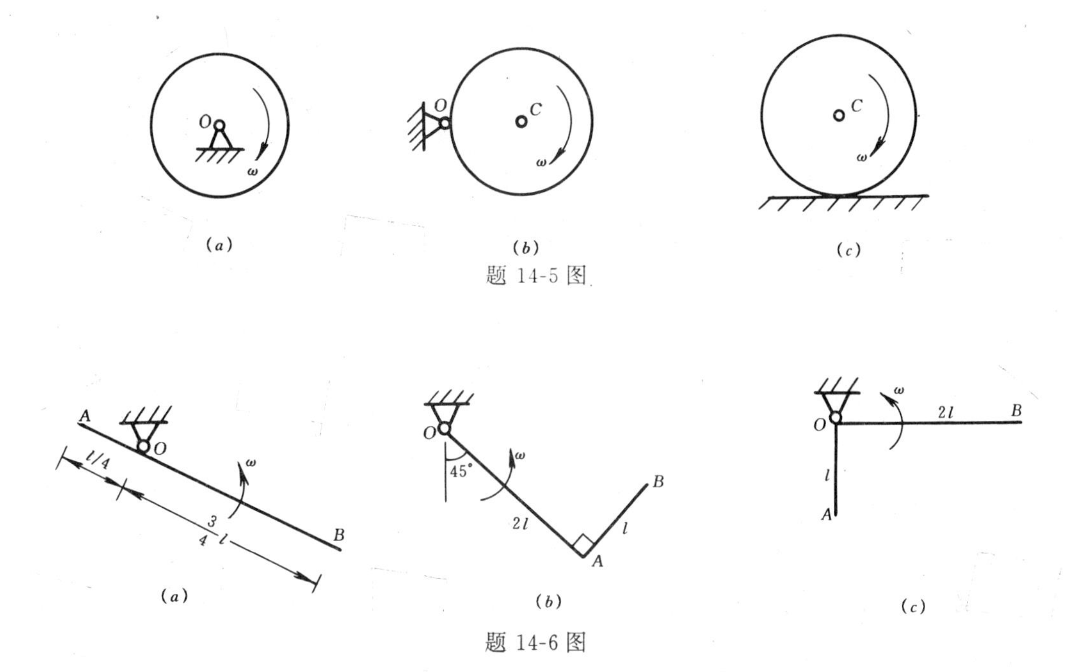

题 14-5 图

题 14-6 图

14-7　车身的质量为 m_1，支承在两对相同的车轮上，每对车轮的质量为 m_2，可视为半径为 r 的均质圆盘。已知车的速度为 $\bar{v}$，车轮沿水平面作纯滚动。求整个系统的动能。

14-8　匀质细杆 AB 的质量为 m，长为 l，置于铅垂平面内，杆的两端可沿接触面滑动。当杆与水平面的夹角 $\varphi=60°$时 B 端的速度为 $\bar{v}_B$，求此瞬时杆 AB 的动能。

14-9　重为 W 的滑块 A，以速度 $\bar{v}_A$ 在滑道内滑动。其上铰接均质杆 AB，AB 杆长为 l，重为 P，以角速度 ω 绕 A 轴转动。当 AB 杆与铅垂线的夹角为 φ时，求系统的动能。

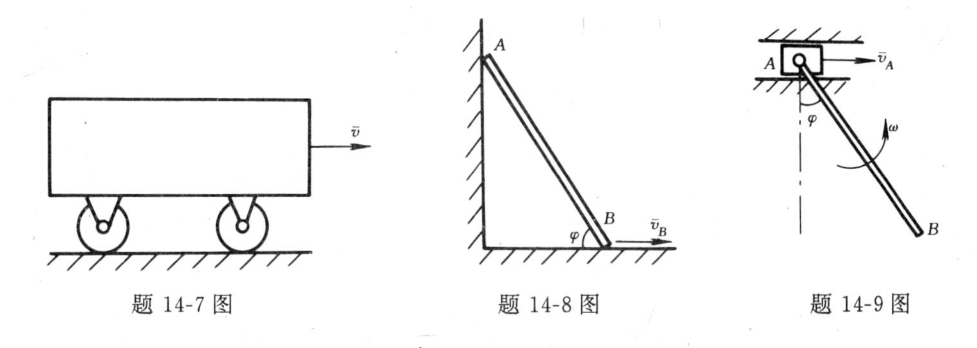

题 14-7 图　　题 14-8 图　　题 14-9 图

14-10　一个重为 1N 的小球 C，用橡皮弹弓水平弹出如图示。已知 $a=6$cm，$b=4$cm，橡皮原长 $l_0=5$cm，在图示平衡位置时，拉力 $P=2$N。试求小球被弹离时的速度。

14-11　质量为 m 的重物 A，沿倾角为 α 的斜面由静止开始下滑，经距离 S 后，碰在刚度系数为 k 的弹簧上，致使弹簧压缩了 λ。试求重物与斜面间的动摩擦系数 f 的值。

14-12　自动弹射器的弹簧原长为 $l_0=20$cm，欲使弹簧长度改变 1cm 需力 2N。若弹射器水平放置，小球 A 质量为 $m=0.03$kg，当弹簧被压缩到 10cm 长时，求射出小球 A 的速度。

14-13　质量 $m=3$kg 的滑块 M，受拉力 $P=50$N 的作用，可沿半径为 R 的固定圆形导杆滑动如图示。若滑块从静止位置 A 滑动到位置 B，不计摩擦，试求滑块到达 B 点时的速度。

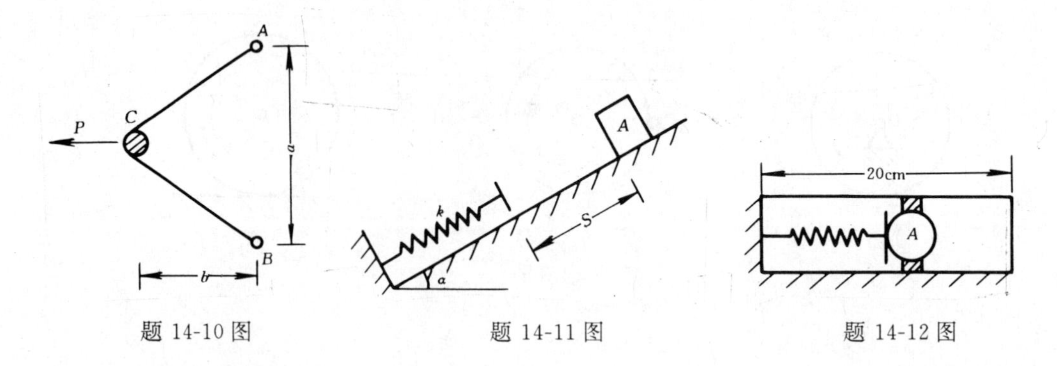

题 14-10 图　　题 14-11 图　　题 14-12 图

14-14　图示系统中，均质圆盘 A 的半径为 R，重为 P_1，可沿水平面作纯滚动；动滑轮 C 的半径为 r 重为 P_2；重物 B 重为 P_3。系统从静止开始运动，不计绳重，当重物 B 下落的距离为 h 时，试求圆盘中心的速度和加速度。

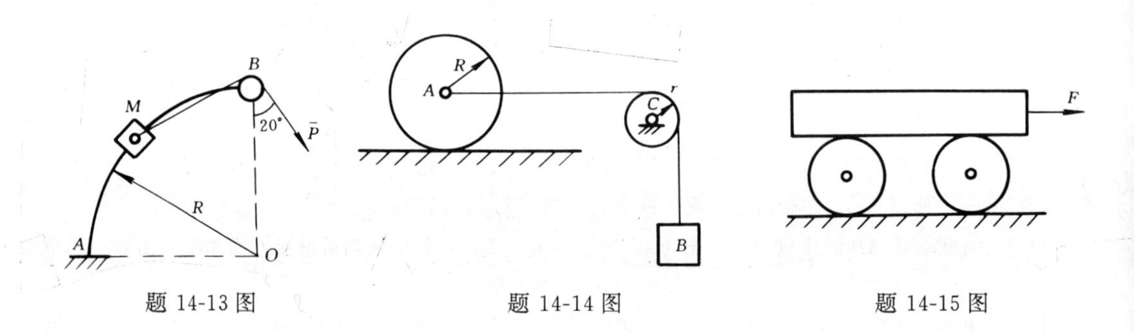

题 14-13 图　　题 14-14 图　　题 14-15 图

14-15　质量为 m_1 的平板，放在两个均质滚子上，滚子的质量为 m_2，半径为 R。若在板上施加水平方向的常力 $\bar{F}$，系统由静止开始运动，求板移动距离为 S 时的速度 v 和加速度 a。设滚子沿地面作纯滚动。

14-16　均质杆 OA 的质量为 $m=30$ kg，杆在铅垂位置时弹簧处于自然状态。设弹簧刚度系数 $k=3$ kN/m，欲使杆由铅垂位置 OA 转到水平位置 OA' 时，求在铅垂位置时杆的初角速度 ω_0。

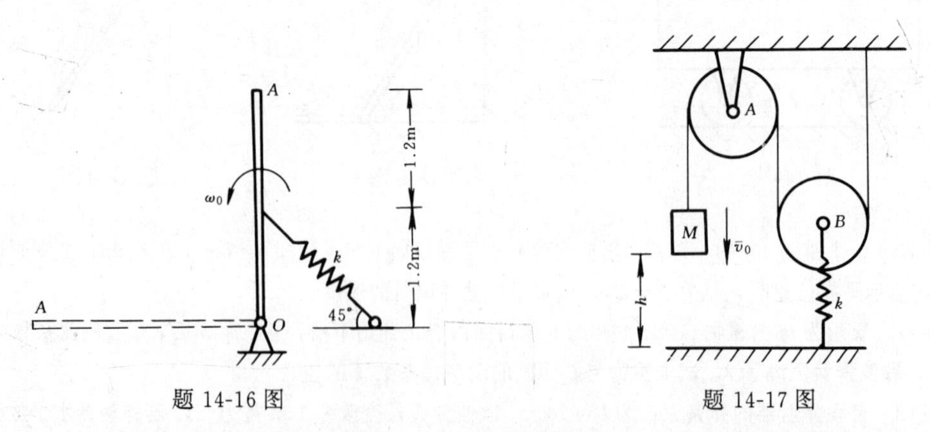

题 14-16 图　　题 14-17 图

14-17　图示系统中，已知物块 M 和滑轮 A、B 的重量均为 P，且滑轮可视为均质圆盘，弹簧的刚度系数为 k。当 M 块离地面的距离为 h 时，系统处于平衡。欲使 M 向下运动恰能达到地面，求应给 M 块的初速度 v_0。

14-18　长 $l=1$ m、重为 P 的两根均质杆 AB 和 BD 铰接如图示。若系统在 AB 杆处于水平位置时无初速地释放，试求 BD 杆运动到水平位置时 D 点的速度。不计各处摩擦和小轮 D 的质量。

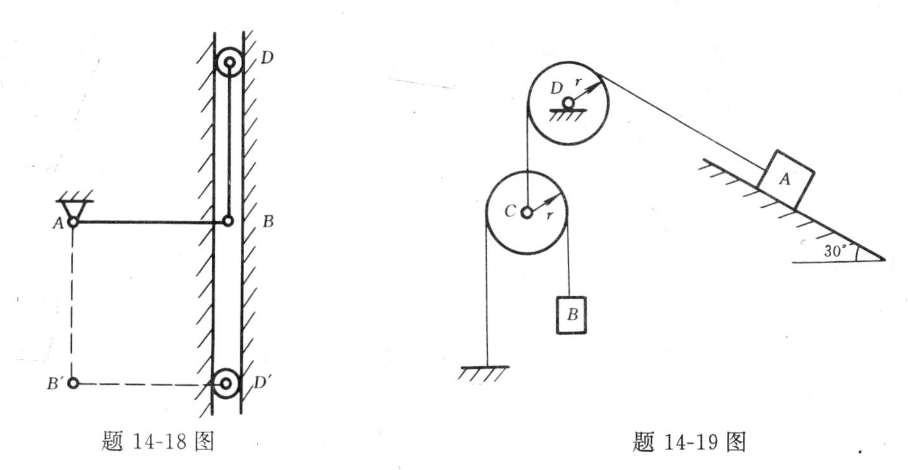

题 14-18 图　　　　题 14-19 图

14-19　图示系统中，已知物块 A、B 的质量分别为 $m_A=5$ kg，$m_B=1$kg；均质滑轮 C、D 的半径均为 r，质量分别为 $m_C=1$ kg，$m_D=2$ kg；物块 A 与斜面间的动摩擦系数 $f=0.1$。绳与轮间无相对滑动，轴承处摩擦不计，试求物块 B 的加速度。

14-20　行星轮机构置于水平面内。已知动齿轮半径为 r，重为 P，可视为均质圆盘；曲柄 OA 重 Q，视为均质杆；定齿轮半径为 R。今在曲柄上作用一常力偶，其力偶矩为 M，使此机构由静止开始运动，试求曲柄的角速度及其转角 φ 的关系。

14-21　均质杆 AB 长为 $2l$，重为 P，其 A 端置于光滑水平面上。杆在铅垂位置时处于静止，由于扰动而倒下。试求杆质心 C 的速度和离地面高度 h 间的关系。

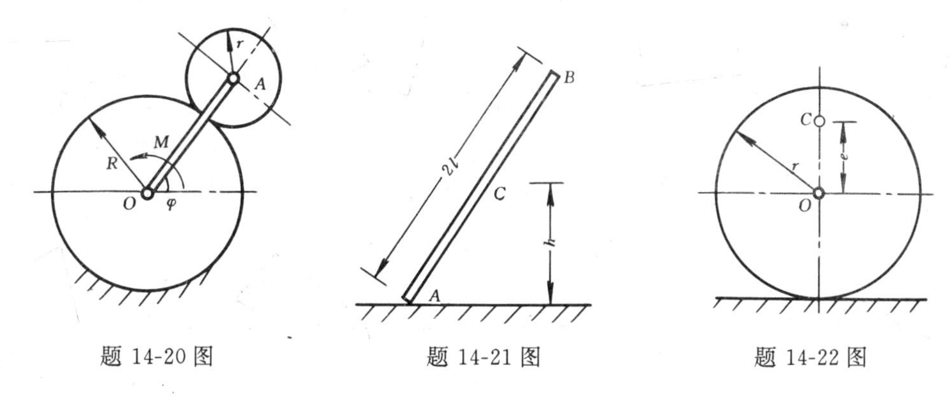

题 14-20 图　　　　题 14-21 图　　　　题 14-22 图

14-22　偏心轮 O 的半径为 r，质量为 m，其质心 C 距几何中心的距离为 e，对几何中心的转动惯量为 J_0，开始质心 C 处于最高位置。由于扰动，轮 O 将在水平面上作纯滚动。当质心 C 与几何中心 O 在同一水平线上时，求轮的角速度。

14-23　图示矿井提升机构中，鼓轮的质量为 m，对 O 轴的回转半径为 ρ，固联在一起的两轮的半径分别为 R 和 r；平衡块 B 重为 m_2g，料车 A 重为 m_1g。当鼓轮作用常力矩 M_0 使料车沿倾角为 α 的轨道运动时，求：(1) 料车的加速度；(2) 两段钢绳中的拉力。

14-24　半径为 R 的细圆环以初角速度 ω_0 绕铅直轴 z 转动，质量为 m 的小环 M 由静止开始从 A 处下落。已知大环对 z 轴的转动惯量为 J，小环视为质点，不计摩擦。求小环到达 B 处和 C 处时大环的角速度和小环的速度。

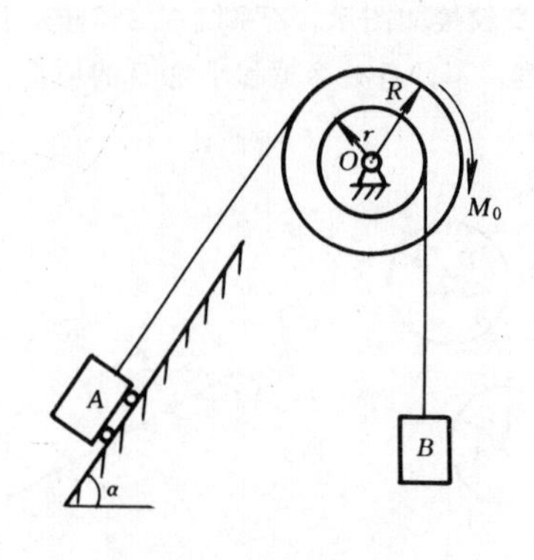

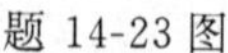
题 14-23 图

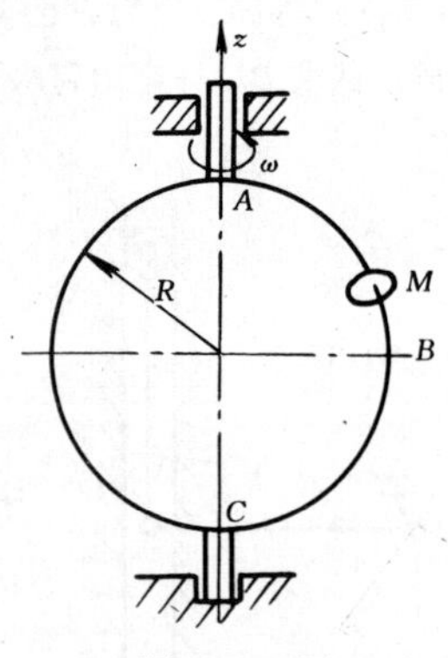

题 14-24 图

14-25　质量为 m_1 和 m_2 的滑块 A 和 B，分别套在两根相平行的光滑水平导杆上，连接 A、B 块的弹簧的刚度系数为 k，弹簧原长为 l_0。现将二滑块拉开，使其水平距离为 l，在初速为零的情况下释放。当两滑块运动到同一铅垂线时，试求其速度的大小。

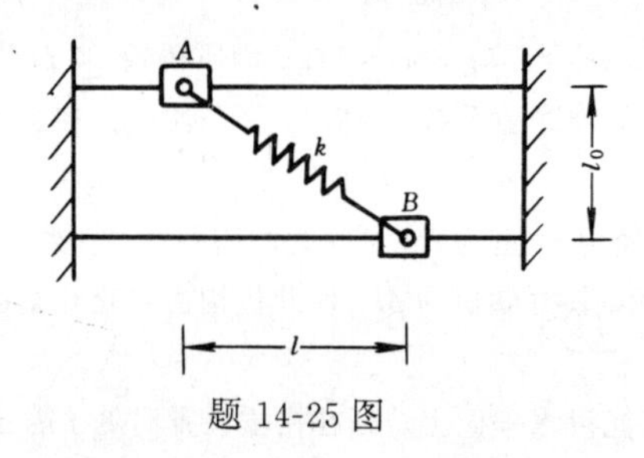

题 14-25 图

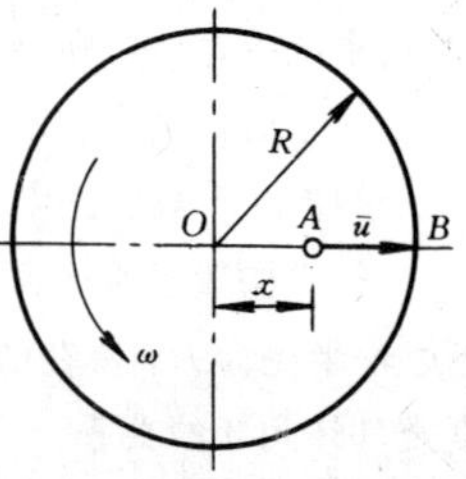

题 14-26 图

14-26　一半径为 R、重为 Q、可绕通过中心 O 的铅垂轴转动的水平圆台如图示。重为 P 的人沿半径 OB 以相对速度 $\bar{u}$ 向外行走。开始时人在圆台中心，此时圆台角速度为 ω_0。圆台可视为均质圆盘，求人用于改变系统动能的功（以 x 表示）。

14-27　图示系统中，已知 $m_A = m_B = 5\ \text{kg}$，$k = 7\ \text{N/cm}$。均质圆盘 A 沿斜面作纯滚动。现将圆盘从静平衡位置向下移过 10 cm 后放开，求圆盘回到静平衡位置时斜面 B 的速度。

14-28　图示均质杆 AB 重 W，长为 $2l$，B 端置于光滑水平面上，A 端系有长为 l 的细绳。开始时，绳 OA 位于水平位置，O、B 在同一铅垂线上，初速为零。当 OA 运动到铅垂位置 OA' 时，求：(1) B 点的速度；(2) 绳子的拉力；(3) 地面的反力。

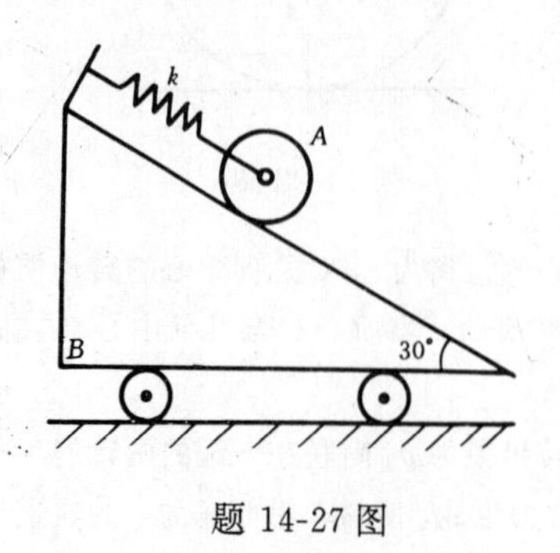

题 14-27 图

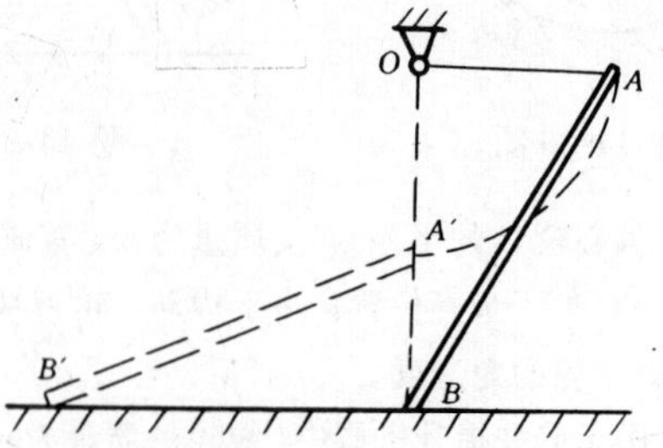

题 14-28 图

第十五章　达朗伯原理

第一节　质点的达朗伯原理

达朗伯原理是非自由质点系动力学的基本原理，通过引入惯性力，建立虚平衡状态，可把动力学问题在形式上转化为静力学平衡问题而求解。这种求解动力学问题的普遍方法，称为动静法。动静法在工程技术中有广泛地应用。

一、质点的达朗伯原理

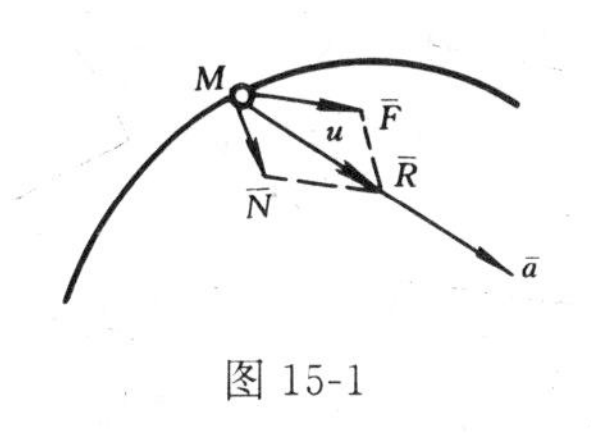

图 15-1

设质量为 m 的非自由质点 M，在主动力 $\overline{F}$ 和约束反力 $\overline{N}$ 的作用下，作曲线运动如图 15-1 所示。在图示瞬时，设 M 点的加速度为 $\bar{a}$，则质点 M 的动力学基本方程为

$$m\bar{a}=\overline{F}+\overline{N}$$

将上式移项，得

$$\overline{F}+\overline{N}+(-m\bar{a})=0$$

令

$$\overline{F}^I=-m\bar{a} \tag{15-1}$$

显然，$\overline{F}^I$ 具有力的量纲，称为质点 M 的**惯性力**。

则有

$$\overline{F}+\overline{N}+\overline{F}^I=0 \tag{15-2}$$

现在，我们从静力学的角度来考察式(15-2)的矢量式所表达的力学意义。若将 $\overline{F}$、$\overline{N}$ 和 $\overline{F}^I$ 视为汇交于一点的力系，则式(15-2)恰恰就是这个汇交力系的平衡条件。事实上，质点 M 只作用有主动力 $\overline{F}$ 和约束反力 $\overline{N}$，并没有受到惯性力 $\overline{F}^I$ 的作用。因而我们构造一个与式(15-2)相对应的质点 M 的平衡状态，很简单，只要将惯性力 $\overline{F}^I$ 人为地施加于质点 M 上就可以了(图 15-2)。习惯上称为在质点 M 上虚加惯性力。这样一来，一个虚拟的质点平衡状态(图 15-2)便与力系的平衡条件（式（15-2））一一对应起来，我们便可对虚拟的平衡状态，采用静力学列平衡方程的方法来建立动力学方程。因为式(15-2)只是质点动力学基本方程的移项而已，并未改变它的动力学本质。

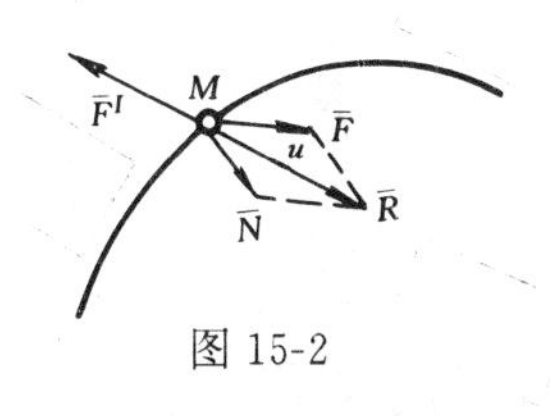

图 15-2

综上述，可得质点的达朗伯原理：**质点在运动的每一瞬时，作用于质点上的主动力、约束反力和该质点的惯性力组成一个平衡力系**。

实质上，达朗伯原理对质点的动力学基本方程重新赋予了静力学虚拟平衡的结论。这就提供了在质点上虚加惯性力，采用静力学平衡方程的形式来求解动力学问题的方法，称为质点的**动静法**。

必须指出，惯性力是人为地虚加在运动的质点上，是为了应用静力学的方法而达到求解动力学的目的所采取的一种手段，质点的平衡状态是虚拟的。千万不可认为惯性力就作用在运动的物体上，甚至错误地把惯性力视为主动力去解释一些工程实际问题。

二、惯性力的概念

在达朗伯原理中，惯性力无疑是一个关键。我们对惯性力的概念作进一步地阐述。

具有质量 m 的物块 A 和 B，置于光滑的水平面上，受水平力 $\overline{P}$ 作用（图 15-3a），所获得的加速度为 $\overline{a}$。根据质点的动力学基本方程，可得物块 B 所受到的作用力（图 15-3c）$\overline{F}=m\overline{a}$。根据作用与反作用定律，物块 A 必受到 B 块的反作用力 $\overline{F'}$，并且 $\overline{F'}=-\overline{F}=-m\overline{a}$。注意到式（15-1），则 $\overline{F^I}=\overline{F'}$

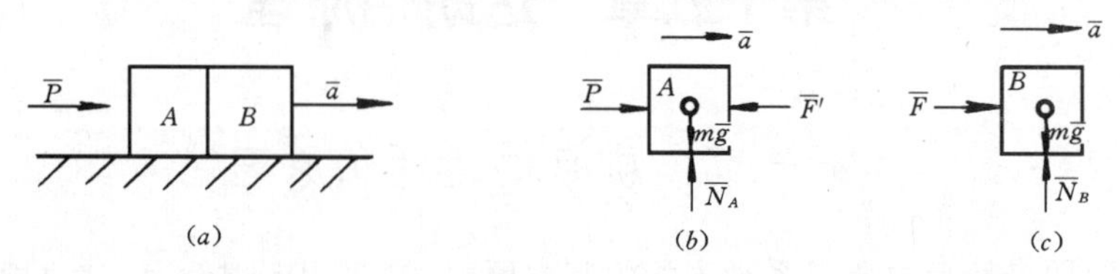

图 15-3

可见，物块 B 的惯性力，就是获得加速度的物块 B 而给予施力体（A 块）的反作用力。物块 B 的质量愈大，其惯性愈大，则给施力体的反作用力也愈大。因此称此反作用力为惯性力。显然，物块 B 的惯性力并不作用在物块 B 上，但它却是一个真实的力。

总之，质点的惯性力是：**当质点受力作用而产生加速度时，由于其惯性而对施力体的反作用力。质点惯性力的大小等于质点的质量与加速度的乘积，方向与加速度方向相反。**

当质点作曲线运动时，若将质点的加速度分解为**切向加速度 $\overline{a}_\tau$** 和**法向加速度 $\overline{a}_n$**，则质点的惯性力 $\overline{F^I}$，也分解为**切向惯性力 $\overline{F}^I_\tau$** 和**法向惯性力 $\overline{F}^I_n$**，即

$$\overline{F}^I_\tau=-m\overline{a}_\tau, \quad \overline{F}^I_n=-m\overline{a}_n \tag{15-3}$$

$\overline{F}^I_n$ 的方向背离曲率中心，就是通常所说的离心惯性力，简称为**离心力**。

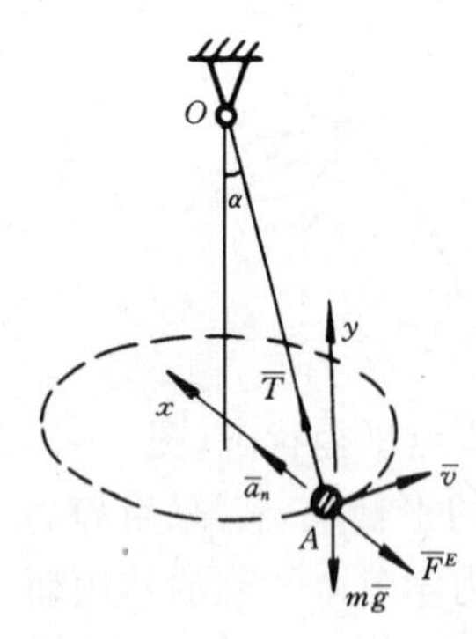

图 15-4

【例 15-1】 图 15-4 所示圆锥摆中，质量为 m 的小球 A，系于长为 l 的无重细绳上，在水平面内作匀速圆周运动（绳与铅垂线夹角 α 保持不变）。试求小球 A 的速度和绳的拉力。

【解】 以小球 A 为研究对象。在任一位置时，小球受力有重力 $m\overline{g}$ 和绳的拉力 $\overline{T}$。由题意知，小球作匀速圆周运动，切向加速度 $a_\tau=0$，法向加速度 $a_n=\dfrac{v^2}{l\sin\alpha}$。于是，小球 A 的惯性力的大小为

$$F^I=F^I_n=ma_n=\frac{mv^2}{l\sin\alpha}$$

将 $\overline{F^I}$ 虚加在小球 A 上，根据达朗伯原理，小球则处于虚平衡状态。由平衡方程

$$\Sigma Y=0\ , \quad T\cos\alpha-mg=0$$

得

$$T=mg/\cos\alpha$$

$$\Sigma X=0 \quad T\sin\alpha-F^I=0$$

即

$$\frac{mg}{\cos\alpha}\cdot\sin\alpha-\frac{mv^2}{l\sin\alpha}=0$$

故

$$v=\sqrt{gl\sin\alpha\tan\alpha}$$

【例 15-2】 球磨机如图 15-5a 所示。当鼓室绕水平轴转动时，钢球被鼓室带到一定高度，此时脱离筒面沿抛物线轨迹下落，与物料相碰撞以破碎物料。若鼓室的直径为 d，设钢球与筒壁间无滑动，试求最外层钢球的脱离角 α 与鼓室转速 n 的关系。

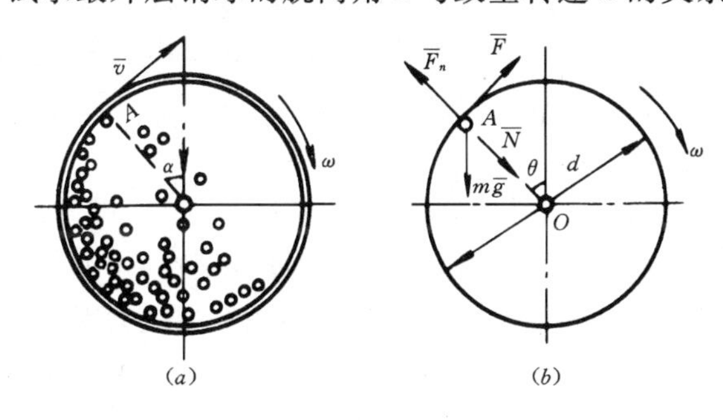

图 15-5

【解】 应先求出钢球在任一位置（以 θ 角表示）时的约束反力 $\overline{N}$，若钢球脱离筒壁，则 $N=0$。此时的角 θ 即是脱离角 α。

取最外层钢球 A 为研究对象，设钢球的质量为 m。钢球在任意位置时，受力有重力 $m\bar{g}$、约束反力 $\overline{N}$ 和静摩擦力 $\overline{F}$，如图 15-5b 所示。

设鼓室以匀角速度 ω 转动，此时钢球的 $a_\tau=0$，$a_n=\dfrac{d}{2}\omega^2$。可得钢球惯性力的大小为

$$F^I=F_n^I=ma_n=\frac{d}{2}m\omega^2 \tag{1}$$

将 $\overline{F}^I$ 虚加在钢球 A 上，则钢球处于虚平衡（图 15-5b）。由

$$\Sigma F_n=0\ ,\qquad N+mg\cos\theta-F^I=0 \tag{2}$$

得

$$N=mg\left(\frac{d\omega^2}{2g}-\cos\theta\right)$$

令 $N=0$，可求出脱离角 α 为

$$\cos\alpha=\frac{d\omega^2}{2g}=\frac{d\pi^2n^2}{2\times 900g}=\frac{d\pi^2n^2}{1800g} \tag{3}$$

$$\alpha=\arccos\frac{d\pi^2n^2}{1800g}$$

讨论 实际上，当 $\alpha=54°40'$ 时，钢球脱离筒壁可得到最大的打击力。若设鼓室的直径 $d=3.2$ m，则由式（3）可求出滚筒的转速 $n=18$ r/min。

第二节 质点系的达朗伯原理

一、质点系的达朗伯原理

现将质点的达朗伯原理推广并应用于质点系。设由 n 个质点所组成的非自由质点系，其中任一质点 M_i 的质量为 m_i，作用有主动力 $\overline{F}_i$，约束反力 $\overline{N}_i$。某瞬时质点的加速度为 $\bar{a}_i$，则质点的惯性力为 $\overline{F}^I=-m_i\bar{a}_i$。根据达朗伯原理，对于质点 M_i 虚加上惯性力 $\overline{F}_i^I$，该质点必处于虚平衡状态。则

$$\overline{F}_i + \overline{N}_i + \overline{F}_i^I = 0 \quad (i = 1,2,\cdots,n) \tag{15-4}$$

此式表明，**在质点系运动的任一瞬时，作用于每一质点上的主动力、约束反力和该质点的惯性力都组成一个平衡力系**。这就是**质点系的达朗伯原理**。

由于每个质点在主动力、约束反力和惯性力作用下都处于虚平衡状态，因而整个质点系也必处于虚平衡状态。根据空间一般力系的平衡条件，作用于质点系的力系的主矢和对任一点的主矩都等于零。即

$$\left.\begin{aligned} &\Sigma\overline{F} + \Sigma\overline{N} + \Sigma\overline{F}^I = 0 \\ &\Sigma\overline{m}_O(\overline{F}) + \Sigma\overline{m}_O(\overline{N}) + \Sigma\overline{m}_O(\overline{F}^I) = 0 \end{aligned}\right\} \tag{15-5}$$

若以 $\overline{R}_F$、$\overline{R}_N$ 和 $\overline{R}^I$ 分别表示主动力系、约束力系和惯性力系的主矢，以 $\overline{M}_{OF}$、$\overline{M}_{ON}$和$\overline{M}_O^I$分别表示主动力系、约束力系和惯性力系对任一点 O 的主矩。则式（15-5）可简写成

$$\left.\begin{aligned} &\overline{R}_F + \overline{R}_N + \overline{R}^I = 0 \\ &\overline{M}_{OF} + \overline{M}_{ON} + \overline{M}_O^I = 0 \end{aligned}\right\} \tag{15-6}$$

应当注意，式（15-4）的矢量方程组中，每个质点的约束反力 $\overline{N}_i$ 当包括内约束反力与外约束反力。而在式（15-5）中，由于内约束反力成对出现，其和必为零。因而在主矢和主矩中将不出现内力。

根据式（15-5）或式（15-6），质点系的达朗伯原理也可陈述为：**在质点系运动的任一瞬时，作用于质点系上的主动力系、约束反力系与各质点的惯性力系组成一个平衡力系，即它们的主矢的矢量和及对任一点的主矩的矢量和都等于零。**

在质点系的每一质点上虚加惯性力，该质点系则处于虚平衡状态，就可应用平衡方程的形式来求解动力学问题，称为质点系的动静法。

二、达朗伯原理与动量定理和动量矩定理的关系

现在，我们进一步说明，由达朗伯原理所得到的矢量平衡方程式（15-6），实际上是动量定理和对固定点动量矩定理的另一种表达形式而已。

由于质点系的动量为

$$\overline{p} = \Sigma m\overline{v} = M\overline{v}_C$$

而

$$\frac{\mathrm{d}}{\mathrm{d}t}\overline{p} = \Sigma m\overline{a} = M\overline{a}_C$$

则

$$\overline{R}^I = -\frac{\mathrm{d}\overline{p}}{\mathrm{d}t} \tag{15-7}$$

质点系对固定点 O 的动量矩为

$$\overline{L}_O = \Sigma\overline{r} \times m\overline{v}$$

而

$$\frac{\mathrm{d}\overline{L}_O}{\mathrm{d}t} = \Sigma\overline{r} \times m\frac{\mathrm{d}\overline{v}}{\mathrm{d}t}$$

又可将惯性力系对点 O 的主矩表示为

$$\overline{M}_O^I = \Sigma\overline{m}_O(\overline{F}^I) = \Sigma\overline{r} \times (-m\overline{a}) = -\Sigma\overline{r} \times m\frac{\mathrm{d}\overline{v}}{\mathrm{d}t}$$

比较上二式，则得

$$\overline{M}_O^I = -\frac{\mathrm{d}\overline{L}_O}{\mathrm{d}t} \tag{15-8}$$

由此可见，**质点系惯性力系的主矢等于质点系的动量对时间的导数并取负号，惯性力**

系对固定点 O 的主矩等于质点系对点 O 的动量矩对时间的导数并取负号。

将式（15-7）及（15-8）分别代入式（15-6）的第一式和第二式，即得质点系的动量定理和对固定点的动量矩定理。因而，应用质点系的动静法，与应用动量定理和动量矩定理所求解的动力学问题是相同的。但是，在质点系上虚加惯性力后，质点系就处于虚平衡状态，这就为我们提供了可采用所熟悉的静力学方法和技巧，方便而灵活地求解动力学问题。也不必去记忆公式和定理，这些正是动静法的优点。

【例 15-3】 小球 C、D 与铅垂转轴刚连如图 15-6 所示。两小球均重 W，视为质点，求系统以匀角速度 ω 转动时轴承处的反力。转轴及 CD 杆的重量略去不计。

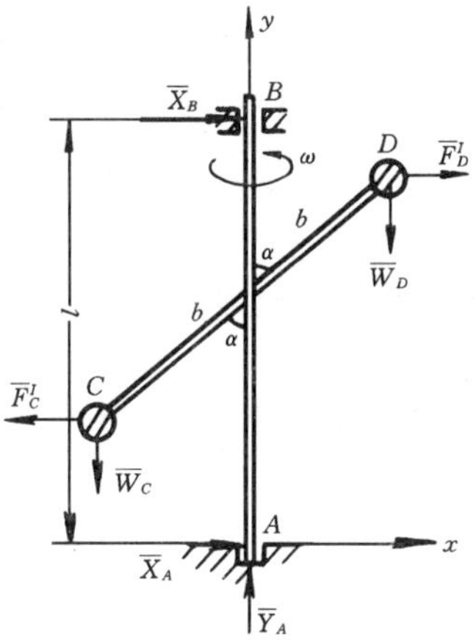

【解】 以两小球、CD 杆及转轴 AB 为研究对象。主动力为二球的重力 $\overline{W}_C=\overline{W}_D=\overline{W}$，约束反力为 $\overline{X}_A$、$\overline{Y}_A$ 和 $\overline{X}_B$。

图 15-6

系统绕 AB 轴作匀速转动，小球只有法向加速度 $a_n=b\sin\alpha\omega^2$。可知小球的惯性力的大小为

$$F_C^I=F_D^I=\frac{W}{g}a_n=\frac{W}{g}b\omega^2\sin\alpha$$

于小球 C、D 分别虚加惯性力，则系统处于虚平衡（图 15-6）。对图示坐标系

$$\Sigma X=0\quad,\quad X_A+X_B+F_D^I-F_C^I=0$$

$$\Sigma Y=0\quad,\quad Y_A-W_C-W_D=0$$

$$\Sigma m_A(\overline{F})=0\quad,\quad X_B\cdot l+\frac{W}{g}b\omega^2\sin\alpha\cdot 2b\cos\alpha=0$$

于是，可解得轴承处的约束反力为

$$X_A=\frac{Wb^2\omega^2\sin2\alpha}{lg}\quad,\quad Y_A=2W\quad,\quad X_B=-\frac{Wb^2\omega^2\sin2\alpha}{lg}$$

讨论 本题如何应用动量定理和动量矩定理求解？请读者思考。

【例 15-4】 均质细直杆 AB 重 W，长为 l，其 A 端铰接在铅垂轴上，并以匀角速度 ω 绕轴转动如图 15-7 所示。当 AB 杆与轴的夹角 θ 为常量时，求 ω 与 θ 的关系。

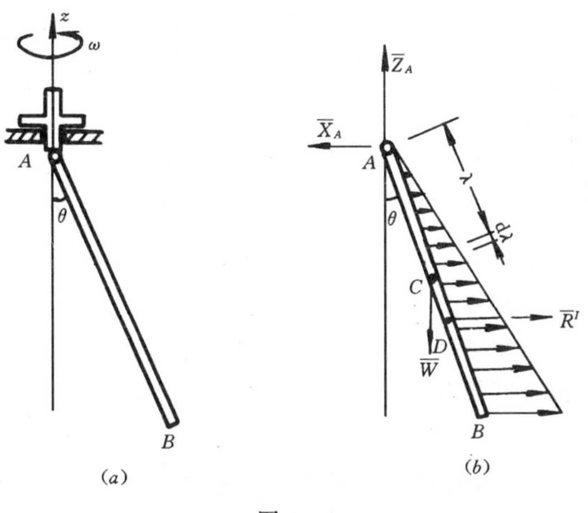

图 15-7

【解】 取 AB 杆为研究对象。受力为 $\overline{W}$ 和 $\overline{X}_A$、$\overline{Z}_A$。由于杆作匀速转动，杆上各点只有向心加速度，其方向指向转轴。可知杆的惯性力是同向的平行分布力（图 15-7b）。首先求此分布惯性力合力的大小及作用线位置。

沿 AB 杆的 λ 处，取微段 $d\lambda$，其质量 $\mathrm{d}m=\dfrac{W}{g}\dfrac{\mathrm{d}\lambda}{l}$，加速度为 $\omega^2\lambda\sin\theta$，$\mathrm{d}\lambda$ 微段的惯性力 $\mathrm{d}F^I=\dfrac{W}{g}\dfrac{\mathrm{d}\lambda}{l}\cdot\omega^2\lambda\sin\theta$。平行分布惯

性力的大小为

$$R^I = \int_l \mathrm{d}F^I = \int_0^l \frac{W\omega^2\sin\theta}{lg}\lambda\mathrm{d}\lambda = \frac{W}{2g}l\omega^2\sin\theta \tag{1}$$

设合力作用线与 AB 杆的交点为 D，并且 $AD=b$。根据合力矩定理，有

$$R^I \cdot b\cos\theta = \int_l \mathrm{d}F^I \cdot \lambda\cos\theta \tag{2}$$

而

$$\int_l \mathrm{d}F^I \cdot \lambda\cos\theta = \int_0^l \frac{W\omega^2\sin\theta}{lg}\lambda\mathrm{d}\lambda \cdot \lambda\cos\theta = \frac{W}{3lg}\omega^2 l^3\sin\theta\cos\theta \tag{3}$$

将式（1）和式（3）代入式（2），则得

$$b = \frac{2}{3}l$$

根据达朗伯原理，AB 杆处于虚平衡状态。由

$$\Sigma m_A(\overline{F}) = 0 \quad , \quad R^I \frac{2}{3}l\cos\theta - \frac{W}{2}l\sin\theta = 0$$

即

$$\frac{W}{2g}l\omega^2\sin\theta \cdot \frac{2}{3}l\cos\theta - \frac{W}{2}l\sin\theta = 0$$

或

$$\sin\theta\left(\frac{2l}{3g}\omega^2\cos\theta - 1\right) = 0$$

于是可得

$$\sin\theta = 0 \qquad 或 \qquad \cos\theta = \frac{3g}{2l\omega^2}$$

显然，$\theta=0$ 与题设不符，可舍去不计。

讨论 关于同向平行分布惯性力的合力。由于平行力合力作用点与力的方向无关，可将各平行力沿各自的作用点逆时针转 θ 角后，就得到了垂直于 AB 线的三角形分布力。而三角形均布荷载的合力大小等于该荷载图的面积，合力作用线通过荷载图的形心。于是，可得

$$R^I = \frac{1}{2} \cdot l \cdot \frac{W}{gl}l\omega^2\sin\theta = \frac{W}{2g}l\omega^2\sin\theta \quad , \quad b = \frac{2}{3}l$$

第三节　刚体惯性力系的简化

应用动静法求质点系的动力学问题时，对虚加在各质点上的惯性力系需进行简化，正如静力学中的力系简化一样，我们可将惯性力系向任一点简化，并求出其主矢和主矩。

一、惯性力系的主矢

上一节，我们曾经求得质点系惯性力系的主矢为

$$\overline{R}^I = -\Sigma\overline{F}^I = -M\overline{a}_C \tag{15-9}$$

可见，**质点系惯性力系的主矢恒等于质点系的总质量与质心加速度的乘积，其方向与质心加速度方向相反。**

质点系也包括刚体，因而，不论刚体以何种形式运动，其惯性力主矢均按式（15-9）确定。

二、惯性力系的主矩

一般情况下，质点系惯性力系的主矩可由式（15-8）确定。对于常见的刚体运动形式，现分别导出其主矩的具体计算公式。

1．平动刚体

刚体平动时各点具有相同的加速度，因而其惯性力系是一同向平行力系。如同重力一样，此平行惯性力系可合成为作用线过质心的一个惯性力，亦即此平行惯性力系对质心 C 的主矩 $M_C^I=0$。所以，**刚体平动时，其惯性力系可简化为一个过质心的合力**。其大小和方向仍由式（15-9）计算。

2．定轴转动刚体

现讨论刚体具有质量对称面且转轴垂直于此对称面的情况。当刚体转动时，平行于转轴的任一直线作平动，此直线上的惯性力系可合成为过对称点的一个合力。因而，刚体的惯性力系可先简化为该质量对称面内的一个平面惯性力系（图 15-8）。我们再将此平面惯性力系向转轴（z 轴）与对称面的交点 O 简化，惯性力系的主矢仍按式（15-9）确定。即 $\overline{R}^I=-M\overline{a}_C$。具体解题时，也可将 $\overline{R}^I$ 分解为 $\overline{R}_n^I$ 和 $\overline{R}_\tau^I$，则

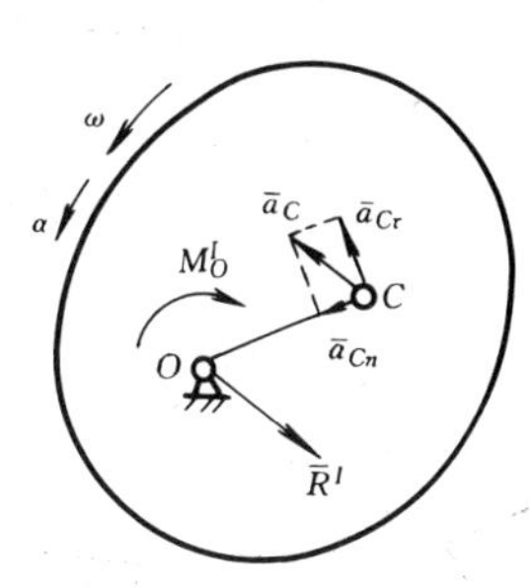

图 15-8

$$\overline{R}_n^I=-m\overline{a}_{Cn},\quad \overline{R}_\tau^I=-m\overline{a}_{C\tau}$$

惯性力系对 O 点的主矩应由式（15-8）在 Oz 轴上的投影确定。即 $M_O^I=-\dfrac{\mathrm{d}L_{Oz}}{\mathrm{d}t}$。刚体对 Oz 轴的动量矩 $L_{Oz}=J_z\omega$。于是，可得

$$M_O^I=-J_z\alpha \tag{15-10}$$

式中，J_z 是刚体对转轴的转动惯量，负号表示主矩 M_O^I 与 α 的转向相反。可见，**具有垂直质量对称面的定轴转动刚体，对转轴与对称面交点 O 的主矩，等于刚体对转轴的转动惯量与角加速度之积，转向与角加速度转向相反**。

在工程实际中，经常遇到几种特殊情况：

（1）转轴通过刚体质心。此时 $\overline{a}_C=0$，可知 $\overline{R}^I=0$。则刚体的惯性力系简化为一惯性力偶，其矩 $|M_C^I|=J_z|\alpha|$，转向与 α 转向相反。

（2）刚体匀速转动。此时 $\alpha=0$，可知 $M_O^I=0$。则刚体的惯性力系简化为作用在 O 点的一个惯性力 $\overline{R}_n^I$，且 $R_n^I=Mr_C\omega^2$，指向与 $\overline{a}_{Cn}$ 相反。

（3）转轴过质心且刚体作匀速转动。此时，$R^I=0$，$M_0^I=0$。刚体的惯性力系为平衡力系。

3．平面运动刚体

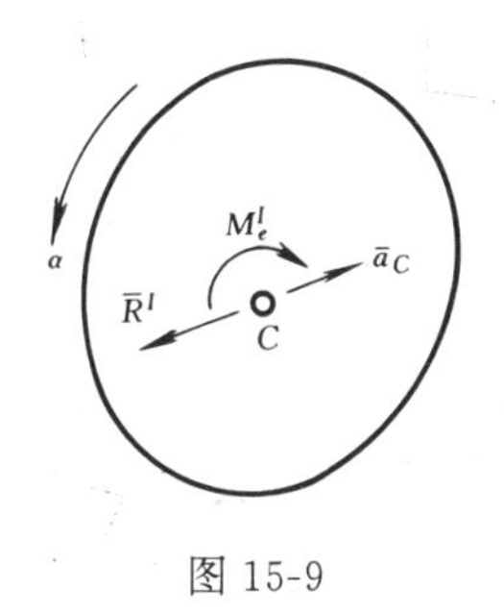

图 15-9

我们仅讨论刚体具有质量对称面且在该平面内运动的情形。显然，刚体的惯性力系可先简化为该对称面内的一个平面力系，然后再将此平面力系向质心 C 简化。以质心 C 为基点，将刚体的平面运动可分解为随质心 C 的平动和相对质心平动坐标系的转动，平动部分的惯性力系可简化为作用在质心 C 上的一个力，仍按式（15-9）确定（图 15-9）；转动部分的惯性力系可简化为一个力偶，其矩可根据式（15-10）计算。以 J_C 表示刚

体对 Cz 轴（垂直质量对称面）的转动惯量，可得惯性力偶矩

$$M_C^I = -J_C\alpha \tag{15-11}$$

于是，**具有质量对称面的刚体在此对称面内运动时，惯性力系对质心轴的主矩，等于刚体对质心轴的转动惯量与角加速度之积，而转向与角加速度转向相反。**

顺便指出，上述刚体的定轴转动是刚体平面运动的特殊情况，故此定轴转动刚体的惯性力系也可向其质心 C 简化。

三、动静法应用举例

我们进一步研究应用动静法求解质点系（包括刚体）的动力学问题。应用动静法，可以求解动力学的两类问题，也适用于既求运动又求力的情况，尤其对求解动力学中的多个未知力，比动力学普遍定理要简单有效。

动静法的解题步骤是：(1) 取研究对象，作受力分析；(2) 分析运动，虚加惯性力；(3) 列平衡方程，求解未知量。解题的关键是正确地分析运动和虚加惯性力。对于多刚体系统，虚加惯性力后，即按物系的平衡方法求解。

【例 15-5】 均质杆 AB 长为 l，重为 W，用两根绳子悬挂在 O 点如图 15-10a 所示。杆静止时，突然将绳 OA 切断，试求切断瞬时绳 OB 的受力。

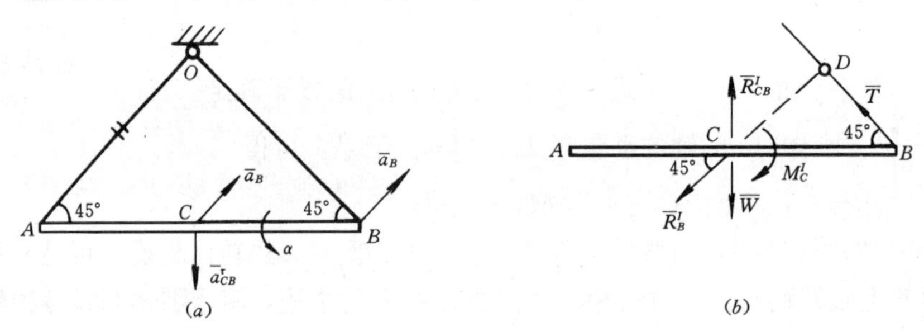

图 15-10

【解】 绳 OA 切断后，AB 杆将作平面运动。在绳子切断的瞬时，AB 杆的角速度及各点速度均为零，但杆的角加速度不等于零。据此特点可确定质心 C 的加速度，然后虚加惯性力系的简化结果，应用动静法求解。

(1) 研究对象的受力分析

取 AB 杆为研究对象。绳 OA 切断时杆受重力 $\bar{W}$ 和绳 OB 的拉力 $\bar{T}$ 作用（图 15-10b）。

(2) 分析运动及虚加惯性力

绳断瞬时，B 点作圆周运动，由于 $v_B=0$，而 $\bar{a}_B=\bar{a}_{B\tau}$。取 B 点为基点，则 AB 杆质心 C 的加速度可由基点法表示为

$$\bar{a}_C = \bar{a}_B + \bar{a}_{CB}^n + \bar{a}_{CB}^\tau$$

由于 $\omega_{AB}=0$，可知 $\bar{a}_{CB}^n=BC\cdot\omega_{AB}^2=0$，设 AB 杆此时的角加速度为 α，可知 $a_{CB}^\tau=BC\cdot\alpha=\dfrac{l}{2}\alpha$。$\bar{a}_C$ 的分矢量示于图 15-10a。

AB 杆作平面运动，向质心 C 简化的惯性力及惯性力偶矩分别为

$$\bar{R}_C^I = \bar{R}_B^I + \bar{R}_{CB}^I \quad , \quad M_C^I = J_C\cdot\alpha = \frac{W}{12g}l^2\alpha$$

其中 $$R_B^I=\frac{W}{g}a_B \qquad R_{CB}^I=\frac{W}{g}\cdot\frac{l}{2}\alpha$$

$\overline{R}_B^I$、$\overline{R}_{CB}^I$和 M_C^I 如图 15-10b 所示。

(3) 列平衡方程求解

对 AB 杆的虚平衡状态（图 15-10b），列平衡方程

$$\Sigma m_D(\overline{F}) = 0,\quad R_{CB}^I\cdot\frac{l}{4} - W\cdot\frac{l}{4} + M_C^I = 0$$

即 $$\frac{W}{g}\cdot\frac{l}{2}\alpha\cdot\frac{l}{4} - W\frac{l}{4} + \frac{W}{12g}l^2\alpha = 0$$

得 $$\alpha = \frac{6g}{5l} \quad（转向为逆时针）$$

$$\Sigma m_C(\overline{F}) = 0,\quad T\cdot\frac{l}{2}\cdot\frac{\sqrt{2}}{2} - M_C^I = 0$$

即 $$T\cdot\frac{l}{2}\cdot\frac{\sqrt{2}}{2} - \frac{W}{12g}l^2\cdot\frac{6g}{5l} = 0$$

解得 $$T = \frac{\sqrt{2}}{5}W$$

讨论 本题可用刚体的平面运动微分方程求解，但要联解方程组，比较麻烦。而动静法由于合理选择矩心，使求解简单清晰。

【例 15-6】 长度均为 l 和质量均为 m 的均质细直杆 OA 和 AB 以铰链相连，并以铰链 O 悬挂在铅垂平面内，如图 15-11a 所示。当在图示位置无初速开始运动时，试求两杆的角加速度。

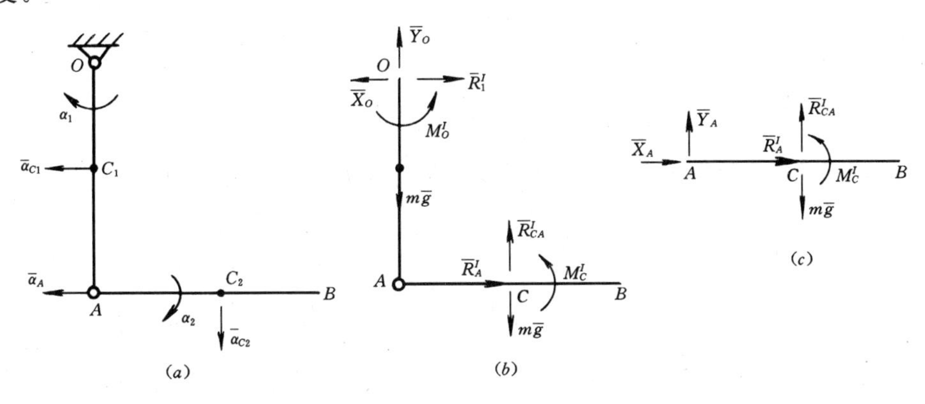

图 15-11

【解】 本题中 OA 杆作定轴转动，AB 杆作平面运动。可按刚体的运动形式分别向转轴 O 和质心 C 虚加惯性力和惯性力偶。AB 杆质心 C 的加速度应由刚体平面运动时的基点法求解。应用动静法列平衡方程时，应合理选取矩心以消除不必要的约束反力，可简便求解待求量。

(1) 取研究对象与受力分析

研究整体，OA 杆与 AB 杆的重力均为 $m\overline{g}$，铰 O 处反力以 $\overline{X}_O$、$\overline{Y}_O$ 表示如图 11-11b 所示。

(2) 分析运动与虚加惯性力

系统由静止开始运动，可知此瞬时两杆的角速度及各点的速度均为零。设 OA 杆及 AB 杆的角加速度分别为 α_1 和 α_2（图 15-11a），在 OA 杆的转轴 O 处虚加惯性力 $\overline{R}_1^I$ 和矩为 M_0^I 的惯性力偶。则有

$$R_1^I = ma_{C1} = m\frac{l}{2}\alpha_1$$

$$M_O^I = J_O\alpha_1 = \frac{1}{3}ml^2\alpha_1$$

AB 杆作平面运动，以 A 为基点，质心 C 的加速度，可由基点法得

$$\overline{a}_C = \overline{a}_A + \overline{a}_{CA}^\tau + \overline{a}_{CA}^n$$

其中，$a_A = l\alpha_1$，$a_{CA}^n = 0$，$a_{CA}^\tau = \frac{l}{2}\alpha_2$。虚加在质心 C 的惯性力 $\overline{R}_C$，以分量 $\overline{R}_A^I$ 及 $\overline{R}_{CA}^I$ 表示。即

$$R_A^I = ma_A = ml\alpha_1 \quad , \quad R_{CA}^I = \frac{l}{2}\alpha_2$$

AB 杆对质心 C 的惯性力偶的力偶矩为

$$M_C^I = J_C\alpha_2 = \frac{1}{12}ml^2\alpha_2$$

虚加的惯性力及惯性力偶示于 15-11a 所示。

（3）列平衡方程求解

$$\Sigma m_O(\overline{F}) = 0, \quad M_O^I + M_C^I + (R_{CA}^I - mg)\frac{l}{2} + R_A^I l = 0$$

即

$$\frac{1}{3}ml^2\alpha_1 + \frac{1}{12}ml^2\alpha_2 + (\frac{1}{2}ml\alpha_2 - mg)\frac{l}{2} + ml\alpha_1 l = 0$$

化简后得

$$4\alpha_1 + \alpha_2 = \frac{3}{2}\frac{g}{l} \tag{1}$$

（4）取 AB 杆为研究对象，虚平衡的受力图如图 15-11c 所示。由

$$\Sigma m_A(\overline{F}) = 0, \quad M_C^I + R_{CA}^I \cdot \frac{l}{2} - mg \cdot \frac{l}{2} = 0$$

即

$$\frac{1}{12}ml^2\alpha_2 + \frac{1}{2}ml\alpha_2\frac{l}{2} - mg \cdot \frac{l}{2} = 0$$

解得

$$\alpha_2 = \frac{3}{2}\frac{g}{l} \tag{2}$$

将 α_2 的值代入式（1），可得

$$\alpha_1 = 0$$

讨论　本题可分别以 OA 杆和 AB 杆为对象，列定轴转动微分方程和刚体平面运动微分方程求解。但求解中必包含 A 处的约束反力，不如动静法灵活简便。若要求 O 处或 A 处的反力，读者试自行分析求解。

【例 15-7】　铅垂均质杆 AB 的质量 $m = 150$ kg，与两曲柄 AE、BD 相铰接，并且 $AE = BD = l = 1.5$ m，曲柄 BD 上作用有矩为 $M = 5$ kN·m 的力偶如图 15-12a 所示。不计曲柄质量，求曲柄由静止开始（$\theta = 0°$）转到 $\theta = 30°$时铰 A 的反力。

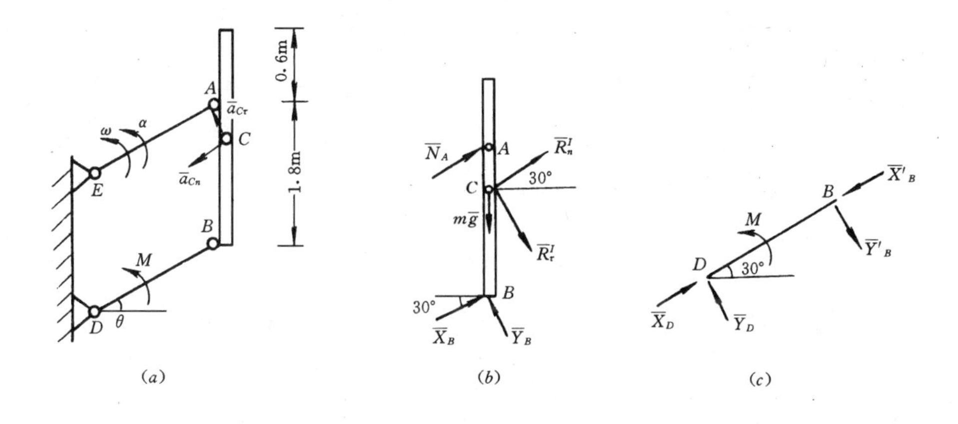

图 15-12

【解】 由题意知，AB 杆作曲线平动。应用动静法求解时，需在质心 C 虚加惯性力 $\overline{R}^I$，而 C 点作圆周运动，$\overline{R}^I$ 可用二分量 $\overline{R}^I_n$ 和 $\overline{R}^I_\tau$ 表示。因此必须考虑曲柄的角速度 ω 和角加速度 α。曲柄由静止转到 $\theta=30°$时的 ω，宜用动能定理求解。故本题可综合应用动能定理和动静法求解。

（1）应用动能定理求 ω

取 AB 杆及二曲柄的整体为研究对象。在初瞬时，系统静止，可知 $T_1=0$。取 $\theta=30°$时为末瞬时。设此时曲柄的角速度为 ω，由于曲柄 BE 作定轴转动，可知 $v_B=l\omega$。AB 杆作平动，则 $\bar{v}_C=\bar{v}_B$。于是，可得系统末瞬时动能为

$$T_2=\frac{1}{2}m_{AB}v_C^2=\frac{1}{2}ml^2\omega^2=\frac{1}{2}\cdot 150\cdot 1.5^2\omega^2=169\omega^2\ \mathrm{J}$$

在系统运动过程中，重力 mg 和力偶作功，即

$$\Sigma w=M\cdot\frac{\pi}{6}-mgl\sin 30°=5000\cdot\frac{\pi}{6}-150\cdot 9.8\cdot 1.5/2=1515\ \mathrm{J}$$

由动能定理　$T_2-T_1=\Sigma w$ 有

$$169\omega^2=1515$$

得
$$\omega^2=8.97\ (\mathrm{rad/s})^2$$

（2）应用动静法求铰 A 反力

首先分析如下：若取 AB 杆为研究对象，受力有重力 $m\bar{g}$，约束反力为铰 A 的 $\overline{N}_A$ 和铰 B 的二分为 $\overline{X}_B$ 和 $\overline{Y}_B$，虚加惯性力 $\overline{R}^I_\tau$ 和 $\overline{R}^I_n$（图 15-12b）。其中三个约束反力和 $\overline{R}^I_\tau$ 共有四个未知量，不能由 AB 杆的平衡方程解出。因而再取 BD 杆为研究对象，应求出 B 点的一个反力，则问题可解。

取 BD 杆为研究对象，因不计杆的质量，则不考虑其惯性力。对杆 BD 的受力图 15-12c，列平衡方程

$$\Sigma m_D(\overline{F})=0,\quad Y'_B\cdot l-M=0$$

得
$$Y'_B=Y_B=M/l=5000/1.5=10^4/3\ \mathrm{N}$$

研究 AB 杆，受力如图 15-12b。其中惯性力

$$R_\tau^I = ma_{C\tau} = ml\alpha = 150 \cdot 1.5\alpha = 225\alpha$$

$$\overline{R}_n^I = ma_{Cn} = ml\omega^2 = 150 \cdot 1.5 \cdot 8.97 = 2018 \text{ N}$$

由平衡方程

$$\Sigma Y = 0, \quad Y_B - R_\tau^I - mg\cos 30° = 0$$

得 $$R_\tau^I = Y_B - mg\cos 30° = 10^4/3 - 150 \cdot 9.8 \cdot \frac{\sqrt{3}}{2} = 2059 \text{ N}$$

$$\Sigma m_B(\overline{F}) = 0, \quad N_A\cos 30° \cdot 1.8 + R_\tau^I\sin 30° \cdot 1.2 + R_n^I\cos 30° \cdot 1.2 = 0$$

得 $$N_A = -\frac{1.2}{1.8}(R_n^I + R_\tau^I\tan 30°) = -2139 \text{ N}$$

其中，负号表示 $\overline{N}_A$ 的指向与假设的相反。

讨论 关于 ω 的求法。若把曲柄置于任一角度 θ 处，可应用动静法求出 $R_\tau^I=ml\alpha$ 为 θ 的函数，由于 $\alpha=\frac{d\omega}{dt}=\frac{d\omega}{d\theta}\cdot\frac{d\theta}{dt}=\omega\frac{d\omega}{d\theta}$，则 $\int_0^\theta \alpha d\theta = \int_0^\theta \omega d\omega$，也可解出 θ 角时的角速度 ω。再令 $\theta=30°$，可得该瞬时 R_τ^I 和 ω。不过，这种解法不如应用动能定理简单明了。当然，也可应用动能定理的积分形式，求出任意 θ 角时的 ω^2，再求导而得 α。这样，$\overline{R}_\tau^I$ 和 $\overline{R}_n^I$ 可以 $\theta=30°$ 时的 ω 和 α 表示为已知量，只研究 AB 杆的平衡，则可求得 $\overline{N}_A$。请读者求解。本题也可综合应用动力学普遍方程求解。

第四节 定轴转动刚体轴承的动反力

本节先研究一般情况下定轴转动刚体惯性力系的简化，然后再讨论转动刚体的轴承动反力问题。

一、定轴转动刚体惯性力系的简化

设质量为 M 的刚体绕 z 轴转动，某瞬时的角速度为 ω、角加速度为 α，取固定于刚体上的动坐标系 $Oxyz$ 如图 15-13a 所示。现计算刚体惯性力系的主矢和对坐标原点的主矩。

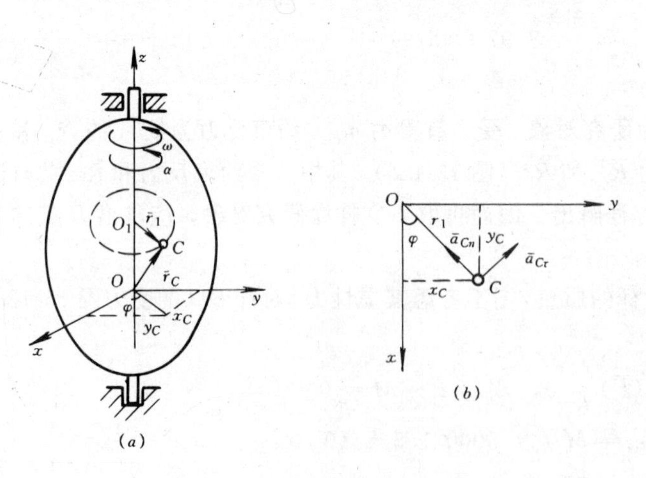

图 15-13

1. 惯性力系的主矢

定轴转动刚体的惯性力系主矢仍按式(15-9)计算。设刚体的质心在 C 点，C 点的转动半径为 r_1。则 $a_{C\tau}=r_1\alpha$，$a_{Cn}=r_1\omega^2$。由于 $\overline{a}_C=\overline{a}_{Cn}+\overline{a}_{C\tau}$，$\overline{a}_C$ 在 z 轴上的投影为零，$\overline{a}_C$ 在 x、y 轴上的投影分别为（图 15-13b）

$$a_{Cx} = -a_{Cn}\cos\varphi - a_{C\tau}\sin\varphi = -r_1\omega^2\frac{x_C}{r_1} - r_1\alpha\frac{y_C}{r_1}$$

$$= -x_C\omega^2 - y_C\alpha$$

$$a_{Cy} = -a_{Cn}\sin\varphi + a_{C\tau}\cos\varphi = -r_1\omega^2\frac{y_C}{r_1} + r_1\alpha\frac{x_C}{r_1}$$

$$= -y_C\omega^2 + x_C\alpha$$

根据式（15-9），有

$$\overline{R}^I = -M\bar{a}_C = -M(\bar{a}_{Cn} + \bar{a}_{C\tau})$$

于是，惯性力系的主矢在 x、y、z 轴上的投影分别为

$$\left.\begin{aligned} R_x^I &= -Ma_{Cx} = Mx_C\omega^2 + My_C\alpha \\ R_y^I &= -Ma_{Cy} = My_C\omega^2 - Mx_C\alpha \\ R_z^I &= 0 \end{aligned}\right\} \quad (15\text{-}12)$$

2. 惯性力系对原点 O 的主矩

惯性力系主矩 $\overline{M}_O^I$ 在图示（15-13a）各坐标轴上的投影，根据力矩关系定理，即为各质点惯性力对相应轴之矩，而力对轴之矩可由分析式计算。

设刚体内任一质点的质量为 m，坐标为 x、y、z。则该质点的惯性力在轴上的投影，类似于式（15-12），即

$$F_x^I = m(x\omega^2 + y\alpha), \quad F_y^I = m(y\omega^2 - x\alpha), \quad F_z^I = 0$$

刚体惯性力系对 x 轴之矩

$$M_{Ox}^I = \Sigma m_x(\overline{F}^I) = \Sigma(yZ - zY) = \Sigma[0 - zm(y\omega^2 - x\alpha)]$$

$$= -\omega^2\Sigma myz + \alpha\Sigma mxz$$

$$= -\omega^2 J_{yz} + \alpha J_{zx}$$

同理，可求得 M_{Oy}^I及 M_{Oz}^I。于是，可得惯性力系对原点 O 的主矩 $\overline{M}_O^I$ 在各坐标轴上的投影为

$$\left.\begin{aligned} M_{Ox}^I &= -J_{yz}\omega^2 + J_{zx}\alpha \\ M_{Oy}^I &= -J_{zx}\omega^2 + J_{yz}\alpha \\ M_{Oz}^I &= -J_z\alpha \end{aligned}\right\} \quad (15\text{-}13)$$

式中，$J_{yz}=\Sigma myz$，$J_{zx}=\Sigma mzx$。它们分别是刚体对 y、z 轴和对 z、x 轴的惯性积，其值为代数量。J_z 是刚体对 z 轴的转动惯量。

若刚体具有质量对称面，且转轴与该平面垂直时，可取该平面为 Oxy 平面，则 $J_{yz}=J_{zx}=0$，于是刚体惯性力系简化为对称面内的通过 O 点的一力和一力偶，这正是上节已讨论过的特殊情况。

二、定轴转动刚体轴承的动反力

以定轴转动刚体为研究对象（图 15-13a）。设其上作用有主动力 $\overline{F}_1$、$\overline{F}_2$、…，$\overline{F}_n$，止推轴承 A 的约束反力为 $\overline{X}_A$、$\overline{Y}_A$、$\overline{Z}_A$，径向轴承 B 的约束反力为 $\overline{X}_B$、$\overline{Y}_B$。虚加上惯性力系向 O 点简化的惯性力和惯性力偶，则刚体处于虚平衡状态。根据空间一般力系的平衡方程，不

难求出这些约束反力（因表达式较烦，本书不再列出）。

很明显，在轴承的约束反力中，将包括两部分：一部分是由主动力的静力作用所引起的，称为静反力；另一部分是由刚体的转动而引起的，即包含有 ω 和 α 的各项，称为动反力。动反力可在刚体上虚加惯性力后，由平衡方程确定。

转动刚体与轴承间的力互为作用与反作用关系，当刚体转动时，轴承在垂直转轴的方向上将受到周期性变化的动压力（与动反力等值、反向、共线）的作用，必引起机器底座产生强烈的振动，对机器本身及相应的支承系统都非常不利。如何消除减少动反力是工程中的一个重大课题。

转动刚体轴承的动反力，完全取决于刚体惯性力系简化的主矢和对 O 点的主矩。若要动反力为零，则要求惯性力系的主矢和主矩在 x、y 轴上的投影同时为零。由式（15-12）知，主矢为零则要求 $x_C=0$ 和 $y_C=0$，即转轴必须通过质心 C；由式（15-13）知，$M_{Ox}^I=M_{Oy}^I=0$，则必须 $J_{yz}=J_{zx}=0$，即 z 轴为惯性主轴。称过质心的惯性主轴为**中心惯性主轴**。因此，**定轴转动刚体轴承动反力为零的条件是：转轴为刚体的中心惯性主轴**。

当刚体绕中心惯性主轴匀速转动时，惯性力系自成平衡力系，轴承的动反力为零。工程上称为**动平衡**。要实现刚体的动平衡，首先要消除偏心。若使质心在转动轴上，称为**静平衡**。实际上，可以通过适当地调整刚体的质量分布，而使转轴成为中心惯性主轴，工程中为了实现动平衡，需要在专门的动平衡机上进行实验调整。

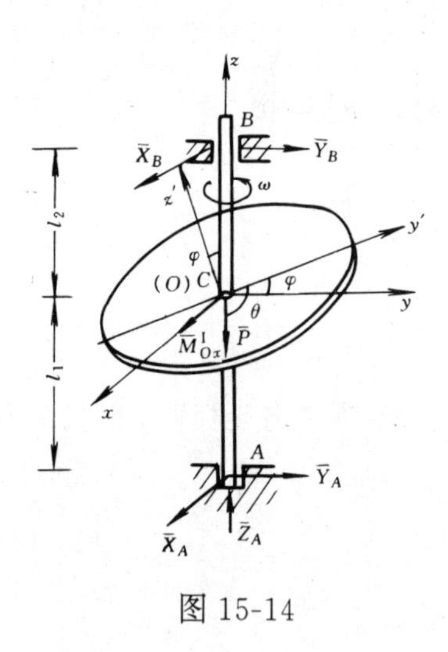

图 15-14

【例 15-8】 均质圆盘以匀角速度 ω 绕通过盘心的铅垂轴转动，圆盘平面与转轴交角成 θ 如图 15-14 所示。已知圆盘半径为 r，重为 P，轴承 A 和 B 与盘心相距各为 l_1 和 l_2。试求轴承 A 和 B 处的反力。

【解】 取圆盘为研究对象。受重力 $\overline{P}$ 及约束反力 $\overline{X}_A$、$\overline{Y}_A$、$\overline{Z}_A$、$\overline{X}_B$、$\overline{Y}_B$ 作用。

现求惯性力系的主矢和主矩。由于转轴通过圆盘的质心，即 $x_C=y_C=0$，可知圆盘的惯性力主矢 $\overline{R}^I=0$。由题设知 $\alpha=0$，对固结于圆盘上的 $Cxyz$ 坐标系，Cx 轴是圆盘的水平径向对称轴，即为盘在 C 点的一个惯性主轴，则 $J_{zx}=0$。由式（15-3）知，惯性力系主矩在各轴上的投影为

$$M_{Ox}^I=-J_{yz}\omega^2 \quad , \quad M_{Oy}^I=0 \quad , \quad M_{Oz}^I=0$$

为求惯性积 J_{yz}，取坐标系 $Cx'y'z'$（图 15-14），其中 Cx' 轴与 Cx 轴重合，Cz' 垂直于圆盘平面，Cy' 与 Cy 轴的夹角 $\varphi=\theta-90°$。可见 x'、y'、z' 轴均为圆盘上 C 点的惯性主轴。此时有

$$J_{z'}=\frac{1}{2}\frac{P}{g}r^2,\quad J_{y'}=\frac{1}{4}\frac{P}{g}r^2,\quad J_{y'z'}=0$$

于是

$$J_{yz}=\frac{J_{z'}-J_{y'}}{2}\sin2\varphi=\frac{1}{2}(J_{z'}-J_{y'})\sin(2\theta-180°)$$

$$=-\frac{1}{8g}Pr^2\sin2\alpha$$

可得 $$M_{Ox}^{I}=-J_{yz}\omega^{2}=\frac{1}{8g}Pr^{2}\omega^{2}\sin2\alpha$$

故圆盘的惯性力系简化结果为一个矩为M_{Ox}^{I}的力偶。将此力偶虚加于圆盘上，由平衡方程

$$\Sigma X=0,\quad X_A+X_B=0$$
$$\Sigma Y=0,\quad Y_A+Y_B=0$$
$$\Sigma Z=0,\quad Z_A-P=0$$
$$\Sigma m_x(\overline{F})=0,\quad Y_A\cdot l_1-Y_B\cdot l_2+M_{Ox}^{I}=0$$
$$\Sigma m_y(\overline{F})=0,\quad X_B\cdot l_2-X_A\cdot l_1=0$$

解得

$$X_A=X_B=0\qquad Z_A=P$$
$$Y_A=-Y_B=\frac{Pr^2\omega^2}{8g(l_1+l_2)}\sin2\alpha$$

上述结果中，Z_A 是轴承的静反力，而 $\overline{Y}_A$ 和 $\overline{Y}_B$ 为轴承的动反力，此动反力组成一个力偶。

思 考 题

1. 应用动静法求质点系动力学问题，与动力学普遍定理比较有何优点？

2. 质点系惯性力系的主矢、主矩与质点系的动量定理、动量矩定理是什么关系？

3. 质量均为 m 的小球 A 和 B，角速度 ω 及角加速度 α 如图 15-15 所示。试求两小球的惯性力向 O 点的简化结果。

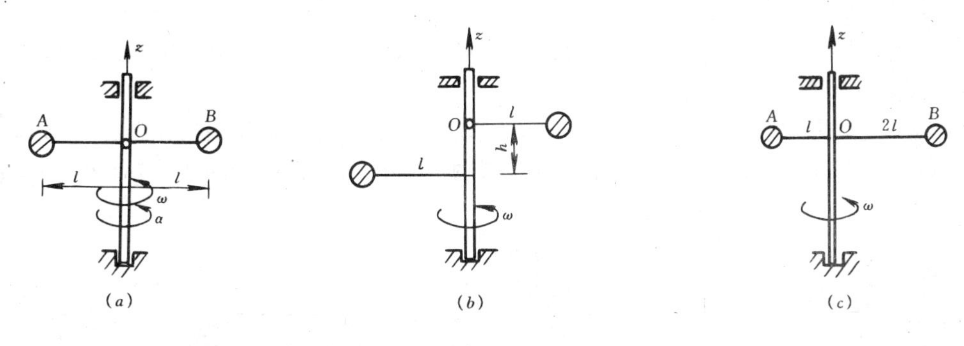

图 15-15

4. 图 15-16 中，各圆盘质量均为 m，半径均为 r，ω、α、a_c 为已知，图 (c) 中圆盘作纯滚动。试写出 (1) 图 (a)、(b) 中圆盘惯性力向转轴 O 的简化结果；(2) 图 (b)、(c) 中盘的惯性力系向质心 C 的简化结果。

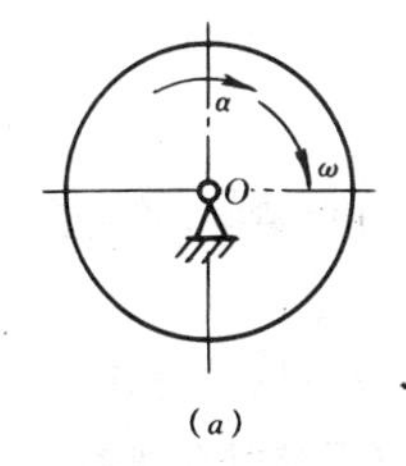

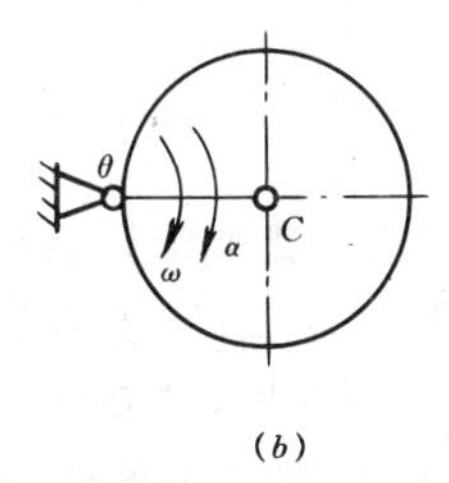

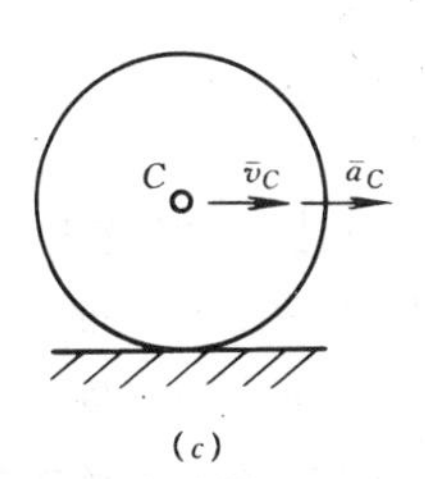

图 15-16

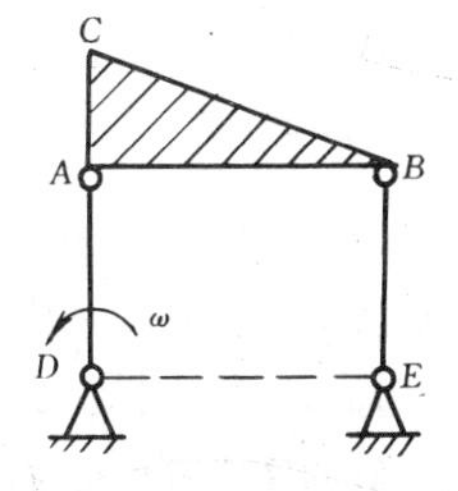

图 15-17

5. 置于光滑水平面上的双曲柄机构如图 15-17 所示。设三角板 ABC 的质量为 m，不计曲柄质量。设曲柄以匀角速度 ω 转动，在图示位置时二曲柄的受力是否相同？

习　题

15-1　物块 A 和 B 沿倾角 $\theta=30°$ 的斜面下滑如图示。设其重量分别为 $W_A=100\ \text{N}$，$W_B=200\ \text{N}$，与斜面的动摩擦系数 $f_A=0.15$，$f_B=0.3$。试求物块运动时相互间的压力。

15-2　铅垂轴 AB 以匀角速度 ω 转动，OC 杆与转轴相固结成 θ 角并在铅垂平面内如图示。质量为 m 的套筒 D 可沿 OC 杆滑动，不计摩擦，试求套筒相对 OC 静止时的距离 S。

15-3　图示离心调速器中，小球 A 和 B 均重 W_1，活套 C 重 W_2，A、B、C、D 在同一平面内，当转轴 OD 以匀角速度 ω 转动时，不计各杆重，试求张角 θ 与角速度 ω 的关系。

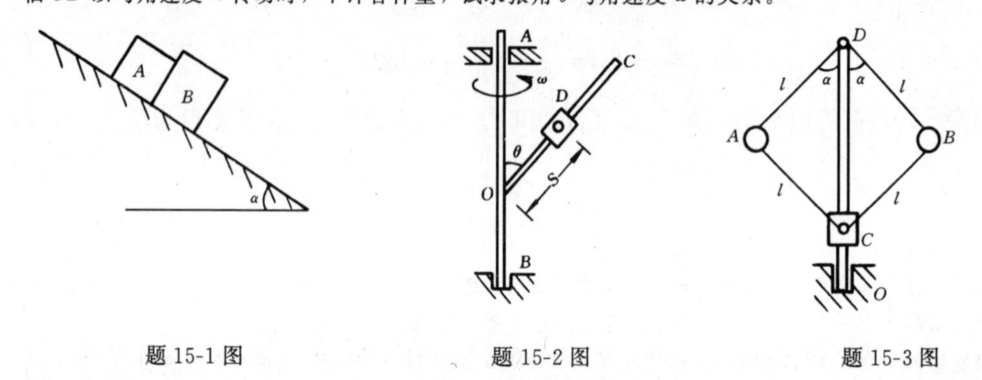

题 15-1 图　　题 15-2 图　　题 15-3 图

15-4　图示均质杆 CD，长为 $2l$，重为 P，以匀角速度绕铅垂轴转动，AB 杆与轴相交成 θ 角。求轴承 A、B 处的动反力。

15-5　图示均质杆 AB 靠在小车上，其 A、B 端的摩擦系数均为 $f=0.4$，不使杆产生滑动时，求所允许小车的最大加速度。

15-6　汽车所受重力为 $\overline{P}$，以加速度 $\bar{a}$ 作水平直线运动。汽车重心 C 离地面的高度为 h，汽车前后轴到重心垂线的距离分别为 l_1 和 l_2。求（1）汽车前后轮的正压力；（2）欲使前后轮的压力相等，汽车如何行驶？

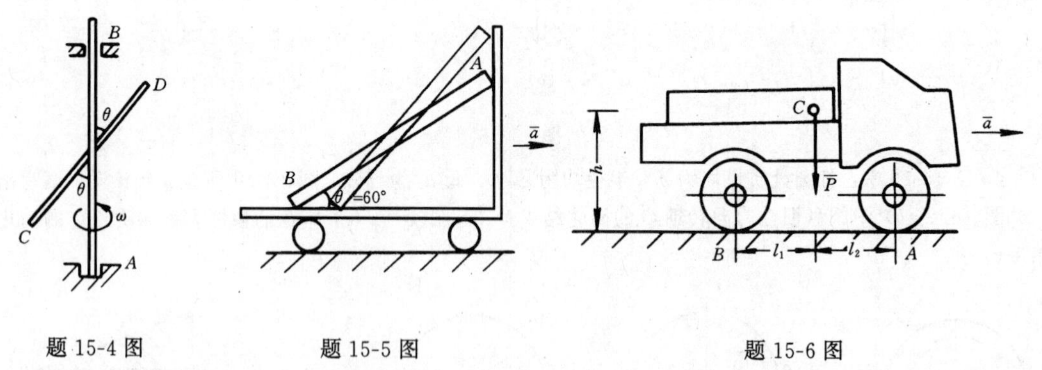

题 15-4 图　　题 15-5 图　　题 15-6 图

15-7　质量为 $m=100\ \text{kg}$ 的梁 AB 由二平行等长杆支承在铅垂位置如图示。在 $\theta=30°$ 的瞬时，两杆的角速度 $\omega=6\ \text{rad/s}$。不计两杆的质量，试求（1）杆的角加速度；（2）二杆所受的力。

15-8　图示小车 B，质量为 $m_B=100\ \text{kg}$，车上置木箱 A（视为均质），其质量 $m_A=200\ \text{kg}$，设 A、B 有足够的摩擦阻止相对滑动。不计绳及轮 O 质量，试求木箱不致倾倒时 C 块的最大重量及此时 C 块的加速度。

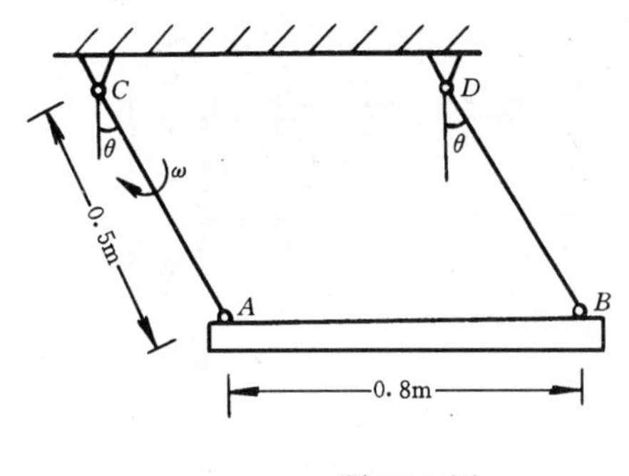

题 15-7 图

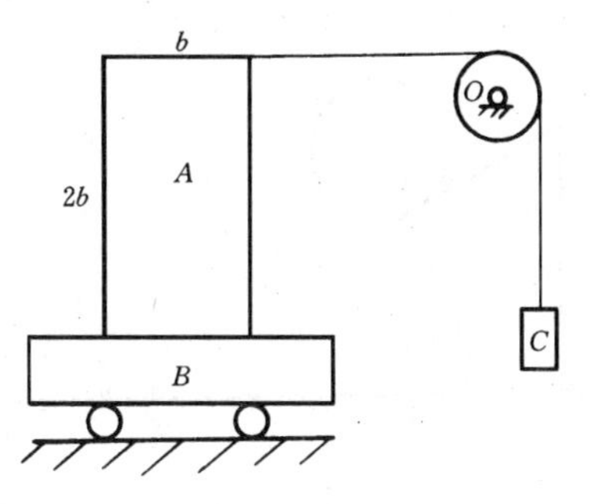

题 15-8 图

15-9 货箱可视为均质长方体，装在运货小车上如图示。货箱与小车间的静摩擦系数 $f_s=0.4$。试求安全运送货箱（不滑、不倒）时所许可小车的最大加速度。

15-10 长为 l 重为 W 的均质杆 AD 用铰 B 及绳 AE 维持在水平位置如图示。若将绳突然切断，求此瞬时杆的角加速度和铰 B 处的反力。

15-11 均质杆 CD 的质量 $m=6$ kg，长 $l=4$ m，可绕 AB 梁的中点 C 轴转动如图示。当 CD 处于 $\theta=30°$时，已知角速度 $\omega=1$ rad/s，不计梁重，试求梁支座的反力。

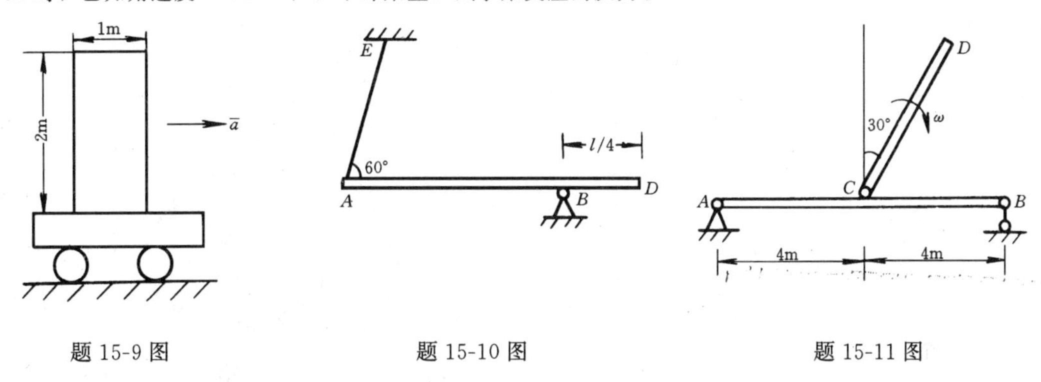

题 15-9 图　　题 15-10 图　　题 15-11 图

15-12 均质杆 AB 长为 l，质量为 m，置于光滑水平面上，B 端用细绳吊起如图示。当杆与水平面的倾角 $\theta=45°$时将绳切断，求此时杆 A 端的约束反力。

15-13 图示机构中，均质杆 AB 和 BC 单位长度的质量为 m，而圆盘在铅垂平面内绕 O 轴以匀角速度 ω 转动。在图示瞬时，求作用在 AB 杆上 A 点和 B 点的反力。

15-14 长度均为 l、质量均为 m 的两均质杆 OA 和 AB，以铰链 A 相连，并悬挂于铰 O 处如图示。在图示位置无初速度运动时，试求此瞬时两杆的角加速度。

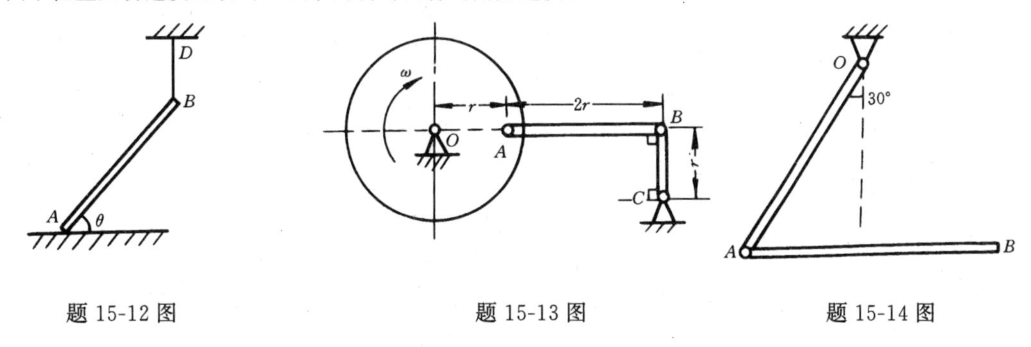

题 15-12 图　　题 15-13 图　　题 15-14 图

15-15 图示三棱柱 ABC 置于光滑水平面上，其重量为 P，均质圆柱体 D 重为 G，可沿棱柱的 AB 面作纯滚动。试求三棱柱的加速度。

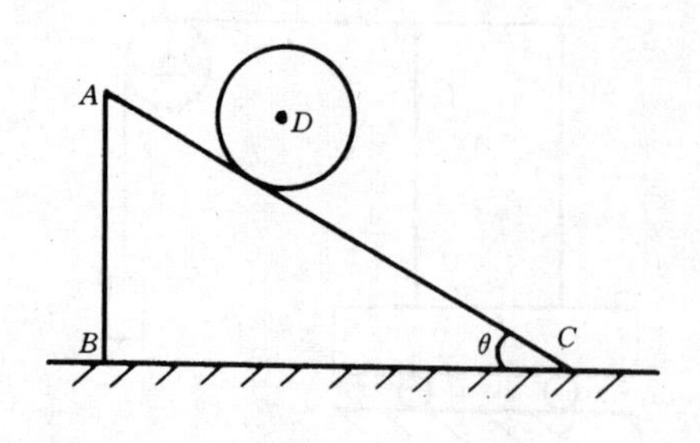

题 15-15 图

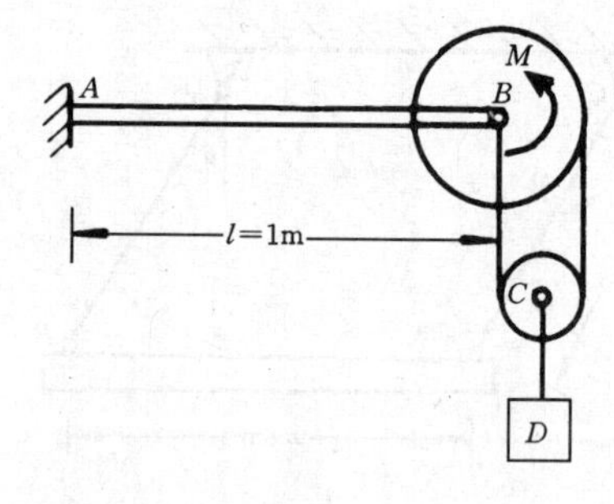

题 15-16 图

15-16 图示系统中，定滑轮质量 $m=20$ kg，半径 $R=0.2$ m，视为均质圆盘，受力矩 $M=600$ N·m 作用。动滑轮质量不计，半径 $r=R/2$，重物 D 重 $W=2$ kN。设绳与轮无相对滑动，不计绳及梁重，试求固定端 A 处的约束反力。

15-17 均质细直杆 AB 长为 l，质量为 m，置于光滑水平面上如图示。当该杆由铅垂位置无初速倒下，求杆与铅垂线成 $\varphi=45°$ 时 A 端的约束反力。

15-18 转子重 $P=1960$ N，偏心距 $e=0.05$ mm，铅垂轴 z 垂直转子质量对称面，转速 $n=6000$ r/min。试求图示位置时轴承的反力。

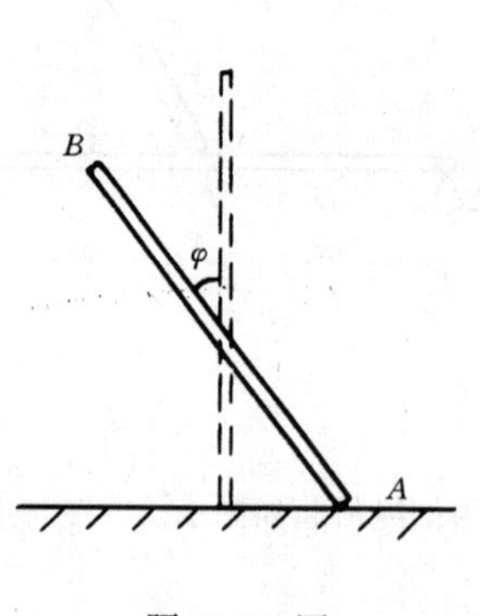

题 15-17 图

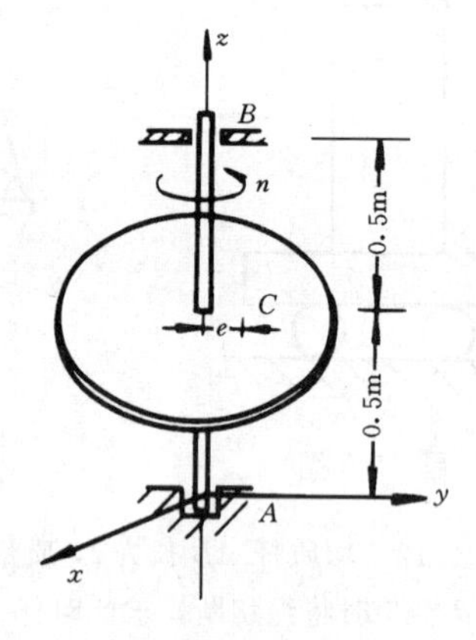

题 15-18 图

第十六章　虚位移原理

第一节　约束及其分类

在静力学中，以静力学公理为基础，以矢量分析为特点，通过主动力与约束反力的关系表达了刚体的平衡条件，可称为矢量静力学或几何静力学。刚体的平衡条件对于任意质点系来说，只是必要的，并非充分的。

本章所讨论的虚位移原理，是用数学分析的方法研究任意质点系的平衡问题，平衡条件表现为主动力在系统的虚位移上所作功的关系。虚位移原理给出任意质点系平衡的充分与必要条件，是解决质点系平衡问题的普遍原理，故称为分析静力学。在虚位移原理中，首先要研究质点系上的已知约束条件以及约束所许可位移的普遍性质。

一、约束与约束方程

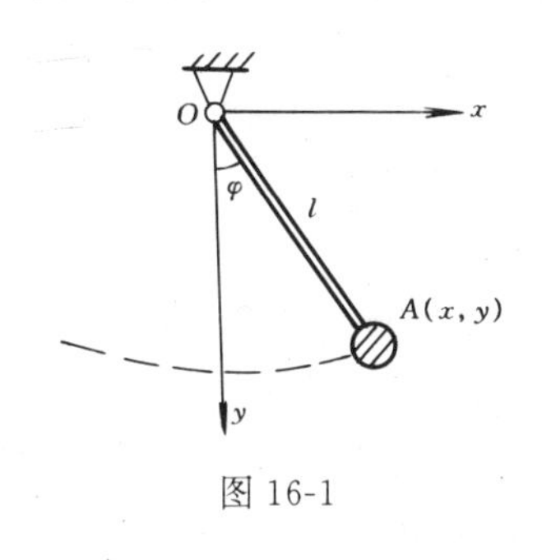

图 16-1

质点系内各质点在空间的位置的集合，称为质点系的**位形**，位形表示了系内各质点的位置分布所构成的几何形象。在非自由质点系中，那些**预先给定的限制质点系位形或速度的运动学条件称为约束**。例如限制刚体内任意两点间的距离不变的条件，限制车轮在直线轨道上滚动而不滑动的条件等都是约束。如果将非自由质点系的运动限制条件用数学方程式表示，则称此方程为质点系的约束方程。

例如，图 16-1 所示的单摆，由于刚性摆杆的长度 l 不变，摆锤 A 被限制在 xy 平面内作圆周运动，摆锤 A 的坐标满足约束方程

$$x^2+y^2=l^2 \tag{1}$$

又如图 16-2 所示的曲柄连杆机构，曲柄销 A 只能在以曲柄长 r 为半径的圆周上运动；滑块 B 被限制在水平滑道 Ox 中运动；A、B 两点间的距离被连杆的长度 l 所限制。因此，曲柄连杆机构的约束方程可表示为

$$\left.\begin{array}{l} x_1^2+y_1^2=r^2 \\ (x_2-x_1)^2+(y_2-y_1)^2=l^2 \\ y_2=0 \end{array}\right\} \tag{2}$$

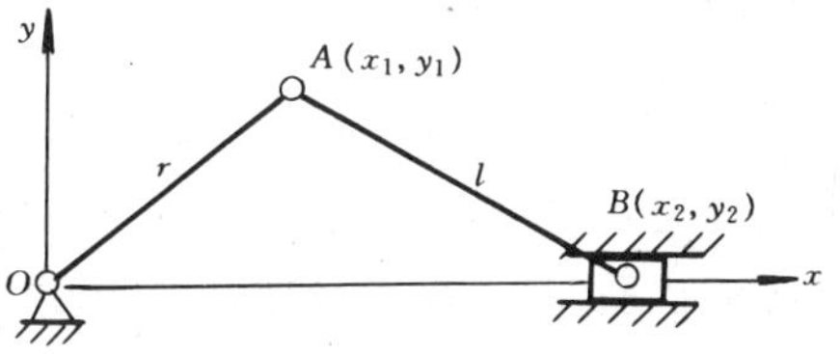

图 16-2

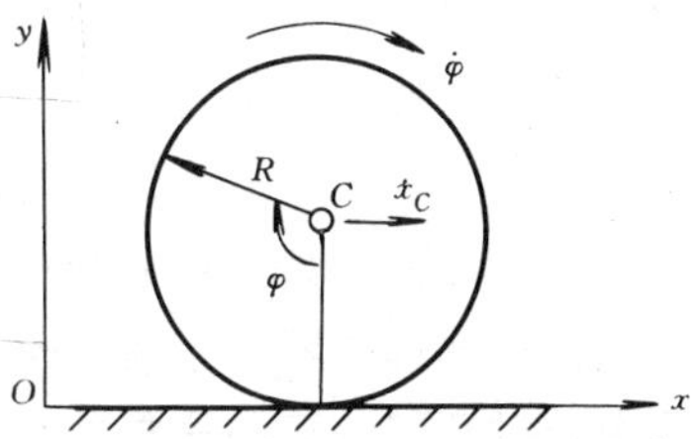

图 16-3

再如图 16-3 所示的圆轮，沿水平直线轨道作纯滚动，由于轮心 C 作直线运动，约束条件为轮心 C 的坐标 y 保持不变，即

$$y_C=R \tag{3}$$

又因为圆轮作纯滚动，轮心速度 $\dot{x}_c$ 与轮的角速度 $\dot{\varphi}$ 必须满足约束方程

$$\dot{x}_C-R\dot{\varphi}=0 \tag{4}$$

二、约束分类

根据约束对质点系运动限制条件的不同，可将约束分类如下：

1. 定常约束和非定常约束

如果在约束方程中不显含时间 t，即约束不随时间而变，这种约束称为**定常约束或稳定约束**。以上各例都是定常约束。如果在约束方程中显含 t，则称其为**非定常约束**。例如图 6-1 中的单摆，悬挂点 O 若以匀速 v 沿 x 轴向右运动，这时约束方程成为

$$(x-vt)^2+y^2=l^2 \tag{5}$$

约束方程中显含时间 t。可见，悬挂点移动的单摆的约束是非定常约束。

2. 双面约束与单面约束

约束方程中用等号表示的约束，称为**双面约束或不可离约束**。这种约束能限制两个相反方向的运动，由方程（1）、（2）表示的约束都是双面约束。由不等式表示的约束称为**单面约束或可离约束**。例如图 6－1 中的单摆，将摆杆以细绳代替，因绳子不能受压，而约束方程成为

$$x^2+y^2\leqslant l^2 \tag{6}$$

显然，单面约束只能限制物体某个方向的运动，而不能限制相反方向的运动。图 16-3 中轨道对圆轮的约束亦属单面约束。但在实际问题中，质点系没有脱离约束的主动力作用时，单面约束仍理解为具有双面约束的性质。例如单摆在运动过程中，绳不可能受压，绳与杆并无差别。又如沿水平面滚动的圆轮，若脱离轨道而跳起，就是自由刚体的运动，这显然是与研究前提相矛盾的。

3. 完整约束与非完整约束

通过以上各例的约束方程，我们已注意到约束不仅对质点系的几何位形起限制作用，而且还可能与时间、速度有关。因而，约束方程的一般形式可表示为

$$f_j(x_1,y_1,z_1;\cdots;x_n,y_n,z_n;\dot{x}_1,\dot{y}_1,\dot{z}_1;\cdots;\dot{x}_n,\dot{y}_n,\dot{z}_n;t)=0$$
$$(j=1,2,\cdots,s) \tag{16-1}$$

式中，n 为质点系中质点的个数，s 为约束方程的个数。

约束方程中显含坐标对时间的导数，称为**运动约束**。如果运动约束能积分成有限形式，则称这种约束为**完整约束**。例如约束方程(4)，可以积分为 $x_C-R\varphi=$ 常数，故为完整约束。约束方程中若不显含坐标对时间的导数，这种约束称为**几何约束**。几何约束也属完整约束。几何约束方程的一般形式为

$$f_j(x_1,y_1,z_1;\cdots;x_n,y_n,z_n;t)=0 \tag{16-2}$$

综上所述，几何约束及可积分的运动约束统称为完整约束。实际上，对于可积分的运动约束，积分后方程中不再包含坐标的导数，此时的运动约束成为几何约束。因而，在以后的讨论中，对几何约束与完整约束不再区分。

一般情况下，含有坐标导数的方程不能积分成有限形式，则这种约束称为**非完整约束**，

非完整约束方程的一般形式为式(6-1)。因为非完整约束方程表现为微分形式，故又称为**不可积分约束**。应理解为在任意给定的位形中，质点系各点速度应满足的条件。

一个质点系可以同时受到完整和非完整约束，只受完整约束的质点系称为完整系统，只要质点受到非完整约束，则称为非完整系统。如果约束都定常的，则称质点系为定常系统。否则，称为非定常系统。

特别注意，本章只讨论双面、定常的几何约束。这种约束方程的一般形式为

$$f_j(x_1, y_1, z_1; \cdots; x_n, y_n, z_n) = 0 \qquad (j = 1, 2, \cdots, s) \tag{16-3}$$

第二节　虚位移与自由度

一、虚位移

由于约束的限制，非自由质点或质点系中的质点，其运动不可能完全自由。即约束限制了质点某些方向的位移，但也容许质点沿另一些方向的位移。因此，我们定义：

质点或质点系在给定位置（或瞬时），为约束所容许的任何无限小位移，称为质点或质点系在该位置的虚位移。质点的虚位移记为

$$\delta \bar{r} = \delta x \bar{i} + \delta y \bar{j} + \delta z \bar{k} \tag{16-4}$$

式中，δx、δy、δz 是虚位移在各直角坐标轴上的投影；而虚角位移用 $\delta\varphi$ 或 $\delta\theta$ 表示。应注意，δ 是变分符号，$\delta\bar{r}$ 是表示函数 $\bar{r}(t)$ 的变分，变分表示函数自变量（时间 t）不变时，由于函数本身形状在约束所许可的条件下的微小改变而产生的无限小增量。除了 $\delta t=0$ 之外，变分运算法则与微分法则完全相同。

例如，限制在一个固定平面上的质点 A，在平面上的任一个方向上的无限小位移都是该质点的虚位移。又如图 16-4a 中的曲柄连杆机构，在 θ 角时处于平衡。但约束容许 OA 杆绕

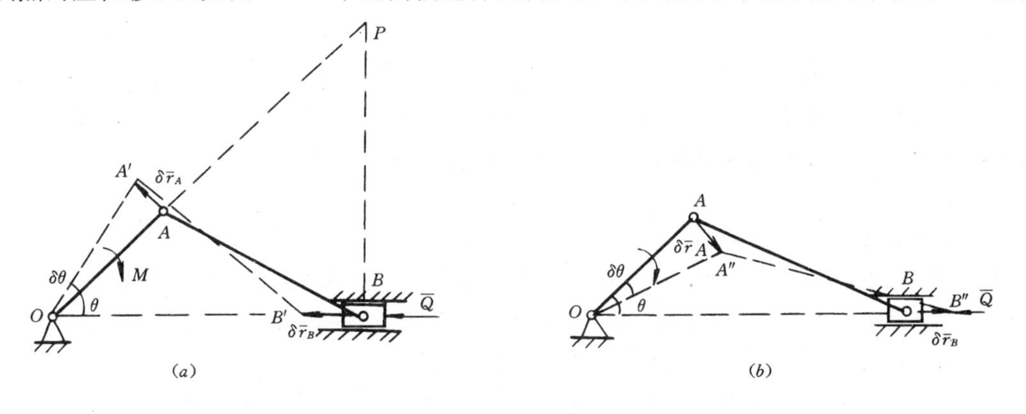

图 16-4

O 轴转动，我们可给 OA 杆以逆时针的虚转角 $\delta\theta$，OA 杆转到了 OA' 位置，由于 AB 杆的长度不变和滑道对滑块 B 的限制，AB 杆只能处于 $A'B'$ 位置。于是 $OA'B'$ 表示曲柄连杆机构的虚位移图。系统内的各质点都产生了虚位移，可见，质点系的虚位移是一组虚位移，而且彼此并不独立。应注意，虚位移必须指明给定的位置(或瞬时)，不同位置，质点或质点系的虚位移并不相同；其次，虚位移必须为约束所许可，必须是无限小的。否则就可能破坏原质点系的

平衡位置，或者改变作用于质点系上主动力的方向。考虑到虚位移的任意性，我们也可给 OA 杆以顺时针的虚转角 $\delta\theta$，此时，曲柄连杆机构的虚位移图为 $OA''B''$（图 16-4b）。

必须强调，虚位移纯粹是一个几何概念，所谓"虚"主要反映了这种位移的人为假设性，并非真实的位移。众所周知，处于静止状态的质点系，根本就没有实位移。但我们可以在系统的约束所容许的前提下，给定系统的任意虚位移。同时虚位移又完全取决于约束的性质及其限制条件，而不是虚无飘眇，也不可随心所欲地假设。

若质点系在某位置受主动力作用，使系统处于运动状态。这时系统的实位移，将取决于作用于系统上的主动力以及所经历的时间，其位移可以是无限小的，也可以是有限值，其方向是唯一的。而质点系在该位置时的虚位移与主动力和时间无关，虚位移只能是无限小值，方向却可以不止一个。这就是虚位移与实位移的区别所在。但在定常约束条件下，质点系在某位置所发生的微小实位移必是其虚位移中的一个（或一组）。因为质点的虚位移和其无限小实位移都受约束限制，是约束所容许的位移。

二、自由度

由于约束的限制，质点系内各质点的虚位移并不独立。那么，一个非自由质点系究竟有多少个独立的虚位移？于是，把**质点系独立的虚位移（或独立坐标变分）数目，称为质点系的自由度**。因为每个独立的虚位移反映了系统一个独立的虚位移形式，自由度数就反映了系统独立的虚位移形式的数目。例如图 16-4 中的曲柄连杆机构，独立的虚位移可为 $\delta\theta$，$\delta\theta$ 一旦给定，系统的虚位移形式（虚位移图）就完全确定了，而且任一点的虚位移都可用 $\delta\theta$ 表示。

具有定常几何约束的质点系，设质点系包括 n 个质点，受到 s 个约束，约束方程为式(16-3)，即

$$f_j(x_1,y_1,z_1;\cdots;x_n,y_n,z_n)=0 \qquad (j=1,2,\cdots,s)$$

对约束方程求一阶变分，则得

$$\sum_{i=1}^{n}\left(\frac{\partial f_j}{\partial x_i}\delta x_i+\frac{\partial f_j}{\partial y_i}\delta y_i+\frac{\partial f_j}{\partial z_i}\delta z_i\right)=0 \qquad (j=1,2,\cdots,s) \tag{16-5}$$

上式表示，给质点系的虚位移时，质点系 $3n$ 个质点的坐标变分应满足 s 个方程，也就是说，只有 $3n-s$ 个变分是独立的。它正好等于质点系独立坐标的数目。因此，对于**具有定常几何约束的质点系，确定其几何位置的独立坐标的数目，亦称为质点系的自由度**。

三、广义坐标

在许多实际问题中，采用直角坐标法确定系统的位形并不方便。如上所述，我们可取 $3n-s$ 个独立的参数便能完全确定系统的位形，这些定位参数可以是长度、角度、弧长等。**能够完全确定质点系位形的独立参数，称为系统的广义坐标**。对于定常的几何约束系统，显然，广义坐标的数目就等于系统的自由度数。

对于我们所讨论的定常的完整系统，如系统具有 $k=3n-s$ 个自由度，广义坐标以 q_i（$i=1$，2，…，k）表示，则任一瞬时系统中每一质点的矢径或直角坐标都可以表示为广义坐标的函数，即

$$\bar{r}_i=\bar{r}_i(q_1,q_2,\cdots,q_k) \qquad (i=1,2,\cdots,n) \tag{16-6}$$

$$\left.\begin{aligned} x_i&=x_i(q_1,q_2,\cdots,q_k) \qquad (i=1,2,\cdots,n)\\ y_i&=y_i(q_1,q_2,\cdots,q_k) \qquad (i=1,2,\cdots,n)\\ z_i&=z_i(q_1,q_2,\cdots,q_k) \qquad (i=1,2,\cdots,n)\end{aligned}\right\} \tag{16-7}$$

四、虚位移分析

由于质点系的虚位移中，各质点的虚位移并不独立，正确分析并确定各主动力作用点的虚位移将成为解题的关键。根据具体问题给定的条件，可选用下列方法分析质点系的虚位移。

1. 几何法

应用几何学或运动学的方法求各点虚位移间的关系，称为几何法。在几何法中，首先应根据系统的约束条件，确定系统的自由度，给定系统的虚位移，并正确画出该系统的虚位移图，然后应用运动学的方法求有关点虚位移间的关系。在运动学中，质点的无限小位移与该点的速度成正比，即 $d\bar{r}=\bar{v}dt$。因此，两质点无限小位移大小之比等于两点速度大小之比。如果把对应于虚位移的速度称之为虚速度，则两质点虚位移大小之比必等于对应点虚速度大小之比。这样，就可以应用运动学中的速度分析方法（如瞬心法、速度投影法、速度合成定理等）去建立虚位移间的关系。这种方法也称为**虚速度法**。例如图 16-4（a）中，连杆 AB 作平面运动，其瞬心为 P，A、B 两点虚位移大小之比为

$$\delta r_A/\delta r_B=\frac{AP\cdot\delta\theta}{BP\cdot\delta\theta}=AP/BP$$

2. 解析法

解析法是指通过变分运算建立虚位移间的关系。若已知质点系的约束方程，通过变分运算可得虚位移投影间的关系如式（16-5）。一般情况下，将质点系中各质点的直角坐标先表示为广义坐标的函数，如式（16-6）或式（16-7），通过一阶变分，可得

$$\delta\bar{r}_i=\frac{\partial\bar{r}_i}{\partial q_1}\delta q_1+\frac{\partial\bar{r}_i}{\partial q_2}\delta q_2+\cdots+\frac{\partial\bar{r}_i}{\partial q_k}\delta q_k\qquad(i=1,\ 2,\ \cdots,\ n)\tag{16-8}$$

$$\left.\begin{aligned}\delta x_i&=\frac{\partial x_i}{\partial q_1}\delta q_1+\frac{\partial x_i}{\partial q_2}\delta q_2+\cdots+\frac{\partial x_i}{\partial q_k}\delta q_k\qquad(i=1,\ 2,\ \cdots,\ n)\\\delta y_i&=\frac{\partial y_i}{\partial q_1}\delta q_1+\frac{\partial y_i}{\partial q_2}\delta q_2+\cdots+\frac{\partial y_i}{\partial q_k}\delta q_k\qquad(i=1,\ 2,\ \cdots,\ n)\\\delta z_i&=\frac{\partial z_i}{\partial q_1}\delta q_1+\frac{\partial z_i}{\partial q_2}\delta q_2+\cdots+\frac{\partial z_i}{\partial q_k}\delta q_k\qquad(i=1,\ 2,\ \cdots,\ n)\end{aligned}\right\}\tag{16-9}$$

式中，δx_i、δy_i、δz_i、δq_i 分别称为坐标 x_i、y_i、z_i、q_i 的变分。

第三节　虚位移原理

在研究虚位移原理时，我们先建立虚功与理想约束的概念。

一、虚功

作用于质点上的力在其虚位移上所作的功称**虚功**。设作用于质点上的力为 $\bar{F}$，质点的虚位移为 $\delta\bar{r}$，则力 $\bar{F}$ 在虚位移 $\delta\bar{r}$ 上的虚功 δw 为

$$\delta w=\bar{F}\cdot\delta\bar{r}\tag{16-10}$$

由于虚位移是元位移，所以虚功只有元功的形式。虚功强调了力与位移的彼此独立性。

二、理想约束

在动能定理中，我们曾经讨论过理想约束，现在给出确切定义：**若约束反力在质点系**

的任一组虚位移上所作虚功之和等于零，则称此约束为理想约束。设第 i 个质点的反力为 $\overline{N}_i$，虚位移为 $\delta\bar{r}_i$，理想约束条件可表示为

$$\Sigma\overline{N}_i\cdot\delta\bar{r}=0 \tag{16-11}$$

一般常见的理想约束包括：光滑支承面，各种光滑铰链、轴承、铰链支座，无重刚杆及不可伸长的柔索，刚体纯滚动时的支承面等。理想约束反映了约束的基本力学特性，无论是静力学问题或是动力学问题同样适用。理想约束是对实际约束在一定条件下的近似而已。

今后若无特别说明，非自由质点系则一概视为具有理想约束的质点系，对于哪些需要考虑虚功的约束反力（如滑动摩擦力）则按主动力处理。

三、虚位移原理

虚位移原理是分析力学的普遍原理之一，在求解静力学问题中有着广泛地应用。虚位移原理可陈述为：

具有双面、定常、理想约束的静止质点系，其继续保持静止的充分与必要条件是：所有主动力在质点系任何虚位移上的虚功之和等于零。用公式表示为

$$\Sigma\overline{F}\cdot\delta\bar{r}=0 \tag{16-12}$$

或

$$\Sigma\ (X\delta x+Y\delta y+Z\delta z)\ =0 \tag{16-13}$$

式（16-12）和式（16-13）称为**虚功方程**。虚功方程又称为**静力学普遍方程**。因此虚位移原理是虚功原理之一。现对原理的必要性和充分性给出证明。

必要性证明：已知质点系处于静止状态，证明式（16-12）必然成立。因为系统处于静止状态，则系内每个质点必然处于静止。则系内任一质点的主动力 $\overline{F}_i$ 和约束反力 $\overline{N}_i$ 应满足平衡条件

$$\overline{F}_i+\overline{N}_i=0$$

给系统一组虚位移 $\delta\bar{r}_i(i=1,2,\cdots,n)$，每个质点上作用力虚功之和都等于零。即

$$(\overline{F}_i+\overline{N}_i)\cdot\delta\bar{r}_i=0\qquad(i=1,2,\cdots,n)$$

对全体求和，得

$$\sum_{i=1}^{n}(\overline{F}_i+\overline{N}_i)\cdot\delta\bar{r}_i=\sum_{i=1}^{n}\overline{F}_i\cdot\delta\bar{r}_i+\sum_{i=1}^{n}\overline{N}_i\cdot\delta\bar{r}_i=0$$

对于理想约束，$\sum_{i=1}^{n}\overline{N}_i\cdot\delta\bar{r}_i=0$，代入上式，得

$$\sum_{i=1}^{n}\overline{F}_i\cdot\delta\bar{r}_i=0$$

必要性得证。

充分性证明：若条件式(16-12)成立，证明系统必继续保持静止。采用反证法。设在式(16-12)的条件下，系统不平衡，则有些质点(至少一个)必进入运动状态。因质点系原来处于静止，一旦进入运动状态，其动能必然增加，即在实位移 $\delta\bar{r}$ 中，$\mathrm{d}T>0$。根据质点系动能定理的微分形式，有

$$\mathrm{d}T=\Sigma d'w=\Sigma(\overline{F}_i+\overline{N}_i)\cdot d\bar{r}_i>0$$

对于定常的双面约束，可取微小实位移作为虚位移，即 $\delta\bar{r}_i=\mathrm{d}\bar{r}_i$。于是上式成为

$$\Sigma(\overline{F}_i+\overline{N}_i)\cdot\delta\bar{r}_i=\Sigma\overline{F}_i\cdot\delta\bar{r}_i+\Sigma\overline{N}_i\cdot\delta\bar{r}_i>0$$

对于理想约束，$\Sigma\overline{N}_i\cdot\delta\overline{r}_i=0$，则

$$\Sigma\overline{F}_i\cdot\delta\overline{r}_i>0$$

这与题设条件（16-12）式相矛盾。因此，质点系中的每一个质点必须处于静止状态，这就证明了原理的充分性。

第四节　虚位移原理的应用

应用虚位移原理可以求解静力学的各种问题：求系统平衡时主动力之间的关系；确定系统的平衡位置；求静定结构的约束反力。应注意，虚位移原理中并不包含约束反力。欲求某一约束反力时应将该处的约束解除，代以约束反力，并视其为主动力，这样使系统具有一定的自由度，就可应用虚位移原理求解。

应用虚位移原理解题的一般步骤是：（1）以整个系统为对象，分析主动力。（2）分析系统的自由度，给出系统的虚位移，求虚位移间的关系。（3）列虚功方程求解。

【例 16-1】 图 16-5 所示机构中，曲柄 OA 上作用有转矩 M，滑块 D 上作用水平力 $\overline{P}$，机构处于平衡。设曲柄长 $OA=r$，θ 角已知，不计摩擦，试求 P 与 M 间的关系。

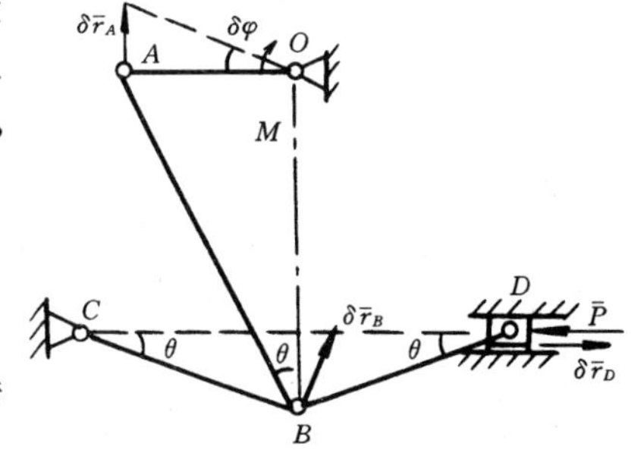

图 16-5

【解】 本题是求系统平衡时主动力间的关系，系统具有理想定常约束，可应用虚位移原理求解。

（1）取机构系统为研究对象，受主动力 $\overline{P}$ 和转矩 M 作用。

（2）系统具有一个自由度，即具有一个独立的虚位移。取 OA 杆的虚转角 $\delta\varphi$ 为独立虚位移。DA 杆 和 BC 杆作定轴转动，AB 杆与 BD 杆作平面运动。A、B、D 点的虚位移如图 16-5 所示。根据虚速度法，则有

$$\delta r_A=r\delta\varphi$$

$$\delta r_A\cos\theta=\delta r_B\cos2\theta$$

$$\delta r_B\cos\ (90°-2\theta)\ =\delta r_B\sin2\theta=\delta r_D\cos\theta$$

可得力 $\overline{P}$ 作用点的虚位移

$$\delta r_D=2\delta r_B\sin\theta=2\delta r_A\sin\theta\cos\theta/\cos2\theta=r\delta\varphi\tan2\theta$$

（3）根据虚功方程　$\Sigma\overline{F}\cdot\delta\overline{r}=0$，得

$$M\delta\varphi-P\delta r_D=0$$

即

$$M\delta\varphi-Pr\delta\varphi\tan2\theta=0$$

由于 $\delta\varphi$ 的独立性，则得

$$M=Pr\tan2\theta$$

讨论　本题若用静力学方法求解，必须将系统拆开，也必出现内约束反力，求解较烦。而虚位移原理以整体为研究对象，不出现约束反力，这正是分析静力学的优点。

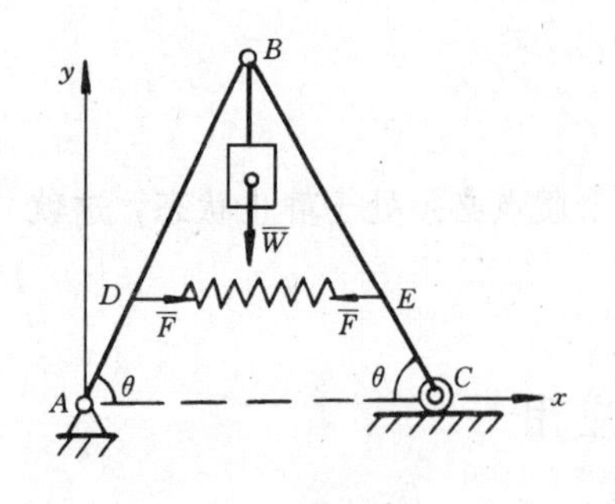

图 16-6

【例 16-2】 图 16-6 所示机构中，杆 AB 与 BC 的长度均为 l，B 点挂有重为 W 的重物，D、E 两点用弹簧连接，且 $BD=BE=b$。已知弹簧原长为 l_0，刚度系数为 k，不计各杆自重，试求机构的平衡位置（以 θ 表示）。

【解】 本题为求系统的平衡位置，系统的约束为定常理想约束，可应用虚位移原理求解。但应注意，弹簧的内力在 D、E 两点的相对虚位移上作功。

(1) 以机构系统为研究对象。作功的力有重力 $\overline{W}$ 和弹簧的内力功。在平衡位置时，弹簧的变形量 $\lambda=2b\cos\theta-l_0$，E、D 两点的弹性力的大小为

$$F = k\lambda = k(2b\cos\theta - l_0)$$

(2) 机构为一个自由度系统，取 θ 角为广义坐标。以 x_{ED}表示 E、D 两点间的相对坐标，应用解析法求虚位移。对图示 Axy 坐标系

$$y_B = l\sin\theta, \quad x_{ED} = 2b\cos\theta$$

对上式作一阶变分，得

$$\delta y_B = l\cos\theta\delta\theta, \quad \delta x_{ED} = -2b\sin\theta\delta\theta$$

(3) 根据虚功方程 $\Sigma\overline{F}\cdot\delta\overline{r}=0$。内力功以式（14-28）计算，则得

$$-W\delta y_B - F\delta\lambda = 0$$

即

$$-Wl\cos\theta\delta\theta - k(2b\cos\theta - l_0)(-2b\sin\theta)\delta\theta = 0$$

由于 $\delta\theta$ 的独立性，可得

$$\tan\theta(2b\cos\theta - l_0) = Wl/2bk$$

讨论 (1) 关于弹簧的内力作功，也可将弹簧去掉，在 D 点和 E 点代以弹性力，则按主动力计算弹性力的功，这是一般常用的方法。

(2) 虚位移也可由几何法计算，但功的计算较烦。请读者按几何法分析各力作用点的虚位移。

【例 16-3】 在图 16-7a 所示的结构中，已知 $M=12$ kN·m，$P=10$ kN，$q=1$ kN/m。试求固定端 A 的反力偶和支座 C 的反力。

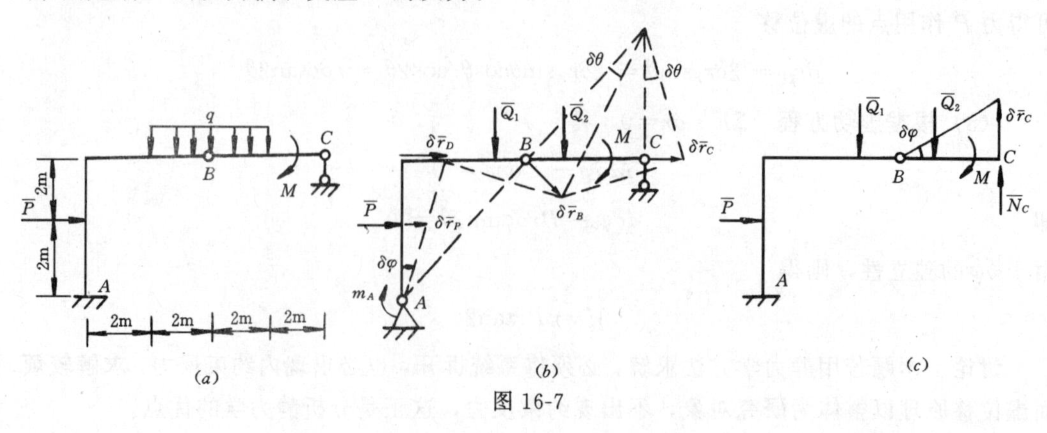

图 16-7

【解】 本题结构为静定结构，其自由度为零。欲求某处反力时，可解除该处约束，而代以相应的未知力，并视其为主动力计算虚功，仍由虚位移原理求解。一般情况下，每次只解除与某个未知力相应的约束，使系统成为一个自由度，以便分析有关虚位移间的关系。

(1) 求固定端 A 的反力偶

将固定端 A 的转动约束解除，而代之以反力偶，则杆可绕 A 转动，但不能沿任何方向移动，因此应将固定端以固定铰支座代替。此时系统具有一个自由度，AB 杆作定轴转动，AC 杆可作平面运动。

给 AB 杆以虚转角 $\delta\varphi$，B 点的虚位移

$$\delta r_B = AB \cdot \delta\varphi$$

BC 杆作平面运动，其速度瞬心在 P，设 BC 杆的虚转角为 $\delta\theta$ 如图 16-7b 所示。B 点虚位移为

$$\delta r_B = BP \cdot \delta\theta = AB \cdot \delta\varphi$$

由图示的几何关系，$AB = BP$，得

$$\delta\theta = \delta\varphi$$

作功的力有力 $\overline{P}$ 和均布荷载等效的合力 $\overline{Q}_1$ 和 $\overline{Q}_2$，以及 M 和 m_A。计算力的虚功时，采用力矩乘以相应的虚转角，若力矩与虚转角的转向一致时，虚功取正号，反之则取负号。于是，可得虚功方程为

$$m_A \cdot \delta\varphi + 2P \cdot \delta\varphi + 3Q_1\delta\varphi + 3Q_2\delta\varphi - M\delta\theta = 0$$

注意到 $\delta\theta = \delta\varphi$，$Q_1 = Q_2 = 2q = 2\ \text{kN}$，并代入 P、M 的值，可得

$$m_A = M - 2P - 12 = -20\ \text{kN}\cdot\text{m}$$

式中，负号表示反力偶的转向与假设的相反，即为逆时针方向。

(2) 求反力 $\overline{N}_C$

将可动铰支座 C 去掉，代以反力 $\overline{N}_C$（图 16-7c），AB 部分仍为静定结构，BC 杆杆只能绕 B 铰作定轴转动。

给 BC 杆虚转角 $\delta\varphi$（图 16-7c），C 点的虚位移

$$\delta r_C = BC \cdot \delta\varphi = 4\delta\varphi$$

由虚功方程，可得

$$N_C \cdot \delta r_C - Q_2 \cdot 1 \cdot \delta\varphi - M\delta\varphi = 0$$

即

$$4N_C\delta\varphi - 2\delta\varphi - 12\delta\varphi = 0$$

因为 $\delta\varphi \neq 0$，求得

$$N_C = 14/4 = 3.5\ \text{kN}$$

讨论 求静定结构的反力时，解除约束一定要与所求的未知量相对应。例如本题中若欲求固定端的水平及竖向反力，只能分别解除其水平及竖向约束，应将固定端以图 16-8 所示的定向支座代替，并在去掉约束处代以相应的反力。

【例 16-4】 图 16-9a 所示桁架中，$AB = BC = AC = l$，$AD = DC = l/\sqrt{2}$，节点 D 作用有铅垂力 $\overline{P}$。试求杆 BD 的受力。

【解】 本题是求静定桁架杆的内力，可将该桁架杆切断，并代以内力 $\overline{N}$，$\overline{N}'$，并视其为主动力，则应用虚位移原理可以求解。

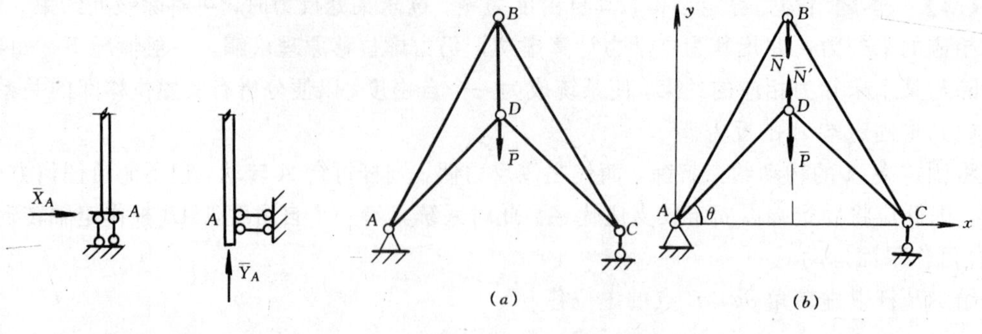

图 16-8

图 16-9

(1) 研究整个桁架。切断 BD 杆后，系统受力为 $\overline{P}$ 和 $\overline{N}$、$\overline{N}'$（图 16-9b）。

(2) 由于切断 BD 杆后，系统具有一个自由度。可取 AD 杆与图示 x 轴的夹角 θ 为广义坐标。对图 16-9b 的坐标系，铅垂力作用点的坐标为

$$y_D = AD\sin\theta = \frac{l}{\sqrt{2}}\sin\theta$$

$$y_B = \sqrt{AB^2 - (AD\cos\theta)^2} = \sqrt{l^2 - \frac{l^2}{2}\sin^2\theta} = \frac{l}{2}\sqrt{3 - \cos 2\theta}$$

对上式进行一阶变分，得

$$\delta y_D = \frac{l}{\sqrt{2}}\cos\theta\delta\theta$$

$$\delta y_B = \frac{l}{2}\frac{-\frac{1}{2}(-\sin 2\theta)\cdot 2\delta\theta}{\sqrt{3 - \cos 2\theta}} = \frac{l}{2}\frac{\sin 2\theta}{\sqrt{3 - \cos 2\theta}}\delta\theta$$

(3) 根据虚功方程，可得

$$(N' - P)\delta y_D - N\delta y_B = 0$$

即

$$(N' - P)\frac{l}{\sqrt{2}}\cos\theta\delta\theta - N\frac{l}{2}\frac{\sin 2\theta}{\sqrt{3 - \cos 2\theta}}\delta\theta = 0$$

由于 $N = N'$，$\delta\theta \neq 0$，可得

$$N\left(1 - \frac{\sqrt{2}\sin\theta}{\sqrt{3 - \cos 2\theta}}\right) = P$$

在静平衡位置，由图示的几何关系，有

$$\cos\theta = \frac{l/2}{AD} = \frac{l/2}{l/\sqrt{2}} = \frac{\sqrt{2}}{2}.$$

因而 $\theta = 45°$。于是，BD 杆的内力为

$$N = \frac{P}{1 - 1/\sqrt{3}} = \frac{\sqrt{3}}{\sqrt{3} - 1}P = 2.37\,P \quad （拉力）$$

讨论 (1) 若用结点法或截面法求 BD 杆内力，读者试列出解题步骤。

（2）如何应用几何法求虚位移？

第五节　广义坐标形式的虚位移原理

一、广义坐标形式的虚位移原理

将式（16-8）

$$\delta\bar{r}_i = \frac{\partial \bar{r}_i}{\partial q_1}\delta q_1 + \frac{\partial \bar{r}_i}{\partial q_2}\delta q_2 + \cdots + \frac{\partial \bar{r}_i}{\partial q_k}\delta q_k = \sum_{j=1}^{k}\frac{\partial \bar{r}_i}{\partial q_j}\delta q_j$$

代入虚功方程 $\sum_{i=1}^{n}\bar{F}_i \cdot \delta\bar{r}_i = 0$，

可得
$$\sum_{i=1}^{n}\bar{F}_i \cdot \left(\sum_{j=1}^{k}\frac{\partial \bar{r}_i}{\partial q_j}\delta q_j\right) = 0$$

交换上式中 i、j 的求和顺序有
$$\sum_{j=1}^{k}\left(\sum_{i=1}^{n}\bar{F}_i \cdot \frac{\partial \bar{r}_i}{\partial q_j}\right)\delta q_j = 0$$

令
$$Q_j = \sum_{i=1}^{n}\bar{F}_i \cdot \frac{\partial \bar{r}_i}{\partial q_j} \qquad (j = 1,2,\cdots,k) \tag{16-14}$$

则上式成为

$$\sum_{j=1}^{k}Q_j\delta q_j = 0 \tag{16-15}$$

此式称为**广义坐标形式的虚位移原理**。由于 δq_j 是系统对应于广义坐标 q_j 的**广义虚位移**，而 $Q_j\delta q_j$ 具有功的量纲，因此，Q_j 称为对应于广义坐标 q_j 的**广义力**。当 δq_j 是长度单位时，则 Q_j 为力的单位；当 δq_j 是角度单位时，则 Q_j 为力矩的单位。

对于完整系统，各个广义坐标的变分独立，故由式（16-15）可得

$$Q_j = 0 \qquad (j = 1,2,\cdots,k) \tag{16-16}$$

这就是广义坐标形式的平衡方程。可表述为：**具有双面、定常、理想约束的质点系，平衡的必要和充分条件是：在给定的平衡位置上，系统的所有广义力都等于零**。应用此原理可以求解具有任意个自由度的质点系平衡问题。

二、广义力的计算

应用式（16-16）求解平衡问题时，关键是如何正确快速地计算对应于广义坐标的广义力。一般情况下，广义力可选用下述三种方法之一计算。

1. 按定义计算

由定义式（16-14）

$$Q_j = \sum_{i=1}^{n}\bar{F}_i \cdot \frac{\partial \bar{r}_i}{\partial q_j} = \sum_{i=1}^{n}\left(X_i\frac{\partial x_i}{\partial q_j} + Y_i\frac{\partial y_i}{\partial q_j} + Z_i\frac{\partial z_i}{\partial q_j}\right) \tag{16-17}$$

式中，X_i、Y_i、Z_i 为质点 m_i 所受的主动力 $\bar{F}_i$ 在各直角坐标轴上的投影，力 $\bar{F}_i$ 作用点的坐标为广义坐标的函数。这种方法也称为解析法。

2. 虚功法

对于完整系统，广义力的虚功之和以 $\Sigma\delta w$ 表示，则有

$$\Sigma\delta w = Q_1\delta q_1 + Q_2\delta q_2 + \cdots + Q_k q_k = \sum_{j=1}^{k} Q_j \delta q_j \tag{16-18}$$

式中，δq_1，δq_2，…，δq_k，彼此相互独立，因此欲求某个广义力 Q_j 时，可以取一组特殊的广义虚位移，为此，令 $\delta q_j \neq 0$，而令其余的 $\delta q_l = 0$ $(l \neq j)$，这时式（16-18）成为

$$\Sigma\delta w_j = Q_j \delta q_j$$

式中，$\Sigma\delta w_j$ 表示仅当 δq_j 非零时系统上主动力的虚功之和。于是，可得对应于广义坐标的广义力为

$$Q_j = \frac{\Sigma\delta w_j}{\delta q_j} \qquad (j = 1,2,\cdots,k) \tag{16-19}$$

3．势能法

若作用于系统的主动力都是有势力，这时系统的势能函数可表示为

$$V = V(x_1,y_1,z_1,\cdots,x_n,y_n,z_n) = V(q_1,q_2,\cdots,q_k)$$

任一质点 M_i 的有势力在直角坐标上的投影

$$X_i = -\frac{\partial V}{\partial x_i}\quad,\quad Y_i = -\frac{\partial V}{\partial y_i}\quad,\quad Z_i = -\frac{\partial V}{\partial z_i}$$

将上式代入（16-17）式，得

$$Q_j = -\sum_{i=1}^{n}\left(\frac{\partial V}{\partial x_i}\frac{\partial x_i}{\partial q_j} + \frac{\partial V}{\partial y_i}\frac{\partial y_i}{\partial q_j} + \frac{\partial V}{\partial z_i}\frac{\partial z_i}{\partial q_j}\right)$$

即

$$Q_j = -\frac{\partial V}{\partial q_j} \qquad (j = 1,2,\cdots,k) \tag{16-20}$$

于是，对于保守系统，对应于每个广义坐标的广义力等于势能函数对该坐标的偏导数并冠以负号。

在一般情况下，应用虚功法计算广义力比较简单。

【例 16-5】 图 16-10a 所示系统中，杆 OA 和 AB 长度均为 l，不计自重，在杆件所在的平面内作用有矩为 M 的两力偶及水平力 $\bar{P}$，系统处于平衡。求平衡位置时的 θ_1 和 θ_2。

【解】 此系统具有二个自由度，可取角 θ_1 和 θ_2 为广义坐标。属求主动力作用下的平

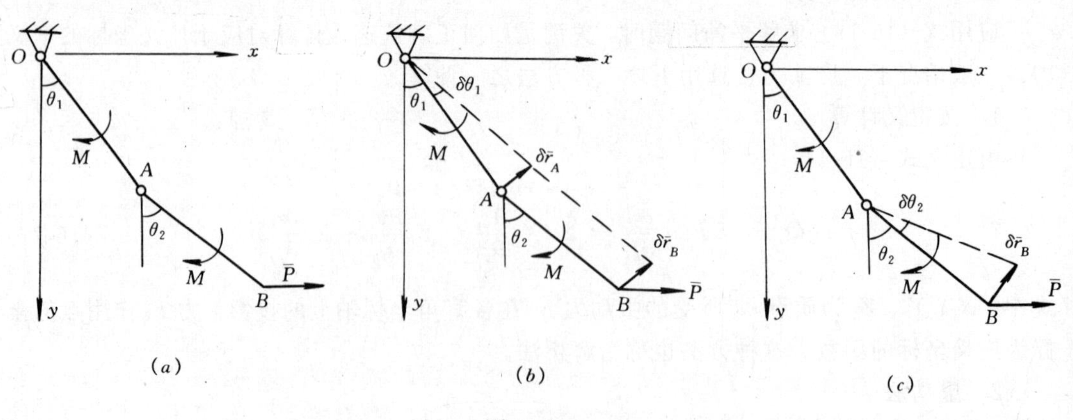

图 16-10

衡位置问题，现应用广义坐标形式的虚位移原理求解。

即 $$Q_1=0 \quad , \quad Q_2=0$$

（1）取两杆系统为研究对象。

（2）由于广义坐标的独立性，给 OA 杆以虚转角 $\delta\theta_1$，而令 θ_2 保持不变，即 $\delta\theta_2=0$。此时 OA 杆作定轴转动，AB 杆作平动，系统的虚位移如图 16-10b 所示。力 $\overline{P}$ 作用点的虚位移

$$\delta r_B = \delta r_A = l\delta\theta_1$$

系统上主动力的虚功之和

$$\Sigma\delta w_1 = -M\delta\theta_1 + P\delta r_B\cos\theta_1 = -M\delta\theta_1 + Pl\cos\theta_1\delta\theta_1 = 0$$

由 $$Q_1 = \frac{\Sigma\delta w_1}{\delta\theta_1} = -M + Pl\cos\theta_1 = 0$$

得 $$\cos\theta_1 = \frac{M}{Pl}$$

或 $$\theta_1 = \arccos\frac{M}{Pl}$$

（3）给 AB 杆以虚转角 $\delta\theta_2$，而令 $\delta\theta_1=0$。此时 AB 杆作定轴转动，系统虚位移示于图 16-10c。可知

$$\delta r_B = l\delta\theta_2$$

$$\Sigma\delta w_2 = -M\delta\theta_2 + P\delta r_B\cos\theta_2 = -M\delta\theta_2 + Pl\cos\theta_2\delta\theta_2$$

由 $$Q_2 = \frac{\Sigma\delta w_2}{\delta\theta_2} = -M + Pl\cos\theta_2 = 0$$

得 $$\theta_2 = \arccos\frac{M}{Pl}$$

讨论 关于对虚位移的理解。若我们取系统的虚位移分别为以下两组（图 16-11），本题能否求解？有何问题？

【例 16-6】 图 16-12a 所示系统中，半径为 r 的滚轮 C 沿地面既滚又滑，AB 杆与滚轮 C 和滑块 B 相铰接，滑块 B 可沿光滑导轨滑动。当滑块 B 作用已知水平力 $\overline{P}$，由轮 C 上的力矩 M 使系统在图示位置处于平衡。试求力矩 M 的大小和滚轮 C 的摩擦力。图示位置轮缘上 E 点在 AB 连线上。

【解】 由于滑块 B 可沿导轨作直线运动，而 AB 杆及轮 C 作平面运动，可知系统的自由度数是二，应用

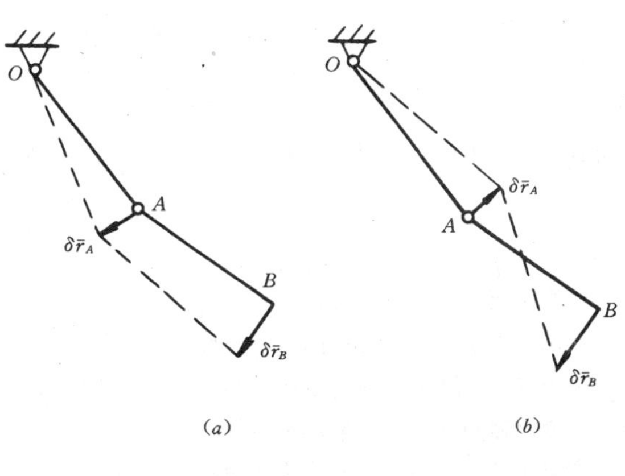

图 16-11

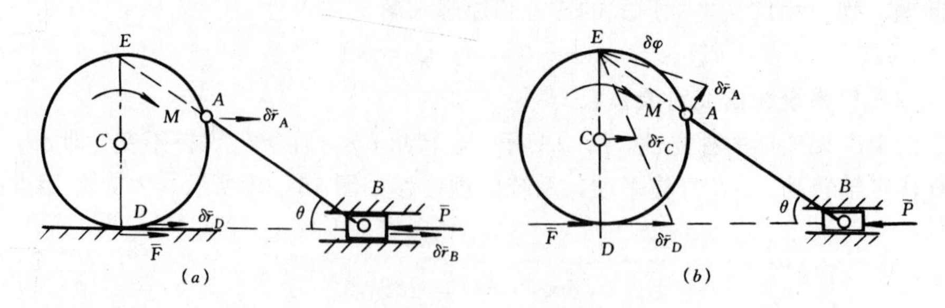

图 16-12

虚位移原理可以求解。应注意滑动摩擦力在虚位移上作虚功。

(1) 以系统为研究对象。解除轮 D 处约束，代以摩擦力 $\bar{F}$。系统受力为 $\bar{P}$、$\bar{F}$ 及 M (图 16-12a)。取滑块 B 的水平虚位移 $\delta\bar{r}_B$ 与轮 C 的虚转角 $\delta\varphi$ 为广义虚位移。应用广义坐标形式的平衡方程求解。

(2) 由于广义虚位移的独立性，我们令 $\delta r_B\neq0$，$\delta\varphi=0$。由运动学可知，杆 AB 作瞬时平动，则 $\delta\bar{r}_A=\delta\bar{r}_B$；而轮作平动（图 16-12$a$），于是有

$$\delta r_D=\delta r_A=\delta r_B$$

主动力的虚功之和为

$$\Sigma\delta w_1=F\cdot\delta r_D-P\cdot\delta r_B=(F-P)\delta r_B$$

由
$$Q_1=\frac{\Sigma\delta w_1}{\delta r_B}=F-P=0$$

得
$$F=P$$

(3) 令 $\delta\varphi\neq0$，$\delta r_B=0$。此时 AB 杆作定轴转动，可知 $\delta\bar{r}_A\perp AB$，而轮心 C 沿水平线作直线运动，可知 $\delta\bar{r}_C$ 沿水平方位。于是轮 C 的速度瞬心在 E 点。给轮 C 以虚转角 $\delta\varphi$（图 16-12b），此时

$$\delta r_D=2r\delta\varphi$$

由
$$Q_2=\frac{\Sigma\delta w_2}{\delta\varphi}=\frac{M\delta\varphi-F\cdot2r\delta\varphi}{\delta\varphi}=M-2rF=0$$

得
$$M=2rF=2rP$$

讨论 若取滑块的水平虚位移 $\delta\bar{r}_B$ 及 AB 杆的虚转角 $\delta\theta$ 为独立虚位移，如何求解？

思考题

1. 什么是虚位移？有何特点？
2. 试比较虚位移与实位移的区别与联系。
3. 用虚位移原理求解非自由质点系的平衡问题有哪些优点？
4. 求虚位移间的关系，常用哪些方法？
5. 如何应用虚位移原理求静定结构约束反力？
6. 求广义力的常用方法有哪些？

7. 虚位移原理的表达式有几种？各应用于何种情况？

8. 试说明虚位移原理与静力学平衡方程的区别。

习　　题

16-1　图示机构中，杆 AB、AC 长均为 $l=0.6m$，自重不计，铰 B 上作用铅垂力 $P=200\text{N}$。当 $\theta=45°$ 时机构处于平衡，求弹性力 F。不计滑快 C 与接触面的摩擦。

16-2　图示曲柄连杆压榨机构中，曲柄 OA 作用有转矩 M，若已知 $OA=r$，$BD=DC=DE=l$，$\angle OAB=90°$，$\angle DEC=\theta$。各杆自重不计，求压榨力 P。

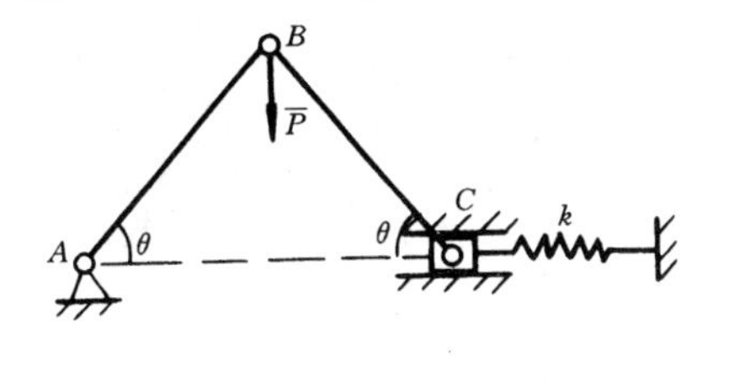

题 16-1 图

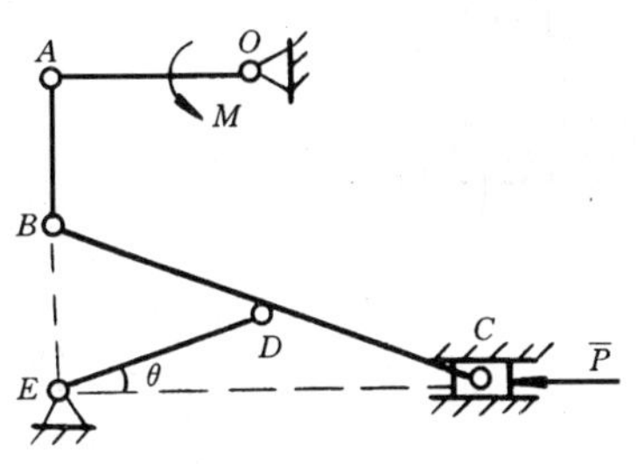

题 16-2 图

16-3　在图示机构中 D 点作用有水平力 $\overline{P}$，求保持机构平衡时作用在滑块 A 上力 $\overline{Q}$ 的大小。已知 $AC=BC=EC=FC=DE=DF=l$

16-4　图示正切机构，受力 $\overline{P}$ 及 $\overline{Q}$ 作用，在图示位置平衡。已知 $OA=l$，$OD=b$，求力 P 与 Q 的关系。

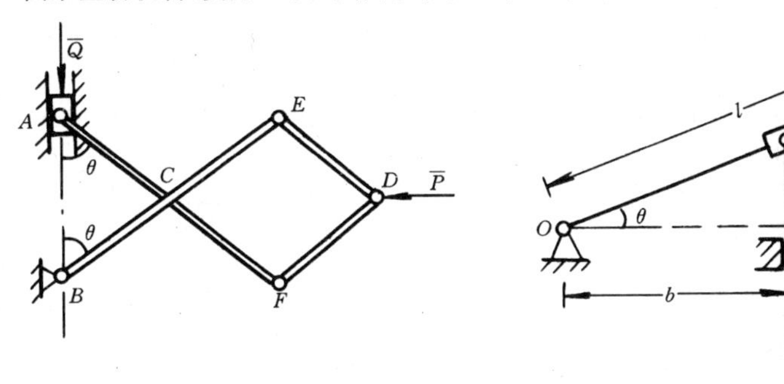

题 16-3 图　　　　题 16-4 图

16-5　图示曲柄摇杆机构，受力 $\overline{F}$ 及转矩 M 作用而平衡。已知 $AB=2l$，$CD=l$，求 F 与 M 的关系。

16-6　图示平面机构中，$AC=CD=l$，均质杆 CD 与 BD 的重量各为 P_1 和 P_2。在图示位置平衡时，试求弹性力 $\overline{F}$ 的大小。

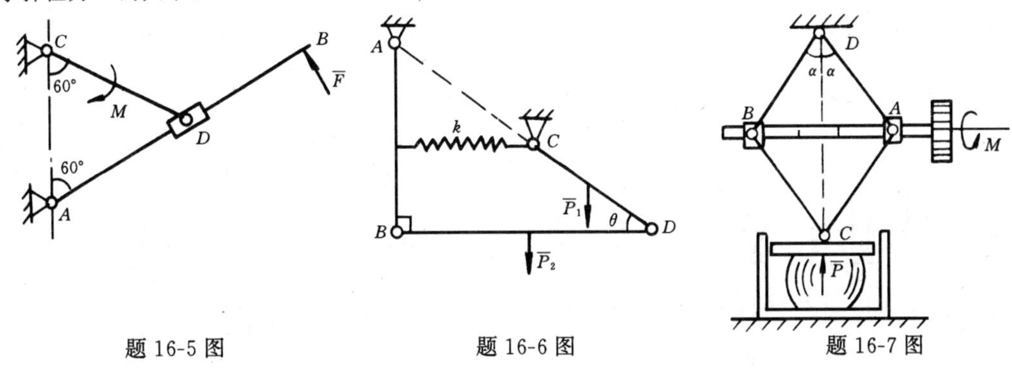

题 16-5 图　　　　题 16-6 图　　　　题 16-7 图

16-7　在螺旋压榨机手轮上作用一矩为M的力偶，手轮装在螺杆上，螺杆两端刻有螺距为h的相反螺纹，螺杆上套有两螺母，螺母与菱形杆框连接如图。当菱形的顶角为2α时，求压榨机对物体的压力。

16-8　图示系统中，当弹簧未伸长时杆AB为水平位置。已知杆长为l，重物重P，弹簧的刚度系数为k。不计杆、滚子、弹簧的重量及各处的摩擦，试求平衡时的θ角。

16-9　均质梯子AB重为P，长为l，A端靠在光滑墙上，B端放在粗糙的水平面上如图示。地面的摩擦系数f，人重为G。为保证人能安全到达梯顶A处，求梯子与地面的夹角必须满足的条件。

16-10　一折梯置于粗糙地面上，设其AC与BC部分为均质杆，梯子与地面的滑动摩擦系数为f。求梯子平衡时角φ的最小值。

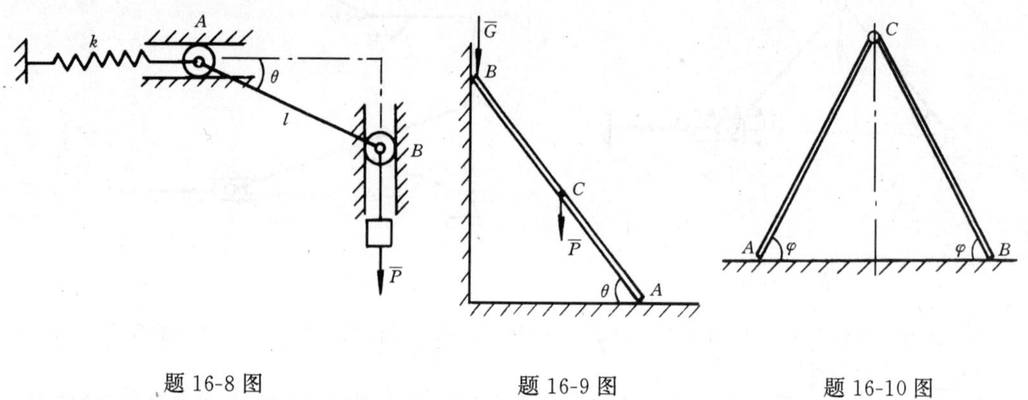

题 16-8 图　　　　题 16-9 图　　　　题 16-10 图

16-11　图示机构中，均质圆盘重为P，设$a=20$ cm，$b=50$ cm，$C=30$ cm。不计杆和滑块的重量，求机构平衡时的θ角。

16-12　六根长均为l、重均为P的均质等直杆，相互铰接成正六边形，用不计重量的杆CF连接，并悬挂如图示。求作用在CF杆上的力。

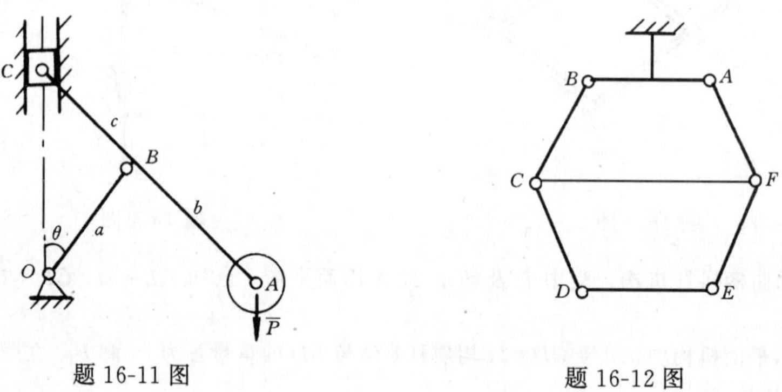

题 16-11 图　　　　题 16-12 图

16-13　图示多跨梁，已知$q=1.5$ kN/m，$P=4$ kN，$M=2$ kN·m。用虚位移原理求支座A、C反力。

16-14　图示多跨梁中，已知P、q、M及a，试用虚位移原理求固定端A的反力偶。

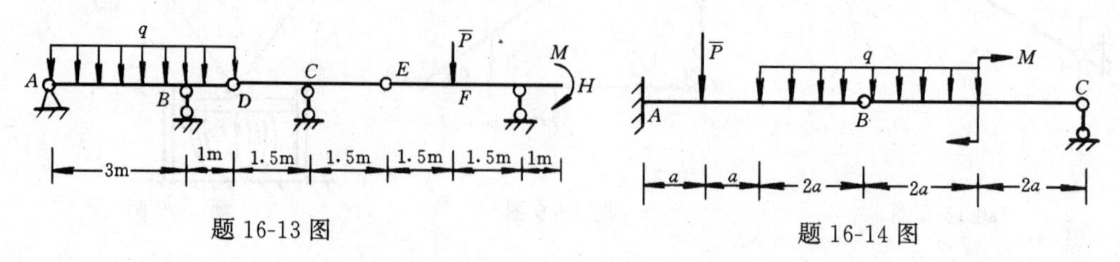

题 16-13 图　　　　题 16-14 图

16-15　图示三铰刚架受均布荷载作用，已知 $q=3\ \text{kN/m}$，试用虚位移原理求铰 B 的水平和竖向反力。

16-16　图示结构中，已知 $P=10\ \text{kN}$，$q=2\ \text{kN/m}$，$M=6\ \text{kN}\cdot\text{m}$。试用虚位移原理求固定铰支座 D 的反力。

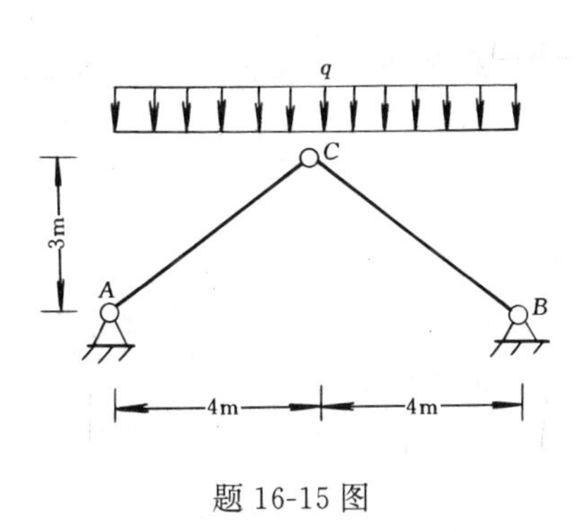

题 16-15 图

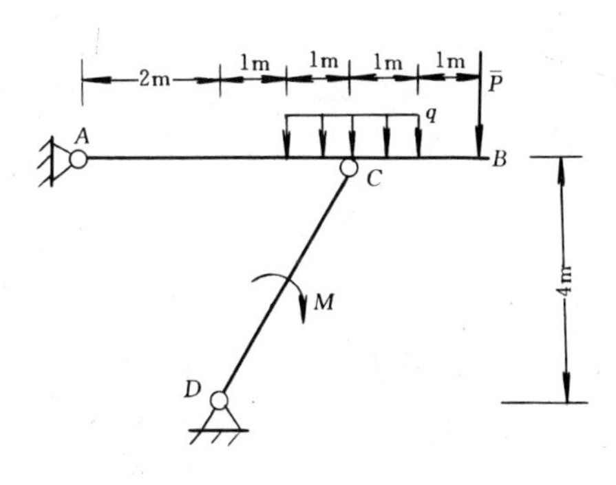

题 16-16 图

16-17　图示结构中，已知 $q=4\ \text{kN/m}$，$M=8\ \text{kN}\cdot\text{m}$。试求支座 A 处的反力。

16-18　由 AB、CD、DE 三杆组成的二自由度系统如图示，$AC=CD=DE=l$。三杆分别受力偶作用而在图示位置平衡。已知 M_1，求 M_2 和 M_3。各杆重量不计。

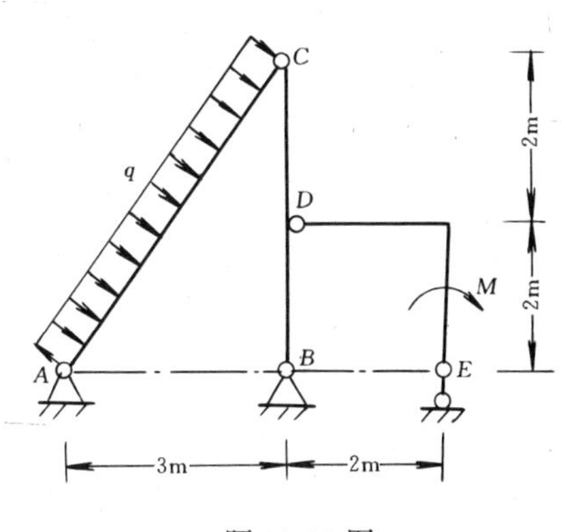

题 16-17 图

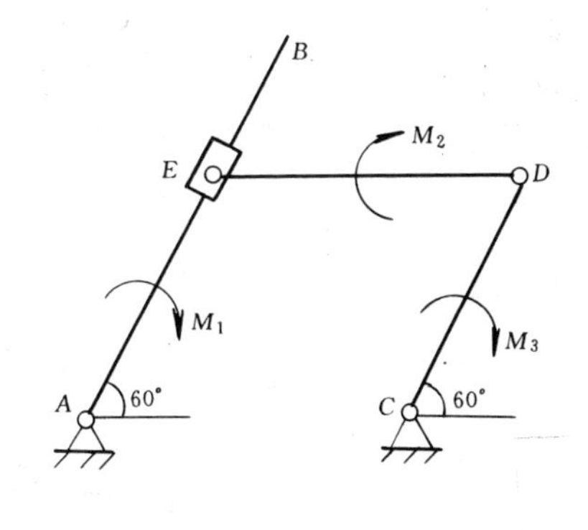

题 16-18 图

16-19　图示系统中，$AB=BC=l=1\ \text{m}$，两均质杆均重 $W=60\ \text{N}$，在力 $\overline{P}_1$、$\overline{P}_2$ 作用下系统平衡。已知 $\theta_1=30°$，$\theta_2=60°$，求 $\overline{P}_1$、$\overline{P}_2$ 的大小。

16-20　图示系统中，已知动滑轮重为 P，重物 D 重为 W，弹簧的刚度系数为 k，滑轮 A 的半径为 r，不计滑轮 A、B 的重量。当系统处于平衡时，求作用在滑轮 A 上的力偶矩和弹簧的变形 λ。

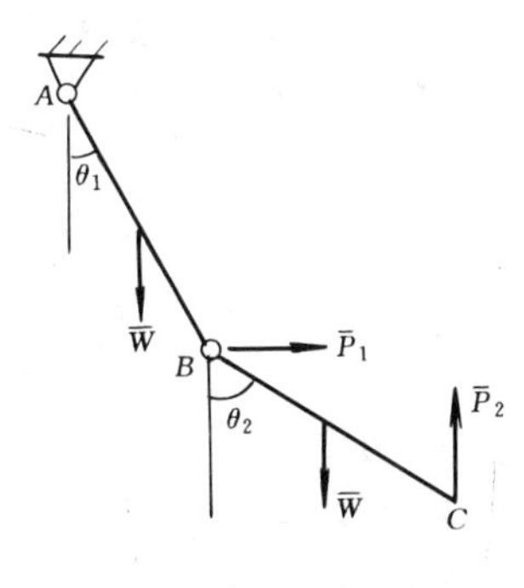

题 16-19 图

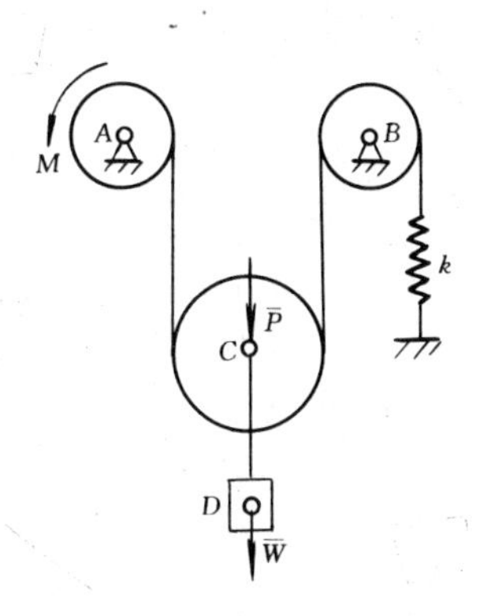

题 16-20 图

第十七章　动力学普遍方程与拉格朗日方程

第一节　动力学普遍方程

应用达朗伯原理，把动力学问题转化为虚拟的静力学平衡问题求解，而虚位移原理是求解静力学平衡问题的普遍原理，将二者相结合，就可得到处理质点系动力学问题的动力学普遍方程。对此方程进行广义坐标变换，可以导出拉格朗日方程。拉格朗日方程为建立质点系的运动微分方程提供了十分方便而有效的方法，在振动理论、质点系动力学问题中有着广泛地应用。

我们先讨论动力学普遍方程。

对于 n 个质点组成的质点系，在任一瞬时，作用于系统内的任一个质点 M_i 上的主动力为 $\overline{F}_i$，约束反力为 $\overline{N}_i$，据达朗伯原理，再加上该质点的惯性力 $\overline{F}_i^I=-m_i\overline{a}_i$，则有

$$\overline{F}_i+\overline{N}_i+(-m_i\overline{a}_i)=0\qquad(i=1,2,\cdots,n)$$

此时系统处于虚平衡状态。给系统任一组虚位移 $\delta\overline{r}_i$，根据虚位移原理，有

$$\sum_{i=1}^{n}(\overline{F}_i+\overline{N}_i-m_i\overline{a}_i)\cdot\delta\overline{r}_i=0$$

对于理想约束，由于

$$\sum_{i=1}^{n}\overline{N}_i\cdot\delta\overline{r}_i=0$$

则得

$$\sum_{i=1}^{n}(\overline{F}_i-m_i\overline{a}_i)\cdot\delta\overline{r}_i=0\tag{17-1}$$

或写成解析式

$$\sum_{i=1}^{n}[(X_i-m_i\ddot{x})\delta x_i+(Y_i-m_i\ddot{y})\delta y_i+(Z_i-m_i\ddot{z})\delta z_i]=0\tag{17-2}$$

式(17-1)和(17-2)称为**动力学普遍方程。它表明：具有理想约束的质点系，任一瞬时作用于其上的主动力和惯性力在系统的任一组虚位移上的虚功之和等于零。**

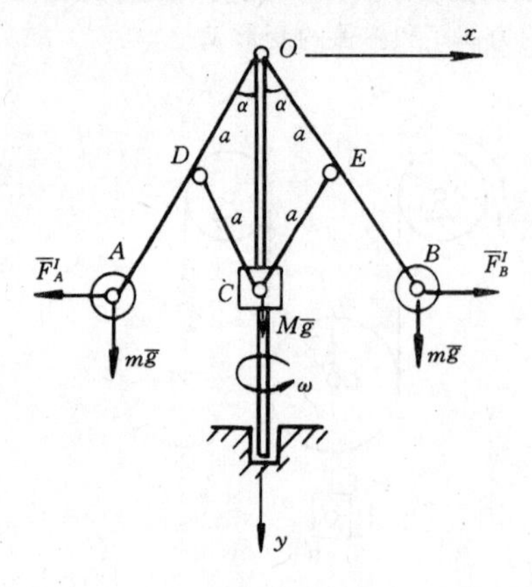

图 17-1

将动力学普遍方程与静力学普遍方程相比较，其共同点在于方程中均不出现理想约束的约束反力，独立方程的数目等于系统的自由度数；区别在于动力学普遍方程中除包含主动力之外，还包含有惯性力。

应用动力学普遍定理解题时，要正确分析和虚加惯性力，并视惯性力为主动力，解题步骤与虚位移原理求平衡问题相同。

【例 17-1】 瓦特离心调速器以匀角速度 ω 绕铅垂固定轴 Oy 转动，如图 17-1 所示。小球 A 和 B 的质量均为 m，套筒 C 的质量为 M，可沿铅垂轴无

摩擦地滑动。其中$OA=OB=l$,$OD=OE=DC=EC=a$,不计各杆重,不计各铰链及轴承的摩擦,试求稳态运动时调速器的张角α。

【解】 只要正确虚加惯性力,则可按虚位移原理求解静力学问题一样求解。

(1)受力分析。

以系统为研究对象,主动力有小球A、B的重力mg及活套C的重力Mg。当系统稳定运动时,张角$\alpha=$常量,套筒C不动。此时球A、B都作匀速圆周运动,其向心加速度的大小为

$$a_A = a_B = l\omega^2\sin\alpha$$

虚加在小球A、B上的惯性力的大小分别为

$$F_A^I = F_B^I = ml\omega^2\sin\alpha$$

(2)虚位移分析

虚加惯性力后系统处于虚平衡状态。系统具有一个自由度,取α角为广义坐标。对图示坐标系,可得力作用点的直角坐标为

$$x_A = -l\sin\alpha \quad , \quad y_A = l\cos\alpha$$

$$x_B = l\sin\alpha \quad , \quad y_B = l\cos\alpha$$

$$x_C = 0 \quad , \quad y_C = 2a\cos\alpha$$

对上式取变分,得

$$\delta x_A = -l\cos\alpha\delta\alpha \quad , \quad \delta y_A = -l\sin\alpha\delta\alpha$$

$$\delta x_B = l\cos\alpha\delta\alpha \quad , \quad \delta y_B = -l\sin\alpha\delta\alpha$$

$$\delta x_C = 0 \quad , \quad \delta y_C = -2a\sin\alpha\delta\alpha$$

(3)应用动力学普遍方程求解

据式(17-2)可得

$$mg\delta y_A + mg\delta y_B + Mg\delta y_C - F_A^I\delta x_A + F_B^I\delta x_B = 0$$

即

$$(-mgl\sin\alpha - mgl\sin\alpha - 2Mga\sin\alpha + 2ml^2\omega^2\sin\alpha\cos\alpha)\delta\alpha = 0$$

因$\delta\alpha\neq 0$,可得

$$\cos\alpha = \frac{ml + Ma}{ml^2\omega^2}g \quad , \quad \sin\alpha = 0$$

第二个解$\alpha=0$是不稳定的,只要稍加扰动,调速器就会有张角,而最终在第一个解给出的位置上处于相对平衡。

【例 17-2】 在图 17-2 所示系统中,物块A的质量为m,与接触面处的滑动摩擦系数为f,均质圆柱体的质量为M。不计绳重及定滑轮质量,当系统运动时,试求物块A和圆柱体质心C的加速度$\bar{a}_A$和$\bar{a}_C$。

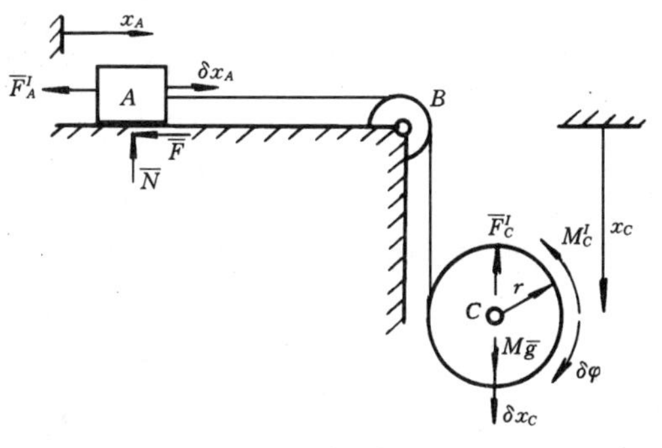

图 17-2

【解】 此系统为二自由度系统,视A块的滑动摩擦力为主动力,可应用动力学普遍方程求解。

(1) 受力分析

以物块、柱体及绳所组成的系统为研究对象。主动力为物块和柱体的重力 mg 和 Mg，物块 A 的滑动摩擦力 $F=fmg$。

A 块作直线运动，圆柱体作平面运动。系统具有二自由度，取 x_A 及 x_C 为广义坐标，物块 A、柱体质心 C 的加速度以及圆柱的角加速度分别为

$$a_A=\ddot{x}_A \quad , \quad a_C=\ddot{x}_C$$

$$\alpha=\frac{1}{r}(a_C-a_A)=\frac{1}{r}(\ddot{x}_C-\ddot{x}_A) \tag{1}$$

于是可得系统的惯性力和惯性力偶矩分别为

$$F_A^I=ma_A=m\ddot{x}_A \quad , \quad F_C^I=Ma_C=M\ddot{x}_C$$

$$M_C^I=J_C\alpha=\frac{1}{2}Mr^2\cdot\frac{1}{r}(\ddot{x}_C-\ddot{x}_A)$$

$$=\frac{1}{2}Mr(\ddot{x}_C-\ddot{x}_A) \tag{2}$$

(2)虚位移分析

当系统虚加惯性力后(图 17-2),系统则处于虚平衡状态。此位置,给 A 块以虚位移 δx_A,给 C 点以虚位移 δx_C,圆柱体的虚转角则为

$$\delta\varphi=\frac{1}{r}(\delta x_C-\delta x_A) \tag{3}$$

(3)应用动力学普遍方程求解

根据式(17-1),有

$$Mg\delta x_C-F\delta x_A-F_A^I\delta x_A-F_C^I\delta x_C-M_C^I\delta\varphi=0 \tag{4}$$

将式(1)、(2)、(3)代入上式,得

$$Mg\delta x_C-F\delta x_A-m\ddot{x}_A\delta x_A-m\ddot{x}_C\delta x_C-\frac{1}{2}Mr(\ddot{x}_C-\ddot{x}_A)\cdot\frac{1}{r}(\delta x_C-\delta x_A)=0$$

经整理后为

$$\left[Mg-M\ddot{x}_C-\frac{1}{2}M(\ddot{x}_C-\ddot{x}_A)\right]\delta x_C-\left[F+m\ddot{x}_A-\frac{1}{2}M(\ddot{x}_C-\ddot{x}_A)\right]\delta x_A=0 \tag{5}$$

由于 δx_A 和 δx_C 彼此互为独立的虚位移,欲式(5)成立,则必须

$$\left.\begin{aligned}Mg-M\ddot{x}_C-\frac{1}{2}M(\ddot{x}_C-\ddot{x}_A)=0\\ F+m\ddot{x}_A-\frac{1}{2}M(\ddot{x}_C-\ddot{x}_A)=0\end{aligned}\right\} \tag{6}$$

式(6)即为系统的运动微分方程。运动微分方程的个数即系数的自由度数。从而解得

$$\left.\begin{aligned}a_A=\ddot{x}_A=\frac{Mg-3fmg}{M+3m}=\frac{M-3fm}{M+3m}g\\ a_C=\ddot{x}_C=\frac{M+2m-fm}{M+3m}g\end{aligned}\right\} \tag{7}$$

讨论 (1)解答式(7),只有 $M-3fm>0$ 时符合题意。若 $M-3fm\leqslant 0$,此时

$$a_A=0 \quad , \quad f=\frac{1}{3}\frac{M}{3m}$$

$$a_C=\frac{M+2m-\dfrac{M}{3m}m}{M+3m}g=\frac{2}{3}g$$

(2)由于广义虚位移的独立性,当系统虚加惯性力后,可分别令 $\delta x_C\neq 0$,$\delta x_A=0$;以及 $\delta x_A\neq 0$,$\delta x_C=0$。应用动力学普遍方程,可直接得到系统的运动微分方程式(6)。

第二节 拉格朗日方程

上节导出的动力学普遍方程是以直角坐标形式表达的，由于系统中各质点的虚位移并不独立，应用时还必须寻求虚位移间的关系，而在复杂的非自由质点系中将十分麻烦。利用广义坐标，对动力学普遍方程进行坐标变换，则可得到与自由度数目相同的一组独立运动微分方程。

一、拉格朗日方程

设具有理想完整约束的质点系由 n 个质点组成，有 k 个自由度，取广义坐标为 q_1、q_2、…，q_k。质点系中任一质点 m_i 的矢径 $\bar{r}_i$ 可表示为广义坐标和时间的函数，即

$$\bar{r}_i=\bar{r}_i(q_1,q_2,\cdots,q_k;t) \tag{17-3}$$

质点 m_i 的虚位移

$$\delta\bar{r}_i=\sum_{j=1}^{k}\frac{\partial\bar{r}_i}{\partial q_j}\delta q_j \quad (i=1,2,\cdots,n) \tag{17-4}$$

将上式代入动力学普遍方程（17-1），可得

$$\sum_{i=1}^{n}(\bar{F}_i-m\bar{a}_i)\cdot\sum_{j=1}^{k}\frac{\partial\bar{r}_i}{\partial q_j}\delta q_j=0 \tag{17-5}$$

交换 i、j 的求和顺序，得

$$\sum_{j=1}^{k}\left(\sum_{i=1}^{n}(\bar{F}_i\cdot\frac{\partial\bar{r}_i}{\partial q_j}-\sum_{i=1}^{n}m_i\bar{a}_i\cdot\frac{\partial\bar{r}_i}{\partial q_j}\right)\delta q_j=0$$

式中括号内的第一项称为对应于广义坐标 q_j 的广义力，即

$$Q_j=\bar{F}_i\cdot\frac{\partial\bar{r}_i}{\partial q_j} \qquad (j=1,2,\cdots,k)$$

上一章对广义力的计算方法作了详细讨论。类似地，可定义对应于广义坐标 q_j 的**广义惯性力**为

$$Q_j^I=-\sum_{i=1}^{n}m_i\bar{a}_i\cdot\frac{\partial\bar{r}_i}{\partial q_j} \qquad (j=1,2,\cdots,k) \tag{17-6}$$

于是，将式（17-5）可简写成

$$\sum_{j=1}^{k}(Q_j+Q_j^I)\delta q_j=0 \tag{17-7}$$

现在,我们研究广义惯性力的计算。在质点系的运动过程中,广义坐标将随时间 t 的变

化而变化，是时间 t 的函数。因此，质点系中任一质点 m_i 的速度为

$$\bar{v}_i = \dot{\bar{r}}_i = \sum_{j=1}^{k} \frac{\partial \bar{r}_i}{\partial q_j}\dot{q}_j + \frac{\partial \bar{r}_i}{\partial t} \tag{17-8}$$

式中的 $\dot{q}_j$ 是广义坐标对时间的导数，称为**广义速度**。可见，质点的速度 $\bar{v}_i$ 是广义坐标、广义速度和时间 t 的已知函数。它对广义坐标和广义速度的偏导数可得以下两个重要等式，称为拉格朗日变换式。

1. 式(17-8)中，由于$\frac{\partial \bar{r}_i}{\partial q_j}$和$\frac{\partial \bar{r}_i}{\partial t}$中不包括广义速度 $\dot{q}_j$，将该式两端对 $\dot{q}_j$ 求偏导数，则得

$$\frac{\partial \bar{v}_i}{\partial \dot{q}_j} = \frac{\partial \bar{r}_i}{\partial q_j} \tag{17-9}$$

2. 将$\frac{\partial \bar{r}_i}{\partial q_j}$对时间 t 求导，得

$$\begin{aligned}\frac{\mathrm{d}}{\mathrm{d}t}\left(\frac{\partial \bar{r}_i}{\partial q_j}\right) &= \sum_{s=1}^{k} \frac{\partial}{\partial q_s}\left(\frac{\partial \bar{r}_i}{\partial q_j}\right)\dot{q}_j + \frac{\partial^2 \bar{r}_i}{\partial q_j \partial t} \\ &= \frac{\partial}{\partial q_j}\left(\sum_{s=1}^{k} \frac{\partial \bar{r}_i}{\partial q_s}\dot{q}_s + \frac{\partial \bar{r}_i}{\partial t}\right)\end{aligned}$$

考虑到式(17-8)，上式右端括号内即为速度 $\bar{v}_i$，因而可得

$$\frac{\mathrm{d}}{\mathrm{d}t}\left(\frac{\partial \bar{r}_i}{\partial q_j}\right) = \frac{\partial \bar{v}_i}{\partial q_j} \tag{17-10}$$

式(17-9)及(17-10)称为拉格朗日变换式。

将广义惯性力可改写成

$$\begin{aligned}Q_j^I &= -\sum_{i=1}^{n} m_i \dot{\bar{v}}_i \cdot \frac{\partial \bar{r}_i}{\partial q_j} \\ &= -\sum_{i=1}^{n}\left[m_i \frac{\mathrm{d}}{\mathrm{d}t}\left(\bar{v}_i \cdot \frac{\partial \bar{r}_i}{\partial q_j}\right) - m_i\bar{v}_i \cdot \frac{\mathrm{d}}{\mathrm{d}t}\left(\frac{\partial \bar{r}_i}{\partial q_j}\right)\right]\end{aligned}$$

将式(17-9)和(17-10)代入上式，得

$$\begin{aligned}Q_j^I &= -\sum_{i=1}^{n}\left[m_i \frac{\mathrm{d}}{\mathrm{d}t}\left(\bar{v}_i \cdot \frac{\partial \bar{v}_i}{\partial \dot{q}_j}\right) - m_i\bar{v}_i \cdot \frac{\partial \bar{v}_i}{\partial q_j}\right] \\ &= -\left[\frac{\mathrm{d}}{\mathrm{d}t}\frac{\partial}{\partial \dot{q}_j}\left(\sum_{i=1}^{n}\frac{1}{2}m_i v_i^2\right) - \frac{\partial}{\partial q_j}\left(\sum_{i=1}^{n}\frac{1}{2}m_i v_i^2\right)\right]\end{aligned}$$

注意到质点系的动能 $T=\sum_{i=1}^{n}\frac{1}{2}m_i v_i^2$，最终将广义惯性力可表示为

$$Q_j^I = -\left(\frac{\mathrm{d}}{\mathrm{d}t}\frac{\partial T}{\partial \dot{q}_j} - \frac{\partial T}{\partial q_j}\right) \qquad (j = 1,2,\cdots,k) \tag{17-11}$$

将广义惯性力式(17-11)代入式(17-7)，则得

$$\sum_{j=1}^{k}\left(Q_j - \frac{\mathrm{d}}{\mathrm{d}t}\frac{\partial T}{\partial \dot{q}_j} - \frac{\partial T}{\partial q_j}\right)\delta q_j = 0 \tag{17-12}$$

式(17-12)即为**广义坐标形式的动力学普遍方程**。对于我们所讨论的完整的约束系统，则由 $\delta q_j(j=1,2,\cdots,k)$的独立性，得

$$\frac{\mathrm{d}}{\mathrm{d}t}\frac{\partial T}{\partial \dot{q}_j}-\frac{\partial T}{\partial q_j}=Q_j \qquad (j=1,2,\cdots,k) \tag{17-13}$$

上式称为**第二类拉格朗日方程**,简称为**拉格朗日方程**。该式是由 k 个二阶常微分方程组成的方程组,求解该方程组,则得质点系的运动方程。

若主动力是有势力,此时势能是广义坐标及时间的函数,即 $V=V(q_1,q_2,\cdots,q_k,t)$,则由式(16-17),有

$$Q_j=-\frac{\partial V}{\partial q_j} \qquad (j=1,2,\cdots,k)$$

将上式代入式(17-13)得

$$\frac{\mathrm{d}}{\mathrm{d}t}\frac{\partial T}{\partial \dot{q}_j}-\frac{\partial T}{\partial q_j}=-\frac{\partial V}{\partial q_j}$$

注意到势能函数中不含广义速度 $\dot{q}_j$,因而$\frac{\partial V}{\partial \dot{q}_j}=0$。将上式可改写为

$$\frac{\mathrm{d}}{\mathrm{d}t}\frac{\partial (T-V)}{\partial \dot{q}_j}-\frac{\partial (T-V)}{\partial q_j}=0$$

令

$$L=T-V \tag{17-14}$$

***L* 称为拉格朗日函数或动势**。于是,可得主动力为有势力的拉格朗日方程

$$\frac{\mathrm{d}}{\mathrm{d}t}\frac{\partial L}{\partial \dot{q}_j}-\frac{\partial L}{\partial q_i}=0 \qquad (j=1,2,\cdots,k) \tag{17-15}$$

应注意,拉格朗日函数一般是广义坐标、广义速度和时间 t 的函数,其量纲与动能的量纲相同。

综上所述,拉格朗日方程是以广义坐标表示的动力学普遍方程,适用于具有理想完整约束的任意质点系。它具有以下特点:

(1) 由于拉格朗日方程的数目等于系统的自由度数,无论广义坐标如何选取,而拉氏方程的形式不变。因而可按统一的程序和步骤直接建立系统的运动微分方程。

(2) 在拉氏方程中,只包含系统的动能、广义坐标、广义速度、广义力或势能等标量,因而不必进行加速度分析,不必虚加惯性力,对于保守系统,也不必分析系统的虚位移,极大地简化了复杂系统动力学问题的分析和求解过程,改变了传统的矢量动力学方法。

二、应用举例

应用拉格朗日方程求解动力学问题时,可按下述的程序和步骤进行。

1. 分析系统的自由度,适当选择与自由度数相同的广义坐标。

2. 分析速度,用广义坐标、广义速度和时间的函数表示系统的动能。

3. 分析主动力,求广义力。若主动力为有势力时,用广义坐标表示系统的势能,从而求出拉氏函数。若主动力为非有势力,广义力一般由虚功法求较方便,即

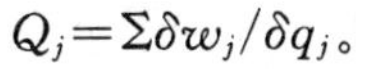

$Q_j=\Sigma\delta w_j/\delta q_j$。

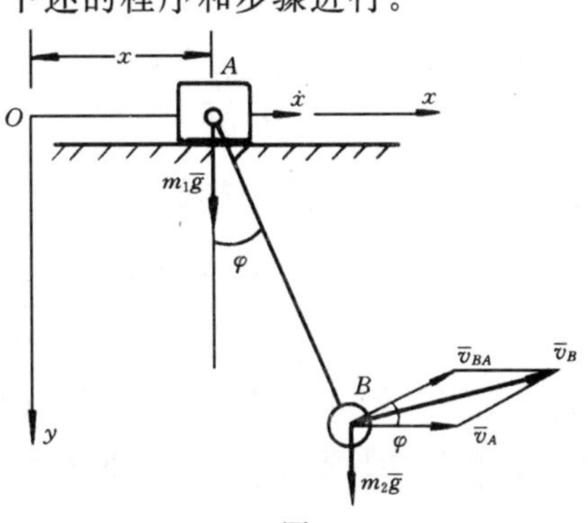

图 17-3

4．将 Q_j、T（或 L）代入拉氏方程，即可得到系统的运动微分方程。

下面举例说明拉格朗日方程的具体应用。

【例 17-3】 由滑块 A、无重刚杆 AB 和摆锤 B 所组成的椭圆摆如图 17-3 所示。设滑块 A 质量为 m_1，摆锤 B 质量为 m_2，$AB=l$，不计摩擦。试写出系统的运动微分方程。

【解】 (1) 以系统为研究对象。该系统具有两个自由度，取滑块 A 的坐标 x 及 AB 杆的转角 φ 为广义坐标（图 17-3）。

(2) 计算动能。任一瞬时，滑块 A 的速度为 $\dot{x}$。AB 杆作平面运动，可由基点法求 B 点的速度，即 $\bar{v}_B=\bar{v}_A+\bar{v}_{BA}$，其中 $v_{BA}=l\dot{\varphi}$。于是可得 B 点的速度大小为

$$\begin{aligned}v_B^2&=v_A^2+v_{BA}^2+2v_Av_{BA}\cos\varphi\\&=\dot{x}^2+l^2\dot{\varphi}^2+2\dot{x}l\dot{\varphi}\cos\varphi\end{aligned}\tag{1}$$

系统的动能为

$$\begin{aligned}T&=\frac{1}{2}m_1v_A^2+\frac{1}{2}m_2v_B^2\\&=\frac{1}{2}m_1\dot{x}^2+\frac{1}{2}m_2(\dot{x}^2+l^2\dot{\varphi}^2+2\dot{x}l\dot{\varphi}\cos\varphi)\\&=\frac{1}{2}(m_1+m_2)\dot{x}^2+\frac{1}{2}m_2l^2\dot{\varphi}^2+m_2l\dot{x}\dot{\varphi}\cos\varphi\end{aligned}\tag{2}$$

(3) 求广义力。由于系统的主动力只有重力，可分别给系统以虚位移 δx 及 $\delta\varphi$，则由虚功法求出对应于广义坐标的广义力。即

$$\begin{aligned}Q_x&=\Sigma\delta w_x/\delta x=0\\Q_\varphi&=\Sigma\delta w_\varphi/\delta\varphi=-m_2gl\sin\varphi\delta\varphi/\delta\varphi=-m_2gl\sin\varphi\end{aligned}\tag{3}$$

(4) 应用拉格朗日方程。据式 (17-13)，有

$$\frac{\mathrm{d}}{\mathrm{d}t}\frac{\partial T}{\partial\dot{x}}-\frac{\partial T}{\partial x}=Q_x\quad,\quad\frac{\mathrm{d}}{\mathrm{d}t}\frac{\partial T}{\partial\dot{\varphi}}-\frac{\partial T}{\partial\varphi}=Q_\varphi\tag{4}$$

式中

$$\begin{aligned}&\frac{\partial T}{\partial x}=0\quad,\quad\frac{\partial T}{\partial\dot{x}}=(m_1+m_2)\dot{x}+m_2l\dot{\varphi}\cos\varphi\\&\frac{\mathrm{d}}{\mathrm{d}t}\frac{\partial T}{\partial\dot{x}}=(m_1+m_2)\ddot{x}+m_2l\ddot{\varphi}\cos\varphi-m_2l\dot{\varphi}^2\sin\varphi\\&\frac{\partial T}{\partial\varphi}=-m_2l\dot{x}\dot{\varphi}\sin\varphi\quad,\quad\frac{\partial T}{\partial\dot{\varphi}}=m_2l^2\dot{\varphi}+m_2l\dot{x}\cos\varphi\\&\frac{\mathrm{d}}{\mathrm{d}t}\frac{\partial T}{\partial\dot{\varphi}}=m_2l^2\ddot{\varphi}+m_2l\ddot{x}\cos\varphi-m_2l\dot{x}\dot{\varphi}\sin\varphi\end{aligned}\tag{5}$$

于是，可得系统的运动微分方程

$$(m_1+m_2)\ddot{x}+m_2l\ddot{\varphi}\cos\varphi-m_2l\dot{\varphi}^2\sin\varphi=0\tag{6}$$

$$l\ddot{\varphi}+\ddot{x}\cos\varphi+g\sin\varphi=0\tag{7}$$

讨论 由于本例的主动力为有势力，因而可应用主动力为有势力的拉格朗日方程求解。取 A 点的水平面为零势能面，系统的势能为

$$V=-m_2gl\cos\varphi\tag{8}$$

由式（2）和（8）可得系统的拉格朗日函数

$$L = T - V = \frac{1}{2}(m_1 + m_2)\dot{x}^2 + \frac{1}{2}m_2 l^2 \dot{\varphi}^2 + m_2 l \dot{x}\dot{\varphi}\cos\varphi + m_2 g l \cos\varphi$$

代入保守系统的拉格朗日方程（17-15）

$$\frac{\mathrm{d}}{\mathrm{d}t}\frac{\partial L}{\partial \dot{x}} - \frac{\partial L}{\partial x} = 0 \quad \text{和} \quad \frac{\mathrm{d}}{\mathrm{d}t}\frac{\partial L}{\partial \dot{\varphi}} - \frac{\partial L}{\partial \varphi} = 0$$

则可求得系统的运动微分方程与式（6）和式（7）相同。

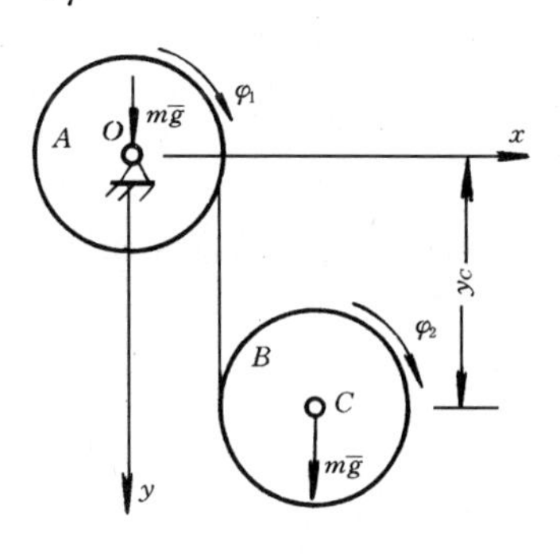

图 17-4

【例 17-4】 两半径均为 r、质量均为 m 的均质圆轮 A 和 B，用绳缠绕连接如图 17-4 所示。不计绳重和摩擦，求轮 B 下落时两轮的角加速度及 B 轮质心 C 的加速度。

【解】 （1）以系统为研究对象。轮 A 作定轴转动，轮 B 作平面运动，系统具有两个自由度。取两轮的转角 φ_1 和 φ_2 为广义坐标，设顺时针转向为正（图 17-4）。

（2）计算动能。两轮的角速度分别为 $\dot{\varphi}_1$ 及 $\dot{\varphi}_2$，轮 B 质心 C 的速度为

$$v_C = r\dot{\varphi}_1 + r\dot{\varphi}_2$$

系统的动能为

$$\begin{aligned} T &= \frac{1}{2}J_O\dot{\varphi}_1^2 + \frac{1}{2}mv_C^2 + \frac{1}{2}J_C\dot{\varphi}_2^2 \\ &= \frac{1}{2}(\frac{1}{2}mr^2)\dot{\varphi}_1^2 + \frac{1}{2}mr^2(\dot{\varphi}_1 + \dot{\varphi}_2)^2 + \frac{1}{2}(\frac{1}{2}mr^2)\dot{\varphi}_2^2 \\ &= \frac{3}{4}mr^2\dot{\varphi}_1^2 + mr^2\dot{\varphi}_1\dot{\varphi}_2 + \frac{3}{4}mr^2\dot{\varphi}_2^2 \end{aligned}$$

（3）计算拉氏函数。由于系统的主动力为有势力，以过 O 点的水平面为势能零面，系统的势能为

$$V = -mg(l_0 + r\varphi_1 + r\varphi_2)$$

其中 l_0 为系统开始运动时两轮心的高度差。系统的拉氏函数为

$$L = T - V = \frac{3}{4}mr^2\dot{\varphi}^2 + mr^2\dot{\varphi}_1\dot{\varphi}_2 + \frac{3}{4}mr^2\dot{\varphi}_2^2 + mg(l_0 + r\varphi_1 + r\varphi_2)$$

（4）应用拉格朗日方程。据式(17-15)，有

$$\frac{\mathrm{d}}{\mathrm{d}t}\frac{\partial L}{\partial \dot{\varphi}_1} - \frac{\partial L}{\partial \varphi_1} = 0 \quad , \quad \frac{\mathrm{d}}{\mathrm{d}t}\frac{\partial L}{\partial \dot{\varphi}_2} - \frac{\partial L}{\partial \varphi_2} = 0$$

其中，

$$\frac{\partial L}{\partial \varphi_1} = mgr \quad , \quad \frac{\partial L}{\partial \dot{\varphi}_1} = \frac{3}{2}mr^2\dot{\varphi}_1 + mr^2\dot{\varphi}_2$$

$$\frac{\mathrm{d}}{\mathrm{d}t}\frac{\partial L}{\partial \dot{\varphi}} = \frac{3}{2}mr^2\ddot{\varphi}_1 + mr^2\ddot{\varphi}_2$$

$$\frac{\partial L}{\partial \varphi_2} = mgr \quad , \quad \frac{\partial L}{\partial \dot{\varphi}_2} = mr^2\dot{\varphi}_1 + \frac{3}{2}mr^2\dot{\varphi}_2$$

$$\frac{\mathrm{d}}{\mathrm{d}t}\frac{\partial L}{\partial \dot{\varphi}_2} = mr^2\ddot{\varphi}_1 + \frac{3}{2}mr^2\ddot{\varphi}_2$$

于是，可得系统的运动微分方程为

$$3r\ddot{\varphi}_1 + 2r\ddot{\varphi}_2 = 2g$$

$$2r\ddot{\varphi}_1 + 3r\ddot{\varphi}_2 = 2g$$

联立求解此方程组，可得

$$\ddot{\varphi}_1 = \ddot{\varphi}_2 = \frac{2g}{5r}$$

故轮 A 与轮 B 的角加速度相同，均为$\frac{2g}{5r}$，转向为顺时针，根据运动学关系，可得轮 B 质心 C 的加速度大小为

$$a_c = r(\ddot{\varphi}_1 + \ddot{\varphi}_2) = \frac{4}{5}g$$

$\bar{a}_c$ 的方向为铅垂向下。

讨论 若系统的广义坐标取为轮 A 的转角 φ_1 和轮 B 质心 C 的坐标 y_c，请读者考虑如何求解？

【例 17-5】 物块 A 和 B 的质量均为 m，用刚度系数为 k 的三根弹簧连接如图 17-5 所示。不计摩擦，试求物块 A、B 的运动微分方程。

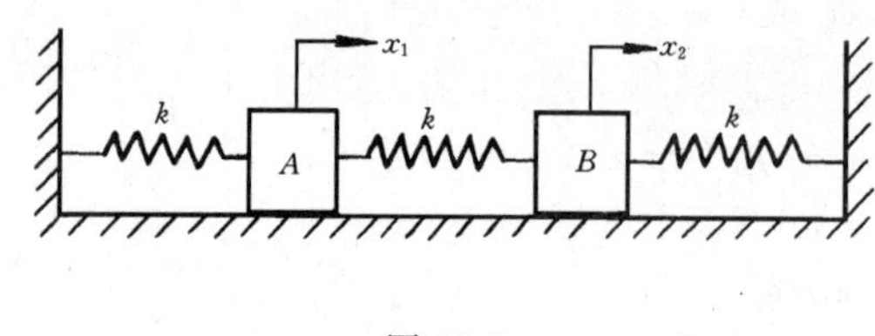

图 17-5

【解】 (1) 以系统为研究对象。系统的自由度数为二，分别取物块相对其平衡位置的水平偏移 x_1 和 x_2 为广义坐标(图 17-5)。

(2) 任一瞬时，物块 A 和 B 的速度分别为 $\dot{x}_1$ 和 $\dot{x}_2$，可得系统的动能为

$$T = \frac{1}{2}m\dot{x}_1^2 + \frac{1}{2}m\dot{x}_2^2$$

(3) 系统的主动力为有势力，三根弹簧的变形量分别为 x_1、$x_2 - x_1$ 和 x_2，取弹簧未变形的末端为势能零点，则系统主动力的势能为

$$V = \frac{1}{2}kx_1^2 + \frac{1}{2}k(x_2 - x_1)^2 + \frac{1}{2}kx_2^2$$

拉氏函数为

$$L = T - V = \frac{1}{2}m\dot{x}_1^2 + \frac{1}{2}m\dot{x}_2^2 - \frac{1}{2}kx_1^2 - \frac{1}{2}k(x_2 - x_1)^2 - \frac{1}{2}kx_2^2$$

(4) 应用拉氏方程。据式(17-15)，有

$$\frac{\mathrm{d}}{\mathrm{d}t}\frac{\partial L}{\partial \dot{x}_1} - \frac{\partial L}{\partial x_1} = 0 \quad , \quad \frac{\mathrm{d}}{\mathrm{d}t}\frac{\partial L}{\partial \dot{x}_2} - \frac{\partial L}{\partial x_2} = 0$$

其中，

$$\frac{\partial L}{\partial x_1} = -kx_1 + k(x_2 - x_1) \quad , \quad \frac{\partial L}{\partial \dot{x}_1} = m\dot{x}_1$$

$$\frac{\partial L}{\partial x_2} = -k(x_2 - x_1) - kx_2 \quad , \quad \frac{\partial L}{\partial \dot{x}_2} = m\dot{x}_2$$

故系统的振动微分方程为

$$m\ddot{x}_1 - k(x_2 - 2x_1) = 0, \qquad m\ddot{x}_2 - k(x_1 - 2x_2) = 0$$

讨论 读者试分别以 A 块和 B 块为研究对象，列动力学基本方程求解本题。

思 考 题

1. 达朗伯原理、虚位移原理与动力学普遍方程有何关系？
2. 试述应用动力学普遍方程和拉格朗日方程求解动力学问题的特点。
3. 对于非理想约束系统，能否应用拉格朗日方程求解？
4. 设系统的动能 T 是广义坐标 q_j、广义速度 $\dot{q}_j$ 和时间 t 的函数，$\frac{\mathrm{d}T}{\mathrm{d}t}$ 与 $\frac{\partial T}{\partial t}$ 的区别何在？

习 题

应用动力学普遍方程求解以下各题

17-1 图示系统中，重物 A 质量为 m，绞盘Ⅰ、Ⅱ的半径均为 R，对各自转轴的惯性矩均为 J，在二绞盘上分别作用有 M_1 和 M_2 的转矩。不计滑轮 A、B 的质量和摩擦，试求重物 A 的加速度。

17-2 图示系统中，均质定滑轮的质量为 m_1，重物 A 的质量为 m，弹簧的刚度系数为 k。不计绳的质量，绳与轮间无相对滑动，试求重物 A 的运动微分方程。

17-3 三棱柱 A 可沿三棱柱 B 的光滑斜面滑动如图示。已知 A 和 B 的质量各为 m_A 和 m_B，斜面的倾角为 α。不计摩擦，试求三棱柱 B 的加速度。

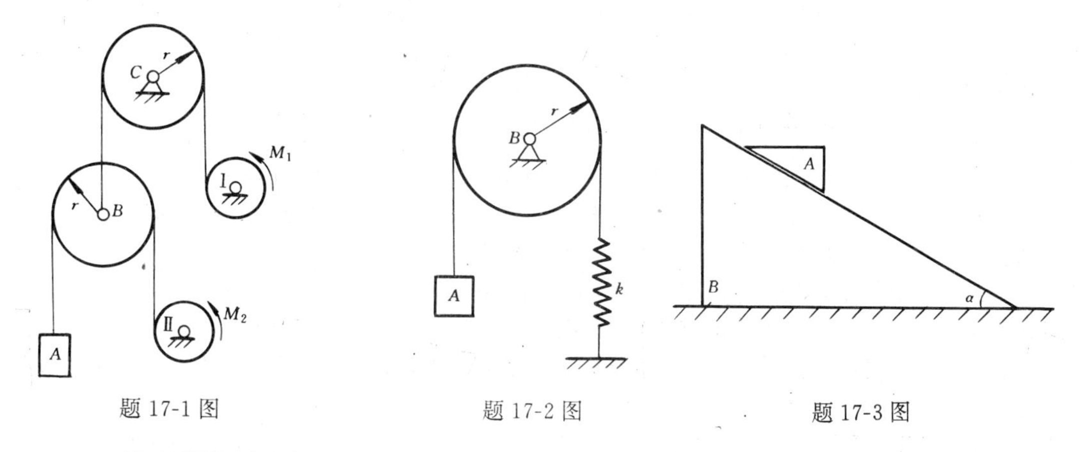

题 17-1 图　　题 17-2 图　　题 17-3 图

17-4 图示椭圆规尺在水平面内由曲柄 OC 带动。均质杆 OC 与 AB 的质量分别为 m_1 和 $2m_1$，且 $OC=AC=BC=l$，滑块 A 与 B 的质量均为 m_2。曲柄 OC 上作用有不变力矩 M，不计摩擦，试求曲柄的角加速度。

17-5 图示系统中，滑轮 D、E 可视为半径为 r、质量为 m 的均质圆盘，物块 A、B、C 的质量分别为 m、$2m$、$4m$。不计绳重，绳与轮无相对滑动，试求各物块的加速度。

17-6 实心均质圆柱 A 和空心圆柱 B 的质量分别为 m_A 和 m_B，半径均为 R。设圆柱 A 沿水平面作纯滚动，不计滑轮 C 的质量，试求两圆柱的角加速度 α_A 和 α_B。

应用拉格朗日方程求解以下各题

17-7 刚度系数为 k 的弹簧，其端点连接质量为 m_1 的滑块 A，滑块连一摆长为 l 的单摆，摆锤 B 的质量为 m_2。不计摩擦，试求该系统的运动微分方程。

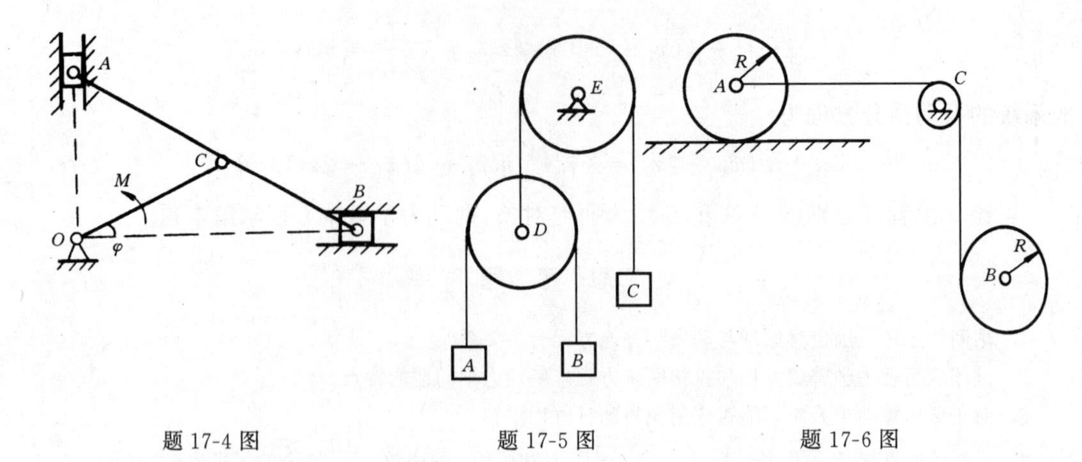

题 17-4 图　　题 17-5 图　　题 17-6 图

17-8　长为 l 的细杆 OA 可绕 O 轴转动，A 端小球质量为 m_1。杆上弹簧的刚度系数为 k，弹簧的自然长度为 l_0，活套 B 的质量为 m_2。不计杆的质量和摩擦，试求系统的运动微分方程。

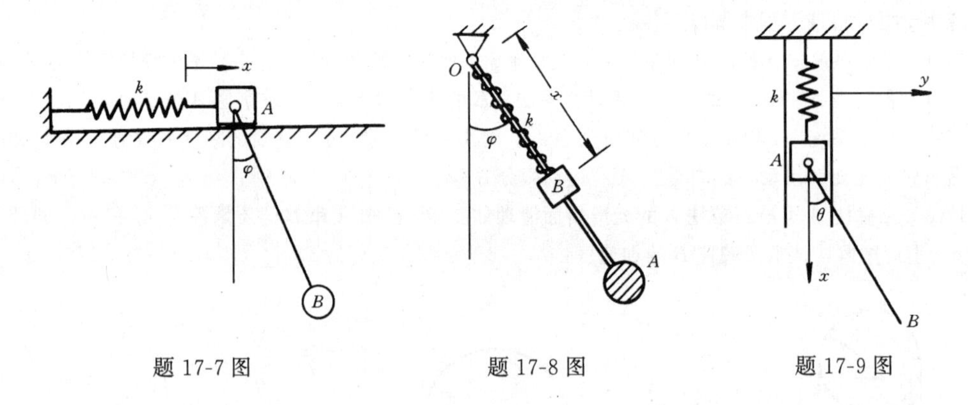

题 17-7 图　　题 17-8 图　　题 17-9 图

17-9　均质杆 AB 长为 l，质量为 m，A 端与悬挂在天花板上且刚度系数为 k 的弹簧相连如图示。设 A 点只能沿铅垂线运动，杆可在铅垂面内绕 A 点自由摆动，试求系统的运动微分方程。

17-10　图示半径为 r 的圆轮对水平轴的转动惯量为 J，重物 A 的质量为 m，两弹簧的刚度系数分别为 k_1 的 k_2。设绳与轮无滑动，试求系统的运动微分方程。

17-11　质量为 m 的均质圆盘，在三角块斜面上作纯滚动，三角块的质量亦为 m，置于光滑水平面上，其上有刚度系数为 k 的弹簧平行于斜面系于圆盘轴心上。设 $\theta=30°$，试求系统的运动微分方程。

17-12　图示变长度摆中，摆锤 A 的质量为 m，摆线开始运动时长度为 l_0，在 O 端以匀速 v 拉动摆线。试求摆的运动微分方程。

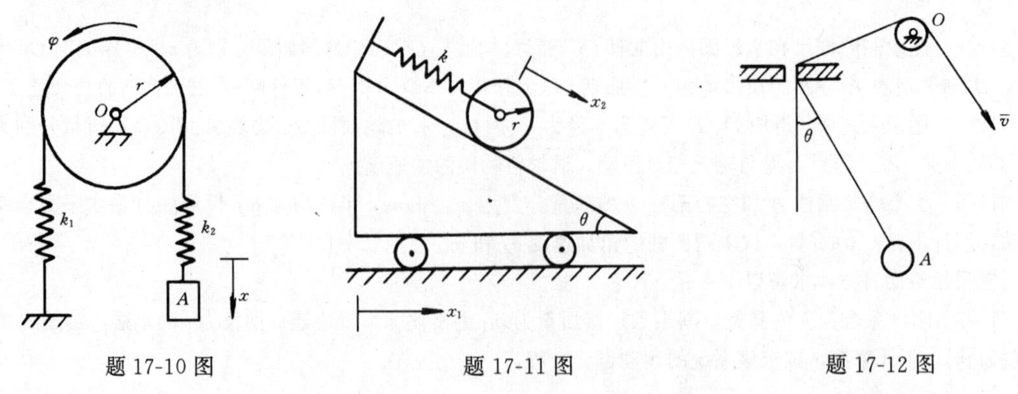

题 17-10 图　　题 17-11 图　　题 17-12 图

第十八章　振动的基本理论

第一节　单自由度系统的自由振动

振动是指物体在其稳定平衡位置附近所作的周期性往复运动。物体的这种运动现象在自然界、日常生活和工程实际中都极为常见。例如钟摆的摆动、烟囱以及各种结构物的振动等。振动在有些情况下是有害的，例如房屋、桥梁会因剧烈振动而坍毁，振动使机器的加工精度和光洁度下降，仪器的工作失常，机器振动引起的噪声妨碍附近工作人员的身体健康，也降低了机械效率和使用寿命。但另一方面，振动可以加以利用，例如，利用摆振动的等时性制造钟表，工程中的振动打桩、振动送料、振动造型、振动示波仪、地震仪等都是利用振动的实例。因此，研究振动理论和掌握振动的基本规律，目的在于更好地利用有益的振动而减少有害的振动。

本章仅限于讨论单自由度系统的线性振动。所谓**单自由度系统**是指只要用一个独立坐标就能完全确定其几何位置的系统；若系统所受的变力是位移或速度的一次函数，称为**线性系统**。振动系统受到初干扰（初位移或初速度）后，仅在系统恢复力作用下的振动，称为**自由振动**。

如图 18-1 所示的质量—弹簧系统，是一个最简单的单自由度振动系统的模型，在这里仅考虑物块的质量而不考虑其几何尺寸，仅考虑弹簧的刚度系数而不考虑其质量。若使质量为 m 的物块下移一小段距离而放开，则该物块便在弹性力作用下作上下往复运动，即为单自由度系统的自由振动。工程中许多弹性系统可以简化为这种典型系统来研究。例如，安装在一根弹性梁上的电动机，如图 18-2a 所示，如不计梁的质量，则弹性梁对电机的作用，与不考虑质量的弹簧相当，则整个系统可以简化为质量（电机）—弹簧（梁）系统来分析（图 18-2b）。

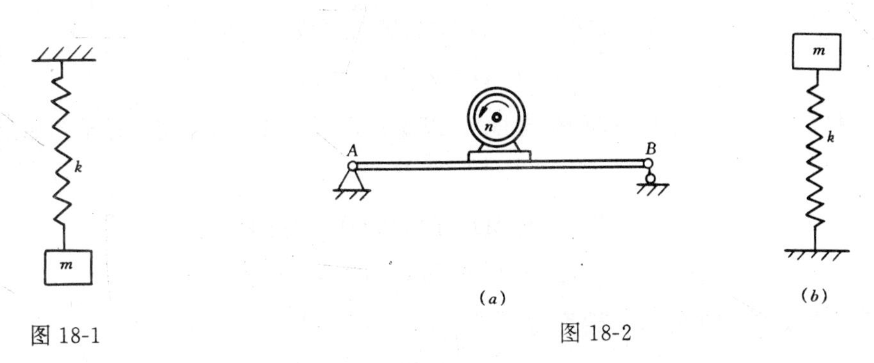

图 18-1　　　　图 18-2

一、单自由度系统自由振动微分方程及其解

在图 18-3a 所示单自由度振动系统中，设物块的质量为 m，弹簧的**刚度系数**（简称为**弹簧刚度**）为 k。物块在静平衡位置时，弹簧的伸长称为**静伸长**，统称为**静变形**（包括弹簧受

压的情况），用 δ_S 表示，此时，作用于物块上的弹性力与重力应相等，即 $k\delta_S=mg$，由此可得弹簧的静变形为

$$\delta_S = mg/k \tag{18-1}$$

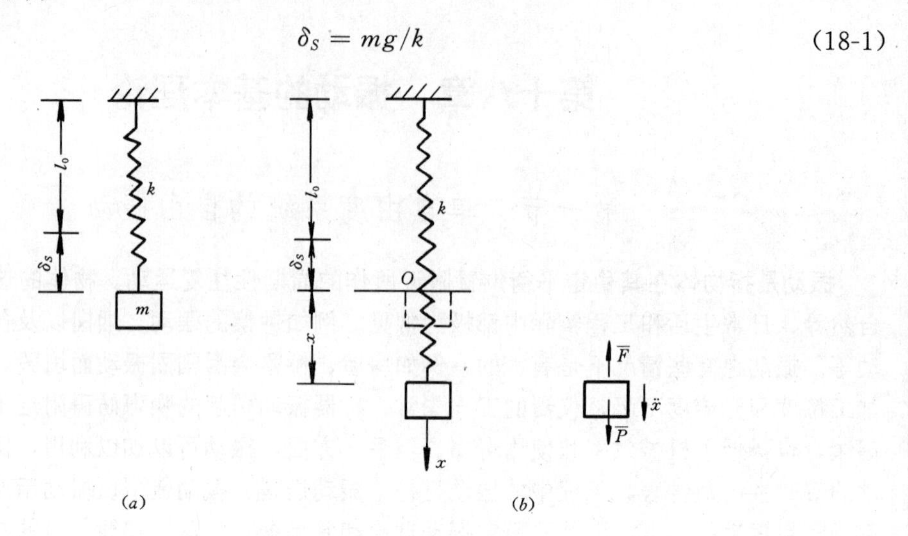

图 18-3

若以静平衡位置为原点，取铅直向下为 Ox 轴的正向，如图 18-3b 所示。当物块在任一位置 x 时，受有向下的重力 $\overline{P}$ 与向上的弹性力 $\overline{F}$ 作用，且有 $P=mg$，$F=k\ (\delta_S+x)$。依据牛顿第二定律，物块的运动微分方程为

$$m\ddot{x} = mg - k(\delta_S + x)$$

将式（18-1）代入上式，可得

$$m\ddot{x} = - kx$$

或

$$m\ddot{x} + kx = 0$$

若令　$\omega^2=k/m$，则上式变为

$$\ddot{x} + \omega^2 x = 0 \tag{18-2}$$

式(18-2)即为单自由度系统自由振动微分方程的标准形式。它是一个二阶常系数齐次微分方程。由微分方程理论可知，方程（18-2）的通解可写成下列形式

$$x = C_1 \cos\omega t + C_2 \sin\omega t \tag{18-3}$$

式中　C_1 和 C_2 为任意常量（即积分常量）。因此，式（18-3）对任何的运动初始条件都成立。

把式（18-3）对时间求导数，可得质点在任意瞬时的速度表达式

$$v = \dot{x} = - C_1\omega \sin\omega t + C_2\omega \cos\omega t \tag{18-4}$$

当 $t=0$ 时，质点的初坐标和初速度为

$$x = x_0, \quad v = \dot{x}_0$$

统称为质点振动的初始条件，即初始扰动。在式（18-3）和（18-4）中，令 $t=0$，且 $x=x_0$，$\dot{x}=\dot{x}_0$，即可确定出积分常量

$$C_1 = x_0, \qquad C_2 = \dot{x}_0/\omega$$

于是得质点无阻尼自由振动方程和速度为

$$x = x_0 \cos\omega t + (\dot{x}_0/\omega) \sin\omega t \tag{18-5a}$$

$$\dot{x} = - x_0\omega \sin\omega t + \dot{x}_0 \cos\omega t \tag{18-5b}$$

为了便于研究自由振动的规律及其特性，上两式还可以进一步改写成简单的形式。为此，令

$$x_0 = A \sin\beta, \qquad \dot{x}_0/\omega = A \cos\beta \tag{18-6}$$

则式（18-5）可改写成

$$x = A \sin\beta \cos\omega t + A \cos\beta \sin\omega t$$

$$\dot{x} = - A\omega \sin\beta \sin\omega t + A\omega \cos\beta \cos\omega t$$

即

$$x = A \sin(\omega t + \beta) \tag{18-7a}$$

$$\dot{x} = A\omega \cos(\omega t + \beta) \tag{18-7b}$$

将式（18-6）中的两式平方后相加和将两式相除，可得自由振动的振幅 A 和初相角 β 为

$$A = \sqrt{x_0^2 + (\dot{x}_0/\omega)^2}, \qquad \tan\beta = \omega x_0/\dot{x}_0 \tag{18-8}$$

二、自由振动的特性

1. 简谐振动。由式（18-5a）或式（18-7a）可知，质点在弹性力作用下的无阻尼自由振动是以其静平衡位置为振动中心的简谐振动。

2. 振幅和初相角

由式（18-7a）可见，质点相对于振动中心（静平衡位置）的最大偏离为

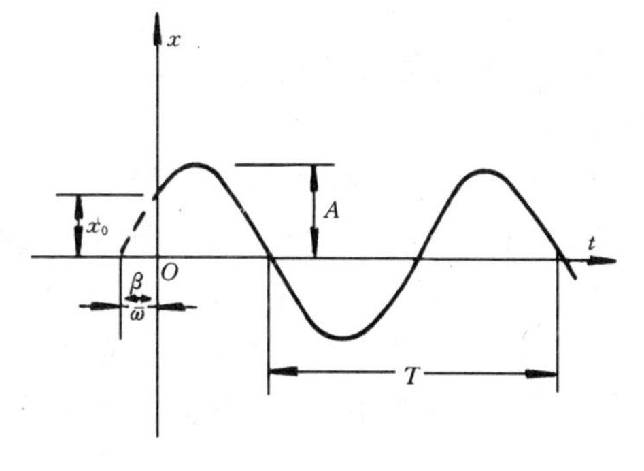

$$x_{\max} = A = \sqrt{x_0^2 + (\dot{x}_0/\omega)^2}$$

图 18-4

称为**振幅**。如图 18-4 所示。角度（$\omega t+\beta$）可以用来计算质点在任意瞬时的位置，称为**相角**（或相位），β 称为**初相角**（或**初相位**）。由式（18-8）可知，对于确定的振动系统（$\omega=\sqrt{k/m}$），振幅和初相角则决定于产生自由振动的初始条件（x_0，$\dot{x}_0$）。

3. 周期和频率

由式（18-7a）及图 18-4 可知，质点的自由振动是周期性运动，如把时间 t 的值增加 $2\pi/\omega$，则所得到的 x 值与未增加前相同，因之，$2\pi/\omega$ 是物体振动一次所需的时间，称为自由振动的**周期**，以 T 表示。即

$$T = 2\pi/\omega \tag{18-9}$$

由于物体振动一次所需的时间秒数是 T，因而一秒内物体振动的次数

$$f = 1/T = \omega/2\pi \tag{18-10}$$

称为自由振动的**频率**。单位为赫（符号是 Hz），1 赫的频率相当于每秒振动一次（1/s）。于

是常量

$$\omega = 2\pi f = \sqrt{k/m} \tag{18-11}$$

表示物体在 2π 秒内振动的次数，称为**圆频率**，也常称为**频率**，单位为弧度/秒（rad/s）。

由式（18-9）、（18-10）和式（18-11）可知，单自由度系统自由振动的周期、频率和圆频率只与振动系统的弹性（k）和惯性（m）有关，而与振动的初始条件无关。由于质量 m 及刚性系数 k 是振动系统本身固有的因素，所以自由振动的频率 f 和圆频率 ω 分别称为**固有频率**和**固有圆频率**。它们是振动系统所固有的动力特性，在振动问题中极为重要。

三、固有频率的计算方法

1. 建立运动微分方程法

对于如图 18-1 所示的质量-弹簧系统。式（18-2）为单自由度系统自由振动微分方程的标准形式。由 $\omega^2 = k/m$ 可知，运动坐标 x 的系数的平方根即为振动系统的固有圆频率。

对于一般的振动系统，则可应用动力学方法（如动力学普遍定理、动静法、拉氏方程等），建立系统的振动微分方程并化为标准形式，即可求得固有圆频率。

2. 静变形法

由式（18-1）知，$k = mg/\delta_S$，代入式（18-11），可得到用静变形 δ_S 表示的计算固有圆频率的公式

$$\omega = \sqrt{g/\delta_S} \tag{18-12}$$

由此可知，若能直接测定或计算求得振动物体的静变形 δ_S，代入上式，即可求得系统的固有圆频率。

3. 能量法（在第二节中介绍）

【例 18-1】 求图 18-5 所示单摆的微振动周期。已知摆球质量为 m，摆长为 l。

【解】 单摆的静平衡位置为铅垂位置，用摆线偏离垂线的夹角 φ 作为角坐标。摆在图示任意位置时，受到重力 $\overline{P}$ 和绳子的拉力 $\overline{T}$ 作用。

据动量矩定理并取 φ 的增大方向为正向，得

$$ml^2\ddot{\varphi} = -mgl\sin\varphi$$

即

$$\ddot{\varphi} + g\sin\varphi/l = 0$$

这是一个非线性微分方程，研究单摆微幅振动时，有 $\sin\varphi \approx \varphi$，则这个方程可化为线性微分方程

$$\ddot{\varphi} + (g/l)\varphi = 0$$

与式（18-2）比较，可得单摆微幅振动的固有圆频率为 $\omega = \sqrt{g/l}$，其周期为

$$T = 2\pi/\omega = 2\pi\sqrt{l/g}$$

与质量-弹簧系统相比较，可知单摆的微幅振动也是一简谐运动，其振动方程、振幅、初相角在形式上与式（18-7a）、式（18-8）相似，只是运动坐标用角坐标 φ 表示，初始条件用 $\varphi = \varphi_0$ 与 $\dot{\varphi} = \omega_0$ 表示。

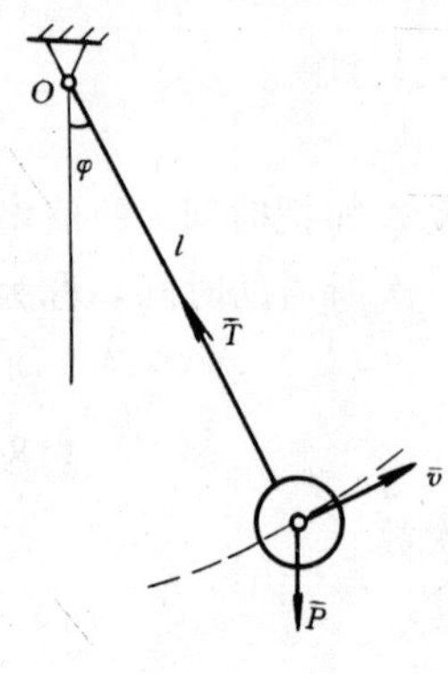

图 18-5

【例 18-2】 图 18-6a 表示一等截面简支梁，跨度为 l，横截面对中性轴的惯性矩为 I，材料的弹性模量为 E。用一质量为 m 的物块无初速地突然加在梁的中间，使梁和物块一起产生自由振动。不考虑梁的质量，求系统自由振动的固有圆频率、周期、振幅，并写出物块的自由振动方程。

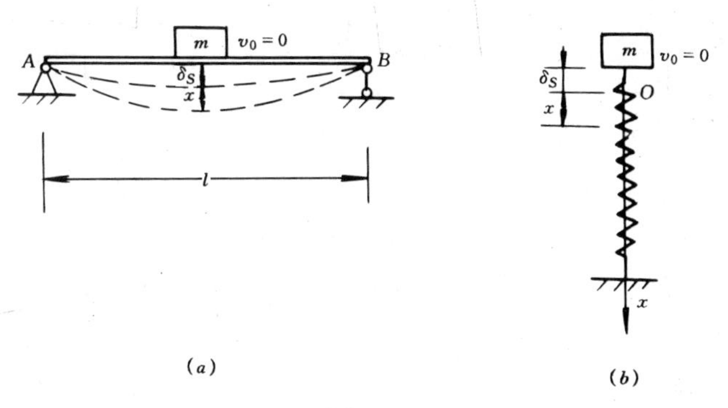

图 18-6

【解】 此系统相当于一个质量一弹簧系统，如图 18-6b 所示。以物块在梁上的静平衡位置 O 为坐标原点，坐标轴 Ox 向下为正。

用静变形法求固有圆频率。由材料力学知，简支梁在跨中集中载荷作用下的静变形为

$$\delta_S = mgl^3/(48EI)$$

代入式（18-12）得

$$\omega = \sqrt{48EI/(ml^2)}$$

于是得系统的固有周期为

$$T = 2\pi/\omega = 2\pi\sqrt{ml^3/(48EI)}$$

依题意可知自由振动的初始条件为

$$x_0 = -\delta_S = -mgl^3/(48EI), \qquad x_0 = 0$$

代入式（18-8）可得振幅和初相角

$$A = \sqrt{x_0^2 + (\dot{x}_0/\omega)^2} = \delta_S = mgl^3/(48EI)$$

$$\beta = \arctan(\omega x_0/\dot{x}_0) = \arctan(-\infty) = 3\pi/2$$

将已求得的 ω、A、β 值代入式（18-7a），即得物块突加于梁中点时的自由振动方程

$$\begin{aligned} x &= A\sin(\omega t + \beta) \\ &= mgl^3/(48EI)\sin(\sqrt{48EI/(ml^3)}t + 3\pi/2) \\ &= -mgl^3/(48EI)\cos(\sqrt{48EI/(ml^3)}t) \end{aligned}$$

【例 18-3】 质量为 m 的物体 M 悬挂在弹簧下端而沿铅直方向运动，如图 18-7 所示。求每种装置的固有圆频率。已知两个弹簧的刚度系数分别为 k_1 和 k_2。

【解】 （1）串联弹簧

图 18-7a 为由两个弹簧串联而成的串联弹簧组。选一个刚度系数为 k 的弹簧代替两个

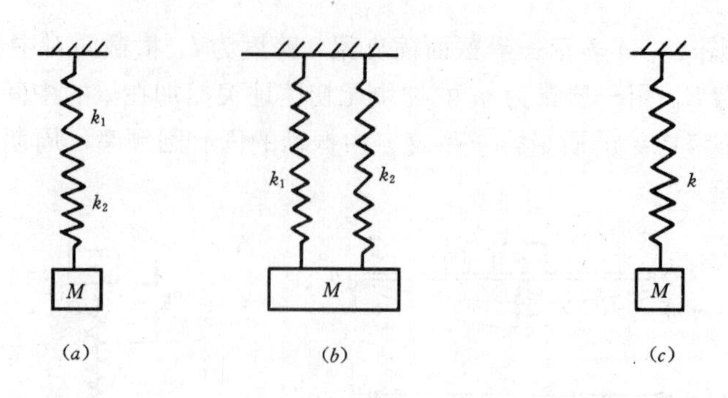

图 18-7

串联弹簧，使得它在重力作用下产生的静变形 δ_S 等于串联两弹簧的静变形 δ_{S1}、δ_{S2}之和，因而它与两个串联弹簧系统具有相同的固有圆频率，这个替代弹簧称为原来弹簧组的**当量弹簧**（图 18-7*c*）。由于有

$$\delta_S = \delta_{S1} + \delta_{S2}$$

因

$$\delta_S = mg/k$$

而

$$\delta_{S1} = mg/k_1 \qquad \delta_{S2} = mg/k_2$$

故得

$$1/k = 1/k_1 + 1/k_2 \tag{18-13}$$

刚度系数的倒数称为**柔度系数**。式（18-13）表明，**串联弹簧组的当量弹簧的柔度系数，等于各串联弹簧柔度系数之和**。可见，串联后弹簧组的柔度增大，而刚度减小。

串联弹簧的固有圆频率为

$$\omega = \sqrt{k/m} = \sqrt{\frac{k_1 k_2}{m(k_1 + k_2)}}$$

（2）并联弹簧

图 18-7*b* 为由两个弹簧并联而成的并联弹簧组。选一个刚度系数为 k 的当量弹簧代替两个并联弹簧组，使它能在相等的静变形量下，产生和两个并联弹簧组相等的恢复力，因而有相同的固有圆频率。在同样变形下有

$$k\delta_S = k_1\delta_S + k_2\delta_S$$

故得

$$k = k_1 + k_2 \tag{18-14}$$

式（18-14）表明，**并联弹簧系统的当量弹簧的刚度系数，等于各并联弹簧刚度系数之和。**

因为两个系统（图 18-7*b*、*c*）的质量和静变形彼此相等，故得两个并联弹簧系统的固有圆频率为

$$\omega = \sqrt{g/\delta_S} = \sqrt{k/m} = \sqrt{(k_1 + k_2)/m}$$

可见，并联弹簧使系统的固有圆频率比用原来任一根弹簧的固有圆频率提高了。

式（18-15）可推广为多个弹簧的串联系统和并联系统，其相应计算公式为

$$\left.\begin{aligned} 1/k &= 1/k_1 + 1/k_2 \cdots + 1/k_n \\ k &= k_1 + k_2 + \cdots + k_n \end{aligned}\right\} \tag{18-15}$$

第二节　用能量法计算系统的固有频率

在保守系统中，利用机械能守恒原理计算振动系统固有频率的方法称为**能量法**。

设某单自由度振动系统中的主动力均为有势力，则在自由振动的过程中，系统的机械能保持不变。因此，系统运动至平衡位置时的机械能 E_1 应等于系统运动至最大偏离位置时的机械能 E_2，即

$$E_1 = E_2 \tag{a}$$

如取系统静平衡位置为势能的零位置，即 $V_0=0$，此时系统的机械能应等于此系统的动能，且此时的动能是系统运动过程中动能的最大值 $T_{\max}$，故有

$$E_1 = V_0 + T_{\max} = T_{\max} \tag{b}$$

当系统运动至最大偏离位置时，动能为零，即 $T_0=0$，此时系统的机械能应等于此时系统的势能，且此时的势能是系统运动过程中势能的最大值 $V_{\max}$，故有

$$E_2 = T_0 + V_{\max} = V_{\max} \tag{c}$$

将式（b）及（c）代入式（a），则得

$$T_{\max} = V_{\max} \tag{18-16}$$

现以图 18-1 所示的质量-弹簧系统为例，说明如何用式（18-16）计算固有频率。此系统的自由振动方程及速度方程分别为

$$x = A\sin(\omega t + \beta)$$

$$v = \dot{x} = A\omega\cos(\omega t + \beta)$$

因而其最大值分别为

$$x_{\max} = A, \qquad v_{\max} = A\omega$$

由此可得系统自由振动时的动能与势能的最大值为

$$T_{\max} = \frac{1}{2}mv_{\max}^2 = \frac{1}{2}m(A\omega)^2$$

$$V_{\max} = \frac{1}{2}kx_{\max}^2 = \frac{1}{2}kA^2$$

代入式（18-16）有

$$\frac{1}{2}mA^2\omega^2 = \frac{1}{2}kA^2$$

解得

$$\omega = \sqrt{k/m}$$

这个结果与式（18-11）相同。

【例 18-4】 如图 18-8 所示，质量为 m_1 的物块 M_1 用绳吊起，此绳绕过质量为 m_2、半径为 R 的均质圆盘与刚性系数为 k 的弹簧连接。求此系统的固有圆频率。

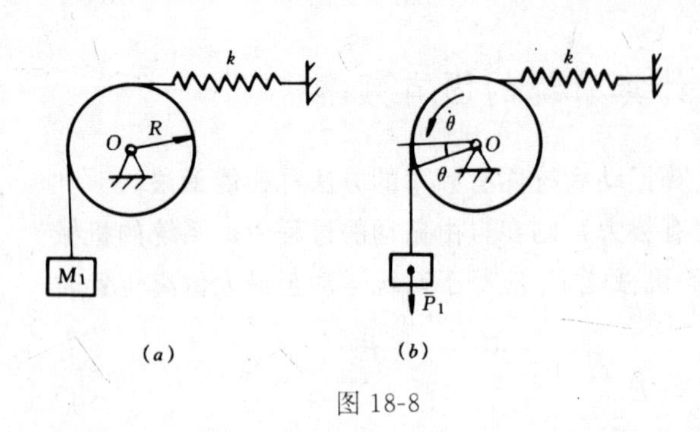

图 18-8

【解】 以圆盘偏离其平衡位置的转角 θ 为系统的独立运动坐标。当系统在任意位置 θ 时，系统的动能为圆盘的动能与物块的动能之和。即

$$T = \frac{1}{2}(\frac{1}{2}m_2R^2)\dot{\theta}^2 + \frac{1}{2}m_1(R\dot{\theta})^2$$

$$= \frac{1}{2}\left(\frac{1}{2}m_2 + m_1\right)R^2\dot{\theta}^2$$

取系统的平衡位置为其势能的零位置，系统在任意位置时的势能为重力势能和弹性力势能之和。即

$$V = -m_1gR\theta + \frac{1}{2}k[(R\theta + \delta_s)^2 - \delta_s^2]$$

$$= -m_1gR\theta + \frac{1}{2}kR^2\theta^2 + kR\theta\delta_s$$

由于弹簧的静变形 $\delta_S = m_1g/k$，代入上式，可得

$$V = \frac{1}{2}kR^2\theta^2$$

令 $$\theta_{\max} = A, \qquad \dot{\theta}_{\max} = \omega A。$$

可得系统动能与势能的最大值分别为

$$T_{\max} = \frac{1}{2}(\frac{1}{2}m_2 + m_1)R^2(\omega A)^2$$

$$V_{\max} = \frac{1}{2}kR^2A^2$$

据 $T_{\max} = V_{\max}$，得

$$\frac{1}{2}(\frac{1}{2}m_2 + m_1)R^2(\omega A)^2 = \frac{1}{2}kR^2A^2$$

即可求得系统的固有圆频率为

$$\omega = \sqrt{k/(m_1 + m_2/2)}$$

第三节 单自由度系统的衰减振动

前面所讨论的单自由度系统的自由振动，未考虑阻尼的作用，实际上一个系统振动时总是有阻尼的。阻尼可能来自固体约束的干摩擦或周围介质的阻力，也可能来自弹性体内部的内阻。阻尼的实际情况比较复杂，这里只考虑粘性阻尼或称线性阻尼的情况。所谓线

性阻尼是指系统所受阻力的大小与其运动速度的一次方成正比。

在图 18-9a 所示的质量-弹簧系统中，用一阻尼器表示系统的阻尼。设质量偏离平衡位置为 x 时的速度为 $v=\dot{x}$，则阻尼器施于质量的阻力

$$\overline{R}=-\mu\overline{v}$$

式中负号表示阻力的方向恒与速度方向相反。常量 μ 称为**阻力系数**，表示速度为单位值的阻力，其单位为 N·s/m。

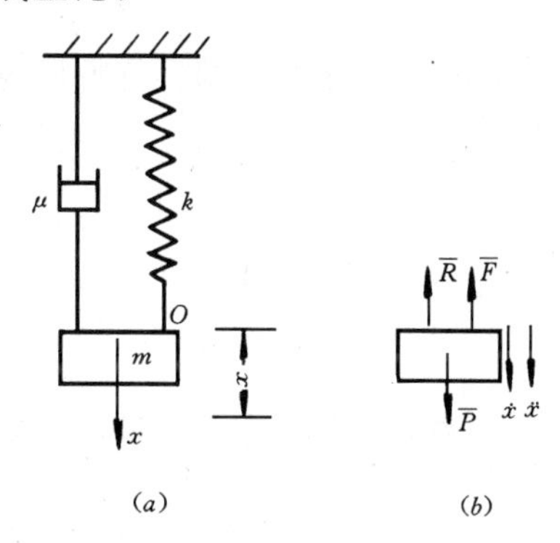

图 18-9

下面讨论线性阻尼自由振动的规律及其特性。

一、阻尼自由振动的微分方程及其解

如图 18-9a 所示，取静平衡位置为原点，坐标轴 x 向下为正。以质量块为研究对象，它在任意位置 x 处的受力如图 18-9b 所示，各力在 x 轴上的投影分别为 $P_x=mg$，$F_x=-k\ (\delta_S+x)$，$R_x=-\mu\dot{x}$。

物块的运动微分方程为

$$m\ddot{x}=mg-k(\delta_S+x)-\mu\dot{x}$$

将 $\delta_S=mg/k$ 代入上式后，整理得

$$\ddot{x}+\mu\dot{x}/m+kx/m=0$$

令 $\omega^2=k/m$，$2\delta=\mu/m$，则上式化为

$$\ddot{x}+2\delta\dot{x}+\omega^2x=0 \tag{18-17}$$

此式为单自由度系统线性阻尼自由振动方程的标准形式。其中 ω 是系统的固有圆频率；$\delta=\mu/2\mathrm{m}$ 称为**阻尼系数**。表示系统阻尼的大小程度，δ 的单位与 ω 的单位相同。δ 与 ω 之比 δ/ω 是无因次量，称为**阻尼比**，亦可表示系统阻尼的大小程度。

式（18-17）是二阶常系数线性微分齐次方程。由微分方程理论知，它具有形如 $x=e^{rt}$ 的解，其中 r 是待定常量。把 e^{rt}代入式（18-17）并消去不恒等于零的公因子 e^{rt}，得到一个 r 的代数方程

$$r^2+2\delta r+\omega^2=0 \tag{18-18}$$

称此方程为式（18-17）的特征方程。其特征根为

$$r_1=-\delta+\sqrt{\delta^2-\omega^2},\qquad r_2=-\delta-\sqrt{\delta^2-\omega^2}$$

对于不同的阻尼系数 δ，微分方程的通解形式将不同。分别讨论如下。

（1）小阻尼情况（$\delta<\omega$）。此时，r_1 和 r_2 是两个共轭复根，即

$$r_1=-\delta+i\sqrt{\omega^2-\delta^2},\qquad r_2=-\delta-i\sqrt{\omega^2-\delta^2}$$

式（18－17）的通解为

$$x=e^{-\delta t}(C_1\cos\sqrt{\omega^2-\delta^2}t+C_2\sin\sqrt{\omega^2-\delta^2}t) \tag{18-19}$$

式中 C_1、C_2 为常量，可将运动的初始条件 $x=x_0$ 及 $\dot{x}=\dot{x}_0=v_0$ 代入上式及其导数式中解得

$$C_1 = x_0, \qquad C_2 = (v_0 + \delta x_0)/\sqrt{\omega^2 - \delta^2} \tag{18-20}$$

代入通解式（18-19）即得有阻尼的自由振动方程。方程（18-19）可改写成更简单的形式。为此，令

$$C_1 = A\sin\beta, \qquad C_2 = A\cos\beta \tag{a}$$

代入式（18-19）可得

$$x = e^{-\delta t}A\sin(\sqrt{\omega^2 - \delta^2}t + \beta) \tag{18-21}$$

其中 A 和 β 是另外两个常量，可将式（18－20）代入式（a）解出

$$\left.\begin{aligned} A &= \sqrt{C_1^2 + C_2^2} = \sqrt{x_0^2 + (v_0 + \delta x_0)^2/(\omega^2 - \delta^2)} \\ \tan\beta &= C_1/C_2 = x_0\sqrt{\omega^2 - \delta^2}/(v_0 + \delta x_0) \end{aligned}\right\} \tag{18-22}$$

（2）大阻尼情况（$\delta > \omega$）。此时 r_1 与 r_2 是两个不同的实根，式（18-17）的通解为

$$x = C_1e^{r_1t} + C_2e^{r_2t} \tag{18-23}$$

此时，由于 r_1 和 r_2 均为负值，故上式表示质量 m 的位移 x 随 t 的增大而迅速减到零。这种情况已不是振动。

（3）临界阻尼情况（$\delta = \omega$）。此时，r_1 和 r_2 是两个相等的实根。即 $r_1 = r_2 = -\delta$，式（18-17）的通解为

$$x = e^{-\delta t}(C_1 + C_2t) \tag{18-24}$$

上式表示质量块的运动也不是振动，质量块在极短时间内即回到平衡位置。此时的 δ 值称为**临界阻尼系数**，用 δ_{cr} 表示。可知临界阻尼系数 δ_{cr} 等于系统固有圆频率，即 $\delta_{cr} = \omega$。

从以上讨论结果可知，只有在小阻尼（$\delta < \omega$）的情况下，系统的运动才具有振动的某些特点。阻尼自由振动的规律由式（18-21）及式（18-22）确定。

二、阻尼自由振动的特性

由式（18-21）可看出，在小阻尼情况下，重物已不再是等幅的简谐运动，严格来说也不是周期运动。式中 sin（$\sqrt{\omega^2 - \delta^2}t + \beta$）表示重物周期性地通过平衡位置，运动仍有往复性质；而 $Ae^{-\delta t}$ 则表示重物距平衡位置的最大值随时间的增加而迅速减小，最后趋于零。与自由振动相比较，这样的运动称为**衰减振动**。称 $Ae^{-\delta t}$ 为**瞬时振幅**，称 $\sqrt{\omega^2 - \delta^2}$ 为衰减振动的频率。而衰减振动的周期为

$$T_1 = 2\pi/\sqrt{\omega^2 - \delta^2} > T = 2\pi/\omega \tag{18-25}$$

此式表明在相同的质量及刚性系数的条件下，衰减振动的周期较长。但当阻尼很小时，阻尼对于周期的影响并不显著。例如，当阻尼比 $\delta/\omega = 0.05$ 时，$T_1 = 1.00125T$；当 $\delta/\omega = 0.3$ 时，$T_1 = 1.048T$，因此，在初步计算中甚至可以直接用 T 代替 T_1。

值得重视的是瞬时振幅 $Ae^{-\delta t}$ 衰减的情况。设在任意瞬时 t 的振幅为 $Ae^{-\delta t}$，经过一个周期 T_1，振幅变为 $Ae^{-\delta(t+T_1)}$，其比值为

$$\alpha = Ae^{-\delta(t+T_1)}/Ae^{-\delta t} = e^{-\delta T_1} \tag{18-26}$$

可见，振幅是按几何级数迅速衰减的，且任意相邻两振幅之比为一常数，其公比 α 称为**减幅系数**（又称**衰减系数**或**减缩率**）。

减幅系数 α 的自然对数的绝对值

$$\Lambda = |\ln\alpha| = \delta T_1 \tag{18-27}$$

称为**对数减幅系数**,又称为**对数减缩率**。例如,当 $\delta/\omega=0.05$ 时,减幅系数 $\alpha=e^{0.1\pi}=0.7301$,由此可知每振动一次振幅衰减27%,经过10次振动后振幅将减少为原来的 $(0.7301)^{10}=0.043$,即4.3%。虽然阻尼很小,但是振幅的衰减是很显著的。随着 δ 值的增加,振幅衰减得更快。

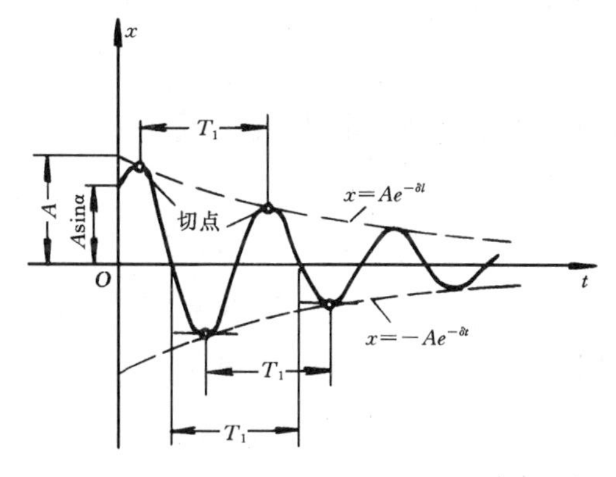

图 18-10

图 18-10 表示衰减振动,从图中可以看出振幅是在曲线 $x=Ae^{-\delta t}$ 与 $x=-Ae^{-\delta t}$ 之间逐次递减。

通过以上分析可见,小阻尼($\delta<\omega$)对周期的影响很小,可以忽略不计,但对振幅的影响却是非常显著的。当 $\delta\geqslant\omega$ 时,运动已无振动性质。

第四节　单自由度系统的强迫振动

前面研究了系统在线性恢复力作用下的自由振动,以及线性介质阻力对自由振动的影响。现在进一步研究除恢复力之外,系统还受有随时间作简谐变化的力所引起的振动。这种随时间而变化的力称为**干扰力**,由干扰力所引起的振动称为**强迫振动**。例如偏心电机在基础上的振动,火车车厢行驶时由轨道接缝所产生的振动。

振动系统所受的干扰力可能是多种多样的,但是工程上常遇到的最简单的情况是按简谐函数变化的力。本节只讨论正弦型干扰力的情况。

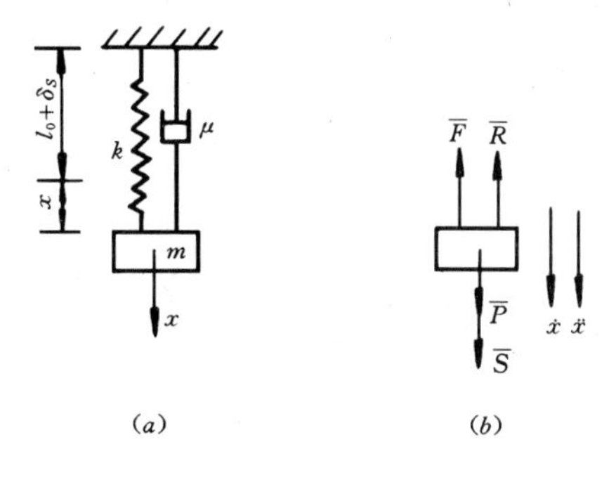

图 18-11

一、有阻尼强迫振动

图 18-11b 为振动系统中振动物块在任意位置 x 处的受力图。干扰力 $\overline{S}$ 在轴 x 上的投影 $S_x=H\sin pt$,其中 H 称为**力幅**,表示扰力的极值,p 称为干扰力的圆频率。H 和 p 都决定于干扰力的来源而与物块的运动无关。由图 18-11b 可知物块的运动微分方程为

$$m\ddot{x} = P - k(\delta_S + x) - \mu\dot{x} + H\sin pt$$

考虑到静平衡关系 $P=k\delta_S$,仍引用 $\omega^2=k/m$,$2\delta=\mu/m$,并引入新的参量 $h=H/m$。则上式化为

$$\ddot{x} + 2\delta\dot{x} + \omega^2 x = h\sin pt \tag{18-28}$$

这就是有阻尼强迫振动的微分方程的标准形式,它是非齐次的二阶常系数线性微分方程。

由微分方程理论知,方程(18-28)的通解由两部分组成,即

$$x = x_1 + x_2$$

其中，x_1 是与方程（18-28）相对应的齐次方程（18-17）的通解。x_2 是方程（18-28）的特解。由于非齐次项是正弦函数，特解 x_2 也可采取同频率的正弦形式，只是两者间出现相位差，即特解 x_2 可以写成

$$x_2 = B\sin(pt - \varepsilon) \tag{18-29}$$

其中 B 和 ε 是两个待定常量。它们可由把特解 x_2 及其导数代入方程式（18-28），得到的恒等式求得

$$\left.\begin{aligned} B &= h/\sqrt{(\omega^2 - p^2)^2 + 4\delta^2 p^2} \\ \tan\varepsilon &= 2\delta p/(\omega^2 - p^2) \end{aligned}\right\} \tag{18-30}$$

故得在小阻尼 $\delta<\omega$ 情况下，方程（18-28）的通解，即物块的运动规律为

$$x = Ae^{-\delta t}\sin(\sqrt{\omega^2 - \delta^2}t + \beta) + B\sin(pt - \varepsilon) \tag{18-31}$$

式中 A 和 β 由运动的初始条件来确定。

式（18-31）中第一项是在初始扰动后的衰减振动，经过一定时间后这种运动即行消失，因此，除研究过渡过程即振动过程的开始阶段外，一般在研究稳态过程时这部分运动可以忽略不计。式（18-31）中第二项是等振幅的简谐运动，即强迫振动，它是由干扰力引起的，只要干扰力继续作用，它就以干扰力的频率 p 继续振动下去，不会衰减。这是强迫振动的一个基本特征。在临界阻尼和大阻尼的情况下，x_1 消失更快，剩下的仍是不衰减的强迫振动 x_2。

式（18-30）表明，强迫振动的振幅 B 和相位差 ε 只决定于系统本身的特性和干扰力的性质，与运动的初始条件无关。

下面讨论阻尼对强迫振动的影响

1. 运动规律。由有阻尼强迫振动的强迫振动方程

$$x_2 = B\sin(pt - \varepsilon)$$

可知，有阻尼强迫振动仍然是一个简谐运动，并不因有阻尼作用而衰减。

2. 频率。有阻尼强迫振动的频率等于干扰力的频率。

3. 振幅。据式（18-30），有阻尼强迫振动的振幅

$$B = h/\sqrt{(\omega^2 - p^2)^2 + 4\delta^2 p^2} \tag{a}$$

与 h、ω、p 及 δ 有关。为便于讨论其间的关系，将上式分子、分母同除以 ω^2，并注意到$h/\omega^2 = H/k = B_0$，B_0 表示弹簧在干扰力的力幅 H 的静力作用下的静变形。式（a）成为

$$B = B_0/\sqrt{(1 - p^2/\omega^2)^2 + 4(\delta/\omega)^2(p/\omega)^2} \tag{18-32}$$

以 B/B_0 表示物块在动力与静力作用下的最大动位移与静位移之比，称为**放大系数**，记为 λ_n。

$$\lambda_n = B/B_0 = 1/\sqrt{(1 - p^2/\omega^2)^2 + 4(\delta/\omega)^2(p/\omega)^2} \tag{18-33}$$

可见阻尼强迫振动的振幅不但与**频率比**p/ω 有关，而且与**阻尼比**δ/ω 有关。可将式（18-33）按不同阻尼比绘出幅—频特性曲线，如图 18-12 所示。由图可以看出，阻尼对强迫振动振幅影响如下：

（1）当 $p/\omega \gg 1$ 和 $p/\omega \ll 1$ 时，有阻尼强迫振动振幅与无阻尼强迫振动（$\delta/\omega=0$）振幅相差很小，即在高频区或低频压，阻尼对强迫振动的振幅影响很小。故当 p 与 ω 相差甚远时，计算强迫振动振幅可不考虑阻尼的影响。

（2）在 $p/\omega \to 1$ 附近区域（称为**共振区**）内，阻尼对强迫振动振幅影响甚大。并且在同一个频率比的情况下，由于阻尼比的增大，强迫振动振幅便明显地减小，尤其在**共振点**（$p/\omega=1$），由于阻尼的存在，振幅并不趋近于无限大，而是一个有限值。特别是当 $\delta/\omega > 0.707$ 后，系统不会出现共振现象。可见增大阻尼可以扼制系统的共振。

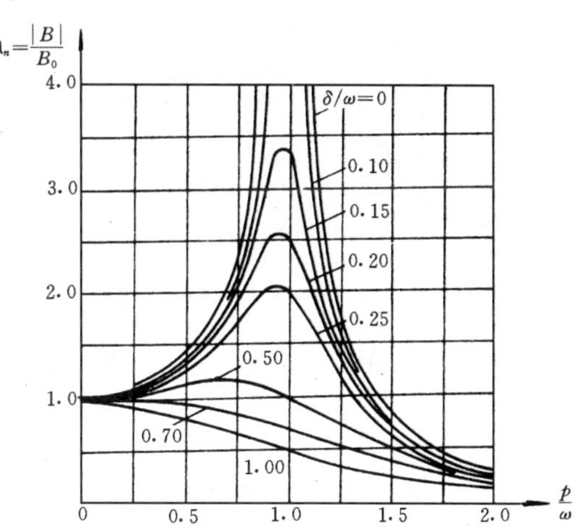

图 18-12

（3）由图 18-12 还可看出，有阻尼强迫振动的最大振幅不在 $p/\omega=1$ 处，而有所偏移，在 $p/\omega<1$ 内。为了求出实际有阻尼强迫振动振幅的最大值与其对应的频率比，可将式（a）对 p 求导并令其等于零，求得振幅 B 为极值时的 p 值为

$$p = \sqrt{\omega^2 - 2\delta^2} \tag{b}$$

或

$$p/\omega = \sqrt{1-2\ (\delta/\omega)^2} \tag{18-34}$$

可见阻尼比 δ/ω 愈大，则共振点偏离 $p/\omega=1$ 愈远。

为求最大振幅，可将式（18－34）代入式（18-32）得

$$B_{\max} = B_0/[2(\delta/\omega)\sqrt{1-(\delta/\omega)^2}] \tag{18-35}$$

当阻尼比 $\delta/\omega \ll 1$ 时，式（18-34）接近于 $p/\omega=1$；同时式（18-35）接近于

$$B_{\max} = B_0/(2\delta/\omega) \tag{c}$$

由此式可见，最大振幅 $B_{\max}$ 与阻尼系数 δ 成反比，所以只要稍微增大阻尼，即可大大减小最大振幅。

4. 相角差。有阻尼强迫振动的相角总是落后于扰力的相角，其相角差可由公式（18-30）计算。即

$$\varepsilon = \arctan[2\delta p/(\omega^2 - p^2)] \tag{d}$$

或

$$\varepsilon=\arctan\ [2\ (\delta/\omega)\ (p/\omega)\ /\ (1-p^2/\omega^2)] \tag{18-36}$$

可见相角差 ε 与阻尼比和频率比有关。图 18-13 绘出对应于不同阻尼比的**相角差—频率特性曲线**。由图可知相角差的变化规律如下：

（1）相角差的变化范围是由 0 到 π。

（2）$p/\omega \to 0$，即 $p << \omega$ 时，$\varepsilon \to 0$。此时干扰力与强迫振动同相。当 $p/\omega \to \infty$，即 $p \gg \omega$ 时，$\varepsilon \to \pi$。此时强迫振动与干扰力反相。

（3）相角差随着频率比增大而增大，在共振点附近变化率较大。

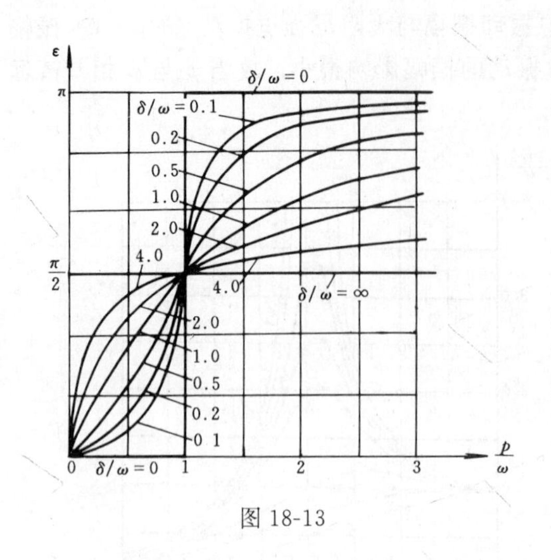

图 18-13

（4）在同一频率比情况下，在共振点以前，增大阻尼则相角差增大；在共振点以后，增大阻尼则相角差减小。共振点处，相角差与阻尼无关，且都是$\pi/2$。

二、无阻尼强迫振动

关于无阻尼强迫振动，这里仅从两个方面加以说明。

1. 从理论上讲，质点在无阻尼强迫振动时，质点的全部运动由两个都不衰减的简谐振动x_1和x_2叠加而成。即

$$x = x_1 + x_2 = A\sin(\omega t + \beta) + B\sin pt \tag{18-37}$$

其中x_1是齐次方程$\ddot{x}+\omega^2 x=0$给出的自由振动解，x_2是非齐次方程$\ddot{x}+\omega^2 x=h\sin pt$的特解，这个非齐次方程可由$\delta=0$时的式（18-28）直接得出。当$p/\omega \to 1$时，$\lambda \to \infty$。强迫振幅将趋于无穷大，这时称系统发生**共振**。

2. 实际上，在一个振动系统中，由于存在着阻尼，所以阻尼不仅使自由振动项x_1随时间的增大迅速衰减以至消失，而且影响无阻尼强迫振动项x_2，这个影响应和有阻尼强迫振动相同。

【例 18-5】 一机器总重$P=3500$ N，由多根弹簧支承，弹簧当量刚度系数为$k=40000$ N/m，作用于机器上谐干扰力最大值为$H=100$ N，其频率f为2.5 Hz，已知阻力系数为$\mu=1600$ N·s/m。求机器稳定强迫振动的振幅、相角差、强迫振动方程。

【解】 系统的固有圆频率为

$$\omega = \sqrt{k/m} = \sqrt{kg/p} = \sqrt{40000 \times 9.8/3500} = 10.58 \text{ rad/s}$$

阻尼系数为

$$\delta = \mu/2m = 1600/(2 \times 3500/9.8) = 2.24 \text{ rad/s}$$

阻尼比为

$$\delta/\omega = 2.24/10.58 = 0.2117$$

频率比为

$$p/\omega = 2\pi \times 2.5/10.58 = 1.485$$

放大系数为

$$\begin{aligned}\lambda_n &= 1/\sqrt{(1 - p^2/\omega^2)^2 + 4(\delta/\omega)^2(p/\omega)^2} \\ &= 1/\sqrt{[1-(1.485)^2]^2 + 4(0.2117)^2(1.485)^2} \\ &= 0.7356\end{aligned}$$

干扰力幅值作用下弹簧的静变形为

$$B_0 = H/k = 100/40000 = 0.0025\text{m} = 2.5 \text{ mm}$$

稳态强迫振动振幅为

$$B = \lambda_n B_0 = 0.7356 \times 2.5 = 1.84 \text{ mm}$$

相角差为

$$\begin{aligned}\varepsilon &= \arctan\{[2(\delta/\omega)(p/\omega)]/[1-(p/\omega)^2]\} \\ &= \arctan\{2 \times 0.2117 \times 1.485/[1-(1.485)^2]\} \\ &= \arctan(-0.5217) = 0.847\pi \quad \text{rad}\end{aligned}$$

强迫振动方程为

$$\begin{aligned}x_2 &= B\sin(pt-\varepsilon) \\ &= 1.84\sin(5\pi t - 0.487\pi)\end{aligned}$$

第五节　减振和隔振的概念

为了防止或限制振动带来的危害和影响，现代工程中已采用了各种消振措施，使系统的振动限制在一定范围之内，例如机器的减振与仪器的隔振等。

减振的根本措施是消减各种产生干扰力的因素。例如将机器中转子经过动平衡处理以减少各种惯性力，此外还可以调节系统的固有频率和阻尼以减小系统的振动。

当减振措施还不能满足实际上的要求时，就需要进一步采取隔振措施。隔振分为**主动隔振与被动隔振**两类。主动隔振是振源出自机器自身，需要采取措施减小自身振动对周围物体的影响。被动隔振则是振源来自周围其他物体，如基础地基等，需要采取措施以减小由周围物体传到地基的振动，保持精密设备正常工作。下面分别讨论这种隔振的原理。

一、主动隔振

图 18-14*a* 示意一个机器及其基础系统。如这个系统直接置于刚性基础上，则当机器运转时会对地基产生较大的动压力，对周围物体会有较大影响。为了减少动压力，可在机器基础与地基之间安装以适当的弹性元件和阻尼件，这个系统的简图如图 18-14*b* 所示。以 m 表示机器及其基础的总质量，k 表示弹性元件的总刚性系数，μ 表示阻尼元件的总阻力系数；$S=H\sin pt$ 表示由于机器转子偏心在运转时施于系统的竖直方向的干扰力。下面分析这种隔振的效果。

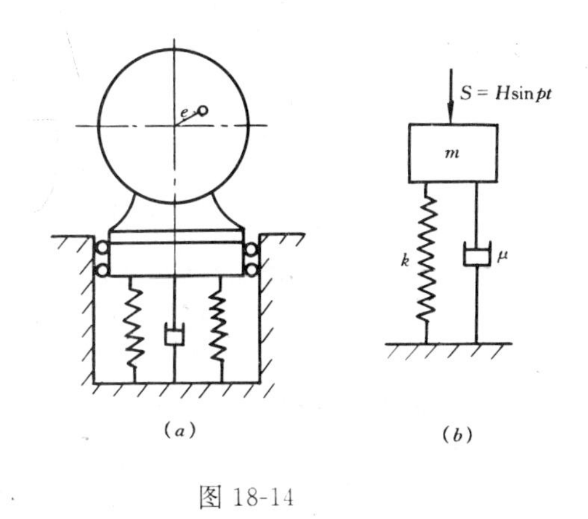

图 18-14

依据式 (18-29)，质量—弹簧阻尼系统的强迫振动方程为

$$x = B\sin(pt-\varepsilon)$$

通过弹性元件传到地基上的动压力为

$$F = kx = kB\sin(pt-\varepsilon)$$

通过阻尼件传到地基上的动压力为

$$R = \mu \dot{x} = \mu B p \cos(pt - \varepsilon)$$

这两种动压力之和就是机器运转时传到地基的总动压力，以 N 表示，即

$$N = F + R = kB\sin(pt - \varepsilon) + \mu B p\cos(pt - \varepsilon)$$

令

$$kB = A\cos\alpha,\ \mu B p = A\sin\alpha$$

代入上式可得

$$N = A\sin(pt - \varepsilon + \alpha)$$

其中

$$A = \sqrt{(kB)^2 + (\mu B p)^2} = B\sqrt{k^2 + (\mu P)^2}$$

是总动压力 N 的最大值，即

$$N_{\max} = B\sqrt{k^2 + (\mu p)^2}$$

将阻尼强迫振动的振幅

$$B = h/\sqrt{(\omega^2 - p^2)^2 + 4\delta^2 p^2}$$

代入上式得最大动压力

$$N_{\max} = h\sqrt{k^2 + (\mu p)^2}/\sqrt{(\omega^2 - p^2)^2 + 4\delta^2 p^2}$$

再以 $h = H/m$ 代入，并考虑到 $\omega^2 = k/m$，$\mu/m = 2\delta$，则上式可改写为

$$N_{\max} = H\sqrt{\omega^4 + 4\delta^2 p^2}/\sqrt{(\omega^2 - p^2)^2 + 4\delta^2 p^2}$$

这就是在机器基础和地基之间垫以弹性和阻尼元件之后，传到地基动压力的最大值。

如果基础与地基之间不加隔振元件，则机器运转时传到地基上的最大动压力就等于干扰力的幅值 H。

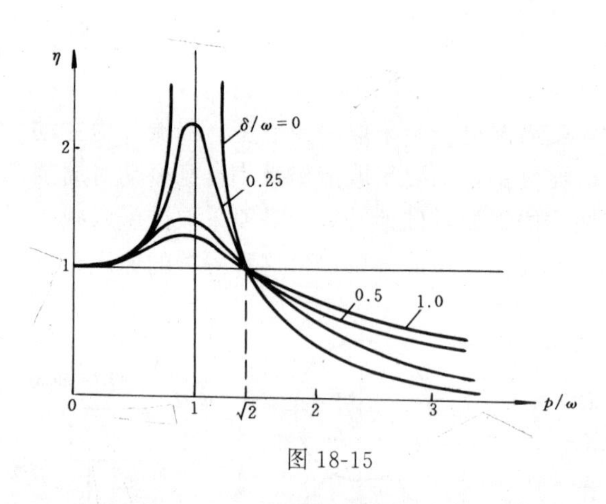

图 18-15

显然，要使以上隔振措施产生作用，则必须使 $N_{\max} < H$，即 $N_{\max}/H < 1$。用 η 表示这个比值，称为**隔振系数**。即

$$\eta = N_{\max}/H = \sqrt{\omega^4 + 4\delta^2 p^2}/\sqrt{(\omega^2 - p^2)^2 + 4\delta^2 p^2} \qquad (18\text{-}38)$$

η 愈小，则隔振效果愈好。

由式（18-38）知，η 与 ω、p 及 δ 三个因素有关。为了进一步讨论其关系，将式（18-38）右边分子和分母同除以 ω^2，改写成如下形式

$$\eta = \sqrt{1 + 4(\delta/\omega)^2(p/\omega)^2}/\sqrt{[1 - (p/\omega)^2]^2 + 4(\delta/\omega)^2(p/\omega)^2} \qquad (18\text{-}39)$$

该式表示隔振系数 η 与阻尼比 δ/ω 和频率比 p/ω 的关系。图 18-15 表示其关系图形。由图形可看到，只有在 $p/\omega > \sqrt{2}$ 时，才能使 $\eta < 1$。即只有在 $p/\omega > \sqrt{2}$ 区域内，才有可能产生隔振效果。且 p/ω 愈大，隔振效果愈好。

另外，从图中还可看到，在 $p/\omega > \sqrt{2}$ 区域内，阻尼比愈小，隔振效果愈好。这种现象正好与共振区附近阻尼愈大强迫振幅愈小的现象相反。所以在隔振时应减小阻尼而不是增

大阻尼。但是要使 $p/\omega>\sqrt{2}$，在机器开动时必须经过共振区，因此，为使机器启动过程中经过共振区时不致产生过大的振幅，还需要加以适当的阻尼。

二、被动隔振

用弹性元件和阻尼元件将地基和仪器台板隔开，以减少由地基的振动引起台板的振动，这种措施称为被动隔振，如图 18-16a 所示。图 18-16b 表示该隔振系统的简图。图中 m 表示仪器及其台板的总质量，k 表示隔振弹簧的当量刚性系数；μ 表示阻尼元件的总线性阻力系数。而 $x_1=a\sin pt$ 是地基的垂直振动，a 为其振幅，p 为其圆频率。

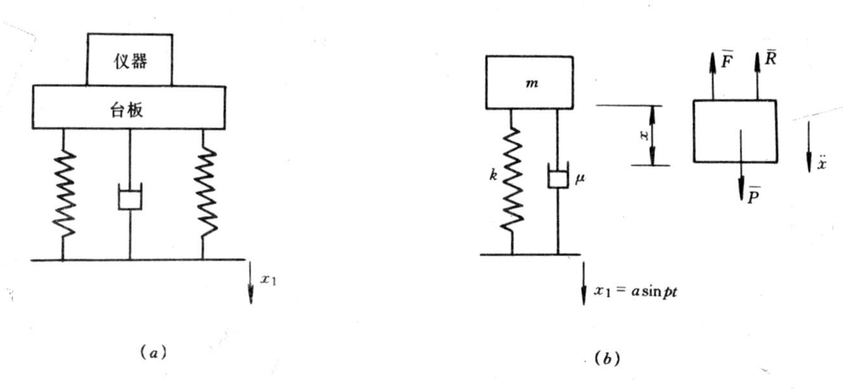

图 18-16

首先需确定仪器及其台板的振幅。取平衡位置为坐标原点，x 坐标向下为正，建立其运动微分方程。仪器及其台板运动至任意位置 x 时，受有重力 $\overline{P}$、弹性力 $\overline{F}$ 和阻尼力 $\overline{R}$ 的作用，如图 18-16b 所示，且有 $P=mg$，$F=k(x+\delta_{st}-x_1)$，$R=\mu(\dot{x}-\dot{x}_1)$。故其运动微分方程为

$$m\ddot{x}=mg-k(x+\delta_{st}-x_1)-\mu(\dot{x}-\dot{x}_1)$$

将 $mg=K\delta_{st}$，$x_1=a\sin pt$ 和 $\dot{x}_1=ap\cos pt$ 代入上式，整理后得

$$\ddot{x}+(\mu/m)\dot{x}+(k/m)x=(ka/m)\sin pt+(\mu ap/m)\cos pt$$

令 $k/m=\omega^2$，$\mu/m=2\delta$，则上式可写成

$$\ddot{x}+2\delta\dot{x}+\omega^2x=a\omega^2\sin pt+2a\delta p\cos pt$$

再令
$$a\omega^2=h\cos\alpha,\quad 2a\delta p=h\sin\alpha \tag{a}$$

代入上式，则有

$$\ddot{x}+2\delta\dot{x}+\omega^2x=h\sin(pt+\alpha) \tag{b}$$

其中 h，由式（a）平方后相加得

$$h=a\sqrt{\omega^4+4\delta^2p^2} \tag{c}$$

由式 (b) 可知，隔振之后，由于地基的振动而引起仪器及其台板的振动为阻尼强迫振动，其振幅为

$$B=h/\sqrt{(\omega^2-p^2)^2+4\delta^2p^2}=a\sqrt{\omega^4+4\delta^2p^2}/\sqrt{(\omega^2-p^2)^2+4\delta^2p^2}$$

如不采用隔振措施，而将仪器及其台板直接放在刚性地基上时，则仪器及其台板将随

地基一起振动，其振幅为 a。常用隔振后的振幅 B 与未隔振时的振幅 a 的比值衡量被动隔振的效果。比值 B/a，称为被动隔振系数，仍用 η 表示，即

$$\eta = B/a = \sqrt{\omega^4 + 4\delta^2 p^2} / \sqrt{(\omega^2 - p^2)^2 + 4\delta^2 p^2} \tag{18-40}$$

由此可知，被动隔振与主振隔振的隔振系数的计算公式相同。只是公式中的 p 不同，在被动隔振中它为地基垂直振动的圆频率；在主动隔振中它为机器上竖直方向干扰力的圆频率。所以和主动隔振的情况相同，只有当 $p/\omega > \sqrt{2}$ 时，被动隔振才有隔振效果，而且必须选用较小的阻尼。

由于 $p/\omega > 5$ 之后，$\eta - p/\omega$ 曲线已趋于水平，这时若再提高 p/ω 之值对隔振系数 η 的降低已影响甚小，所以工程中一般选取 p/ω 在 2.5～5 之间。

思 考 题

1. 自由振动、衰减振动、有阻尼强迫振动它们之间的区别是什么？
2. 固有频率、固有周期与哪些因素有关？
3. 振体的重力对自由振动有无影响？为什么将坐标原点取在平衡位置上？
4. 阻尼对自由振动的振幅和频率影响如何？
5. 共振发生在什么情况下？
6. 阻尼对强迫振动的影响如何？
7. 阻尼强迫振动的振幅与哪些因素有关？
8. 计算固有圆频率有哪些方法？各应用于什么情况下？
9. 何谓主动隔振和被动隔振？两种隔振的隔振系数的含义有何不同？

习 题

18-1 试分别求出图 a、b 所示质量—弹簧系统铅直振动的固有周期。

18-2 机器的基础安装在有弹性的地基上，如机器连同基础的总质量 $m = 90\times10^3$kg，基础的底面积 $S = 15\ \text{m}^2$，地基的刚性系数 $k = \lambda S$，其中地基的比刚度 $\lambda = 29.4\ \text{N/cm}^3$；求机器自由振动的周期。

18-3 均质细长刚杆重 P，长为 l，A 端铰支，在 D 处与刚性系数为 k 的弹簧相连。如杆在铅垂面内作微小振动，求此系统的固有频率。

18-4 质量为 m 的物体悬挂如图。如不计刚性杆 AB 的质量，两弹簧的刚度系数分别为 k_1、k_2，$AC = a$，$AB = l$。试用静变形法计算重物自由振动的固有周期。

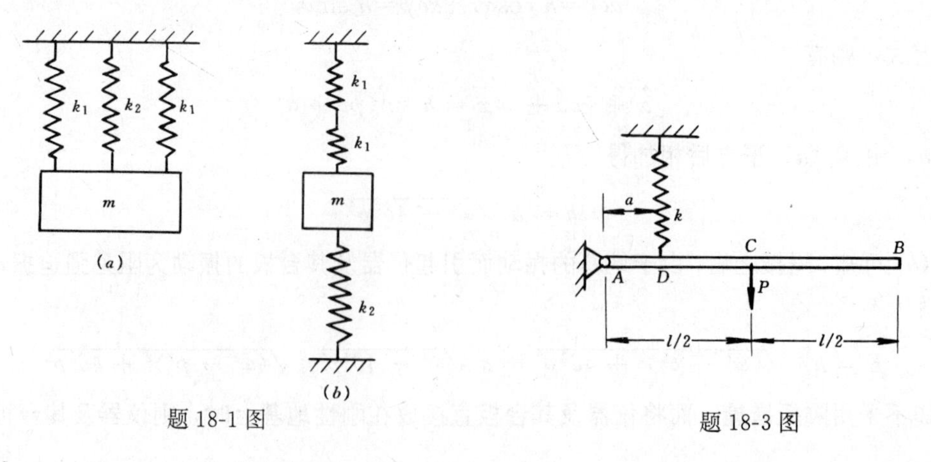

题 18-1 图　　题 18-3 图

18-5　在荷载 P 的作用下，梁中部的静挠度为 0.2 cm。不计梁的质量，求在下列两种情况下重物的运动方程以及梁的最大挠度：

(1) 重物 P 放在未弯曲时的梁上释放，其初速度为零。

(2) 重物 P 初速为零，从 10 cm 高度落到梁上。

18-6　一重为 W、半径为 r 的齿轮，对轮心的回转半径为 ρ，可以在一倾角为 α 的齿条上滚动，一刚度系数为 k 的弹簧与轮心相连，如图所示。如轮在弹簧无伸长的位置由静止开始运动，求：(1) 轮心 O 自由振动的振幅；(2) 振动的固有频率；(3) 轮心在振动中的最大速度。

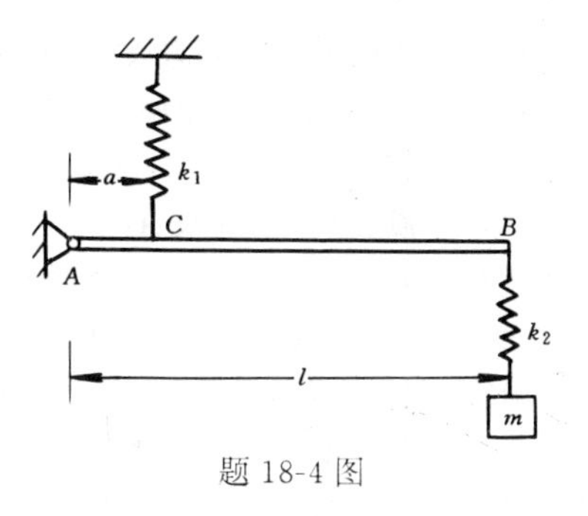

题 18-4 图

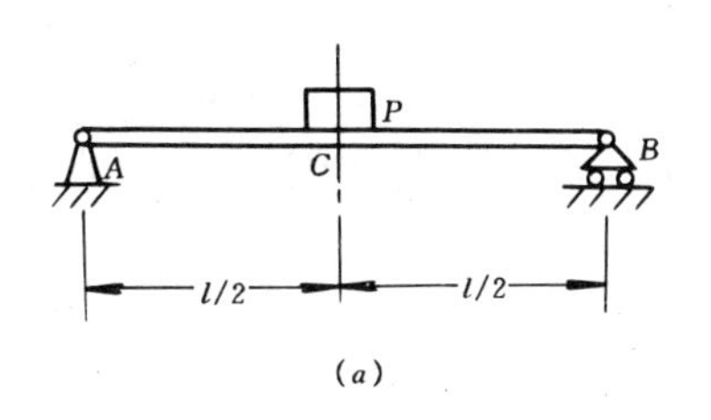

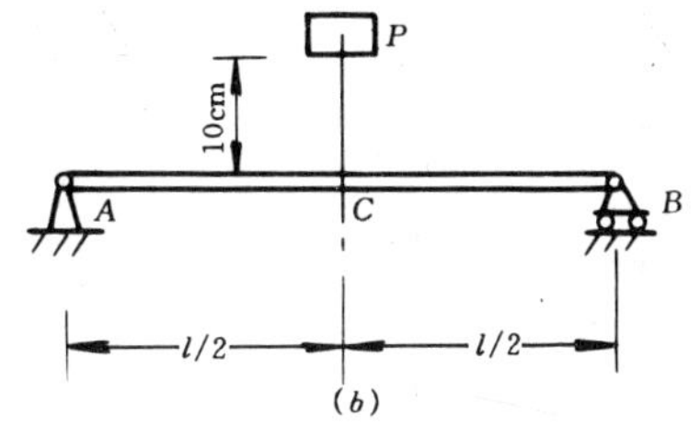

题 18-5 图

18-7　重为 P 的物体悬挂于不可伸长的绳子上，绳子跨过定滑轮与刚度系数为 k 的弹簧相连。设均质滑轮重也为 P，半径为 R，绕水平轴 O 转动；求此系统自由振动的周期。

18-8　质量为 m 的小球，固结于无重杆 OA 的上端，两弹簧的刚度系数均为 k，杆在铅垂位置时，弹簧无变形，如图所示。不计弹簧质量和小球尺寸，求系统的圆频率。

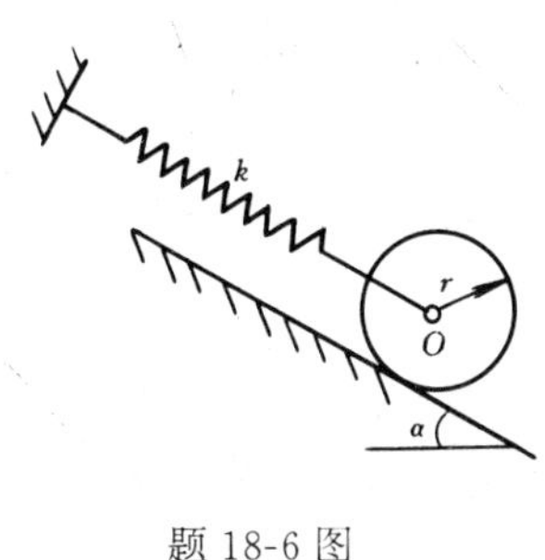

题 18-6 图

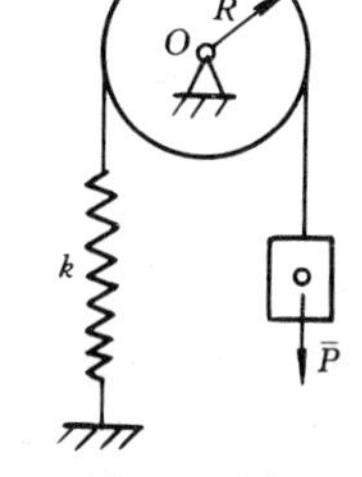

题 18-7 图

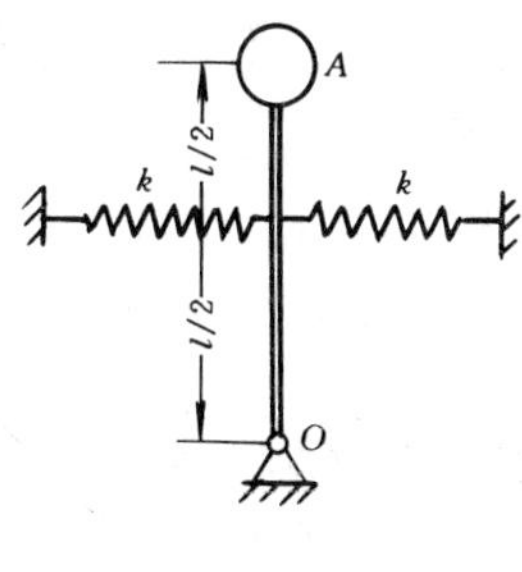

题 18-8 图

18-9　如图所示，罐笼的质量 $m=80000$ kg，以匀速 $v_0=5$ m/s 下降，当钢丝绳突然被轮 B 卡住时，求因此产生的振动所引起的绳的最大拉力 F_{max}。钢丝绳的刚度系数 $k=2000$ kN/m。

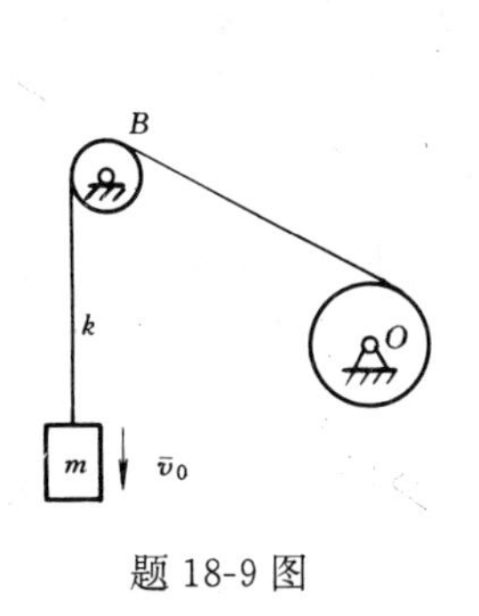

题 18-9 图

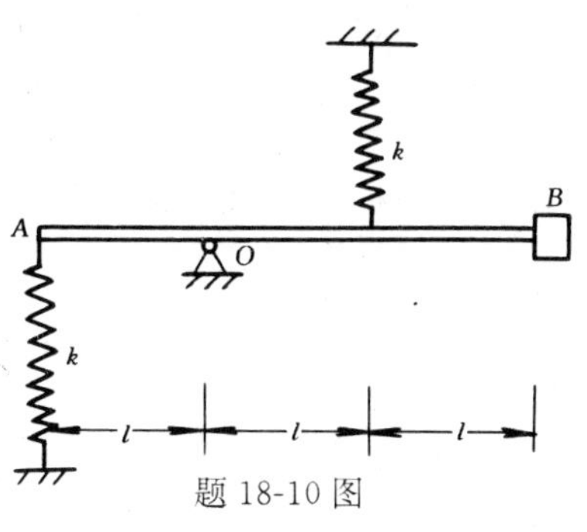

题 18-10 图

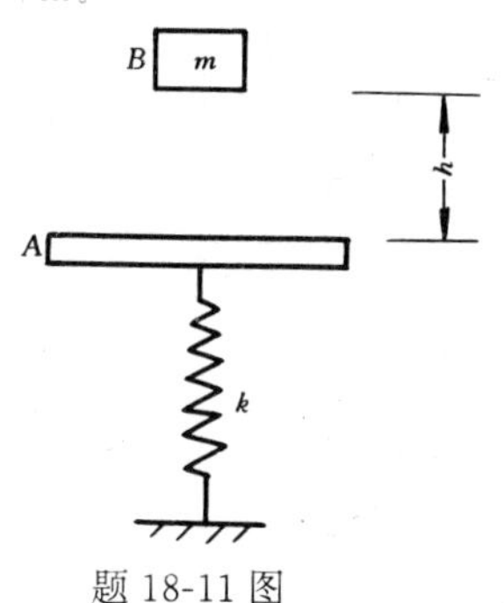

题 18-11 图

18-10　均质杆 AB，质量为 m_1，长为 $3l$，B 端刚性连接质量为 m_2 的物体，物体的尺寸可略而不计，AB 杆在 O 处用铰支承，并由两个刚度系数为 k 的弹簧加以约束如图所示。设杆在水平位置时系统处于平衡。求系统的固有周期。

18-11　质量为 m 的物块 A，放在刚度系数为 k 的弹簧上静止平衡。另一质量为 m 的物块 B，从 A 上面高度 h 处自由落下与 A 发生塑性碰撞之后一起振动。不计弹簧质量，求此两物一起振动的运动方程。

18-12　截面半径为 R 的半圆柱在水平面上只滚不滑。已知该柱体对通过质心 C 且平行于半圆柱体母线的轴的回转半径为 ρ，又 $OC=a$。求此半圆柱体作微摆动时的固有频率。

18-13　图示为一测量液体阻力系数装置的简图，质量为 m 的重物挂在弹簧上，在空气中测得振动的频率为 f_1，放在液体中测得的频率为 f_2，求此液体的阻力系数。(空气中视为无阻尼)

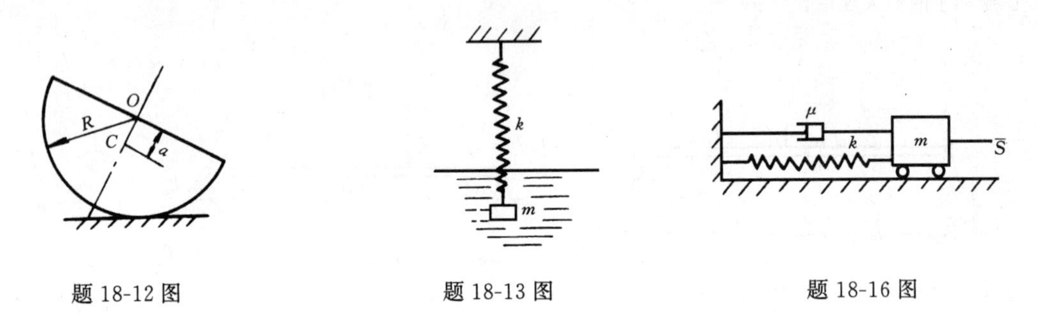

题 18-12 图　　题 18-13 图　　题 18-16 图

18-14　质量为 $m=10$ kg 的物体与刚度系数为 $k=90$ N/m 的弹簧相连，可在铅垂方向自由振动。测得两相邻振幅之比，即 $A_i/A_{i+1}=1.10$。试求：(1) 对数减幅系数；(2) 阻尼系数。

18-15　一振动系统具有线性阻尼，已知 $m=20$ kg，$k=6$ kN/m，$\mu=50$ N·s/m；求衰减振动的周期和对数减幅系数。

18-16　质量一弹簧系统如图示。已知物块的质量 $m=2$ kg，弹簧刚度系数 $k=2$ N/mm，作用在物块上的干扰力 $S=16\sin 60t$ (t 以 s 计，S 以 N 计)，物体所受的阻力 $R=\mu v$，其中 $\mu=256$ N·s/m。试求物体的强迫振动方程和动力放大系数。

18-17　质量为 $m=100$ kg 的平台由一组弹簧支承，弹簧的总刚度系数 $k=80$ kN/m，平台受谐干扰力作用，干扰力幅值为 500 N，已知阻力系数 $\mu=2$ kN·s/m。求平台共振时可能产生的最大振幅和频率比 $p/\omega=1$ 时的强迫振幅。

18-18　一重为 W 的物体支在刚性系数为 k 的弹簧上，并在其上作用一个沿铅垂方向的谐干扰力 $P\sin pt$。欲使强迫振幅超过在常力 P 作用下所产生静位移的两倍，试确定 p 值的范围。

18-19　弹簧刚性系数 $k=20$ N/mm 的弹簧与重 4.9 N 的活塞连接，设作用在活塞上的力 $S=2.3\sin\pi t$ (t 以 s 计，S 以 N 计)，求活塞的强迫振动规律。

18-20　电动机重 2.5 kN，由四根刚性系数均为 $k=30$ N/mm 的弹簧支持。电动机转子的质量分配不均，相当于在转子上有一重 2N 的偏心块，其偏心距 $e=10$ mm，已知电动机被限制在铅垂方向运动。求：(1) 发生共振时的转速；(2) 当转速为 1000 r/min 时，强迫振动的振幅。

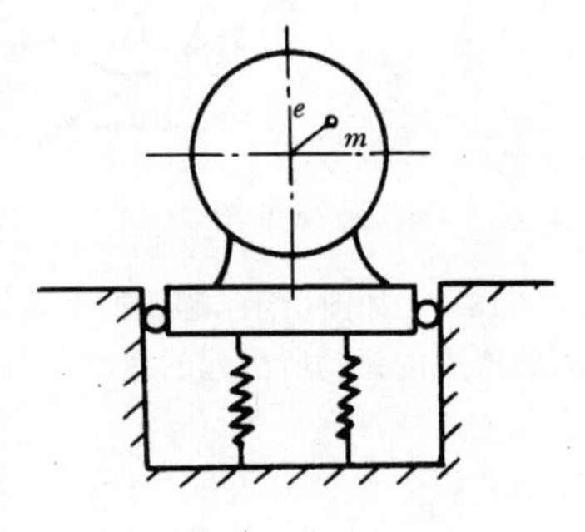

题 18-20 图

第十九章　碰撞理论

第一节　碰撞现象与碰撞力

一、碰撞特征

碰撞是物体运动状态发生急剧改变的一种现象，是一种常见的力学现象。当物体受到冲击或运动遇到障碍物时就发生碰撞。例如，两物体碰撞、弹丸撞击目标、飞机着陆、打桩、锻锤、冲压等都是碰撞的实例。

碰撞的特点是持续的时间非常短，通常以千分之一秒或万分之一秒来度量。但在这极短的时间内物体的速度发生有限的改变，产生很大的加速度，作用在物体上的力也非常大。这种在碰撞时出现的物体间的相互作用力，称为碰撞力或瞬时力，其数值非常大，远非平常力如重力、空气阻力所能比拟。

二、碰撞度量

碰撞力不仅数值巨大，作用时间短，而且还随时间变化：在极短的时间 τ 内，由零迅速增至最大值，随后又迅速减至零。由于碰撞力的瞬时值很难测定，因此对它不应采用平常力的方法来度量。通常总是用碰撞力在碰撞时间所积累的效应即冲量来度量碰撞的强弱。我们称这个冲量为碰撞冲量。

设质点 M 在很短的时间间隔 τ 内受碰撞力 $\overline{F}$ 的作用，结果使质点由速度 $\overline{v}$ 变成 $\overline{u}$（图 19-1）。用 $\overline{I}$ 表示 $\overline{F}$ 在时间间隔 τ 内的冲量，m 表示质点的质量，则由冲量定理可知

$$\overline{I}=\int_0^t \overline{F}\cdot \mathrm{d}t = m\overline{u} - m\overline{v} \tag{19-1}$$

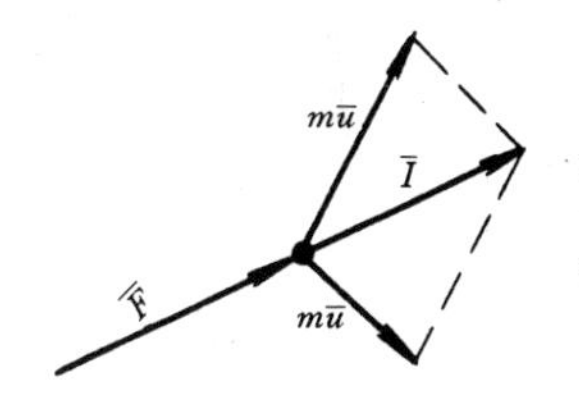

图 19-1

如果能测出速度的变化量 $\overline{u}-\overline{v}$，就可由（19-1）式确定碰撞冲量 $\overline{I}$ 的大小和方向，用碰撞冲量 $\overline{I}$ 作为碰撞力作用效果的度量。如已测知碰撞过程所用的时间 τ，也可利用（19-1）式算出碰撞力 $\overline{F}$ 的平均值

$$\overline{F}_{平均}=\frac{\overline{I}}{\tau}=\frac{m}{\tau}(\overline{u}-\overline{v}) \tag{19-2}$$

由于碰撞问题的复杂性，为研究方便作如下两点简化：

（1）由于瞬时力很大，远非平常力所能比拟，故普通力在碰撞阶段的冲量略去不计。

（2）碰撞时间 τ 非常短，而速度是有限量。因此，碰撞物体在碰撞时间 τ 内的位移可略去不计。

第二节　质点对固定面的碰撞·恢复系数

一、碰撞进过程的两个阶段

碰撞过程的时间虽然很短，但仍存在两个阶段。从两物体开始接触，到碰撞力达到最大值；两物体发生最大变形，沿接触点处的公法线方向没有相对速度为止，为第一阶段，称为变形阶段。此后，物体由于弹性而部分或完全恢复原来的形状，直到两物体脱离为止，为第二阶段，称为恢复阶段。恢复的程度主要取决于相撞物体的材料性质以及碰撞的条件（包括物体的质量、形状和尺寸、法向相对速度以及相撞物体的相对方位等）有关。

二、恢复系数

令小球 M 由高度 h_1 无初速地落到水平固定面（图 19-2）。球和固定面开始接触发生的碰撞。在变形阶段，球的速度由 $\bar{v}$ 减到零。由（19-1）此时的碰撞冲量为

$$0 - m\bar{v} = \bar{I}_{\mathrm{I}}$$

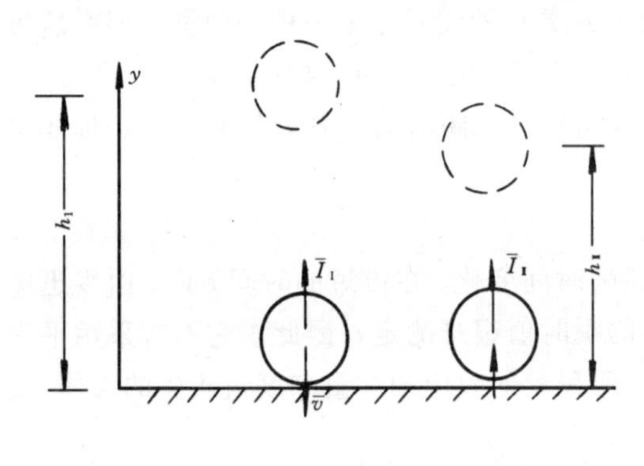

图 19-2

接着是恢复阶段，球重新获得相反方向的速度 $\bar{u}$ 而跳离固定面。若回跳的高度为 h_2，根据（19-1）此时的碰撞冲量为

$$m\bar{u} - 0 = \bar{I}_{\mathrm{II}}$$

将上两式投影到 y 轴上，投影方程为

$$-mv = I_{\mathrm{I}} \quad , \quad -mu = I_{\mathrm{II}}$$

恢复阶段与变形阶段碰撞冲量大小的比值即为恢复系数

$$e = \frac{I_{\mathrm{II}}}{I_{\mathrm{I}}} \tag{19-3}$$

恢复系数 e 由实验测定。大量实验表明，恢复系数主要取决于小球与固定面的材料，对其他条件（如落下的高度、小球的质量等）并不敏感。在通常条件下，对于特定的材料组合，恢复系数 e 几乎不变。表 19-1 列出了几种材料组合的恢复系数值。

材料碰撞时的恢复系数　　**表 19-1**

相碰物体的材料组合	恢复系数 e	相碰物体的材料组合	恢复系数 e
铁对铅	0.14	钢对钢	0.56
铅对铅	0.12	铁对铁	0.66
木对胶木	0.26	玻璃对玻璃	0.94

若 $e=0$，说明碰撞没有恢复阶段，即物体的变形不能恢复，这种碰撞称为完全非弹性碰撞；

若 $e=1$，说明碰撞后物体能完全恢复原来的形状，这种碰撞称为完全弹性碰撞。这是一种理想情况。

利用自由落体公式通过高度 h_{I} 和 h_{II} 来表示 v 和 u 的数值，得到

$$v = -\sqrt{2gh_{\mathrm{I}}} \quad , \quad u = -\sqrt{2gh_{\mathrm{II}}}$$

恢复系数又可表示为

$$e = \frac{I_{\text{II}}}{I_{\text{I}}} = \frac{u}{v} = \sqrt{\frac{h_{\text{II}}}{h_{\text{I}}}} \tag{19-4}$$

上式说明，只要测得回跳高度 h_{II} 和下落高度 h_{I}，即可求得两种材料（小球与固定面）的恢复系数。

第三节 碰撞时的动力学普遍定理

设有 n 个质点所组成的质点系，发生碰撞现象。以 $\bar{v}_i$ 和 $\bar{u}_i$ 分别表示某一质量为 m_i 的质点在碰撞开始和结束时的速度，$\bar{I}_i$ 表示作用于该质点的外碰撞冲量。普通力的冲量忽略不计。

一、冲量定理

根据质点系的动量定理，有

$$\Sigma m_i \bar{u}_i - \Sigma m_i \bar{v}_i = \Sigma \bar{I}_i \tag{19-5}$$

利用质心运动定理，上式又可写成

$$M\bar{u}_C - M\bar{v}_C = \Sigma \bar{I}_i \tag{19-6}$$

式中，$\bar{u}_C$ 和 $\bar{v}_C$ 分别代表碰撞结束时和开始时的质心速度；M 为质点系的质量。

式（19-5）和（19-6）表明：碰撞过程中，质点系（或质心）动量的改变，等于作用于质点系的外碰撞冲量的矢量和。

将（19-5）和（19-6）投影在固定坐标轴 x、y、z 上，可得

$$\begin{aligned} \Sigma m_i u_{ix} - \Sigma m_i v_{ix} &= M u_{Cx} - M v_{Cx} = \Sigma I_{ix} \\ \Sigma m_i u_{iy} - \Sigma m_i v_{iy} &= M u_{Cy} - M v_{Cy} = \Sigma I_{iy} \\ \Sigma m_i u_{iz} - \Sigma m_i v_{iz} &= M u_{Cz} - M v_{Cz} = \Sigma I_{iz} \end{aligned} \tag{19-7}$$

上式表明：碰撞过程中，质点系（或质心）动量在某一轴上的投影的改变量，等于作用于该质点系的外碰撞冲量在同一轴上的投影的代数和。

若 $\Sigma \bar{I}_i = 0$，则

$$\Sigma m_i \bar{u}_i = \Sigma m_i \bar{v}_i = \text{常矢量}$$

或

$$M\bar{u}_C = M\bar{v}_C = \text{常矢量}$$

同理　如 $\Sigma I_{Cx} = 0$，则

$$\Sigma m_i u_{ix} = \Sigma m_i v_{ix} = \text{常量}$$

或

$$M u_{Cx} = M v_{Cx} = \text{常量}$$

即若在碰撞过程中质点系所受的外碰撞冲量为零，或在某轴上的投影为零，则质点系的动量在该轴上的投影为零，则质点系的动量在该轴上的投影保持不变。这就是质点系在碰撞过程中的动量守恒定理。

二、冲量矩定理

由于碰撞时间 τ 极短，各质点在碰撞过程中的位移 $\Delta\bar{r}_i$ 忽略不计，因此任一质点在碰撞

前后对任一固定点的矢径 $\bar{r}_i$ 保持不变。同样，内碰撞冲量对 O 点之矩的和应等于零。根据质点系的动量矩定理，可写出

$$\Sigma \bar{r}_i \times m_i \bar{u}_i - \Sigma \bar{r}_i \times m_i \bar{v}_i = \Sigma \bar{r}_i \times \bar{I}_i \tag{19-8}$$

或写成

$$\Sigma \bar{m}_O(m_i \bar{u}_i) - \Sigma \bar{m}_O(m_i \bar{v}_i) = \Sigma \bar{m}_O(\bar{I}_i) \tag{19-9}$$

上式表明，碰撞过程中，质点系对任一固定点的动量矩的改变量，等于作用于该质点系的外碰撞冲量对同一点之矩的矢量和。

式（19-9）在固定坐标轴 x、y、z 上的投影形式为

$$\left.\begin{aligned} \Sigma m_x(m_i \bar{u}_i) - \Sigma m_x(m_i \bar{v}_i) &= \Sigma m_x(\bar{I}_i) \\ \Sigma m_y(m_i \bar{u}_i) - \Sigma m_y(m_i \bar{v}_i) &= \Sigma m_y(\bar{I}_i) \\ \Sigma m_z(m_i \bar{u}_i) - \Sigma m_z(m_i \bar{v}_i) &= \Sigma m_z(\bar{I}_i) \end{aligned}\right\} \tag{19-10}$$

显然，若 $\Sigma \bar{m}_O$（$\bar{I}_i$）$=0$；则

$$\Sigma \bar{m}_O(m_i \bar{u}_i) = \Sigma \bar{m}_O(m_i \bar{v}_i) = \text{常矢量}$$

同理，若 Σm_x（$\bar{I}_i$）$=0$；则

$$\Sigma m_x(m_i \bar{u}_i) = \Sigma m_x(m_i \bar{v}_i) = \text{常量}$$

即如外碰撞冲量对固定点（或因定轴）之矩的和为零，则质点系对固定点（或固定轴）的动量矩之和在碰撞过程中保持不变。这就是质点系在碰撞过程中的动量矩守恒定理。

对绕固定轴 z 转动的刚体，冲量矩定理为

$$J_z \omega - J_z \omega_0 = \Sigma m_z(\bar{I}_i) \tag{19-11}$$

式中，ω_0 和 ω 表示碰撞前后刚体的角速度，J_z 为刚体对 z 轴的转动惯量。

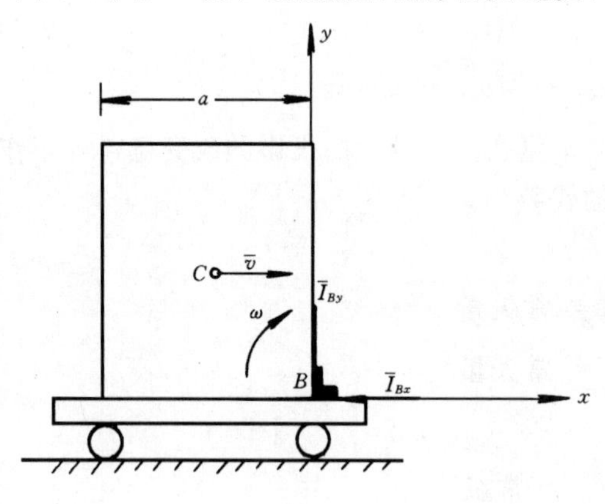

图 19-3

【例 19-1】 均质正方形平板放置在平台车上，平台车以速度 $\bar{v}$ 沿水平线轨道运动。设平板的质量为 M，边长为 a，在平台上靠近平板的 B 处有一凸出部分，它能阻止物体向前滑动，但不能阻止其绕 B 点转动（图 19-3）。求平台车突然停止时，平板绕 B 点转动的角速度 ω 及作用于 B 点的碰撞冲量。

【解】 以平板为研究对象。在碰撞前平板作移动，碰撞结束时，平板绕通过 B 点而垂直于图平面的 z 轴转动。设在碰撞过程中作用在 B 点的反碰撞冲量为 $\bar{I}_{Bx}$、$\bar{I}_{By}$，它的指向如图。显然，$\bar{I}_{Bx}$、$\bar{I}_{By}$对 z 轴之矩等于零。因此，碰撞前后平板对 z 轴的动量矩守恒，即

$$\Sigma m_z(m_i \bar{u}_i) = \Sigma m_z(m_i \bar{v}_i) \tag{1}$$

碰撞开始时平板上各点的速度都等于 $\bar{v}$，它对 z 轴的动量矩为

$$\Sigma m_z(m_i \bar{v}_i) = -\Sigma m_i v_i y_i = -v \Sigma m_i y_i$$

$$= - v \cdot My_C = - \frac{1}{2}Mav \tag{2}$$

式中负号表示动量矩为顺时针转动。

设碰撞结束时平板的角速度为 ω，转向如图，则它对 z 轴的动量矩为

$$\Sigma m_z(m_i\bar{u}_i) = - J_z\omega = - \frac{2}{3}Ma^2\omega \tag{3}$$

将式（2)、(3）代入式（1）得

$$- \frac{2}{3}Ma^2\omega = - \frac{1}{2}Mav$$

即

$$\omega = \frac{3}{4}\frac{v}{a}$$

碰撞结束时，平板的质心 C 的速度 $\bar{v}_C$ 垂直于 BC，且

$$u_C = BC \cdot \omega = \frac{\sqrt{2}}{2}a \times \frac{3}{4}\frac{v}{a} = \frac{3\sqrt{2}}{8}v$$

$\bar{u}_C$ 在 x、y 轴上的投影为

$$u_{Cx} = u_C \cdot \cos 45° = \frac{3\sqrt{2}}{8}v \times \frac{1}{\sqrt{2}} = \frac{3}{8}v$$

$$u_{Cy} = u_C \cdot \sin 45° = \frac{3\sqrt{2}}{8}v \times \frac{1}{\sqrt{2}} = \frac{3}{8}v$$

由式（19-7）有

$$\left.\begin{aligned} M\frac{3}{8}v - Mv &= - I_{Bx} \\ M\frac{3}{8}v - 0 &= - I_{By} \end{aligned}\right\} \tag{4}$$

解得

$$I_{Bx} = \frac{5}{8}Mv \quad , \quad I_{By} = \frac{3}{8}Mv$$

【例 19-2】 质量为 M，长为 $2a$ 的均质杆 AB 静止放在光滑的水平台上，一冲量 $\bar{I}$ 作用在 A 点，冲量 $\bar{I}$ 在平面内且与杆垂直。求杆质心的速度及杆的角速度。

【解】 设杆质心的速度为 v（易知垂直于杆子)，角速度为 ω，如图 19-4 所示。在冲量作用的方向得到动量 Mv，所以

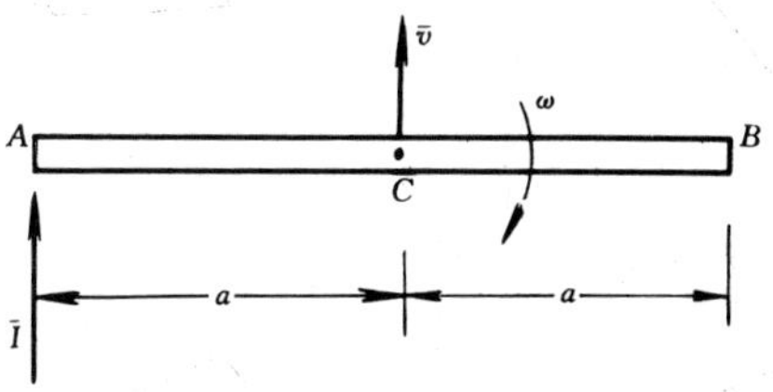

$$I = Mv$$

图 19-4

对质心 C 的冲量矩为 Ia，而对 C 的动量矩为 $\frac{1}{3}Ma^2\omega$，所以

$$Ia = \frac{1}{3}Ma^2\omega$$

则得到

$$v = \frac{I}{M} \quad , \quad \omega = \frac{3I}{Ma}$$

第四节　两物体的对心正碰撞

碰撞时，两物体表面的接触点的公法线 $n-n$ 称为碰撞线（图 19-5）。碰撞时两物体的质心都位于碰撞线上，称为对心碰撞，碰撞前两物体质心的速度都沿碰撞线，称为对心正碰撞。否则称为对心斜碰撞。

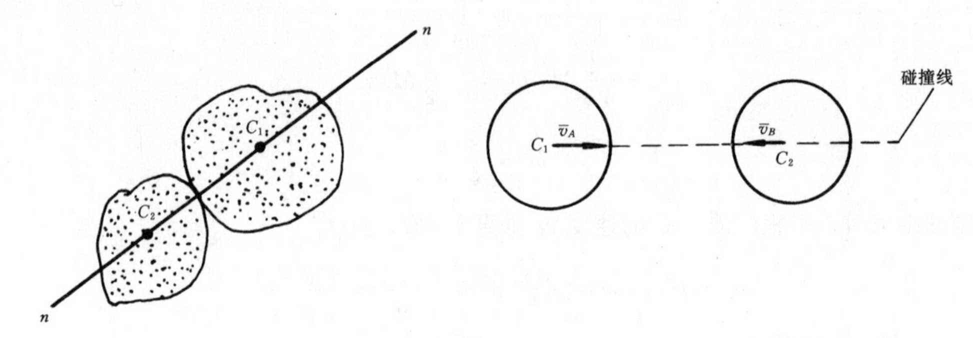

图 19-5

下面以两球碰撞为例来讨论两物体的对心正碰撞。

一、碰撞过程中两球速度的变化和碰撞冲量

设质量分别为 m_A 和 m_B 的两光滑球 A 和 B，各以速度 $\bar{v}_A$ 和 $\bar{v}_B$ 运动（图 19-6）。假定在碰撞前速度 $v_A > v_B$，因而在某一瞬时，后球赶上前球而发生碰撞。

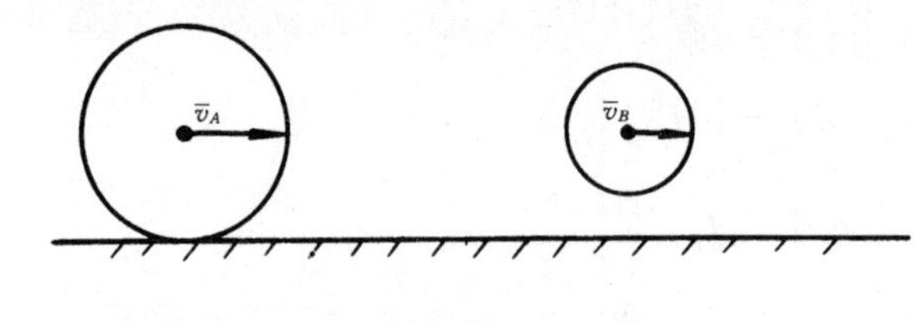

图 19-6

先考察第一阶段（变形阶段）。以 $\bar{u}$ 代表在第一阶段结束时两球的公共速度。因系统不受外碰撞，故由冲量定理，有

$$m_A\bar{v}_A + m_B\bar{v}_B = (m_A + m_B)\bar{u} \tag{1}$$

投影到 x 轴上，得

$$m_Av_A + m_Bv_B = (m_A + m_B)u$$

$$u = \frac{m_Av_A + m_Bv_B}{m_A + m_B} \tag{19-12}$$

如果碰撞是完全塑性的，则碰撞过程就此结束，以后两球将以公共速度 $\bar{u}$ 一起运动。

下面求碰撞两个阶段的碰撞冲量 $\bar{I}_{\text{I}}$ 和 $\bar{I}_{\text{II}}$。在变形阶段（图 19-7a），设两球相互作用的碰撞冲量为 $\bar{I}_1$，由冲量定理在质心连线上的投影式，可写出

$$m_A(u - v_A) = -I_{\text{I}} \quad 或 \quad m_B(u - v_B) = -I_{\text{I}}$$

将式(19-12)代入上式，得到 $\bar{I}_{\text{I}}$ 的大小为

$$I_{\text{I}} = \frac{m_Am_B}{m_A + m_B}(v_A - v_B) \tag{19-13a}$$

在恢复阶段（图 19-7b），碰撞冲量 $\bar{I}_{\text{II}}$ 的值可由恢复系数 e 的定义直接求得

$$I_{\text{II}} = e \cdot I_{\text{I}} = e\frac{m_Am_B}{m_A + m_B}(v_A - v_B) \tag{19-13b}$$

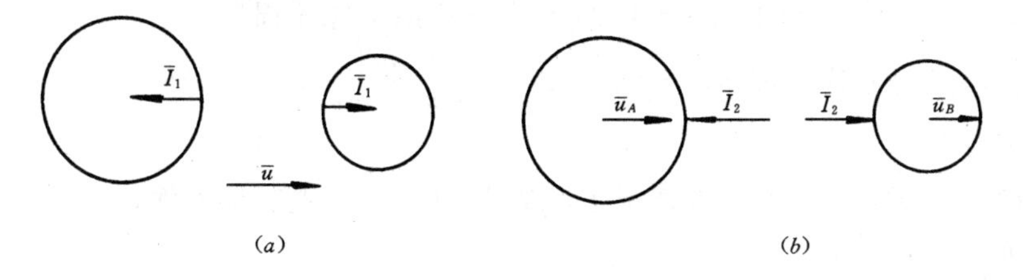

图 19-7

因此,整个碰撞过程中的总碰撞冲量 $\bar{I}=\bar{I}_{\mathrm{I}}+\bar{I}_{\mathrm{II}}$ 的值为

$$I = I_{\mathrm{I}} + I_{\mathrm{II}} = (1+e)\frac{m_A m_B}{m_A + m_B}(v_A - v_B) \tag{19-13c}$$

下面求碰撞第二阶段结束时两球的速度 $\bar{u}_A$ 和 $\bar{u}_B$,分别对两球写出冲量定理的投影式

$$m_A u_A - m_A v_A = -I \quad , \quad m_B u_B - m_B v_B = I$$

将已求出的 I 值代入,可求得

$$\left.\begin{aligned} u_A &= v_A - (1+e)\frac{m_B}{m_A + m_B}(v_A - v_B) \\ u_B &= v_B - (1+e)\frac{m_A}{m_A + m_B}(v_B - v_A) \end{aligned}\right\} \tag{19-14}$$

以上两式相减,给出

$$u_B - u_A = e(v_A - v_B)$$

由此

$$e = \left|\frac{u_B - u_A}{v_A - v_B}\right| = \left|\frac{\text{碰撞后法向相对速度}}{\text{碰撞前法向相对速度}}\right| \tag{19-15}$$

二、碰撞过程中的动能的损失

在一般情况下,碰撞物体由于碰撞所产生的变形,往往不能完全恢复,导致碰撞物体动能的损失。

设碰撞开始时两球的动能为 T_0,碰撞结束时动能为 T,则动能的损失为

$$\begin{aligned} \Delta T &= T_0 - T = \left(\frac{1}{2}m_A v_A^2 + \frac{1}{2}m_B v_B^2\right) - \left(\frac{1}{2}m_A u_A^2 + \frac{1}{2}m_B u_B^2\right) \\ &= \frac{1}{2}m_A(v_A^2 - u_A^2) + \frac{1}{2}m_B(v_B^2 - u_B^2) \\ &= \frac{1}{2}m_A(v_A - u_A)(v_A + u_A) + \frac{1}{2}m_B(v_B - u_B)(v_B + u_B) \end{aligned}$$

因冲量定理给出:

$m_A(v_A - u_A) = -m_B(v_B - u_B) = I$,则上式可写成

$$\Delta T = \frac{1}{2}I[(v_A - v_B) + (u_A - u_B)]$$

由式(19-15)得到

$$\Delta T = \frac{1}{2}I(v_A - v_B)(1-e)$$

将式(19-13c)中的 I 值代入,得到

$$\Delta T = \frac{1}{2}(1-e^2)\frac{m_A m_B}{m_A + m_B}(v_A - v_B)^2 \tag{19-16}$$

如果碰撞是完全弹性的，即 $e=1, \Delta T=0$，这说明动能无损失。

如果碰撞是完全塑性的，即 $e=0$，则 $\Delta T=\frac{m_A m_B}{2(m_A+m_B)}(v_A-v_B)^2$ (19-17)

此时动能损失最大。

由 (19-16) 式可见，在一般情况下，ΔT 总是正值。在其他条件相同时，e 值愈小，损失的动能愈大。反之相反。

当恢复系数一定时，动能损失取决于两碰撞物体质量的比值。

在锻压金属时，锻锤与锻件（包括砧座）碰撞时损失的动能来使锻件变形。动能损失 ΔT 愈大锻压效率就愈高，故应使 $m_B \gg m_A$。这样不仅使锻压件的塑性变形大；而且由于碰撞后的速度小，从而减弱对厂房结构的振动。在锻造金属时，锻锤的效率定义为

$$\eta=\frac{\text{碰撞过程中的动能损失}}{\text{碰撞开始时的动能}}=\frac{\Delta T}{T_0}=\frac{1-e^2}{1+\frac{m_A}{m_B}} \tag{19-18}$$

由上式看出 e 愈小，η 愈大，当锻件炽热时，e 接近于零，这表示要“趁热打铁”，以便有效地利用这时材料的可塑性。另外，$\frac{m_A}{m_B}$ 出现在分母中，也就是说锤头相对于砧块和锻件来说质量越小，则效率越高。例如，$\frac{m_A}{m_B}=\frac{1}{15}$，$e=0.6$

$$\eta=\frac{1-0.6^2}{1+\frac{1}{15}}=0.6$$

如能使 e 降为零，则 $\eta=0.94$。

打桩时，则希望动能损失愈小愈好，因此应使 $m_B \ll m_A$。由于动能小，一方面不致于将桩打裂，另一方面使碰撞后的桩具有很大的动能，用以克服阻力，迅速下沉。因此，打桩应用重锤。打桩机的效率定义为

$$\eta=\frac{\text{碰撞结束时剩余的动能}}{\text{碰撞开始时的动能}}=\frac{T_0-\Delta T}{T_0} \tag{19-19}$$

把桩打入要依靠锤和桩相撞后一起运动的动能，因此在碰撞后，锤和桩一起运动，故可看作是完全塑性，即 $e=0$。开始碰撞时 $v_B=0$，且 $e=0$，故

$$\Delta T=m_B \cdot T_0/(m_A+m_B)$$

打桩的效率为

$$\eta=\frac{T_0-\Delta T}{T_0}=\frac{1}{1+\frac{m_B}{m_A}}$$

可见，比值 m_B/m_A 愈小，效率 η 愈高。例如设锤质量是桩质量的 15 倍，$\frac{m_B}{m_A}=\frac{1}{15}$，$\eta=\frac{1}{1+\frac{1}{15}}$ $=0.94$。

注意：效率和恢复系数有关。当 $e\neq0$ 时，碰撞后锤和桩将分开，所以实际打桩机（$e\neq0$）的效率比上面算出的要低一些。

第五节　碰撞对定轴转动刚体的作用·撞击中心

当定轴转动刚体受到碰撞作用时，一般会在轴承处引起碰撞反力，这种碰撞力是有害的，引起承轴损坏。因此应尽量设法减少或消除它。有时可以利用缓冲设备来延长碰撞时间，从而减弱碰撞力。但对于必须利用碰撞进行工作的机件，如手枪扳机、冲击摆，则不能采用此法，应考虑其他措施。

大家都有这样的经验，当用手锤敲钉子时，手心起着轴承的作用，如果握锤柄的位置恰当，手心将不会因锤击而感到震动。本节就是研究在什么条件下，才可以避免引起轴承处的冲击。

设具有对称平面 xy 的刚体，可绕垂直于图平面的固定轴转动（图 19-8）。令转轴 O 垂直于对称平面，并使碰撞冲量 $\bar{I}$ 作用在这个平面内。设刚体的质量为 M，重心 C 位于对称面内，取 Ox 轴通过 C 点，Oy 轴与之垂直，以 K 表示 $\bar{I}$ 的作用线和 x 轴的交点，$\bar{I}$ 与 x 轴的交角为 α。在 $\bar{I}$ 的作用下，刚体由静止获得角速度 ω。由于 $\bar{I}$ 的作用，轴承上一般将出现反碰撞冲量 $\bar{I}_{ox}$ 和 $\bar{I}_{oy}$，由动量定理

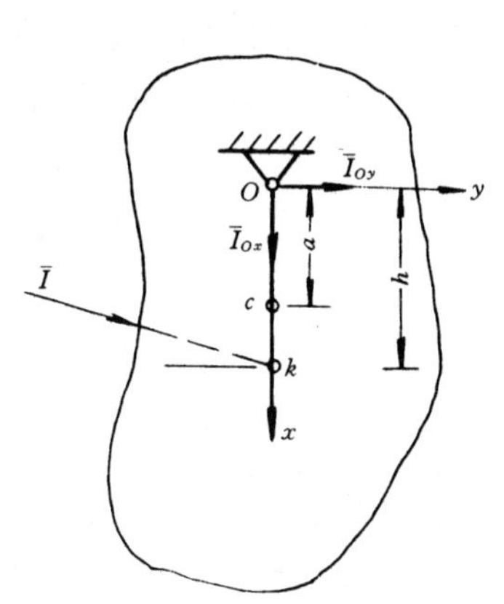

图 19-8

$$Mu_{cx} - Mv_{cx} = I\sin\alpha + I_{Ox} \quad (1)$$

$$Mu_{cy} - Mv_{cy} = I\cos\alpha + I_{Oy} \quad (2)$$

由于 $v_{cx}=v_{cy}=0$；$u_{cx}=0$，$u_{cy}=a\omega$，代入（1）、（2）即得

$$I_{Ox} = - I\sin\alpha \quad (3)$$

$$I_{Oy} = Ma\omega\text{-}I\cos\alpha \quad (4)$$

由式（3）、（4）可见，欲使 $I_{Ox}=I_{Oy}=0$；即轴承内的碰撞冲量等于零，应有

$$\sin\alpha = 0 \quad , \quad 即\ \alpha = 0 \quad (5)$$

$$Ma\omega - I\cos\alpha = 0 \quad , \quad 即\ Ma\omega = I\cos\alpha \quad (6)$$

由（5）式 $\alpha=0$，说明碰撞冲量 $\bar{I}$ 应垂直于转动轴到重心 C 的连线（即 x 轴）。

由（6）式可得

$$Ma\omega = I \quad (7)$$

$$\omega = \frac{I \cdot h}{J_z} \quad (8)$$

式中 J_z 是刚体对转轴 Oz 的转动惯量。将（8）式代入（7）式可得

$$h = \frac{J_z}{Ma} \quad (9)$$

此时碰撞冲量 I 的作用线与转动轴到重心连线的交点 K，称为撞击中心。即，当 I 垂直于 OC 并通过撞击中心时，轴承 O 处不会引起碰撞反力。

思　考　题

1. 正碰撞与斜碰撞的区别是什么？
2. 试述恢复系数的物理意义？

3. 某物体与固定面发生碰撞后停止，恢复系数等于多少？碰撞过程中能量损失多少？

4. 碰撞时动能的损失的原因是什么？如何提高锻锤和打桩的效率？

5. 绕质心轴转动的刚体，如受外碰撞冲量作用，其轴承的反碰撞冲量是否能消除？

6. 撞击中心与转轴的位置能否互换？

习 题

19-1　一手锤的质量 $m=1$ kg，以速度 $v_0=6$ m/s 打到钉子上，经历时间 $\tau=0.003$ s，锤速度为 $v=1$ m/s，方向向下。求碰撞冲量和碰撞力的平均值。

19-2　一落锤打桩机，锤的质量为 $m_1=550$ kg，自 0.9 m 高度无初速地落下，打在桩上，使桩深入土中 10 cm。桩的质量为 $m_2=140$ kg。设 $e=0$，求桩陷入土中时的平均阻力。

19-3　均质杆长 $2l$，以垂直于杆身的速度 $\bar{v}$ 在图平面内作平行移动，在某一瞬时，杆上距质心 $\frac{l}{2}$ 处突然碰及支座 A，求碰撞后杆的角速度 ω。

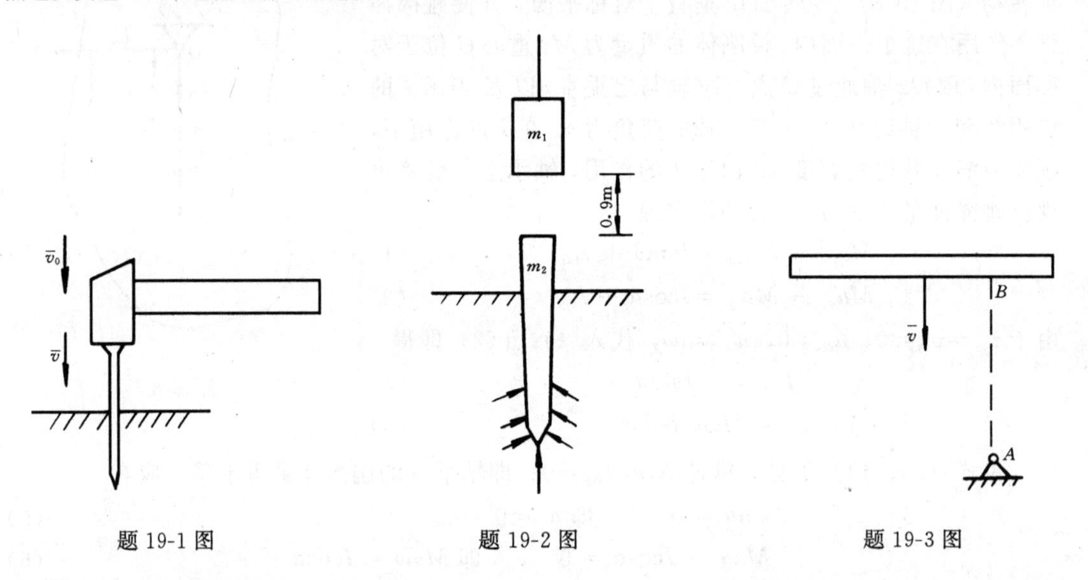

题 19-1 图　　题 19-2 图　　题 19-3 图

19-4　匀质杆的质量为 M，长为 l，可绕水平轴 O 转动，在 A 点受到与杆垂直的碰撞冲量 $\bar{I}$ 的作用，使杆由静止转到与铅垂线成 α 角的位置。

已知 $OA=b$，求 $\bar{I}$ 的大小。

19-5　一球质量 $m=2$ kg，由高 $h_1=100$ cm 处落下，在与水平面上的一板相撞后，回跳高度为 $h_2=25$ cm。如板的质量为 $m_1=20$ kg，且支承是弹性的，求碰撞时所损失的动能。

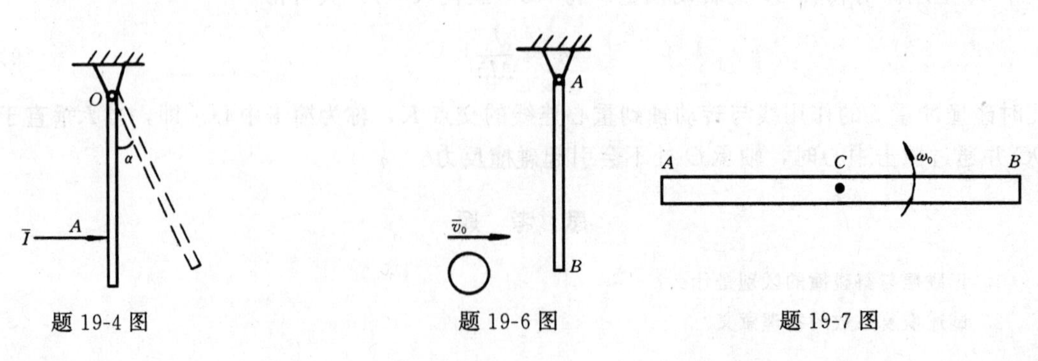

题 19-4 图　　题 19-6 图　　题 19-7 图

19-6　质量为 2 kg 的球，以 $v_0=5$ m/s 的速度运动，撞在一铅垂悬挂的刚性杆 AB 的下端。杆的质量为 8 kg，A 端为铰接，碰撞前处于静止状态。已知杆和球之间的恢复系数为 0.8，求碰撞后杆的角速度和球的速度。

19-7　均质杆在光滑水平平面上绕其质心 C 以角速度 ω_0 转动，如突然将 B 端固定，问杆将以多大的角速度绕 B 转动。

19-8　将由绳悬挂的球 A 拉起至 $\theta_A=60°$，然后无初速释放，使它和物块 B 相撞。球 A 的质量 $m_A=2$ kg，物块 B 的质量 $m_B=2.5$ kg，碰撞后球的速度为零，物块移动了 0.9 m 后停止。求球和物块间的恢复系数。

19-9　汽锤重 $P_1=100$ N，锻件与铁砧的总重量 $P_2=1500$ N，恢复系数 $e=0.6$，求汽锤效率。

19-10　AB、BC 两匀质杆刚接如图示。设 $l_{AB}=l_{BC}=l$，$m_{BC}=2m_{AB}$。

(1) 求当以 A 端为支点时，撞击中心 K 的位置。

(2) 欲使撞击中心位于端点 C，问支点 O 应在何处。

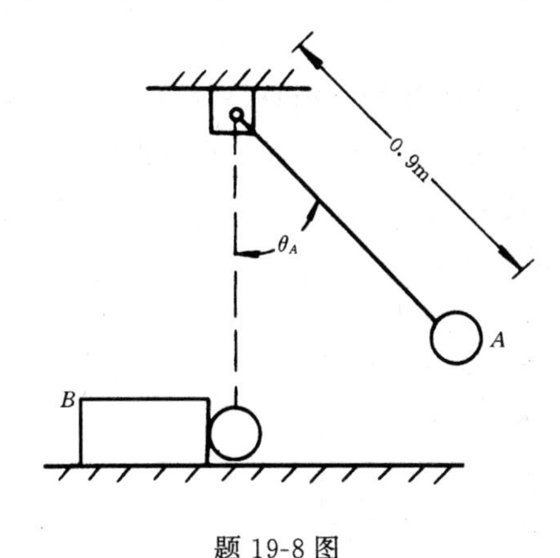

题 19-8 图

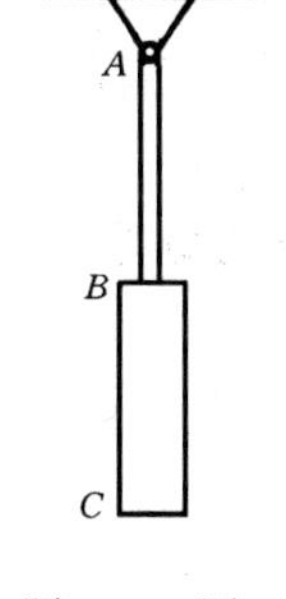

题 19-10 图

附录　理论力学的计算机方法

在学习理论力学的过程中，经常会遇到一些繁琐的计算问题，用手算并不方便，若应用计算机求解就非常简便易行。我们以静力学平衡问题、点的合成运动的计算、强迫振动幅频曲线的绘制为例，编写了三个程序，以便进行计算机辅助教学的师生参考。该三个程序均已在 *IBM-PC* 微机上通过，也可以在兼容机上运行。程序简单易懂，可读性强。

一、静力学平衡问题解题程序（KJ）

1. 程序安排

下面以物体系统平衡为例来说明问题，单个物体的平衡只是物系平衡问题的特例。物系可由多个物体组成，每个物体可以建立三个独立的平衡方程，n 个物体能够建立 $3n$ 个独立的平衡方程。因此，最终归结为一个解线性方程组的问题：

$$KX = P \tag{1}$$

其中 K 是系数矩阵

$$K = \begin{bmatrix} K_{11} & K_{12} & \cdots & K_{1n} \\ K_{21} & K_{22} & \cdots & K_{2n} \\ \vdots & \vdots & & \vdots \\ K_{n1} & K_{n2} & & K_{nn} \end{bmatrix} \tag{2}$$

X 是待求的未知数，$X=〔x_1\ x_2\ x_3 \cdots\ x_n〕^T$

P 是荷载的列向量，$P=〔P_1\ P_2 \cdots\ P_n〕^T$

对于线性方程组（1），采用主元消去法求解。输入数据为方程的阶数 M，系数矩阵 K 和荷载列矩阵 P。输出结果为各个支座处的约束反力。

2. 上机操作与算例

首先对题目进行受力分析，根据屏幕提问，依次输入方程阶数 M，刚度矩阵 K，荷载向量 P。

【算例】 平面刚架如图 1 所示，已知 $P_1=2\text{kN}$，$P_2=1.2\text{kN}$，$q=0.6\text{kN/m}$，求 A、B、C 处的约束反力。

【解】 将刚架的 AC 部分作为研究对象，建立平衡方程如下：

$$\Sigma X = 0,\qquad X_1 + X_3 + 2q = 0$$

$$\Sigma Y = 0,\qquad X_2 + X_4 = 0$$

$$\Sigma M_A(\overline{F}) = 0,\qquad -2X_3 + 2X_4 - 1\times 2q = 0$$

以 CB 部分为研究对象，建立平衡方程如下：

$$\Sigma X = 0,\qquad -X_3 + X_5 - P_1\cos 60° - P_2 = 0$$

$$\Sigma Y = 0,\qquad -X_4 + X_6 - P_1\sin 60° = 0$$

$$\Sigma M_C(\overline{F}) = 0,\qquad 3X_5 + 2X_6 - 1.5P_2 - 1\times P_1\sin 60° = 0$$

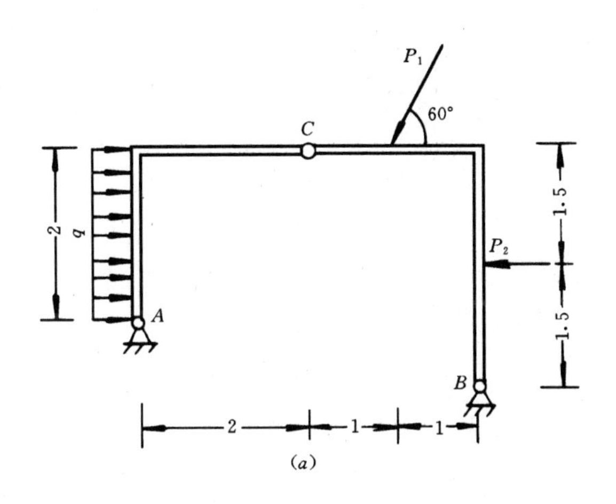

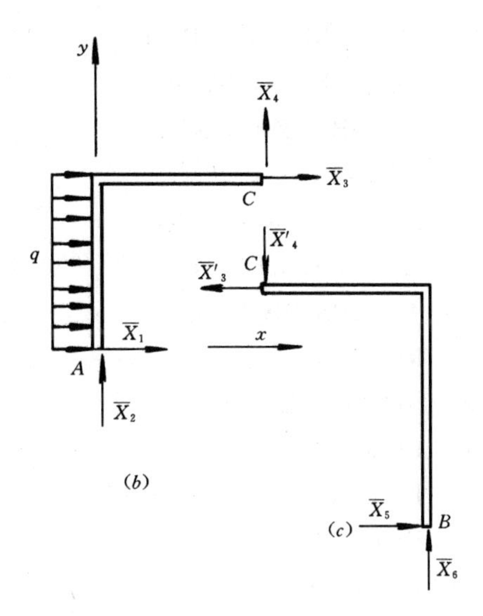

附图 1

用矩阵表示为

$$\begin{bmatrix}1 & 0 & 1 & 0 & 0 & 0\\0 & 1 & 0 & 1 & 0 & 0\\0 & 0 & -2 & 2 & 0 & 0\\0 & 0 & -1 & 0 & 1 & 0\\0 & 0 & 0 & -1 & 0 & 1\\0 & 0 & 0 & 0 & 3 & 2\end{bmatrix}\begin{bmatrix}X_1\\X_2\\X_3\\X_4\\X_5\\X_6\end{bmatrix}=\begin{bmatrix}-1.2\\0\\1.2\\2.2\\1.732\\3.532\end{bmatrix}$$

输入方程阶数 $M=6$，系数矩阵 K 和荷载列阵 P。运行程序（KJ）即可得结果。

$X_1=0.3464\text{kN}$　　$X_4=-0.9464\text{kN}$

$X_2=0.9464\text{kN}$　　$X_5=0.6536\text{kN}$

$X_3=-1.546\text{kN}$　　$X_6=0.7856\text{kN}$

3. 源程序

```
DIMENSION BB (30, 31), P (30)
CHARACTER * 30 F1
WRITE (*, *)
' * * * * * * * * * *静力学平面计算* * * * * * * * * *'
WRITE (*,' (//5X, 14HYOUR FILE. DAT?)')
READ (*,' (IA)') F1
OPEN (5, FILE=F1, STATUS=' DLD')
WRITE (*,' (7Hinput M)')
WRITE (*, *)' input (BB (I, J), J=1, M), I=1, M)'
WRITE (*, *)' input P(I),I=1, M)'
READ (5, *) m
READ (5, *) ( (BB (I, J), J=1, m), I=1, m)
READ (5, *) (p (I), I=1, M)
DO 5 I=1, m
```

```
5  BB (I, M+1) =P(I)
   DO 50 K=1, M-1
   T=ABS(BB(K,K))
   MM=K
   DO 10 L=K+1, M
   IF (ABS(BB(L,K)).LT.T)G0T0 8
   T=ABS(BB(L,K))
   MM=L
8  CONTINUE
10 CONTINUE
   IF (MM. EQ. K) G0T0 30
   DO 20 J=1, M+1
   D=BB(K,J)
   BB(K,J)=BB(MM,J)
20 BB(MM,J)=D
30 C=1./BB(K,K)
   DO 40  J=k+1, M+1
40 BB(K,J)=BB(K,J) * C
   DO 50 I=K+1, M
   C=-BB(I,K)
   DO 50 J=K+1,M+1
   C=-BB(I,K)
   DO 50 J=K+1,M+1
   BB(I,J)=BB(I,J)+C * BB(K,J)
50 CONTINUE
   BB(M,M+1)=BB(M,M+1)/BB(M,M)
   DO 60 K=M-1, 1, -1
   DO 60 J=K+1, M
60 BB(K,M+1)=BB(K,M+1)-BB(K,J) * BB(J,M+1)
   DO 70 I=1, M, 2
   II=I+1
70 WRITE( * ,80)I,BB(I,M+1),II,BB(II,M+1)
80 FORMAT (2X,'Y (', I2,') =', F12.5, 5X,'Y (', 12,') =', F12.5)
   STOP
   END
```

二、点的合成运动例题程序（DH）

1. 程序安排

点的合成运动包括速度合成和加速度合成两部分内容。为了密切地配合在教学中讲到的速度分析及加速度分析的基本方法，必须正确的画出速度和加速度矢量图。

由点的速度合成定理可知，在运动的任一瞬时，动点的绝对速度等于牵连速度与相对速度的矢量和，即

$$\bar{v}_a = \bar{v}_e + \bar{v}_r \tag{3}$$

从上式知道，如果已知其中的四个元素，剩余的两个因素即可求解。将矢量式在坐标轴上投影

$$\begin{cases} v_{ax} = v_{ex} + v_{rx} \\ v_{ay} = v_{ey} + v_{ry} \end{cases} \tag{4}$$

实际上是将点的速度合成定理变成一个二元一次方程组来求解。

点的加速度合成定理其公式为

$$\bar{a}_a = \bar{a}_e + \bar{a}_r + \bar{a}_k$$

或 $\bar{a}_a^\tau + \bar{a}_a^n = \bar{a}_e^\tau + \bar{a}_e^n + \bar{a}_r^\tau + \bar{a}_r^n + \bar{a}_k$

投影到坐标轴上

$$\left.\begin{aligned} [a_a^\tau]_x + [a_a^n]_x = [a_e^\tau]_x + [a_e^n]_x + [a_r^\tau]_x + [a_r^n]_x + [a_k]_x \\ [a_a^\tau]_y + [a_a^n]_y = [a_e^\tau]_y + [a_e^n]_y + [a_r^\tau]_y + [a_r^n]_y + [a_k]_y \end{aligned}\right\} \tag{5}$$

由上式可联立求解出两个未知量。在速度求解和加速度求解过程中，程序按两种不同情况分别处理。一种情况为求某未知速度（或加速度）的大小及方向，另一种情况为两个方位已知的未知速度（或加速度）的大小。运行程序时由机器自动识别为哪种情况，可以自动调整、移项、自动识别算题各未知量的性质以及计算内容。

2. 上机操作与算例

在上机之前，首先对所做题目进行运动分析，画好速度矢量图或加速度矢量图。

程序采用人机对话形式输入各数据，即按照屏幕提示输入。速度及加速度的各个量，每个量都有两个因素，即大小和方向。则我们在输入时对应每一个量输入其大小和与 x 轴正向的夹角。若某一个量的大小已知则输入该值的大小，若未知则输入零值。若某一个量在该算题中不出现（例如某算题中没有 $\bar{a}_k$），则填入一个负值，与 x 轴夹角填零值即可。若要计算角速度或角加速度，则提示输入计算半径。下面以一个例题具体说明如何操作。

【算例】 曲柄 OA 上的套筒 A 可以在曲杆 O_2BC 上滑动。已知曲柄 O_1A 的转动角速度，角加速度分别为 $\omega_1=1.2\text{rad/s}$，$\alpha_1=0.85\text{rad/s}^2$；曲柄的$\angle O_2BC$ 为直角，O_2B 与水平线的夹角为 30°；O_1A 水平，O_2A 铅直；$O_1A=0.6\text{m}$，$O_2B=0.3\text{m}$。求附图 2 所示瞬时曲杆 O_2BC 的角速度及角加速度。

【解】 以 A 为动点，动系建立在 O_2BC 上。由速度合成定理：$\bar{v}_a=\bar{v}_e+v_r$，$\bar{v}_a$ 大小方向已知，$\bar{v}_a$ 与 $\bar{v}_r$ 的大小未知，方位已知。

其中 $v_a=O_1A\omega_1=0.6\times1.2=0.72\text{m/s}$

由牵连运动为定轴转动的加速度合成定理

$$\bar{a}_a^\tau + \bar{a}_a^n = \bar{a}_e^\tau + \bar{a}_e^n + \bar{a}_r + \bar{a}_k$$

其中

$$a_a^\tau = O_1A\alpha_1 = 0.6 \times 0.85 = 0.51$$

$$a_a^n = O_1A \cdot \omega_1^2 = 0.6 \times 1.2^2 = 0.864$$

$$a_e^n = O_2A \cdot \omega_2^2 = 0.6 \times 0.4^2 \times 3 = 0.288$$

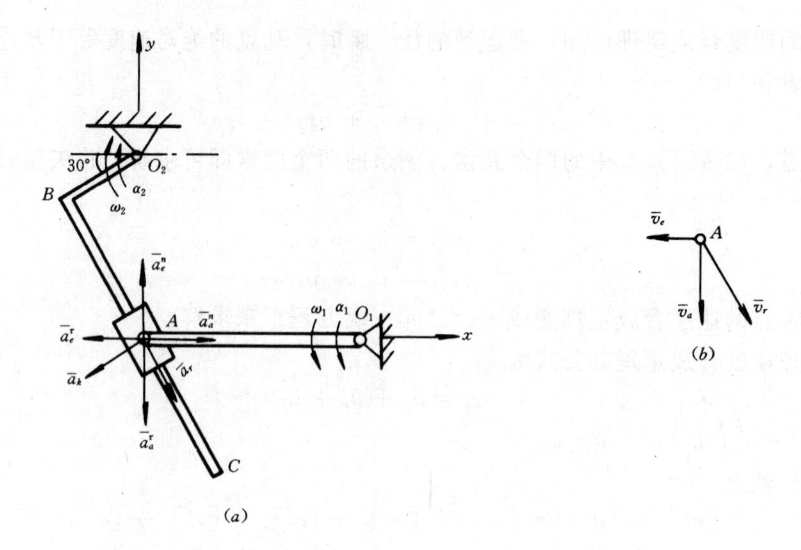

附图 2

关于 $\bar{a}_k$ 的计算，如果该题已计算了速度，则 a_k 会自动根据 v_r 和 ω 计算，则此时只须输入 a_k 的方向值，不须输入其大小。如果直接计算加速度则要输入 $\bar{a}_k$ 的大小和方向值。运行程序（DH），即得计算结果。

```
    你计算速度吗？〈Y/N〉Y
速度信息数 Va，Ve，Vr
Va＝？   大小和方向
？0.72，270
Ve＝？   大小和方向
？0，180
Vr＝？   大小和方向
？0，300
计算角速度吗？〈Y/N〉Y
     La        Le        Lr
？0.6，0.6，0

                    *——*——*——*——*——*——*——*——*
                      输出速度和角速度计算结果：
          Va＝.72              Wa＝1.2
          Ve＝.4156922         We＝.6928203
          Vr＝.8313845         Wr＝0
你要计算加速度吗？〈Y/N〉Y
加速度信息数：Aat Aan Aet Aen Art Arn Ak
    Aat＝？大小和方向
？0.51，270
    Aan＝？大小和方向
？0.864，0
```

```
    Aet=? 大小和方向
? 0，180
    Aen=? 大小和方向
? 0.288，90
    Art=? 大小和方向
? 0，300
    Arn=? 大小和方向
? -1，0
    Ak=? 方向
? 210
                    *——*——*——*——*——*——*——*
                        输出加速度计算结果：
          Aat=.51          Ea=.8499999
          Aan=.864
          Aet=-1.733489          Ee=-2.889149
          Aen=.288
          Art=.256344          Er=0
          Arn=0
          Ak=1.152
```

3. 源程序

```
list
500 REM          FILE NAME：PESUPA————————y3
510 CLS：KEY OFF：SCREEN 2
520 PRINT TAB (23);" *****************************"
525 PRINT TAB (23);" *"; TAB (32);" 点的合成运动"; TAB (57);" *"
530 PRINT TAB (23);" ***************************"
535 LOCATE 6，6：INPUT " 你计算速度吗？<Y/N>"，A¥
540 IF A¥=" N" OR A¥=" n" GOTO 970
550 DIM VV (3，3)，AA (3，7)
555 FOR I=1 TO 3
556 FOR J=1 TO 3
557 VV (I，J) =0
558 NEXT J
559 NEXT I
625 REM……输入速度信息……
630 PRINT " 速度信息数 Va，Ve，Vr"
640 PRINT " Va=? 大小和方向"
650 INPUT VV (1，1)，VV (2，1)
662 PRINT " Ve=? 大小和方向"
```

```
663 INPUT VV（1，2），VV（2，2）
666 PRINT ″ Vr=？大小和方向″
667 INPUT VV（1，3），VV（2，3）
690 FOR I=1 TO 3
700 IFVV（1，I）<0 THEN VV（1，I）=-VV（1，I）*VV（3，I）
710 NEXT I
715 REN……对速度求解……
720 FOR I=1 TO 3
730 IF VV（1，I）=0 THEN IF VV（2，I）=0 THEN N=1
740 NEXT I
750 IF VV（1，1）=0 THEN IF VV（1，3）=0 THEN N=4
760 IF VV（1，1）=0 THEN IF VV（1，2）=0 THEN N=5
770 IF VV（1，2）=0 THEN IF VV（1，3）=0 THEN N=6
780 ON N GOTO 790，810，830，850，870，890
790 I=2：J=3：GOSUB 1320
800 GOTO 891
810 I=1：J=3：GOSUB 1320
820 GOTO 891
830 I=1：J=2：GOSUB 1320
840 GOTO 891
850 I=1：J=3：K=2：GOSUB 1410
860 GOTO 891
870 I=1：J=2：K=3：GOSUB 1410
880 GOTO 891
890 I=2：J=3：K=1：GOSUB 1410
891 LOCATE 17，6：INPUT ″ 计算角速度吗？〈Y/N〉″，A￥
892 IF A￥=″ N″ OR A￥=″ n″ GOTO 900
893 PRINT ″ La Le Lr″
894 INPUT LA，LE，LR
895 IF LA>0 THEN VV（3，1）=VV（1，1）/LA
896 IF LE>0 THEN VV（3，2）=VV（1，2）/LE
897 IF LR>0 THEN VV（3，3）=VV（1，3）/LR
898 LL=1
900 PRINT TAB（25）；″ *——*——*——*——*——*——*——*——*″
910 PRINT TAB（25）；″ 输出速度和角速度计算结果：″
940 PRINT TAB（15）；″ Va=″；VV（1，1）；″          Wa=″；VV（3，1）
950 PRINT TAB（15）；″ Ve=″；VV（1，2）；″          We=″；VV（3，2）
960 PRINT TAB（15）；″ Vr=″；VV（1，3）；″          Wr=″；VV（3，3）
970 LOCATE 25，6：INPUT ″ 您要计算加速度吗？〈Y/N〉″，A￥
```

```
980 IF A¥=" N" OR A¥=" n" GOTO 1290
981 FOR I=1 TO 7
982 AA (3, I) =0
983 NEXT I
990 CLS: PRINT " 加速度信息数: Aat Aan Aet Aen Art Arn Ak"
1010 FOR J=1 TO 6
1011 IF J=1 THEN PRINT " Aat=? 大小和方向"
1012 IF J=2 THEN PRINT " Aan=? 大小和方向"
1013 IF J=3 THEN PRINT " Aet=? 大小和方向"
1014 IF J=4 THEN PRINT " Aen=? 大小和方向"
1015 IF J=5 THEN PRINT " Art=? 大小和方向"
1016 IF J=6 THEN PRINT " Arn=? 大小和方向"
1017 INPUT AA (I, J), AA (2, J)
1018 NEXT J
1019 IF LL=0 THEN PRINT " Ak=? 大小和方向"
1020 IF LL=0 THEN PRINT AA (1, 7), AA (2, 7)
1022 IF LL=1 THEN PRINT " Ak=? 方向"
1023 IF LL=1 THEN PRINT AA (2, 7)
1024 IF LL=1 THEN AA (1, 7) =2*VV (1, 3) *VV (3, 2)
1040 FOR I=1 TO 7
1050 IF AA (1, I) <0 THEN AA (2, I) =380
1060 NEXT I
1065 N=7
1070 FOR I=1 TO 3
1080 IF AA (1, I+ (I-1)) =0 THEN IF AA (1, I*2) =0 THEN N=I
1090 IF I=3 GOTO 1110
1100 IF AA (1, 1) =0 THEN IF AA (1, 2*I+1) =0 THEN N=I+3
1110 IF AA (1, 2*I) >=0 GOTO 1140
1120 IF VA=3 THEN AA (3, 2*I) =VV (3, I)
1130 AA (1, 2*I) =-AA (1, 2*I) *AA (3, 2*I)^ 2
1140 NEXT I
1150 IF AA (1, 3) =0 THEN IF AA (1, 5) =0 THEN N=6
1160 ON N GOTO 1170, 1180, 1190, 1200, 1210, 1220, 1222
1170 I=1: J=2: GOSUB 1570: GOTO 1230
1180 I=3: J=4: GOSUB 1570: GOTO 1230
1190 I=5: J=6: GOSUB 1570: GOTO 1230
1200 I=-1: J=3: GOSUB 1570: GOTO 1230
1210 I=-1: J=5: GOSUB 1570: GOTO 1230
1220 I=3: J=5: GOSUB 1570: GOTO 1230
```

```
1222 FOR I=1 TO 7
1223 IF AA (2, I) >360 THEN 1226
1224 IF AA (1, I) =0 THEN A=I
1225 IF AA (1, I) <> 0 THEN B=AA (1, I)
1226 IF AA (2, I)> 360 THEN AA (1, I) =0
1227 NEXT I
1228 AA (1, A) =B
1230 IF LA>0 THEN AA (3, 1) =AA (1, 1) /LA
1231 IF LE>0 THEN AA (3, 3) =AA (1, 3) /LE
1232 IF LR>0 THEN AA (3, 5) =AA (1, 5) /LR
1235 PRINT TAB (25);" *--*--*--*--*--*--*--*"
1240 PRINT TAB (25);" 输出加速度计算结果:"
1270 PRINT TAB (15);" Aat="; AA (1, 1);" Ea="; AA (3, 1)
1271 PRINT TAB (15);" Aan="; AA (1, 2)
1272 PRINT TAB (15);" Aet="; AA (1, 3);" EE="; AA (3, 3)
1273 PRINT TAB (15);" Aen="; AA (1, 4)
1274 PRINT TAB (15);" Art="; AA (1, 5);" Er="; AA (3, 5)
1275 PRINT TAB (15);" Arn="; AA (1, 6)
1276 PRINT TAB (15);" Ak="; AA (1, 7)
1285 REM==========================
1290 A¥=INKEY¥: IF A¥="" THEN 1290
1295 CLS: LOCATE 5, 10: PRINT " 您还做此题吗?(Y/N)": LINE (70, 90) - (226,
90), 1
1296 LOCATE 5, 30: INPUT "    ", A¥
1300 IF A¥=" N" OR A¥=" n" THEN RUN " Ym. bas"
1315 RUN 500
1318 ……速度求解子程序……
1320 C=VV (2, I) /180 * 3.141593
1330 D=VV (2, I) /180 * 3.141593/180
1340 IF N>1 THEN D=D+3.141593
1350 VX=VV (1, I) * COS (C) +VV (1, J) * COS (D)
1360 VY=VV (1, I) * SIN (C) +VV (1, J) * SIN (D)
1370 VV (1, N) =SQR (VX^ 2+VY^ 2)
1380 VV (2, N) =ATN (VY/VX) * 180/3.141593
1390 IF VV (3, N)> 0 THEN VV (3, N) =VV (1, N) /VV (3, N)
1400 RETURN
1410 C=VV (2, I) /180 * 3.141593
1420 D=VV (2, J) * 3.141593/180
1430 IF I=1 THEN D=D+3.141593
```

```
1440 R=VV（2，K）/180＊3.141593
1450 E=COS（C）：F=COS（D）
1460 G=SIN（C）：H=SIN（D）
1470 P1=VV（1，K）＊COS（R）：P2=VV（1，K）＊SIN（R）
1480 IF ABS（E）〉.00001 GOTO 1510
1490 VV（1，J）=P1/F
1500 VV（1，I）=（P2-H＊VV（1，J）/G：GOTO 1540
1510 H=E＊H-F＊G：P2=P2＊E-P1＊G
1520 VV（1，J）=P2/H
1530 VV（1，I）=（P1-VV（1，J＊F）/E
1540 IF VV（3，J）>0 THEN VV（3，J）=VV（1，J）/VV（3，J）
1550 IF VV（3，I）>0 THEN VV（3，I）=VV（1，I）/VV（3，I）
1560 RETURN
1565 REN……加速度求解子程序
1570 IF I=1 THEN IF J=2 GOTO 1590
1580 GOSUB 1950
1590 A=AA（2，1）/180＊3.141593
1600 B=AA（2，2）/180＊3.141593
1610 C=COS（A）：D=COS（B）
1620 E=SIN（A）：F=SIN（B）
1630 IF N=1 GOTO 1670
1640 IF I<0 GOTO 1660
1650 C=-C：E=-E
1660 D=-D：F=-F
1670 P1=0：P2=0
1680 FOR K=3 TO 7
1690 A=AA（2，K）/180＊3.141593
1700 G=COS（A）：H=SIN（A）
1710 IF AA（2，K）〉360 THEN AA（1，K）=0
1720 IF I 〈〉 K THEN 1740
1730 G=-G：H=-H
1740 IF J 〈〉 K THEN 1760
1750 G=-G：H=-H
1760 P1=P1+AA（1，K）＊G
1770 P2=P2+AA（1，K）＊H
1780 NEXT K
1790 IF I=1 THEN IF J=2 GOTO 1820
1800 GOSUB 1950
1810 IF I<0 THEN I=-I
```

```
1820 IF ABS (C) >. 00001 GOTO 1860
1830 AA (1, J) =P1/D
1840 AA (1, I) = (P2-F*AA (1, J)) /E
1850 GOTO 1940
1860 F2=C*F-E*D
1870 P2=C*P2-E*P1
1880 AA (1, J) =P2/F2
1890 AA (1, I) = (P1-D*AA (1, J)) /C
1940 RETURN
1950 IF I<0 GOTO 1980
1960 A=AA (2, I): AA (2, I) =AA (2, 1): AA (2, 1) =A
1970 A=AA (1, I): AA (1, I) =AA (1, 1): AA (1, 1) =A
1980 A=AA (2, J): AA (2, J) =AA (2, 2): AA (2, 2) =A
1990 A=AA (1, J): AA (1, J) =AA (1, 2): AA (1, 2) =A
2000 RETURN
ok
```

三、强迫振动的幅频曲线的绘图程序（ZE）

1．程序安排

振动系统受到暂时性的干扰而无阻尼作用时，发生自由振动，通常由于阻尼存在振动逐步衰减。如果这种干扰力是持久的，系统将发生所谓强迫振动。强迫振动的微分方程为

$$M\ddot{X}+\mu\dot{X}+KX=H\sin pt \tag{6}$$

令

$$2\delta=\frac{\mu}{M},\ \omega=\sqrt{\frac{K}{M}},\ h=\frac{H}{M}$$

$$\ddot{X}+2\delta\dot{X}+\omega^2X=h\sin pt$$

由振动理论可知，放大系数为

$$\lambda_n=\frac{1}{\sqrt{(1-\gamma^2)^2+(2\gamma\zeta)^2}} \tag{7}$$

其中 $\gamma=p/\omega$，$\zeta=\delta/\omega$

程序根据上述公式，计算在不同的阻尼系数 μ 的情况下，改变 γ 的值，在同一幅图上绘制幅频曲线，以资比较。

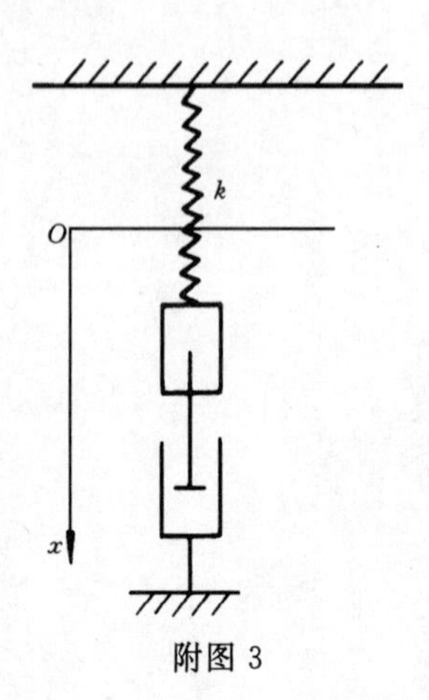

附图 3

2．上机操作与算例

本程序可以在同一幅图上同时绘制五条幅频特性曲线，输入不同的阻尼系数，输入刚度 K 和质量 M。如果所绘曲线少于五条，则只须某个阻尼系数为零，由于 μ 等于零，程序中判断后，自动越过。输出结果为圆频率 ω 和频率 f 以及周期 T，画出幅频特性曲线。

【算例】 如附图 3 所示的振动系统，选取 X 轴如图所示。它的运动方程为 $M\ddot{X}+\mu\dot{X}+KX=H\sin pt$。已知 $M=100\text{kg}$，$K=40000\text{Nm}^{-1}$，$\mu_1=400\text{Nm}^{-1}\text{s}$，$\mu_2=600\text{Nm}^{-1}\text{s}$，$\mu_3=800\text{Nm}^{-1}\text{s}$，

$\mu_4=1000Nm^{-1}s$，$\mu_5=1200Nm^{-1}s$，在同一幅上绘制出幅频特性曲线。运行程序（ZE），即得结果。

```
RUN
请输入　阻尼系数μ1，μ2，μ3，μ4，μ5，刚度系数K，质量M？400，600，800，1000，
1200，40000，100
圆频率=20　频率=3.184713　周期=.314
ok
```

3. 源程序

```
list
4  SCREEN 8，0
5  CLS：SCREEN 9，0
6  DIM A (5)
7  PRINT" 请输入　阻尼系数μ1，μ2，μ3，μ4，μ5，刚度系数K，质量M"
10  INPUT C1，C2，C3，C4，C5，K，M
15  A(1)=C1
16  A(2)=C2
17  A(3)=C3
18  A(4)=C4
19  A(5)=C5
30  P=SQR(K/M)
50  H=.035
55  F=P/6.28
56  T=1/F
60  PRINT" 圆频率="；P；"    频率="；F；"        周期="；T
70  LINE (150*H，159) - (150*H，30)
90  LINE (150*H，159) - (400，159)
95  FOR K=1 TO 5
96  C=A(K)
97  CN=C/2/M
98  CP=CN/P
99  IF C<.001 THEN GOTO 160
100  FOR J=1 TO 70
110  LT=J*.035
120  B=1/SQR ( (1-LT*LT) ^ 2+ (2*LT*CP) ^ 2)
130  PSET (LT*150，159-B*15)，1
140  LINE (150，159) - (150，50)
150  NEXT J
160  NEXT K
ok
```

习 题 答 案

第 二 章

2-1 $R_x=93.7\text{N}$，$R_y=137.02\text{N}$

$R=166\text{N}$，$\alpha=55.6°$

2-2 $F_1=0.532\ \text{kN}$　方向沿作用线倾斜向下

$F_2=0.684\ \text{kN}$　方向沿铅垂线向下

2-3 $R=210\ \text{kN}$，$\alpha=42.6°$，$\beta=102.6°$，$\gamma=50.2°$

2-4 $R=54.6\ \text{kN}$，$\alpha=63°$，$\beta=53.5°$，$\gamma=48.5°$

2-5 $R=6.93\text{N}$，$\alpha=\beta=\gamma=54°44'$

2-6 $T_{BA}=6.01\ \text{kN}$，$T_{BC}=8.33\ \text{kN}$

2-7 $290.36\text{N}<P<667.5\text{N}$

2-8 $\varphi=\arccos\left[\dfrac{(l_2-l_1)}{2G}\right]$

2-9 $N_A=77.8\text{N}$，$N_B=50.8\text{N}$，$\alpha=24.1°$

2-10 $N_A=1155\text{N}$，$N_B=1443\text{N}$

2-11 $T_1=1\ \text{kN}$，$T_2=1.41\ \text{kN}$

$T_3=1.58\ \text{kN}$，$T_4=1.15\ \text{kN}$

2-12 $\varphi=0$，$N_D=100\text{N}$，$N_C=173.2\text{N}$，$R=86.6\text{N}$

2-13 $T=\dfrac{Wl}{\sqrt{9l^2-3a^2}}$

2-14 $S_{AB}=-1.41W$，$S_{AC}=0.50W$

$S_{AD}=0.87W$

2-15 $S_1=S_6=0$，$S_2=S_3=Q$，$S_4=-1.73Q$，$S_5=Q-P$

2-16 $S_{AB}=S_{AC}=\dfrac{Wl}{3a}\left(-1\pm\dfrac{a}{\sqrt{3l^2-2a^2}}\right)$，

$S_{AD}=\dfrac{Wl}{3a}\left(2\pm\dfrac{a}{\sqrt{3l^2-2a^2}}\right)$

当 A 与 O 在 BCD 平面一边时取“+”号；当 A 与 O 在 BCD 平面两边时取“－”号。

第 三 章

3-1 $\overline{m}_A(\overline{F})=3\sqrt{5}\,\overline{i}+6\sqrt{5}\,\overline{k}$　N·m

3-2 $\overline{m}_0(\overline{F})=-480\overline{i}+360\overline{j}$　N·m

3-3 $m=4.37\text{N}\cdot\text{m}$

3-4 $m_x=m_y=m_z=-2ap$，$M=2\sqrt{3}\,ap$，$\alpha=\beta=\gamma=125.26°$

3-5 $M=1.66m$

3-6 $M=8.5\text{kN}\cdot\text{m}$

3-7 $R_A=-1\text{kN}$，$R_B=1\text{kN}$

3-8 $R_A=R_D=8\text{kN}$，$m_2=1.7\text{kN}\cdot\text{m}$

3-9 $N_A=N_B=\dfrac{m}{2l}$，(*b*) $N_A=N_B=\dfrac{m}{L}$

3-10 $R_O=R_{O_1}=1155\text{N}$，$m_2=800\text{N}\cdot\text{m}$

3-11 $m_3=5\text{N}\cdot\text{m}$，$\alpha=36.9°$

3-12 ①$m_2=m_1=100\text{N}\cdot\text{m}$

②$m_2=170\text{N}\cdot\text{m}$

第　四　章

4-1 矩 $M=-\dfrac{\sqrt{3}}{2}pa$ 的力偶

4-2 $a=2.66\text{m}$，$b=1.69\text{m}$

4-3 $T=306.7\text{N}$

4-4 $F=10\text{kN}$，$d=2.31\text{m}$

4-5 $M_A=6.75\text{kN}\cdot\text{m}$

4-6 $X_A=10\text{kN}$，$Y_A=19.2\text{kN}$，$N_B=18.1\text{kN}$

4-7 $X_A=8.7\text{kN}$，$Y_A=25\text{kN}$，$N_B=17.3\text{kN}$

4-8 $X_A=-1.41\text{kN}$，$Y_A=-1.08\text{kN}$，$N_B=2.49\text{kN}$

4-9 $R_A=2qa$，$M_A=3qa^2$

4-10 $N_1=53.3\text{kN}$（受压），$N_2=70.7\text{kN}$（受拉），$N_3=83.3\text{kN}$（受压）

4-11 $X_A=-3\text{kN}$，$Y_A=-0.25\text{kN}$，$Y_B=4.25\text{kN}$

4-12 $X_A=-5\text{kN}$，$Y_A=6\text{kN}$，$M_A=19\text{kN}\cdot\text{m}$

4-13 $T=22.63\text{kN}$

4-14 $N_{AC}=153\text{kN}$（压力），$N_{BC}=33.3\text{kN}$（压力），$N_{BD}=193\text{kN}$（压力）

4-15 $\theta=19.1°$

4-16 $T=1.3P$，$N_A=1.16P$，$N_B=0.72P$

4-17 $Q\geqslant 60\text{kN}$

4-18 $W_1/W_2=b/l$

4-19 $X_O=0$，$Y_A=-2.5\text{kN}$；$N_B=15\text{kN}$，$N_D=2.5\text{kN}$

4-20 $X_A=0$，$Y_A=1.5P$，$M_A=1.5Pl$

4-21 $X_A=0$，$Y_A=-48.3\text{kN}$，$N_B=100\text{kN}$，$N_D=8.3\text{kN}$

4-22 $X_B=-13.3\text{kN}$，$Y_B=30\text{kN}$

4-23 $T=0.5ql$，$X_A=0$，$Y_A=2.5ql$，$M_A=3ql^2$

4-24 $X_A=-7.39\text{kN}$，$Y_A=12.8\text{kN}$，$X_B=4.39\text{kN}$，$Y_B=7.86\text{kN}$

4-25 $P=693\text{N}$

4-26 $N_C=2\text{N}$，$X_A=0$，$Y_A=-14\text{N}$，$M_A=-32\text{N}\cdot\text{m}$

4-27 $X_A=-2.075\text{kN}$，$Y_A=-1\text{kN}$；$X_E=2.075\text{kN}$，$Y_E=2\text{kN}$

4-28 $N_{AF}=0.25P$（压），$N_{DG}=N_{EG}=0.707P$（压），$N_{CH}=0.25P$（拉）

4-29 $X_D=0$，$Y_D=-2\text{kN}$；$X_F=0$，$Y_F=2\text{kN}$

4-30 $X_E=P$，$Y_E=-\frac{1}{3}P$

4-31 $N_{AD}=-3P$，$N_{AE}=2.6P$，$N_{DE}=-0.866P$，$N_{DC}=-2.5P$，$N_{EF}=1.73P$，$N_{EC}=0.866P$

4-32 $N_{CE}=-N_{ED}=1.12\text{kN}$，$N_{CD}=-4.01\text{kN}$，$N_{AC}=-1\text{kN}$，$N_{AF}=2\text{kN}$，$N_{CF}=3.36\text{kN}$，$N_{BD}=-3\text{kN}$，$N_{BF}=0$，$N_{FD}=5.6\text{kN}$

4-33 $N_1=24\text{kN}$，$N_2=0$

4-34 $N_1=30\text{kN}$，$N_2=-12.5\text{kN}$，$N_3=70\text{kN}$，$N_4=12.5\text{kN}$

4-35 $N_1=-10\text{kN}$，$N_2=-6.67\text{kN}$

4-36 $N_1=-\frac{4}{9}P$，$N_2=-\frac{2}{3}P$，$N_3=0$

4-37 $N_1=154\text{kN}$，$N_2=-35\text{kN}$，$N_3=150\text{kN}$

4-38 $X_A=-(M/a+2qa)$，$Y_A=P+4qa$，$M_A=2Pa+4qa^2-M$

$N_1=-(M/a+2qa)$，$N_2=\frac{M}{a}+2qa$，$N_3=-\sqrt{2}\left(\frac{M}{a}+2qa\right)$

4-39 $T_A=5000\text{kN}$，$T_B=5016\text{kN}$

4-40 $S=24.19\text{m}$，$T_{\max}=759.42\text{kN}$

第 五 章

5-1 $Q=\frac{\sin\alpha+f_s\cos\alpha}{\cos\theta+f_s\sin\theta}P$

当 $\theta=\arctan f_s$ 时，$Q_{\min}=P\sin(\alpha+\arctan f_s)$

5-2 $\sin\theta=\frac{3\pi f_s}{4+3\pi f_s}$

5-3 $P=55.6\text{kN}$

5-4 $P=104\text{N}$

5-5 $\theta=29.1°$

5-6 $P=97.0\text{N}$

5-7 $f_s=\frac{\sin2\alpha}{P/W+2\cos^2\alpha}$

5-8 $M=f_sWr(1+f_s)/(1+f_s^2)$

5-9 $\theta=19.0°$，$T=4.4\text{N}$

5-10 $P=6.6\text{N}$

5-11 $P=246\text{N}$

5-12 $P=209\text{N}$

5-13 $S=0.45l$

5-14 $\sin\theta=\sqrt{\frac{f_sr}{(1+f_s^2)b}}$

5-15 $b\leqslant0.75\text{cm}$

5-16 $W=300\text{N}$

5-17 $f_s=0.224$

5-18 $F_A=F_B=\dfrac{W}{4\sqrt{3}}=72.2\text{N}$

5-19 $P=W\dfrac{\delta}{r}$，$\theta=\arctan\left(\dfrac{\delta}{r}\right)$，$P_{\min}=W\sin\theta$

第 六 章

6-1 $\overline{m}_O(\overline{F})=\dfrac{2}{\sqrt{3}}aF\overline{i}-\dfrac{1}{\sqrt{3}}aF\overline{j}+\dfrac{1}{\sqrt{3}}aF\overline{k}$

6-2 $m_x(\overline{T})=-84.9\text{kN}$，$m_y(\overline{T})=63.6\text{kN}$，$m_z(\overline{T})=0$

6-3 $m_{OA}(\overline{F})=\dfrac{ab}{\sqrt{a^2+b^2+c^2}}F$

6-4 $\overline{R}'=200\overline{i}-400\overline{j}-500\overline{k}\ \text{N}$

$\overline{M}_O=-2\overline{i}+1.5\overline{j}-2.4\overline{k}\ \text{kN}\cdot\text{m}$

6-5 力系简化为一合力偶，$M=\sqrt{2}Fa$

6-6 力系简化为左力螺旋，中心轴在 x 轴上距 O 点距离为 a。

6-7 $a+b+c=0$

6-8 $R_A=143.3\text{N}$，$R_B=100\text{N}$，$R_C=56.7\text{N}$

6-9 $N_A=\dfrac{4}{7}P$，$N_B=\dfrac{1}{7}P$，$N_C=\dfrac{2}{7}P$

6-10 $T_H=T_G=28.3\text{kN}$；$X_A=0$，$Y_A=20\text{kN}$，$Z_A=69.2\text{kN}$

6-11 $X_A=-100\text{N}$，$Y_A=-240\text{N}$，$Z_A=130\text{N}$；$X_B=0$，$Z_B=0$；$S_{CE}=130\sqrt{5}\text{N}$

6-12 $S_{DE}=-29\text{N}$；$X_F=16.8\text{N}$，$Y_F=20.8\text{N}$；

$X_G=-2.4\text{N}$，$Y_G=54.2\text{N}$

6-13 $X_A=0$，$Y_A=-200\text{N}$，$Z_A=1\text{kN}$；

$M_x=11\text{kN}\cdot\text{m}$，$M_y=0$，$M_z=-2\text{kN}\cdot\text{m}$

6-14 $X_A=-5.2\text{kN}$，$Z_A=6\text{kN}$；$X_B=-7.8\text{kN}$，$Z_B=1.5\text{kN}$；

$T_1=10\text{kN}$；$T_2=5\text{kN}$

6-15 $W=1.25\text{kN}$，$X_A=-216\text{N}$，$Y_A=708\text{N}$，$Z_A=866\text{N}$；

$X_B=-217\text{N}$，$Y_B=792\text{N}$

6-16 $P=150\text{N}$，$X_A=0$，$Y_A=-1.25\text{kN}$，$Z_A=1\text{kN}$；

$X_B=0$，$Y_B=-3.75\text{kN}$

6-17 $S_1=S_2=S_3=\dfrac{2M}{3a}$，$S_4=S_5=S_6=-\dfrac{4M}{3a}$

6-18 $S_{BE}=\dfrac{2\sqrt{2}}{3}P$，$S_{BH}=-\dfrac{\sqrt{3}}{3}P$，$S_{CH}=\dfrac{\sqrt{2}}{3}P$；

$X_A=-\dfrac{P}{3}$，$Y_A=\dfrac{2}{3}P$，$Z_A=\dfrac{P}{3}$

6-19 $S_1=-P$，$S_2=\sqrt{2}P$，$S_3=\sqrt{2}P$，$S_4=P$，

$S_5=-\sqrt{2}P$，$S_6=-P$

6-20 $T=\dfrac{\sqrt{2}}{2}Q$

6-21 $x_C=\frac{2r\sin\alpha}{3a}$，$y_C=0$

6-22 $x_C=0.546\text{m}$

6-23 $EC=1.19R$

6-24 $y_E=0.634a$

6-25 $y_C=40\text{mm}$

6-26 $h=r/\sqrt{2}$

第 七 章

7-1 $y^2-y-x=0$，$v=\sqrt{2}\text{m/s}$，$a=2\text{m/s}$

7-2 $x_M=l\cos\omega t$，$y=(l-2a)\sin\omega t$，$(x/l)^2+[y/(l-2a)]^2=1$（以点 O 为中心的椭圆）

7-3 $v=u\sqrt{1+(\omega t)^2}$，$a=u\omega\sqrt{4+(\omega t)^2}$；$v_r=u$，$a_r=0$

7-4 $y=\sqrt{64-t^2}\text{cm}$；$v_y=-t/\sqrt{64-t^2}\text{cm/s}$ $(0\leqslant t\leqslant 8)$；$x'=ut=t\text{ cm}$；

$y'=\sqrt{64-t^2}\text{cm}$ $(0\leqslant t\leqslant 8)$；$v_{x'}=1\text{cm}$；$v_{y'}=-t/\sqrt{64-t^2}\text{cm/s}$

7-5 $y=e\sin\omega t+\sqrt{R^2-e^2\cos^2\omega t}$；$v=e\omega[\cos\omega t+e\sin 2\omega t/2\sqrt{R^2-e^2\cos^2\omega t}]$

7-6 $(x-a)^2/(b+l)^2+y^2/l^2=1$

7-7 $x=24\sin(\pi t/8)\text{cm}$，$y=24\cos(\pi t/8)\text{ cm}$

$v_B=3\pi\text{cm/s}$，$\angle(\bar{v}_B,x)=-\pi t/8$

$a_B=3\pi^2/8\text{cm/s}^2$，$\angle(\bar{a}_B,x)=-(\pi/2+\pi t/8)$

7-8 $v=h\omega/\cos^2\omega t$，$v_r=h\omega\sin\omega t/\cos^2\omega t$

7-9 $x=20t-\sin 20t$，$y=1-\cos 20t$；$v=0$，$a=400\text{m/s}^2$，方向铅垂向上

7-10 $x=r\cos\omega t+b\sqrt{1-\frac{r^2}{l^2}\sin^2\omega t}$，$y=r\left(1-\frac{b}{l}\right)\sin\omega t$；$v=(1-b/l)r\omega$，

$\cos(\bar{v},\bar{i})=\frac{\pi}{2}$，$a=r\omega^2+b\left(\frac{r\omega}{l}\right)^2$，$\cos(\bar{a},\bar{i})=\pi$

7-13 $3x-4y=0$（半直线，$x\leqslant 2$，$y\leqslant 1.5$）；$S=5t-2.5t^2$

7-14 $a=\sqrt{b^2+(v_0-bt)^4/R^2}$，$t=v_0/b$，$n=v_0^2/4\pi bR$

7-15 $v=16\text{m/s}$，$a=58.3\text{m/s}^2$

7-16 $r=\sqrt{t^2-2t+5}t$，$\varphi=\arctan[2/(t-1)]$

第 八 章

8-2 $\omega=2\text{rad/s}$（↙），$R=25\text{cm}$

8-3 $\omega=20t\text{ rad/s}$（↖），$\alpha=20\text{rad/s}^2$

$a=10\sqrt{1+400t^4}\text{m/s}^2$

8-4 $\theta=\arctan[\sin\omega t/(h/r-\cos\omega t)]$

8-5 $v_Q=168\text{cm/s}$，$a_{AB}=a_{CD}=0$，$a_{AD}=3300\text{cm/s}^2$，$a_{BC}=1320\text{cm/s}^2$

8-6 $\omega=8\pi/3\text{ rad/s}$

8-7 $\varphi=\frac{\sqrt{3}}{3}\ln\left(\frac{1}{1-\sqrt{3}\omega_0 t}\right)$，$\omega=\omega_0 e^{\sqrt{3}\varphi}$

8-8 $\varphi=\frac{1}{30}t$ (rad)，$x^2+(y+0.8)^2=2.25$ (m^2)

8-9 $\alpha_2=\frac{b\omega^2}{2\pi r_2}\left(1+\frac{r_1^2}{r_2^2}\right)$

8-10 $\bar{\omega}=-2\bar{k}$rad/s，$\bar{a}_B=-30\bar{i}-40\bar{j}$ cm/s^2

第　九　章

9-1 $v_a=20\sqrt{3}$ m/s

9-2 $\omega_{AB}=\omega e/l$

9-3 $v_{CD}=100$mm/s

9-4 $v_a=306$cm/s

9-5 $\varphi=0$ 时，$v_{BC}=0$，$\varphi=30°$时，$v_{BC}=100$ (cm/s)
$\varphi=90°$时，$v_{BC}=200$ (cm/s)

9-6 $v_M=\sqrt{v_1^2+v_2^2}$

9-7 $a_{CD}=346$mm/s^2

9-8 $a_A=74.6$cm/s^2

9-9 $\omega=0.17$rad/s，$\alpha=0.13$rad/s^2

9-10 $v_M=u/\sin\varphi$，$a_M=u/r\sin^3\varphi$

9-11 $v_M=2r\omega$，$a_M=4r\omega^2$

9-12 (1) $\omega=\omega_0$ (↓)，$\alpha=\omega_0^2$ (↓)
(2) $v_r=e\omega_0$ (→)，$a_r=0$

9-13 $v_{BCD}=e\omega\cos\omega t$，$a_{BCD}=e\omega^2\sin\omega t$

9-14 $\omega_{AB}=0.75$rad/s，$\alpha_{AB}=0.97$rad/s^2

9-15 $v_{CD}=17.32$cm/s，$a_{CD}=5.19$cm/s^2

9-16 $a_M=35.56$cm/s^2

9-17 $\omega_{OB}=\omega_0/4$，$\alpha_{OB}=\sqrt{3}\omega_0^2/8$

9-18 $v_M=0.6$m/s，$a_M=3.63$m/s^2
$v_M=0.825$m/s，$a_N=3.45$m/s^2

9-19 $v_M=1.6$m/s，$a_M=4.743$m/s^2
$v_r=1.6$m/s，$a_r=4.73$m/s^2

9-20 $v_M=10$cm/s，$a_M=6.4$cm/s^2
$v_r=0$，$a_r=0$

9-21 $\omega=v_0/4b$，$\alpha=[a_0-\sqrt{3}v_0^2/2b]/4b$

第　十　章

10-1 $x_C=r\cos\omega_0 t$，$y_C=r\sin\omega_0 t$，$\varphi=\omega_0 t$

10-2 $\omega=(v_1-v_2)/2R, v_0=(v_1+v_2)/2$

10-3 $\omega_{AB}=3$rad/s，$\omega_{O'B}=5.2$rad/s

10-4 $\omega_{AB}=v\sin^2\theta/R\cos\theta$　　（逆时针）

10-5 $\omega_B=\omega_0/4$，$v_D=l\omega_0/4$

10-6 $\omega_{O'A}=0.2\text{rad/s}$

10-7 $v_B=0.69\text{m/s}$（向上），$a_B=7.62\text{m/s}^2$

10-8 当 $\varphi=0$ 和 180°时，$v_{DE}=400\text{cm/s}$；当 $\varphi=90°$和 270°时，$v_{DE}=0$

10-9 $a_1=2\text{m/s}^2$，$a_2=3.16\text{m/s}^2$，$a_3=6.32\text{m/s}^2$，$a_4=5.83\text{m/s}^2$

10-10 $\omega_B=3.62\text{rad/s}$，$\alpha_B=2.2\text{rad/s}^2$

10-11 $\omega_{O_1B}=6.67\text{rad/s}$，$\alpha_{O_1B}=192.59\text{rad/s}^2$

$\omega_{AD}=2\text{rad/s}$，$\alpha_{AB}=57.78\text{rad/s}^2$

10-12 $a_C=10.75\text{cm/s}^2$

10-13 $\omega_{AB}=2\text{rad/s}$，$\alpha_{AB}=16\text{rad/s}^2$；$a_B=565\text{cm/s}^2$

10-14 $a_C=\sqrt{3}\,r\omega_0^2/12$ （方向向上）

10-15 $\omega_{AB}=\omega_0/8$，$\alpha_{AB}=3\sqrt{3}\,\omega_0^2/32$

10-16 $a_C=a_D=1\text{cm/s}^2$，其方向分别沿 CB 和 DC。

10-17 $\omega_C=8\text{rad/s}$，$\alpha_C=27.71\text{rad/s}^2$

10-18 $\omega=\sqrt{2}\,v/(2r)$，$a=v^2/(2r^2)$

10-19 $v_A=10\text{m/s}$，$a_A=41.2\text{m/s}^2$，$v_B=5\text{m/s}$，$a_B=20\text{m/s}^2$

10-20 $\omega_2=(1+r_1/r_2)\omega_H$，$\omega_{2r}=r_1\omega_H/r_2$

10-21 $\omega_{\text{I}}=\omega_0$，$\alpha_{\text{I}}=0$；$v_M=l\omega_0$，$a_M=l\omega_0^2$

10-22 $\omega_{1r}=\omega_0$，$\omega_1=7\omega_0$

第 十 一 章

11-1 $\theta=\arctan\dfrac{a}{g}$，$T=m\sqrt{a^2+g^2}$

11-2 $T=20.7\text{N}$，$N=101\text{N}$，$a=5.65\text{m/s}^2$

11-3 $N_{\max}=314\text{kN}$，$N_{\min}=2.74\text{kN}$

11-4 $\varphi=48.2°$

11-5 $n_{\max}=\dfrac{30}{\pi}\sqrt{\dfrac{fg}{r}}$

11-6 $v=\sqrt{\dfrac{2k}{m}\ln\dfrac{R}{h}}$

11-7 $t=2.02\text{s}$，$x=7.05\text{m}$

11-8 $P=60\text{N}$，$a=1.96\text{m/s}^2$

11-9 $v=\sqrt{\dfrac{2gRh}{R+h}}=6.47\text{km/s}$

$$t=\frac{1}{R}\sqrt{\frac{R+h}{2g}}\left[\sqrt{Rh}+(R+h)\arcsin\sqrt{\frac{h}{R+h}}\right]=1140\text{s}$$

11-10 $t=\dfrac{W}{gk}\ln\dfrac{Wv_0}{Wv_0-gkH}$；$v_0>\dfrac{gkH}{W}$

11-11 $a_A=1.2\text{m/s}^2$，$a_B=0.8\text{m/s}^2$

11-12 $t=0.686s$，$d=3.43m$

11-13 17.24N

11-14 $v_{max}=246m/s$

11-15 $v_r=\sqrt{2r(a+g)\sin\varphi}$，$N=3m(a+g)\sin\varphi$

11-16 $v_{r0}=\omega l$

第 十 二 章

12-1 $I=m\sqrt{\frac{F}{K}}$，方向与 $\vec{F}$ 相同。

12-2 $F=583N$

12-3 $I=43600N\cdot s$

12-4 (a) $m\vec{v}_0$；(b) $me\omega$，方向与 C 点的速度相同；(c) 0；(d) $\frac{1}{2}ml\omega$，方向与 C 点速度相同

12-5 $p=\omega l(5P_1+4P_2)/2g$，$\bar{p}\perp OC$

12-6 简谐运动，振幅 $\frac{l(P+2Q)}{P+W+Q}$，周期 $\frac{2\pi}{\omega}$

12-7 $2P+Q+\frac{2P}{g}\omega^2 e\cos\omega t$

12-8 $\Delta x=-0.266m$

12-9 左移 13.8cm

12-10 $\frac{2Pl\sin\theta_0}{P+Q}$

12-11 $(x_A-l\cos\theta_0)^2+\left(\frac{y_A}{2}\right)^2=l^2$

12-12 $X=\frac{P}{g}(\omega^2 l\cos\varphi+\alpha l\sin\varphi)$

$Y=P+\frac{P}{g}(\omega^2 l\sin\varphi-\alpha l\cos\varphi)$

12-13 $\frac{Q}{g}\gamma(v_1+v_2\cos\theta)$

12-14 55.2kN

12-15 $F(t)=\rho v^2+\rho vgt$；$R(t)=\rho(l-vt)g$

12-16 (a) $170.2m/s^2$；(b) $710.2m/s^2$

第 十 三 章

13-1 $J=\frac{2}{5}m\frac{R^5-r^5}{R^3-r^3}$

13-2 $J_z=\frac{11r+12h}{6(3r+2h)}mr^2$

13-3 $J_{xy}=\frac{m}{3}l^2\sin\theta\cos\theta$

13-4 $J_{xy}=\frac{\rho ab^2}{24}(a+2b\cot\theta)$

13-5 （a） $L_0=\frac{1}{2}mR^2\omega_0$；（$b$） $L_0=\frac{1}{3}ml^2\omega$

13-6 （a） $L_0=m\left(\frac{R^2}{2}+l^2\right)\omega$；（$b$） $L_0=ml^2\omega$；（c） $L_0=m(R^2+l^2)\omega$

13-7 $v\sqrt{\frac{v_0^2r^2}{(r-u\tau)^2}+u^2}$

13-8 $v_2=6\text{cm/s}$

13-9 （1） $v_B=5880\ \text{km/h}$；（2） $\Delta v_B=250\ \text{km/h}$

13-10 $\alpha=\frac{P_1r_1-P_2r_2}{P_1r_1^2+P_2r_2^2}g$

13-11 $a=0.5\text{m/s}^2$，$v=2\text{m/s}$

13-12 $a_0=\frac{1}{2}a$

13-13 $t=\frac{4P}{3kba^2g\omega_0}$

13-14 $\omega=1.81\text{rad/s}$

13-15 （a） $a_C=2\text{m/s}^2$；（b） $\alpha=6\text{rad/s}^2$；

（c） $a_A=8\text{m/s}^2$；（d） $d=\frac{2}{3}m$

13-16 $\alpha=14.7\text{rad/s}^2$；$F=10.5\text{N}$，$N=35\text{N}$

13-17 $t=\frac{2r\omega_0}{7fg}$

13-18 $f_{\min}=0.38$，$\alpha=40.0\text{rad/s}^2$

13-19 当力$\vec{F}$作用在 B 点时：

$\alpha_{AB}=\frac{12Fg}{7Wl}$，$\alpha_{BC}=\frac{18Fg}{7Wl}$；

当力$\vec{F}$作用在 C 点时：

$\alpha_{AB}=\frac{6Fg}{7Wl}$，$\alpha_{BC}=\frac{30Fg}{7Wl}$

13-20 $a_C=\frac{2(m_1+m_2)}{3m_1+2m_2}g, S=\frac{m_1m_2}{3m_1+2m_2}g$

13-21 $a=\frac{(F_1-F_2)R+(F_1+F_2)r}{J+mR^2}\cdot R$

13-22 $a=\frac{F-f(P_1+P_2)}{P_2+\frac{1}{3}P_2}g$

13-23 $\alpha=34.1\text{rad/s}$

13-24 $a_O=\frac{1}{4}g$

13-25 $a_O=\frac{\sqrt{3}}{10}g$

13-26 $a=\frac{4}{7}g\sin\theta$

第 十 四 章

14-1 $w=\frac{4}{3}ab^2$

14-2 $w = 66\text{ J}$

14-3 $w_G = \frac{3}{2}Gr, w_F = -\frac{1}{2}kr^2, w_G = -Gr, w_F = (\sqrt{2} - 1)kr^2$

14-4 $w = FS\ (\cos\alpha + r_2/r_1)$

14-5 (a) $T = \frac{1}{4}MR^2\omega^2$; (b) $T = \frac{3}{4}MR^2\omega^2$; (c) $T = \frac{3}{4}MR^2\omega^2$

14-6 $(a)T = \frac{7}{96}ml^2\omega^2; (b)T = \frac{31}{24}ml^2\omega^2; (c)T = \frac{1}{2}ml^2\omega^2$

14-7 $T = \frac{1}{2}(m_1 + 3m_2)v^2$

14-8 $T = \frac{2}{9}mv_B^2$

14-9 $T = \frac{1}{2}\frac{W}{g}v_A^2 + \frac{1}{2}\frac{P}{g}(v_A^2 + \frac{1}{3}l^2\omega^2 + l\omega v_A\cos\varphi)$

14-10 $v = 76.7\text{cm/s}$

14-11 $f = \tan\alpha - \frac{k\lambda^2}{2mg\ (S+\lambda)\ \cos\alpha}$

14-12 $v = 8.17\text{m/s}$

14-13 $v_B = 9.1\text{m/s}$

14-14 $v = \sqrt{\frac{4P_3hg}{3P_1 + P_2 + 2P_3}}, \qquad a = \frac{3P_3g}{3P_1 + P_2 + 2P_3}$

14-15 $v = \sqrt{\frac{8FS}{4m_1 + 3m_2}}, \qquad a = \frac{4F}{4m_1 + 3m_2}$

14-16 $\omega_0 = 3.67\text{rad/s}$

14-17 $v_0 = h\sqrt{\frac{2kg}{15P}}$

14-18 $v_D = 10.8\text{m/s}$

14-19 $a_B = 0.114\text{m/s}^2$

14-20 $\omega = \frac{2}{R + r}\sqrt{\frac{3Mg}{2Q + 9P}\varphi}$

14-21 $v_C = (l - h)\sqrt{\frac{6g(l + h)}{4l^2 - 3h^2}}$

14-22 $\omega = \sqrt{\frac{2meg}{mr^2 + J_0}}$

14-23 (1) $a_A = \frac{M_0 - m_1gR\sin\alpha + m_2gr}{m_1R^2 + m_2r^2 + m\rho^2}$;

(2) $T_A = m_1(g\sin\alpha + \alpha_A)$, $T_B = m_2\left(g - \frac{r}{R}a_A\right)$

14-24 B 处：$\omega = \frac{J}{J + mR^2}\omega_0$, $v_B = \sqrt{2Rg + \frac{J\omega_0^2 + J\omega^2}{m}}$ C 处：$\omega = \omega_0, v_C = 2\sqrt{gR}$

14-25 $v_A = \sqrt{\frac{km_2}{m_1(m_1 + m_2)}}\left(\sqrt{l_0^2 + l^2} - l_0\right)$;

$v_B = \sqrt{\frac{km_1}{m_2(m_1 + m_2)}}\left(\sqrt{l_0^2 + l^2} - l_0\right)$

14-26 $w = \frac{P}{2g}\left(u^2 - \frac{QR^2\omega_0 x^2}{QR^2 + 2Px^2}\right)$

14-27 $v_B = 0.48\text{m/s}$

14-28 (1) $v_B=\sqrt{lg}$，(2) $T=0.846\text{W}$，(3) $N=0.654\text{W}$

第 十 五 章

15-1 $N=8.66\text{N}$

15-2 $S=\frac{g\cos\theta}{\omega^2\sin^2\theta}$

15-3 $\cos\theta=\frac{W_1+W_2}{l\omega^2 W_1}g$

15-4 $N_A = N_B = \frac{P}{12bg}l^2\omega^2\sin2\theta$

15-5 $a=2.37\text{m/s}^2$

15-6 (1) $N_A = \frac{(gl_1 - ah)P}{(l_1 + l_2)g}, N_B = \frac{(gl_2 + ah)P}{(l_1 + l_2)g}$

(2) $a = \frac{l_1 - l_2}{2h}g$

15-7 (1) $\alpha=9.8\text{rad/s}^2$；(2) $S_{AC} = S_{BD} = 1325\text{N}$

15-8 $W_C=980\text{N}$，$a_C=\frac{g}{4}$

15-9 $a_{\max}=0.4g$

15-10 $\alpha=\frac{12g}{7l}$，$X_B=0$，$Y_B=\frac{4}{7}W$

15-11 $X_A=13.1\text{N}$，$Y_A=18.7\text{N}$，$N_B=18.7\text{N}$

15-12 $N_A=\frac{2}{5}mg$

15-13 $X_A=-3r^2m\omega^2$，$Y_A=rmg$；$X_B=\frac{1}{2}r^2m\omega^2$，$Y_A=rmg$

15-14 $\alpha_{OA}=18g/55l$（↖），$\alpha_{AB}=69g/55l$（↓）

15-15 $a=\frac{G\sin2\theta}{3(P+G)-2G\cos^2\theta}$

15-16 $X_A=0$，$Y_A=5.54\text{kN}$，$m_A=5.54\text{kN}\cdot\text{m}$

15-17 $N_A=0.2mg$

15-18 $X_A=X_B=0$，$Y_A=Y_B=-19700\text{N}$，$Z_A=1960\text{N}$

第 十 六 章

16-1 $F=100\text{N}$

16-2 $P=\frac{M}{r}\cot\theta$

16-3 $Q=\frac{3}{2}P\cot\theta$

16-4 $P=\frac{l}{b}Q\cos^2\theta$

16-5 $M=Fl$

16-6 $F=(P_1+P_2)\cot\theta$

16-7 $P=\frac{M\pi}{h}\cot\alpha$

16-8 $\tan\theta-\sin\theta=\frac{Q}{kl}$

16-9 $\tan\theta\geqslant\frac{P+2G}{2f(P+G)}$

16-10 $\varphi_{\min}=\text{arccot}\,\frac{1}{2f}$

16-11 $\theta=33.02°$

16-12 $S=\sqrt{3}P$

16-13 $R_A=2.44\text{kN}$，$R_C=2.67\text{kN}$

16-14 $m_A=Pa+\frac{1}{12}qa^2-m$

16-15 $X_B=-8\text{kN}$，$Y_A=12\text{kN}$

16-16 $X_D=11\text{kN}$，$Y_D=19\text{kN}$

16-17 $X_A=16\text{kN}$，$Y_A=-4.67\text{kN}$

16-18 $M_2=\frac{1}{2}M_1$，$M_3=-M_1$

16-19 $P_1=34.68\text{N}$，$P_2=30\text{N}$

16-20 $M=\frac{(P+W)r}{2},\lambda=\frac{P+W}{2k}$

第 十 七 章

17-1 $a=\frac{(2M_1+M_2-5mgR)R}{J+5mR^2}$

17-2 $\ddot{x}+\frac{2k}{2m+m_1}x=0$

17-3 $a_B=\frac{m_Ag\sin^2\alpha}{2(m_A\sin^2\alpha+m_B)}$

17-4 $\alpha=\frac{M}{(3m_1+4m_2)l^2}$

17-5 $a_A=\frac{38}{115}g$（↑），$a_B=\frac{3}{115}g$（↓），$a_C=\frac{4}{115}g$（↓）

17-6 $\alpha_A=\frac{m_Bg}{(3m_A+m_B)R}$，$\alpha_B=\frac{3m_Ag}{2(3m_A+m_B)R}$

17-7 $(m_1+m_2)\ddot{x}+m_2l\ddot{\varphi}+kx=0$，$\ddot{x}+l\ddot{\varphi}+g\varphi=0$

17-8 $m_2\ddot{x}-m_2x\dot{\theta}^2+k(x-l_0)-m_2g\cos\theta=0$

$(m_1l^2+m_2x^2)\ddot{\theta}+2m_2x\dot{x}\dot{\theta}+(m_1l+m_2x)g\sin\theta=0$

17-9 $m\ddot{x}+kx-\frac{1}{2}ml\ddot{\theta}\sin\theta-\frac{1}{2}ml\dot{\theta}^2\cos\theta=0$；$2l\ddot{\theta}+3g\sin\theta-3\ddot{x}\sin\theta=0$

17-10 $m\ddot{x}+k_2x-k_2r\varphi=0$;$J\ddot{\varphi}-k_2rx+(k_1+k_2)r^2\varphi=0$

17-11 $2\ddot{x}_1+\frac{\sqrt{3}}{2}\ddot{x}_2=0$；$\frac{3}{2}m\ddot{x}_2+\frac{\sqrt{3}}{2}m\ddot{x}_1+kx_2=0$

17-12 $\ddot{\theta}-\frac{2v\dot{\theta}}{l_0-vt}+\frac{g}{l_0-vt}\sin\theta=0$

第 十 八 章

18-1 $2\pi\sqrt{m/(2k_1+k_2)}$，$2\pi\sqrt{2m/(k_1+2k_2)}$

18-2 $T=0.0896\text{s}$

18-3 $\omega=\sqrt{3ka^2g/Pl^2}$

18-4 $T=2\pi\sqrt{m(k_1a^2+k_2l^2)/k_1k_2a^2}$

18-5 (1)$x=0.2\sin(70t-\pi/2)\text{cm}, \lambda_{\max}=0.4\text{cm}$；
(2)$x=2.01\sin(70t-\arctan 0.1)\text{cm}, \lambda_{\max}=2.21\text{cm}$

18-6 (1) $W\sin\alpha/k$，
(2) $\sqrt{kg/W(1+\rho^2/r^2)}$，
(3) $W\sin\alpha/k[\sqrt{kg/W(1+\rho^2/r^2)}]$

18-7 $T=2\pi\sqrt{3P/2kg}$

18-8 $\omega=\sqrt{(kl-2mg)/2ml}$

18-9 $F_{\max}=710.8\text{ kN}$

18-10 $T=2x\sqrt{(m_1+4m_2)/2k}$

18-11 $x=-(mg/k)\cos\sqrt{k/2m}t+\sqrt{mgh/k}\sin\sqrt{k/2m}t$
或 $x=(mg/k)\sqrt{1+kh/mg}\sin[\sqrt{k/m}t-\arctan\sqrt{mg/kh}t]$

18-12 $f=(1/2\pi)\sqrt{ag/[\rho^2+(a-R)^2]}$

18-13 $\mu=2\delta m=4\pi m\sqrt{f_1^2-f_2^2}$

18-14 $A=0.0953$　$\delta=0.455\text{ rad/s}$

18-15 $T_1=0.364\text{s}$，$\Lambda=0.455$

18-16 $x=0.0104\sin(60t-0.502\pi)\text{ mm}$，$\lambda_n=0.0013$

18-17 9.45mm，8.84mm。

18-18 $\sqrt{kg/2W}<p<\sqrt{3kg/2W}$

18-19 $x=11.8\sin\pi t\text{ (mm)}$

18-20 (1) 207 r/min，(2) $836\times10^{-5}\text{mm}$

第 十 九 章

19-1 对于手锤　$I=5\text{ N}\cdot\text{S}\uparrow$，　$F=1.667\text{ kN}\uparrow$

19-2 45.4 kN

19-3 $\omega=\frac{6v}{7l}$

19-4 $I=\frac{Ml}{b}\sqrt{\frac{2gl}{3}}\cdot\sin\frac{\alpha}{2}$

19-5 10.30 J

19-6 $\omega=3.21\text{ rad/s}$，　$u=0.143\text{ m/s}$

19-7 $\omega=\frac{\omega_0}{4}$

19-8 $e=0.8$

19-9 $\eta=0.6$

19-10 (1) $AK=\frac{10}{7}L$； (2) $AO=0.8L$